图解直通车系列

Office 2007 高效办公

博振书苑　编著

机 械 工 业 出 版 社

本书介绍了 Word 2007、Excel 2007 和 PowerPoint 2007 软件的使用方法。全书共分为 19 章，内容包括：Office 2007 的工作环境和系统设置；Word 文本的输入及编辑，图片的排版方法，绘制图形，表格、样式与模板，邮件功能的应用，为文档添加批注和修订，页面布局及打印；在 Excel 中显示数据，Excel 的计算功能，透视表和透视图的应用，页面布局及打印；制作简单的幻灯片文档，放映及输出幻灯片文档，在幻灯片文档中插入影音文件和设置动画，放映及输出幻灯片文档。随书光盘中提供案例所需的所有素材，以及相关知识的视频教程。

本书定位于 Office 初学者，适合于普通的计算机办公人员、文员、秘书、统计人员、财会人员、信息管理人员、市场营销人员，还可以作为各类培训机构的教学用书。

图书在版编目（CIP）数据

Office 2007 高效办公图解直通车/博振书苑编著. —北京：机械工业出版社，2008.7

（图解直通车系列）

ISBN 978-7-111-24690-9

Ⅰ. O…　Ⅱ. 博…　Ⅲ. 办公室－自动化－应用软件，Office 2007－图解
Ⅳ. TP317.1-64

中国版本图书馆 CIP 数据核字（2008）第 107958 号

机械工业出版社（北京市百万庄大街 22 号　邮政编码 100037）
策划编辑：李　萌
责任编辑：李　萌
责任印制：李　妍

保定市中画美凯印刷有限公司印刷

2008 年 8 月 · 第 1 版第 1 次印刷
184mm×260mm · 25.75 印张 · 635 千字
0001—5000 册
标准书号：ISBN 978-7-111-24690-9
　　　　　ISBN 978-7-89482-764-7（光盘）
定价：49.00 元（含 1CD）

凡购本书，如有缺页、倒页、脱页，由本社发行部调换
销售服务热线电话：（010）68326294　68993821
购书热线电话：（010）88379639　88379641　88379643
编辑热线电话：（010）88379753　88379739

亲爱的读者：

您好，首先感谢您翻开机械工业出版社出版的“图解直通车系列”丛书。这是专门为准备学习办公软件的读者精心打造的一系列图书。

花上几分钟时间读完以下内容，您会发现，这就是您想要的图书。

1 这本书适合我吗？

Office 是应用最为广泛的办公软件，其最新版本为 Office 2007。本书介绍了 Office 2007 中最常用的 3 个组件：Word、Excel 和 PowerPoint。

适合于以下读者：

在校学生。

希望从事文员、秘书等工作的人员。

公司行政管理人员。

在工作中会接触到电脑的人员。

其他对电脑感兴趣的人员。

2 本书有哪些特点

1. 版式轻松，风格简洁明快

本书采用上文下图的方式，读者在阅读和对照图书进行电脑操作时，可以很方便地查看对应的图片和文字，类似阅读连环画，清晰明了。

2. 全程图解，不需要多拐弯

在本书的配套光盘中提供了学习所需的各种文档、图片和文字，并且详细地介绍了具体的操作过程，读者只要跟着书中的操作一步一步学习，就能迅速掌握 Excel 数据处理。

3. 实例来源于实际工作

读者可能会发现书中的很多实例都非常“面熟”。不错，这些实例都是在实际工作中会经常遇到的。作者积累了大量有代表性的实例，通过本书毫无保留地将技术要点展现给读者。学完这些实例，相信读者能超越作者水平，更会让领导、同事刮目相看。

4. 能够快速掌握要点

书中每一章都分为两个部分："实例"部分和"拓展与提高"部分。"实例"部分以介绍综合案例为主，涵盖了 Excel 最常用的功能。如果读者急于解决工作中的问题，可以从各章的实例部分学起，在掌握所学内容、学有余力的情况下再学习"拓展与提高"。

5. 标注详细

本书除了一步一图外，在每张图中都有详细的标注，第 1 步，第 2 步，直观清晰。领悟能力强的读者甚至不需要看文字，直接看图就可以学习。学习难度和阅读压力大大减轻。

6. 含有视频教程、输入法

本书的配套光盘中提供了案例所使用的原始素材和最终文件。读者在学习时可随时调用。读者还可以将本书所提供的素材稍加改动，变成适合自己工作需要的表格或文档。光盘中的视频教程演示了本书的重点和难点，读者可观看视频演示加深对知识点的理解。为了减少读者在数据录入过程中的错误、提高录入效率，我们在配套光盘中还收录了搜狗拼音输入法。

3 学习时遇到问题，我该怎么办？

如果读者在学习过程中遇到困难，或对本书有好的建议或意见都可以与我们联系。我们的电子邮件是：bozhenshuyuan@sina.com.cn

4 作者队伍和团队支持

本书由博振书苑编著，参加编写的人员有牛婧、徐爱卿、牛尚义、周语成、刘毅、姜燕、张玉忠、张明霞、蒋周兵、王贵平、陈福莲、张建新、刘杰、徐和平和孙立丽。

感谢搜狐公司高级副总裁王小川先生及搜狗拼音输入法项目组为本书提供输入法。

编　者

目 录

前言

第 1 章 全面了解 Office 2007

第 2 章 文本的输入及编辑

第 5 章　表格的应用

第 6 章　Word 高效排版——样式与模板的应用

第 7 章 邮件功能的应用

第 8 章 为文档添加批注和修订

第 9 章 页面布局及打印

第 10 章 Excel 2007 的基础操作

第 11 章 以不同的方式显示数据

第 12 章 Excel 的计算功能

第 13 章 制作图表

第 18 章 插入影音文件和设置动画

第 19 章 母板、模板的应用

- 安装 Office 2007
- 了解 Office 2007 的主要组件
- 启动/退出 Office 2007 组件
- 认识 Office 2007 组件的工作环境
- 文档的基本操作
- 自定义 Office 2007
"帮助"的使用

第1章 全面了解 Office 2007

1.1 安装 Office 2007

如果计算机中还没有安装 Office 2007，就无法学习和使用它，因此，本节介绍 Office 2007 的安装方法。

1 将 Office 2007 安装光盘插入光驱，光驱读盘后弹出安装窗口准备安装文件。稍后，弹出如下图所示的对话框，输入产品密钥后单击“继续”按钮。

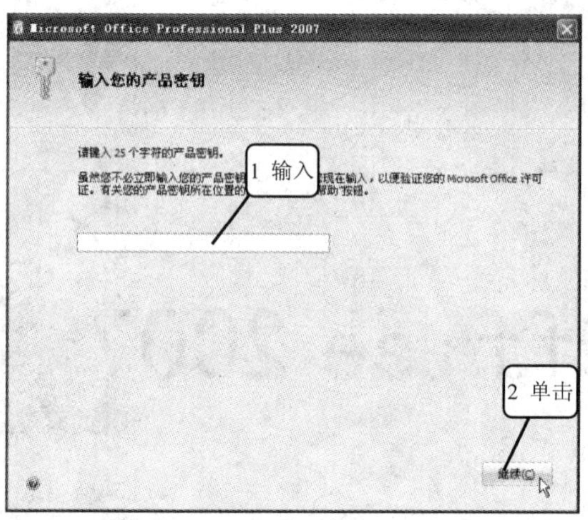

2 进入如下图所示的界面，选中“我接受此协议的条款”复选框，然后单击“继续”按钮。

3 进入下图所示界面。如果计算机中已经安装了 Office 的早期版本，可以单击“升级”按钮进行安装，则原先的旧版本被更新为 2007 版本；单击“自定义”按钮，则按用户设定的方式进行安装。这里单击“自定义”按钮。

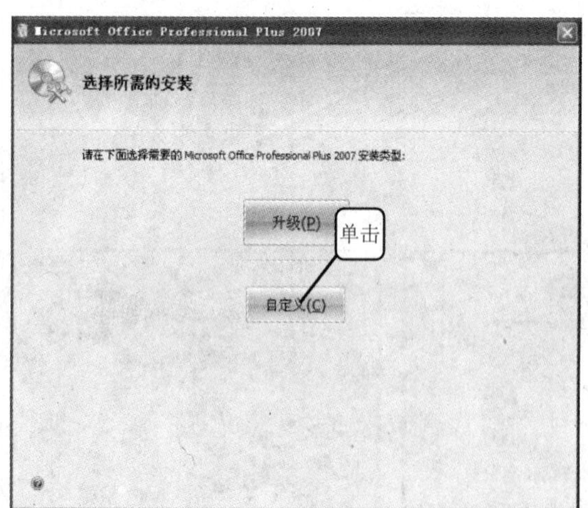

4 进入下图所示界面。在该界面中可以选择具体安装的 Office 组件，另外，还可以打开“文件位置”和“用户信息”选项卡，设置安装的位置以及输入用户信息等，设置完毕单击“立即安装”按钮。

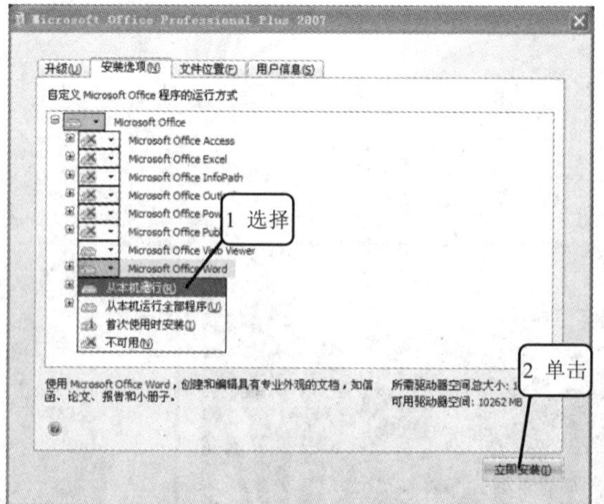

5　安装程序开始安装 Office 2007，并显示安装进度，如下图所示。

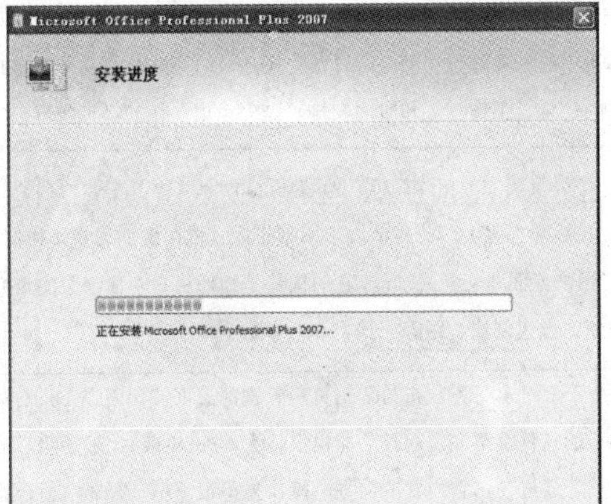

6　程序安装完毕，进入如下图所示的界面，单击"关闭"按钮，安装结束。

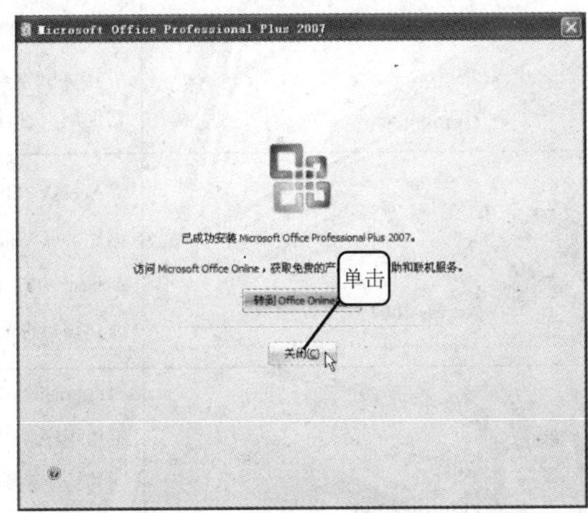

1.2　了解 Office 2007 的主要组件

Office 2007 主要包含以下组件。

- 客户端产品：Word、Excel、PowerPoint、Outlook、Access、Publisher、InfoPath、OneNote、Visio、Project、SharePoint Designer、Groove 和 Communicator。
- 服务器端产品：SharePoint Server、Form Server、Project Server、Project Portfolio Server 和 Groove Server。

表 1-1 中列出了普通用户可能会用到的几个组件及其说明。

表 1-1　Office 2007 常用组件及其说明

组　件	说　明
Word 2007	Word 2007 是一个文档创作程序，可以帮助用户创建和共享美观的文档。最新版本的 Word 2007 各项功能都有了很大增强，用户可以轻松地创建出具有专业水准的文档，快速生成精美的图示，快速美化图片和表格，甚至还能直接发表博客
Excel 2007	Excel 2007 是一个功能强大的电子表格程序，可以用来分析、交流和管理信息，帮助用户作出更加有根据的决策。SQL、ODBC、Web 页面中的数据都可以被导入到 Excel 中，实现整理、筛选、分析、汇总，并以专业的图形和图表形式将其展现出来
PowerPoint 2007	PowerPoint 2007 是一个强大的演示文稿制作程序。在授课、演讲前，用 PowerPoint 制作出动态演示文稿，在授课、演讲时通过投影仪将文稿内容投影到大屏幕上，省去了在黑板上用粉笔进行书写的工作，既节省时间，又能使讲述内容更生动、形象

（续）

组　件	说　明
Outlook 2007	Outlook 2007 是一个邮件收发程序，用户不必在 Web 中一个个地打开邮箱，即可轻松地对多个邮箱中的邮件进行管理。同时，它还是一个很贴心的秘书，能够帮助用户管理日常的信息、工作任务和时间安排，是一个电子化的“工作日记”
Access 2007	Access 2007 是一个轻量级的数据库软件。Access 2007 是一套基于客户端的数据库，其功能没有 SQL 那么强大，比较适合于小型企业或部门级的客户端应用。Access 2007 改进了用户界面和交互式功能，它的优势是即便用户不懂深层的数据库知识，也能用简便的方式创建、跟踪、报告和共享数据信息
Publisher 2007	Publisher 2007 是一个用于商务发布与营销材料管理的桌面打印及 Web 发布应用程序。同样类型的软件有很多，而且功能也很强大，Publisher 比较初级，但它的特色是简单易用。通过使用它内置的向导，操作显得很简单，有非常适合普通用户使用

1.3　启动/退出 Office 2007 组件

1.3.1　启动 Office 2007

下面以 Word 2007 为例进行讲解，启动 Excel、PowerPoint 等其他组件的操作方法与其类似。启动 Word 2007 有以下四种方法。

1　直接双击桌面上的 Microsoft Office Word 2007 的快捷启动图标，如下图所示。

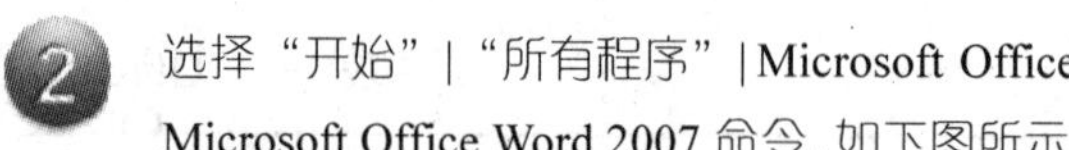

2　选择“开始”|“所有程序”|Microsoft Office|Microsoft Office Word 2007 命令，如下图所示。

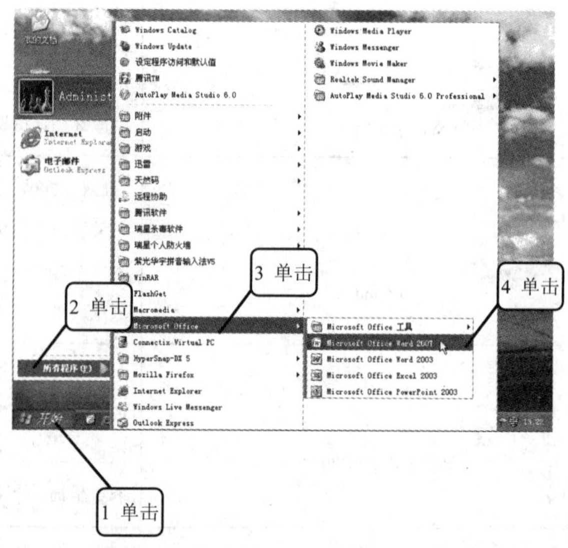

多学点 如果桌面上没有 Microsoft Office Word 2007 快捷图标，可以选择“开始”|“程序”|Microsoft Office 命令并在 Microsoft Office Word 2007 命令单击鼠标右键，在弹出的菜单中选择“发送到”|“桌面快捷方式”命令，如右图所示。

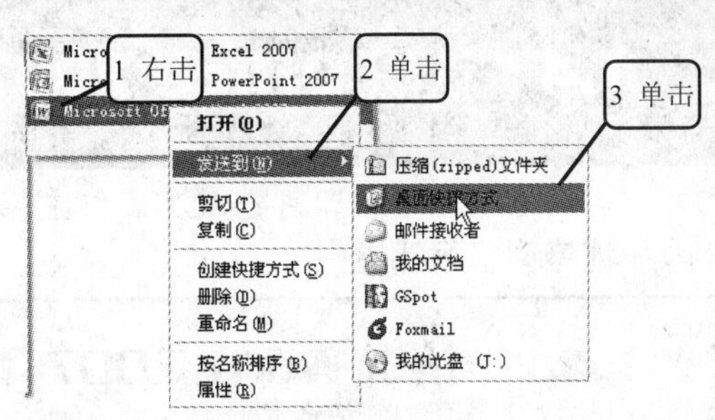

3 如果在计算机中存在 Word 2007 的文档，可以直接双击该文档，如下图所示。也能启动 Microsoft Office Word 2007 软件。

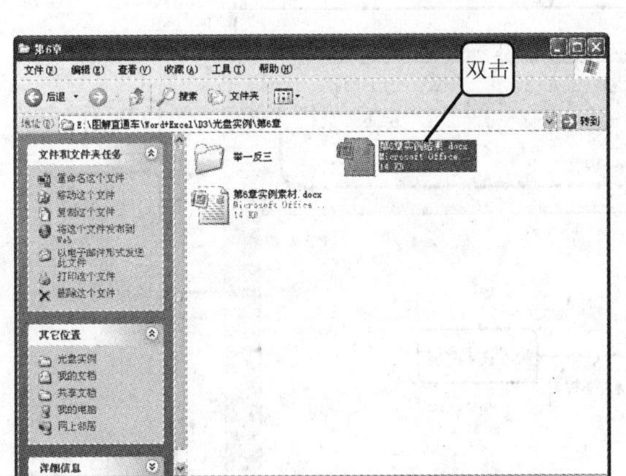

4 如果最近使用 Microsoft Office Word 2007 软件处理过文档，则可以选择“开始”|“文档”命令，从右侧的级联菜单中选择一个 Word 2007 文档，如下图所示。

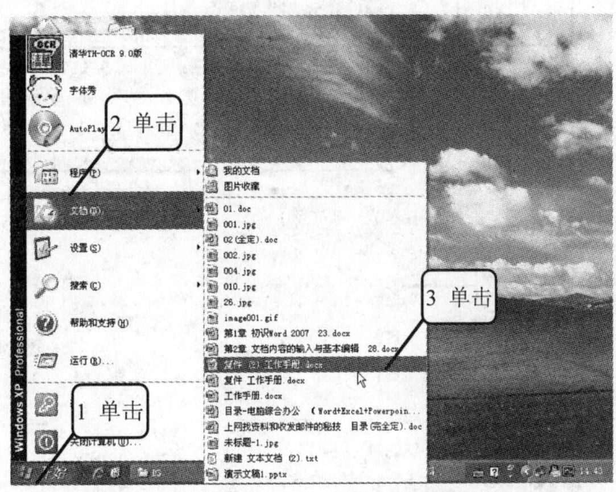

1.3.2 退出 Office 2007 组件

退出 Office 2007 也有几种方法。下面仍以 Word 2007 为例进行讲解。

1 单击 Office“标题栏”最右侧的“关闭”按钮 x，如下图所示。

2 单击“Office 按钮”，然后从弹出菜单中单击“退出 Word”按钮，如下图所示。

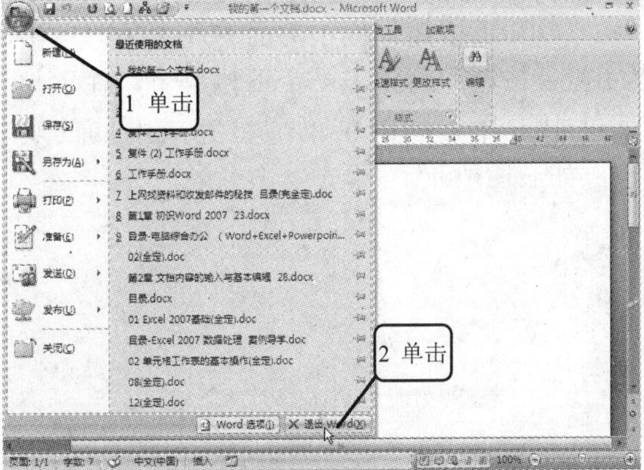

1.4 认识 Office 2007 组件的工作环境

启动 Office 后，即可进入其工作主窗口。对于初次接触 Office 的读者来说，一定对窗口中的环境感到很陌生。

1.4.1 认识 Word 2007 工作环境

本节先介绍 Word 2007 的工作环境，如下图所示。

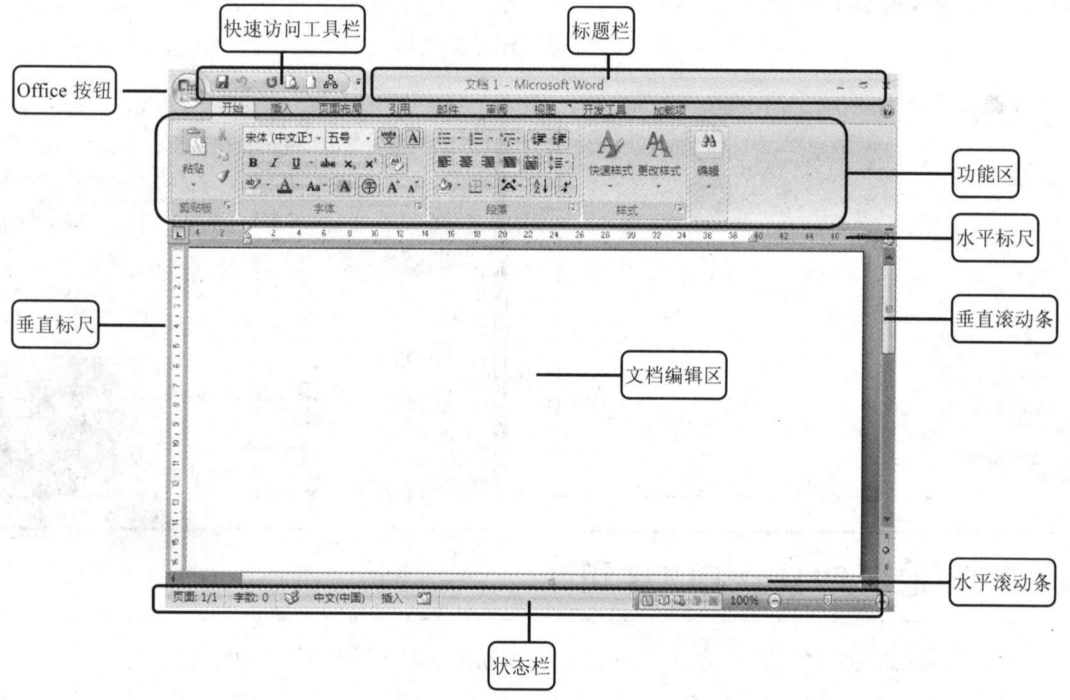

1 Office 按钮

“Office 按钮”位于界面的左上角，单击“Office 按钮”将弹出一个下拉菜单，在下拉菜单中选择不同的菜单项将完成不同的功能，如右图所示。

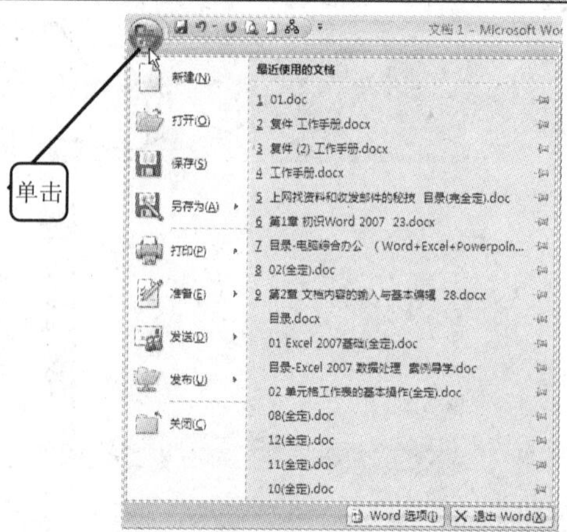

2　快速访问工具栏

"快速访问工具栏"中主要包括常用的工具图标，如下图所示。一般情况下，包括"保存"、"撤销"和"恢复"图标，用户可以添加其他图标，而且也可以将它的位置调整至"功能区"的下方。

3　标题栏

"标题栏"位于窗口的最上面，用来显示当前窗口的名称，在标题栏的右侧还有三个小按钮，分别为"最小化"、"最大化"和"关闭"按钮，如下图所示。

文档 1 - Microsoft Word

- 窗口名称：显示当前操作窗口的名称。
- 最小化：可以将窗口最小化到"任务栏"中。
- 最大化/还原：可以将窗口放大到最大尺寸。
- 关闭：可以将窗口关闭，退出文档。

4　功能区

"功能区"位于标题栏的下面，"功能区"中列有许多选项卡，例如"开始"、"插入"、"页面布局"、"引用"、"邮件"、"审阅"、"视图"、和"加载项"等，如下图所示。

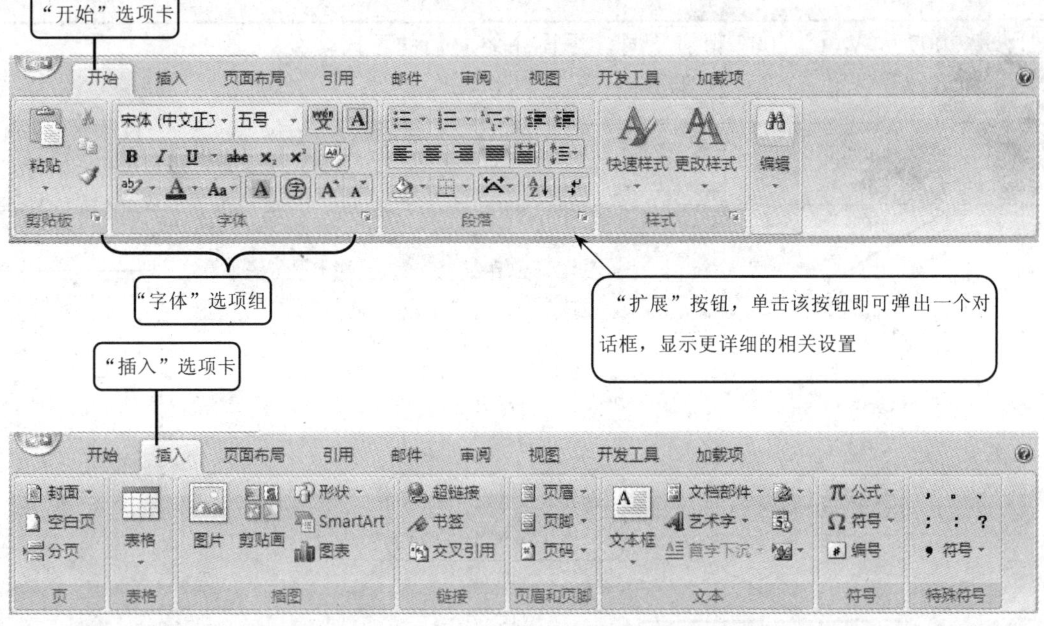

打开各选项卡将切换至不同的选项面板，在选项面板中选择不同的菜单项将完成不同的功能。另外，在进行编辑图片、制表等操作时，还会自动出现"图片工具"、"表格工具"等选项卡。

提示您　选项组中的按钮也分为两种。1）"插入"按钮，当光标移至其上时，将显示为两部分。在本书中约定：单击左侧部分，称为单击"某某"按钮；单击右侧部分，称为单击"某某"下三角按钮。2）当光

标移至“单元格样式”按钮上时，显示为一个整体。在本书中约定：单击它时，称为单击“某某”按钮。

5 文档编辑区

“文档编辑区”主要是用来编辑和处理文字、图片、表格的区域。可以将其理解为“纸”，将来的“写”、“画”工作都在这个区域。

6 标尺

“标尺”用来标识文档编辑区的宽度和高度。

7 滚动条

“滚动条”一般分为水平滚动条和垂直滚动条两种，拖动滚动条可以显示被遮蔽的工作界面，相信读者在使用 Windows 操作系统时都接触过它。

8 状态栏

“状态栏”位于窗口的最下侧，如下图所示。它用来显示当前窗口中程序的运行状态，视图方式，缩放比例等。

页面: 1/1　字数: 0　中文(中国)　插入　100%

1.4.2 认识 Excel 2007 工作环境

Excel 2007 和 Word 2007 稍有不同，下面介绍它们的不同之处。

Excel 2007 的工作界面如下图所示。

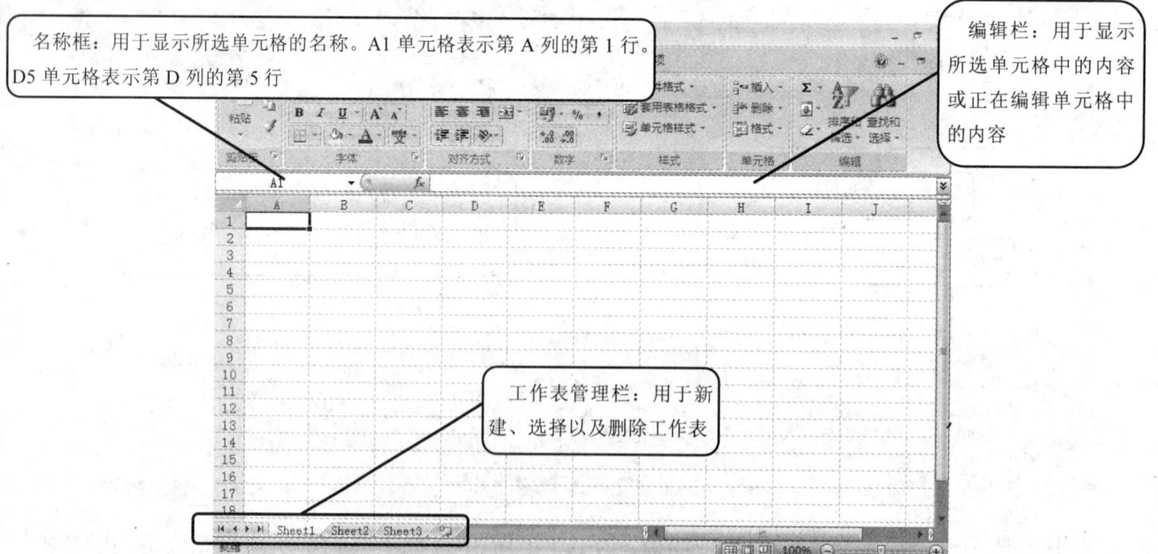

1.4.3 认识 PowerPoint 2007 工作环境

PowerPoint 2007 和 Word 2007 稍有不同，下面介绍它们的不同之处。

PowerPoint 2007 的工作界面如下图所示。

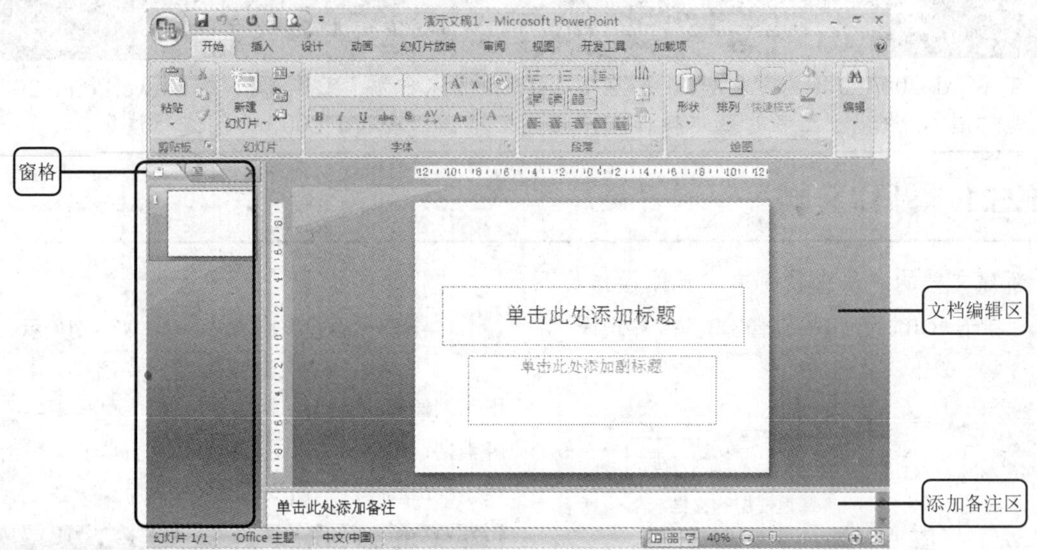

1 窗格

在“普通视图”下，在“文档编辑区”左侧会显示“窗格”。利用“窗格”，读者可以更好地了解整个幻灯片文档的内容。

幻灯片：在该选项卡中，幻灯片文档以一张张的缩略图的形式显示，在幻灯片左侧还会显示编号，如下图所示。

大纲：选择该选项卡，其中会以不同的级别显示幻灯片文档中的标题和正文，如下图所示。

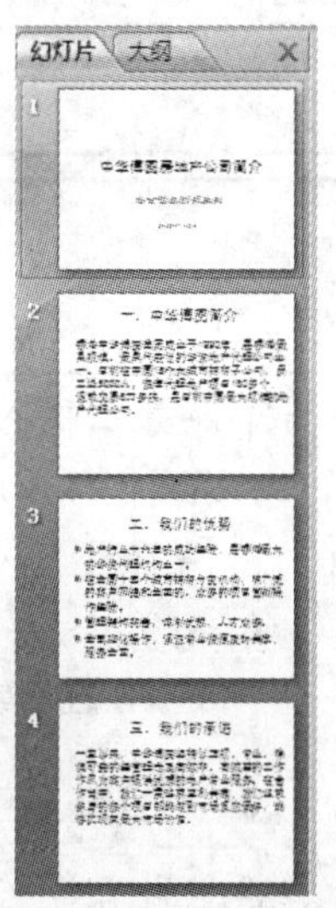

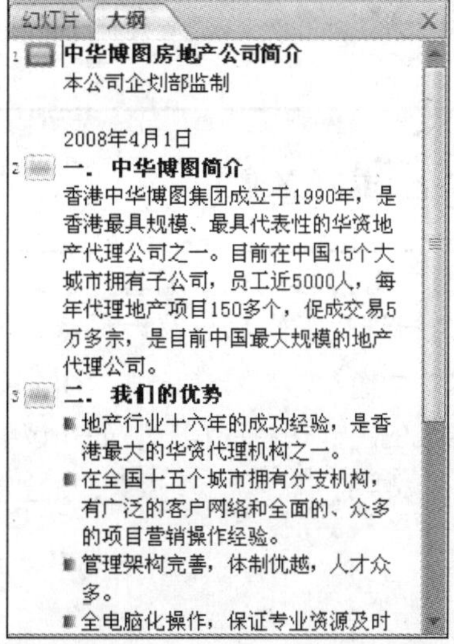

2 文档编辑区和添加备注区

“文档编辑区”主要用来编辑幻灯片文档。在左侧和上方显示了标尺，在右侧显示了滚动条。

“添加备注区”则用来添加每一页幻灯片的说明性文字。

1.5 文档的基本操作

在 Word 2007 中称为“文档”，而在 Excel 2007 称之为“工作簿”，在 PowerPoint 2007 中称之为“演示文稿”，三者的基本操作方法相同。下面以 Word 2007 为例进行讲解。

1.5.1 新建文档

新建文档的方法比较简单，具体操作如下。

1 单击“Office 按钮”，在弹出的菜单中选择“新建”命令，如下图所示。

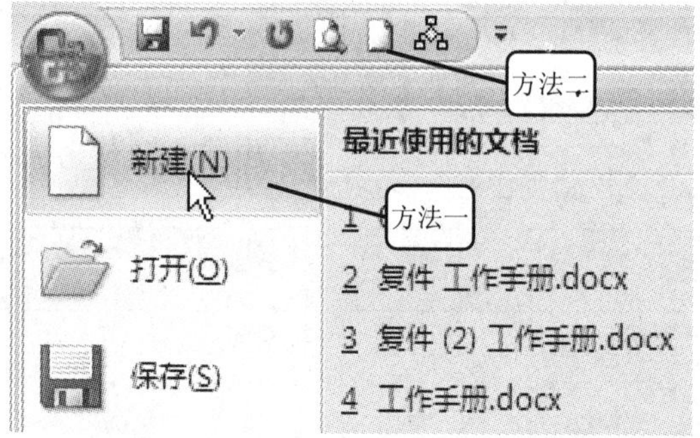

提示您 也可以直接单击“快速访问工具栏”中的按钮，快速新建一个空白文档。单击按钮后，不会弹出“新建文档”对话框，而是直接新建一个空文档。

2 打开“新建文档”对话框，如下图所示。默认选中“空白文档项”，直接单击“创建”按钮即可创建新的文档。如果在“模板”列表框中选中一种类型，对话框中将显示模板的具体样式，单击“创建”按钮后将按该模板创建文档。

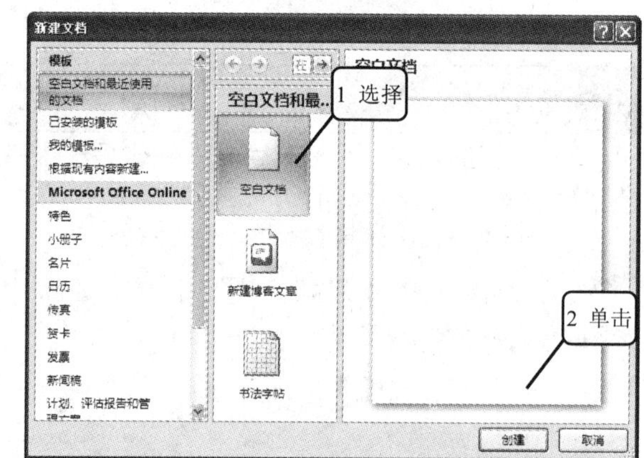

1.5.2 保存文档

在文档中对内容进行了编辑，如果不进行保存已编辑的内容将不能真正存入计算机中，所以，在对文档进行编辑后应及时保存。

1 在文档中输入文字，然后单击“Office 按钮”，在弹出的菜单中选择“保存”命令(或单击“快速访问工具栏”中的“保存”按钮)，如右图所示。

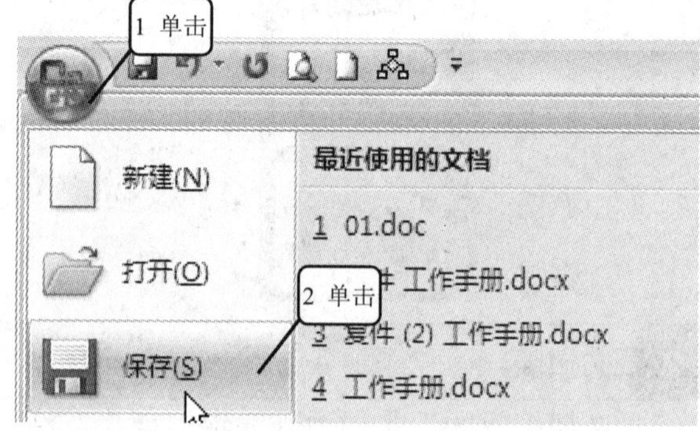

② 弹出“另存为”对话框，单击“保存位置”右侧的下三角按钮，从中选择文件保存在计算机中的位置，在“保存类型”下拉列表中选择一种保存方式，在“文件名”文本框中输入文件名，单击“保存”按钮，如右图所示。

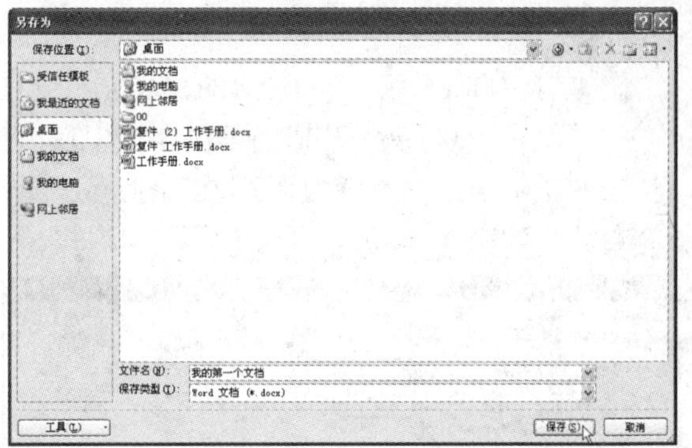

提示您 初次保存一个文档时，会弹出“另存为”对话框，以后再执行“保存”命令则不会出现该对话框。保存文档后，标题中不再是“文档 1”、“文档 2”之类的名称，而是刚才保存的名称。

1.5.3 关闭文档

关闭文档就是退出当前正在编辑的文档，与退出 Office 软件不同的是，它只关闭当前文档，而退出 Office 2007 软件则是关闭所有的 Office 文档并退出软件。

① 单击“Office 按钮”，然后在弹出的菜单中选择“关闭”命令，如下图所示，即可将该文档关闭。

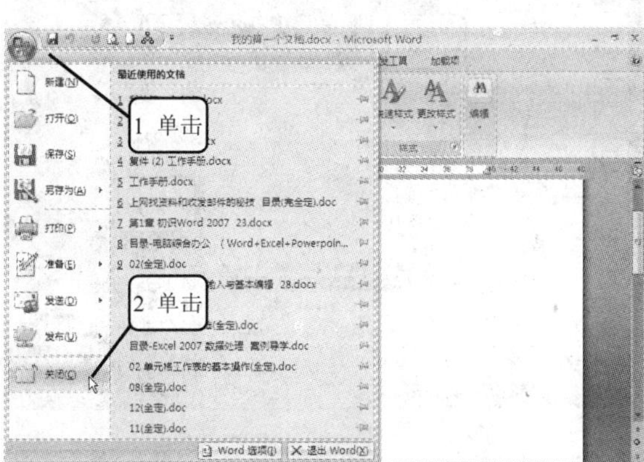

② 没有文档的 Word 2007 界面如下图所示。

提示您 只有在打开一个文档窗口时，关闭文档后才会出现步骤 2 所示的图。如果打开了多个文档，关闭文档将不会出现步骤 2 所示的图。打开多个文档时可直接单击“标题栏”右侧的  按钮关闭该文档。

1.5.4 打开文档

打开文档就是将计算机中存有的 Word 文档利用 Word 软件打开，并在打开后进入其编辑状态下。有以下 4 种方法可以打开文档。

1 单击“Office 按钮”，然后在弹出的菜单中选择“打开”命令（或单击“快速访问工具栏”中的“打开”按钮），弹出“打开”对话框，如下图所示。选择好要打开的文档，然后单击“打开”按钮即可。

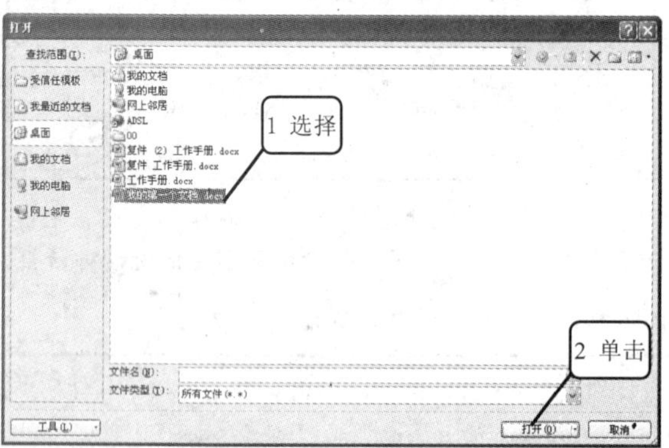

2 单击“Office 按钮”，从 Office 自动记录的最近编辑过的文档列表中选择要打开的文档，如下图所示。

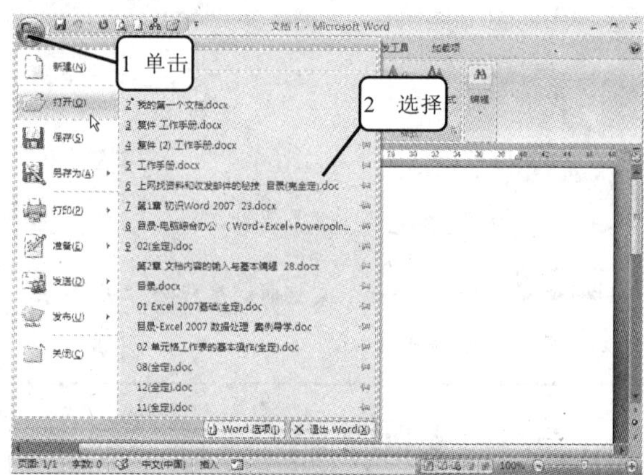

3 进入到保存要打开文档的目录下，双击该文档图标，可启动 Word 并打开文档，如下图所示。

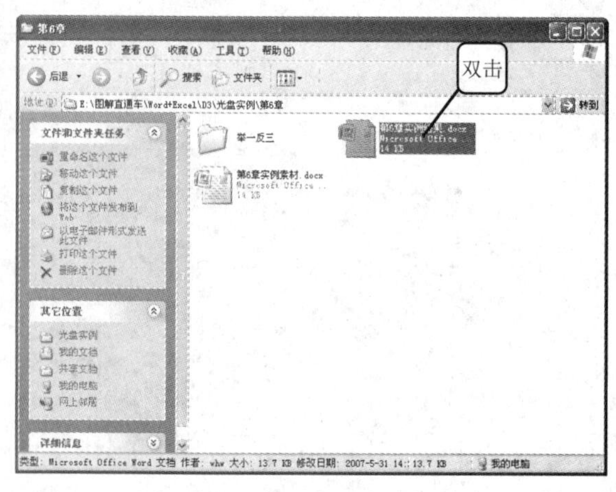

4 通过选择“开始”|“文档”命令，从右侧的列表中单击要打开的文档，可启动 Word 并打开该文档，如下图所示。

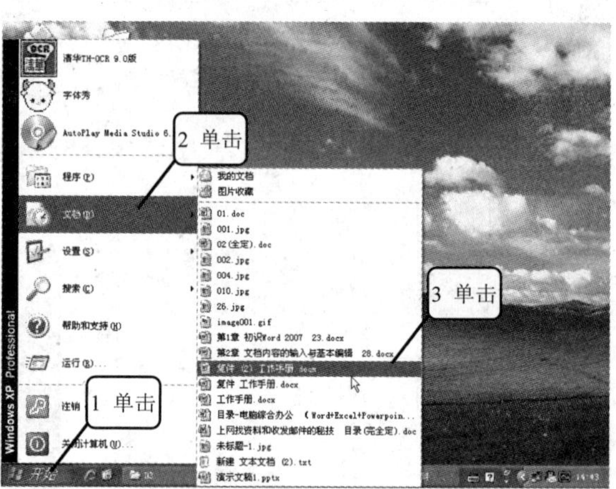

提示您 如果出现文档无法打开的情况，可以在步骤 1 所示的图中单击“打开”按钮旁的下三角按钮，从弹出的菜单中选择“打开并修复”命令，也许能打开该文档。其中，“以只读方式打开”为只能打开该文档而不能对其进行编辑；“以副本方式打开”则是打开的同时复制该文档，即打开的为该文档的副本。

1.5.5 另存文档

如果是一个已保存过的文档，再次进行编辑修改后，若不希望将这些编辑修改的内容保存到之前的文档中，此时可以将该文档保存为另外一个文档。

下面仍以 Word 2007 为例，具体操作方法如下。

1 单击“Office 按钮”，弹出其下拉菜单，将光标移至“另存为”命令上，右侧将显示其子菜单，如右图所示。

2 选择一种保存格式后将弹出“另存为”对话框，重新输入一个文件名和路径，并单击“保存”按钮即可。

提示您 保存文档后，“标题栏”中不再是原先的名称，而是刚才另存为文档的名称。

1.5.6 加密文档

在实际工作中，由于有些文档中包含一些重要内容，不希望他人随便查看，此时可以对该文档进行加密。下面仍以 Word 2007 为例进行讲解。

1 在 Office 主界面中，单击“Office 按钮”，然后选择“准备”|“加密文档”命令，如下图所示。

2 打开“加密文档”对话框，在“密码”文本框中输入打开该文档时的密码，然后单击“确定”按钮，如下图所示。

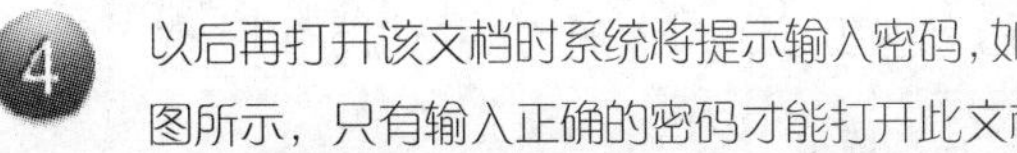

3 弹出“确认密码”对话框，再次输入刚才所设置的密码，单击“确定”按钮，如下图所示，

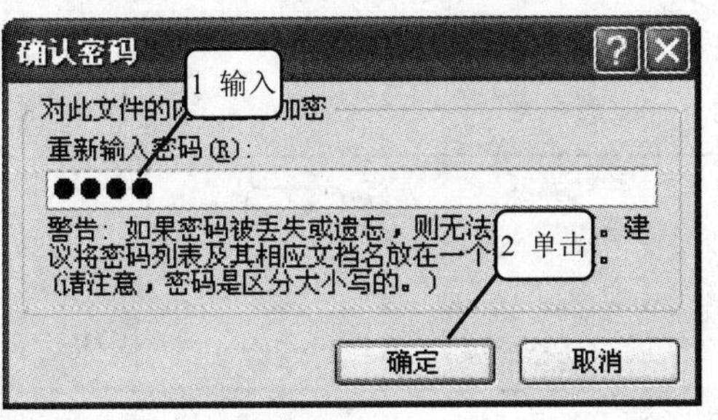

4 以后再打开该文档时系统将提示输入密码，如下图所示，只有输入正确的密码才能打开此文档。

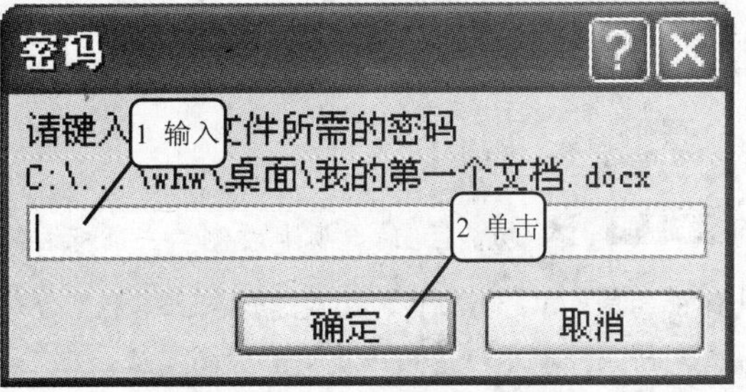

1.6 自定义 Office 2007

Office 2007 提供了非常美观、易于操作的界面，并且用户还可以根据自己的操作习惯和需要对界面进行设置，具体方法如下。

1.6.1 自定义快速访问工具栏和功能区

“快速访问工具栏”中默认的工具栏按钮只有几个。用户可以根据实际工作需要将常用的按钮添加到其中。下面以 Word 为例进行讲解，在 Excel、PowerPoint 中的操作方法与其相似。

1 单击“快速访问工具栏”右侧的下三角按钮，弹出如下图所示的菜单，选择“保存”命令。

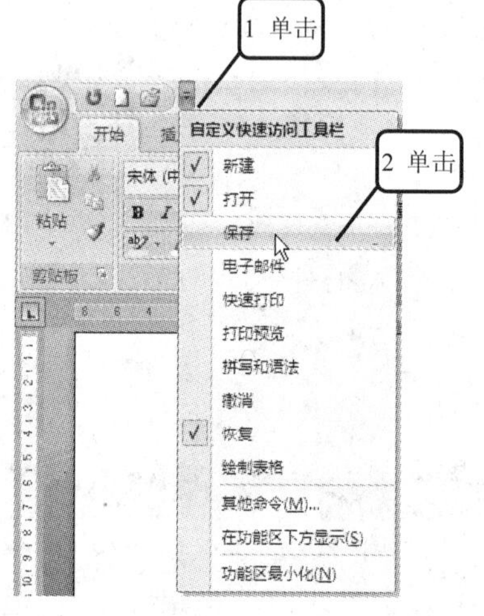

2 可以看到“快速访问工具栏”中新添加了“保存”图标，如下图所示。可以用该方法添加其他常用工具图标。

3 在步骤 1 中，如果选择下拉菜单中的“其他命令”，则打开“Word 选项”对话框，如右图所示。在左侧的列表框中选择要添加的按钮，然后单击“添加”按钮将其添加到右侧列表框中。可单击“上移”或“下移”按钮调整按钮的排列顺序，单击“确定”按钮后这些工具将被添加到“快速访问工具栏”中。

多学点 在“功能区”的选项卡右侧单击鼠标右键，从弹出的菜单中选择“自定义快速访问工具栏”命令，如右图所示，也将弹出和步骤 1 类似的菜单。

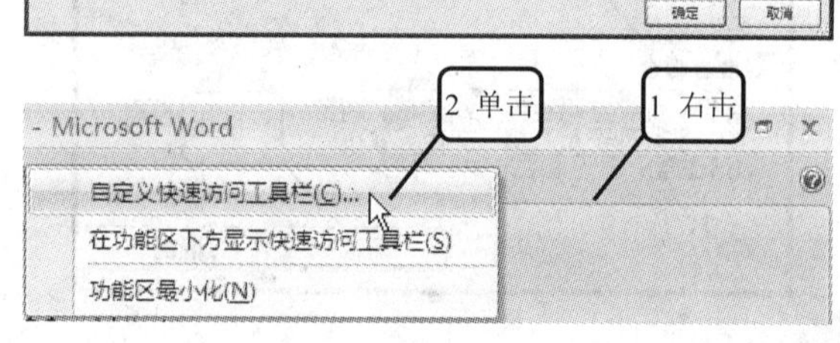

4 如果要删除“快速访问工具栏”上的按钮，可在工具栏要删除的按钮上单击鼠标右键，从弹出的菜单中选择“从快速访问工具栏删除”命令，如下图所示。

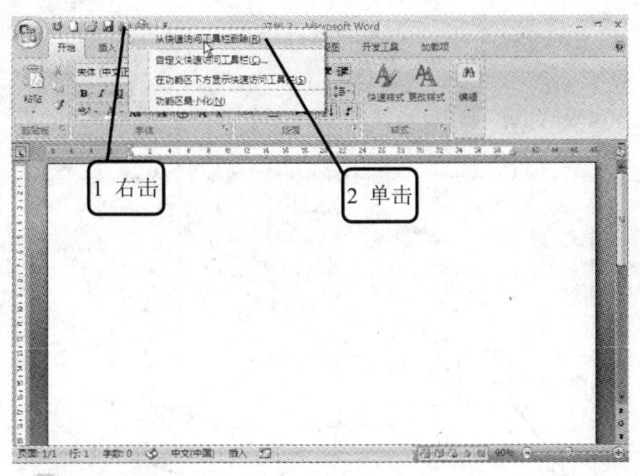

5 在步骤 1 中，如果选择“在功能区下方显示”命令，则“快速访问工具栏”将在“功能区”下方显示，如下图所示。

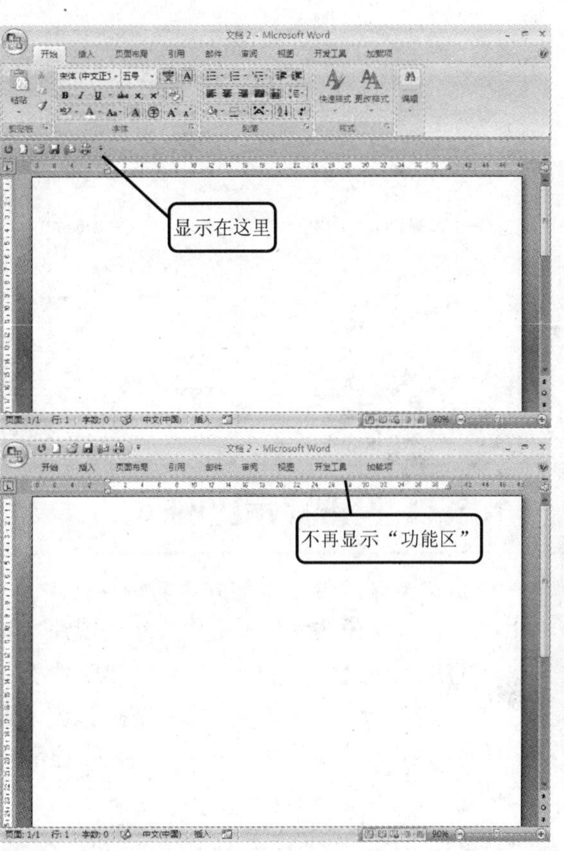

6 在步骤 1 中，如果选择“功能区最小化”命令，则只显示选项卡名称，不显示具体“功能区”，如右图所示。

1.6.2 自定义状态栏

当在“文档编辑区”中进行操作时，“状态栏”中会显示与所选项目相关的一些信息，如文档的总页数、当前所处页数、当前所处行数、文档的总字数等。这一功能非常实用，它可以让您随时了解文档中的信息。

下面以 Word 为例进行讲解，在 Excel 和 PowerPoint 中的操作方法与其相似。

1 在文档中输入文字，则“状态栏”会显示出文档的总页数，当前所处页数，文档的总字数等信息，如右图所示。

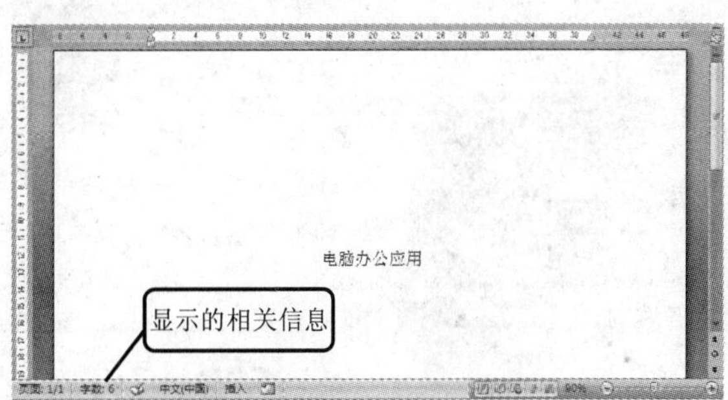

2 在“状态栏”中单击鼠标右键，则弹出如下图所示的菜单，这里选择“行号”项，如下图所示。

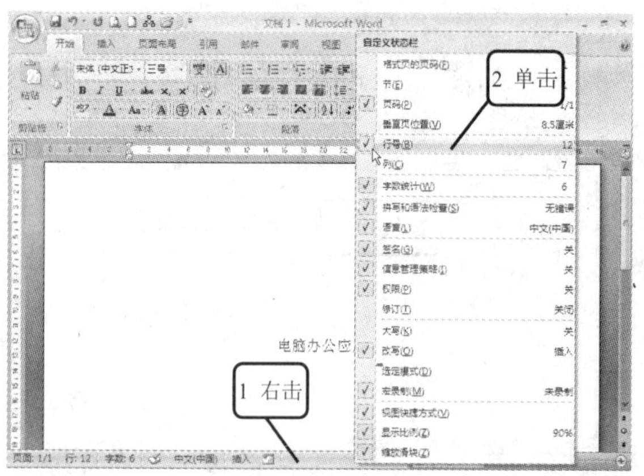

3 可以看到在“状态栏”中将显示信息“行:”，如下图所示。如果要取消状态栏中的某项信息，则在步骤 2 所示图中取消选中相应的项即可。

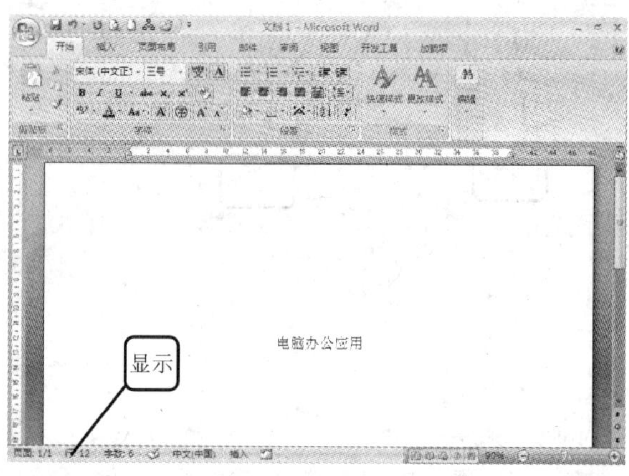

1.6.3 设置显示比例

有时，为了在编辑文档时观察得更清晰，需要调整文档的显示比例，可以将文档中的文字或图片放大。这里的放大并不是将文字或图片本身放大，而是视觉上变大，打印时仍然是原始大小。

1 打开“功能区”中的“视图”选项卡，在“显示比例”选项组中单击“显示比例”按钮，如下图所示。也可以直接单击“状态栏”中的“显示比例”图标。

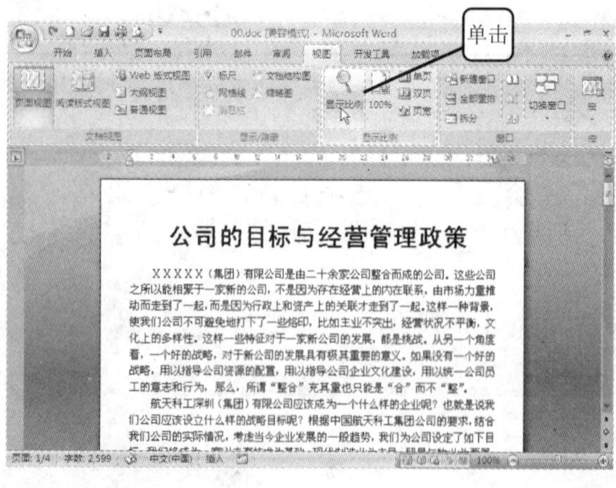

2 打开“显示比例”对话框，可以在“显示比例”选项中选择一种显示比例，这里选择“2 x 3 页”的显示方式，如下图所示。也可以在“百分比”文本框中直接输入要设置的比例。

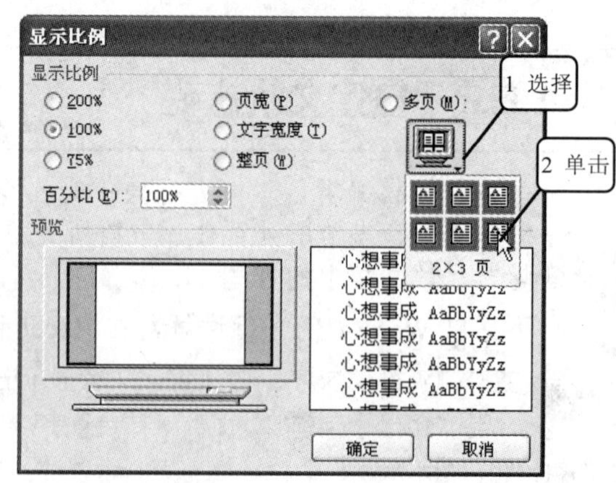

提示您 在“状态栏”的右侧有一个“缩放滑块”，如下图所示。可直接拖动滑块，或单击左右两侧的“+”或“-”按钮改变显示比例。单击一次“+”或“-”按钮，则显示比例增加或减少 10%。

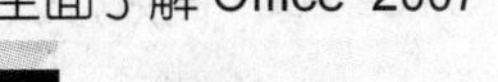

3 文档以 2 行 3 列方式显示，如右图所示。

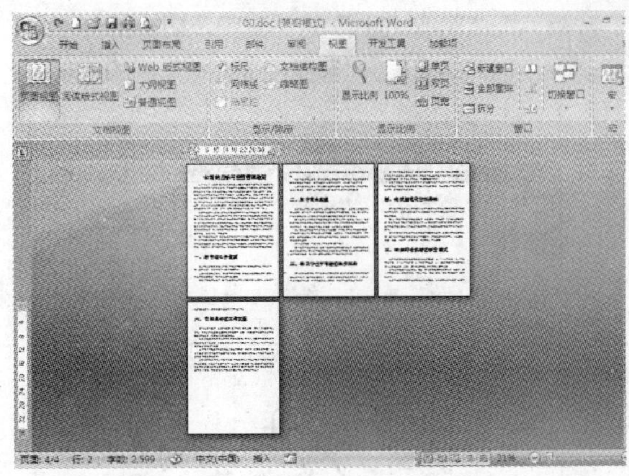

1.6.4 设置文档的保存方式

而为了防止发生意外（计算机突然死机或断电），需要在文档的编辑过程中对文档进行定期地保存，这就需要在 Office 中进行合理的设置。

下面介绍在 Word 中的设置方法，在 Excel 和 PowerPoint 中的操作方法与其相似。

1 在 Word 主界面中，单击“Office 按钮”，然后再单击“Word 选项”按钮，如下图所示。

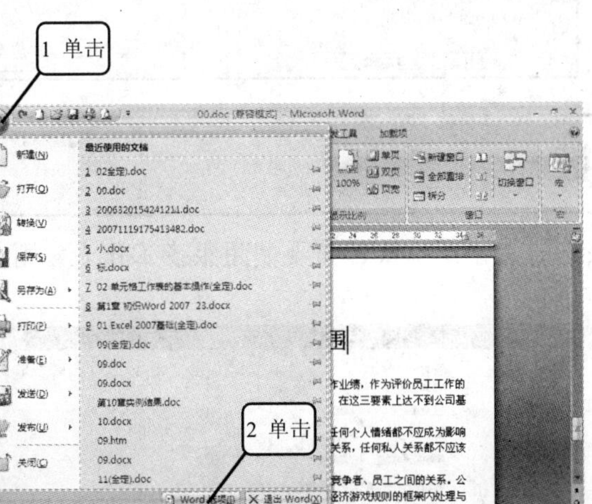

2 打开“Word 选项”对话框，单击对话框左侧列表中的“保存”项。在对话框右侧显示出了与其对应的设置内容，选中“保存自动恢复信息时间间隔”复选框，并在其后设置自动保存的时间间隔，然后单击“确定”按钮即可，如下图所示。

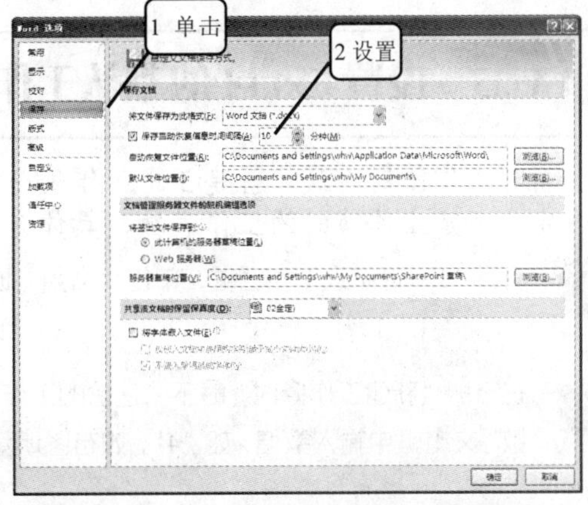

1.6.5 自定义 Word 快捷键

快捷键就是利用键盘上的组合键来启动相应的命令，提高工作效率。用户可以针对个人定义使用频率较高的命令的快捷键。

只有在 Word 中才能使用快捷键，在 Excel 和 PowerPoint 中都无法使用快捷键。

1 在“Word 选项”对话框中，切换至“自定义”项，单击下方“键盘快捷方式”后的“自定义”按钮，如下图所示。

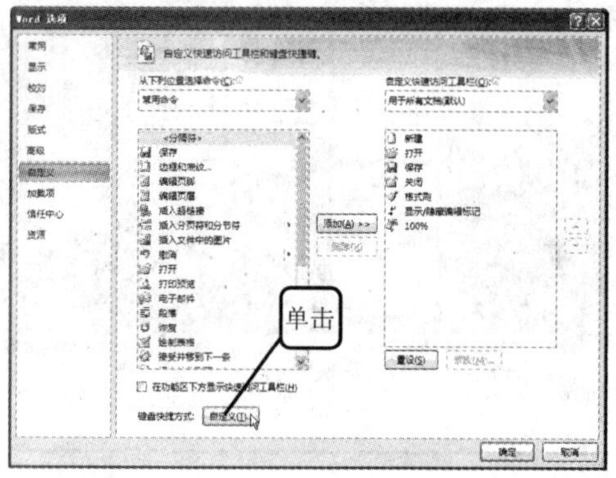

2 打开“自定义键盘”对话框，如下图所示。在“类别”列表框中选择“插入选项卡”项，然后在“命令”列表框中选择 InsertPicture，将光标放在“请按新快捷键”文本框中并按键盘上的快捷键。

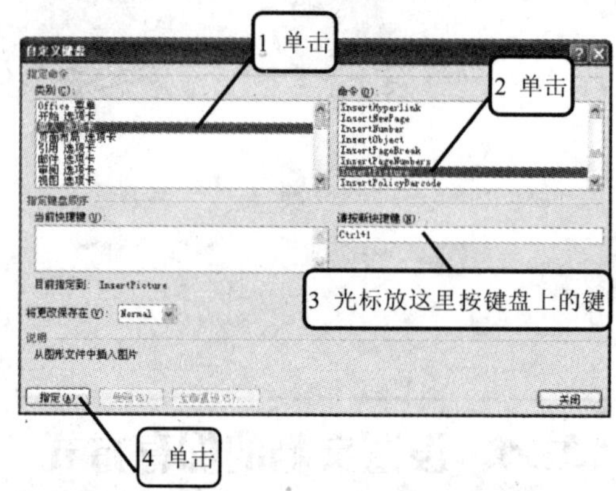

3 在“将更改保存在”下拉列表中选择保存范围，单击“指定”按钮，设置的快捷键将显示在左侧“当前快捷键”列表框中，如右图所示。若要删除该命令的快捷键，可选择“当前快捷键”列表框中的 Ctrl+1 项，单击“删除”按钮。

在设置完快捷键后，每次按所设置的快捷键，即可执行该快捷键所定义的操作。

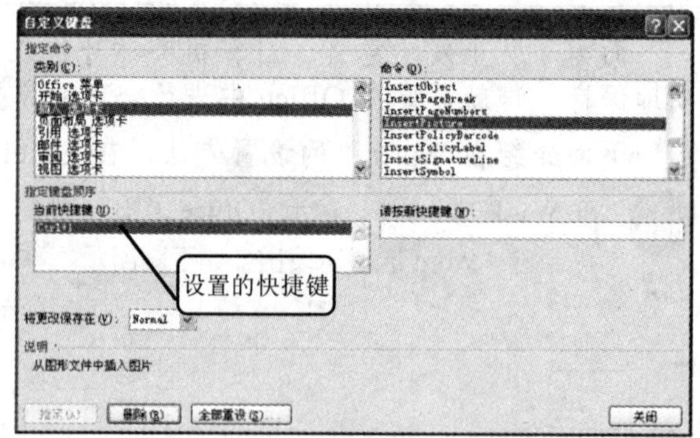

1.6.6 设置 Excel 的默认工作表数

新建工作簿时，默认新建 3 个工作表，如果您的工作簿每次都需要使用很多工作表，则可以自定义新建工作簿时的工作表数，具体方法如下。

1 打开“Excel 选项”对话框，单击“常用”项。

2 在右侧“新建工作簿时”栏下“包含的工作表数”文本框中输入数值，如“4”，如右图所示。

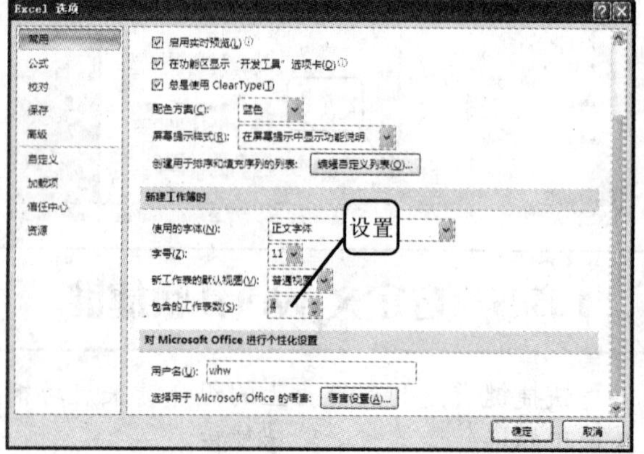

1.7 遇到问题怎么办——“帮助”的使用

如果在使用 Office 时遇到问题，而身边又没有高手可以请教，不妨来查阅帮助文件。

1.7.1 使用本机上的帮助文件

在安装 Office 时，都默认在本机安装了一个帮助文件。下面仍以 Word 2007 为例,介绍使用本机上的帮助文件的具体方法。在 Excel 和 PowerPoint 中的操作方法与其相似。

1. 启动 Word 2007 后，单击“功能区”右侧的“帮助”按钮，或按〈F1〉键，打开“Word 帮助”窗口，在“搜索”文本框中输入需要寻求帮助的主题词，如“底纹”（如下图所示），然后单击“搜索”按钮。

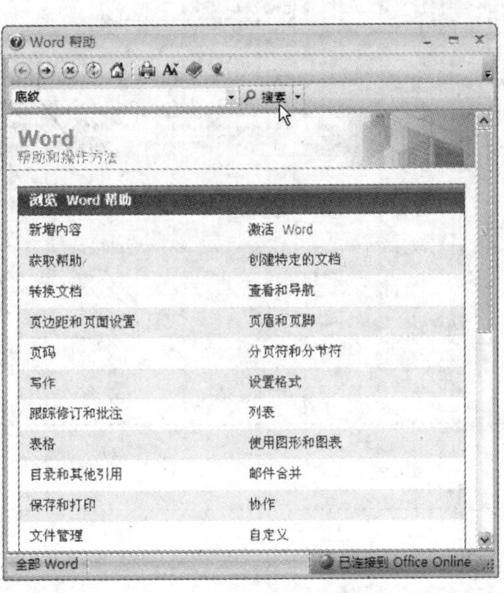

2. 稍后，在下面的显示区域中将列出与主题词相关的条目，如下图所示。单击想要查看的条目即可显示相应内容。

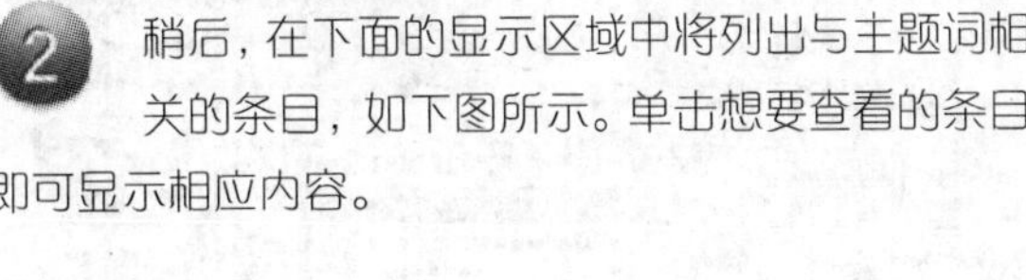

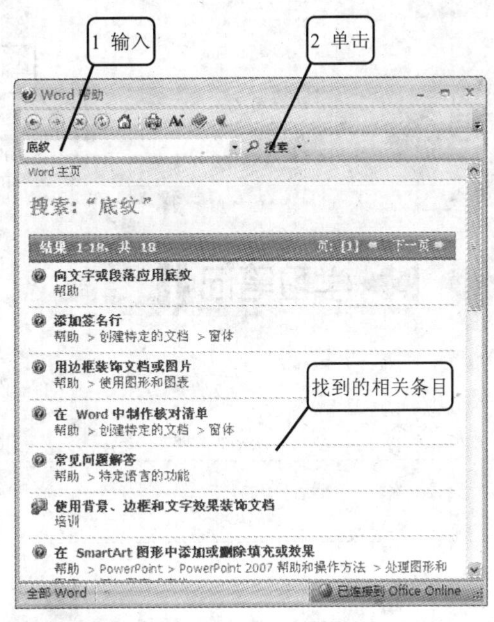

3. 如果需要系统地查看 Word 帮助内容，则可以单击“显示目录”按钮，在窗口左侧显示出帮助目录，可进行详细查看，如右图所示。

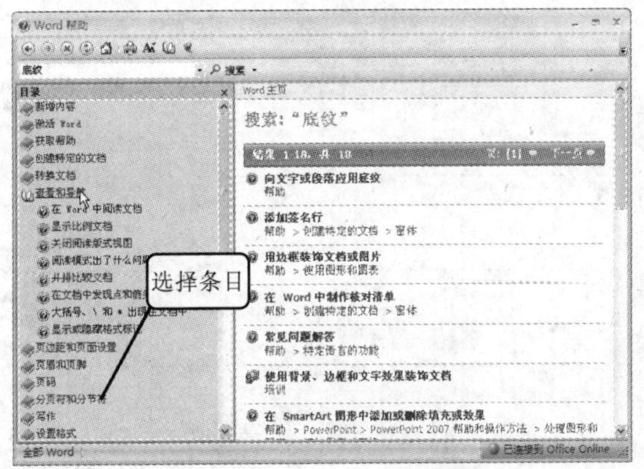

1.7.2 使用 Office 的在线帮助

本机上的帮助文件不够多，有时可能不能解决您所遇到的问题，也可以从 Office 程序中直接链接到 Office 的更新站点。

1. 打开“Word 帮助”窗口，然后单击窗口底部右侧的按钮，从弹出的菜单中选择“显示来自 Office Online 的内容”命令，如下图所示。

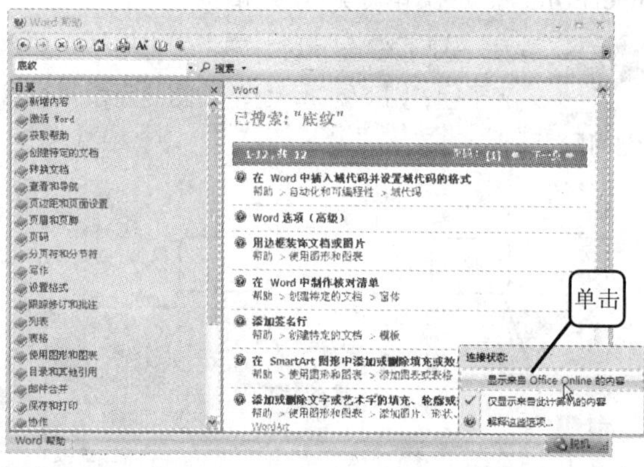

2. 系统将自动链接到 Office 的升级网站或者其他的站点，并在窗口右下角显示“已连接到 Office Online”，如下图所示。

学习笔记

- 输入文档内容
- 设置段落对齐方式
- 设置段落的项目符号和编号
- 设置文字的字体、字号
- 设置段落格式
- 查找并替换文本
- 撤销和恢复操作
- 移动/复制文本
- 统计文档中的字数
- 实现汉字简繁体转换

文本的输入及编辑

实例素材	\实例素材\第 2 章\02..docx
实例结果	\实例结果\第 2 章\02..docx

2.1 实例——输入及编辑“工作总结报告”

本章将介绍如何输入一份“工作总结报告”，并利用 Word 对其进行排版，如下图所示。通过该实例，读者应掌握文字、符号、公式等内容的输入方法，以及简单的文本编辑方法。

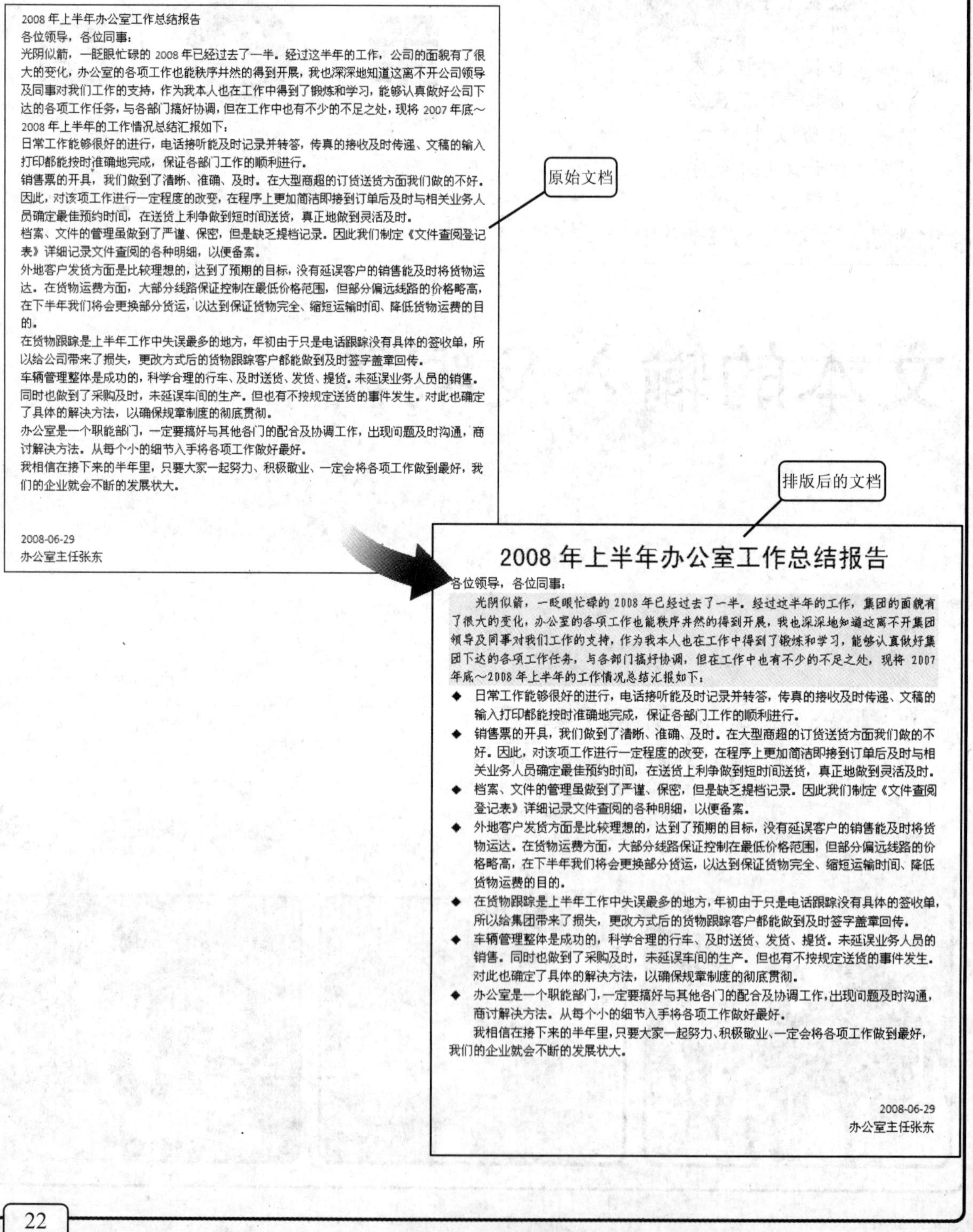

2008 年上半年办公室工作总结报告
各位领导，各位同事：
光阴似箭，一眨眼忙碌的 2008 年已经过去了一半。经过这半年的工作，公司的面貌有了很大的变化，办公室的各项工作也能秩序井然的得到开展，我也深深地知道这离不开公司领导及同事对我们工作的支持，作为我本人也在工作中得到了锻炼和学习，能够认真做好公司下达的各项工作任务，与各部门搞好协调，但在工作中也有不少的不足之处，现将 2007 年底～2008 年上半年的工作情况总结汇报如下：
日常工作能够很好的进行，电话接听能及时记录并转答，传真的接收及时传递、文稿的输入打印都能按时准确地完成，保证各部门工作的顺利进行。
销售票的开具，我们做到了清晰、准确、及时。在大型商超的订货送货方面我们做的不好。因此，对该项工作进行一定程度的改变，在程序上更加简洁即接到订单后及时与相关业务人员确定最佳预约时间，在送货上利争做到短时间送货，真正地做到灵活及时。
档案、文件的管理虽做到了严谨、保密，但是缺乏提档记录。因此我们制定《文件查阅登记表》详细记录文件查阅的各种明细，以便备案。
外地客户发货方面是比较理想的，达到了预期的目标，没有延误客户的销售能及时将货物运达。在货物运费方面，大部分线路保证控制在最低价格范围，但部分偏远线路的价格略高，在下半年我们将会更换部分货运，以达到保证货物完全、缩短运输时间、降低货物运费的目的。
在货物跟踪是上半年工作中失误最多的地方，年初由于只是电话跟踪没有具体的签收单，所以给公司带来了损失，更改方式后的货物跟踪客户都能做到及时签字盖章回传。
车辆管理整体是成功的，科学合理的行车、及时送货、发货、提货。未延误业务人员的销售。同时也做到了采购及时，未延误车间的生产。但也有不按规定送货的事件发生。对此也确定了具体的解决方法，以确保规章制度的彻底贯彻。
办公室是一个职能部门，一定要搞好与其他各门的配合及协调工作，出现问题及时沟通，商讨解决方法。从每个小的细节入手将各项工作做好最好。
我相信在接下来的半年里，只要大家一起努力、积极敬业、一定会将各项工作做到最好，我们的企业就会不断的发展状大。

2008-06-29
办公室主任张东

原始文档

排版后的文档

2008 年上半年办公室工作总结报告

各位领导，各位同事：

光阴似箭，一眨眼忙碌的 2008 年已经过去了一半。经过这半年的工作，集团的面貌有了很大的变化，办公室的各项工作也能秩序井然的得到开展，我也深深地知道这离不开集团领导及同事对我们工作的支持，作为我本人也在工作中得到了锻炼和学习，能够认真做好集团下达的各项工作任务，与各部门搞好协调，但在工作中也有不少的不足之处，现将 2007 年底～2008 年上半年的工作情况总结汇报如下：

- 日常工作能够很好的进行，电话接听能及时记录并转答，传真的接收及时传递、文稿的输入打印都能按时准确地完成，保证各部门工作的顺利进行。
- 销售票的开具，我们做到了清晰、准确、及时。在大型商超的订货送货方面我们做的不好。因此，对该项工作进行一定程度的改变，在程序上更加简洁即接到订单后及时与相关业务人员确定最佳预约时间，在送货上利争做到短时间送货，真正地做到灵活及时。
- 档案、文件的管理虽做到了严谨、保密，但是缺乏提档记录。因此我们制定《文件查阅登记表》详细记录文件查阅的各种明细，以便备案。
- 外地客户发货方面是比较理想的，达到了预期的目标，没有延误客户的销售能及时将货物运达。在货物运费方面，大部分线路保证控制在最低价格范围，但部分偏远线路的价格略高，在下半年我们将会更换部分货运，以达到保证货物完全、缩短运输时间、降低货物运费的目的。
- 在货物跟踪是上半年工作中失误最多的地方，年初由于只是电话跟踪没有具体的签收单，所以给集团带来了损失，更改方式后的货物跟踪客户都能做到及时签字盖章回传。
- 车辆管理整体是成功的，科学合理的行车、及时送货、发货、提货。未延误业务人员的销售。同时也做到了采购及时，未延误车间的生产。但也有不按规定送货的事件发生。对此也确定了具体的解决方法，以确保规章制度的彻底贯彻。
- 办公室是一个职能部门，一定要搞好与其他各门的配合及协调工作，出现问题及时沟通，商讨解决方法。从每个小的细节入手将各项工作做好最好。

我相信在接下来的半年里，只要大家一起努力、积极敬业、一定会将各项工作做到最好，我们的企业就会不断的发展状大。

2008-06-29
办公室主任张东

2.1.1　输入文档内容

随书光盘中“\实例素材\第 2 章\02.docx”，是一份已经输入好的“工作总结报告”。下面介绍其中的标点符号、数字、符号和时间的输入方法。

1　输入标点符号

常见的标点符号“,”（逗号）、“。”（句号）、“、”（顿号）、“!”（感叹号）、“？”（问号）和“%”（百分号）都可以直接通过键盘输入。

1　符号键上一般印有两个标点（如下图所示）。如果要输入下方的标点，则直接按符号键即可。如果要输入上方的标点，则要在按住〈Shift〉键的同时，再要按符号键即可。

要输入上方的符号，则在按住〈Shift〉键的同时，再按符号键即可

2　输入完“:”后的效果如下图所示。

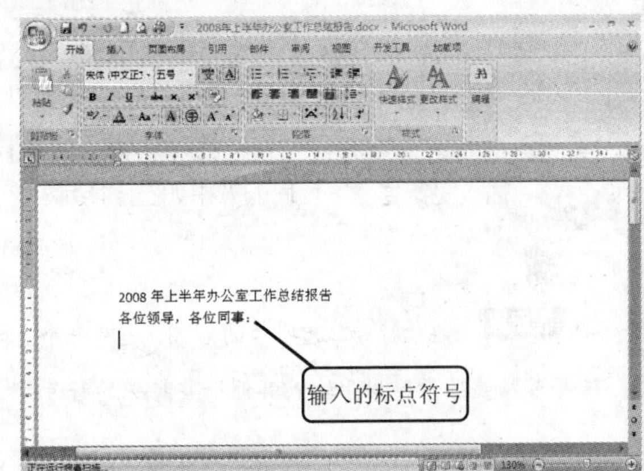

2　输入数字

在文档输入过程中，有时需要输入各类数字。可以利用键盘上的数字键区快速输入数字。

当按下〈Num Lock〉键时（Num Lock 指示灯亮），表示可以通过小键盘区输入数字。再次按下该键（即 Num Lock 指示灯熄灭），表示不可以通过小键盘输入数字，如右图所示。

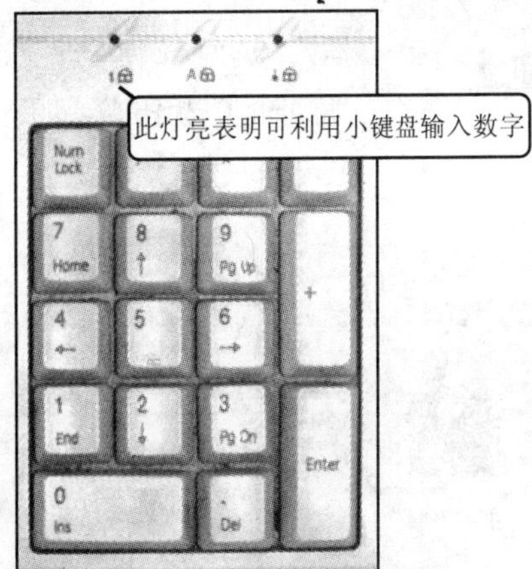

3　插入符号

符号“～”无法通过键盘直接输入。下面就来介绍符号的插入方法。

1 打开“功能区”中的“插入”选项卡，在“符号”选项组中单击 Ω 符号 按钮，在弹出的下拉列表中单击“其他符号”按钮，如下图所示。

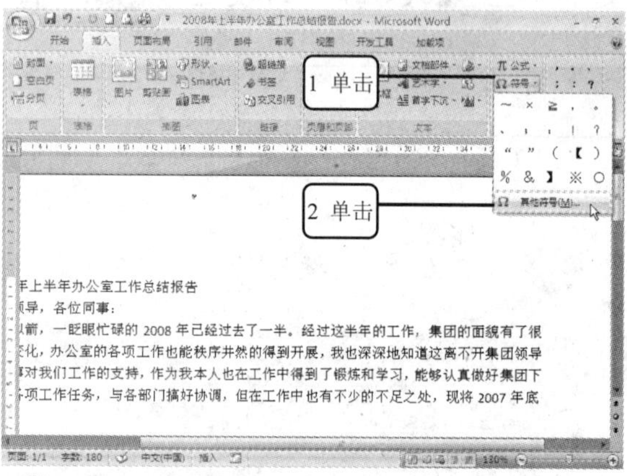

2 弹出“符号”对话框，拖动右侧的滚动条至最下方即可看到符号“～”，单击该符号，然后单击“插入”按钮，如下图所示。

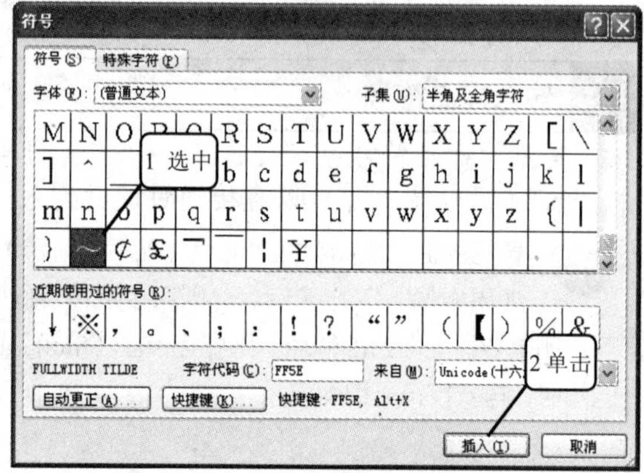

3 插入完符号“～”后的效果如右图所示。

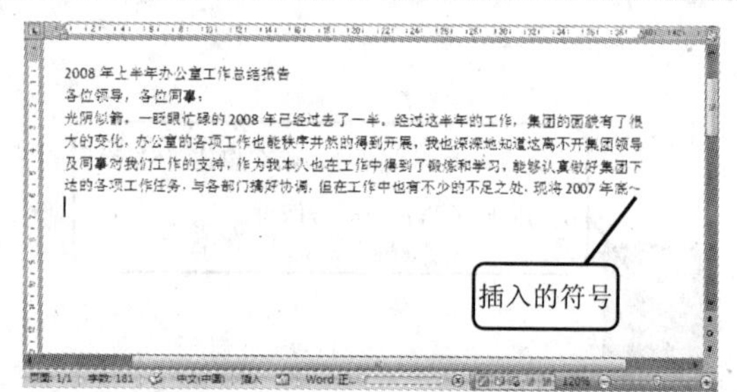

提示您 在“符号”选项卡的右侧，还有一个“特殊符号”选项卡，用于输入其他一些特殊的符号。

4 插入时间

在文档输入过程中有时需要插入当前的日期，可以直接输入，也可以直接插入。插入的具体操作步骤如下。

1 打开“插入”选项卡，单击“文本”选项组中的“日期和时间”按钮，如下图所示。

2 弹出“日期和时间”对话框，在对话框左侧的“可用格式”列表框中选择一种合适的格式，然后单击“确定”按钮，如下图所示，即可在文档中插入系统的当前时间。

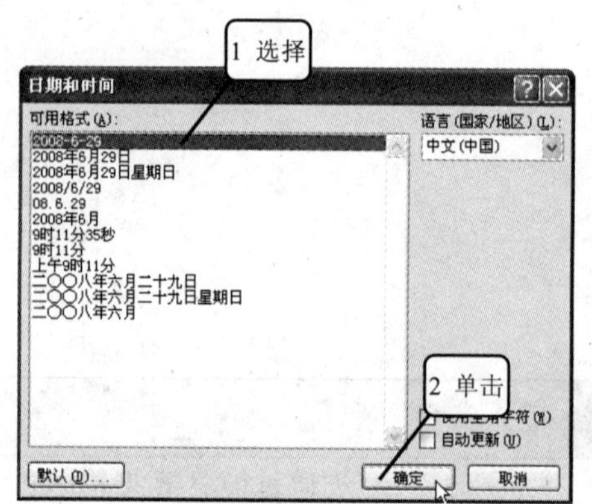

经验谈　插入的这个时间，和计算机中的系统时间是一致的。要保证插入的时间正确，得首先保证系统时间是正确的。

2.1.2　设置段落对齐方式

标题文字“2008 年上半年办公室工作总结报告”一般处于该行的正中位置，而下面的日期和署名一般都在右下角。下面就来设置标题和日期的位置。

1　将光标放在文档顶部的“2008 年上半年办公室工作总结报告”所在行，打开“开始”选项卡，单击“段落”选项组中的“居中”按钮，如下图所示。

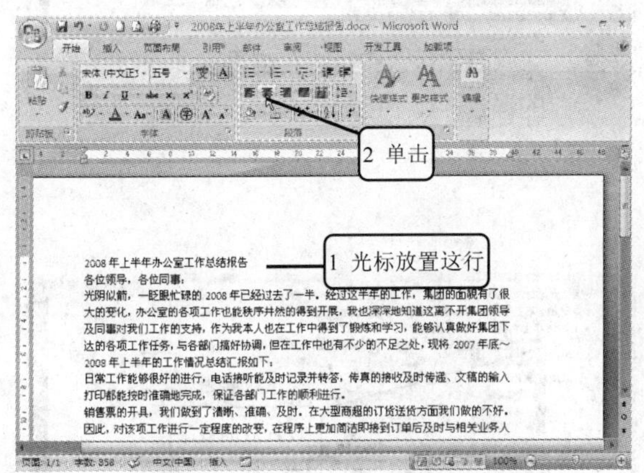

2　可以看到文字“2008 年上半年办公室工作总结报告”为居中对齐，如下图所示。

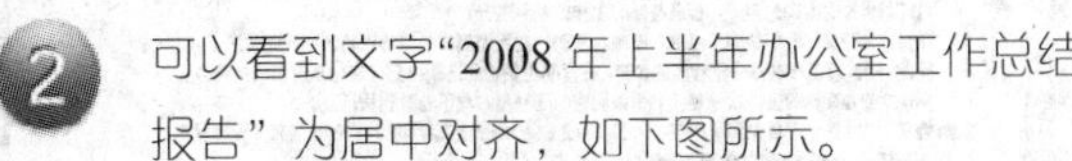

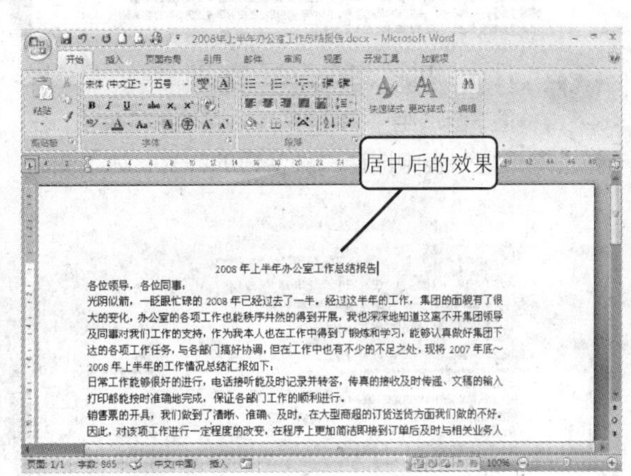

3　将光标放在“2008-6-29”一行的左侧，当光标变为状时按下鼠标左键并向下拖动，即可将这两行文字选中，如下图所示。

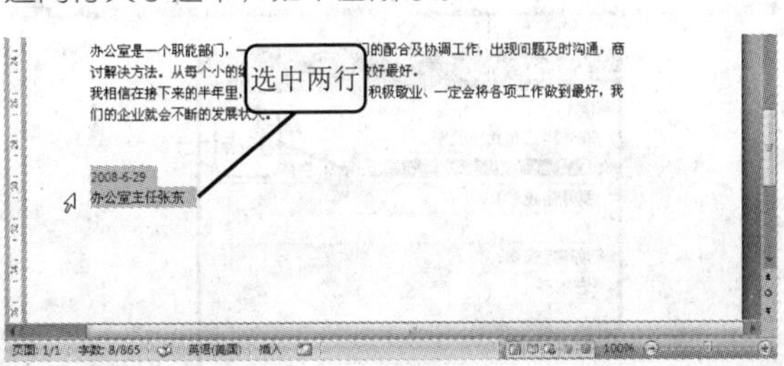

4　打开“功能区”中的“开始”选项卡，在“段落”选项组中单击“右对齐”按钮，可以看到该行为右对齐，如下图所示。

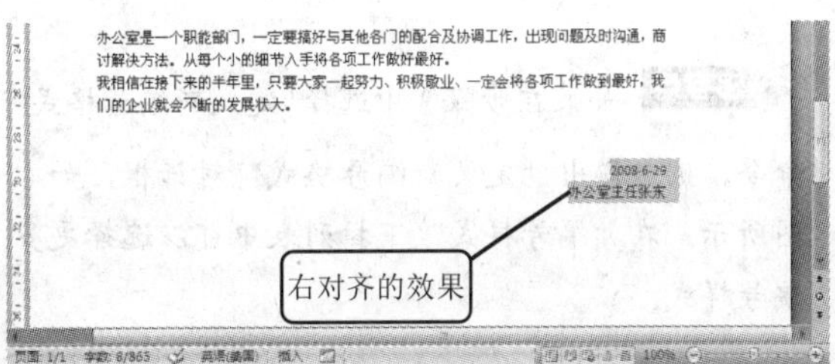

2.1.3　设置段落的项目符号和编号

项目符号可以表示文本的并列关系，而编号则一般用来表示文本的顺序关系或数量关系。在文档中添加项目符号和编号，不但可以使文档界面美观，而且可以增加其层次感，以便大家阅读。

1 设置段落的编号

1 将光标放在“日常工作……”一行的左侧，当光标变为状时单击，即可将该行选中，如下图所示。

2 按住鼠标左键不放并向下拖动，这样即可选中多行，如下图所示。

3 打开“功能”区中的“开始”选项卡，在“段落”选项组中单击右侧的下三角按钮，在弹出的下拉列表中选择一种合适的样式，如下图所示。

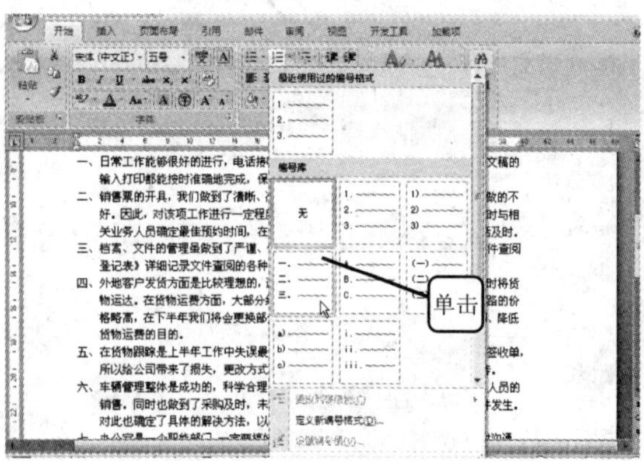

4 可以看到被选中行的左侧添加了一、二、三、的样式，如下图所示。

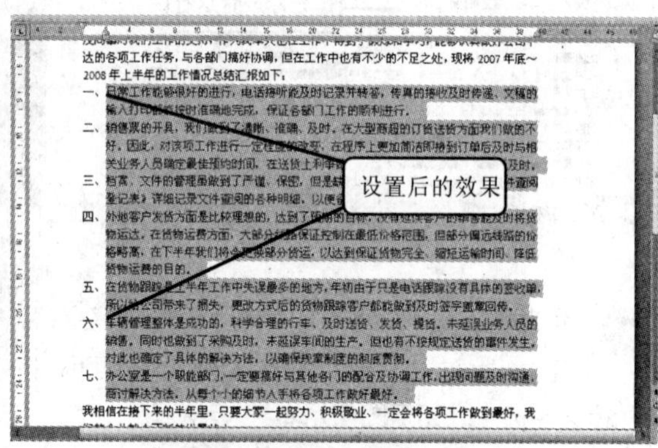

多学点 如果在步骤 3 中选择“定义新编号格式”命令，则会弹出“定义新编号格式”对话框，如右图所示。在“编号样式”下拉列表中可以选择更多编号样式。

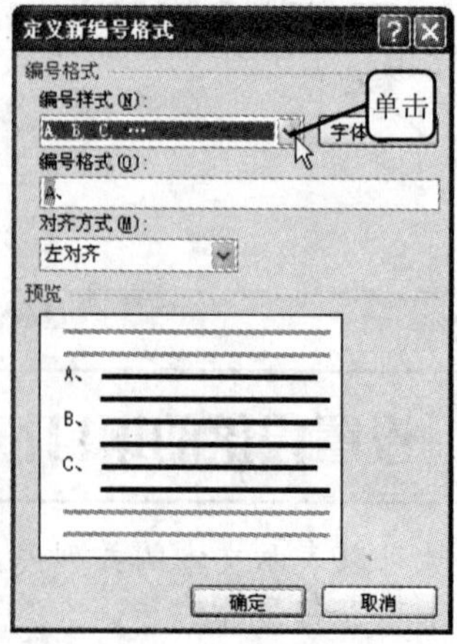

2 设置段落的项目符号

1 打开“功能”区中的“开始”选项卡，在“段落”选项组中单击下三角按钮，在弹出的下拉列表中选择一种合适的项目符号，如下图所示。

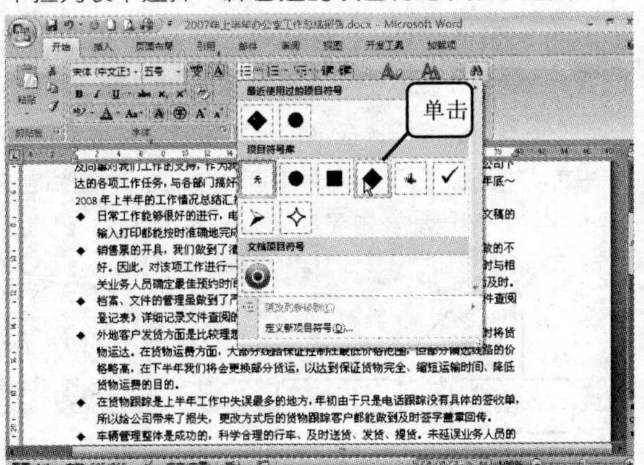

2 即可给选定的段落左侧添加项目符号◆，如下图所示。

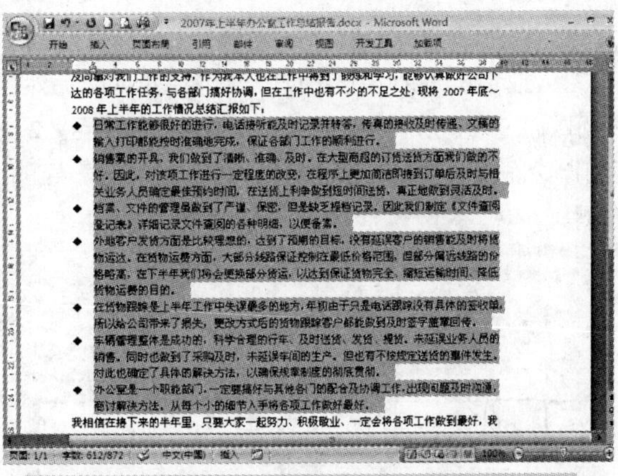

多学点 如果选择“更改列表级别”命令，则会弹出子菜单，如右图所示。各级别的项目符号依次向右缩进，项目符号向右缩进得越多，表示该项目级别最低。

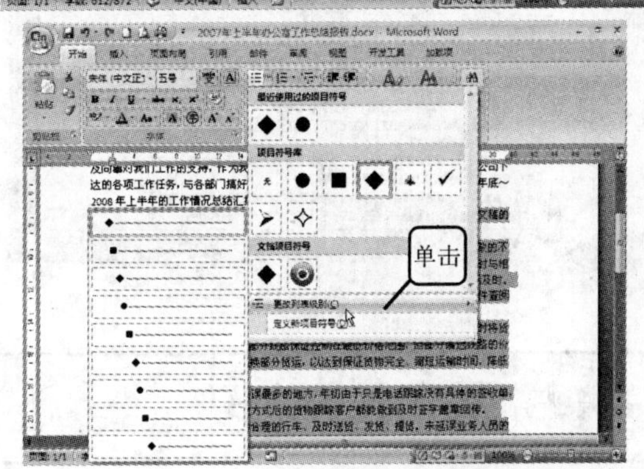

多学点 如果在步骤 1 中选择“定义新项目符号”命令，则会弹出“定义新项目符号”对话框，如右图所示。如果单击“符号”按钮，则会弹出“符号”对话框。如果单击“图片”按钮，则会弹出“图片项目符号”对话框。

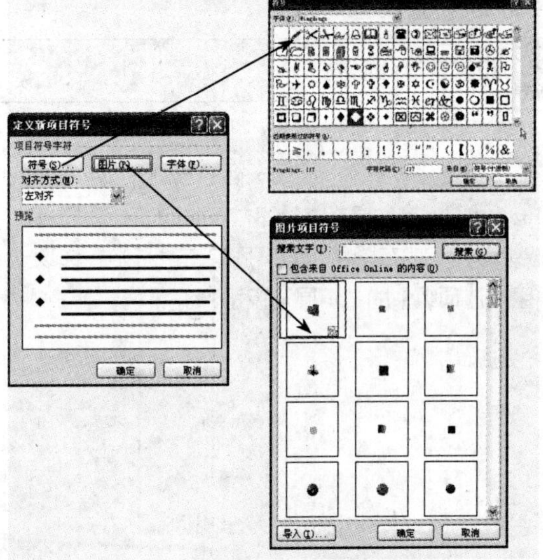

2.1.4 设置文字的字体、字号

标题文字的字体一般都比较醒目，字号要比正文大，而且字体也与正文有所区别。下面就来设置标题的字体和字号。

1 将光标放在标题文字的左侧，当光标变为状时单击，即可将该行选中，如下图所示。另外，还可以通过以下方法选中文字：先将光标移动至“2”字前，然后按住鼠标左键，将光标拖动至“告”字的右侧。

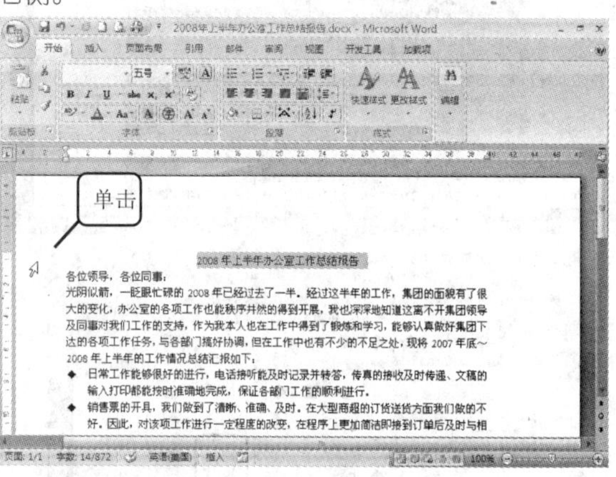

2 打开“功能区”中的“开始”选项卡，在“字体”选项组中进行如下设置：单击宋体（中文正文）按钮，在下拉列表中选择“黑体”；单击五号按钮，在下拉列表中选择“二号”，则标题文字的字体、字号都发生了变化，如下图所示。

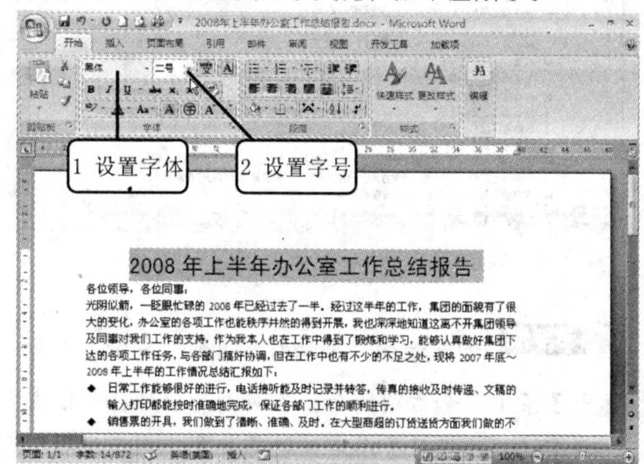

2.1.5 设置段落格式

下面设置段落的格式。

1 设置首行缩进

按照现在人们的阅读习惯，一般每段的首行都要缩进两个文字，具体操作如下。

1 将光标移到第一段第一行的左侧，当光标变成时，按住鼠标左键不放，并向下拖动鼠标即可选中多行，如右图所示。然后单击“开始”选项卡“段落”选项组中的“扩展”按钮。

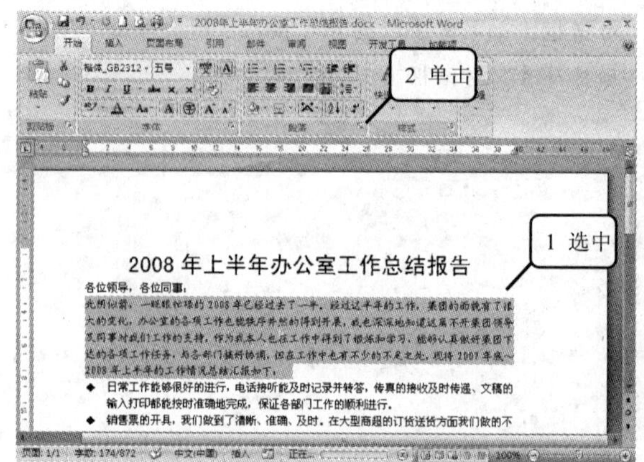

2 打开“段落”对话框，在“特殊格式”下拉列表中选择“首行缩进”项，右侧“磅值”文本框中默认为“2字符”，如下图所示。

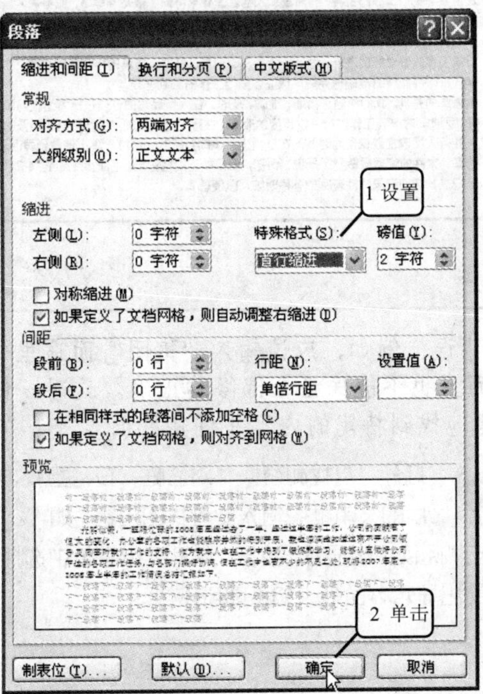

3 可以看到该段首行缩进了两个字符，如下图所示。

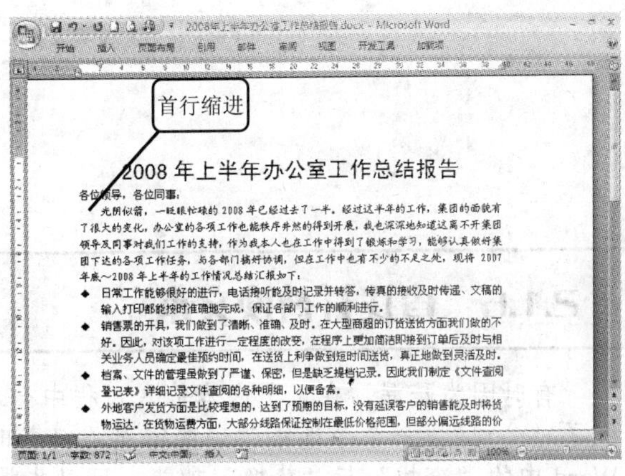

多学点 在步骤2中还可以设置段落的对齐方式，可参考“拓展与提高”中的2.2.7节内容。

2 设置段落底纹

还可以为段落添加底纹，具体操作方法如下。

1 选中正文第一段文字，打开“开始”选项卡，单击“段落”选项组中的下三角按钮，从弹出的下拉菜单中选择“边框和底纹”命令，如下图所示。

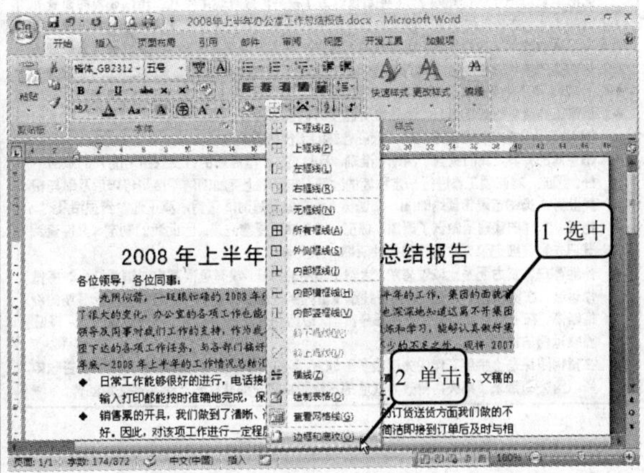

2 弹出“边框和底纹”对话框，在“填充”下拉列表中选择一种颜色，然后单击“确定”按钮，如下图所示。

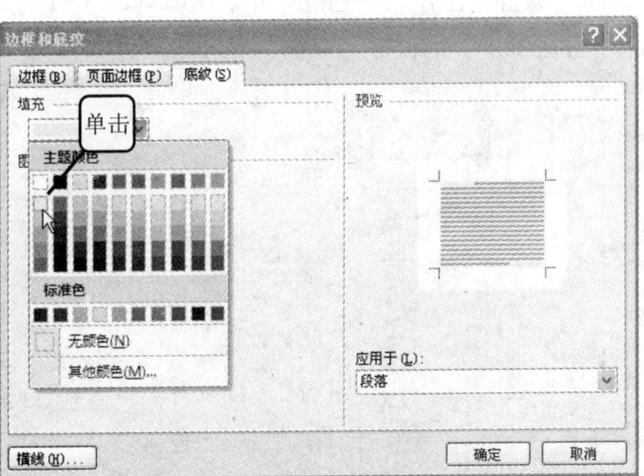

可以看到该段被添加了底纹，效果如右图所示。

2008 年上半年办公室工作总结报告

各位领导，各位同事：

光阴似箭，一眨眼忙碌的 2008 年已经过去了一半。经过这半年的工作，集团的面貌有了很大的变化，办公室的各项工作也能秩序井然的得到开展，我也深深地知道这离不开集团领导及同事对我们工作的支持，作为我本人也在工作中得到了锻炼和学习，能够认真做好集团下达的各项工作任务，与各部门搞好协调，但在工作中也有不少的不足之处，现将 2007 年底～2008 年上半年的工作情况总结汇报如下：

- 日常工作能够很好的进行，电话接听能及时记录并转答，传真的接收及时传递、文稿的输入打印都能按时准确地完成，保证各部门工作的顺利进行。
- 销售票的开具，我们做到了清晰、准确、及时。在大型商超的订货送货方面我们做的不好。因此，对该项工作进行一定程度的改变，在程序上更加简洁即接到订单后及时与相关业务人员确定最佳预约时间，在送货上利争做到短时间送货，真正地做到灵活及时。
- 档案、文件的管理虽做到了严谨、保密，但是缺乏提档记录。因此我们制定《文件查阅登记表》详细记录文件查阅的各种明细，以便备案。

2.1.6 查找并替换文本

有时因为疏漏，在正文内容输入过程中会出现错误。例如，应该输入“集团”而这里却输入了“公司”。一个个地修改这些错误不仅费时，而且也不能保证全部修改正确。这时，使用 Word 中的“查找”与“替换”功能，可以非常快捷地找到特定的内容并将其更正。

打开“开始”选项卡，单击“编辑”选项组中的“查找”按钮，如下图所示。

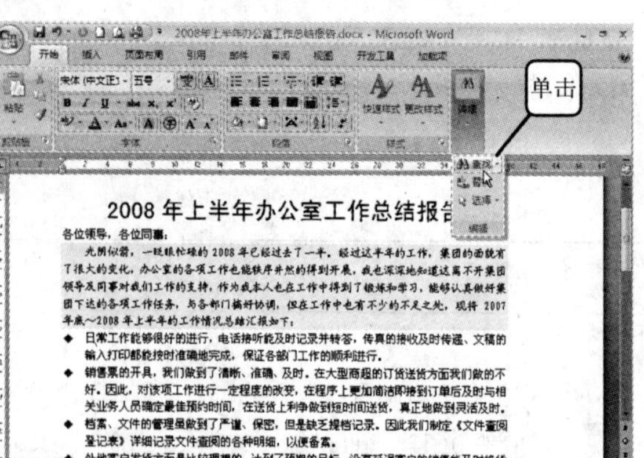

2 打开“查找和替换”对话框，在“查找内容”后的文本框中输入要查找的内容，如“公司”，单击“阅读突出显示”按钮，从其下拉菜单中选择“全部突出显示”命令，如下图所示。

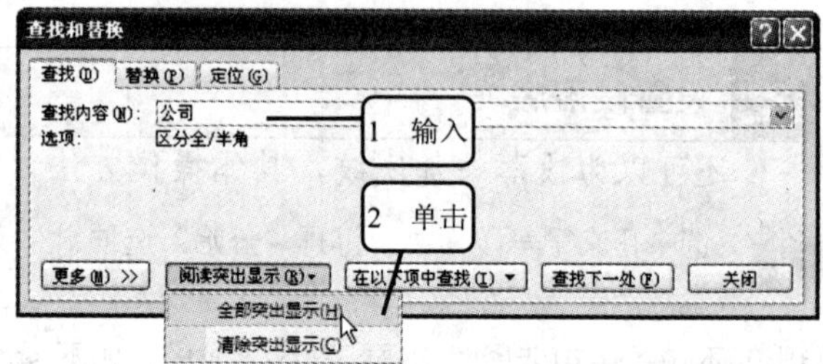

3 在文档中符合查找条件的内容将会以黄色背景显示出来，如右图所示。这样可以了解到文档中存在多少个错误。

各位领导，各位同事：

光阴似箭，一眨眼忙碌的 2008 年已经过去了一半。经过这半年的工作，公司的面貌有了很大的变化，办公室的各项工作也能秩序井然的得到开展，我也深深地知道这离不开公司领导及同事对我们工作的支持，作为我本人也在工作中得到了锻炼和学习，能够认真做好公司下达的各项工作任务，与各部门搞好协调，但在工作中也有不少的不足之处，现将 2007 年底～2008 年上半年的工作情况总结汇报如下：

突出显示的内容

- 日常工作能够很好的进行，电话接听能及时记录并转答，……稿的输入打印都能按时准确地完成，保证各部门工作的顺利进行。
- 销售票的开具，我们做到了清晰、准确、及时。在大型商超的订货送货方面我们做的不好。因此，对该项工作进行一定程度的改变，在程序上更加简洁即接到订单后及时与相关业务人员确定最佳预约时间，在送货上利争做到短时间送货，真正地做到灵活及时。
- 档案、文件的管理虽做到了严谨、保密，但是缺乏提档记录。因此我们制定《文件查阅登记表》详细记录文件查阅的各种明细，以便备案。
- 外地客户发货方面是比较理想的，达到了预期的目标，没有延误客户的销售能及时将货物运达。在货物运费方面，大部分线路保证控制在最低价格范围，但部分偏远线路的价格略高，在下半年我们将会更换部分货运，以达到保证货物完全、缩短运输时间、降低货物运费的目的。
- 在货物跟踪是上半年工作中失误最多的地方，年初由于只是电话跟踪没有具体的签收单，所以给公司带来了损失，更改方式后的货物跟踪客户都能做到及时签字盖章回传。

4 打开“替换”选项卡，在“查找内容”中已经输入了刚才查找的内容“公司”，现在在“替换为”文本框中输入要替换成的正确内容，这里输入“集团”，然后单击“全部替换”按钮，如下图所示。

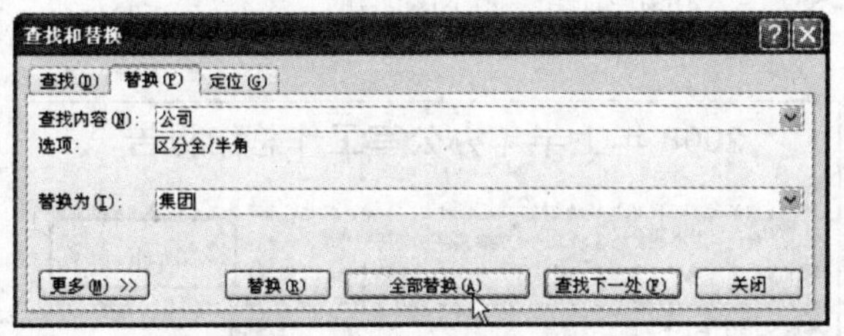

5 Word 将自动对符合条件的文字进行替换，替换完成后，弹出如下图所示的对话框，在该对话框中显示了替换成功的数量，单击“确定”按钮。

多学点　利用“查找”与“替换”功能，不仅可以进行这种简单的文字查找和替换，还可以对包括多种格式的文字进行“查找”与“替换”，具体操作请参见本章“拓展与提高”部分。

2.1.7　撤销和恢复操作

俗话说“世上没有后悔药”，可是在 Word 里就有这么一种“后悔药”，只要不关闭当前正在编辑的文档，就可以返回到从本次打开该文档后所做的任一步操作。

单击“快速访问工具栏”中的按钮，即可撤销此前的最后一步操作。如果单击按钮右侧的下三角按钮，在弹出的下拉列表中将显示之前的所有操作，如右图所示。可以单击其中的某一步，从而撤销之前的某些操作。

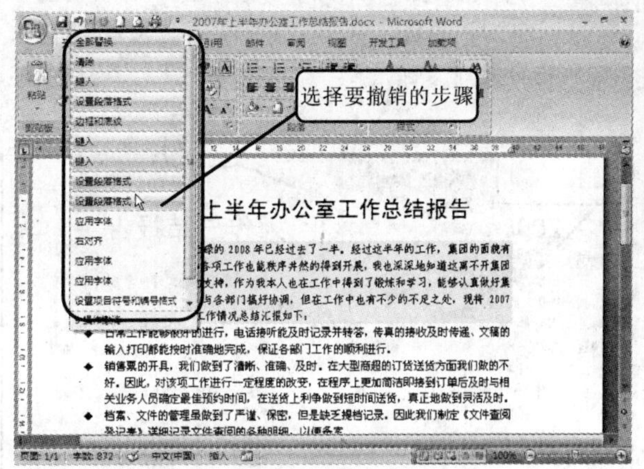

如果感觉撤销不恰当，可以单击“快速访问工具栏”中的按钮

经验谈　还可以利用快捷键实现撤销和恢复：按〈Ctrl+Z〉组合键即可撤销此前的最后一步操作；按〈Ctrl+Y〉组合键则可重复执行此前的最后一步操作。

2.1.8　移动文本

移动文本，是指将文档中某处的文本放置到该文档的其他位置，而原位置的文本将消失。

在文档编辑中，有时为了调整语句和段落的先后次序，可能要对某部分内容的位置进行移动。

1 使用拖动的方法移动文本

下面介绍使用鼠标拖动的方法。

1. 选中要移动的文本，然后将光标放在选中区域上，当光标变为状时，按住鼠标左键并拖动，如下图所示。

2. 到新位置后释放鼠标，即可将选中文本移动到指定位置，如下图所示。

2008 年上半年办公室工作总结报告

各位领导，各位同事：

光阴似箭，一眨眼忙碌的 2008 年已经过去了一半。经过这半年的工作，集团的面貌有了很大的变化，办公室的各项工作也能秩序井然的得到开展，我也深深地知道这离不开集团领导及同事对我们工作的支持，作为我本人也在工作中得到了锻炼和学习，能够认真做好集团下达的各项工作任务，与各部门搞好协调，但在工作中也有不少的不足之处，现将 2007 年底～2008 年上半年的工作情况总结汇报如下：

- 日常工作能够很好的进行，电话接听能及时记录并转答，传真的接收及时传递、文稿的输入打印都能按时准确地完成，保证各部门工作的顺利进行。
- 销售票的开具，我们做到了清晰、准确、及时。在大型商超的订货送货方面我们做的不好。因此，对该项工作进行一定程度的改变，在程序上更加简洁即接到订单后及时与相关业务人员确定最佳预约时间，在送货上利争做到短时间送货，真正地做到灵活及时。
- 档案、文件的管理虽做到了严谨、保密，但是缺乏提档记录。因此我们制定《文件查阅登记表》详细记录文件查阅的各种明细，以便备案。

开始拖动

2008 年上半年办公室工作总结报告

：

光阴似箭，一眨眼忙碌的 2008 年已经过去了一半。经过这半年的工作，集团的面貌有了很大的变化，办公室的各项工作也能秩序井然的得到开展，我也深深地知道这离不开集团领导及同事对我们工作的支持，作为我本人也在工作中得到了锻炼和学习，能够认真做好集团下达的各项工作任务，与各部门搞好协调，但在工作中也有不少的不足之处，现将 2007 年底～2008 年上半年的工作情况总结汇报如下：各位领导，各位同事

- 日常工作能够很好的进行，电话接听能及时记录并转答，传真的接收及时传递、文稿的输入打印都能按时准确地完成，保证各部门工作的顺利进行。
- 销售票的开具，我们做到了清晰、准确、及时。在大型商超的订货送货方面我们做的不好。因此，对该项工作进行一定程度的改变，在程序上更加简洁即接到订单后及时与相关业务人员确定最佳预约时间，在送货上利争做到短时间送货，真正地做到灵活及时。
- 档案、文件的管理虽做到了严谨、保密，但是缺乏提档记录。因此我们制定《文件查阅登记表》详细记录文件查阅的各种明细，以便备案。

移动后的位置

2 使用右键菜单和快捷键

除了使用鼠标直接拖动文本外，还可以选择快捷菜单中的“剪切”和“粘贴”命令来完成。

1. 选中要移动的文本并单击鼠标右键，从弹出的菜单中选择“剪切”命令（或按快捷键〈Ctrl+C〉），如下图所示。

2. 将光标定位到要移动到的目标位置，单击鼠标右键，从弹出的菜单中选择“粘贴”命令（或按快捷键〈Ctrl+V〉），如下图所示，即可将剪切的内容粘贴到目标位置上。

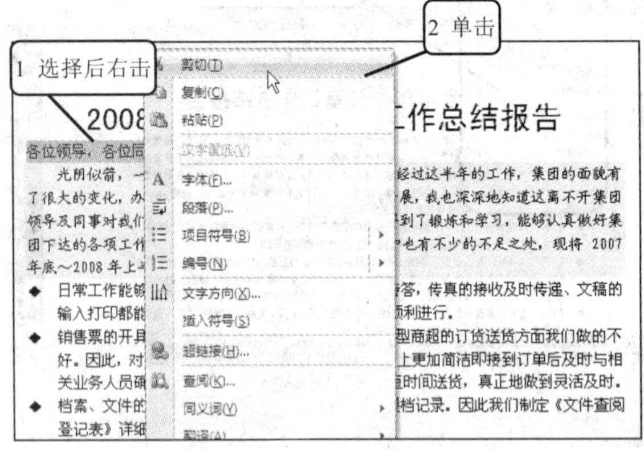

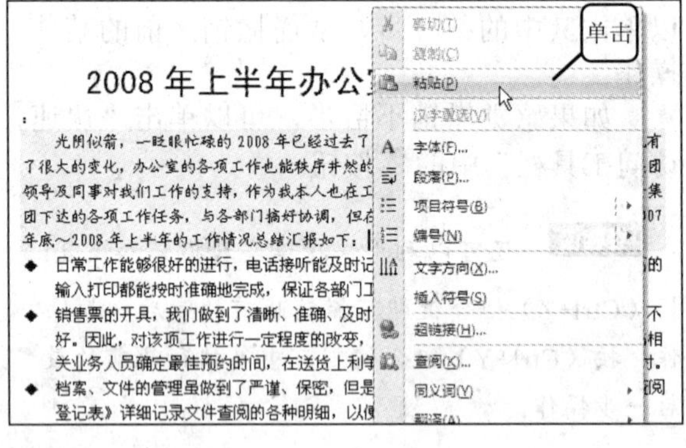

提示您 在选择连续的且内容较多的文本时，可以在这些文本的首字符处单击，然后在按住〈Shift〉键的同时，将光标定位于要选择文本的末尾并单击，则在两次单击范围内的所有文本都将被选中。

2.1.9 复制文本

复制文本与移动文本的区别在于，经过复制后其原位置仍然存在文本，并在新位置创建一份相同的文本。为了提高效率，可能会对相同的文字、语句或段落内容进行复制操作，以节省输入的时间。

复制文本通常也有两种方法。

1　使用拖动的方法复制文本

使用鼠标拖动的方法复制文本。

1. 选中要复制的文本。然后在按住〈Ctrl〉键的同时拖动该文本，光标将变为状，表示正在移动并复制文本，如右图所示。
2. 到达目标位置后，先释放鼠标左键，然后释放〈Ctrl〉键。

2　使用右键快捷菜单复制文本

使用右键快捷菜单复制文本。

1. 选中要复制的文本，在选中区域上单击鼠标右键，从弹出的菜单中选择“复制”命令，如下图所示。

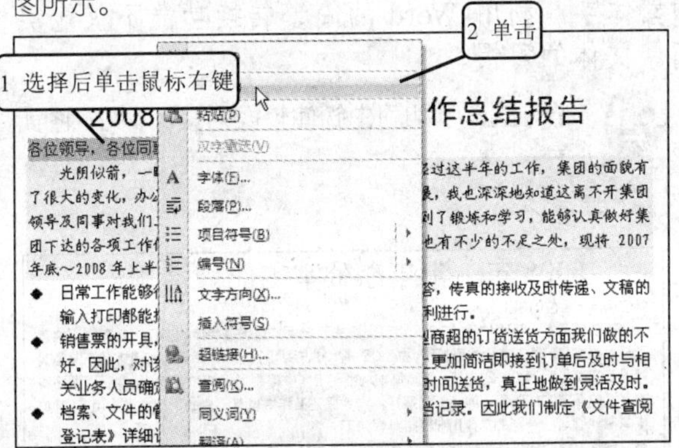

2. 将光标定位于要复制到的目标位置并单击鼠标右键，从弹出的菜单中选择“粘贴”命令，即可将选中文本粘贴到新位置上，如下图所示。

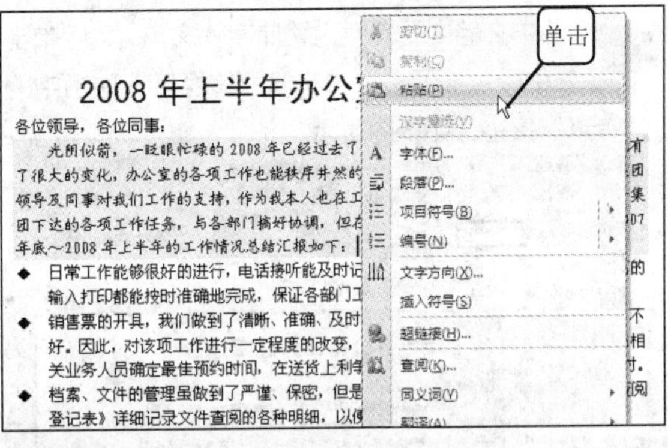

2.1.10　统计文档中的字数

当编写完一篇文档时，相信你肯定说不清其中一共有多少个字，而如果一个字一个字地去数，不仅太麻烦，而且还不一定准确。更重要的是，如果领导要求你在规定的字数范围内编写一篇文档，那麻烦就更大了。

但是不用担心，Word 提供了一项自动计算文档中字数的功能，只要使用它，就会对自己编写的文档字数一清二楚了。

1 在文档编辑过程中，可以通过“状态栏”方便地了解当前文档的总字数，如下图所示。

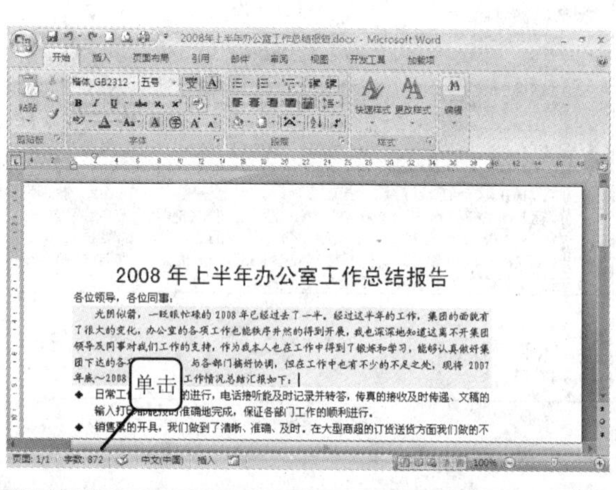

2 单击“字数”按钮将弹出“字数统计”对话框。在该对话框中可查看页数、字数、字符数、段落数、行数等相关信息，而且相当精确，如下图所示。

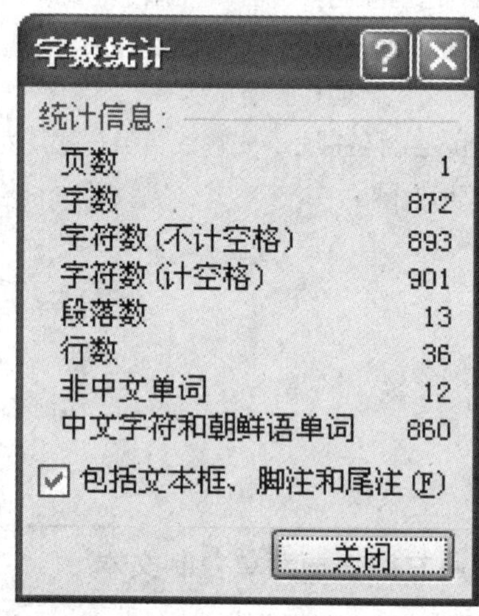

2.1.11 实现汉字简繁体转换

如果和香港、台湾等地区进行交流，会用到繁体字。利用 Word 的简繁转换功能不仅能实现字体的转化，而且在遣词造句等方面也符合简繁文体的习惯。

1 选中文档中要转换为繁体字的文本，然后单击“审阅”选项卡“中文简繁转换”选项组中的“简转繁”按钮，如下图所示。

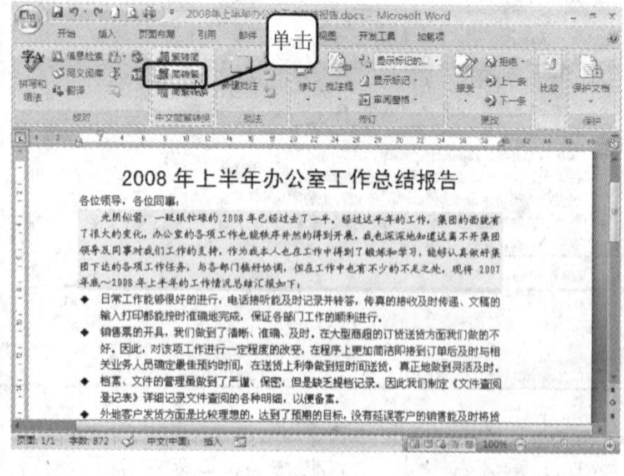

2 选中的文字即可由简体转换为繁体，如下图所示。

2008 年上半年辦公室工作總結報告

各位領導，各位同事：

光陰似箭，一眨眼忙碌的 2008 年已經過去了一半。經過這半年的工作，集團的面貌有了很大的變化，辦公室的各項工作也能秩序井然的得到開展，我也深深地知道這離不開集團領導及同事對我們工作的支持，作爲我本人也在工作中得到了鍛煉和學習，能夠認真做好集團下達的各項工作任務，與各部門搞好協調，但在工作中也有不少的不足之處，現將 2007 年底～2008 年上半年的工作情況總結彙報如下：

- 日常工作能夠很好的進行，電話接聽能及時記錄並轉答，傳真的接收及時傳遞、文稿的輸入列印都能按時準確地完成，保證各部門工作的順利進行。
- 銷售票的開具，我們做到了清晰、準確、及時。在大型商超的訂貨送貨方面我們做的不好。因此，對該項工作進行一定程度的改變，在程式上更加簡潔即接到訂單後及時與相關業務人員確定最佳預約時間，在送貨上利爭做到短時間送貨，真正地做到靈活及時。
- 檔案、檔的管理雖做到了嚴謹、保密，但是缺乏提檔記錄。因此我們制定《檔查閱登記表》詳細記錄檔查閱的各種明細，以便備案。
- 外地客戶發貨方面是比較理想的，達到了預期的目標，沒有延誤客戶的銷售能及時將貨物運達。在貨物運費方面，大部分線路保證控制在最低價格範圍，但部分偏遠線路的價格略高，在下半年我們將會更換部分貨運，以達到保證貨物完全、縮短運輸時間、降低貨物運費的目的。

同理，也可以将繁体文字转换为简体文字。如果要将繁体字转换为简体字，可以单击“审阅”选项卡“中文简繁转换”选项组中的“繁转简”按钮。

2.2 拓展与提高

2.2.1 选择文本的常用方法

在前面的讲解中，主要都是选择连续的文本。而在日常的编辑中，可能经常要选择不连续的，或是整行、整段或全篇的文本。这就需要用到一些选择文本的技巧。

1 利用鼠标精确选择部分文档的方法是：在需要选定区域的开始处单击，按住〈Shift〉键后将光标移到选定区域的结尾处并单击鼠标，即可选定这一区域，如下图所示。

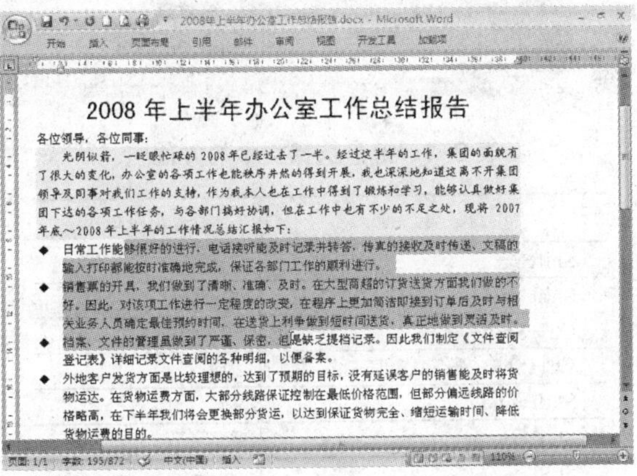

2 选择不连续文本的方法是：先选中第一部分文本，然后按住〈Ctrl〉键，再用鼠标拖动的方式选择其他部分的文本。选择后的结果如下图所示。

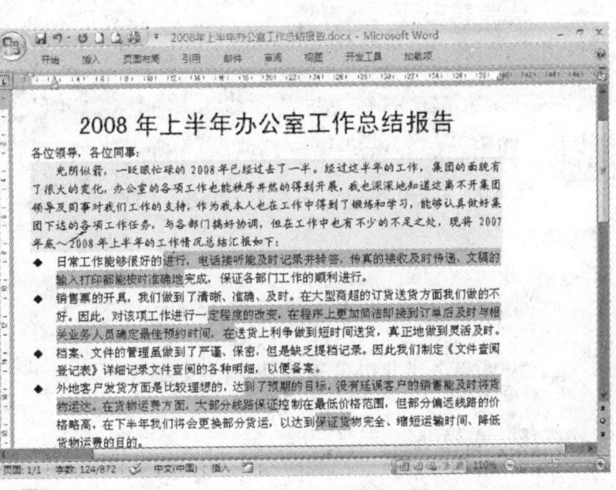

3 选择单行文本的方法是：将光标移至要选择文本段的左侧，当光标变成状时单击，则可将该行选中，如下图所示。

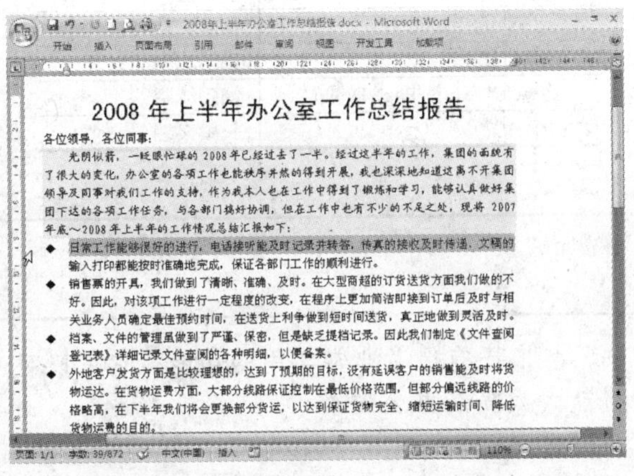

4 选择多行文本的方法是：将光标移到要选择文本段的左侧范围内，当光标变成状时，按住鼠标左键不放，并向下拖动鼠标即可选中多行，如下图所示。

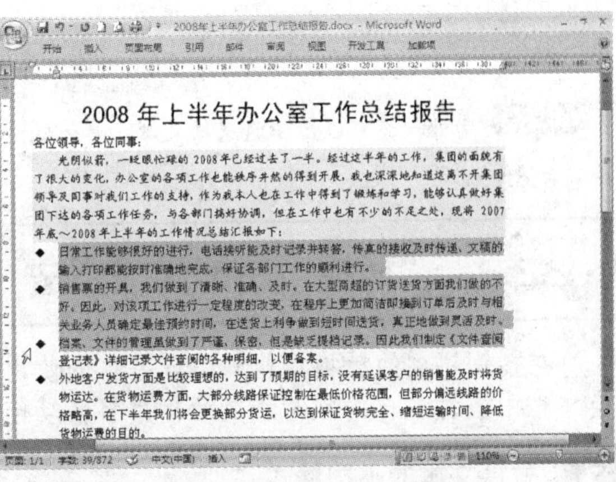

5 选择整段文本的方法是：将光标移至要选择文本段的左侧，当光标变成↗状时双击，则可将该段选中，如下图所示。

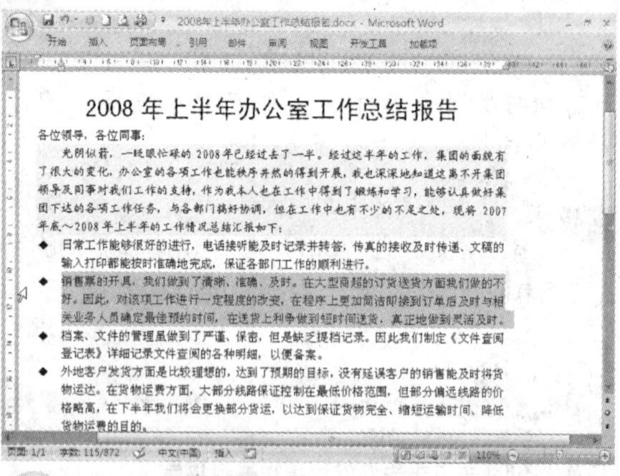

2008 年上半年办公室工作总结报告

各位领导，各位同事：

光阴似箭，一眨眼忙碌的 2008 年已经过去了一半。经过这半年的工作，集团的面貌有了很大的变化，办公室的各项工作也能秩序井然的得到开展，我也深深地知道这离不开集团领导及同事对我们工作的支持，作为我本人也在工作中得到了锻炼和学习，能够认真做好集团下达的各项工作任务，与各部门搞好协调，但在工作中也有不少的不足之处，现将 2007 年底～2008 年上半年的工作情况总结汇报如下：

- 日常工作能够很好的进行，电话接听能及时记录并转答，传真的接收及时传递、文稿的输入打印都能按时准确地完成，保证各部门工作的顺利进行。
- 销售票的开具，我们做到了清晰、准确、及时。在大型商超的订货送货方面我们做的不好。因此，对该项工作进行一定程度的改变，在程序上更加简洁即接到订单后及时与相关业务人员确定最佳预约时间，在送货上利争做到短时间送货，真正地做到灵活及时。
- 档案、文件的管理虽做到了严谨、保密，但是缺乏提档记录。因此我们制定《文件查阅登记表》详细记录文件查阅的各种明细，以便备案。
- 外地客户发货方面是比较理想的，达到了预期的目标，没有延误客户的销售能及时将货物运达。在货物运费方面，大部分线路保证控制在最低价格范围，但部分偏远线路的价格略高，在下半年我们将会更换部分货运，以达到保证货物完全、缩短运输时间、降低货物运费的目的。

6 选择全部文本的方法是：将光标移至任意文本行的左侧，当光标变成↗状时三击，则可选中全部文本（或者直接按快捷键〈Ctrl+A〉），如下图所示。

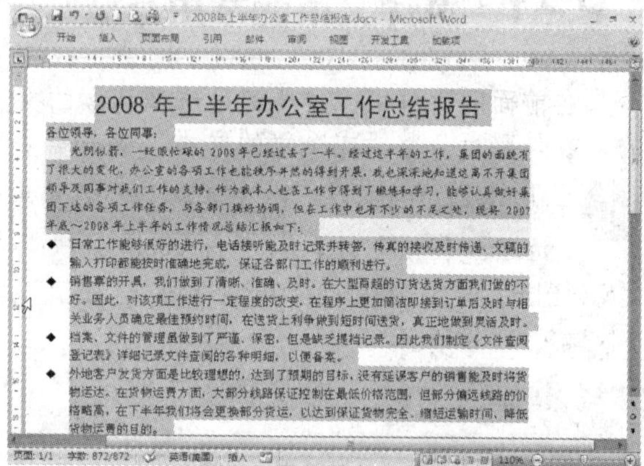

7 如果要纵向选择某一方块区域的文本：在按住〈Alt〉键的同时，用鼠标拖动进行选择，如下图所示。

多学点 另外，还可以用键盘选择文本，具体的方法如表 2-1 所示。

表 2-1 键盘选择文本的方法

组 合 键	选定区域
〈Shift+→〉	右侧的一个字符
〈Shift+←〉	左侧的一个字符
〈Ctrl+Shift+→〉	单词结尾
〈Ctrl+Shift+←〉	单词开始
〈Shift+End〉	移至行尾
〈Shift+Home〉	移至行首
〈Shift+↓〉	下一行
〈Shift+↑〉	上一行
〈Ctrl+Shift+↓〉	段尾
〈Ctrl+Shift+↑〉	段首
〈Shift+Page Down〉	下一屏
〈Shift+Page Up〉	上一屏
〈Ctrl+Shift+ Home〉	移至文档开头
〈Ctrl+Shift+ End〉	移至文档结尾
〈Alt+ Ctrl+Shift+Page Down〉	窗口结尾
〈Ctrl+A〉	整篇文档

2.2.2 “替换”功能高级方法

在前面讲到的替换操作只是最基本的使用方法，替换还有很多非常实用的功能，它可以替换文档中各种各样的字符。灵活运用替换功能，将能大大提高办公效率。

1 替换文本的不同格式

下面将文档中的“公司”由原先的“宋体”改为“隶书”，具体操作如下。

1 在文档中，打开“开始”选项卡，单击“编辑”选项组中的“替换”按钮（或按〈F5〉键），打开“查找和替换”对话框，在“查找内容”和“替换为”文本框中输入要替换的内容，如“公司”，将光标放在“替换为”后的文本框中，然后单击“更多”按钮，如下图所示。

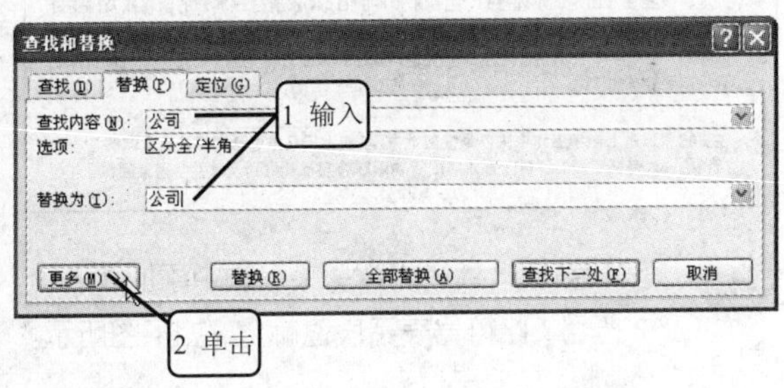

2 将打开如下图所示的“查找和替换”对话框。在“查找内容”文本框中单击，然后单击“格式”按钮，从弹出的列表中选择“字体”命令，如下图所示。

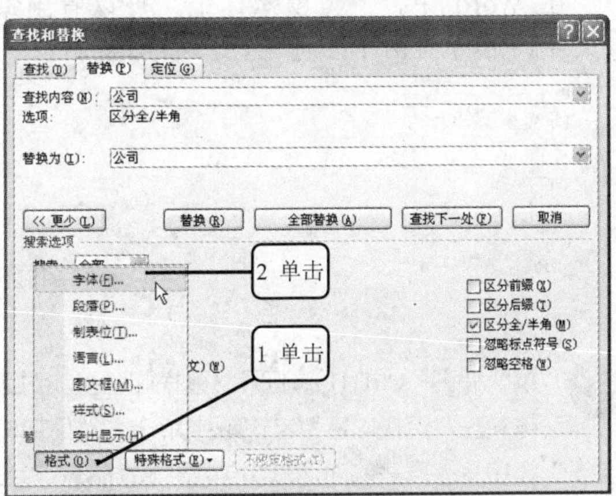

3 在弹出的对话框中设置“中文字体”为“华文隶书”，然后单击“确定”按钮，如下图所示。

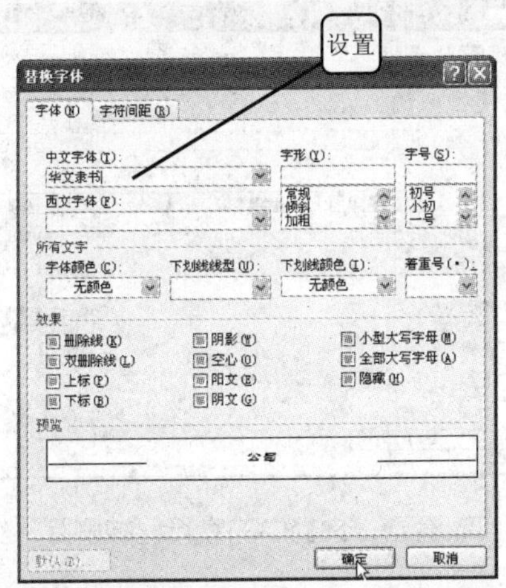

4 返回“查找和替换”对话框，可以看到“替换为”文本框下方显示了“格式：字体：（中文）华文隶书”字样，完成后单击“全部替换”按钮，如下图所示。

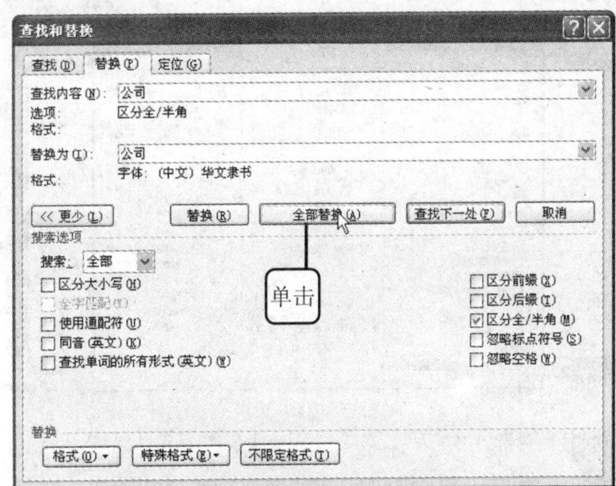

5 文档中所有“公司”二字均被替换为“华文隶书”字体，如右图所示。

2008 年上半年办公室工作总结报告

各位领导，各位同事：

光阴似箭，一眨眼忙碌的 2008 年已经过去了一半。经过这半年的工作，公司的面貌有了很大的变化，办公室的各项工作也能秩序井然的得到开展，我也深深地知道这离不开公司领导及同事对我们工作的支持，作为我本人也……学习，能够认真做好公司下达的各项工作任务，与各部门搞好协调，……的不足之处，现将 2007 年底～2008 年上半年的工作情况总结汇报如下：

替换后的格式

- 日常工作能够很好的进行，电话接听能及时记录并转答，传真的接收及时传递、文稿的输入打印都能按时准确地完成，保证各部门工作的顺利进行。
- 销售票的开具，我们做到了清晰、准确、及时。在大型商超的订货送货方面我们做的不好。因此，对该项工作进行一定程度的改变，在程序上更加简洁即接到订单后及时与相关业务人员确定最佳预约时间，在送货上利争做到短时间送货，真正地做到灵活及时。
- 档案、文件的管理虽做到了严谨、保密，但是缺乏提档记录。因此我们制定《文件查阅登记表》详细记录文件查阅的各种明细，以便备案。
- 外地客户发货方面是比较理想的，达到了预期的目标，没有延误客户的销售能及时将货物运达。在货物运费方面，大部分线路保证控制在最低价格范围，但部分偏远线路的价格略高，在下半年我们将会更换部分货运，以达到保证货物完全、缩短运输时间、降低货物运费的目的。

2 替换特殊格式

在右图所示的文档中有多个空行，下面将利用查找功能去除这些空行。

在 Word 中，↵ 为段落标记，可以看到每段文字的后方有两个↵标记，如右图所示。

- 日常工作能够很好的进行，电话接听能及时记录并转答，传真的接收及时传递、文稿的输入打印都能按时准确地完成，保证各部门工作的顺利进行。↵

↵
- 销售票的开具，我们做到了清晰、准确、及时。在大型商超的订货送货方面我们做的不好。因此，对该项工作进行一定程度的改变，在程序上更加简洁即接到订单后及时与相关业务人员确定最佳预约时间，在送货上利争做到短时间送货，真正地做到灵活及时。↵

↵
- 档案、文件的管理虽做到了严谨、保密，但是缺乏提档记录。因此我们制定《文件查阅登记表》详细记录文件查阅的各种明细，以便备案。↵

↵
- 外地客户发货方面是比较理想的，达到了预期的目标，没有延误客户的销售能及时将货物运达。在货物运费方面，大部分线路保证控制在最低价格范围，但部分偏远线路的价格略高，在下半年我们将会更换部分货运，以达到保证货物完全、缩短运输时间、降低货物运费的目的。↵

↵
- 在货物跟踪是上半年工作中失误最多的地方，年初由于只是电话跟踪没有具体的签收单，所以给公司带来了损失，更改方式后的货物跟踪客户都能做到及时签字盖章回传。↵

↵

1 按快捷键〈Ctrl+H〉，打开“查找和替换”对话框，在“查找内容”文本框中单击，然后单击“更多”按钮，在展开的对话框中单击“特殊格式”按钮，在弹出的菜单中选择“段落标记”命令，如下图所示。

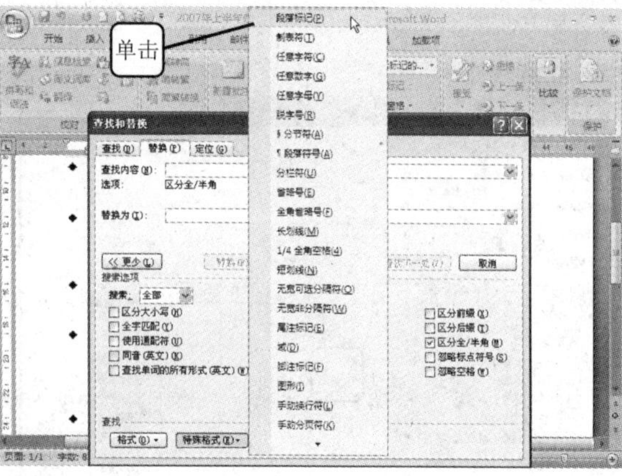

2 可以看到，“查找内容”文本框中添加了一个^P 符号，此符号表示段落标记，如下图所示。

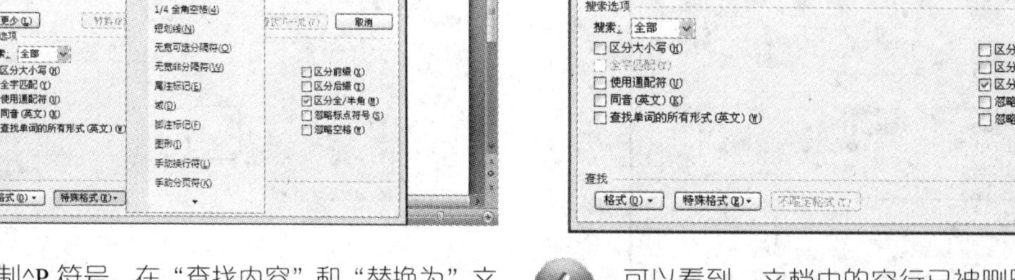

3 复制^P 符号，在“查找内容”和“替换为”文本框中各自粘贴一次，如下图所示。

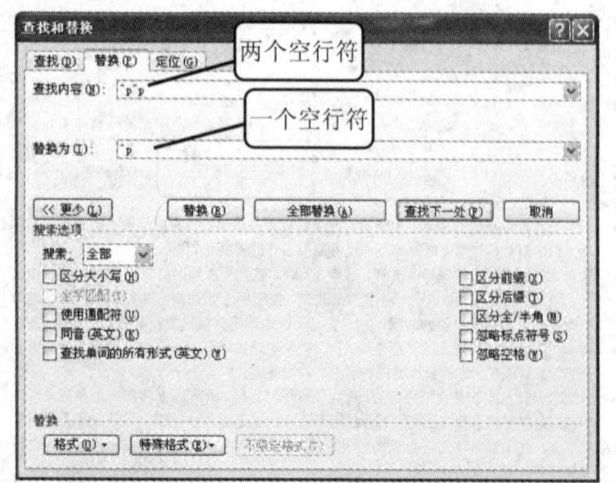

4 可以看到，文档中的空行已被删除，结果如下图所示。

空行不见了

- 日常工作能够很好的进行，电话接听能及时记录并转答，传真的接收及时传递、文稿的输入打印都能按时准确地完成，保证各部门工作的顺利进行。
- 销售票的开具，我们做到了清晰、准确、及时。在大型商超的订货送货方面我们做的不好。因此，对该项工作进行一定程度的改变，在程序上更加简洁即接到订单后及时与相关业务人员确定最佳预约时间，在送货上利争做到短时间送货，真正地做到灵活及时。
- 档案、文件的管理虽做到了严谨、保密，但是缺乏提档记录。因此我们制定《文件查阅登记表》详细记录文件查阅的各种明细，以便备案。
- 外地客户发货方面是比较理想的，达到了预期的目标，没有延误客户的销售能及时将货物运达。在货物运费方面，大部分线路保证控制在最低价格范围，但部分偏远线路的价格略高，在下半年我们将会更换部分货运，以达到保证货物完全、缩短运输时间、降低货物运费的目的。
- 在货物跟踪是上半年工作中失误最多的地方，年初由于只是电话跟踪没有具体的签收单，所以给公司带来了损失，更改方式后的货物跟踪客户都能做到及时签字盖章回传。

2.2.3 更改大小写

如果在编辑的文档中经常要输入英文，并且还要在大写与小写字母之间不停地转换，那么工作效率不高是可想而知的。为了解决上述问题，Word 提供了一个大小写转换功能，可以根据选中的英文字母的大小写而进行自动转换。

1　选中要转换的英文，打开"开始"选项卡，单击"字体"选项组"更改大小写"按钮  右侧的下三角按钮，在弹出的下拉列表中选择"每个单词首字母大写"命令，如下图所示。

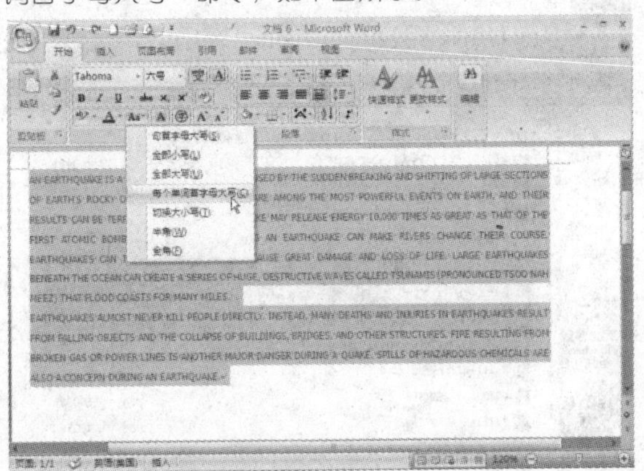

2　可以看到每个单词的首字母都变成了大写，如下图所示。

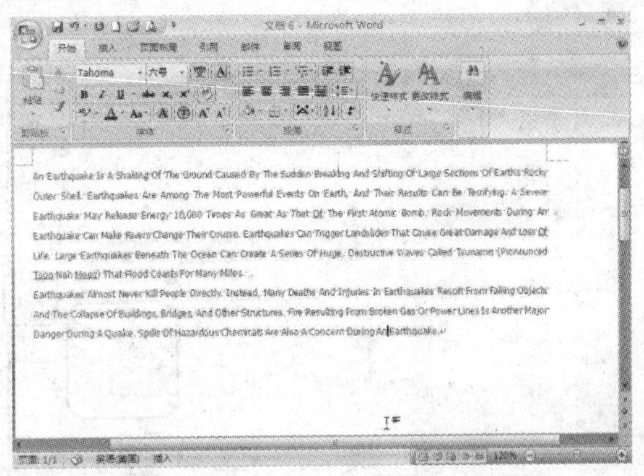

2.2.4 拼写和语法检查

在输入文档内容后，可以利用"拼写和语法检查"功能，检查文档中是否有拼写和语法方面的错误，具体操作步骤如下。

1　在输入完全部文档或大量的文本内容后，单击"审阅"选项卡中的"拼写和语法"按钮，如下图所示。

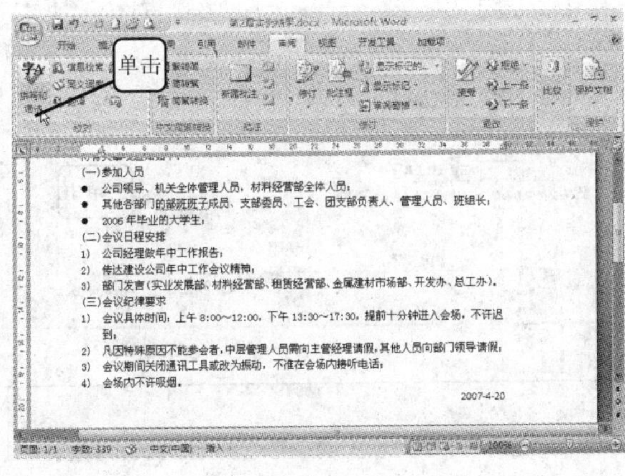

2　出现如下图所示的"拼写和语法：中文（中国）"对话框，在"输入错误或特殊用法"文本框中指出了文档中可能出错的地方。可以在文档中直接修改，或直接单击"忽略一次"按钮，如下图所示。

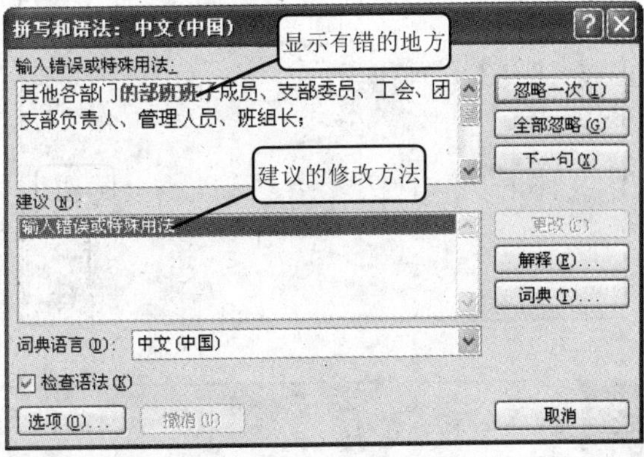

2.2.5 在 Word 中插入公式

有时需要在文档中插入一些公式，如果利用插入符号和正常的文本输入方式来输入公式，不但效率不高，而且也不美观。Word 提供了公式编辑器，用它可以方便地输入公式。

1 安装公式编辑器

Word 2007 在默认的情况下安装了公式编辑器，如果发现未安装，可以按照以下的方法进行安装。

1 打开“控制面板”窗口，双击其中的“添加或删除程序”图标，如下图所示。

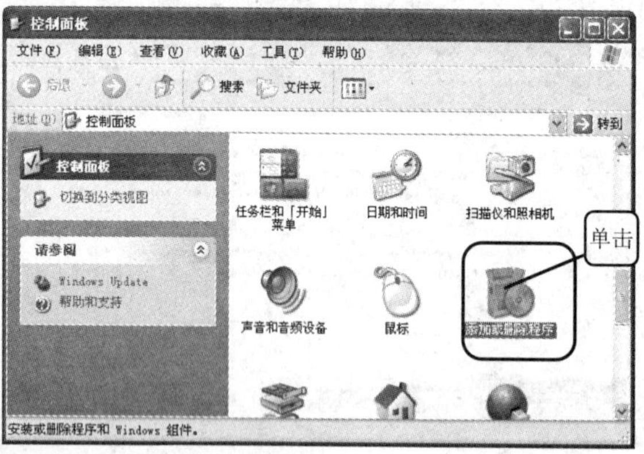

2 打开“添加或删除程序”窗口，在窗口右侧单击 Office 安装项的“更改”按钮，如下图所示。

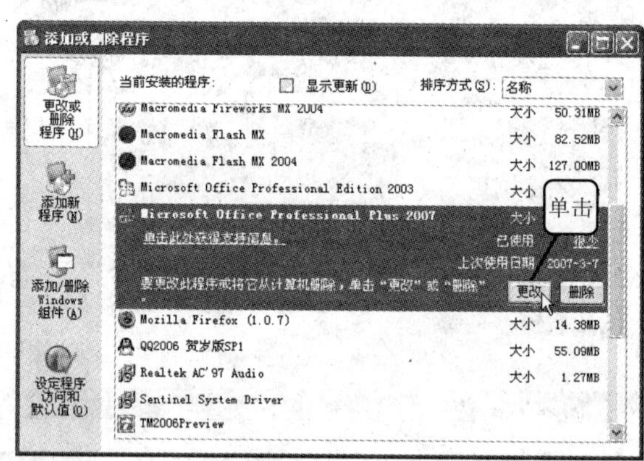

3 打开如下图所示的对话框，选中“添加或删除功能”单选按钮，然后单击“继续”按钮。

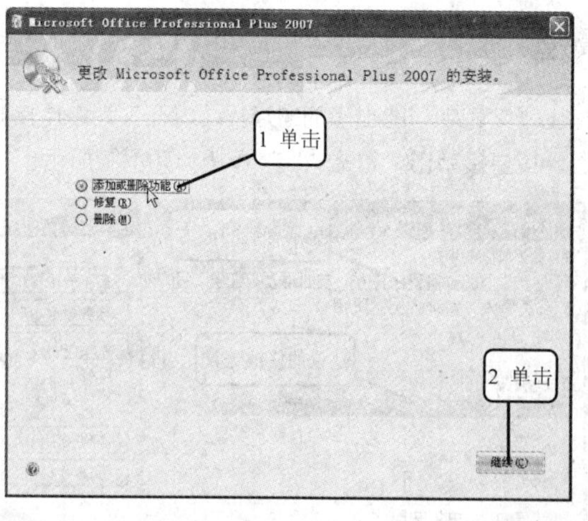

4 进入如下图所示的界面，在该界面中展开“Office 工具”|“公式编辑器”目录，从弹出的菜单中选择“从本机运行”命令，然后单击“继续”按钮，即可开始安装。

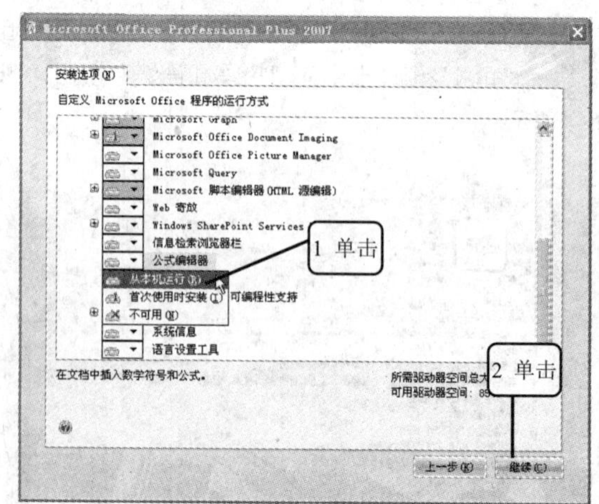

2 插入公式

下面通过一个实例介绍插入公式的方法。

1 启动 Word，在新建的文档中单击“插入”选项卡“文本”选项组中的“对象”按钮，如下图所示。

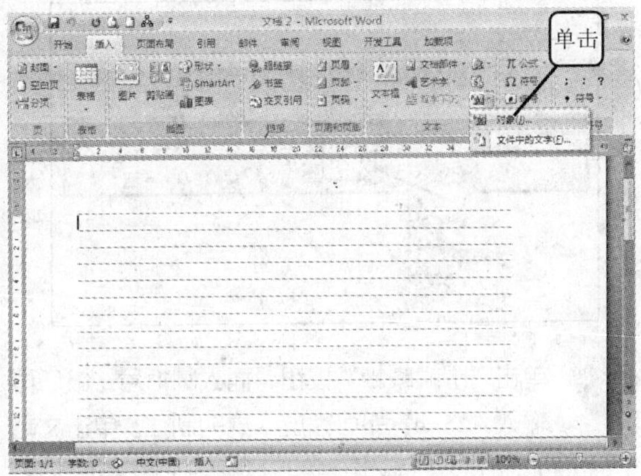

2 打开“对象”对话框，在“新建”选项卡的“对象类型”列表框中，选择“Microsoft 公式 3.0”项，然后单击“确定”按钮，如下图所示。

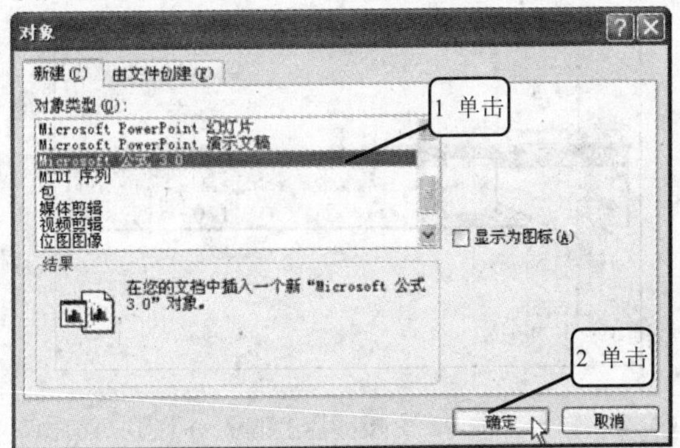

3 进入如下图所示的公式编辑环境，利用“公式”工具栏可插入 150 多个数学符号。“公式”工具栏第一行是数学符号，第二行的按钮用于插入分式、根式、求和、积分、乘积、矩阵以及其他类型的方括号和大括号等数学公式模板，如下图所示。

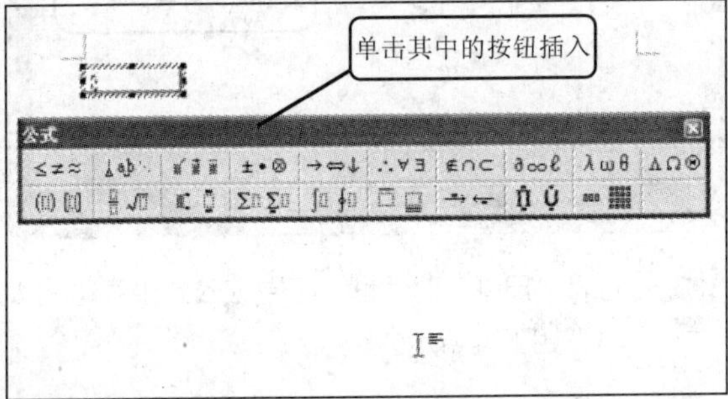

4 在公式编辑器的光标所在处输入字符“Y=”，然后单击“公式和根式模板”按钮，如下图所示。

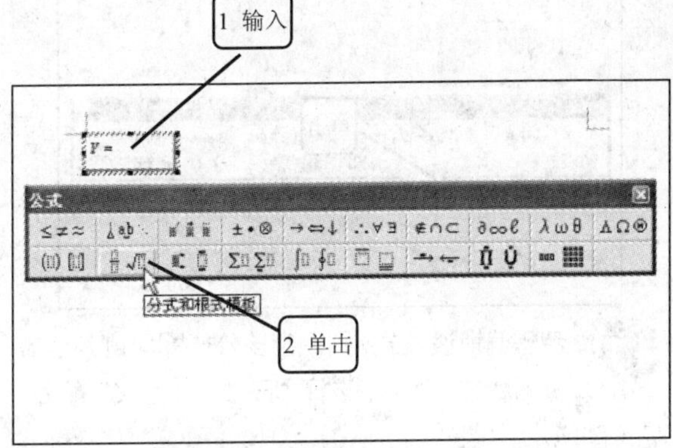

5 从弹出的列表中选择所需的根式，如下图所示。

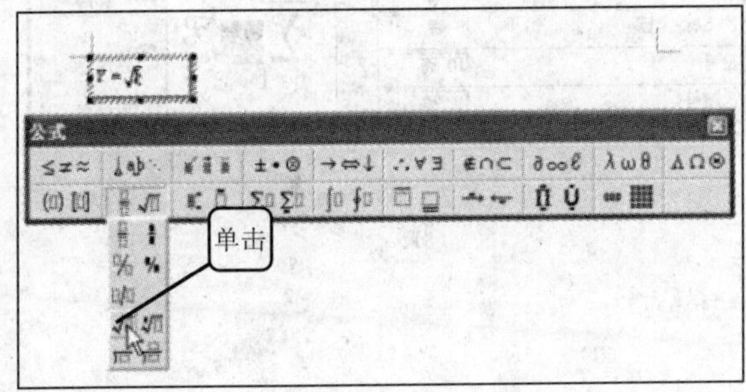

6 选择根式后再选择分式，在分式中分别输入 2 和 3，如下图所示。

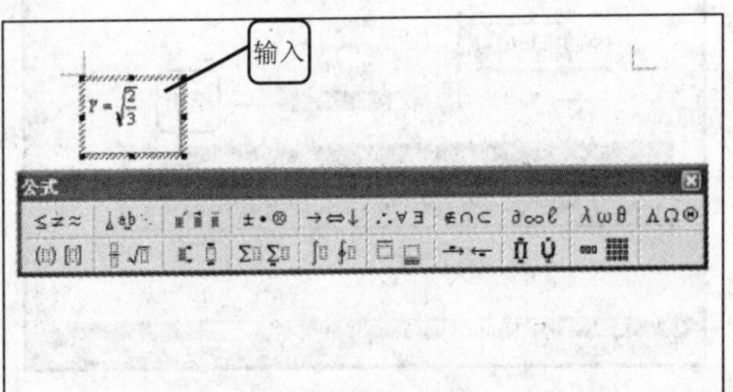

7 按键盘上的〈→〉键，将光标移动到如下图所示的位置，单击“围栏模板”按钮，从中选择“中括号”项，如下图所示。

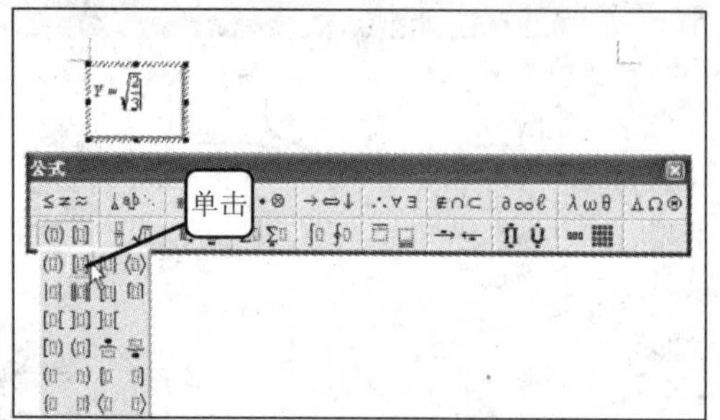

8 在根式下插入中括号，输入 a，然后单击“下标和上标模板”按钮，从弹出的列表中选择“上标”项，如下图所示。

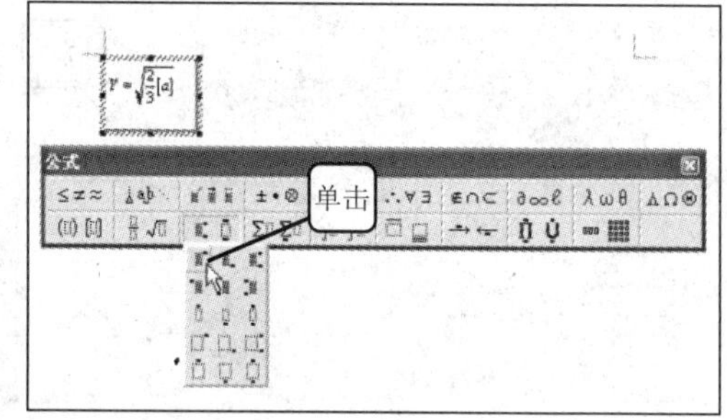

9 输入上标“2”，按键盘上的〈→〉键，然后单击“运算符号”按钮，从中选择“×”项，如下图所示。

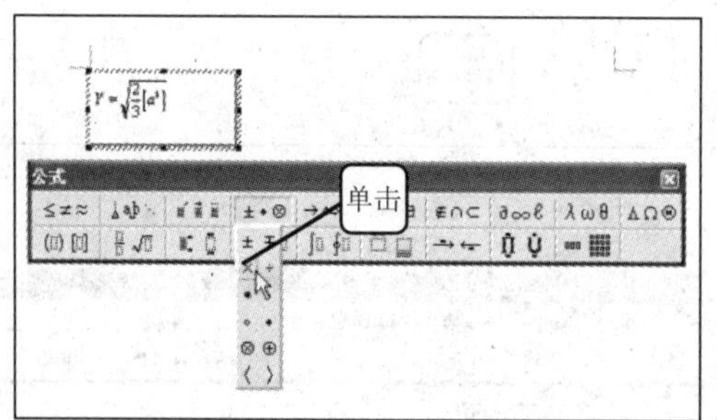

10 单击“围栏模板”按钮，插入圆括号，最后再输入“25+b”即可完成公式的制作。单击文档空白区域，将从公式编辑环境下返回到文档编辑环境，如下图所示。

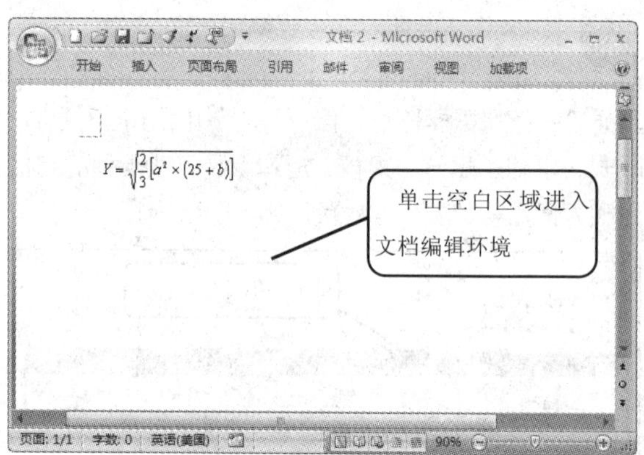

11 若想编辑该公式，则双击该公式即可进入公式编辑状态。然后，选择“尺寸”|“定义”命令，如下图所示。

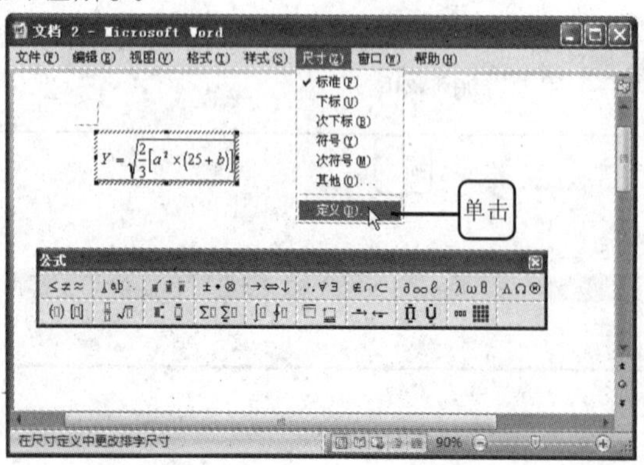

12 打开“尺寸”对话框，可更改公式中字符的大小，如下图所示。

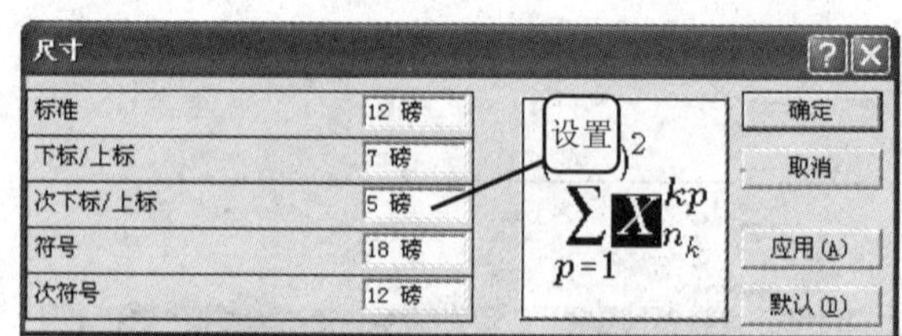

13 若想在公式编辑器中输入空格，则需要选择“样式”|“文字”命令，如下图所示。

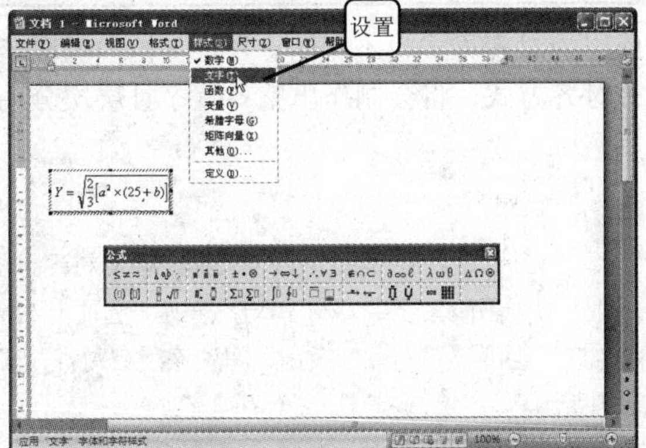

在公式编辑器中可输入中文和空格，如下图所示。

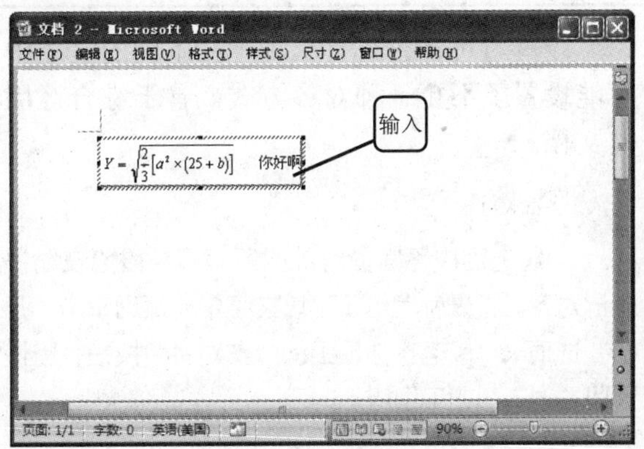

2.2.6　使用自动更正功能

“自动更正”就是自动监视用户的输入，并修改一些特定的错误。另外，在输入字符时，会经常输入一些又长又容易出错的单词或词组，如果将这些词条定义为自动更正词条，输入这些词条，Word 则自动将其更正为已设定单词或词组，既省时又省力。

1 打开“Word 选项”对话框，选择左侧的“校对”项，然后单击对话框右侧的“自动更正选项”按钮，如下图所示。

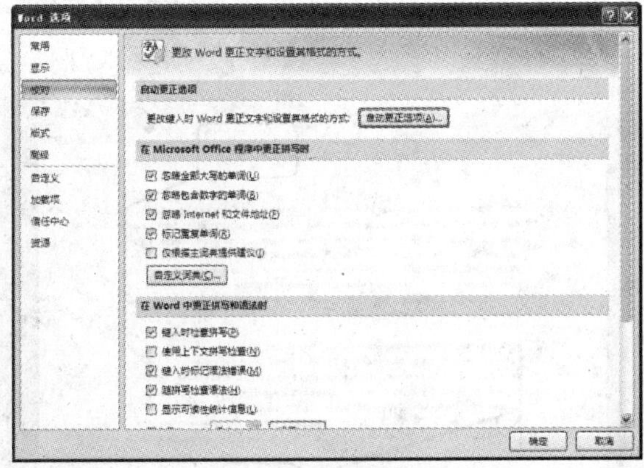

2 打开“自动更正”对话框，选中“键入时自动替换”复选框。在“替换”文本框中，输入被替换的文本，如“经历”，如下图所示。单击“确定”按钮，选中的文本将自动更正为已设定的文本。此后，如果在文档中输入“经历”，则将自动更正为“经理”。

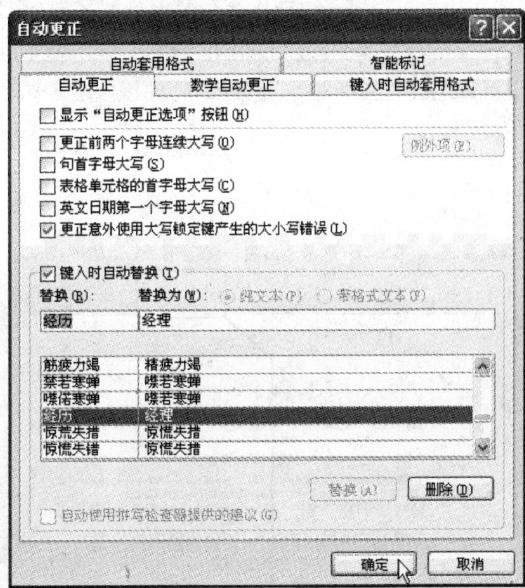

2.2.7 了解 5 种段落对齐的方式

段落的对齐方式有 5 种，在不同的文档中所使用的对齐方式也不相同。复杂文档中的段落可能设置了不止一种对齐方式。善于综合运用各种对齐方式，将会制作出整齐有序且层次分明的文档。

1 左对齐：

将选定段落除首行外的所有行与段落左缩进标记对齐。将光标定位于某段文字中，然后单击“开始”选项卡“段落”选项组的“左对齐”按钮，将使该段左对齐，如下图所示。

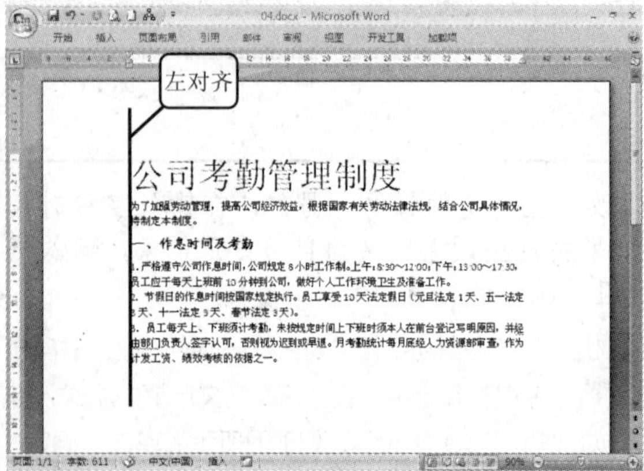

2 右对齐：

将选定段落所有行与段落右缩进标记对齐。将光标定位于某段文字中，然后单击“开始”选项卡“段落”选项组的“右对齐”按钮，将使该段右对齐，如下图所示。

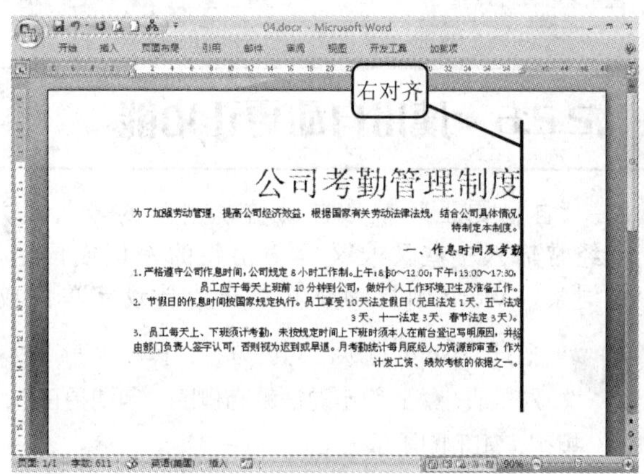

3 居中对齐：

将选定段落各行置于左右缩进标记之间。将光标定位于某段文字中，然后单击“开始”选项卡“段落”选项组的“居中对齐”按钮，将使该段居中对齐，如下图所示。

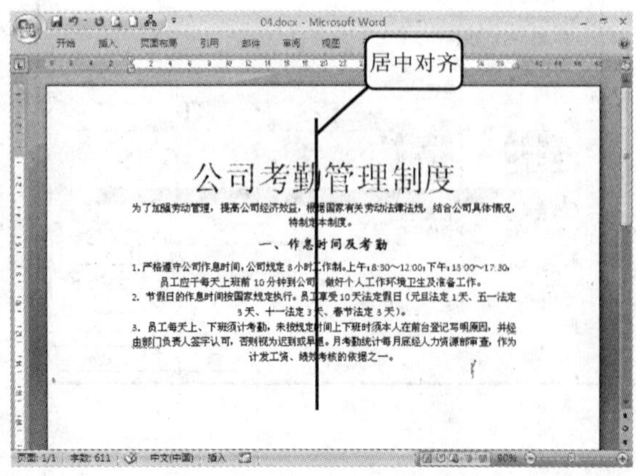

4 两端对齐：

两端对齐在英文中的效果体现得更明显。有时候一个单词很长，在第一行中显示不完整会自动跳到第二行，所以第一行后面就会出现一个空白位置。如果将本段设为“两端对齐”，Word 会自动调整单词与单词之间的距离，让它占满整行不留空白。这样看起来比较美观，如下图所示。

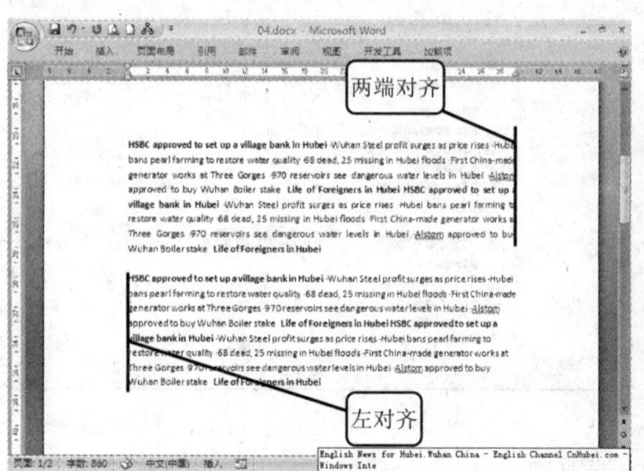

5 分散对齐：

如果段后还空有若干个字的长度才到行尾的话，用分散对齐可以通过分散行内的字符行距，使文字达到行尾。将光标定位于某段文字中，然后单击“格式”工具栏上的“分散对齐”按钮，将使该段分散对齐，如右图所示。

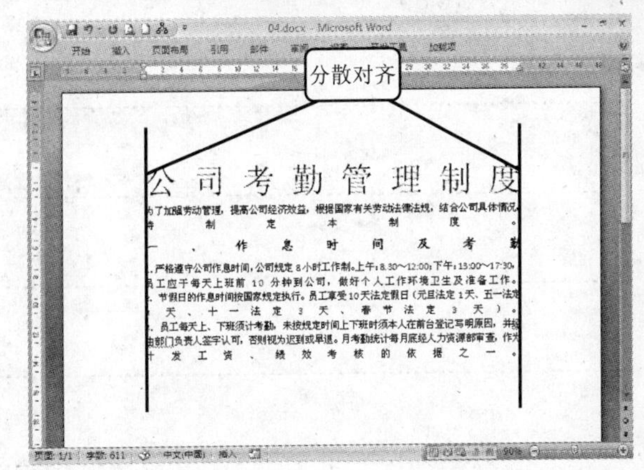

学习笔记

- 制作艺术字
- 在文档中插入文件
- 在文档中插入图片和剪贴画
- 设置图片位置和大小
- 对图片进行特效编辑
- 使用文本框
- 添加横线
- 设置首字下沉

第3章 图文混排

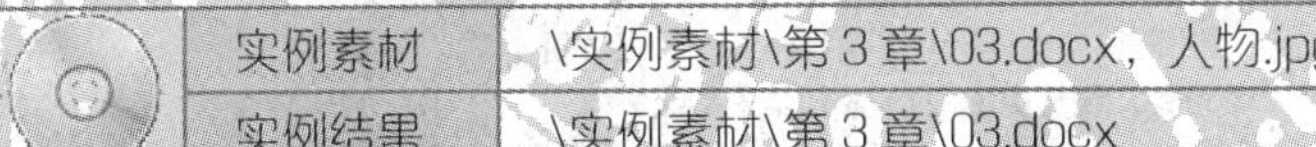

	实例素材	\实例素材\第3章\03.docx，人物.jpg
	实例结果	\实例素材\第3章\03.docx

3.1 实例——制作图文并茂的“公司简介”

本章将介绍一份“公司简介”文档的排版过程，将其由原先的纯文字文档变成一张图文并茂的文档，如下图所示。通过本例，读者应学会图文混排的主要内容，包括在 Word 中制作艺术字、在文档中插入文件、图片的插入方式、图片格式的设置、图片工具栏的使用、在文档中插入文本框以及文本框的编辑等操作。

公司于 2000 年 11 月成立，现已经跻身于房产物业管理专业化国有公司行列，是中国物业管理协会常务理事单位，顺利通过 ISO9000 质量体系认证。公司主导经营房产物业管理、热力供暖、房屋开发、房屋置换、技术研发等项目。管辖房产遍布市内五区，物业小区面积 70 万平方米，供暖面积 36 万平方米。

公司机构设置“一室二部”（综合办公室、财务部、物业部），下设第一、二、三、四房产物业分公司、经营分公司、供暖分公司、项目办。现有员工 220 人，其中高级职称 3 人、中级职称 18 人，专业项目经理 14 人。

公司领导班子具有丰富的专业管理经验；公司员工专业技术强、整体素质高、惯打硬仗。公司所管大西电业园、凯兴花园、馨龙小区成为物业管理靓点，铁西 60 吨供暖新项目正式启动，与山三大学联手研发建设部科技攻关项目已接近尾声。

围绕《物业管理条例》贯彻落实，遵循“业主必保，两翼齐飞”创业思路，顺意人将以一流管理、一流服务、一流质量、一流业绩开创以人为本、顺心如意的物业管理新局面。

顺得房产物业有限公司 简介

公司于 2000 年 11 月成立，现已经跻身于房产物业管理专业化国有公司行列，是中国物业管理协会常务理事单位，顺利通过 ISO9000 质量体系认证。公司主导经营房产物业管理、热力供暖、房屋开发、房屋置换、技术研发等项目。管辖房产遍布市内五区，物业小区面积 70 万平方米，供暖面积 36 万平方米。

公司机构设置“一室二部”（综合办公室、财务部、物业部），下设第一、二、三、四房产物业分公司、经营分公司、供暖分公司、项目办。现有员工 220 人，其中高级职称 3 人、中级职称 18 人，专业项目经理 14 人。

公司领导班子具有丰富的专业管理经验；公司员工专业技术强、整体素质高、惯打硬仗。公司所管大西电业园、凯兴花园、馨龙小区成为物业管理靓点，铁西 60 吨供暖新项目正式启动，与山三大学联手研发建设部科技攻关项目已接近尾声。

围绕《物业管理条例》贯彻落实，遵循“业主必保，两翼齐飞”创业思路，顺意人将以一流管理、一流服务、一流质量、一流业绩开创以人为本、顺心如意的物业管理新局面。

全心全意为业主服务！

3.1.1　制作艺术字

在 Word 中可以非常方便快捷地将文字制作成各种艺术字。

1　新建一个 Word 文档，将该文档保存，并命名为“公司简介”。打开“插入”选项卡，单击“文本”选项组中的“艺术字”按钮，从弹出的列表中选择一种艺术字样式，如下图所示。

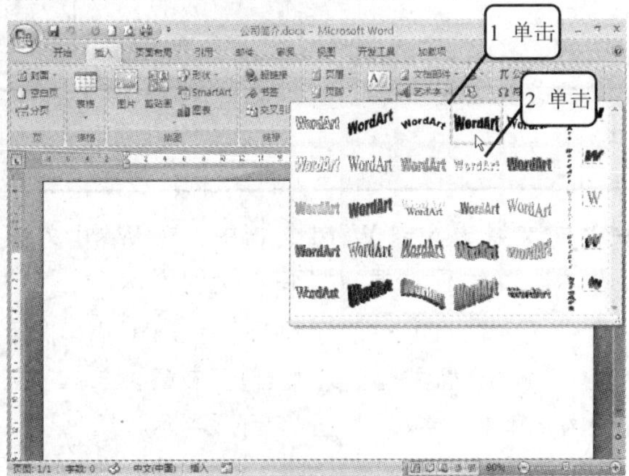

2　打开“编辑艺术字文字”对话框，输入要制作艺术字的内容，如“顺得房产物业有限公司简介”，选择字体为“宋体”，字号为“36”，单击“确定”按钮，如下图所示。

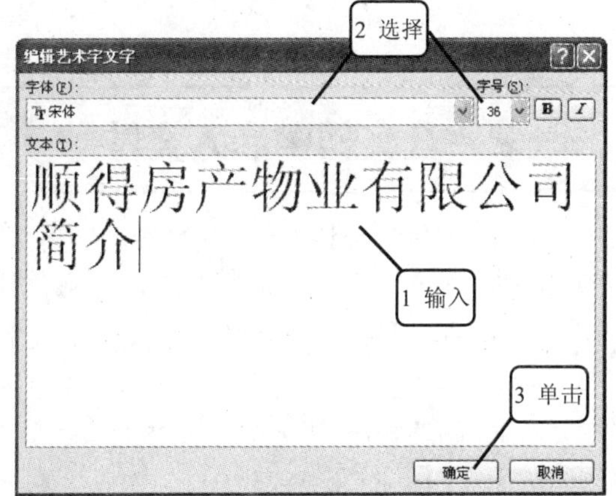

3　单击“确定”按钮后，在文档相应位置插入设置好的艺术字，将对齐方式设置为居中对齐，如下图所示。

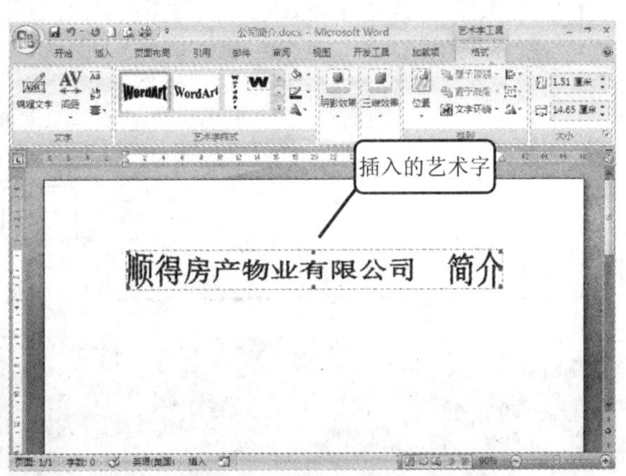

4　在“功能区”中自动打开“艺术字工具”|“格式”选项卡，这里单击“艺术字样式”选项组中的按钮，从弹出的列表中选择一种艺术字形状，单击后即可改变艺术字形状，如下图所示。

5　如果要改变艺术字内容，则可以单击“文字”选项组中的“编辑文字”按钮（如右图所示），或直接双击艺术字，在打开的“编辑艺术字文字”对话框中进行更改。

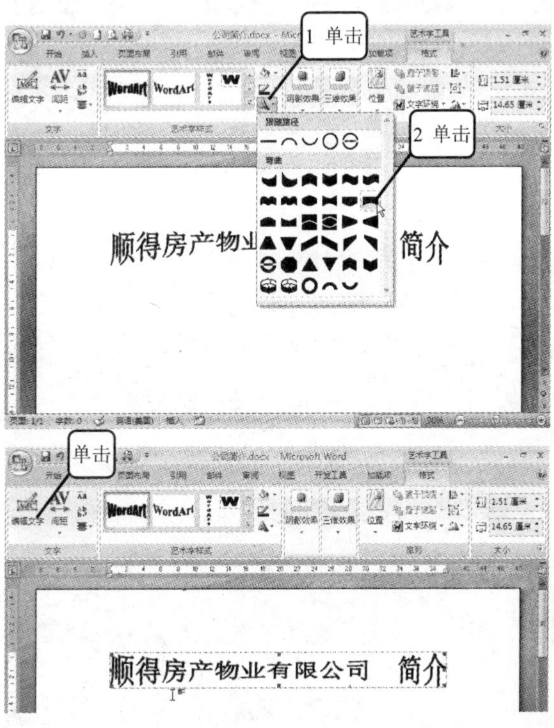

3

6 在艺术字上单击鼠标右键，从弹出的菜单中选择“设置艺术字格式”命令，打开“设置艺术字格式”对话框。在该对话框中可以设置艺术字的“颜色与线条”、“大小”以及“版式”等，如右图所示。

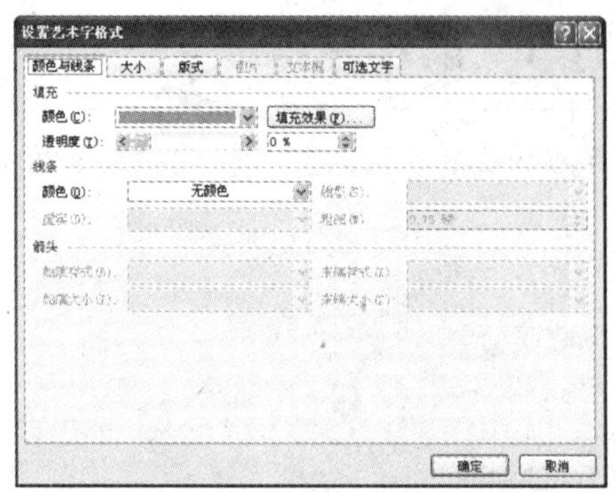

3.1.2 在文档中插入文件

除了直接在 Word 中输入文字外，还可以将现有的文字插入到 Word 文档中。在 Word 文档中插入文字有两种方法：一种是通过复制/粘贴的方法；另一种是通过“插入”的方法。

1 按〈Enter〉键换行，然后单击“插入”选项卡“文本”选项组中的“插入对象”下三角按钮，从弹出的菜单中选择“文件中的文字”命令，如下图所示。

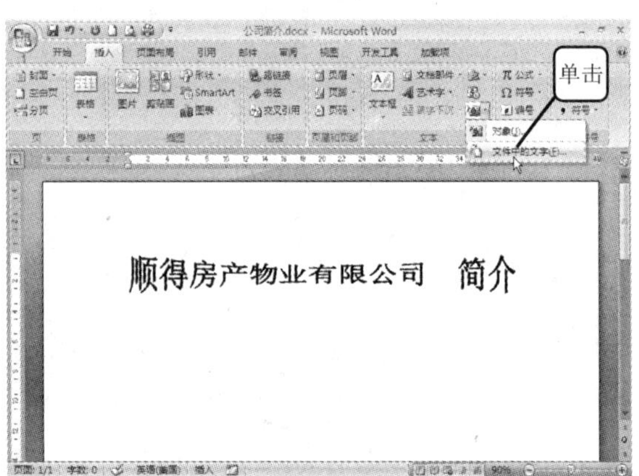

2 打开“插入文件”对话框，在该对话框中选择随书光盘里的“\实例素材\第 3 章\03.docx”文件，然后单击“插入”按钮，如下图所示。

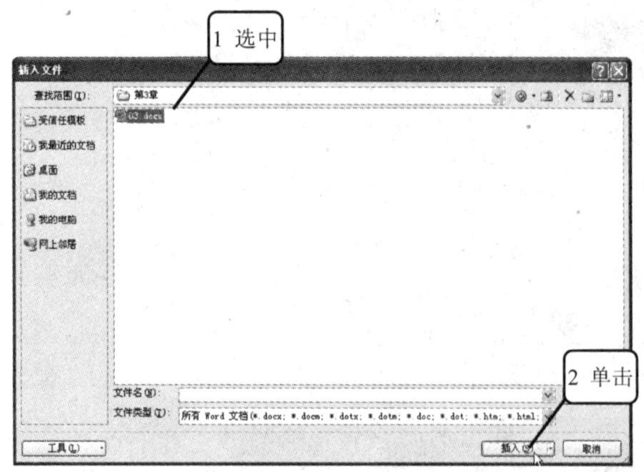

3 返回到文档主窗口，可以看到 03.docx 文档中的文字的已经被插入到当前文档中了，如右图所示。

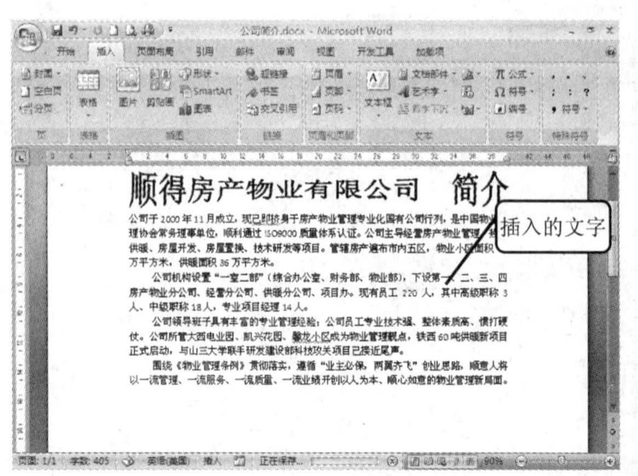

多学点 通过该方法还可以插入记事本中的文字和网页中的文字。

3.1.3 在文档中插入图片和剪贴画

为了使文档生动、活泼，可以在文档中插入图片和剪贴画。

1 插入图片

插入图片的方法如下。

1 将光标定位在文档中，打开“插入”选项卡，单击“插图”选项组中的“图片”按钮，如下图所示。

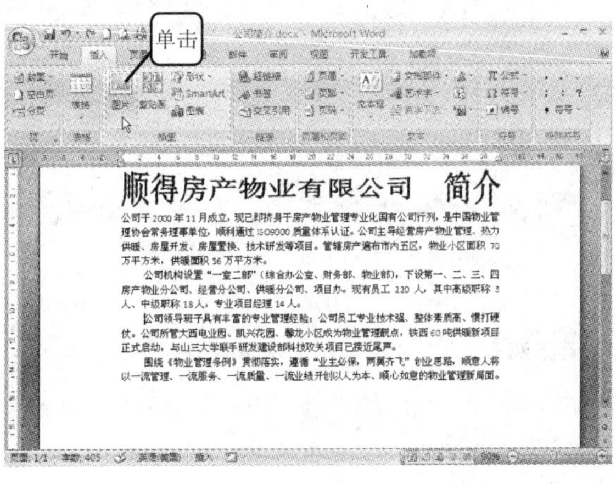

2 打开“插入图片”对话框，进入随书光盘中“\实例素材\第 3 章”目录下，选择图片“人物.jpg”，然后单击“插入”按钮，如下图所示。

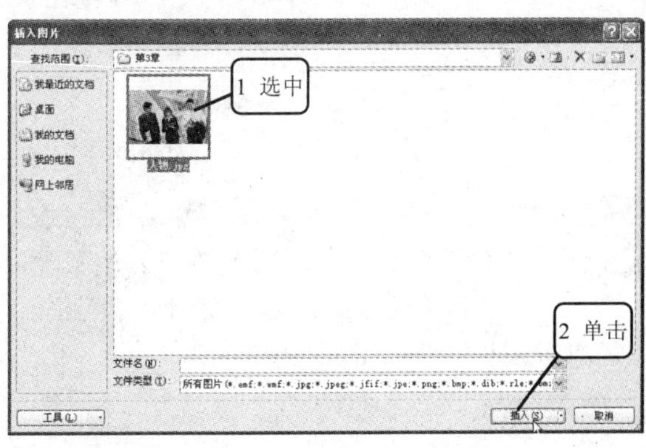

3 返回文档主界面，图片已被插入到文档指定的位置中，如右图所示。

多学点 插入的图片在默认情况下是“嵌入型”的，即图片嵌入在文字中。如果需要，还可以更改图片插入时的默认版式，可参见“拓展与提高”中的3.2.1节。

2 插入剪贴画

在 Word 的剪辑库中提供了许多剪贴画，可以利用这些剪贴画来装饰文档。

剪贴画实际上就是一种矢量图片，所以，两者的编辑方法完全相同。下面仅介绍剪贴画的插入方法，其编辑方法不再单独介绍，可参见图片的编辑方法。

1 单击"插图"选项组中的"剪贴画"按钮，在窗口右侧将显示"剪贴画"窗格，在"搜索文字"文本框中输入"汽车"，然后单击"搜索"按钮，如下图所示。

2 稍后，窗格中将显示找到的剪贴画，如下图所示。将光标移至其中一幅剪贴画上，将显示下三角按钮。单击鼠标左键，在弹出的菜单中选择"插入"命令，如下图所示。

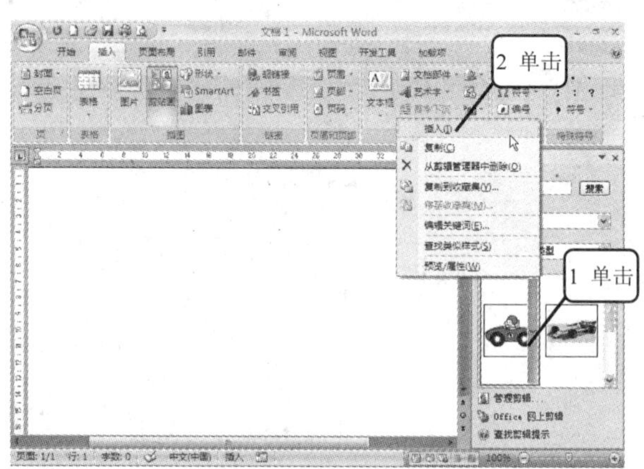

3 可以看到剪贴画已经被插入到文档中，如下图所示。直接双击"剪贴画"窗格中的剪贴画，也可以将其插入到表格编辑区域中。

多学点 在"剪贴画"窗格中单击"管理剪辑"链接项，将打开"Microsoft 剪辑器"对话框，可以查看所有的剪贴画，并对其进行管理。

多学点 在"剪贴画"窗格中单击"Office 网上剪辑"链接项，可以从微软公司官方网站上下载更多的精美剪贴画。

3.1.4 设置图片位置和大小

下面设置图片位置和大小。

1 如果觉得图片的大小不合适，可以单击该图片，图片四周会出现 8 个控制点，拖动周围的控制点即可调整图片大小，如右图所示。

2 如果需要精确地调整图片大小，则可在“格式”选项卡“大小”选项组的“高度”和“宽度”文本框中输入图片尺寸即可，如下图所示。

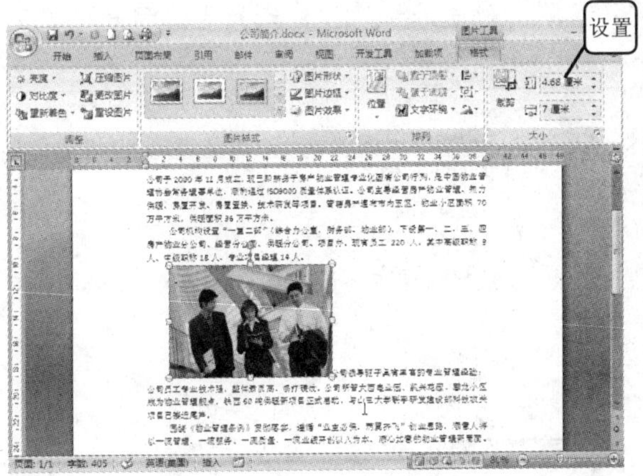

3 选中图片，将自动切换至“图片工具”|“格式”选项卡，单击“排列”选项组中的“文字环绕”按钮，从下拉菜单中选择一种图片版式，这里选择“四周型环绕”命令，如下图所示。

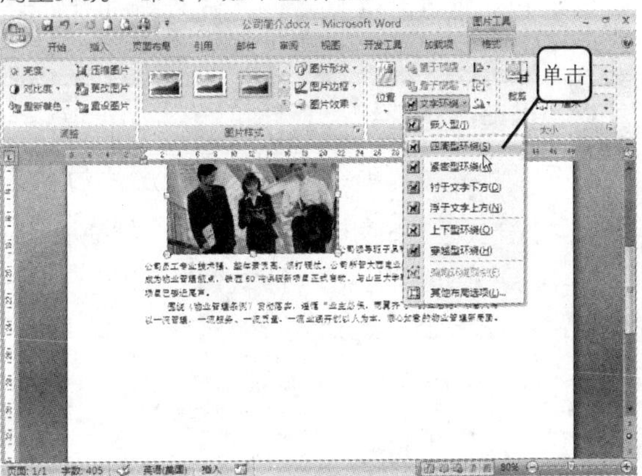

4 将光标移至图片上，光标变为 状，按住鼠标左键并拖动图片到文档中的适当位置，如下图所示。可以发现，图片所到之处，文字都会给它“让路”。这就是因为图片的版式为“四周型环绕”的缘故。

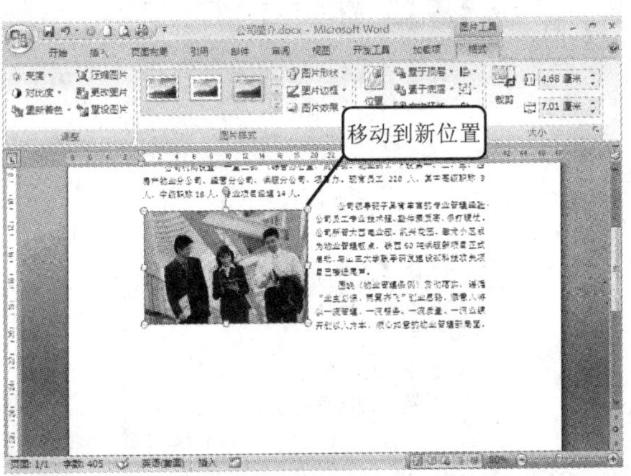

5 利用光标拖动往往不能精确定位图片，可以选中图片并打开“图片工具”|“格式”选项卡，单击“排列”选项组中的“对齐”下三角按钮，在弹出的菜单中选择对齐的对象，这里选择“边框”命令，然后选择一种对齐方式，这里选择“左对齐”命令，如下图所示。

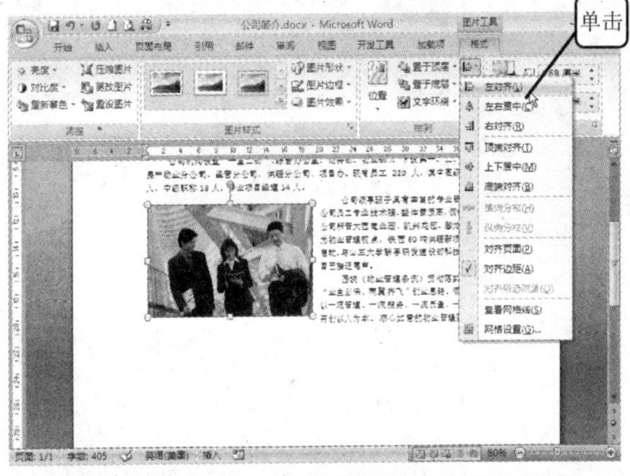

6 单击“旋转”下三角按钮，在弹出的菜单中选择相应的命令可旋转图片，如右图所示。

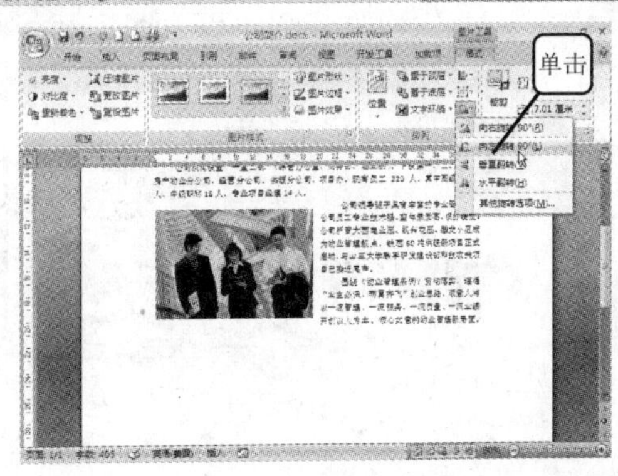

多学点 如插入的图片过大，还可以对图片进行裁剪，可参见本章的“拓展与提高”。“拓展与提高”还介绍了其他几种图片文字的环绕方式。

多学点 如果对图片的更改不满意，则可单击“重设图片”按钮，即可重新设置图片格式。

3

3.1.5 对图片进行特效编辑

如果对图片的显示质量不满意，可以通过“图片工具”|“格式”选项卡对图片进行全面的调整。下面通过对刚插入的图片进行处理，让读者了解“图片工具”|“格式”选项卡中的主要选项组。

1 “调整”选项组

在“调整”选项组中可以设置图片的“亮度”和“对比度”等。

1 双击文档中的图片，打开“格式”选项卡。在“调整”选项组中单击“亮度”按钮可增加或减少图片亮度，如下图所示。

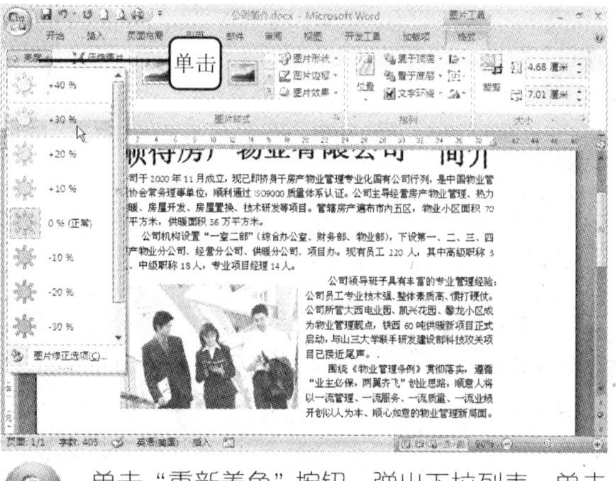

2 单击“对比度”按钮，弹出下拉列表，单击这些选项可以增加或减少图片对比度，如下图所示。

3 单击“重新着色”按钮，弹出下拉列表，单击这些选项可以对图片重新着色，如下图所示。

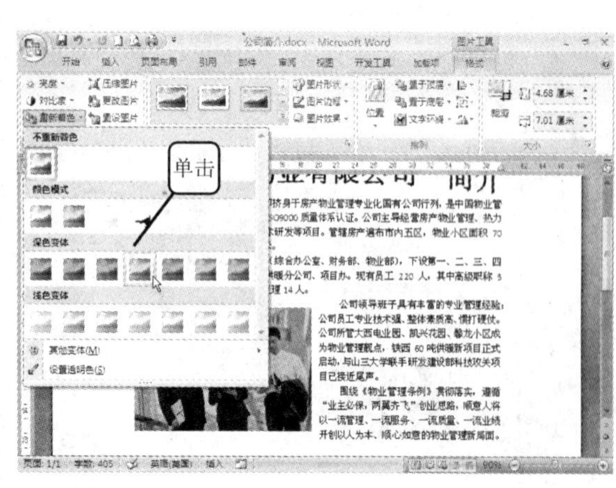

4 单击“压缩图片”按钮，弹出“压缩图片”对话框，“更改分辨率”选项组中选中某一单选按钮，然后单击“确定”按钮，如下图所示。

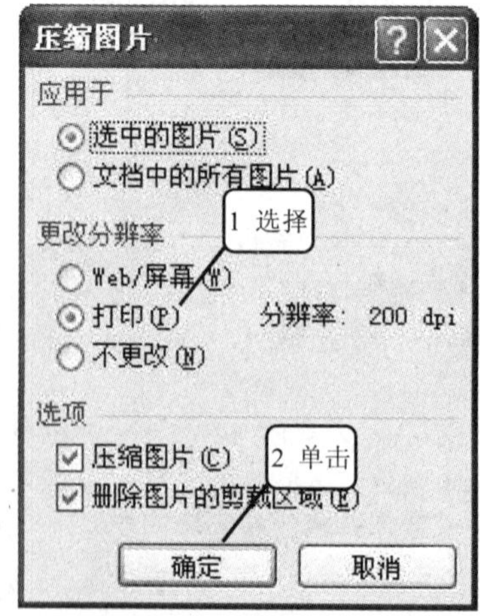

5 弹出如下图所示的提示框，直接单击“应用”按钮。

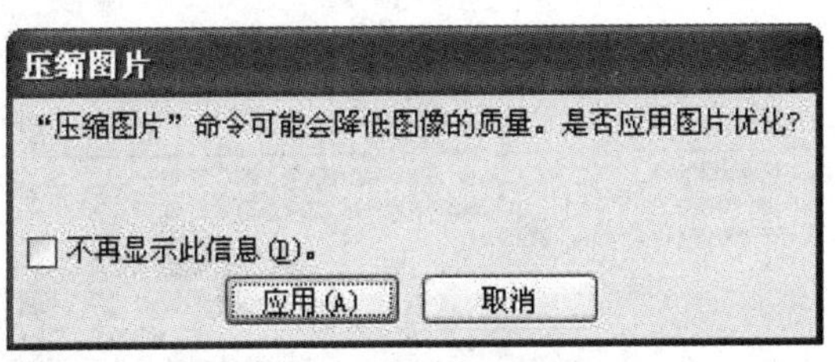

提示您 单击“重设图片”按钮，将取消在“调整”选项组所进行的设置。

2 “图片样式”选项组

在“图片样式”选项组中可以设置图片的形状、边框以及效果。

1 在“图片样式”选项组中单击“快速样式”下三角按钮，在弹出的下拉列表中选择一种效果，这里选择第一行第五个效果，如下图所示。

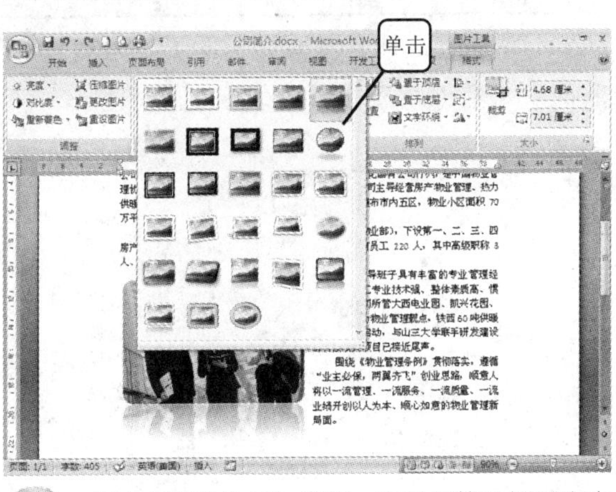

2 也可以手工设置图片的效果。单击“图片形状”按钮，在弹出的下拉列表中选择一种形状，如下图所示。

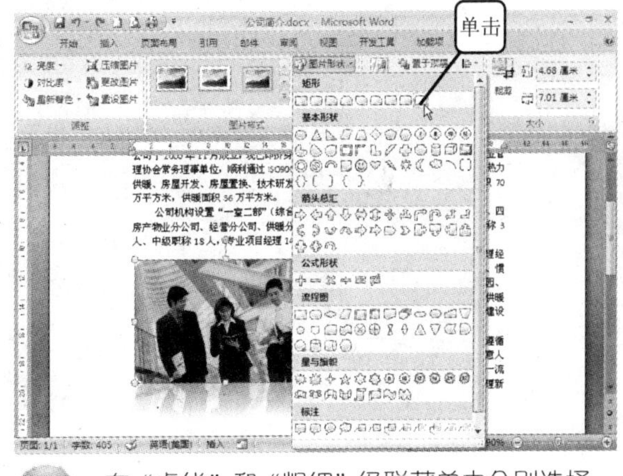

3 单击“图片边框”按钮，在弹出的下拉列表中选择一种颜色，如下图所示。

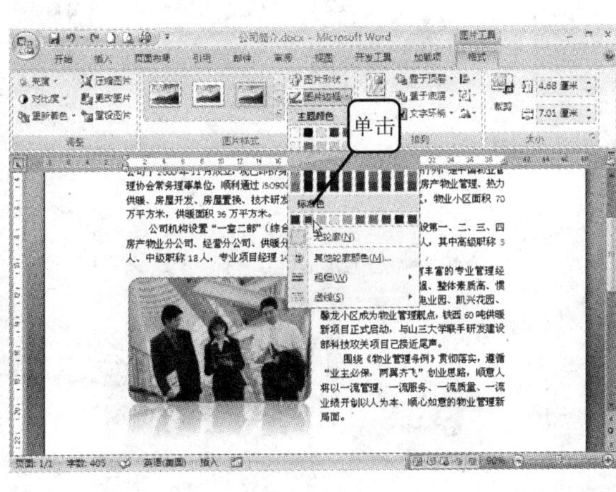

4 在“虚线”和“粗细”级联菜单中分别选择一种线型和粗细值，如下图所示。

5 单击“图片效果”按钮，在弹出的下拉列表中选择一种效果，如下图所示。

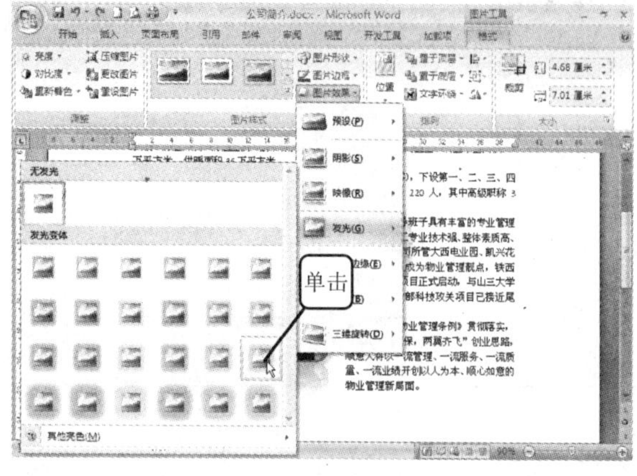

6 图片处理后的最终效果如下图所示。

公司机构设置“一室二部”（综合办公室、财务部、物业部），下设第一、二、三、四房产物业分公司、经营分公司、供暖分公司、项目办。现有员工 220 人，其中高级职称 3 人、中级职称 18 人，专业项目经理 14 人。

公司领导班子具有丰富的专业管理经验；公司员工专业技术强、整体素质高、惯打硬仗。公司所管大西电业园、凯兴花园、黎龙小区成为物业管理靓点，铁西 60 吨供暖新项目正式启动，与山三大学联手研发建设部科技攻关项目已接近尾声。

围绕《物业管理条例》贯彻落实，遵循“业主必保，两翼齐飞”创业思路，顺意人将以一流管理、一流服务、一流质量、一流业绩开创以人为本、顺心如意的物业管理新局面。

3.1.6 使用文本框

为了在文档某些特定的位置上输入文字，可以使用文本框。使用文本框可以将文字放置到文档中的任意位置上，对于制作版面灵活的文档来说，文本框是必不可少的。

1 在“插入”选项卡中单击“文本”选项组的“文本框”按钮，从下拉菜单中选择“绘制竖排文本框”命令，如下图所示。

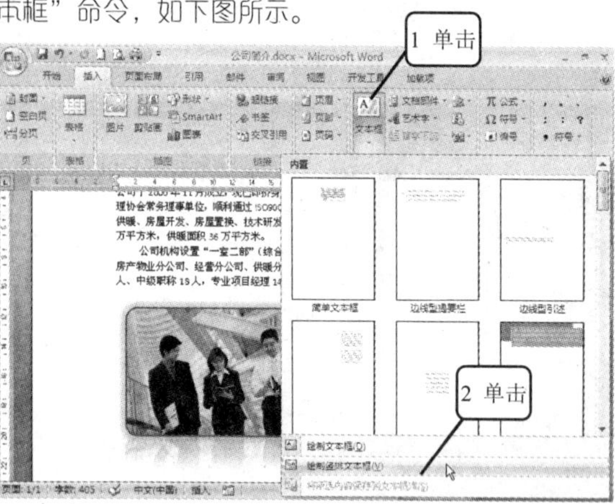

2 当光标变为十状时，在文档空白区域按住鼠标左键并拖动光标，如下图所示。

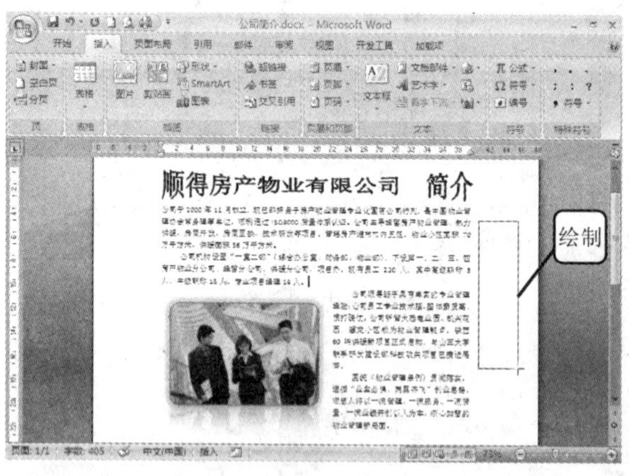

3 等到大小差不多时释放鼠标左键，即可绘制出一个矩形文本框，如右图所示。

④ 在刚插入的文本框中有光标闪烁，可在其中输入文字。这里输入“全心全意为业主服务！”，如右图所示。

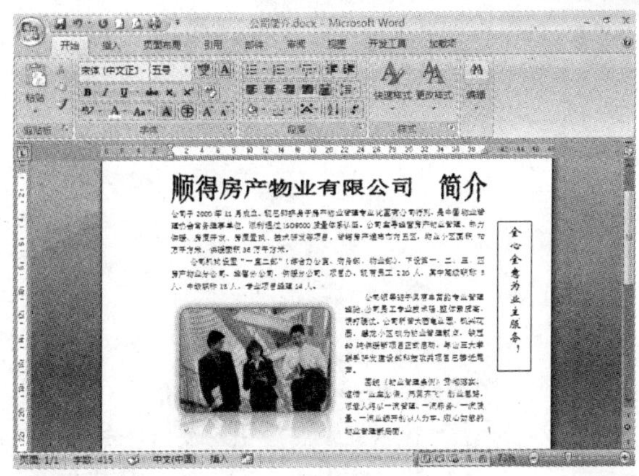

提示您 如果觉得文本框的大小不合适，可以单击该文本框，其四周会出现 8 个控制点，拖动周围的控制点即可调整文本框大小，如下图所示。

提示您 将鼠标移动到文本框的任一边框上，当光标变为✥状时按住鼠标左键并拖动，可改变文本框的位置，如下图所示。

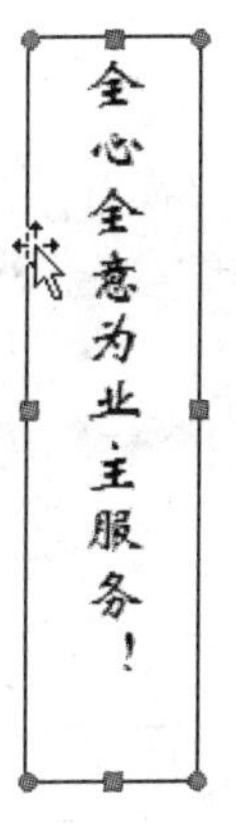

⑤ 选中文本框，切换至“文本框工具”|“格式”选项卡，单击“文本框样式”选项组中的“扩展”按钮，如下图所示。

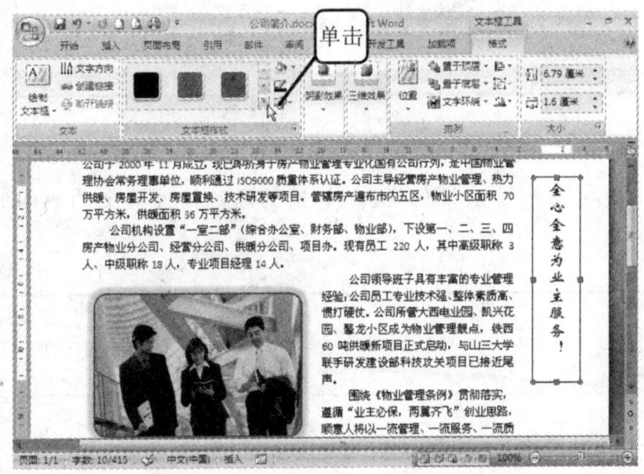

⑥ 在弹出的下拉列表中选择一种效果，如下图所示。

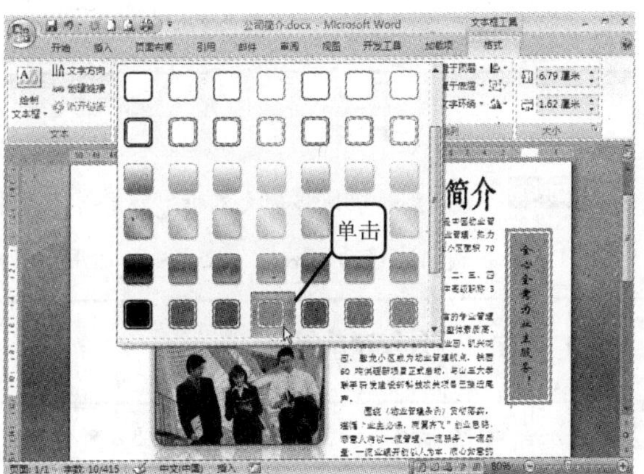

3

7 可以看到文本框已经应用了刚才所选的样式，如下图所示。

8 在文本框上单击鼠标右键，从弹出的菜单中选择“设置文本框格式”命令，打开“设置文本框格式”对话框，如下图所示。利用该对话框可对文本框进行详细的设置。

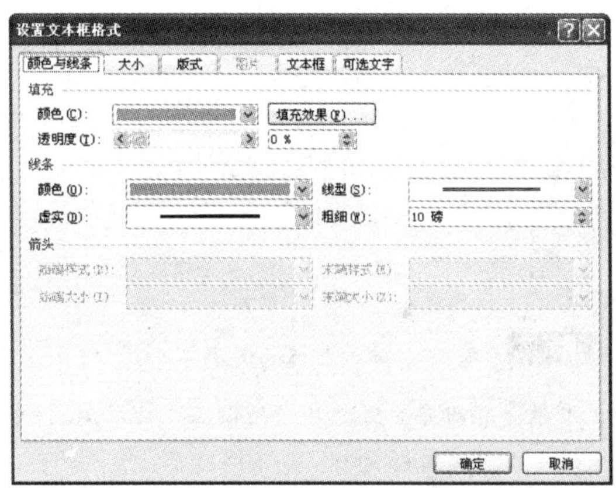

9 打开“文本框”选项卡，取消选中“Word 在自选图形中自动换行”复选框，选中“重新调整自选图形以适应文本”复选框，单击“确定”按钮，如下图所示。

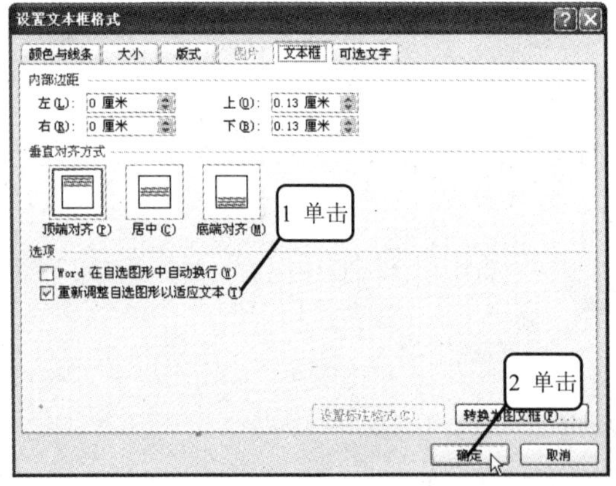

10 返回到 Word 文档编辑界面，可以看到如下图所示的效果，文本框大小将与文字相适应。

提示您 如果要精确地移动文本框，则可单击文本框边框，然后在按住〈Ctrl〉键的同时按键盘上的方向键，可以非常精确地移动文本框。此方法也适用于移动图片。

3.1.7 添加横线

在前面的制作过程中，文档已基本制作完成了。下面在标题下方添加一条横线。

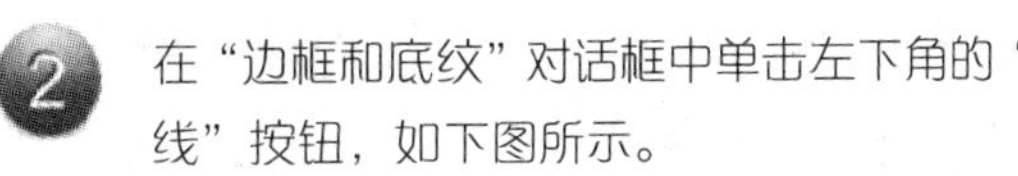

1 将光标放在标题行后按〈回车〉键切换至下一行，打开“开始”选项卡，单击“段落”选项组中的“边框和底纹”下三角按钮，在弹出的下拉菜单中选择“边框和底纹”命令，如下图所示。

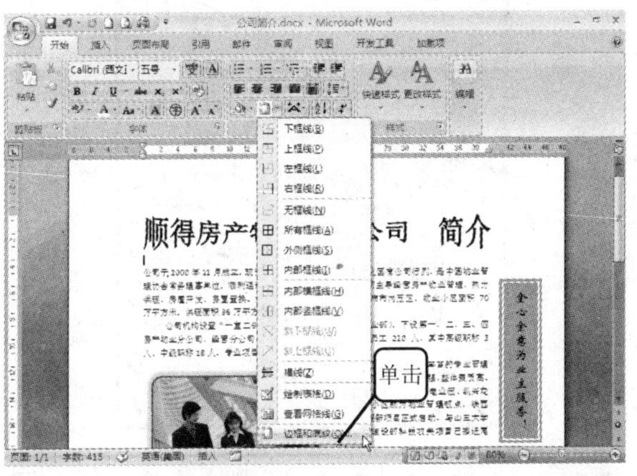

2 在“边框和底纹”对话框中单击左下角的“横线”按钮，如下图所示。

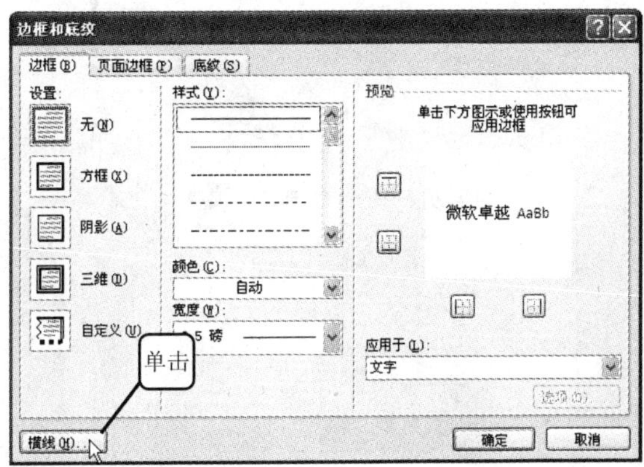

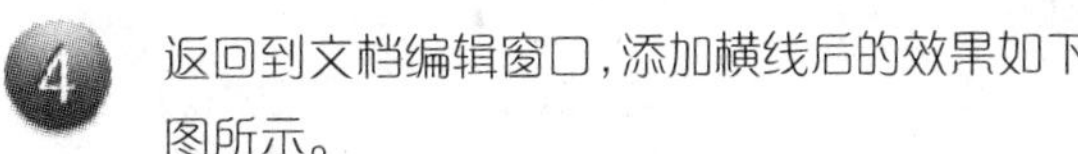

3 打开“横线”对话框，从中选择一种横线样式，然后单击“确定”按钮，如下图所示。

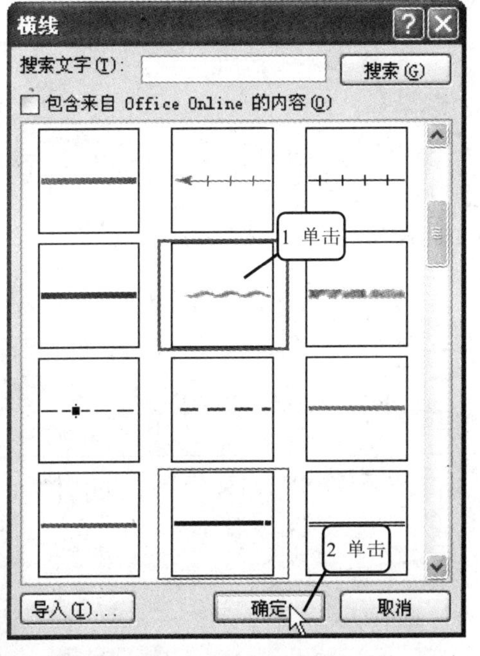

4 返回到文档编辑窗口，添加横线后的效果如下图所示。

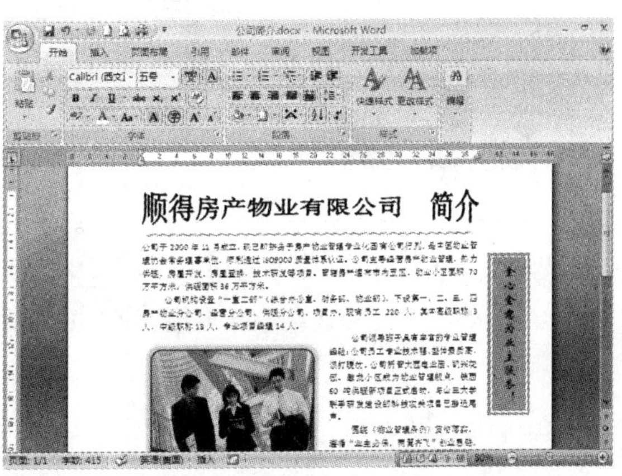

3

3.1.8　设置首字下沉

可以将段落的首字设为下沉格式，这样在阅读时可以更加方便地找到该行。

1 将光标放置在第 2 段文字中，然后打开“插入”选项卡，在“文本”选项组中单击 首字下沉 下三角按钮，在弹出的下拉列表中选择“首字下沉选项”命令，如下图所示。

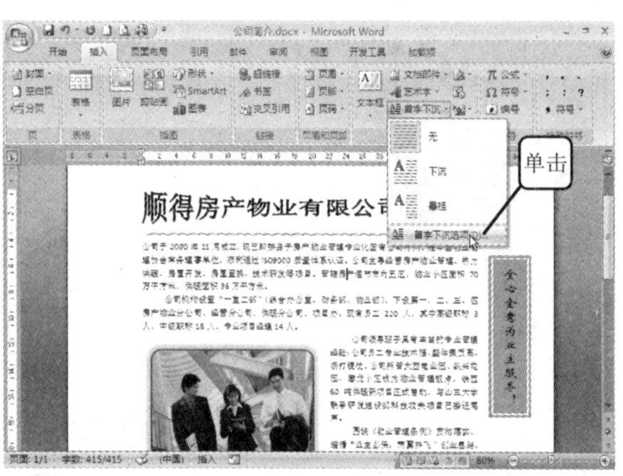

2 弹出“首字下沉”对话框，这里选择中间的“下沉”项，然后在下方的“下沉行数”文本框中输入 2，单击“确定”按钮，如下图所示。

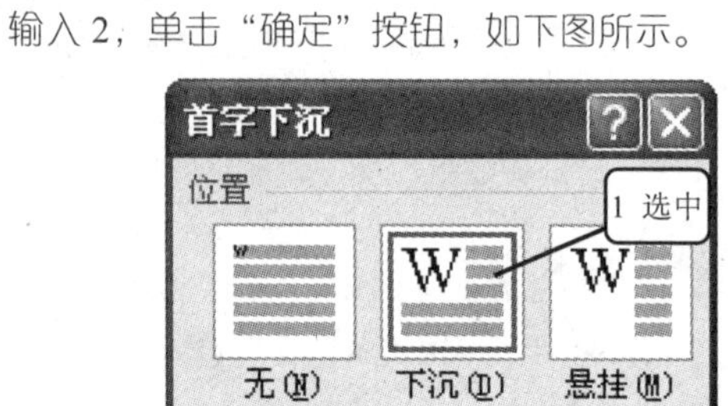

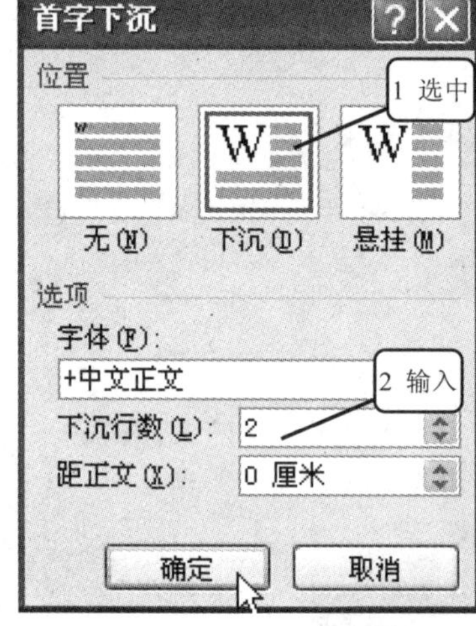

3 在正文中可以看到“公”字为下沉显示，下沉行数为 2，如下图所示。

4 在“公”字处单击，则可以看到该字周围出现了一个图文框，如下图所示。其实，首字下沉都是利用“图文框”来实现的。

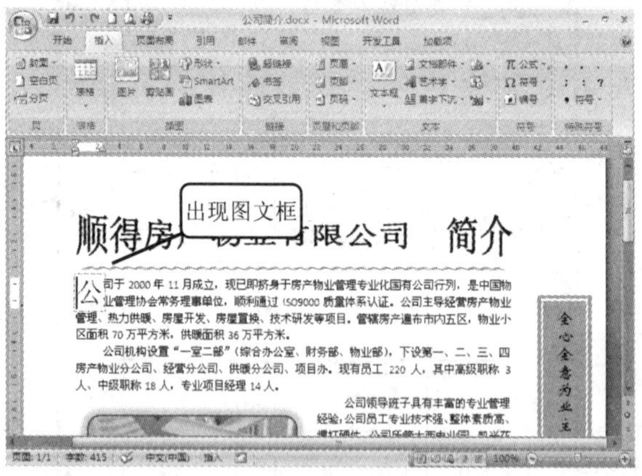

5 在图文框上单击，则其周围出现 8 个控制点，表示该图文框被选中，拖动周围出现的控制点可以改变图文框的大小，如右图所示。

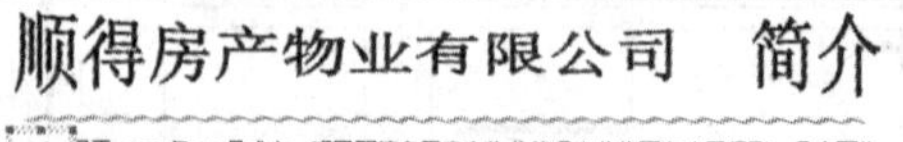

6 双击图文框，则弹出如下图所示的“图文框”对话框，在该对话框中可以对“文字环绕”、“尺寸”、“水平”和“垂直”项进行设置。

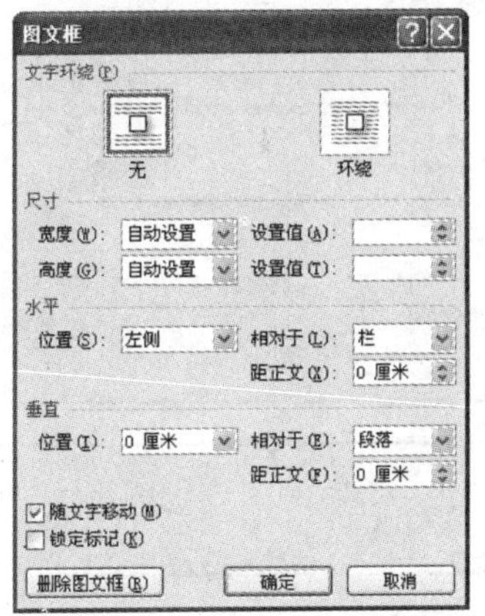

7 在图文框上单击鼠标右键，在弹出的菜单中选择“边框和底纹”命令，如下图所示。

8 弹出如下图所示的“边框和底纹”对话框，在左侧选择“阴影”项，然后单击“确定”按钮。

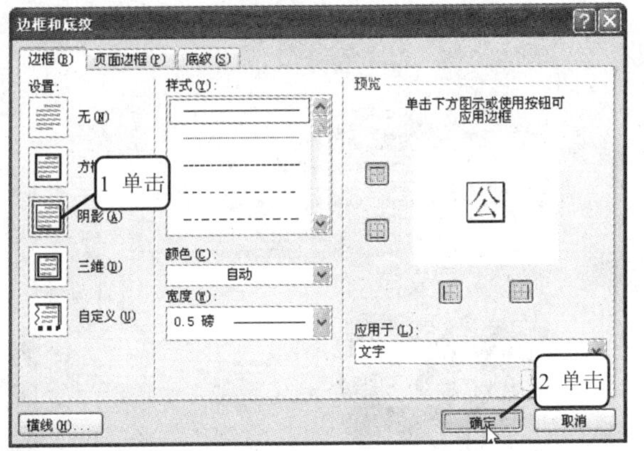

9 在正文中可以看到“公”字带有一个边框，如下图所示。这样在阅读时，可以很方便地找到该段的第一个字。

3.2 拓展与提高

3.2.1 更改图片插入时的默认版式

在默认情况下，Word 总是把插入的图片自动设置为嵌入型图片。可以通过“Word 选项”对话框更改图片插入时的默认版式，具体操作如下。

1 单击"Office 按钮"，然后从弹出的菜单中选择"Word 选项"命令，打开"Word 选项"对话框。

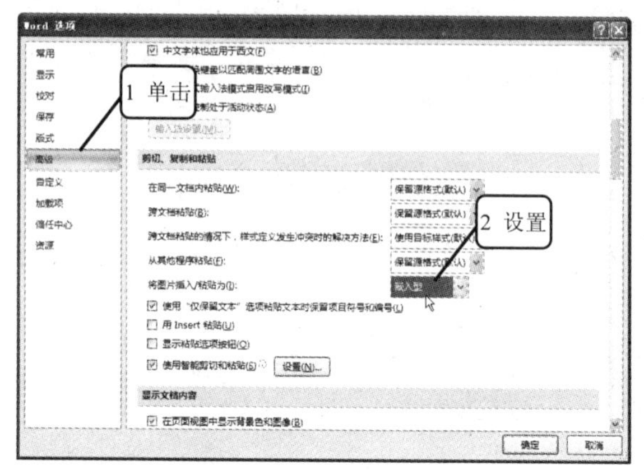

2 切换至"高级"选项页，在"剪切、复制和粘贴"选项组"将图片插入/粘贴为"下拉列表中选择所需的图片插入格式即可，如右图所示。

3.2.2 了解图片的文字环绕方式

在图文混排的文档中，经常要根据不同的要求设置图片的"文字环绕"方式。在 Word 中，图片的"文字环绕"方式主要包括"嵌入型"、"紧密型环绕"、"四周型环绕"、"衬于文字下方"、"衬于文字上方"、"上下型环绕"和"穿越型环绕"几种。

1 选定要设置文字环绕的图片，然后单击"格式"选项卡"排列"选项组中的"文字环绕"按钮，打开环绕方式的菜单，如下图所示。

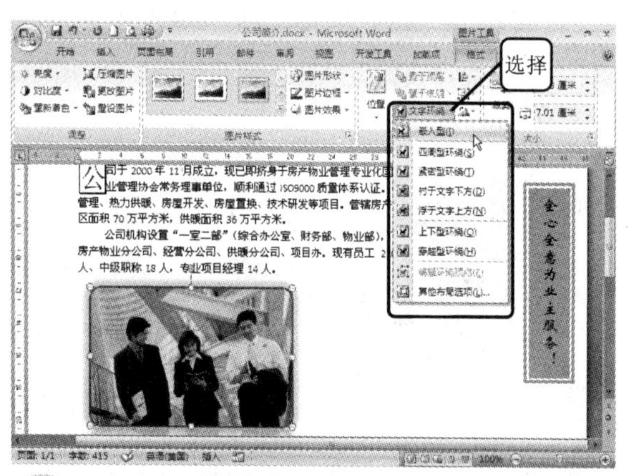

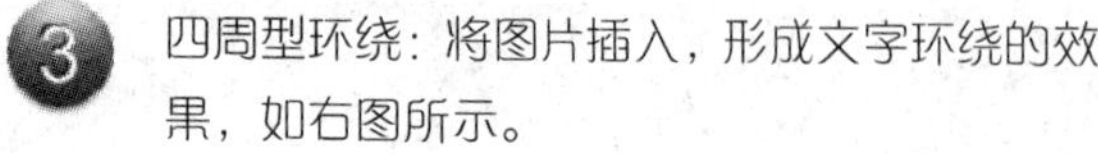

2 嵌入型：插入到文字的某一行中，和插入一个字符的效果类似，如下图所示。

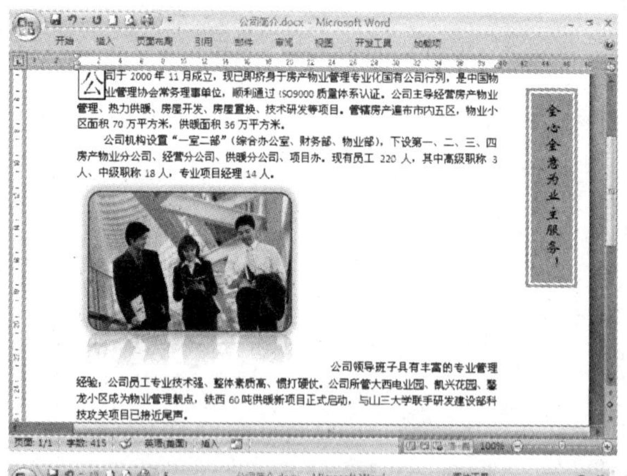

3 四周型环绕：将图片插入，形成文字环绕的效果，如右图所示。

4 紧密型环绕：效果和四周型相似，文字环绕比四周型更紧密，如右图所示。

5 衬于文字下方：将图片置于文字下方，文字挡住部分图形，不影响文字排列，如下图所示。

6 衬于文字上方：图片浮于文字上方并挡住部分文字，但不影响文字排列，如下图所示。

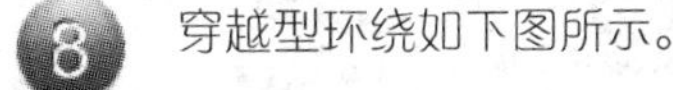

7 上下型环绕如下图所示。

8 穿越型环绕如下图所示。

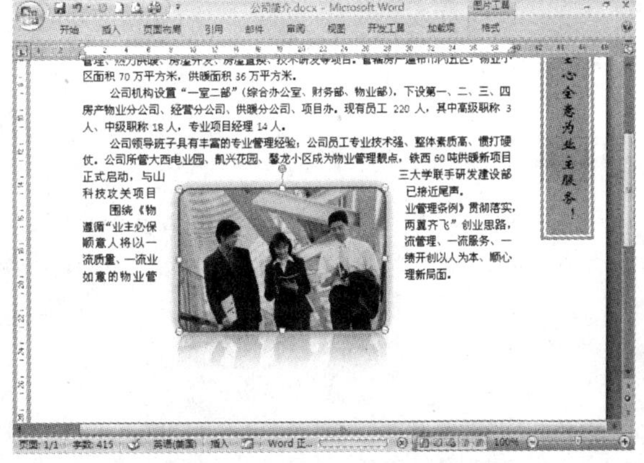

3.2.3 裁剪图片

如果图片中某些区域不需要保留，可以使用“图片”工具栏上的“裁剪”工具对其进行修改，可随意裁剪出任意大小的图片。

1 选中要裁剪的图片，然后单击“格式”选项卡“大小”选项组中的“裁剪”按钮，如下图所示。

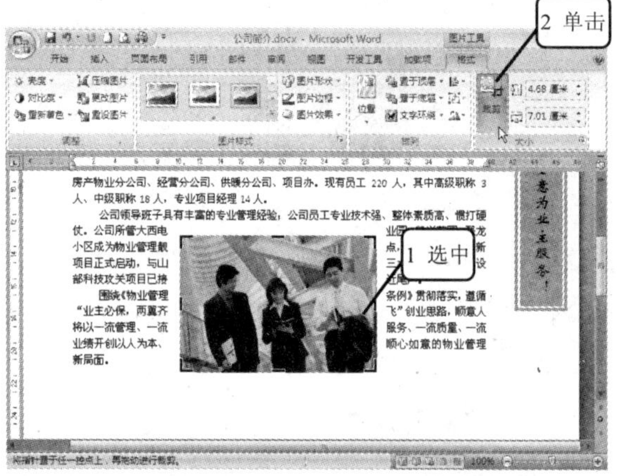

2 将鼠标指针移动到图片四周的控制点上，鼠标指针将变成 ┳ 状，如下图所示。按住鼠标左键，沿裁剪方向（横向、纵向或对角线方向）拖动鼠标，以虚线框表示裁剪的范围，如下图所示。

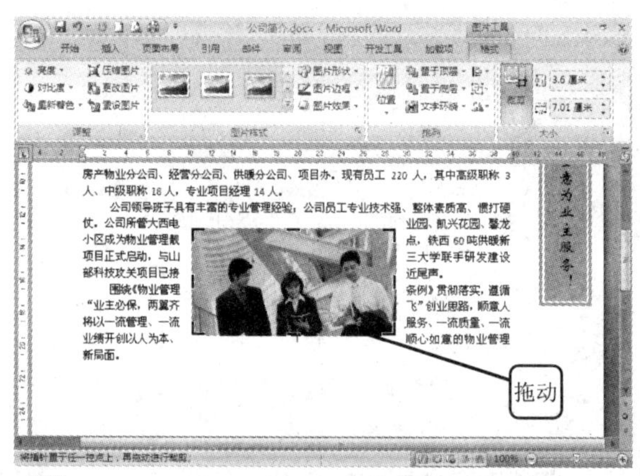

3 拖动到适当位置后松开鼠标左键，结果如下图所示。

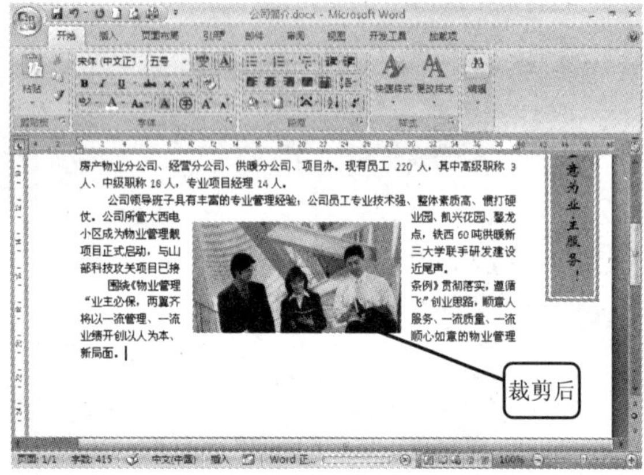

提示您 在剪裁图片时，按住〈Ctrl〉键，然后使用剪裁工具并拖动鼠标，即可对准图片的中心进行剪裁。

4 使用“裁剪”工具只能对图片进行大致的裁剪，如果需要精确裁剪图片，就需要打开“大小”对话框。选择要裁剪的图片，然后单击“格式”选项卡“大小”选项组的下三角按钮，打开“大小”对话框。打开“大小”选项卡，如下图所示。在“裁剪”栏中设置对图片从上、下、左和右 4 个方向裁剪的具体数值，设置好后单击“确定”按钮即可。

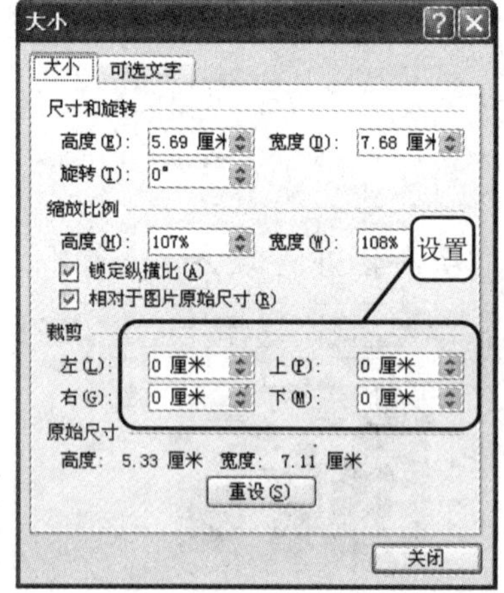

- 插入 SmartArt 图形
- 添加形状框
- 改变形状及大小
- 输入文字
- 调整布局
- 美化流程图

第4章 绘制图形

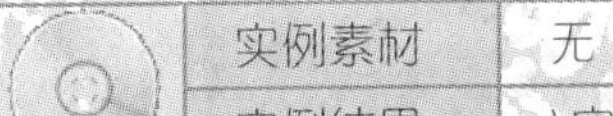

实例素材	无
实例结果	\实例素材\第 4 章\04.docx

4.1 实例——绘制“产品采购流程图”

利用 SmartArt 可以制作出精美的“流程图”、“结构图”等，如下图所示。本节将制作一个“产品采购流程图”。通过该实例，读者可以了解 SmartArt 应用的主要内容。

产品采购流程图

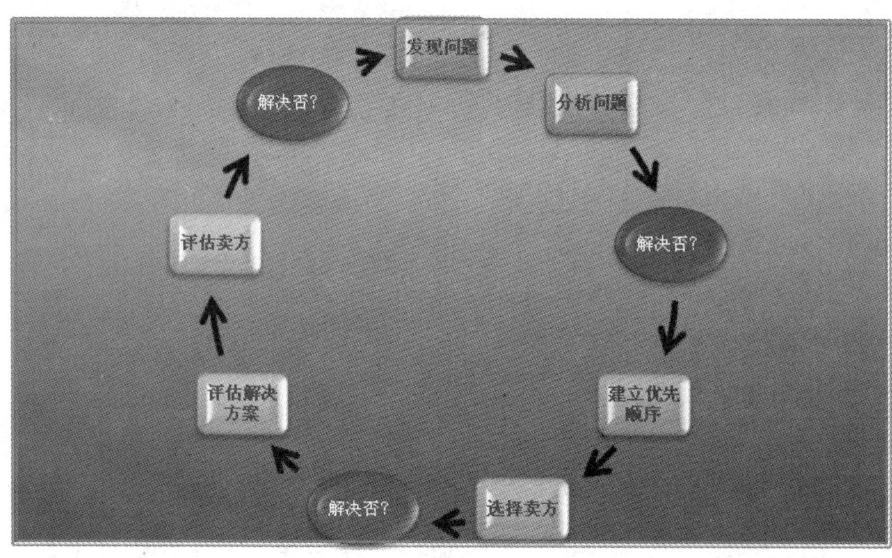

学生组织结构图

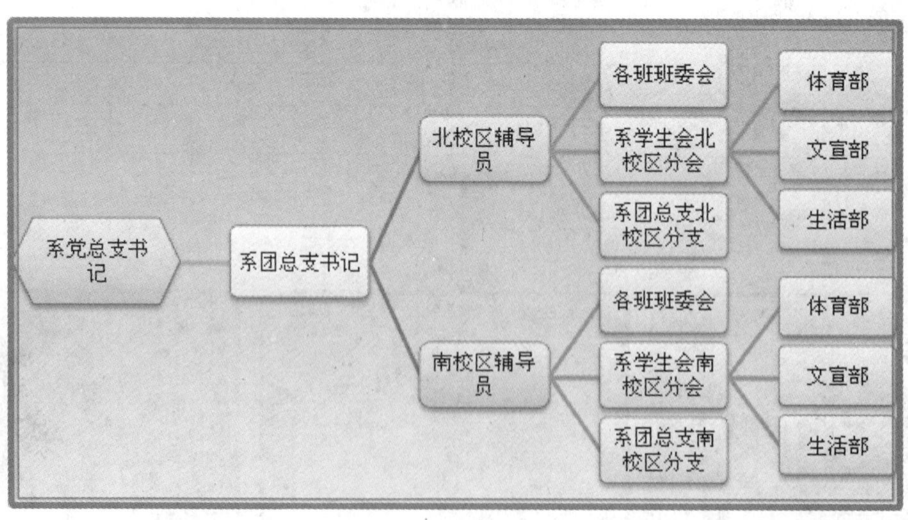

4.1.1　插入 SmartArt 图形

首先插入一个基本的 SmartArt 图形。

1　创建一个新文档，在其中输入“产品采购流程图”，并设置好字体和字号，然后切换至下一行，并设置为居中对齐，打开“插入”选项卡，单击“插图”选项组中的 SmartArt 按钮，如下图所示。

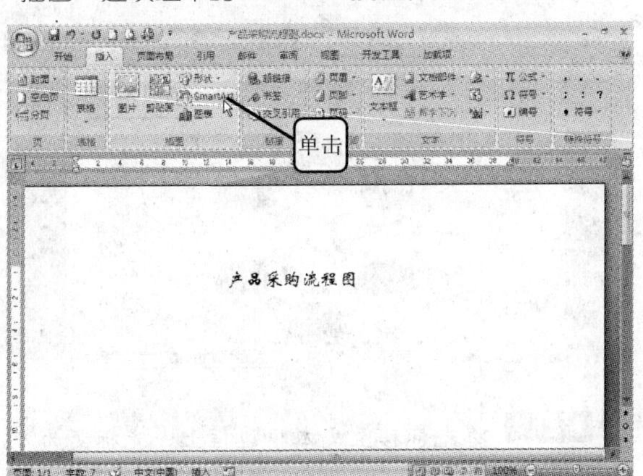

2　打开“选择 SmartArt 图形”对话框，在对话框左侧可以选择图示种类，在对话框中部选择该类型下的某一种图示样式，在右侧将显示已选择的样式的名称和作用。这里在左侧选择“循环”项，在右侧选择“块循环”项，然后单击“确定”按钮，如下图所示。

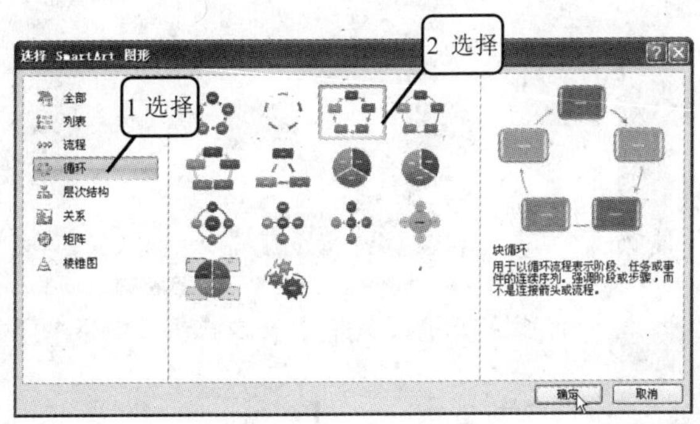

3　插入 SmartArt 图形，将光标放置在 SmartArt 图形边框的右上角，当光标变为↗状时，向图形内侧拖动可改变 SmartArt 图形的大小，如下图所示。

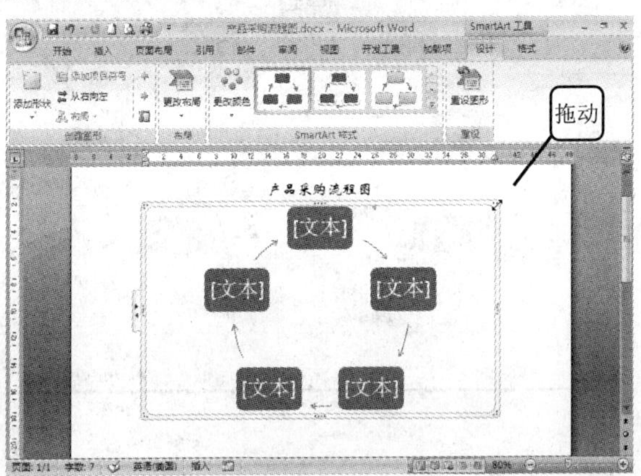

4　也可以打开“SmartArt 工具”|“设计”选项卡，单击“大小”下三角按钮，在弹出的菜单中进行设置，如下图所示。

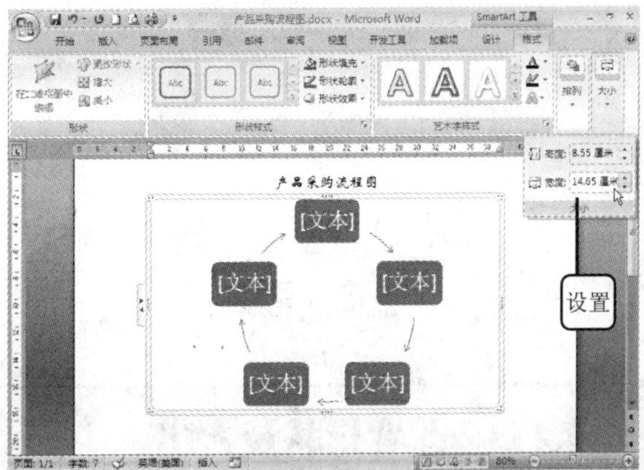

4.1.2　添加形状框

刚才插入的 SmartArt 图形只是一个基本的图形，可能不能满足用户的实际需求，可以根据需要添加形状框。

1 将光标移至最上方文本框的边框并单击，该文本框被选中，打开“SmartArt 工具”|“设计”选项卡，单击“创建图形”选项组中的“添加图状”下三角按钮，从下拉菜单中选择“在后面添加形状”命令，如下图所示。

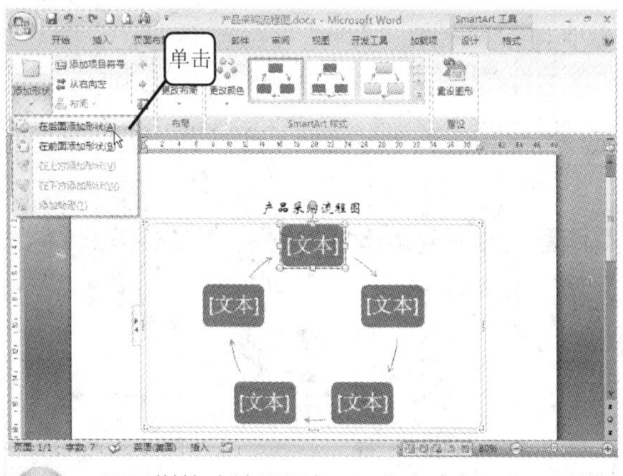

2 可以看到在右侧新添了一个文本框，如下图所示。

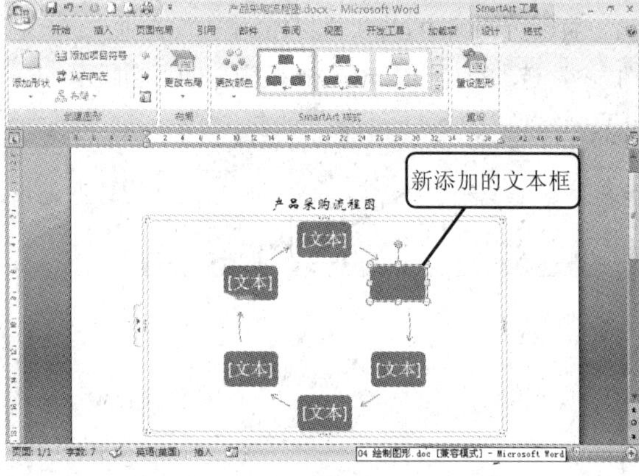

3 用同样的方法再添加 3 个文本框，如下图所示。

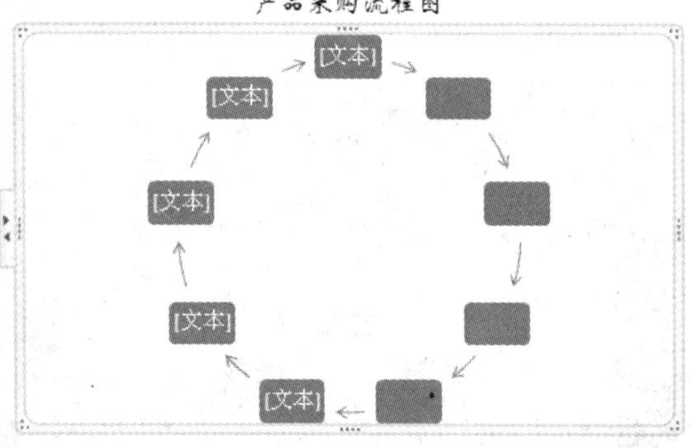

经验谈 将光标移至文本框边框上，光标变为✥状，可以拖动文本框，连线也将跟着发生变化，如下图所示。

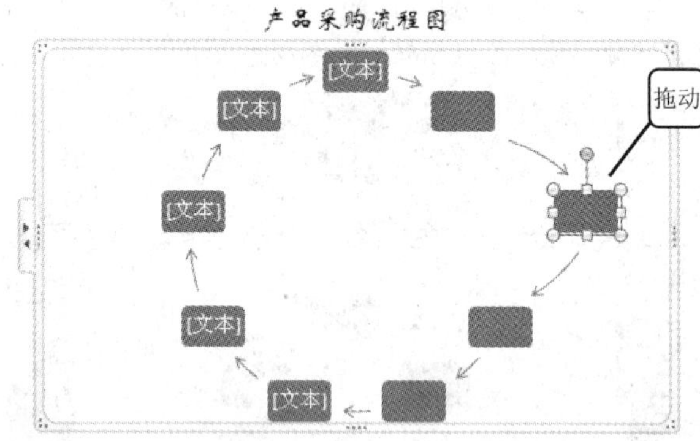

4.1.3 改变形状及大小

当创建 SmartArt 图形时，默认每个文本框的形状和大小都一样，这不便于体现各个项目的重要性和大小关系。可以改变文本框的大小和形状，具体方法如下。

1 改变形状

1 选中文本框，然后在“SmartArt 工具”→“格式”选项卡中，单击“形状”选项组中的“更改形状”按钮，从弹出的下拉菜单中选择一种形状，如下图所示，

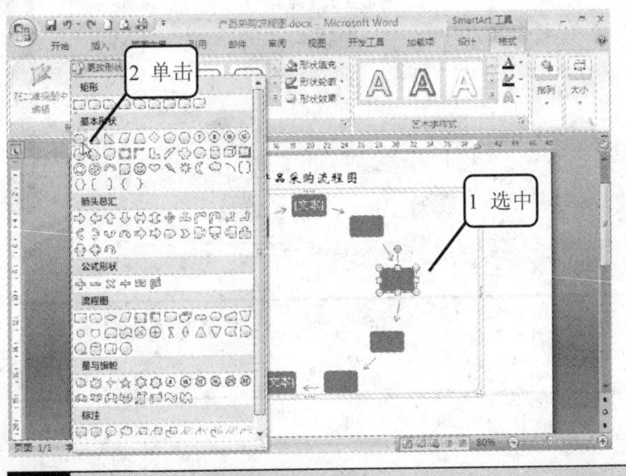

2 可以看到，该文本框的形状已经发生了变化。用同样的方法改变其他两个文本框的形状，如下图所示。

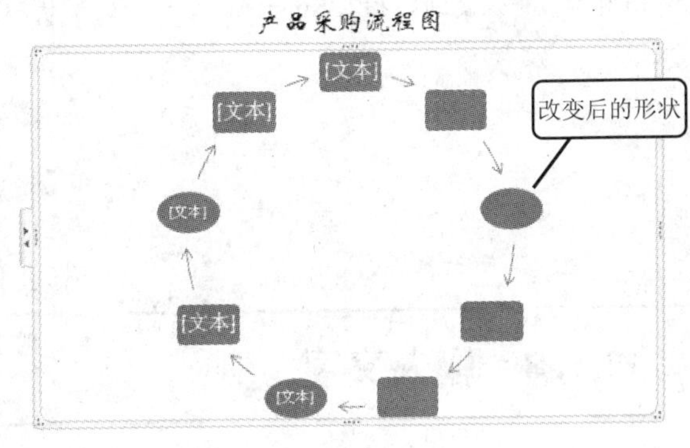

2 改变形状框的大小

1 选中文本框，然后在“SmartArt 工具”|“格式”选项卡中，单击“形状”选项组中的“增大”按钮，如下图所示，则该文本框将变大一号。

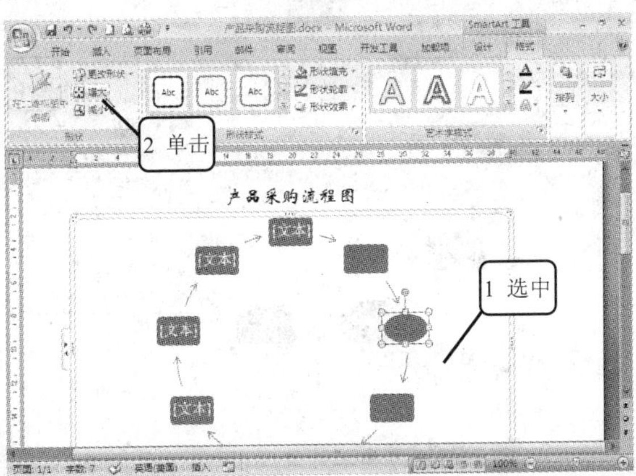

2 用同样的方法，将其他两个椭圆形文本框也变大一号，效果如下图所示。

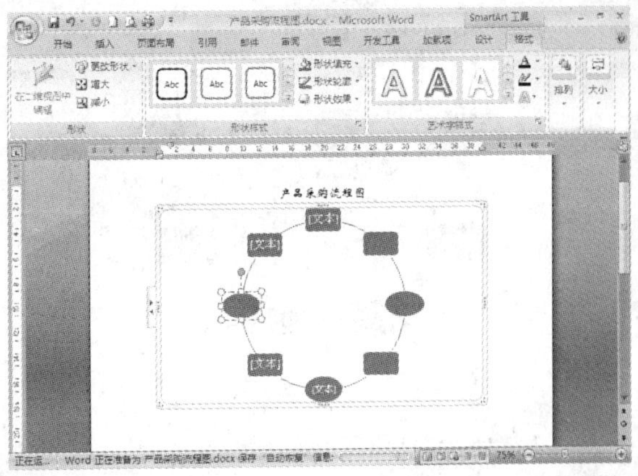

多学点 将光标放置在SmartArt图形边框的右上角，向图形外侧拖动可拉大图形，如右图所示。

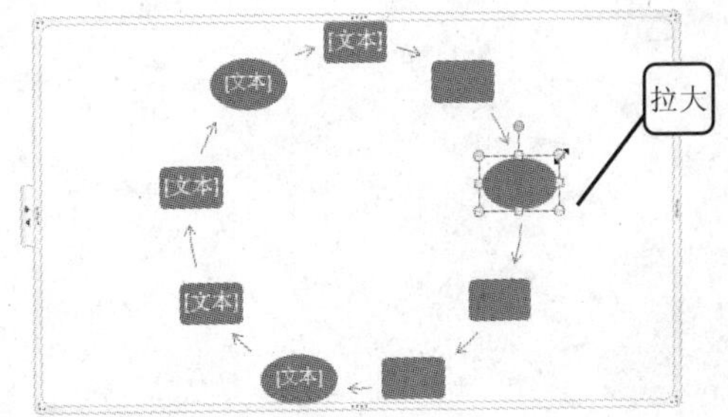

提示您 在改变了文本框的形状和大小后，如果感觉不合适，可以打开“SmartArt 工具”|“设计”选项卡，单击“重设”选项组中的“重设形状”按钮，如右图所示，将恢复到刚插入 SmartArt 图形时的形状和大小。

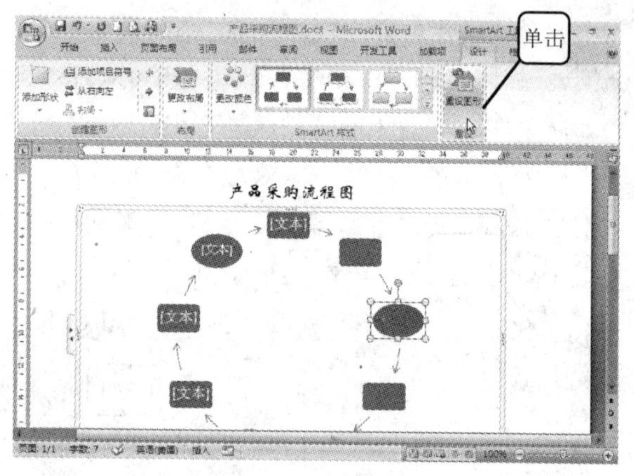

4.1.4 输入文字

下面在文本框中输入文字，具体操作步骤如下。

1. 如果文本框中有“文本”两字，直接单击即可输入文字，如下图所示。

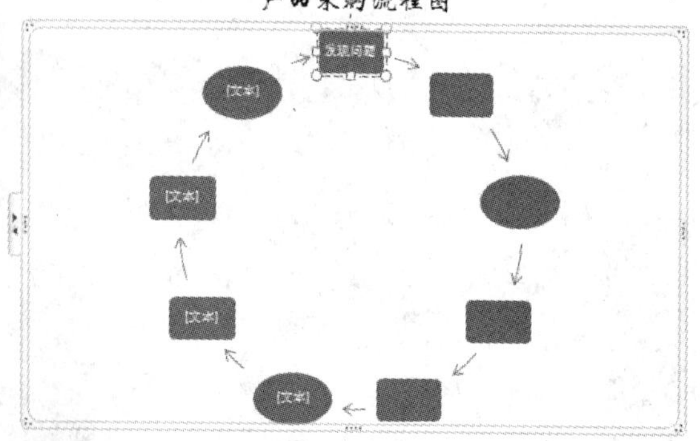

2. 如果没有“文本”两字则必须在该文本框上单击鼠标右键，从弹出的菜单中选择“编辑文字”命令才能输入文字，如下图所示。

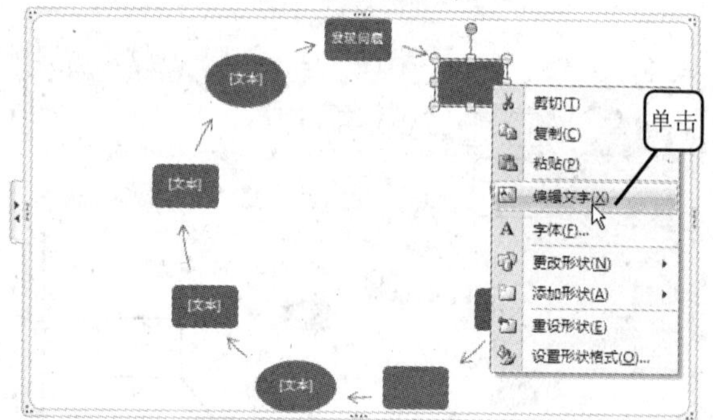

3. 按要求输入其他文字，如右图所示。

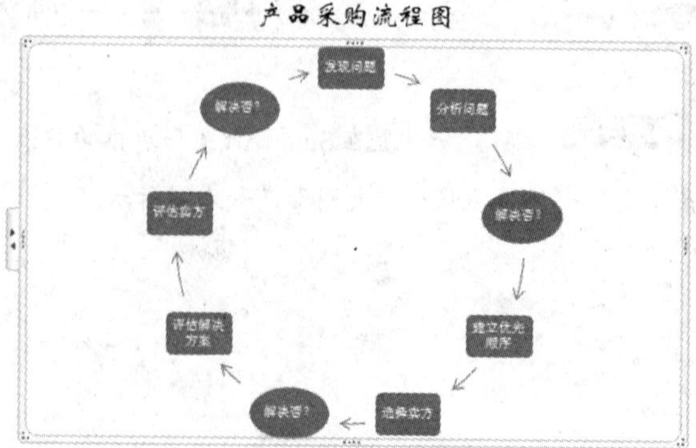

多学点 也可以将光标放置在 SmartArt 图形内，打开“SmartArt 工具”|“设计”选项卡，单击“创建图形”选项组中的按钮，此时会显示出“在此处键入文字”窗格，在其中单击可以输入文字，则右侧对应的文本框将被选中，输入的文字将显示在右侧的文本框中，如右图所示。

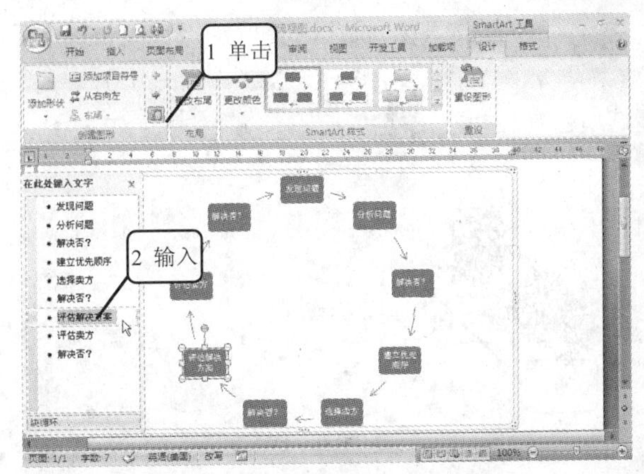

4.1.5 调整布局

如果在输入文本后发现 SmartArt 图形的布局不是很合适，还可以调整 SmartArt 图形布局，而不需重新绘制，具体方法如下。

1 在 SmartArt 图形区域内单击，然后在“SmartArt 工具”|“设计”选项卡中单击“布局”选项组的“更改布局”按钮，在下拉菜单中可选择需要的组织结构类型，如下图所示。

2 也可以单击“创建图形”选项组中的“从右到左”按钮，则布局将左右对调，如下图所示。

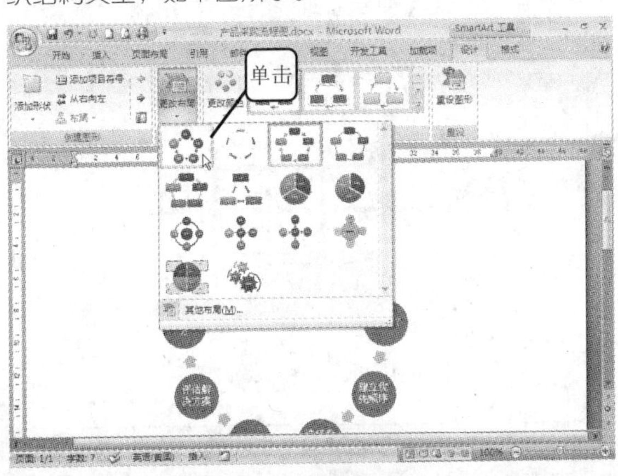

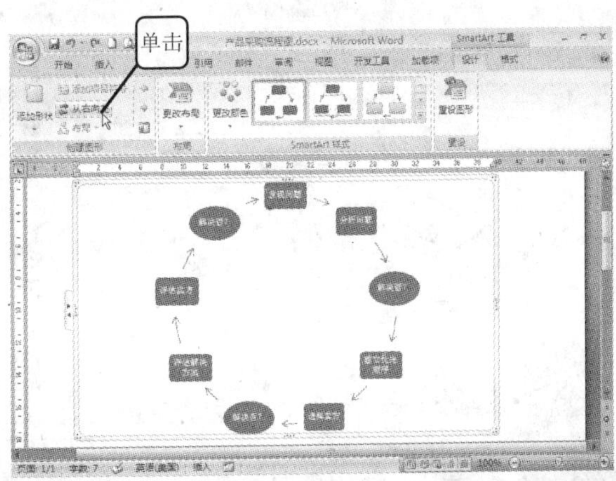

4.1.6 美化流程图

到现在为止，整个组织结构图都是深蓝色的，显得很单调，结构关系不明显，下面将改变各文本框的颜色和样式。

1 美化整体颜色和样式

下面设置 SmartArt 的整体颜色和样式，具体操作方法如下。

1 将光标放置在 SmartArt 图形内，打开“SmartArt 工具”|“设计”选项卡，单击“SmartArt 样式”选项组中的“更改颜色”按钮，从下拉菜单中选择一种颜色风格，如下图所示。

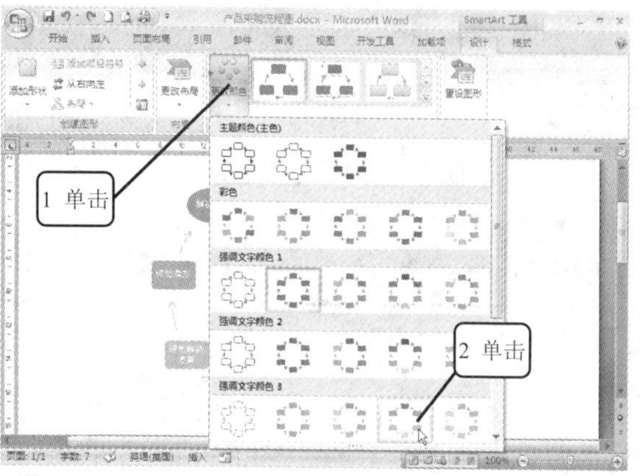

2 可以看到，整个 SmartArt 图形都变成了刚才所选择的颜色样式，如下图所示。

3 将光标放置在 SmartArt 图形内，打开“SmartArt 工具”|“设计”选项卡，单击“SmartArt 样式”选项组中的“SmartArt 样式”下三角按钮，从下三角菜单中选择一种样式，如下图所示。

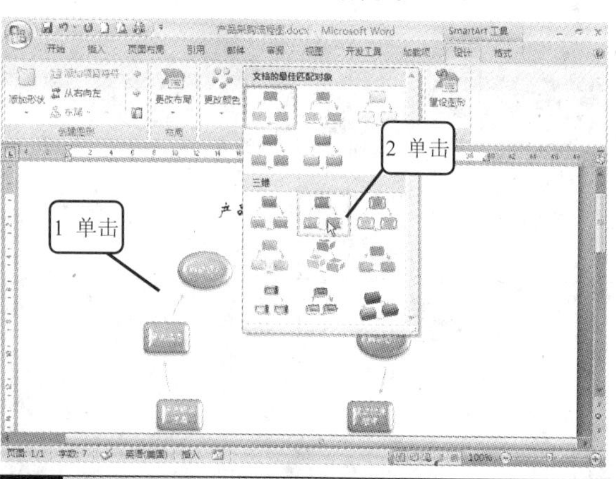

4 可以看到，整个 SmartArt 图形都变成为了刚才所选择的样式，如下图所示。

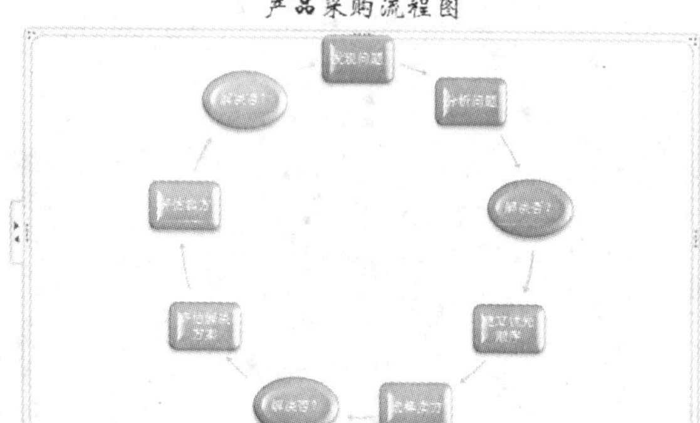

2 选中图形中要设置的部分

也可以只改变某一个文本框的颜色，但应先选中要设置的部分。

1 单击流程图中的文本框，即可将其选中，如右图所示。

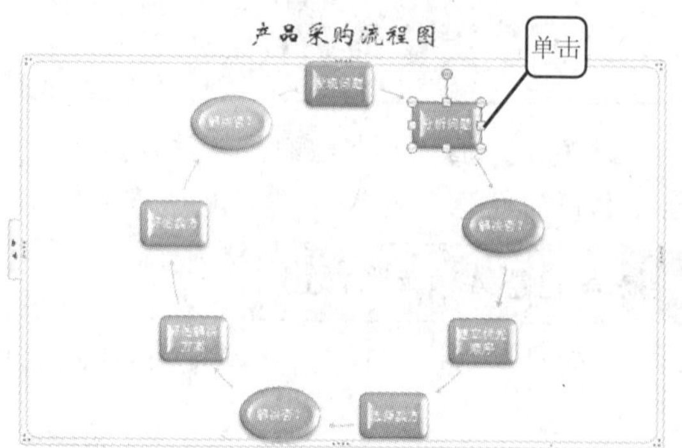

2 单击流程图中的其一段连线，即可将其选中，如右图所示。注意，此时并不表示整个连线都被选中了，要设置其他的连线，还需要单击该段连线。

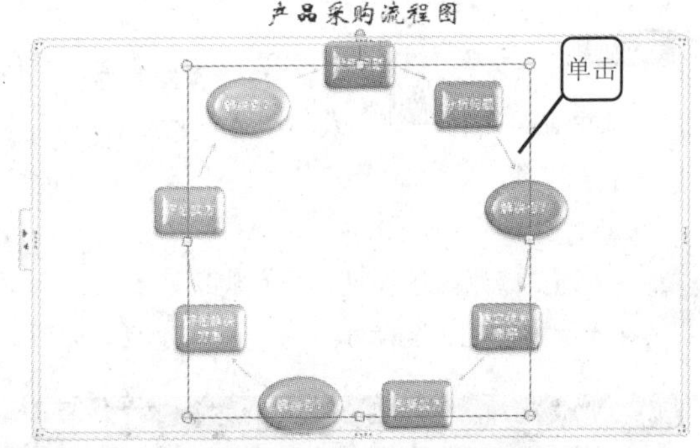

3 改变部分文本框的颜色和样式

1 先选中最右侧的椭圆形文本框，打开"SmartArt 工具" | "格式"选项卡，单击"形状样式"选项组中的"形状填充"按钮，从下拉菜单中选择一种颜色，如下图所示。

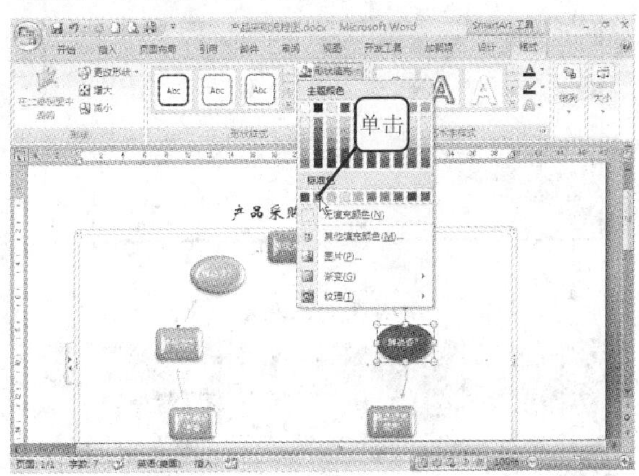

2 单击"形状样式"选项组中的"形状轮廓"按钮，从下拉菜单中选择一种颜色并设置粗细值，如下图所示。用同样的方法设置其他椭圆形文本框轮廓的粗细和填充色。

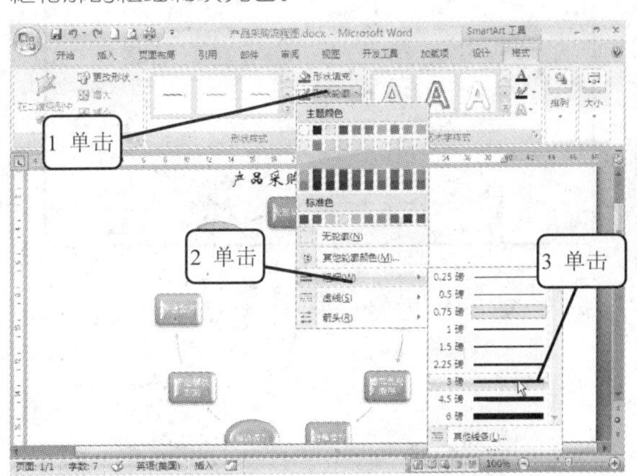

3 将光标放置在 SmartArt 图形边框上，单击鼠标右键，从弹出的菜单中选择的"设置对象格式"命令，如下图所示。

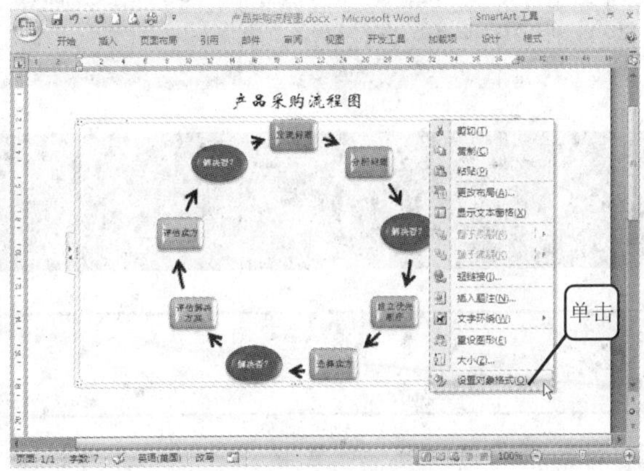

4 在对话框左侧选择"填充"项，在右侧选中"渐变填充"单选按钮，在"预设颜色"后选择一种颜色，如下图所示。

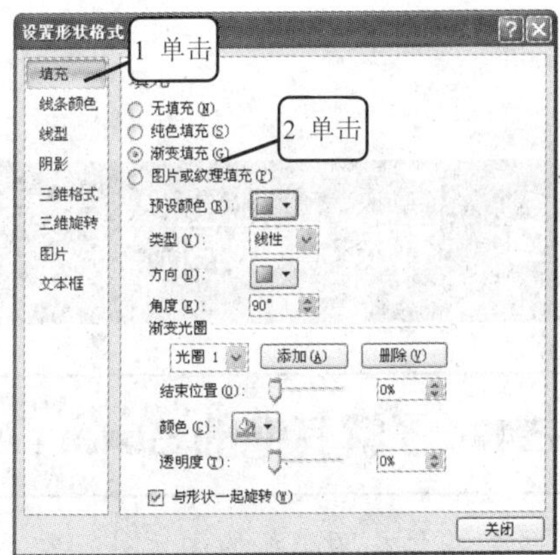

提示您 在步骤1中，也可以直接单击右图所示的样式，从中直接选择一种样式，如右图所示。

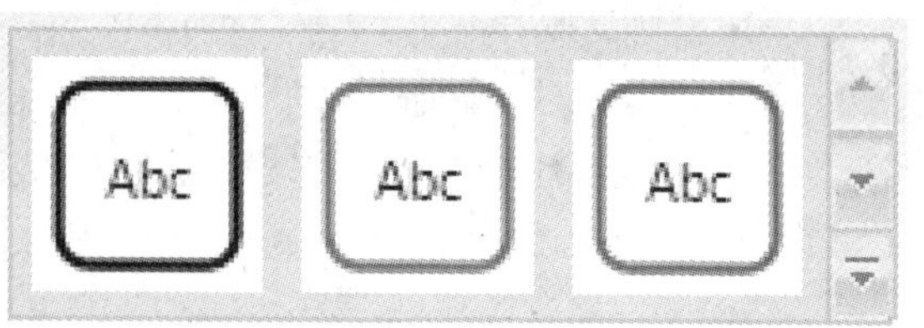

5 单击“线条颜色”项，在右侧选中“实线”单选按钮，如下图所示。

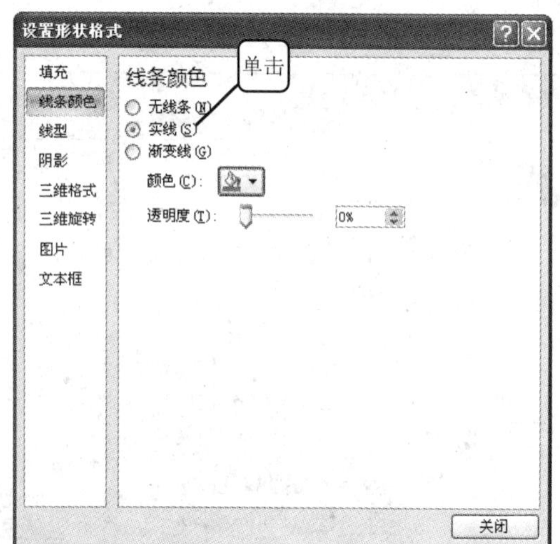

6 单击“线型”项，在右侧设置“宽度”和“复合类型”，如下图所示。

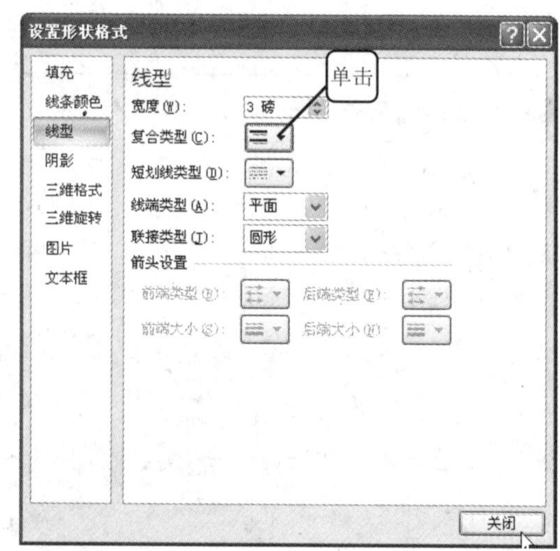

7 最后的效果如右图所示。

产品采购流程图

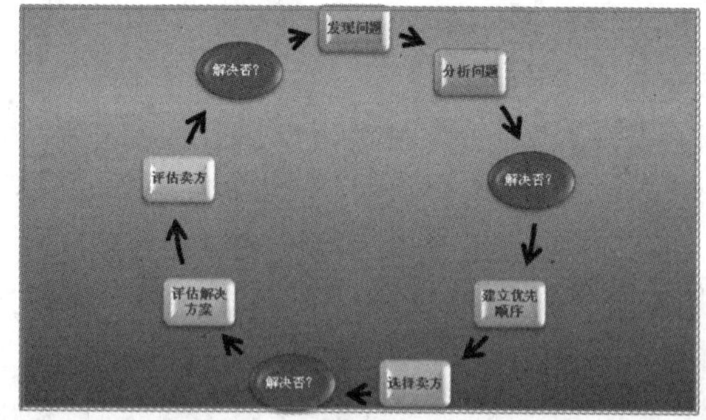

4.2 拓展与提高

4.2.1 了解其他的SmartArt图形

除了组织结构图类型的图示外，在“图示库”对话框中还有其他类型的一些图示。可根据需要，创建不同类型的图示。

单击“插入”选项卡“插图”选项组中的 SmartArt 按钮，打开“选择 SmartArt 图形”对话框，如下图所示。对话框左侧显示了图表的类型，单击某一种类型，对话框右侧将显示其子类型及其子类型的相类说明。

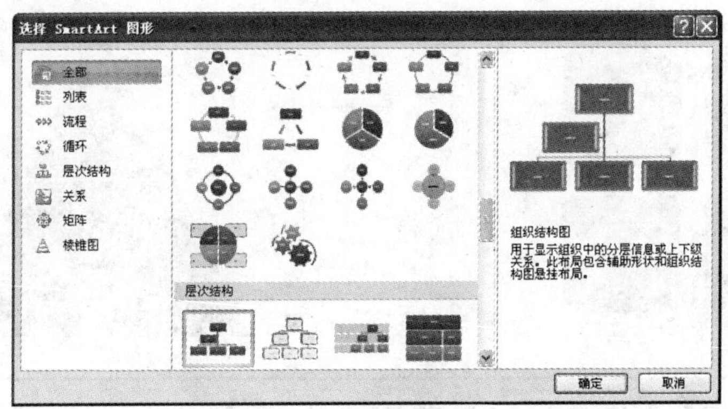

1. “列表”：用于显示无序信息。下图所示为“列表”中的“垂直图片重点列表”类型。

2. “流程”：在流程或日程表中显示步骤。下图所示为“流程”中的“连续块状流程”类型。

3. “循环”：用于显示连续的流程。下图所示为“循环”中的“射线循环”类型。

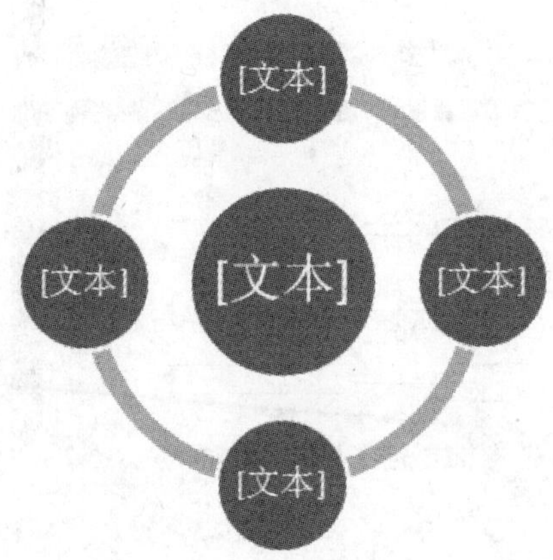

4. “关系”：用于表达图示的连接关系。下图所示为“关系”中的“目标图列表”类型。

5 “矩阵”：用于显示各部分如何与整体关联。下图所示为“矩阵”中的“网格矩阵”类型。

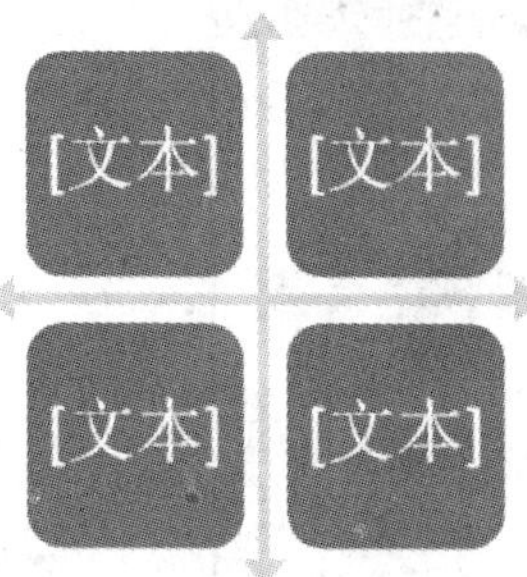

6 “棱锥图”：显示与顶部或底部最大部分的比例关系。下图所示为“棱锥图”中的“分段棱锥图”类型。

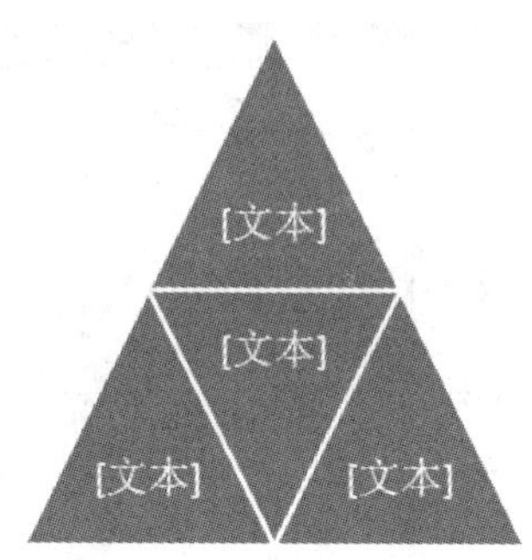

4.2.2 利用形状框绘制复杂图形

有些复杂图形可能无法用 SmartArt 图形来绘制，但可以单击“插入”选项卡“插图”选项组中的“形状”按钮来绘制。下面制作一个实例。

1 打开“插入”选项卡，单击“插图”选项组中的“形状”下三角按钮，从下拉菜单中选择圆角矩形项，如下图所示。

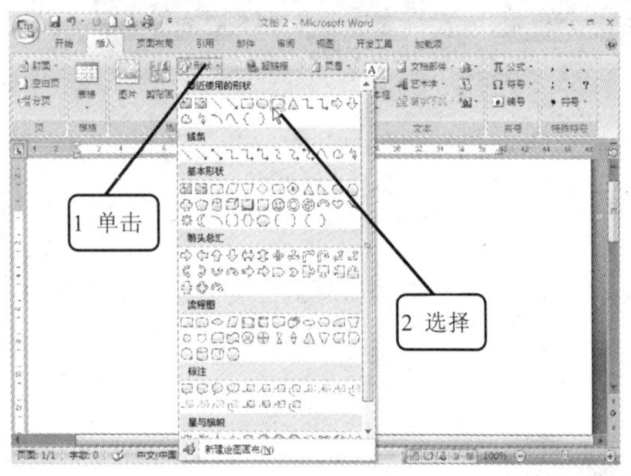

2 在文档中绘制一个圆角矩形，然后按住〈Ctrl+Shift〉组合键向下拖动，并复制出两个圆角矩形，如下图所示。

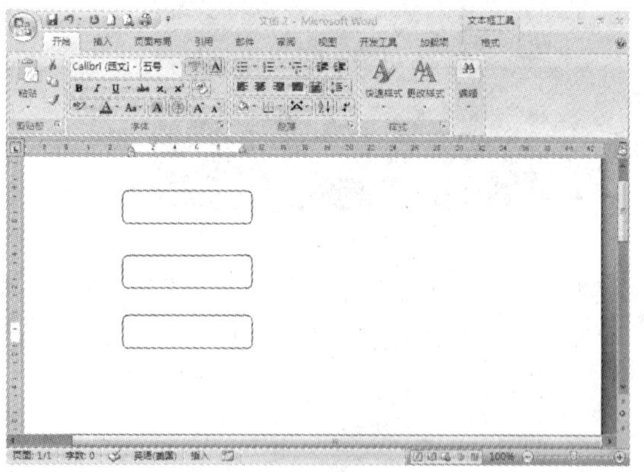

3 用同样的方法绘制其他矩形和箭头，如下图所示。

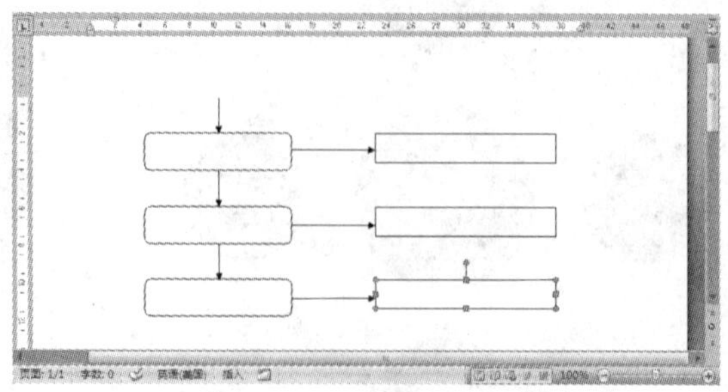

4. 在绘制的圆角矩形和矩形上单击鼠标右键，在弹出的菜单中选择“添加文字”命令，如下图所示。

5. 在文本框中输入文字，效果如下图所示。

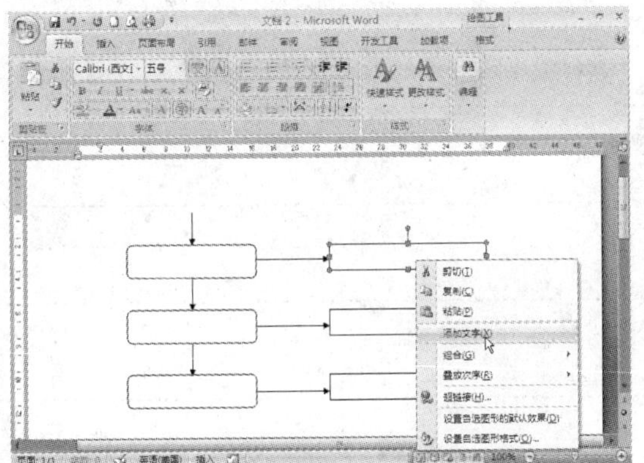

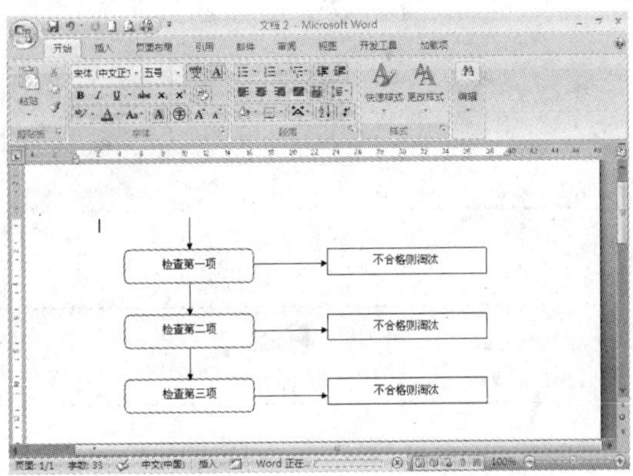

单击“形状”按钮绘制图形，往往要求绘制者要很有耐心，而且绘制出来的图形可能会不太美观，但是这种方法灵活性很好。

- 插入表格
- 合并单元格
- 向表格中输入数据
- 设置表格中文字的对齐方式
- 设置表格中文字的字体
- 设置表格边框和底纹

第5章 表格的应用

	实例素材	无
	实例结果	\实例素材\第 5 章\05.docx

5.1 实例——制作“岗位职务说明表”

本章先介绍如何制作一个“岗位职务说明表”，如下图所示。

通过该实例，读者可以了解表格应用的主要内容。主要包括：插入表格，合并单元格，向表格中输入数据，设置表格中文字的格式，设置表格边框和底纹。另外，在本章的“拓展与提高”中还介绍了表格的其他一些应用。

岗位职务说明表

部 门		岗位名称	
任 职 人		任职人签字	
直接主管		直接主管签字	

任职条件	学 历	
	工作经历	
	专业知识	
	业务了解范围	
岗位目标与权限		

岗位职责 按重要顺序列出职责及目标	负责程度 全责 \ 部分 \ 支持	衡量标准 数量、质量

5.1.1 插入表格

在创建表格内容之前，应先对表格的整体布局进行规划，确定出表格所需的行和列。有些表格，可能某一单元格中包含若干行或若干列，这时要确定表格所需的行和列，应以最多的行和最多的列为准，然后再将某几行或某几列进行“合并”操作。

1 启动 Word 进入其主界面，自动创建一个空白文档。在第一行的插入点中输入表格的名称“岗位职务说明表”，将其居中对齐，并设置其字体为“黑体”，字号为“二号”，如下图所示。

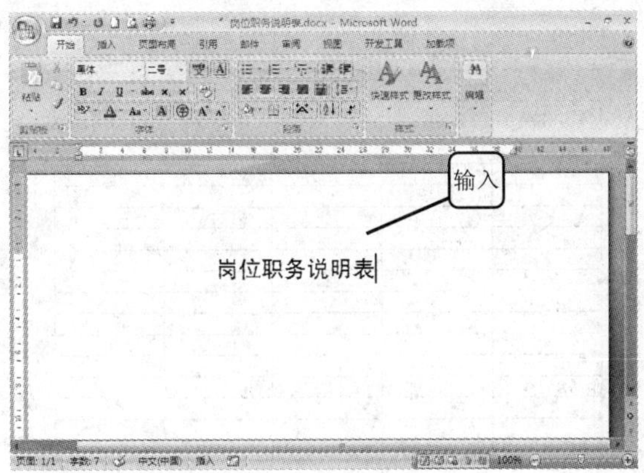

2 按〈Enter〉键换行，设置字号为“五号”，对齐方式为“左对齐”，然后打开“插入”选项卡，单击“表格”选项组中的“表格”按钮，从下拉菜单中选择“插入表格”命令，如下图所示。

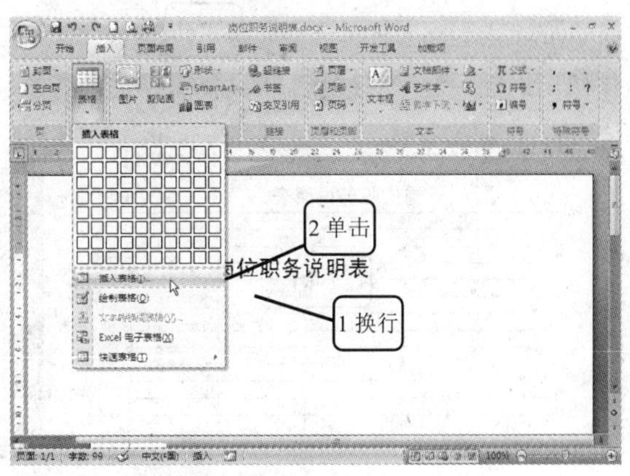

3 弹出“插入表格”对话框，在“行数”和“列数”文本框中输入所需的数值。这里分别输入 5 和 17，如下图所示，然后单击“确定”按钮。

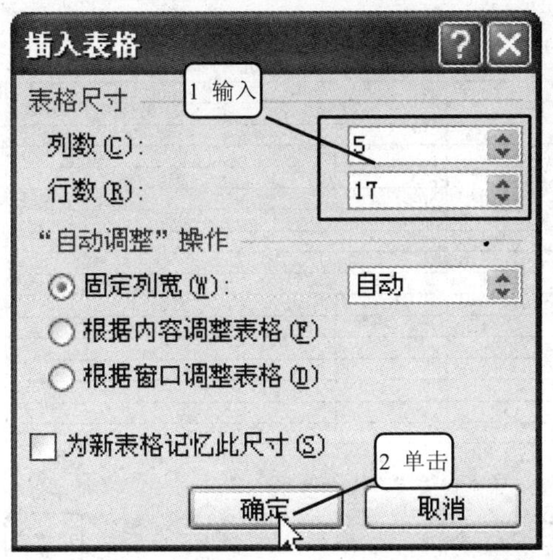

4 插入表格后的结果如下图所示，一张表格的雏形就算创建完成了。

经验谈 步骤 2 中在插入表格前将字号变小的目的是，控制插入表格时每个单元格的大小。如果不预先改变字号，则插入的表格将默认其中的文字为之前的格式，表格会比较大。

提示您 创建表格的方法有很多种，这里只介绍最常用的一种，其他方法可参看本章的“拓展与提高”部分。

5.1.2 合并单元格

合并单元格，就是将多个单元格合并成一个大的单元格。

① 在第一行的第二个单元格中单击，然后按住鼠标左键向右拖动到第三个单元格，然后在“表格工具”|“布局”选项卡中单击“合并”选项组的“合并单元格”按钮，如下图所示。

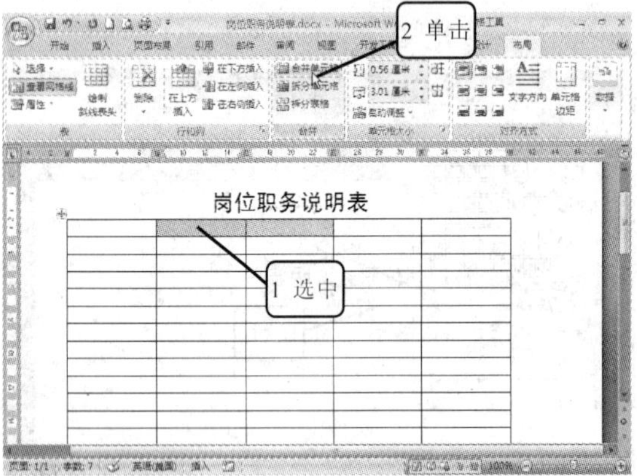

② 合并后的表格如下图所示。

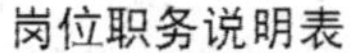

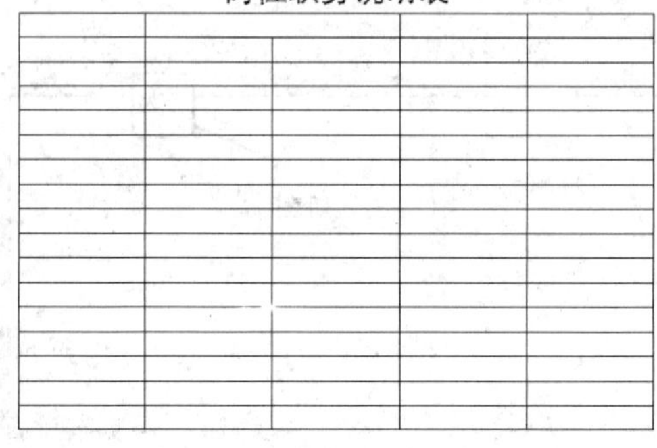

③ 选中第二行第二个单元格和第三个单元格，在选中的单元格区域上单击鼠标右键，在弹出的快捷菜单中选择“合并单元格”命令，如下图所示。

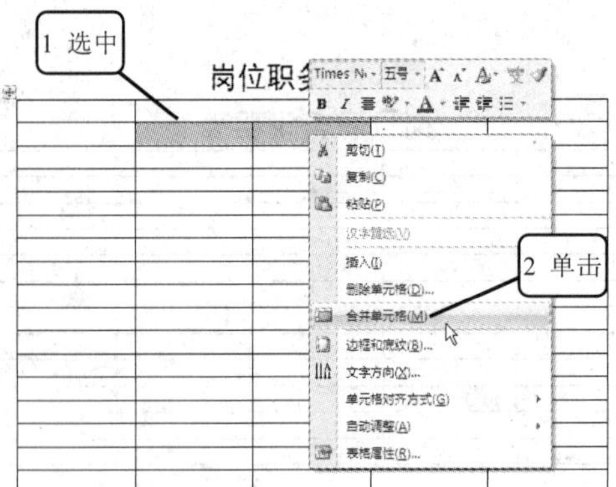

④ 接着将下图所示的单元格进行合并。

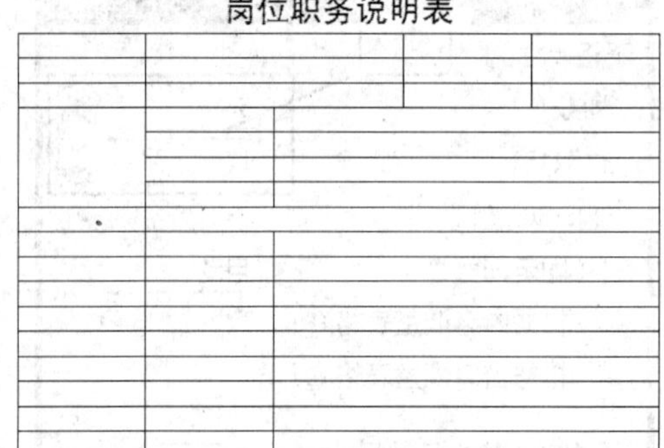

⑤ 选中第 9～17 行，打开“表格工具”|“布局”选项卡，单击“单元格大小”选项组中的 分布列 按钮，如右图所示。

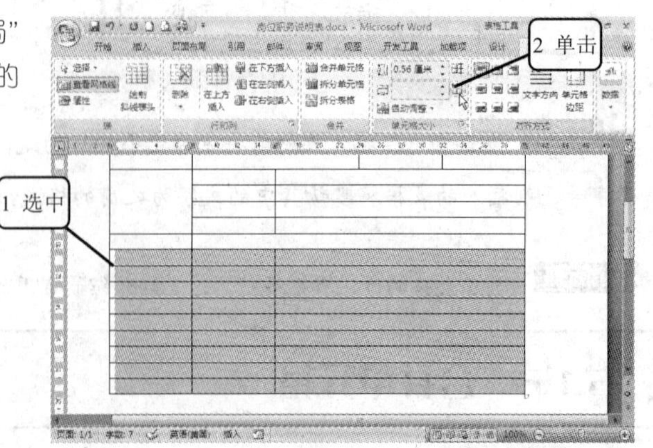

6 可以看到刚才选中的行各列宽度均相同，如右图所示。

岗位职务说明表

多学点 合并单元格有两种方法。

1）选中要合并的多个单元格，然后在“表格工具”|“布局”选项卡中单击“合并”选项组的“合并单元格”按钮；2）在选中的单元格区域单击鼠标右键，在弹出的快捷菜单中选择“合并单元格”命令。

5.1.3　向表格中输入数据

表格的大体结构制做出来以后，下面就可以开始输入相应的文字了。在输入的过程中还会根据需要进行单元格的合并或拆分，有些细微的地方必须得等输入完文字之后再进行精细的调整。

1 单击第 1 行第 1 个单元格，光标插入点会闪动，表示可以在此处输入文字，如下图所示。

光标

岗位职务说明表

多学点 将光标移动到该单元格左边，使其变成向右箭头状，然后单击，即可选中该单元格，如右图所示。

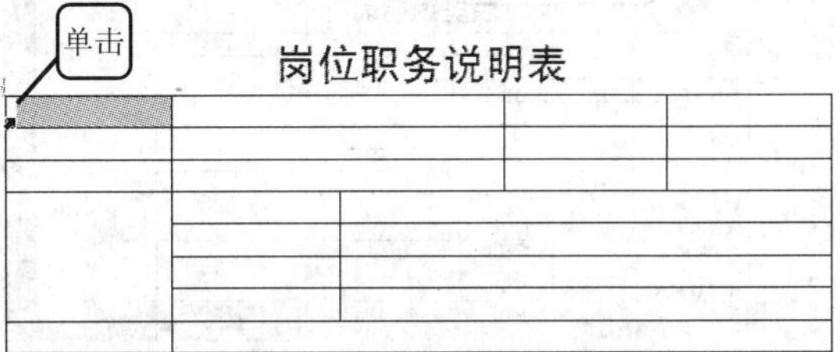

2 在插入点处输入“部门”，如下图所示。

输入

岗位职务说明表

部门

3 单击第 1 行第 3 个单元格，在该单元格中输入“岗位名称”，如下图所示。

岗位职务说明表

输入

部门 岗位名称

5

4 同理，在相应位置输入文字，完成后结果如右图所示。

岗位职务说明表

部门		岗位名称	
任职人		任职人签字	
直接主管		直接主管签字	
任职条件	学历		
	工作经历		
	专业知识		
	业务了解范围		
岗位目标与权限			
岗位职责 按重要顺序列出职责及目标	负责程度 全责 \ 部分 \ 支持	衡量标准 数量、质量	

多学点 除了直接单击要输入文本的单元格外，还可以按〈Tab〉键。每按一次〈Tab〉键，光标将自动横向跳转到下一个单元格，在行尾按〈Tab〉键则可调转到下一行第一个单元格。

5.1.4 设置表格中文字的对齐方式

输入完表格的内容后，还需要对其中的文字格式进行调整，以使其达到最佳的显示效果。下面就来讲解如何设置文字在表格中的对齐方式。

1 将光标放在一个单元格中，如第一行第一个单元格中。单击"开始"选项卡"段落"选项组的"分散对齐"按钮，如下图所示。

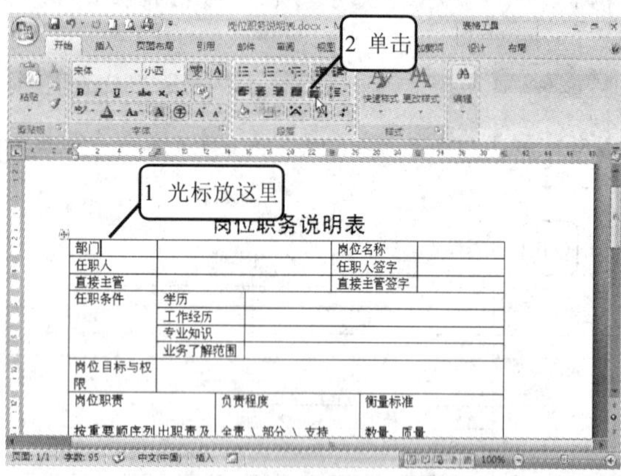

2 可以看到单元格中的文字已经分散对齐，用同样的方法将其他单元格内的文字对齐方式设置为分散对齐，结果如下图所示。

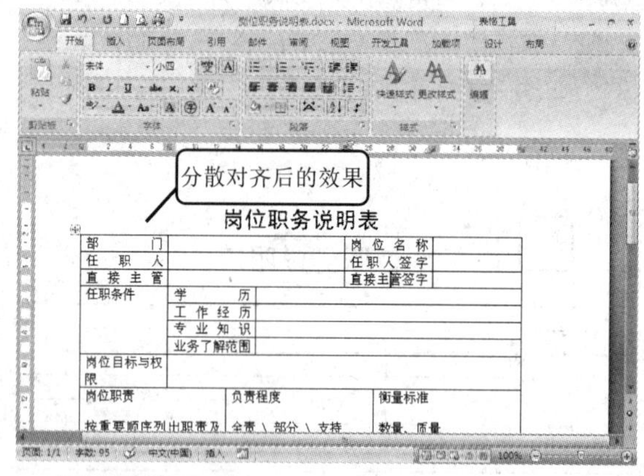

多学点 对单元格一个个地进行设置相当麻烦，可以单击表格左上角的⊞标志，选中全部单元格，然后再执行对齐操作，如右图所示。

单击即可选中全表

岗位职务说明表

部门		岗位名称	
任职人		任职人签字	
直接主管		直接主管签字	
任职条件	学历		
	工作经历		
	专业知识		
	业务了解范围		

3　将光标定位到“任职条件”单元格中，单击“布局”选项卡“对齐方式”选项组的“文字方向”按钮，如下图所示。

4　可以看到文字“任职条件”变为竖排，如下图所示。单击“布局”选项卡“对齐方式”选项组中的“中部居中”按钮，如下图所示。

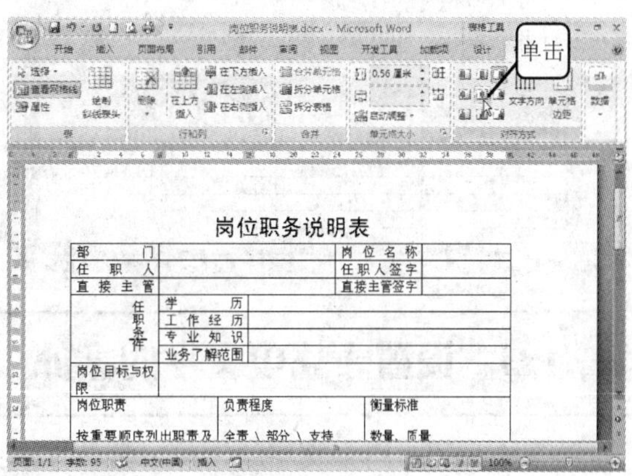

5　可以看到文字在单元格中为“中部居中”，如下图所示。

岗位职务说明表

部门		岗位名称	
任职人		任职人签字	
直接主管		直接主管签字	
任职条件	学历		
	工作经历		
	专业知识		
	业务了解范围		
岗位目标与权限			
岗位职责	负责程度	衡量标准	
按重要顺序列出职责及目标	全责 \ 部分 \ 支持	数量、质量	

6　将光标移至“任职条件”所在行的下边线上，当光标变为÷状时，按住鼠标左键并向下拖动，如下图所示。

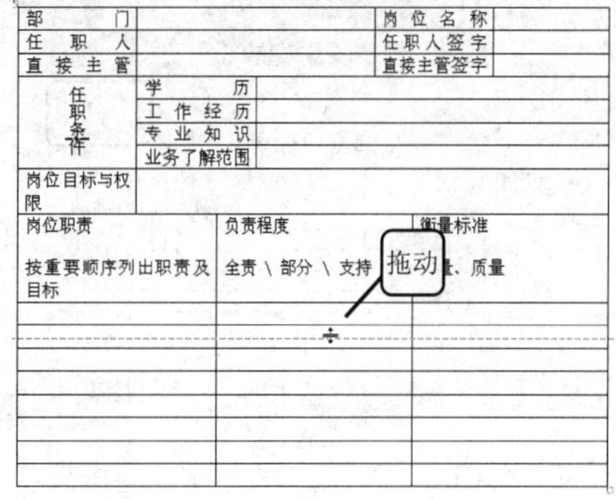

7　可以看到该行的单元格高度变高了，按照前面介绍的方法，将左侧的文字“岗位目标与权限”变为竖排，并将其设置为“中部居中”，如右图所示。

岗位职务说明表

部门		岗位名称	
任职人		任职人签字	
直接主管		直接主管签字	
任职条件	学历		
	工作经历		
	专业知识		
	业务了解范围		
岗位目标与权限			
岗位职责	负责程度	衡量标准	
按重要顺序列出职责及目标	全责 \ 部分 \ 支持	数量、质量	

多学点　将光标移至单元格竖线上，光标变为+||+状，按住鼠标左键并左右拖动，可以改变单元格的宽度。

8 将光标移动到第 9 行左侧，使其变成向右箭头状，然后单击鼠标左键，即可选中该行，如下图所示。

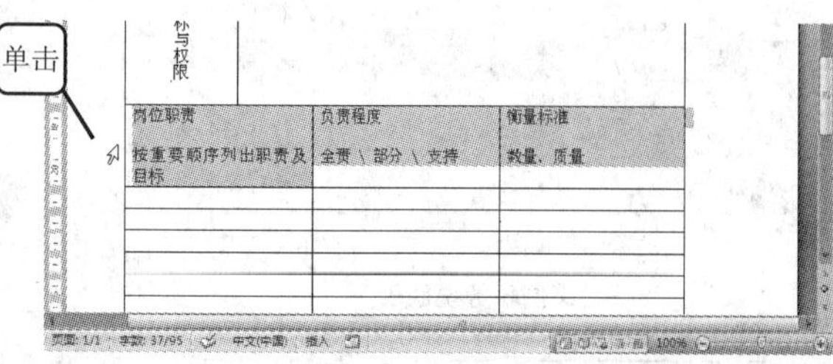

9 单击"开始"选项卡"段落"选项组中的"居中"按钮，可以看到单元格中的文字处于居中状态，如下图所示。

5.1.5 设置表格中文字的字体

接下来设置表格中文字的字体，具体操作方法如下。

1 按住〈Ctrl〉键，选中表格中的横排文字，如下图所示。

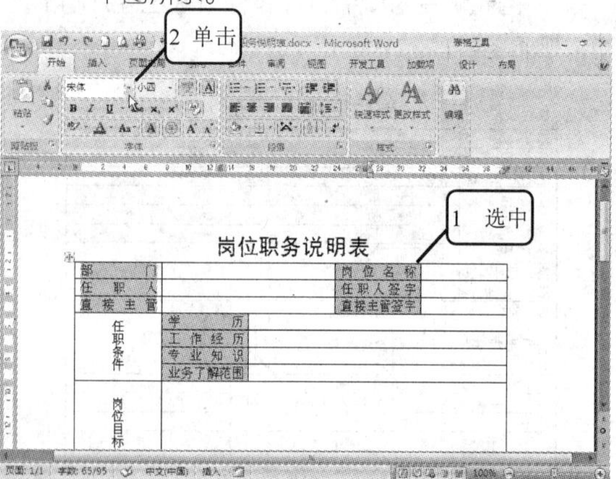

2 将选中文字字体设置为"黑体"，字号设置为"小四"，效果如下图所示。

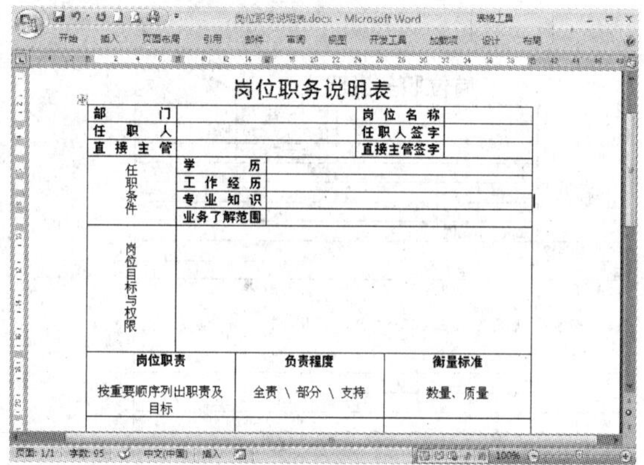

3 按住〈Ctrl〉键，选中表格中的竖排文字，如下图所示。将选中文字字体设置为"华文琥珀"，字号设置为"小四"，如下图所示。

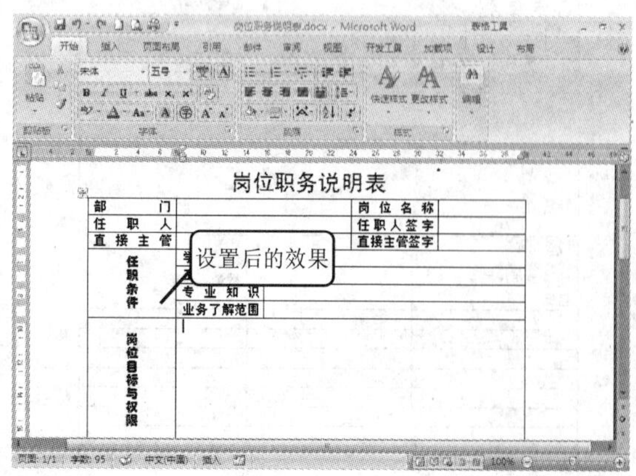

4 按住〈Ctrl〉键，选中第 9 行中下方的文字，将选中文字字体设置为"楷体"，字号设置为"小四"，如下图所示。

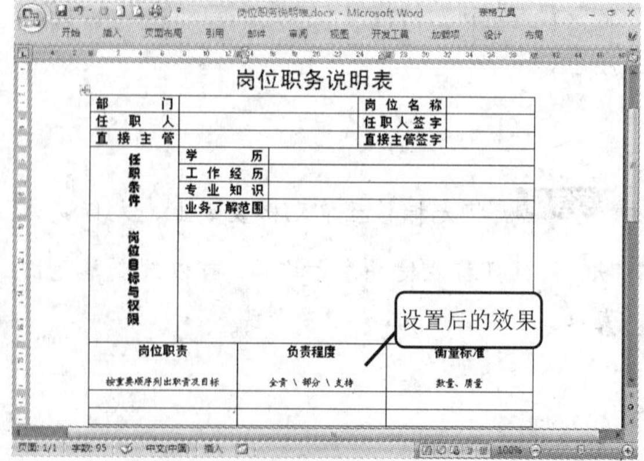

5.1.6　设置表格边框和底纹

调整好了表格中文字的对齐方式以及文字间距后，基本上算是大功告成了。但是为了使表格更加美观，还需要对表格的外观进行一些设置。主要包括设置表格的边框和底纹等。

1. 打开“表格工具”|“设计”选项卡，在“表样式”选项组中单击“边框”下三角按钮，从下拉菜单中选择“边框和底纹”命令，如下图所示。

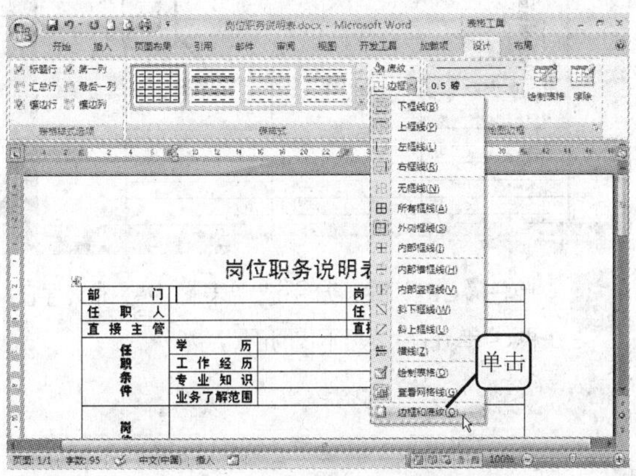

2. 打开“边框和底纹”对话框。在“样式”列表框中选择双横线项，然后在右侧的“预览”栏中分别单击表格中的横线和竖线将其取消，如下图所示。

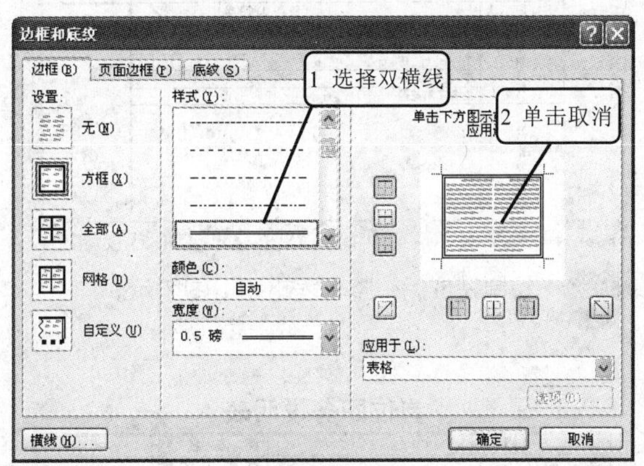

3. 在“样式”列表框中选择单横线项，然后在“预览”栏中分别单击添加单横线，然后单击“确定”按钮，如下图所示。

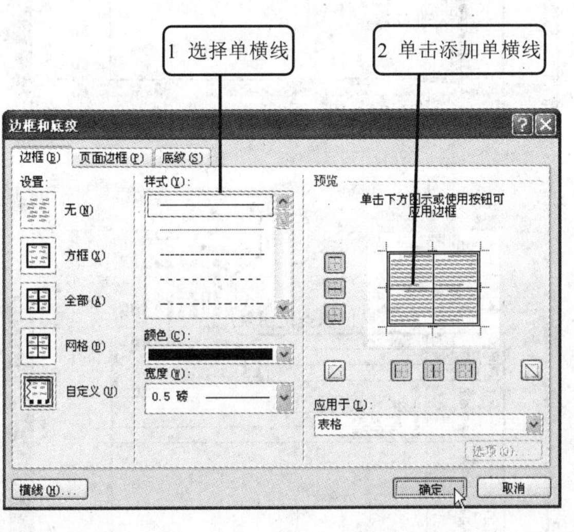

4. 可以看到表格的外边框是双横线，而中间的线是单横线，如下图所示。

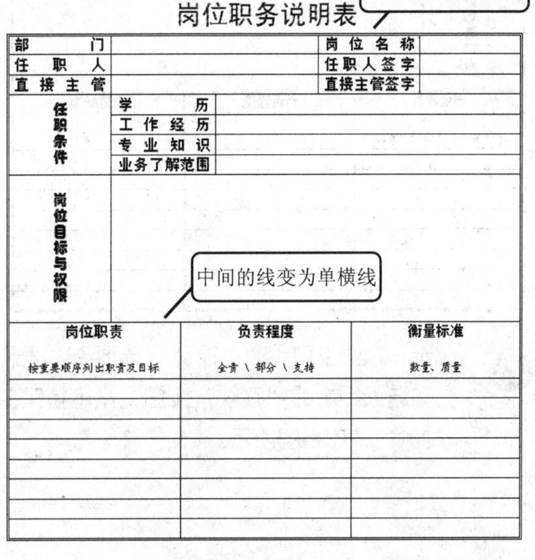

5 打开“表格工具”|“设计”选项卡，单击“绘图边框”选项组中的“绘制表格”按钮，此时光标变为状，沿文字“直接主管”下的横线绘制一个双横线，如下图所示。

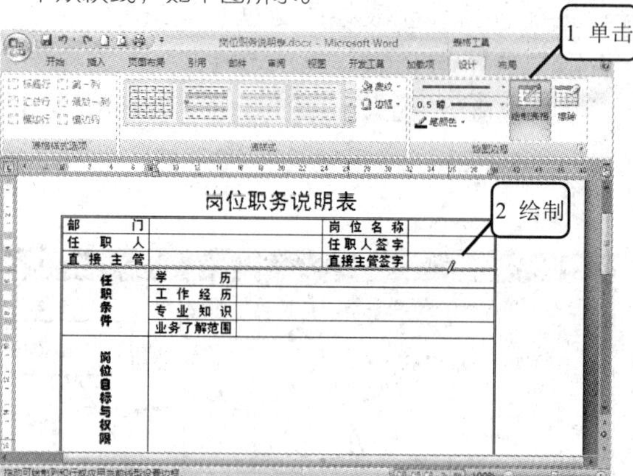

6 用同样的方法，在文字“岗位目标与权限”下再绘制一条双横线，如下图所示。

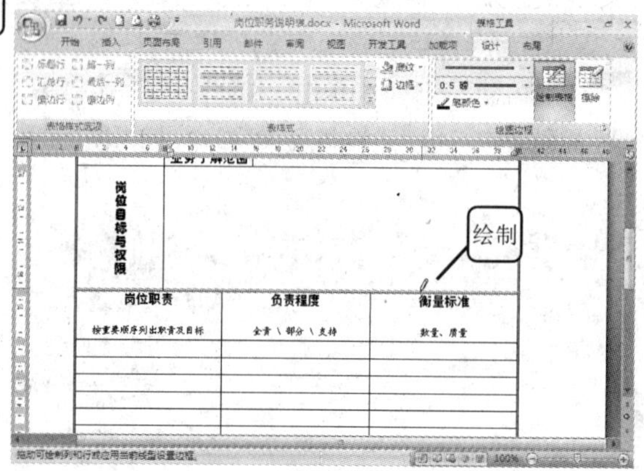

7 绘制完成后，整个表格如下图所示。

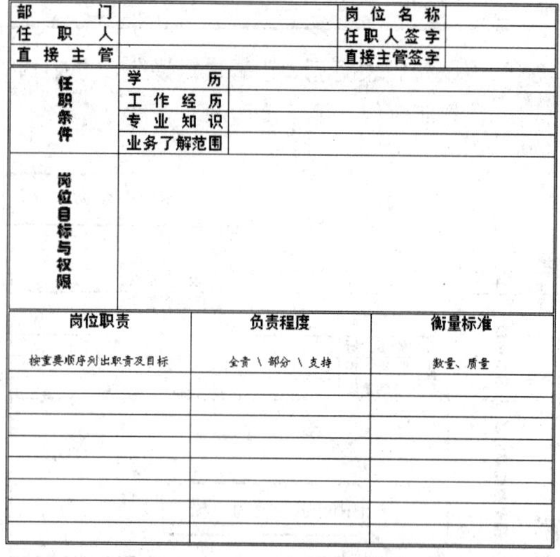

岗位职务说明表

部门		岗位名称	
任职人		任职人签字	
直接主管		直接主管签字	
任职条件	学历		
	工作经历		
	专业知识		
	业务了解范围		
岗位目标与权限			
岗位职责	负责程度	衡量标准	
按重要顺序列出职责及目标	全责\部分\支持	数量、质量	

8 按住〈Ctrl〉键，分别选中表格中竖排文字的两个单元格，如下图所示。

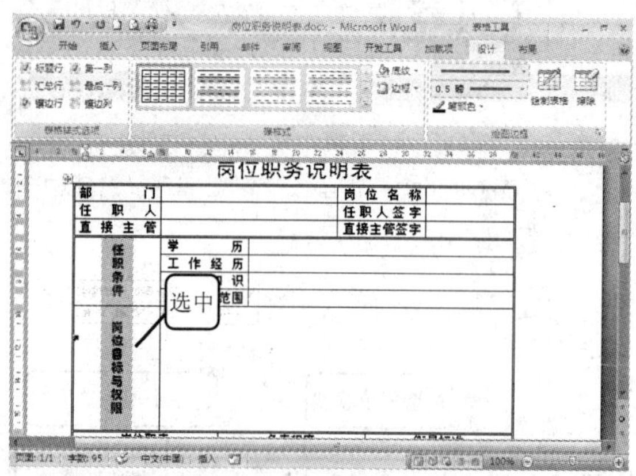

9 单击“表格工具”|“设计”选项卡“表样式”选项组中的“底纹”按钮，从下拉菜单中选择一种颜色，如右图所示。

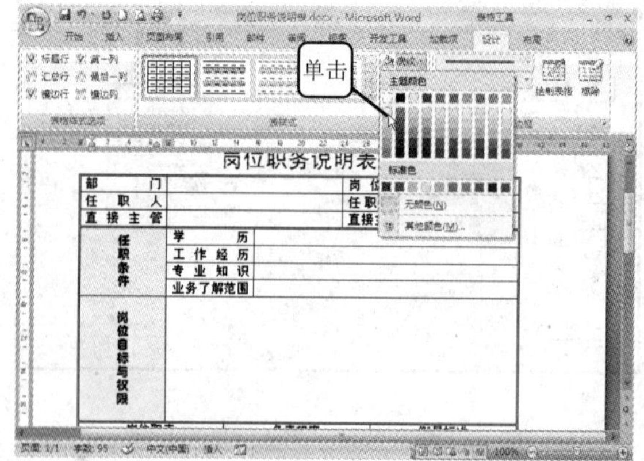

10 可以看到这两个单元格都添加了底纹效果，如右图所示。

岗位职务说明表

部　　门		岗位名称	
任 职 人		任职人签字	
直接主管		直接主管签字	
任职条件	学　　历		
	工作经历		
	专业知识		
	业务了解范围		
岗位目标与权限			

岗位职责	负责程度	衡量标准
按重要顺序列出职责及目标	全责 \ 部分 \ 支持	数量、质量

5.2　拓展与提高

5.2.1　创建表格的其他方法

1　利用“插入表格”按钮

如果要创建少于 10 列 8 行的表格，则可以采用以下方法。

1 单击“插入”选项卡“表格”选项组中的“表格”按钮，会出现一个表格行数和列数的选择框，如右图所示。

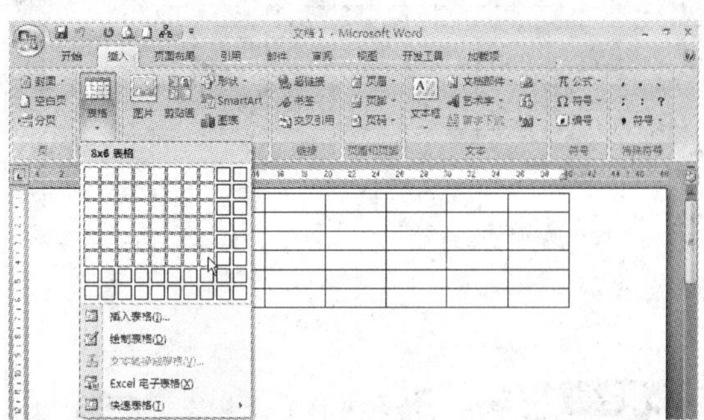

2 拖动鼠标即可选择表格的行数和列数。释放鼠标，系统将在光标所在处插入表格，如右图所示。

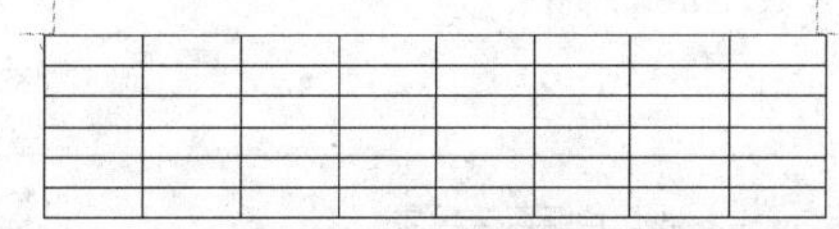

2　利用自由绘制表格方式创建表格

这种方法是选择 Word 的“绘制表格”命令来手绘表格。该方法的最大优点就是可以如同用笔一样非常灵活地进行绘制。

1 在“插入”选项卡中单击“表格”选项组的“表格”按钮，从下拉菜单中选择“绘制表格”命令，如下图所示。

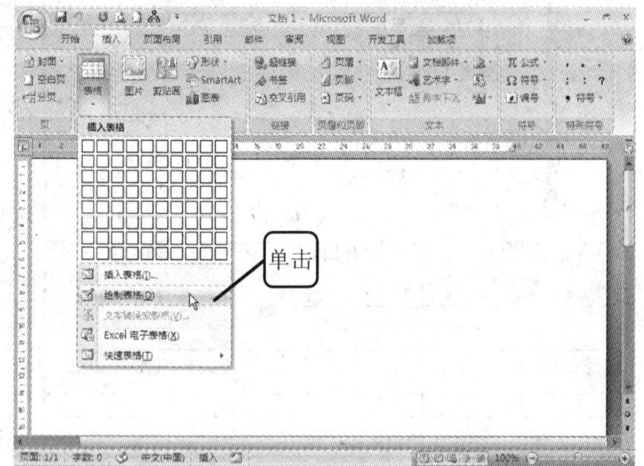

2 此时，光标将变为画笔形状，按住鼠标左键并拖动，即可绘制表格边框线，如下图所示。

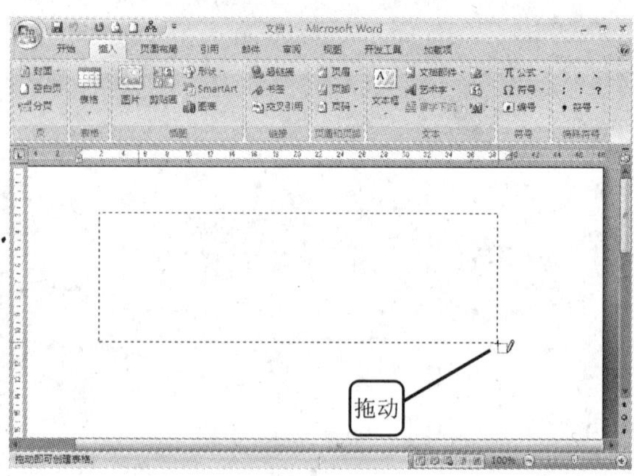

3 绘制好边框线后，单击”表格工具”|“设计”选项卡“绘图边框”选项组中的“绘制表格”按钮，在表格内侧画出如下图所示的内侧线。

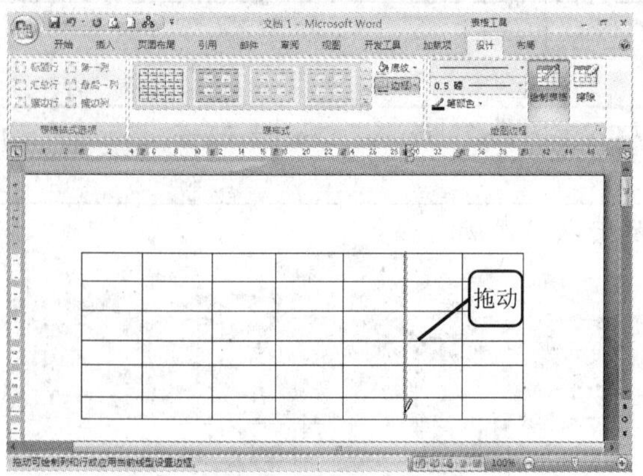

4 如果要去除多余的线条，可以单击“擦除”按钮，如下图所示。

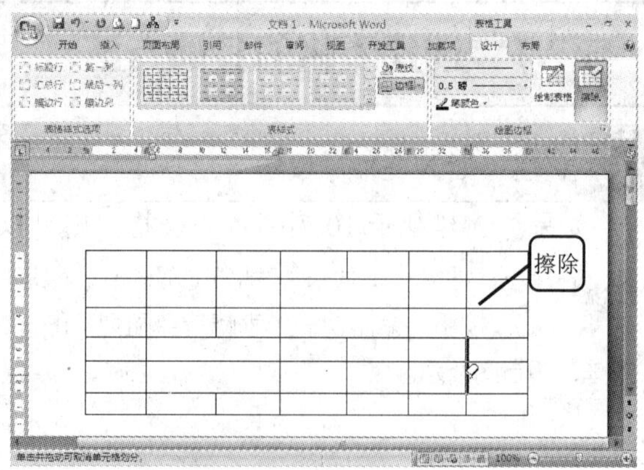

多学点 在使用“绘制表格”工具绘制表格时，若同时按下〈Shift〉键，光标会变成橡皮形状，此时可擦除表格。

3 插入 Excel 电子表格

Word 中还可以插入 Excel 电子表格，插入的表格可以像在 Excel 中那样进行较复杂的数据运算和处理。具体操作步骤如下。

1 在“插入”选项卡中单击“表格”选项组的“表格”按钮，从弹出的下拉菜单中选择“Excel 电子表格”命令，如下图所示。

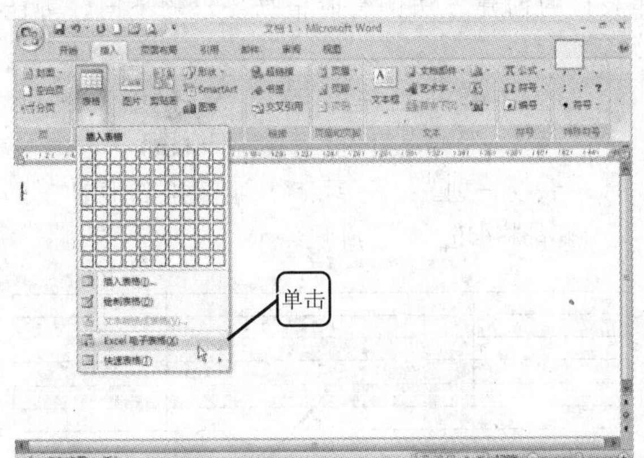

2 进入 Excel 电子表格编辑状态，双击其中的表格，可输入数据，如下图所示。

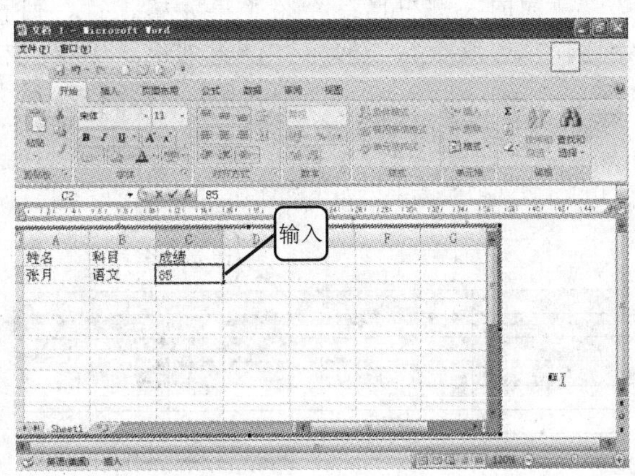

3 输入完毕后，在 Excel 电子表格外侧的空格区域单击，则返回 Word 文档编辑状态，如右图所示。

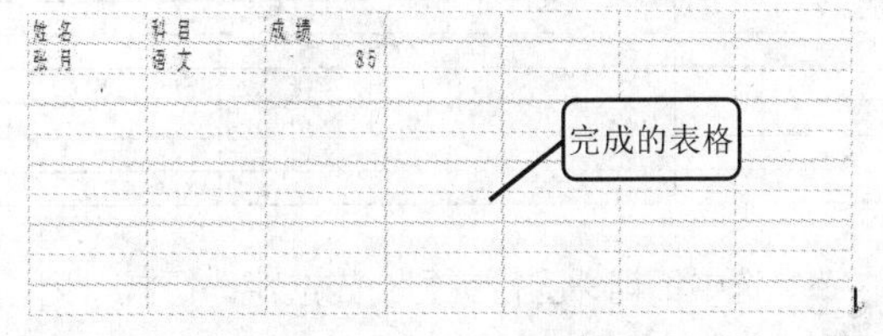

提示您 若要再次编辑该表格，则在表格中双击，可再次进入 Excel 电子表格编辑状态。

5

4 插入快速表格

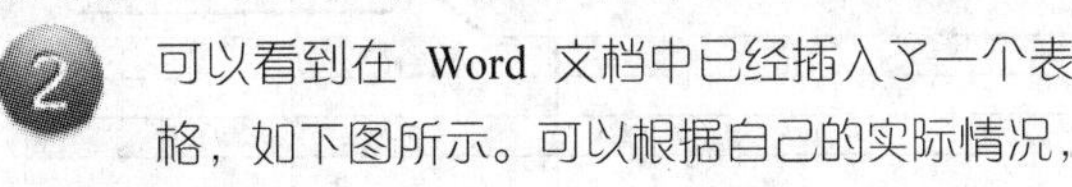

Word 中内置了很多固定格式的表格，可以快速插入这些表格。具体操作步骤如下。

1 在“插入”选项卡中单击“表格”选项组的“表格”按钮，从下拉菜单中选择“快速表格”命令，在弹出的子菜单中选择某一种样式的表格，如下图所示。

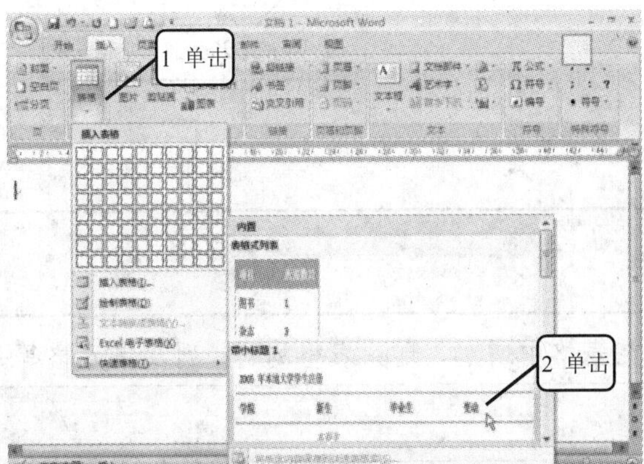

2 可以看到在 Word 文档中已经插入了一个表格，如下图所示。可以根据自己的实际情况，对表格做进一步的调整。

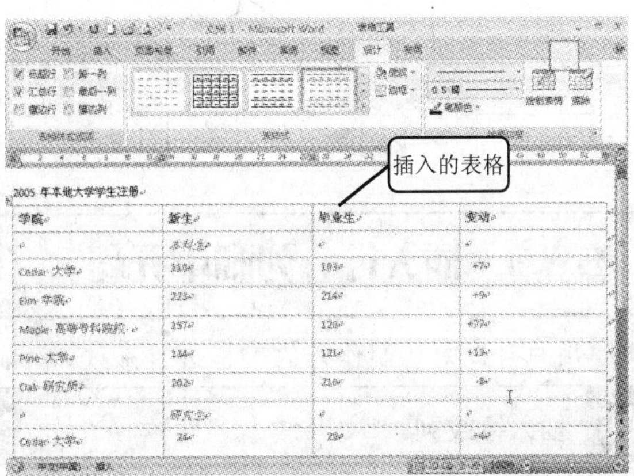

5.2.2 选择多行、多列或多个单元格

前面的实例中已经介绍了单元格、行、列和表格的创建方法。有时根据要求的不同，可能会选择相邻或不相邻的多行、多列或多个单元格。

1 选中多行或多列：先选中单行或单列，然后按住鼠标左键并上下或左右拖动，则光标经过的行或列将被选中，如下图所示。

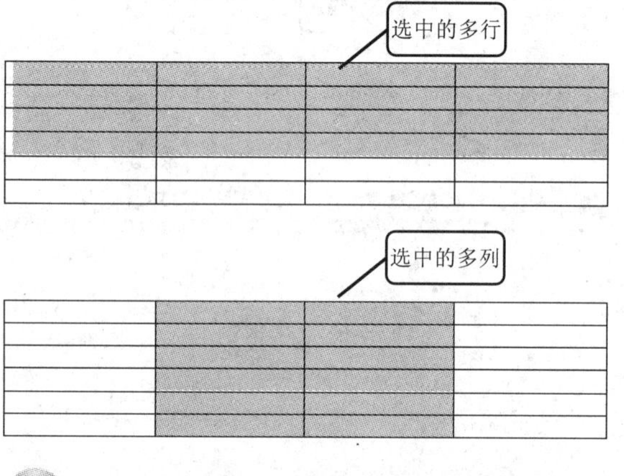

2 选中某一区域的单元格：先选定一行、一列或一个单元格，然后按住〈Shift〉键并单击另一行、另一列或另一单元格，则在对角线范围内的单元格都将被选中，如下图所示。

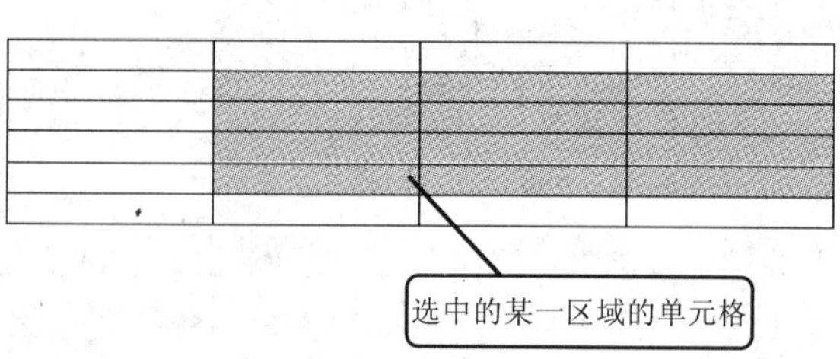

3 选中不相邻的行或列：先选定一行或一列，然后在按住〈Ctrl〉键的同时，再选择其他不相邻的行或列，即可选中多个不相邻的行或列，如下图所示。

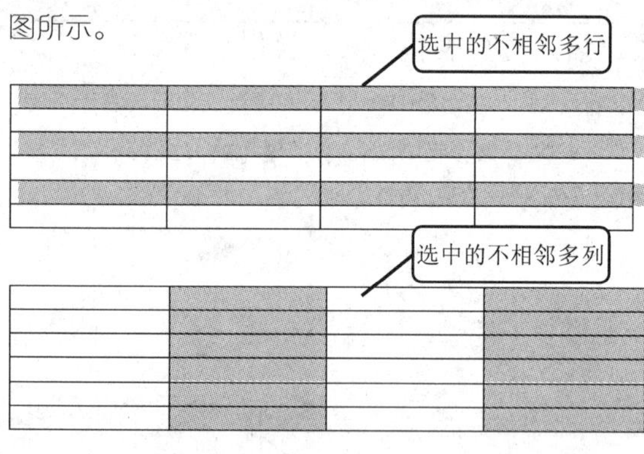

4 选中不相邻的多个单元格：先选定一个单元格，然后在按住〈Ctrl〉键的同时，再选择其他不相邻的单元格，如下图所示。

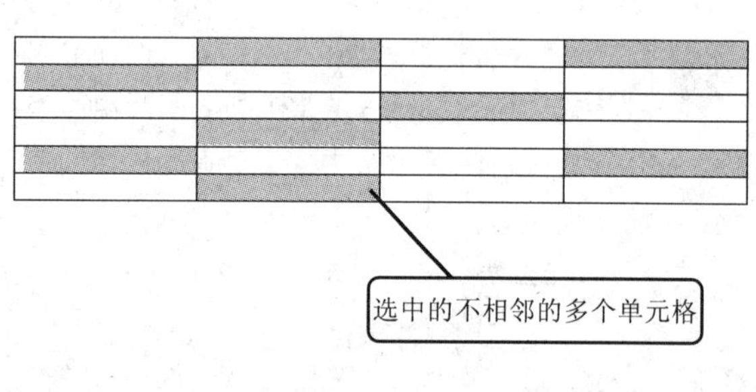

5.2.3 插入行、列和单元格

用户可以对已制作好的表格进行修改，例如在表格中增加、删除表格的行、列及单元格等。

1 插入行或列

在表格中插入行或列的方法比较简单，具体操作步骤如下。

1 将光标置于表格第 1 行第 1 列的单元格内，然后在“布局”选项卡“行和列”选项组中，可以选择插入行和列的位置，这里单击“在右侧插入”按钮，如下图所示。

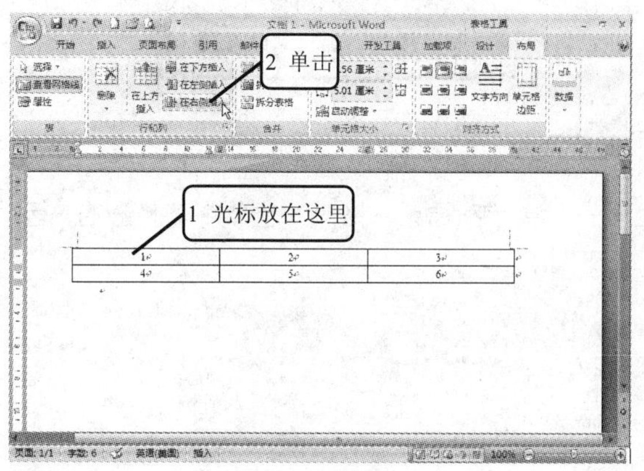

2 在光标所在单元格的右侧插入一列，如下图所示。如单击“在左侧插入”按钮，则会在光标所在单元格的左侧插入一列。

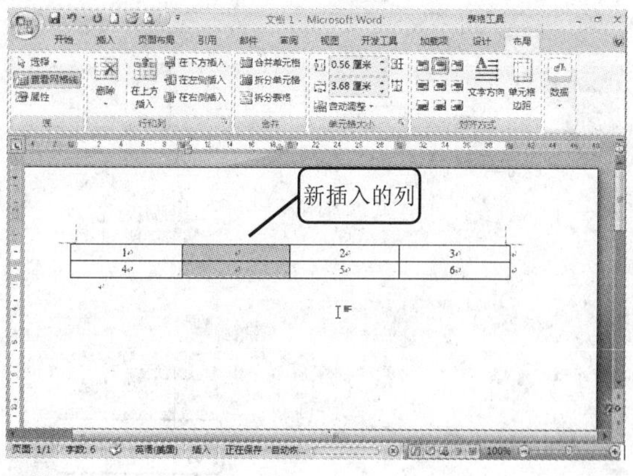

3 将光标置于表格第一行第一列的单元格内，单击“布局”选项卡“行和列”选项组中的“在上方插入”按钮，如下图所示。

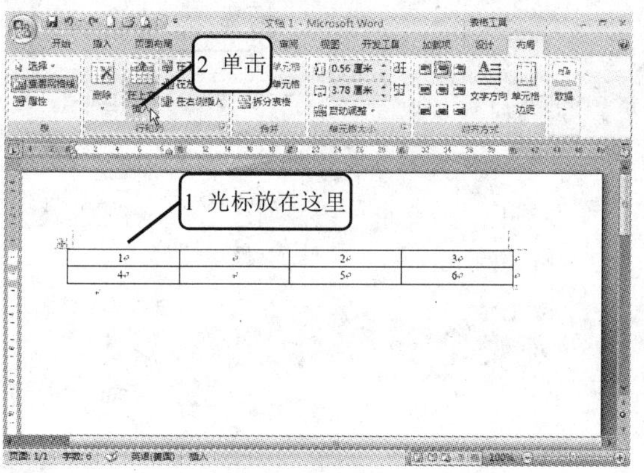

4 在光标所在单元格的上方插入一行，如下图所示。如单击“在下方插入”按钮，则会在光标所在单元格的下方插入一行。

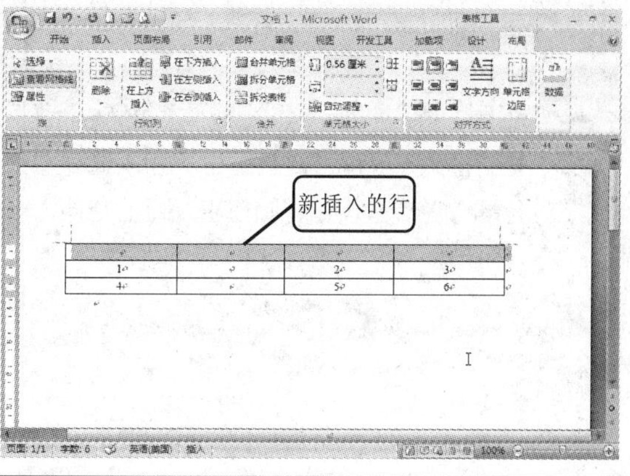

5

2 插入单元格

1 将光标置于表格第 1 行第 3 列的单元格内，然后单击“行和列”选项组中右下角的下三角按钮，如右图所示。

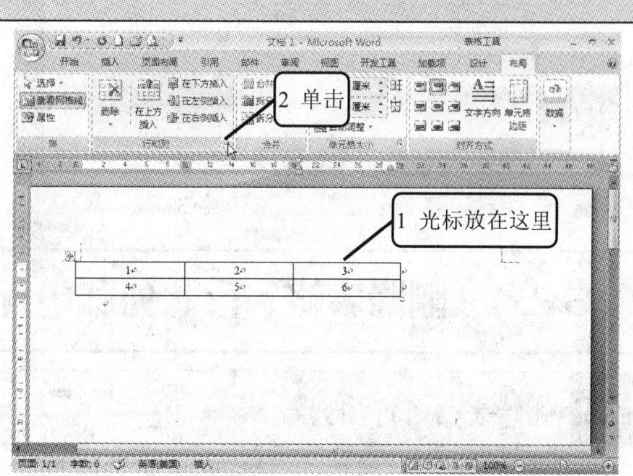

2 打开“插入单元格”对话框，如右图所示，在该对话框中可以选择插入单元格的方式。

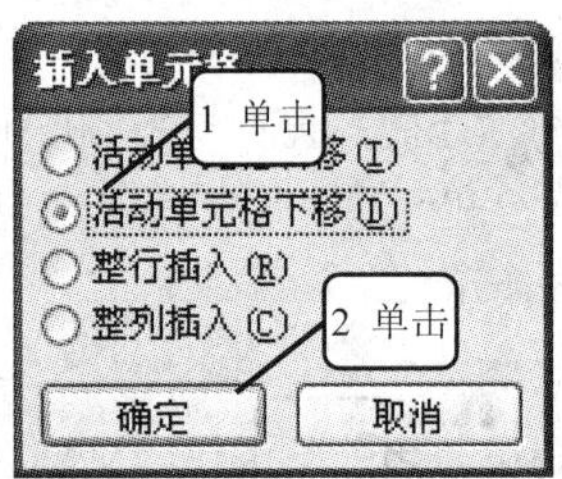

3 在“插入单元格”对话框中，如果选中“活动单元格右移”单选按钮，则在当前位置插入一个单元格，原单元格右移，如下图所示。

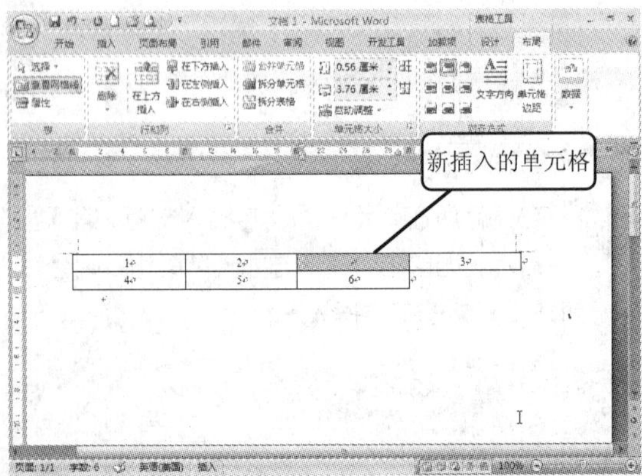

4 在“插入单元格”对话框中，如果选中“活动单元格下移”单选按钮，则在当前位置插入一个单元格，原单元格下移，同时补齐下移的一行，如下图所示。

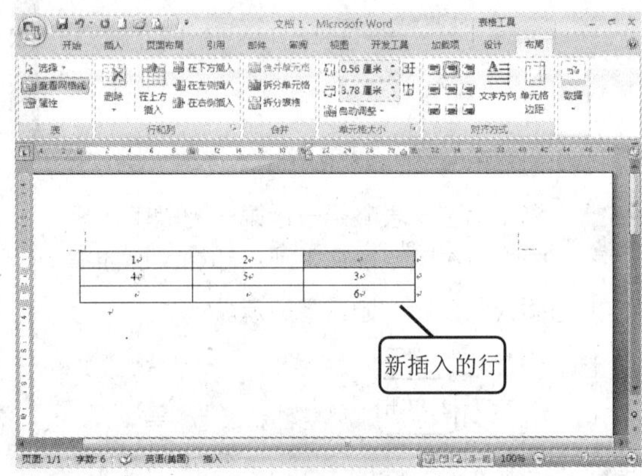

5 在“插入单元格”对话框中，如果选中“整行插入”单选按钮，则在当前行上方插入一行，如下图所示。

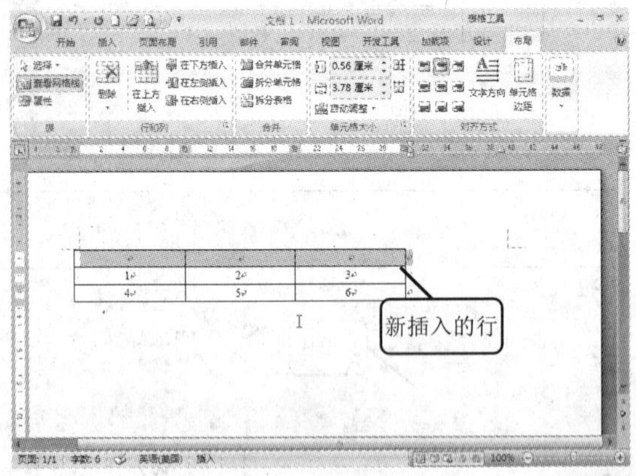

6 在“插入单元格”对话框中，如果选中“整列插入”单选按钮，则在当前行左侧插入一列，如下图所示。

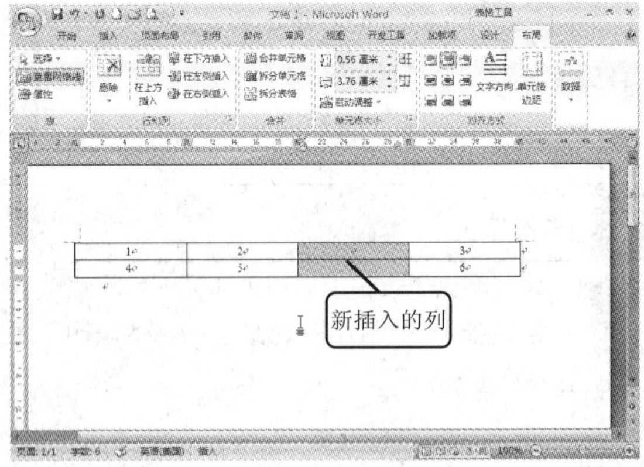

5.2.4 删除表格、行、列和单元格

1 删除表格、行和列

删除表格、行和列的具体操作步骤如下。

1 将光标定位于表格第一行第三列单元格内，然后单击“布局”选项卡“行和列”选项组中的“删除”按钮，从下拉菜单中选择“删除列”、“删除行”或“删除表格”命令，如下图所示。

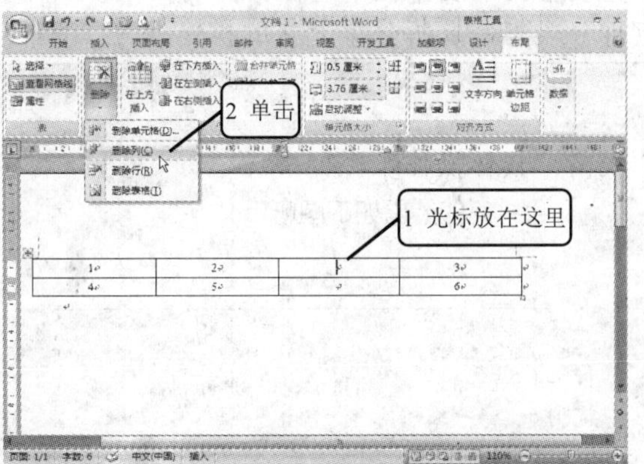

2 下图所示为选择“删除列”命令后的结果。如果选择“删除行”命令，则将光标所在的行删除；如果选择“删除表格”命令，则将整个表格删除。

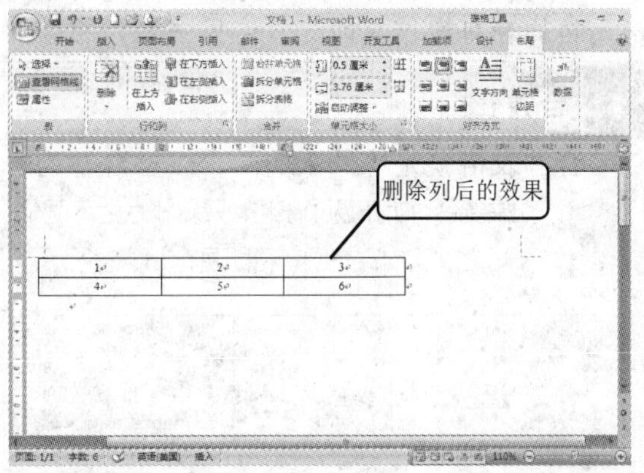

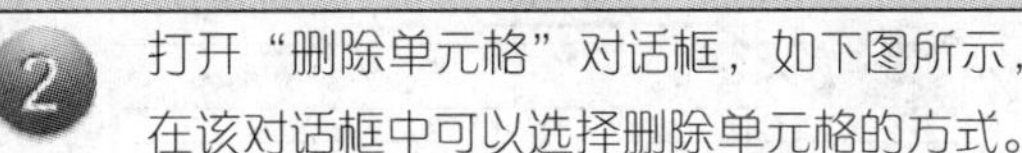

2 删除单元格

1 将光标定位于表格第 1 行第 3 列单元格内，然后单击“布局”选项卡“行和列”选项组中的“删除”按钮，从下拉菜单中选择“删除单元格”命令，如下图所示。

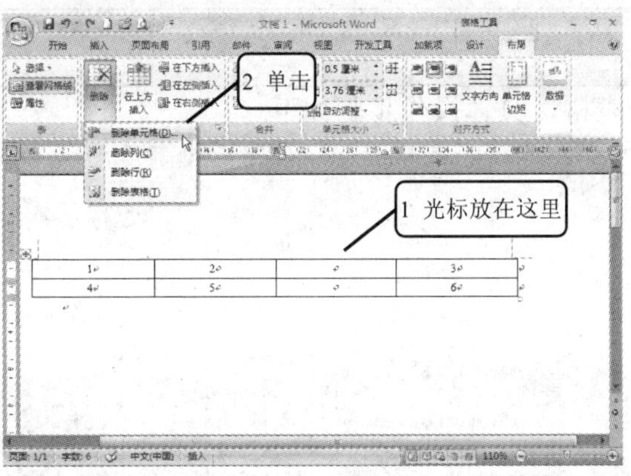

2 打开“删除单元格”对话框，如下图所示，在该对话框中可以选择删除单元格的方式。

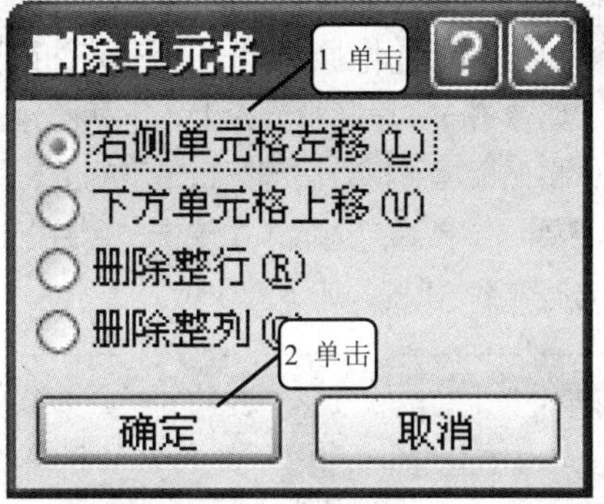

3 在“删除单元格”对话框中，如果选中“右侧单元格左移”单选按钮，则删除当前位置的单元格，并将右侧的单元格移至当前位置，如右图所示。

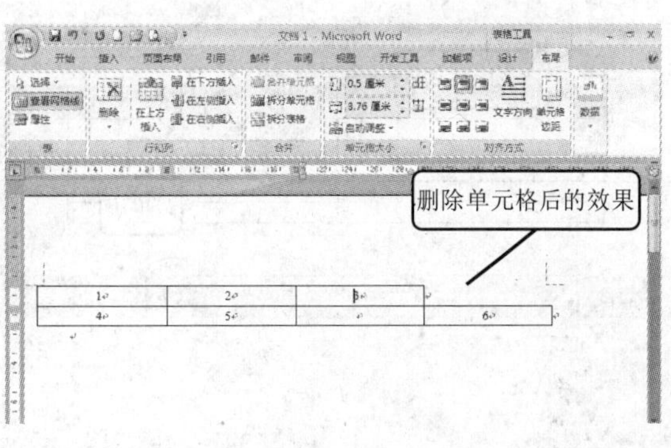

提示您 在“删除单元格”对话框中，如果选中“删除整行”或“删除整列”单选按钮，则将光标所在的行或列删除。

5.2.5 合并和拆分表格

在对表格的操作中经常会用到合并与拆分操作。正因为使用这两个操作，才使表格的结果灵活多变。熟练使用合并与拆分功能是制作高质量表格必须要掌握的。在实例制作中多次用到单元格的合并操作，因此，这里主要介绍合并与拆分表格，及拆分单元格的操作方法。

1 合并表格

合并表格就是将原来的两个表格合并为一个表格，具体操作步骤如下。

1 如果要合并上下两个表格，只要删除上下两个表格之间的内容或回车符即可，如下图所示。

2 合并后的结果如下图所示。

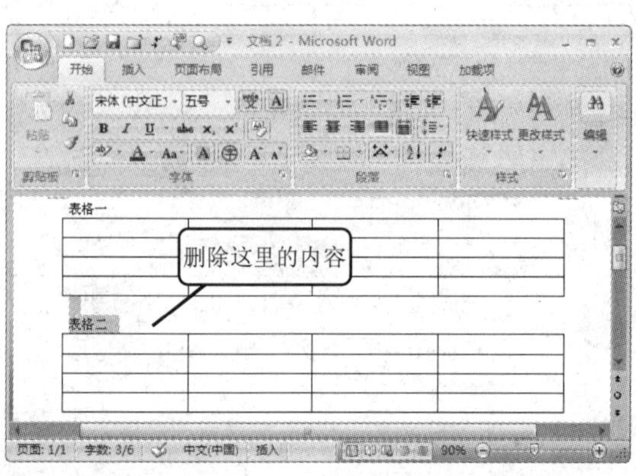

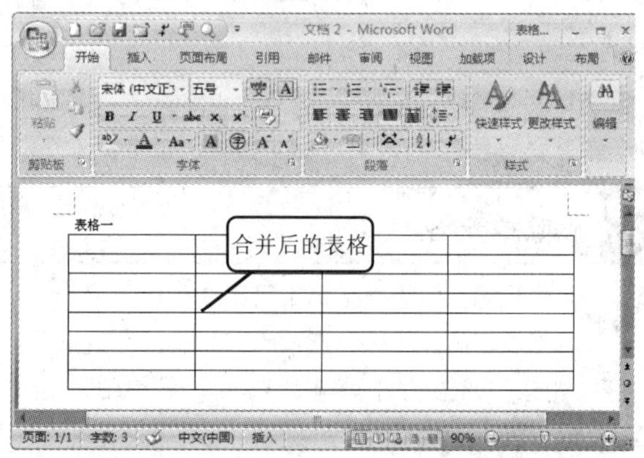

2 拆分表格

拆分表格就是将原来的一个表格拆分为两个表格，具体操作步骤如下。

1 如要将一个表格拆分为上、下两部分，可先将光标置于拆分后的第二个表格上，然后在“表格工具”|“布局”选项卡中单击“合并”选项组的“拆分表格”按钮，如下图所示。

2 即可将表格拆分为两部分，如下图所示。

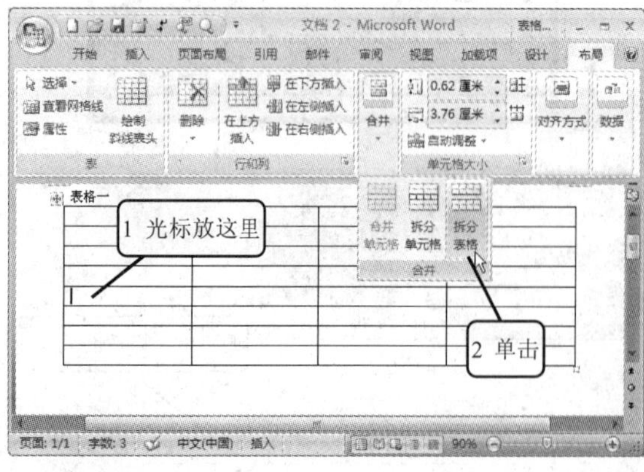

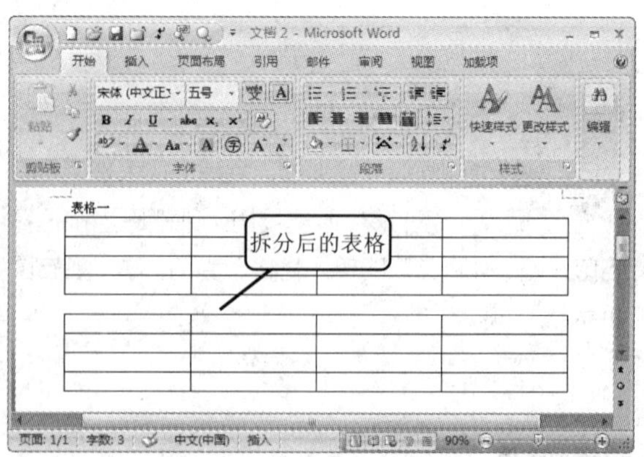

3 拆分/合并单元格

也可以对某个单元格进行拆分和合并，具体操作步骤如下。

1　先将光标定位到要拆分的单元格内，然后在“表格工具”|“布局”选项卡中单击“合并”选项组的“拆分单元格”按钮，如下图所示。

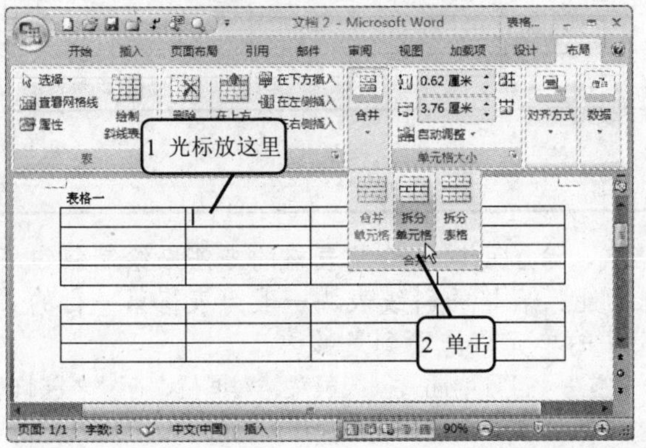

2　打开“拆分单元格”对话框。在这个对话框中输入要拆分的行数与列数，如下图所示。

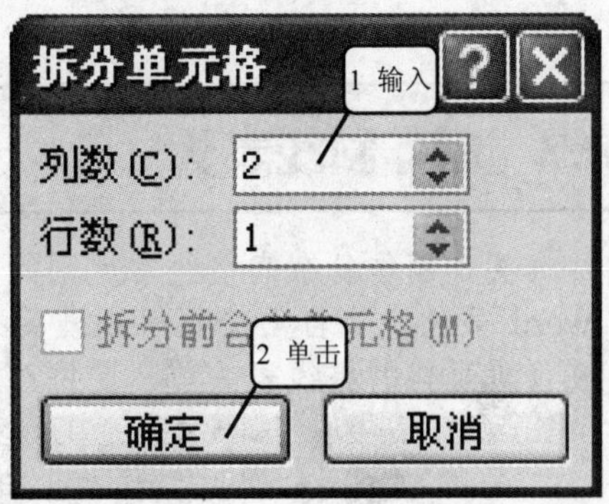

3　单击“确定”按钮，就可以得到拆分后的单元格了，如下图所示。

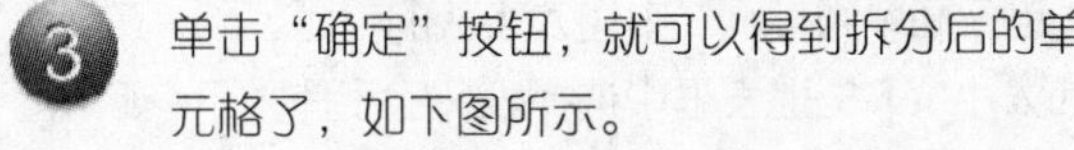

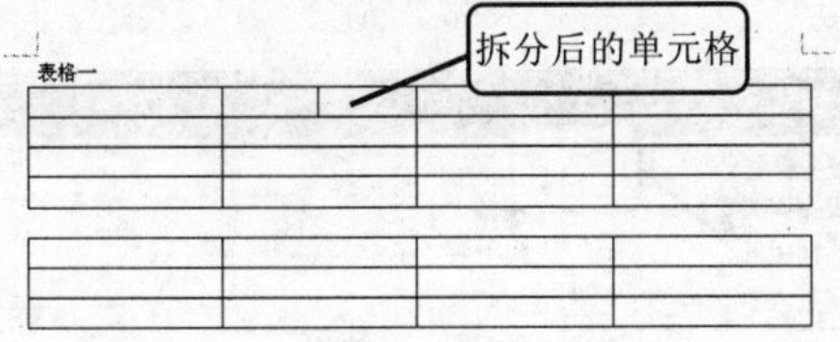

多学点 如果要合并单元格，需先选中这些单元格，然后在“表格工具”|“布局”选项卡中单击“合并”选项组的“合并单元格”按钮即可。如果要拆分或合并较为复杂的单元格，可以单击“表格和边框”工具栏中的“绘制表格”按钮和“擦除”按钮，在表格中需要的位置上添加或擦除表格线，同样也可以达到拆分、合并单元格的效果。

5.2.6　快速设置多页表格标题行

在编辑 Word 文档时，经常会遇到表格内容多于一页的情况。为了方便阅读，通常会将每页表格的第一行设置为标题行。

1　选中已经设置好的第一页表格上的标题行，然后单击“布局”选项卡“数据”选项组中的“重复标题行”按钮，如右图所示。

2 则其他各页表格的首行都会自动设置为相同的标题行，如右图所示。

第 1 页

姓名	作品	朝代	备注	其他

第 2 页

姓名	作品	朝代	备注	其他

第 3 页

姓名	作品	朝代	备注	其他

每一页首行都显示标题行

5.2.7 制作斜线表头

斜线表头是制作复杂表格经常用到的一种格式，除了可以用绘制表格的方法来绘制斜线表头外，Word 表格也有自动绘制斜线表头的特殊功能。表格的斜线表头一般为表格第一行的第一列。在设置表格的斜线表头前，要将该斜线表头的单元格拖动到足够大。

1 将光标定位在要绘制斜线表头的单元格中，然后单击"布局"选项卡"表"选项组中的"绘制斜线表头"按钮，如下图所示。

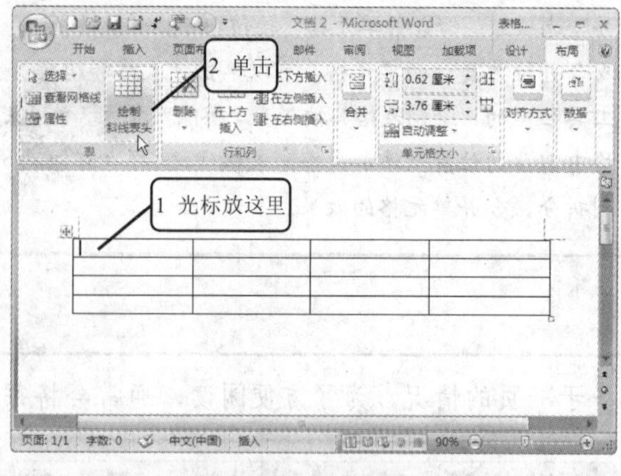

2 打开"插入斜线表头"对话框，在"表头样式"下拉列表中选择一种样式，分别在"行标题"和"列标题"中输入表头的标题名称，在"字体大小"下拉列表框中选择表头的字体大小，如下图所示。

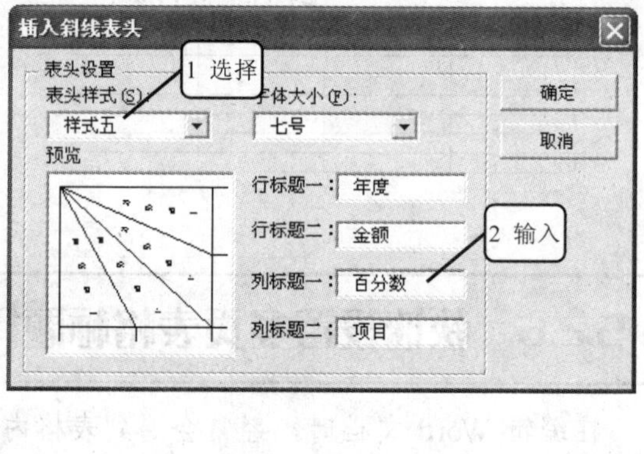

5.2.8 制作错行表格

有时，会要求制作错行的表格。错行就是指假如表格有两列，其中第 1 列有 4 行，而第 2 列有 5 行，且这两列的所有行的高度是相同的。

1 在新文档中插入一个 5 行 2 列的表格，如右图所示。

2 选中第 1 列的所有单元格，在选中区域上单击鼠标右键，从弹出的菜单中选择“合并单元格”命令，如下图所示。

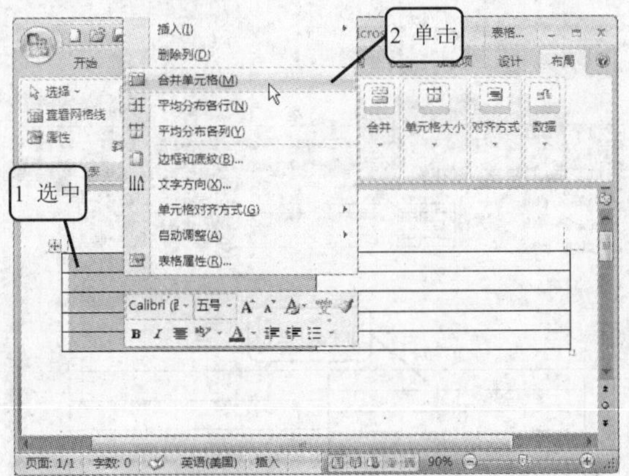

3 选中第 2 列的所有单元格，单击“布局”选项卡“表”选项组中的“属性”按钮，如下图所示。

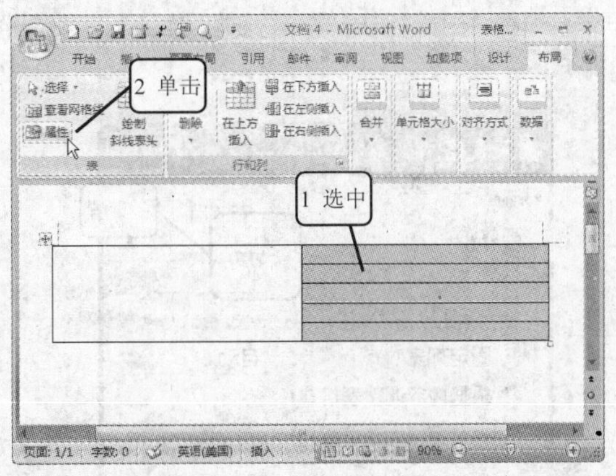

4 打开“表格属性”对话框，在“行”选项卡中，选中“指定高度”复选框，然后在后面的文本框中输入“0.8 厘米”，单击“确定”按钮，如下图所示。

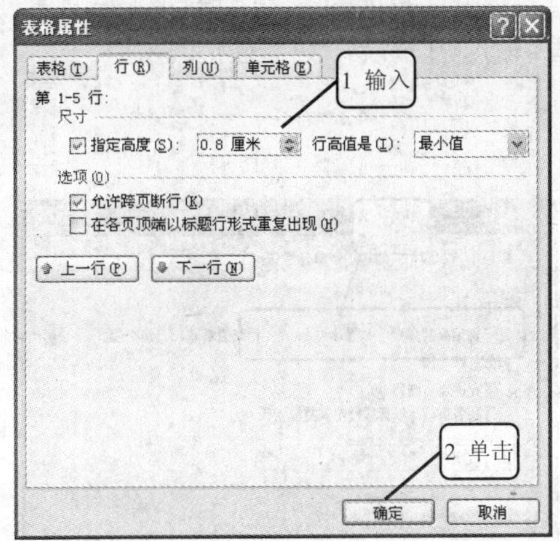

5 将光标定位在第一列单元格中，打开“表格属性”对话框，在“表格”选项卡中单击“选项”按钮，如下图所示。

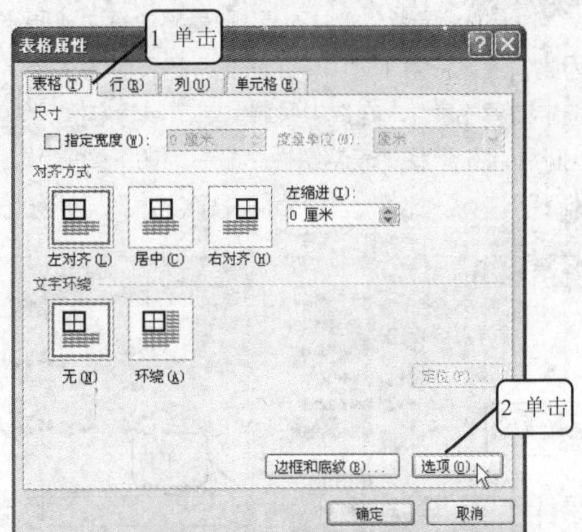

6 打开“表格选项”对话框，将“上”、“下”、“左”、“右”文本框都输入“0 厘米”，然后单击“确定”按钮，如右图所示。

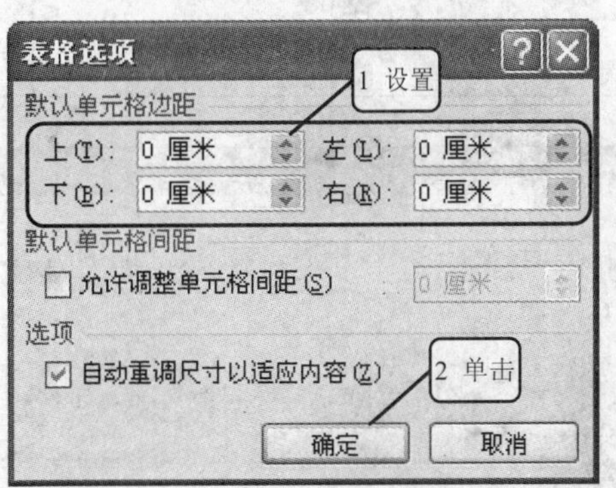

7 将光标定位在第 1 列单元格中，单击“插入”选项卡“表格”选项组中的“表格”按钮，从下拉菜单中选择“插入表格”命令，在打开的对话框中，设置“列数”为 1 列，“行数”为 4 行，如下图所示。

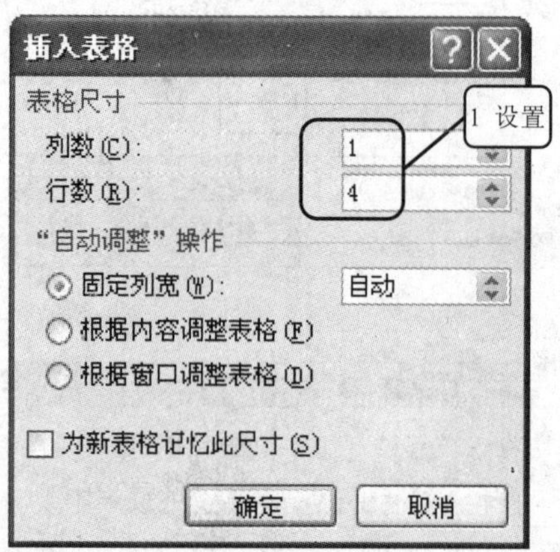

8 单击“确定”按钮后，即可在第 1 列表格中插入一个 1 列 4 行的嵌套表格，如下图所示。

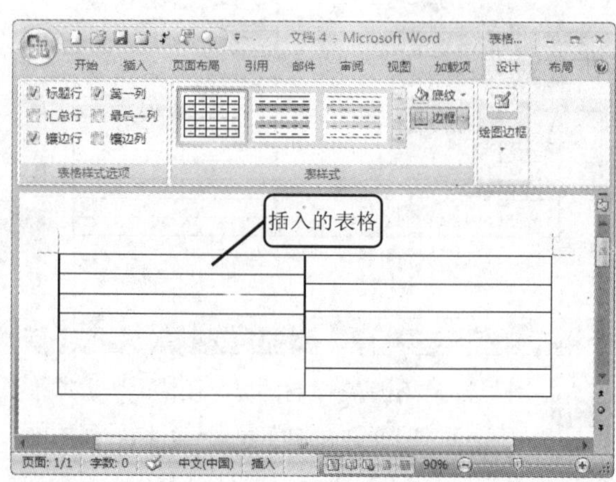

9 因为前面将第二列中的单元格行高都设置为“0.8 厘米”，一共 5 行，则表格总高为 4 厘米，因此，应该将第 1 列中单元格的行高设置为 1 厘米。选中嵌套的表格，在选中区域上单击鼠标右键，从弹出的菜单中选择“表格属性”命令，如下图所示。

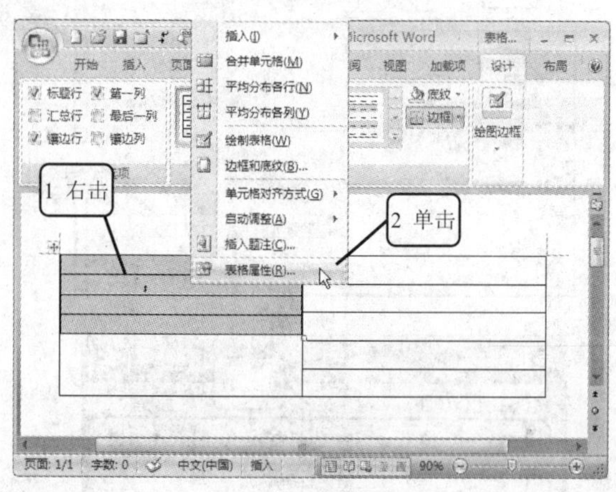

10 打开“表格属性”对话框，在“行”选项卡，选中 “指定高度”复选框，然后在其后的文本框中输入“1 厘米”，如下图所示。

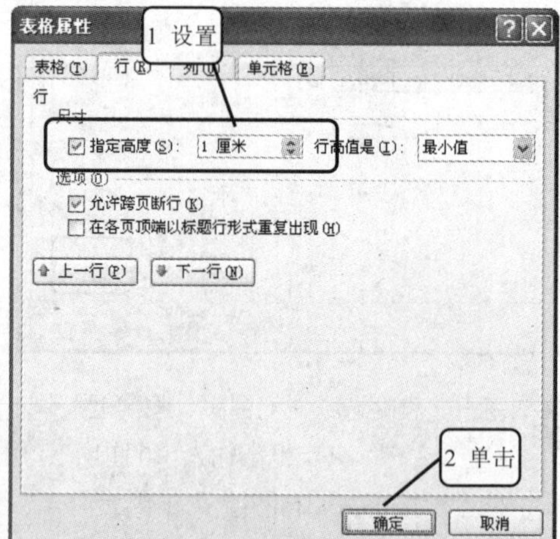

11 单击“确定”按钮后，表格如右图所示。

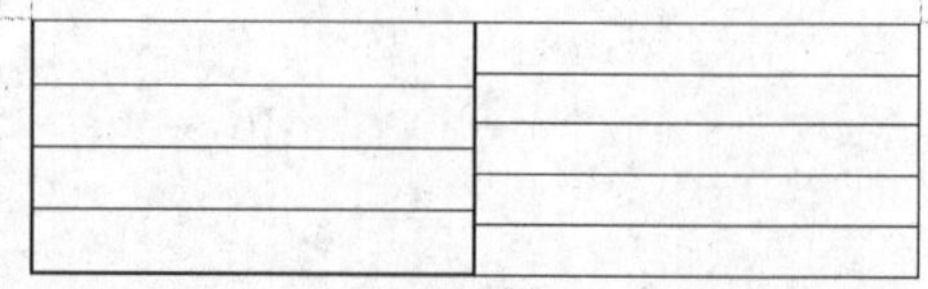

12 由于插入的嵌套表格与原表格部分边框重合，因此，边框显得非常粗，可以适当设置嵌套表格的边框。选择嵌套表格，在选中区域上单击鼠标右键，从弹出的菜单中选择“边框和底纹”命令，如下图所示。

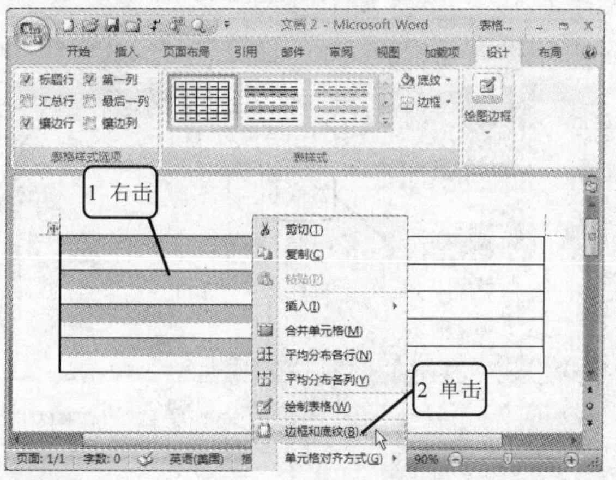

13 打开“边框和底纹”对话框，切换到“边框”选项卡，如下图所示。

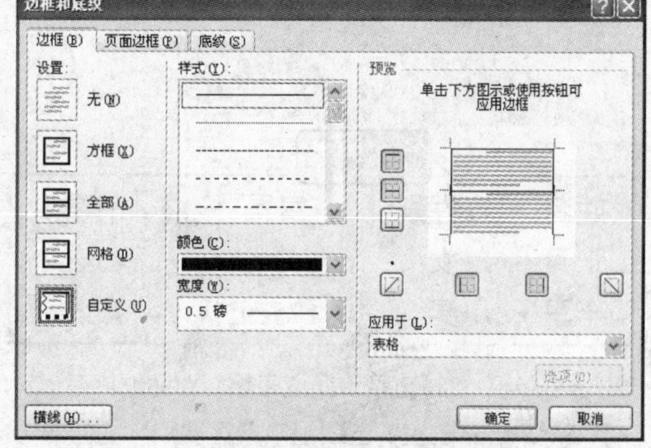

14 在“预览”栏中，分别单击、、3 个按钮，将表格的左、右和下边框线去掉，如下图所示。

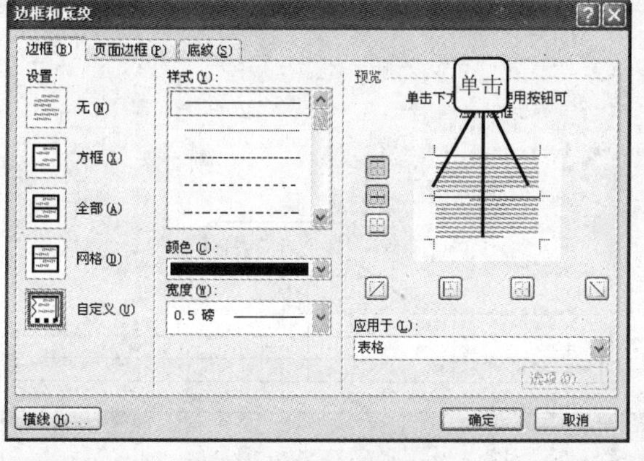

15 单击“确定”按钮后，效果如下图所示，嵌套表格与原表格的边框不再重合。

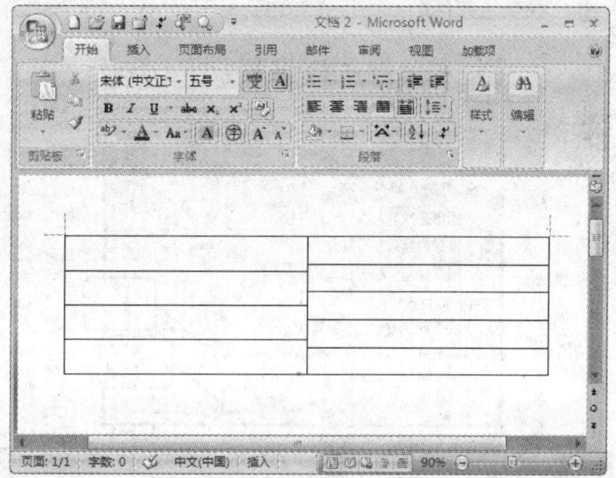

5.2.9　文本与表格的转换

1　将文本转换成表格

如果已有一段规整的文字，如右图所示。现在想用表格的形式来表示它们，这时可以直接将文字转换为表格。方法如下。

姓名　性别　身高　体重
张月　女　165cm　45kg
李军　男　175cm　75kg

1 在文本中添加分隔符来说明文本要拆分成的行和列的位置。这里在“姓名”、“性别”等后面加“，”号，表示由此分列，如下图所示。选定要转换的文本。

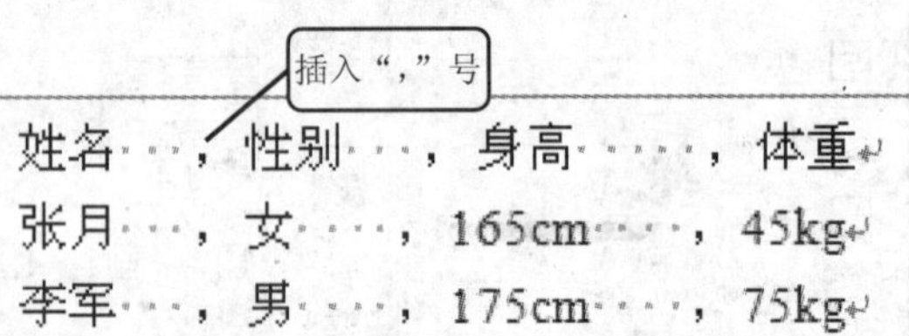

2 打开“插入”选项卡，单击“表格”选项组中的“表格”按钮，在弹出的下拉菜单中选择“文字转换成表格”命令，如下图所示。

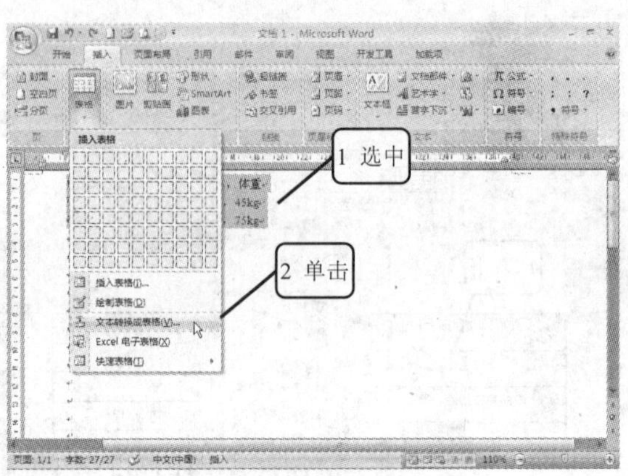

3 弹出“将文字转换成表格”对话框，在“文字分隔位置”选项组中选定要定义的分隔符号，如果选用的符号上面没有，可以在“其他字符”文本框中输入。Word 将自动检测出文字中的分隔符，计算出列数，单击“确定”按钮，如下图所示。

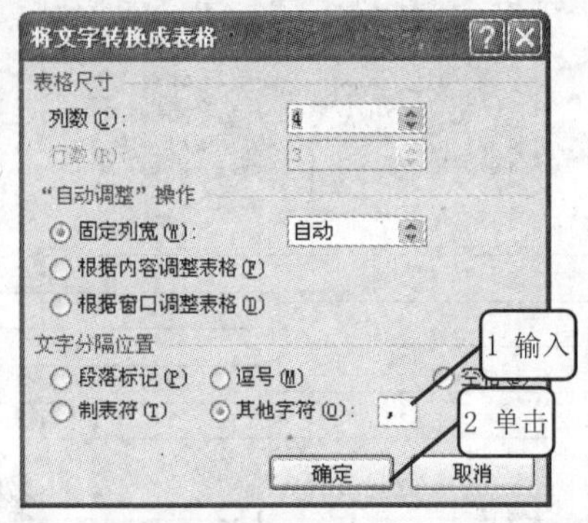

4 可以看到文本已经被转换为表格，如下图所示。

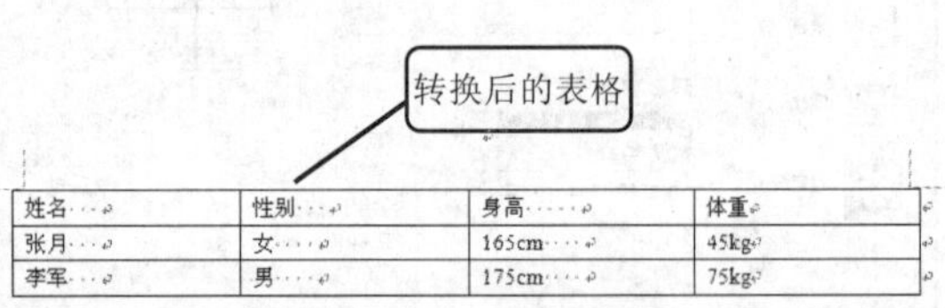

姓名	性别	身高	体重
张月	女	165cm	45kg
李军	男	175cm	75kg

2 将表格转换成文本

Word 不仅可以将文字转换为表格，还可以将表格转换文字，可以指定逗号、制表符、段落标记或其他字符作为转换时分隔文本的字符，方法如下：

1 选定要转换成文本的表格，打开“表格工具”|“布局”选项卡，单击“数据”按钮，在弹出的下拉菜单中单击“转换为文本”项，如右图所示。

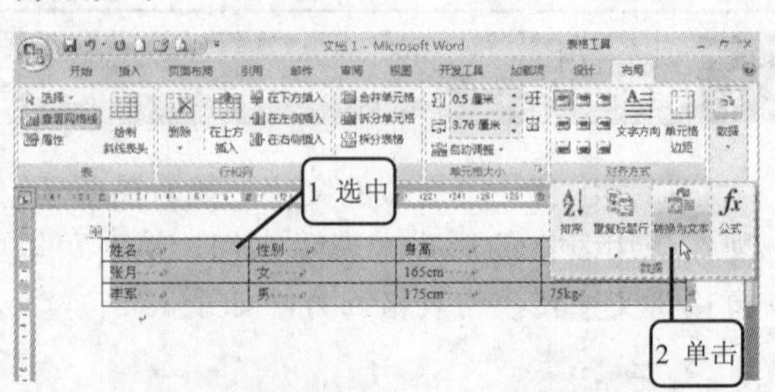

2　弹出“表格转换成文本”对话框，在“文本分隔符”选项组中选择所需的字符，作为替代列边框的分隔符，然后单击“确定”按钮，如下图所示。

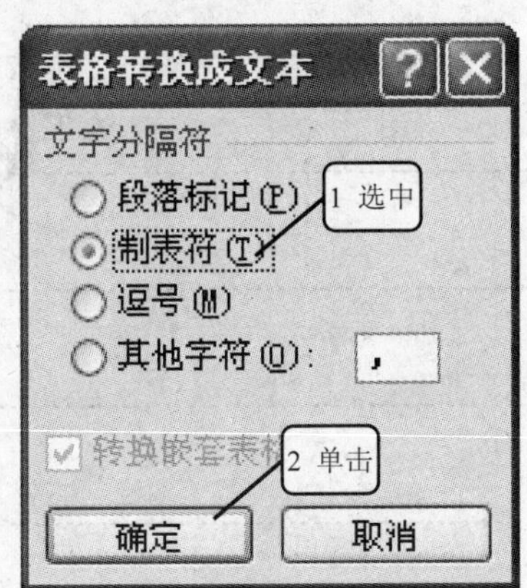

3　可以看到表格已经被转换为文字，如下图所示。

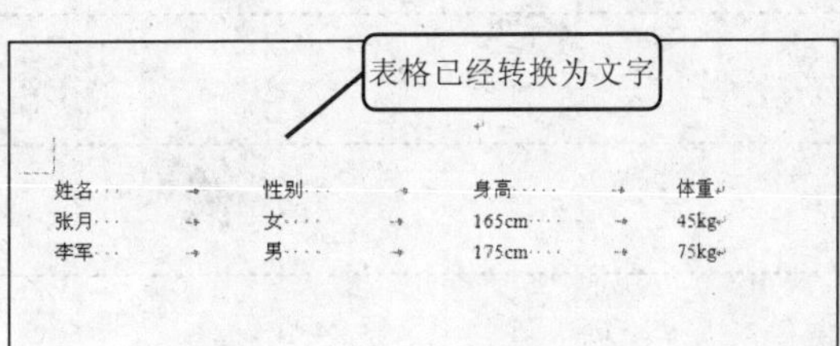

学习笔记

- 套用快速样式
- 创建新样式
- 将样式应用于指定文本
- 修改/删除样式
- 在样式窗格中显示不同的样式
- 使用样式管理器管理样式
- 将现有文档保存为模板
- 在文档中加载模板

第6章 Word 高效排版——样式与模板的应用

实例素材	\实例素材\第 6 章\06.docx
实例结果	\实例结果\第 6 章\06.docx，06.dox

6.1 实例——利用样式和模板排版“网站项目计划书”

在排版较长的文档时，有很有相同的标题需要采用同样的字体、段前段后距离、颜色等，一个个地对其设置的确很麻烦，就算采用“格式刷”也不会感觉很方便。Word 中提供了“样式”和“模板”功能，利用这两项功能在排版长文档时会感到非常得心应手。

本章将排版一个“网站项目计划书”，如下图所示。

网站项目计划书
一、建设网站前的市场分析
建设网站前的市场分析主要包括以下内容：
1、相关行业的市场是怎样的,市场有什么样的特点，是否能够在互联网上开展公司业务。
2、市场主要竞争者分析，竞争对手上网情况及其网站规划、功能作用。
3、公司自身条件分析、公司概况、市场优势，可以利用网站提升哪些竞争力，建设网站的能力（费用、技术、人力等）。

二、建设网站目的及功能定位
1、为什么要建立网站，是为了宣传产品，进行电子商务，还是建立行业性网站？是企业的需要还是市场开拓的延伸？
2、整合公司资源，确定网站功能。根据公司的需要和计划，确定网站的功能：产品宣传型、网上营销型、客户服务型、电子商务型等。
3、根据网站功能，确定网站应达到的目的作用。
4、企业内部网（Intranet)的建设情况和网站的可扩展性。

三、网站技术解决方案
根据网站的功能确定网站技术解决方案。
1、采用自建服务器，还是租用虚拟主机。
2、选择操作系统，用 unix,Linux 还是 Window2000/NT。分析投入成本、功能、开发、稳定性和安全性等。
3、采用系统性的解决方案（如 IBM,HP）等公司提供的企业上网方案、电子商务解决方案？还是自己开发。
4、网站安全性措施，防黑、防病毒方案。
5、相关程序开发。如网页程序 ASP、JSP、CGI、数据库程序等。

四、网站内容规划
1、根据网站的目的和功能规划网站内容，一般企业网站应包括：公司简介、产品介绍、服务内容、价格信息、联系方式、网上定单等基本内容。
2、电子商务类网站要提供会员注册、详细的商品服务信息、信息搜索查询、定单确认、付款、个人信息保密措施、相关帮助等。
3、如果网站栏目比较多，则考虑采用网站编程专人负责相关内容。注意：网站内容是网站吸引浏览者最重要的因素，无内容或不实用的信息不会吸引匆匆浏览的访客。可事先对人们希望阅读的信息进行调查，并在网站发布后调查人们对网站内容的满意度，以及时调整网站内容。

五、网页设计
1、网页设计美术设计要求，网页美术设计一般要与企业整体形象一致，要符合 CI 规范。要注意网页色彩、图片的应用及版面规划，保持网页的整体一致性。
2、在新技术的采用上要考虑主要目标访问群体的分布地域、年龄阶层、网络速度、阅读习惯等。
3、制定网页改版计划，如半年到一年时间进行较大规模改版等。

六、网站维护
1、服务器及相关软硬件的维护，对可能出现的问题进行评估，制定响应时间。
2、数据库维护，有效地利用数据是网站维护的重要内容，因此数据库的维护要受到重视。
3、内容的更新、调整等。
4、制定相关网站维护的规定，将网站维护制度化、规范化。

这是未排版的文档

1 套用了同一种样式

网站项目计划书

一、建设网站前的市场分析
建设网站前的市场分析主要包括以下内容：
1、相关行业的市场是怎样的,市场有什么样的特点，是否能够在互联网上开展公司业务。
2、市场主要竞争者分析，竞争对手上网情况及其网站规划、功能作用。
3、公司自身条件分析、公司概况、市场优势，可以利用网站提升哪些竞争力，建设网站的能力（费用、技术、人力等）。

二、建设网站目的及功能定位
1、为什么要建立网站，是为了宣传产品，进行电子商务，还是建立行业性网站？是企业的需要还是市场开拓的延伸？
2、整合公司资源，确定网站功能。根据公司的需要和计划，确定网站的功能：产品宣传型、网上营销型、客户服务型、电子商务型等。
3、根据网站功能，确定网站应达到的目的作用。
4、企业内部网（Intranet)的建设情况和网站的可扩展性。

三、网站技术解决方案
根据网站的功能确定网站技术解决方案。
1、采用自建服务器，还是租用虚拟主机。

这是排版后的文档

2、选择操作系统，用 unix，Linux 还是 Window2000/NT。分析投入成本、功能、开发、稳定性和安全性等。
3、采用系统性的解决方案（如 IBM,HP）等公司提供的企业上网方案、电子商务解决方案？还是自己开发。
4、网站安全性措施，防黑、防病毒方案。
5、相关程序开发。如网页程序 ASP、JSP、CGI、数据库程序等。

四、网站内容规划
1、根据网站的目的和功能规划网站内容，一般企业网站应包括：公司简介、产品介绍、服务内容、价格信息、联系方式、网上定单等基本内容。
2、电子商务类网站要提供会员注册、详细的商品服务信息、信息搜索查询、定单确认、付款、个人信息保密措施、相关帮助等。
3、……网站编程专人负责相关内容。注意：网站内容是网站吸引浏览者最重要的因素，无内容或不实用的信息不会吸引匆匆浏览的访客。可事先对人们希望阅读的信息进行调查，并在网站发布后调查人们对网站内容的满意度，以及时调整网站内容。

2 套用了同一种样式

五、网页设计
1、网页设计美术设计要求，网页美术设计一般要与企业整体形象一致，要符合 CI 规范。要注意网页色彩、图片的应用及版面

6.1.1　套用快速样式

在 Word 中已经内置了很多快速样式，通过这些样式，可以很方便地格式化文档。本节先学习套用这些内置样式，理解样式的功能。

1　打开随书光盘中“\实例素材\第 6 章\06.docx”文件，将光标定位在文件第一行中，单击“开始”选项卡“样式”选项组中的“快速样式”下三角按钮，如下图所示。

2　将光标移动至下拉列表框中的“标题 1”图标上，可以将文字“网站项目计划书”应用该样式，如下图所示。利用该方法可以很快设置文字的样式。

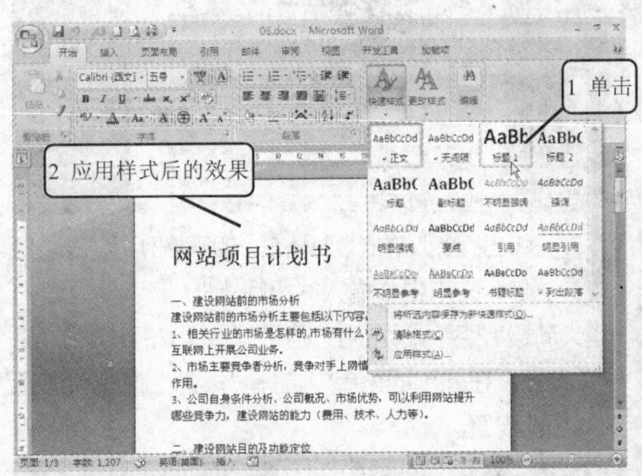

3　设置完文字的样式，如想取消，则可以将光标放在已设置样式的行中，在“快速样式”下拉列表中选择“清除格式”命令，如下图所示。

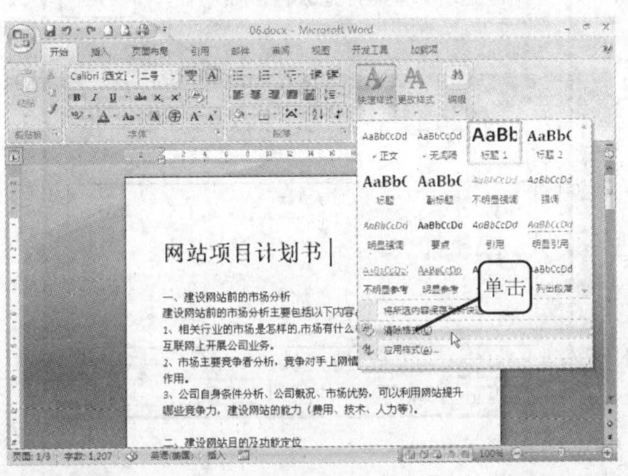

4　如果不太满意这些样式，可以在“样式”选项组中单击“更改样式”下三角按钮，在弹出的“样式集”菜单中选择一种样式，如下图所示。再次单击“快速样式”下三角按钮将会看到不同的样式。

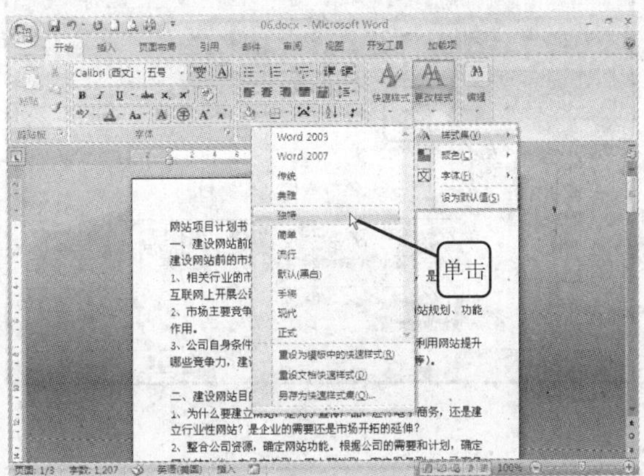

6.1.2　创建新样式

如果对这些样式都不满意，这时就需要创建出符合自己使用要求的新样式，可以方便地将后面具有相同要求的文本设置为统一的格式。

1 在“开始”选项卡中，单击“样式”选项组右下角的“扩展”按钮，如下图所示。

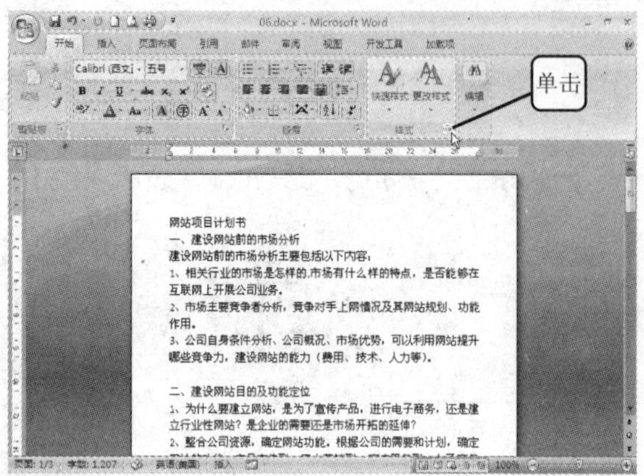

2 在窗口右侧打开“样式”任务窗格。在窗格列表中列出了系统默认创建的样式。单击最下方“新建样式”按钮，如下图所示。

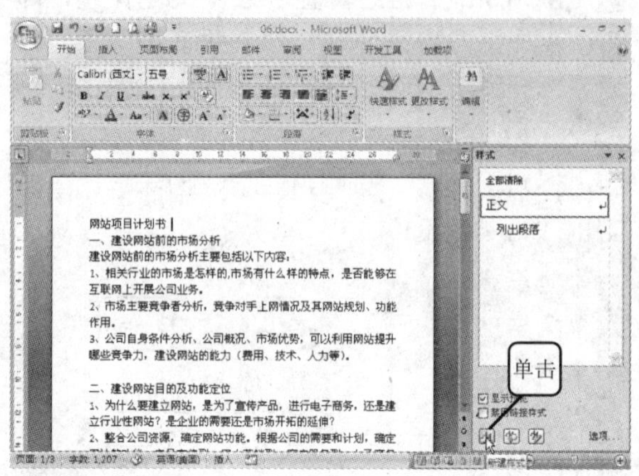

3 弹出“修改样式”对话框，如下图所示。在“名称”文本框中输入“小标题”，将字体设置为“华文新魏”，字号设置为“四号”。单击左下角的“格式”按钮，在弹出的菜单中选择“段落”命令，进行更详细的设置。

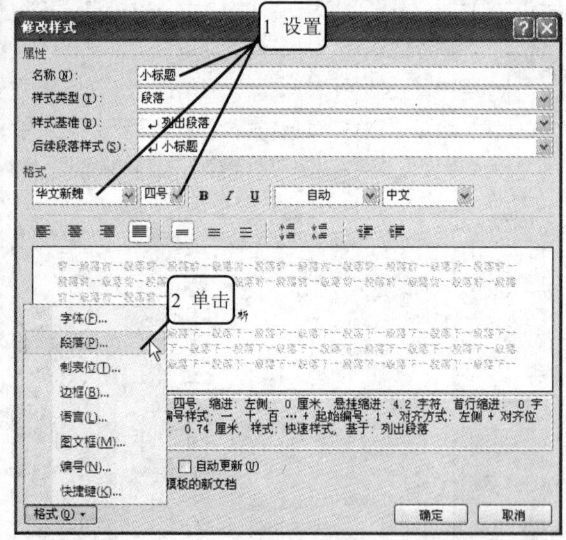

4 将段落对齐方式设置为“左对齐”，行距设置为“1.5 倍行距”，如下图所示。

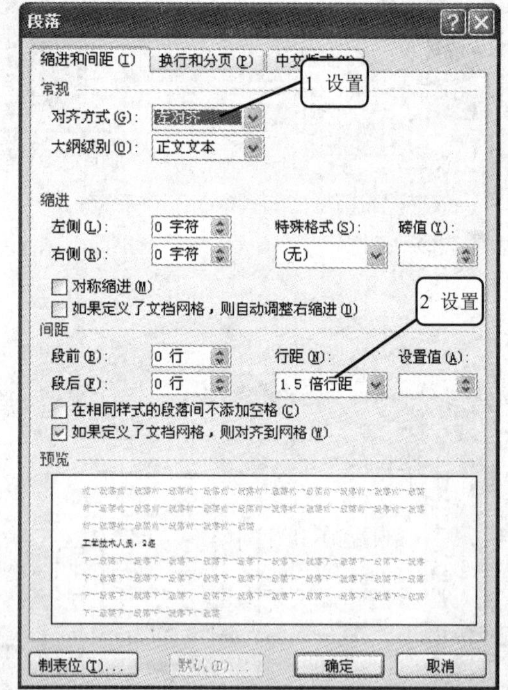

提示您

- “样式类型”：一般选择“段落”。
- “样式基准”：指当前正在创建的样式是以哪个样式为准的。一般先创建好正文的样式，其他样式只要在它的基础上稍做改动即可。
- “后续段落样式”：指在应用该样式的文本后按〈Enter〉键重起一段的默认样式。

5 设置好后单击“确定”按钮，则新建的样式就被添加到“样式”窗格中，如下图所示。下面继续创建其他需要的样式。

6 单击“新样式”按钮，在弹出的“根据格式设置创建新样式”对话框中创建名为“主要分类”的样式，具体设置如下图所示。

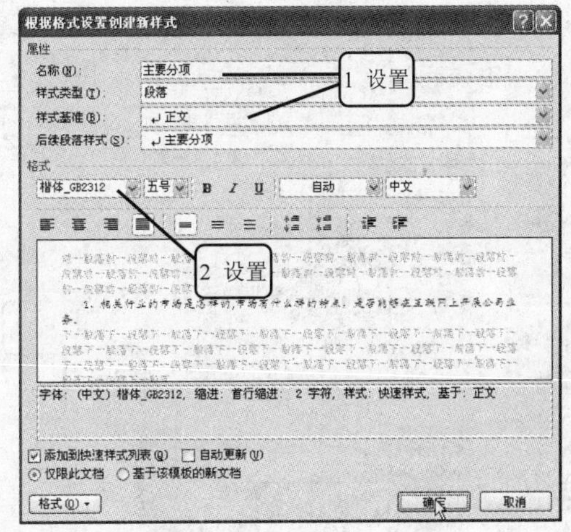

7 单击左下角的“格式”按钮，在弹出的菜单中选择“段落”命令，将段落对齐方式设置为“两端对齐”，将“特殊格式”设置为“首行缩进”将“磅值”设置为“2 字符”，如下图所示。

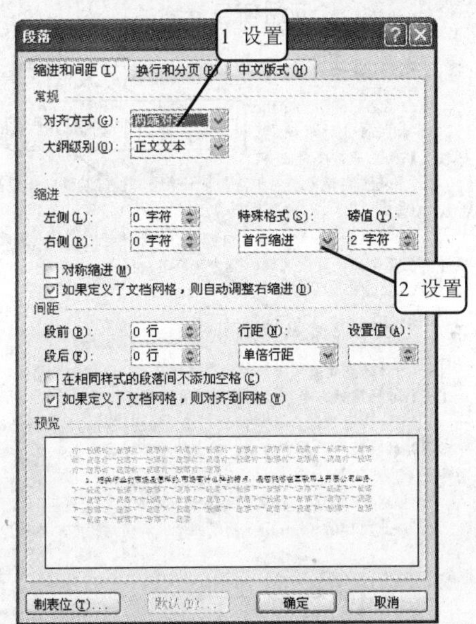

8 单击“确定”按钮后可以在“样式”任务窗格中看到创建的样式。单击“正文”右侧的下三角按钮，在弹出的菜单中选择“修改”命令，如下图所示。在弹出的“段落“对话框中设置首行缩进 2 个字符。

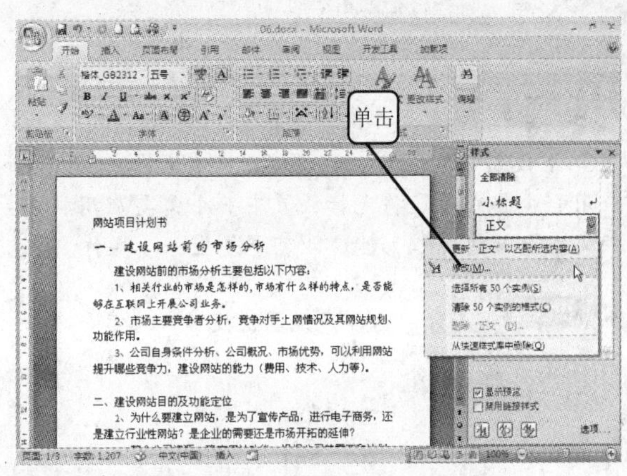

9 至此，已经创建了三种样式，如右图所示。

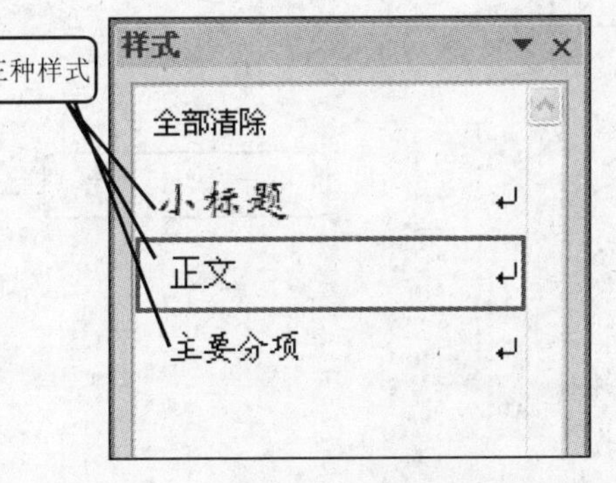

提示您 新建样式的名称不能与系统默认样式重名，否则会提示错误信息。

6

6.1.3 将样式应用于指定文本

样式创建好后，就可以将它应用到需要设置该样式的文本上了。将样式应用于文本的方法和套用快速样式方法类似。

1. 将光标置于“二、建设网站目的及功能定位”行中，然后单击“小标题”样式，即可将该段应用样式，如下图所示。

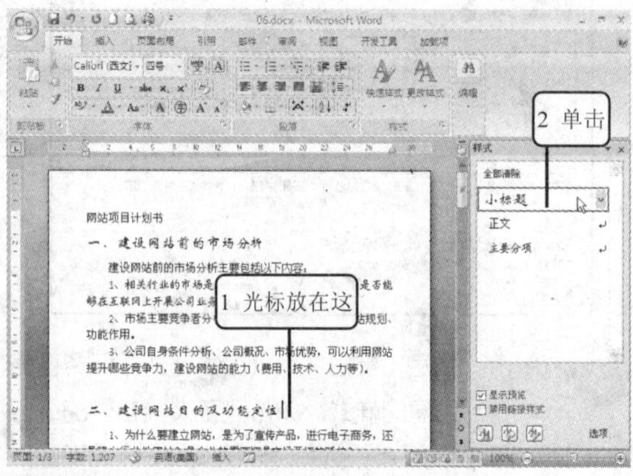

2. 用同样的方法选中“2、……”和“3、……”两段文字，将其应用“主要分项”样式，如下图所示。

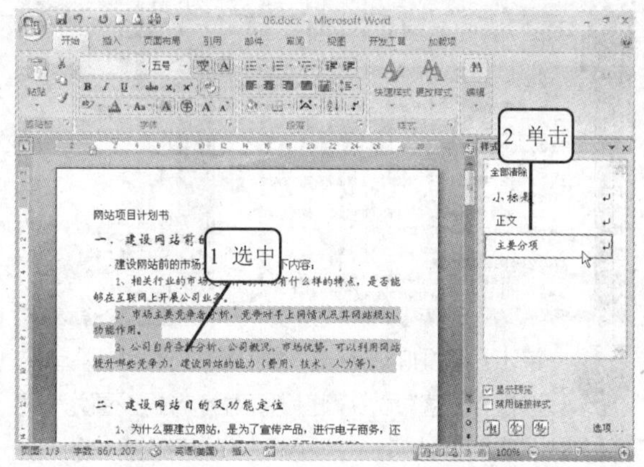

3. 将其他文字分别应用样式，最后结果如右图所示。

经验谈 还有以下两种方法应用样式：1）按住〈Ctrl〉键选中这三行文本，然后统一套用样式；2）在应用一个样式后，将光标放置下一个需要应用样式的文字上，按〈F4〉键，即可重复上一步操作。

提示您 还可以为样式设置快捷键，可参见本章“拓展与提高”部分。

网站项目计划书

一、建设网站前的市场分析

建设网站前的市场分析主……

1、相关行业的市场是怎……能够在互联网上开展公司业务。

2、市场主要竞争者分析，竞争对手上网情况及其网站规划、功能作用。

3、公司自身条件分析、公司概况、市场优势，可以利用网站提升哪些竞争力，建设网站的能力（费用、技术、人力等）。

二、建设网站目的及功能定位

1、为什么要建立网站，是为了宣传产品，进行电子商务，还是建立行业性网站？是企业的需要还是市场开拓的延伸？

2、整合公司资源，确定网站功能。根据公司的需要和计划，确定网站的功能：产品宣传型、网上营销型、客户服务型、电子商务型等。

3、根据网站功能，确定网站应达到的目的作用。

4、企业内部网（Intranet)的建设情况和网站的可扩展性。

三、网站技术解决方案

根据网站的功能确定网站技术解决方案。

1、采用自建服务器，还是租用虚拟主机。

2、选择操作系统，用 UNIX, Linux 还是 Window2000/NT。分析投入成本、功能、开发、稳定性和安全性等。

1 应用了“小标题”样式

2 应用了“主要分项”样式

3 应用了“正文”样式

6.1.4 修改/删除样式

1 修改样式

在新建样式并应用到文本中后，可能会对样式的格式不满意。如果按要求再重新创建一个样式比较浪费时间，可直接对样式进行修改。

1 将光标移动到“样式”窗格要修改样式的名称上，这里选择“小标题”项，单击右侧的下三角按钮，从弹出的下拉菜单中选择“修改”命令，如下图所示。

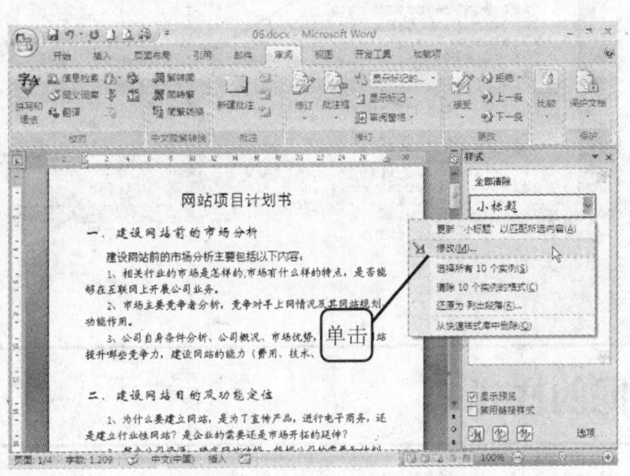

2 打开“修改样式”对话框，单击该对话框下部的“格式”按钮，从弹出的菜单中选择“边框”命令，如下图所示。

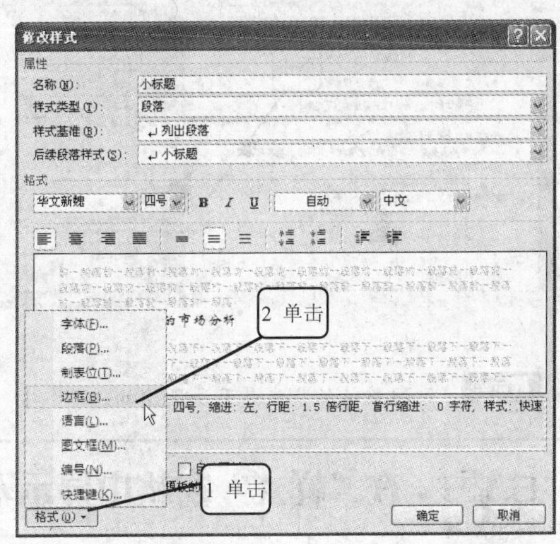

3 打开“边框和底纹”对话框，切换至“底纹”选项卡，在“填充”下拉列表中选择一种底纹，如下图所示。

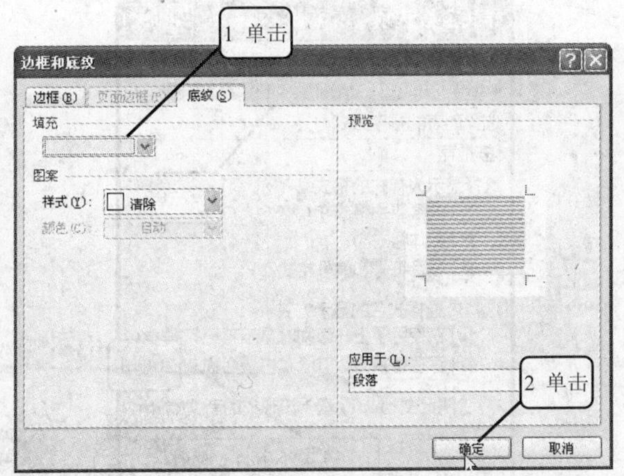

4 单击“确定”按钮后返回“修改样式”对话框，然后再单击“确定”按钮，返回到文档编辑状态，可以看到文档中应用“小标题”样式的文字都被添加了底纹，如下图所示。

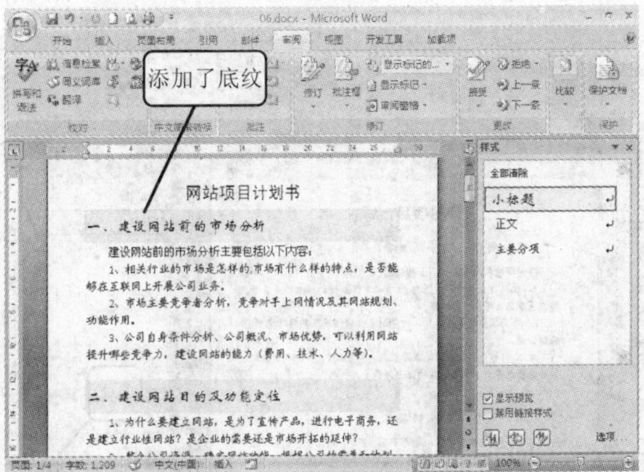

2 删除样式

如果创建了很多样式，样式窗格中显示会比较混乱，给使用造成了很多麻烦。因此，可以在“样式”窗格中有选择地显示样式，或者将不再使用的样式及时删除。

1 将光标置于“样式”窗格中要删除的样式上，如选择“主要分项”样式。单击“主要分项”右侧的下三角按钮，从弹出的菜单中选择“删除‘主要分项’”命令即可删除该样式，如下图所示。

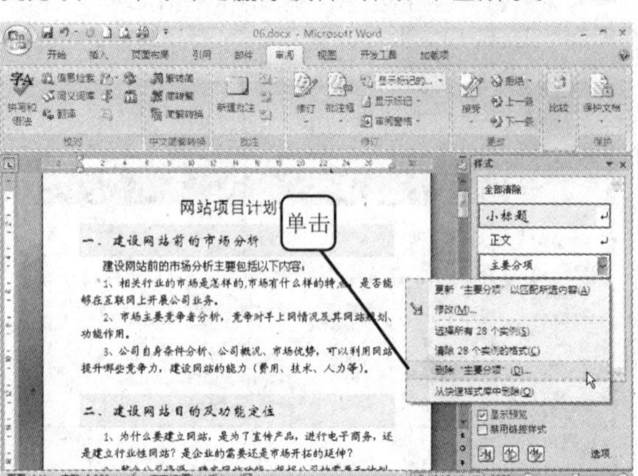

2 单击某些样式时，会弹出“还原为……”的下拉菜单，如下图所示。这是因为该样式是基于其他某样式创建的，选择该命令，可还原为原样式。

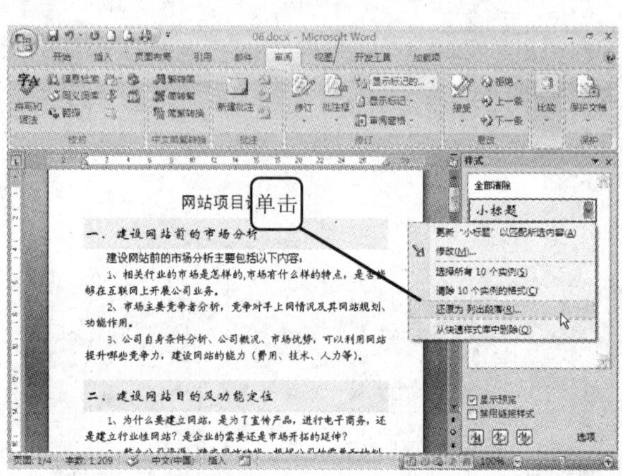

提示您 系统默认的样式是无法删除的。

6.1.5 在“样式”窗格中显示不同的样式

在复制其他文档中文本的同时，该文本所带的样式也一同被添加到了当前文档的“样式”窗格中。

1 单击“样式”窗格右下角的“选项”链接项，如下图所示。

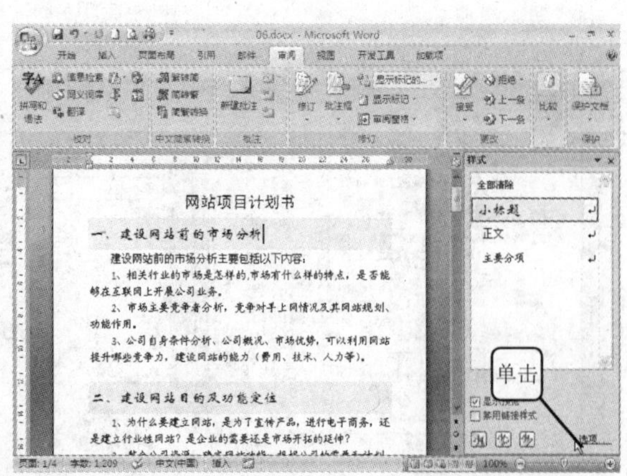

2 弹出“样式窗格选项”对话框，可以设置要显示的样式以及它们的排序方式，如下图所示。

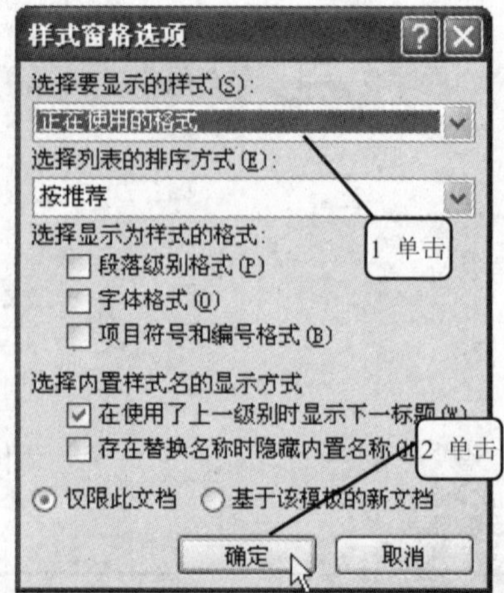

3 这里在“选择要显示的样式”下拉列表中选择“当前文档中的样式”项，然后单击“确定”按钮，如下图所示。

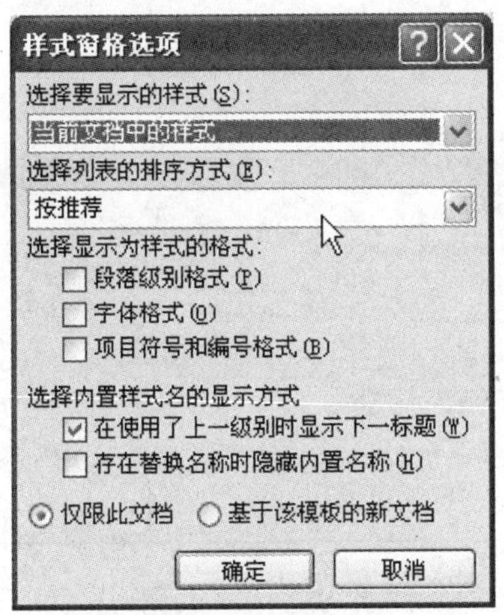

4 可以看到在“样式”窗格多出了很多样式，这些是系统默认的样式，如下图所示。

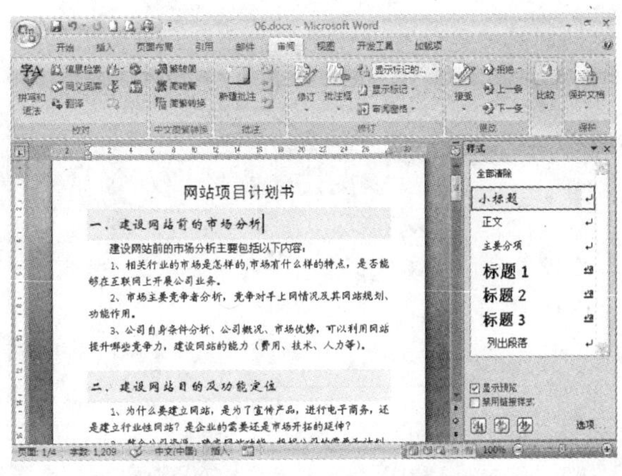

6.1.6 使用样式管理器管理样式

在“样式”窗格中除了可以删除样式外，还可以使用样式“管理器”对文档中的样式进行管理，包括复制、删除与重命名样式等。

单击“样式”窗格右下角的“管理样式”按钮，如下图所示。

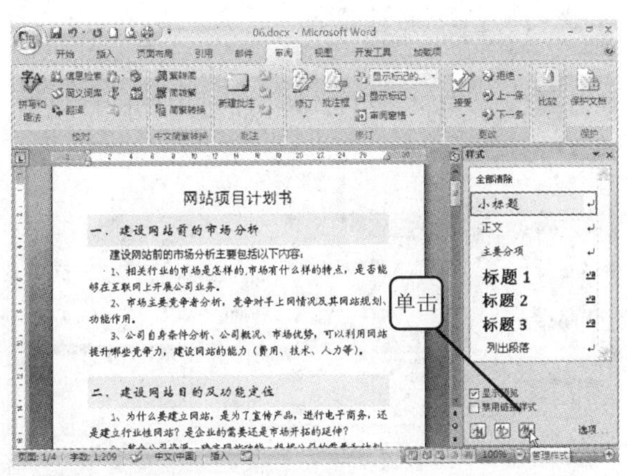

打开“管理样式”对话框，在该对话框中单击“导入/导出”按钮，如下图所示。

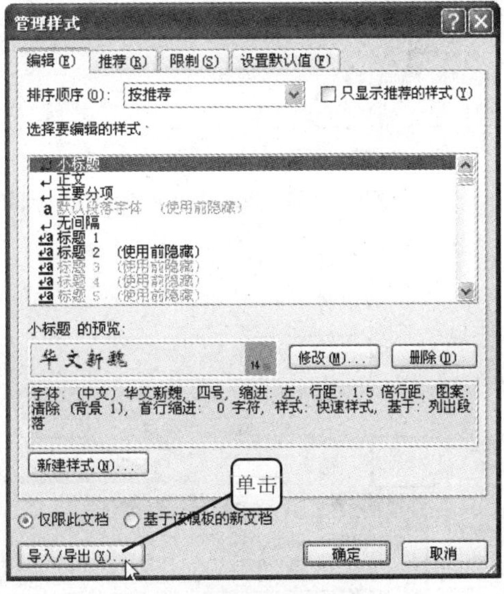

3 打开“管理器”对话框，在“样式”选项卡的左侧列表中显示了当前文档所用的所有样式，在右侧列表中显示了 Word 默认的 Normal 模板中的样式。可以选中左侧列表中的某一个样式，然后单击“复制”按钮，将该样式复制到右侧的 Normal 模板中（模板的知识将在后面介绍），如下图所示。

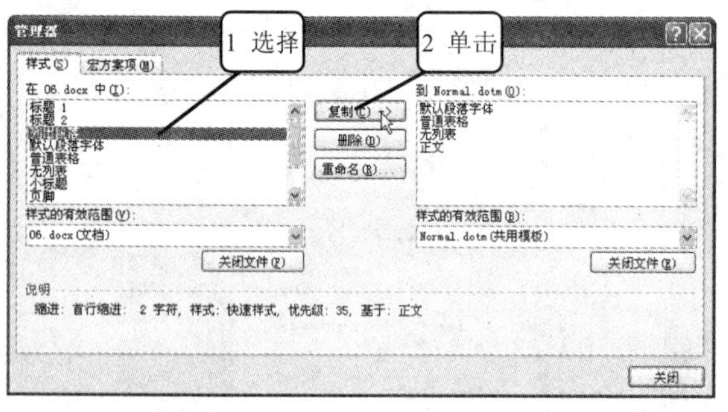

4 有时需要将当前文档的样式复制到其他文档中使用，则可单击对话框右侧的“关闭文件”按钮，此时按钮名称变为“打开文件”，再单击该按钮，如下图所示。

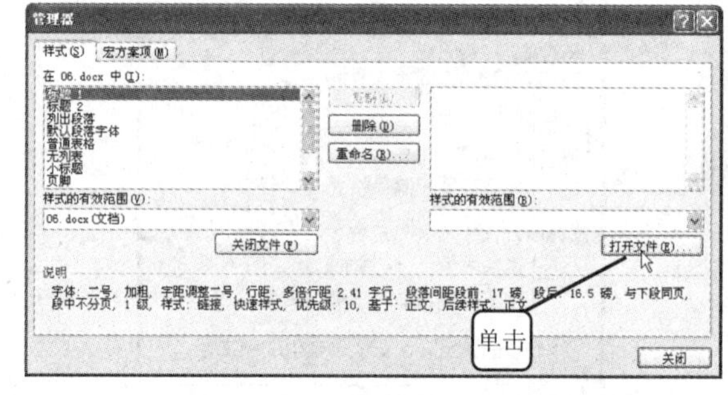

5 弹出“打开”对话框，将“文件类型”改为“所有 Word 模板（*.dotx:*dotor:*dot）”，选择要添加样式的文档，单击“打开”按钮，如下图所示。

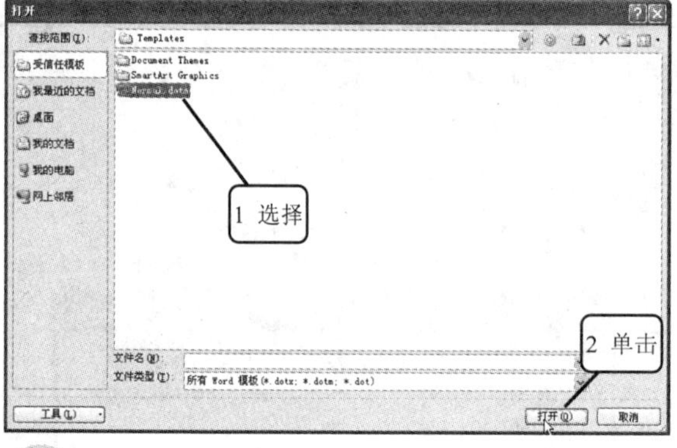

6 在“管理器”对话框的右侧将显示打开的文档中的样式。在对话框左侧选择要添加的样式，然后单击“复制”按钮，则选中的样式将被复制到当前文档中，如下图所示。

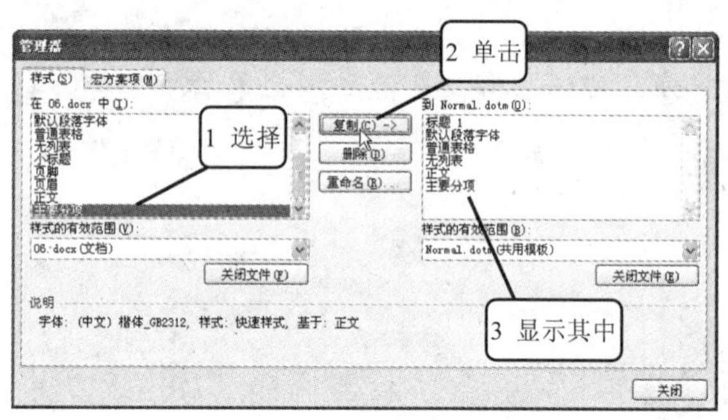

7 如果要删除某个样式，则先选中该样式，然后单击“删除”按钮，弹出如下图所示的对话框，单击“是”按钮即可，如下图所示。

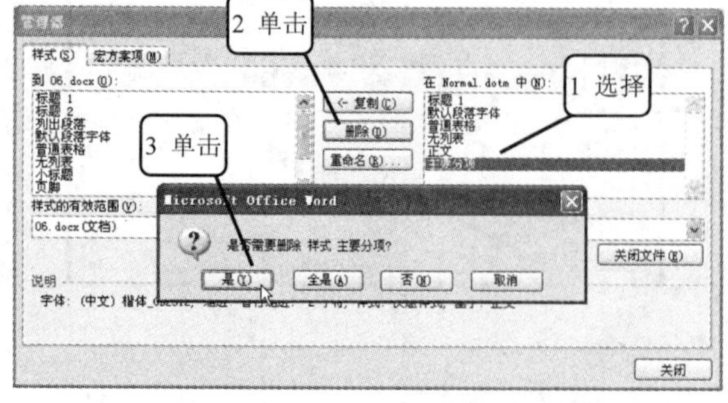

8 还可以对样式重新命名。选中“招聘启事主标题”样式，单击“重命名”按钮，弹出如下图所示的“重命名”对话框，输入新名称，然后单击“确定”按钮。

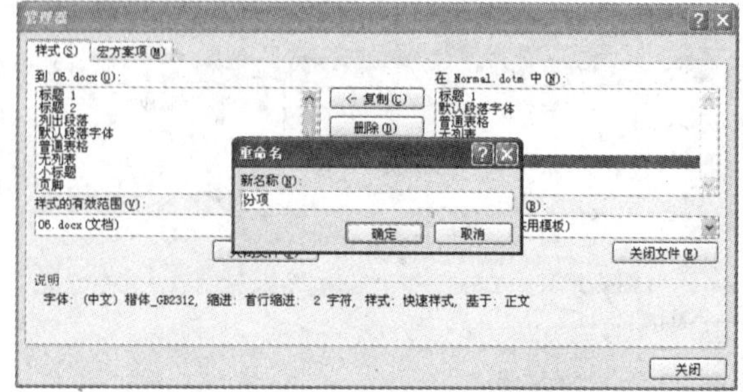

9 在“管理器”对话框的右侧将显示更改后的样式名称，如右图所示。

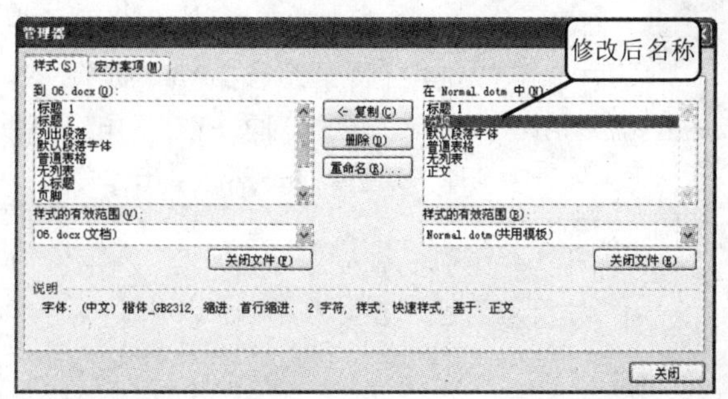

6.1.7 将现有文档保存为模板

模板是一种文档类型，它可以存储样式、“自动图文集”词条、“自动更正”词条、宏、工具栏、自定义菜单设置和快捷键。利用模板创建的文档将沿用上述基本结构和设置。在办公中如果能正确地使用模板，将会提高工作效率。

为了将现有文档的样式供其他文档或其他人使用，就需要将其保存为模板。在使用时通过加载该模板文件，就可以共享其中的样式。

1 打开本章实例结果，单击“Office 按钮”，选择“另存为”|“Word 模板”命令，如下图所示。

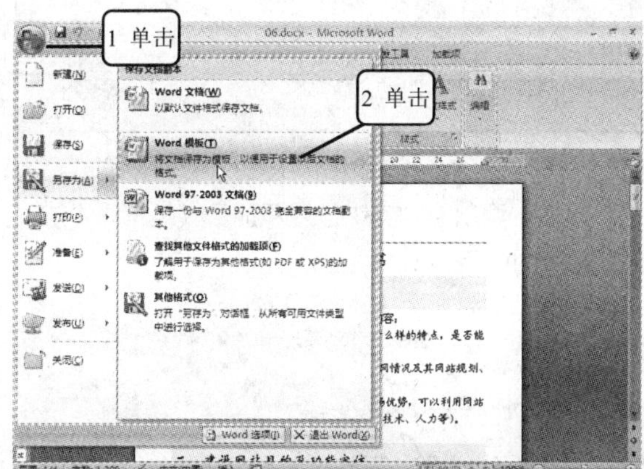

2 打开“另存为”对话框，在“保存类型”文本框中选择“Word 模板(*.dotx)”，保存位置将自动切换到系统默认的 Templates 文件夹中，也可以自己选择合适的保存位置。在“文件名”文本框中输入该模板的名称，然后单击“保存”按钮即可，如下图所示。

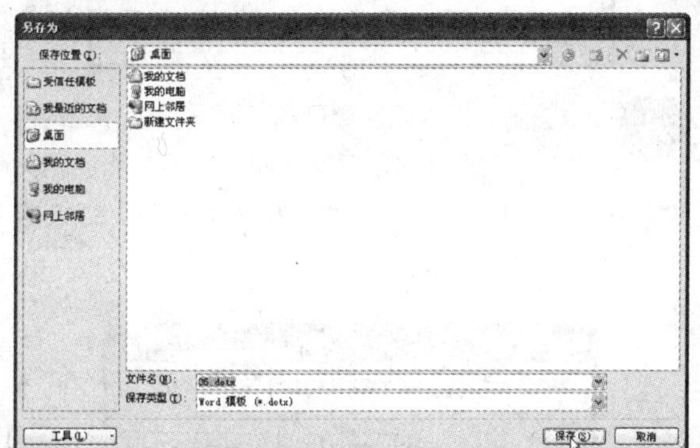

提示您 在 Word 2007 中，模板可以是.dotx 文件，也可以是.dotm 文件（.dotm 文件类型允许在文件中启用宏）。

6.1.8 在文档中加载模板

为了使用文档模板中的样式，必须先在新文档中加载该模板。只有将所需模板引入到新文档中，才能使用其中的样式来格式化文档。

1 新建一个 Word 文档，单击“Office 按钮”，然后单击“Word 选项”，打开“Word 选项”对话框如右图所示。单击“加载项”项，在右下角的“管理”下拉列表中选择“模板”项，然后单击“转到”按钮，如下图所示。

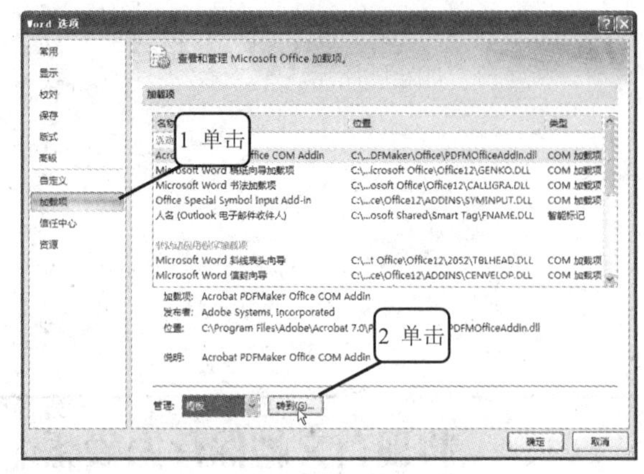

2 打开“模板和加载项”对话框，单击“选用”按钮，如下图所示。

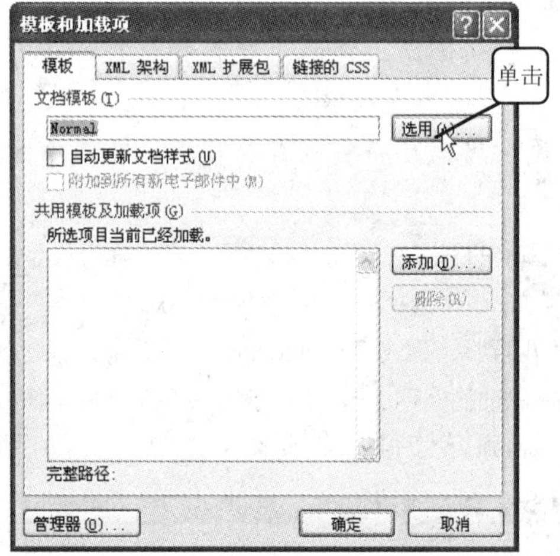

3 打开“选用模板”对话框，选择已保存的模板文件，然后单击“打开”按钮，如下图所示。

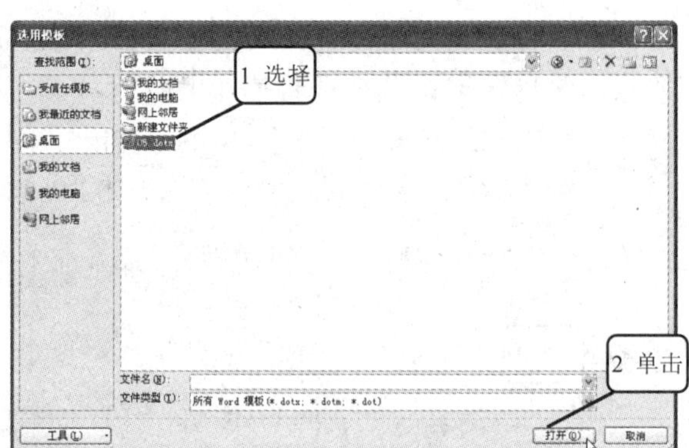

4 返回到“模板和加载项”对话框，在“文档模板”文本框中显示了刚添加的模板的路径和文件名称。选中“自动更新文档样式”复选框，然后单击“确定”按钮，如下图所示。

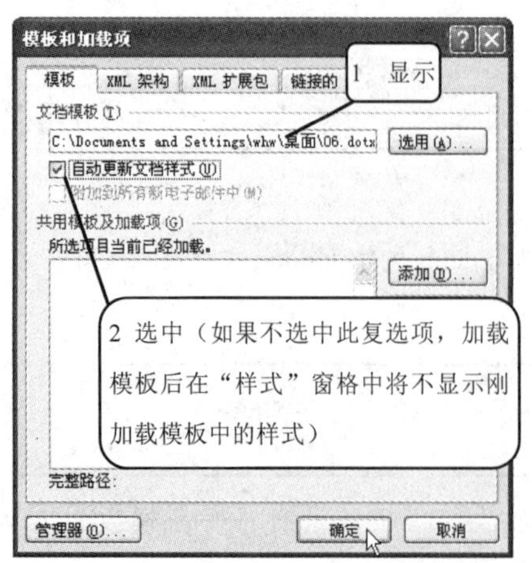

5 返回到 Word 文档编辑窗口，打开“样式”窗格，可以看到其中已经添加了模板文件中的样式，如下图所示。

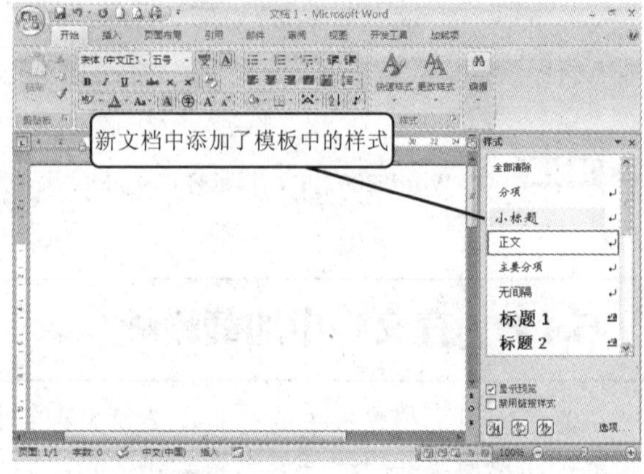

6.2　拓展与提高

6.2.1　设置样式的快捷键

如果文档中的样式过多，则会在套用某一样式时因苦苦寻找所需样式而浪费大量时间。可以给常用的样式设置快捷键，这样可以在套用这些样式时节省大量时间。

1. 在文档的“样式”窗格中，在其样式上单击鼠标右键，在弹出的菜单中选择“修改”命令，如下图所示。

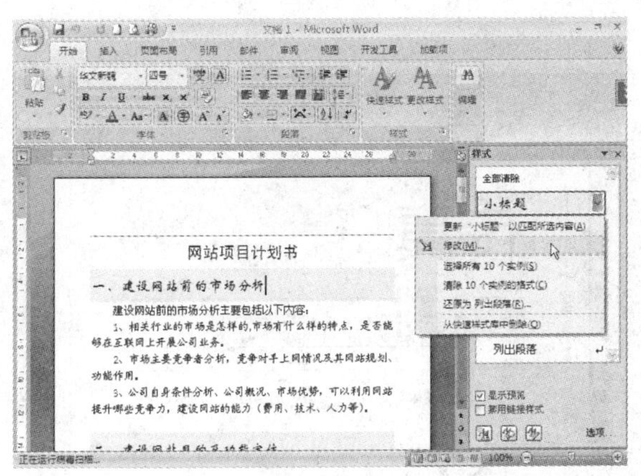

2. 打开要添加快捷键的样式的“修改样式”对话框，单击对话框底部的“格式”按钮，从弹出的菜单中选择“快捷键”命令，如下图所示。

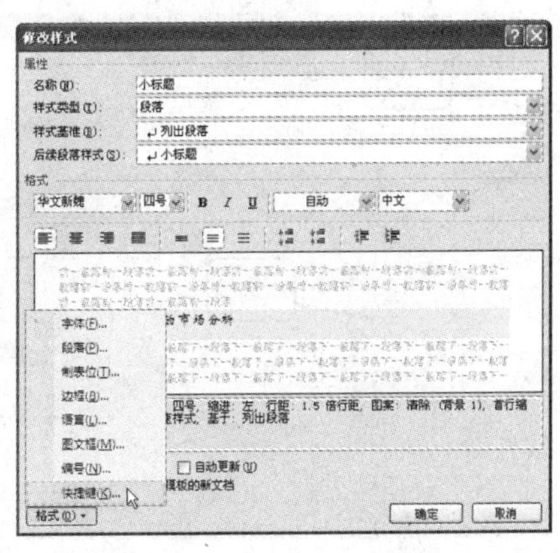

3. 打开“自定义键盘”对话框，在“将更改保存在”下拉列表中选择保存位置，然后将光标放置在“请按新快捷键”文本框中，按键盘的快捷键，然后单击对话框左下角的“指定”按钮，如下图所示。

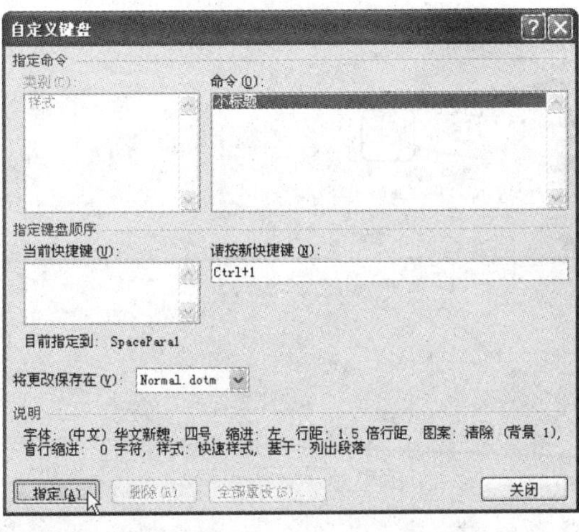

4. 刚才设置的快捷键被添加到“当前快捷键”列表框中，单击“关闭”按钮关闭该对话框，如下图所示。以后在该文档中按已设置的快捷键即可快速套用该样式。

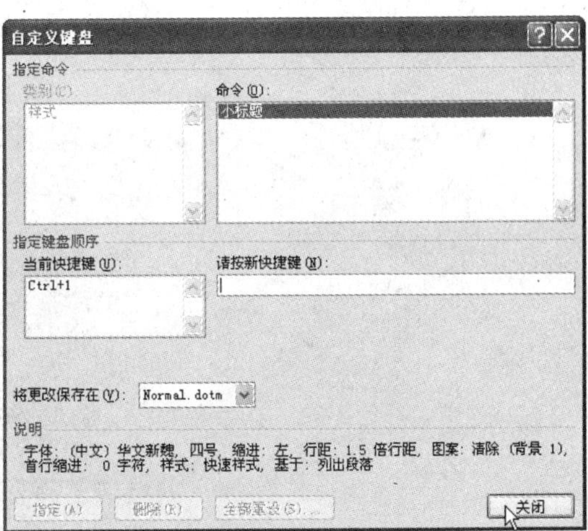

 提示您 如果选择 Normal.dotm 项，则快捷键在以后新建的文档中都起作用；如果选择当前加载的模板文件，则快捷键仅对加载该模板的文档起作用。

6.2.2 使用 Word 内置模板创建文档

Word 中内置了很多本地模板以供使用，除了使用本地模板外，还可以使用在网络中下载的更丰富的模板。

1 启动 Word，单击“Office 按钮”，然后选择“新建”命令，打开“新建文档”对话框，单击“模板”列表框中的“已安装的模板”项，如下图所示，可根据需要进行选择。

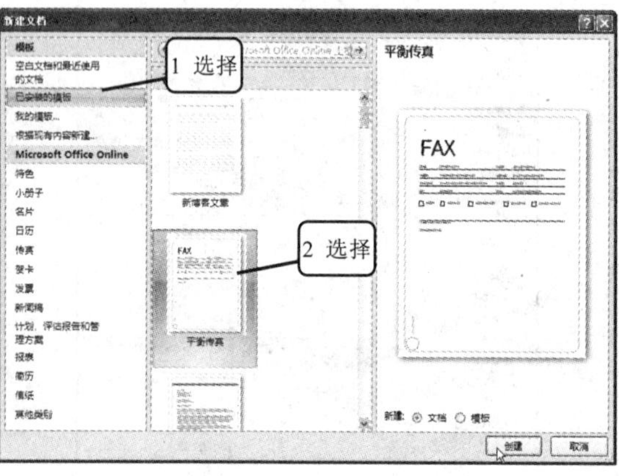

2 下图所示为选择“平衡传真”模板后所创建的文档。

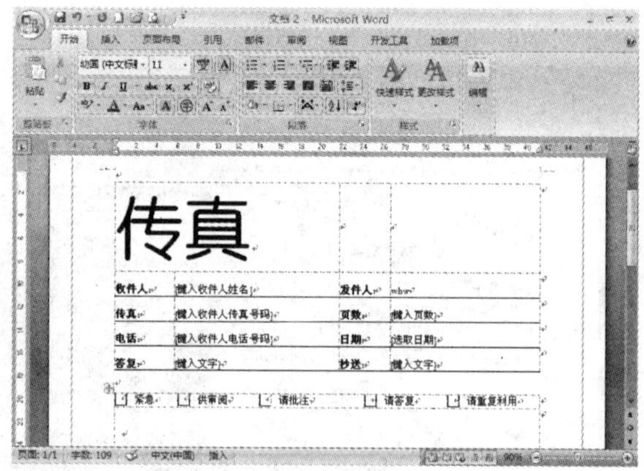

多学点 单击 Microsoft Office Online 项下的具体项目，可通过网络下载更多的 Word 模板，找到后单击“下载”按钮即可，如右图所示。

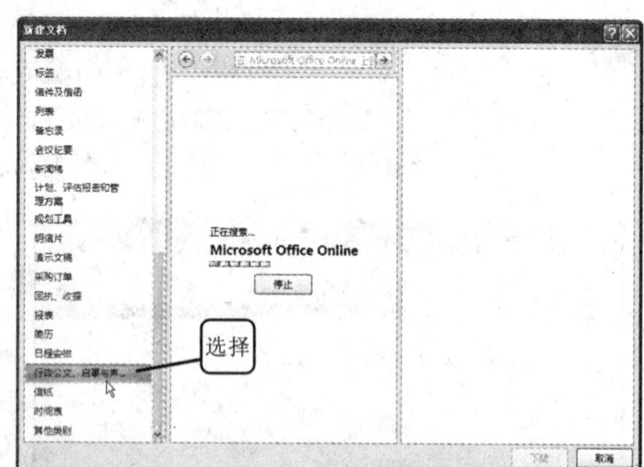

- 进行邮件内容合并
- 制作单个中文信封
- 批量制作信封

第7章 邮件功能的应用

实例素材	\实例素材\第07章\07-1.docx，07-2.docx，07-3.xlsx
实例结果	\实例结果\第07章\07-1.docx，07-2.docx

7.1 实例——合并邮件并制作信封

本章通过实例详细介绍了 Word 邮件合并功能的使用方法，如下图所示。讲解了如何制作主文档、数据源，以及合并主文档与数据源的方法。给出了批量制作公司中常用信函的方法。

针对公司中大量使用具有本公司特点的信封的需求，还介绍了使用 Word 中文信封向导制作单个信封和信封模板的方法。

结账通知单

编号：北京 302-5186- -9

:

你好，非常感谢贵公司我们一直以来的支持！

北京清世明达会计师事务所正在对本公司清产核资结果进行专项财务审计。按照中国会计师独立审计准则的要求，应当询征本公司与贵公司的往来账目等事项。截至 2008 年 6 月 30 日，本公司与贵公司往来账目列表如下：

项目名称	贵公司欠（元）	欠贵公司（元）

序号	公司名称	项目名称	贵公司欠（元）	欠贵公司（元）
001	宝通有限公司	视频系统开发		2600
002	东大工程公司	道路监控系统开发	5800	
003	吉维科技公司	声光报警系统开发	9100	
004	创世有限公司	智能手机游戏开发		6700
005	华星物业公司	小区网络维护	12000	
006	鼎盛伟业公司	进销存系统开发		4800

将上面的两个文档进行合并

结账通知单

编号：北京 302-5186-001 -9

宝通有限公司：

你好，非常感谢贵公司我们一直以来的支持！

北京清世明达会计师事务所正在对本公司清产核资结果进行专项财务审计。按照中国会计师独立审计准则的要求，应当询征本公司与贵公司的往来账目等事项。截至 2008 年 6 月 30 日，本公司与贵公司往来账目列表如下：

项目名称	贵公司欠（元）	欠贵公司（元）
视频系统开发		2600

生成的第一封邮件

结账通知单

编号：北京 302-5186-002 -9

东大工程公司：

你好，非常感谢贵公司我们一直以来的支持！

北京清世明达会计师事务所正在对本公司清产核资结果进行专项财务审计。按照中国会计师独立审计准则的要求，应当询征本公司与贵公司的往来账目等事项。截至 2008 年 6 月 30 日，本公司与贵公司往来账目列表如下：

项目名称	贵公司欠（元）	欠贵公司（元）
道路监控系统开发	5800	

生成的第二封邮件

结账通知单

编号：北京 302-5186-003 -9

吉维科技公司：

你好，非常感谢贵公司我们一直以来的支持！

北京清世明达会计师事务所正在对本公司清产核资结果进行专项财务审计。按照中国会计师独立审计准则的要求，应当询征本公司与贵公司的往来账目等事项。截至 2008 年 6 月 30 日，本公司与贵公司往来账目列表如下：

项目名称	贵公司欠（元）	欠贵公司（元）
声光报警系统开发	9100	

生成的第三封邮件

7.1.1 进行邮件内容合并

当需要向地址列表中的收件人发送个性化电子邮件时，可使用邮件合并来创建电子邮件。每封邮件的信息类型相同，但具体内容各不相同。

例如，在发给客户的电子邮件中，可以对每封邮件进行个性化设置，以便按姓名称呼每个客户。每封邮件中的某一信息来自数据文件中的条目。

使用邮件合并功能需要创建一个主文档和一个数据源文件。

- 主文档中主要是信函共有的内容；
- 数据源文件则是同类信函中不同的内容，如公司名称、项目名称、金额等数据，数据源文件的格式可以是 Word 文档、Excel 文件、Access 数据库以及其他多种类型。

1 打开随书光盘中“\实例素材\第 07 章\07-1.docx”文件，如下图所示。这是一个主文件。

结账通知单

编号：北京 302-5186- -9

：

你好，非常感谢贵公司我们一直以来的支持！

北京清世明达会计师事务所正在对本公司清产核资结果进行专项财务审计。按照中国会计师独立审计准则的要求，应当询征本公司与贵公司的往来账目等事项。截至 2008 年 6 月 30 日，本公司与贵公司往来账目列表如下：

项目名称	贵公司欠（元）	欠贵公司（元）

2 打开随书光盘中“\实例素材\第 07 章\07-2.docx”，如下图所示为一个公司账目往来明细表，这是一个数据源文件。

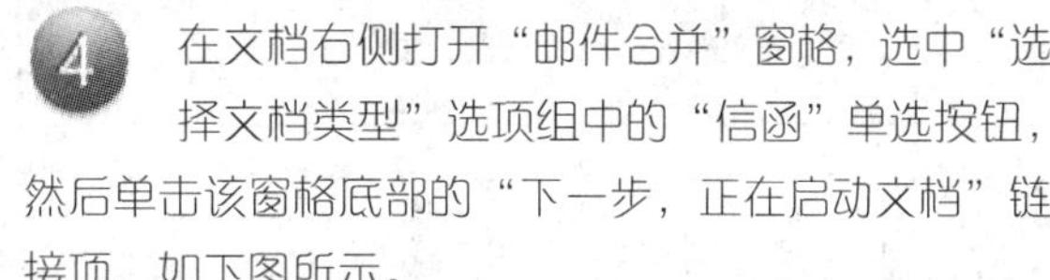

序号	公司名称	项目名称	贵公司欠（元）	欠贵公司（元）
001	宝通有限公司	视频系统开发		2600
002	东大工程公司	道路监控系统开发	5800	
003	吉维科技公司	声光报警系统开发	9100	
004	创世有限公司	智能手机游戏开发		6700
005	华星物业公司	小区网络维护	12000	
006	鼎盛伟业公司	进销存系统开发		4800

提示您 在制作数据源文件时不要在表格外加标题，否则在导入数据源时将会失败。

3 在主文件中，单击“开始邮件合并”选项组中的“开始邮件合并”按钮，从下拉菜单中选择“邮件合并分步向导”命令，如下图所示。

4 在文档右侧打开“邮件合并”窗格，选中“选择文档类型”选项组中的“信函”单选按钮，然后单击该窗格底部的“下一步，正在启动文档”链接项，如下图所示。

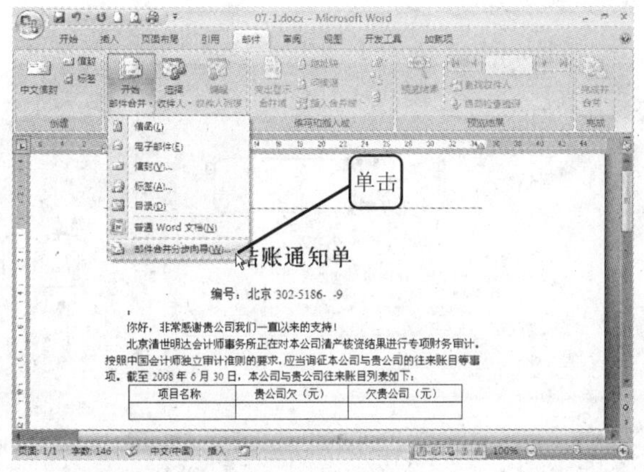

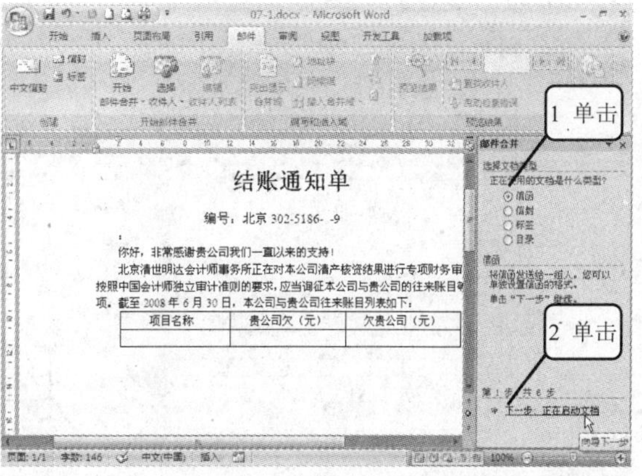

5　在“邮件合并”窗格的“选择开始文档”选项组中选中“使用当前文档”单选按钮，然后单击“下一步，选取收件人”链接项，如下图所示。

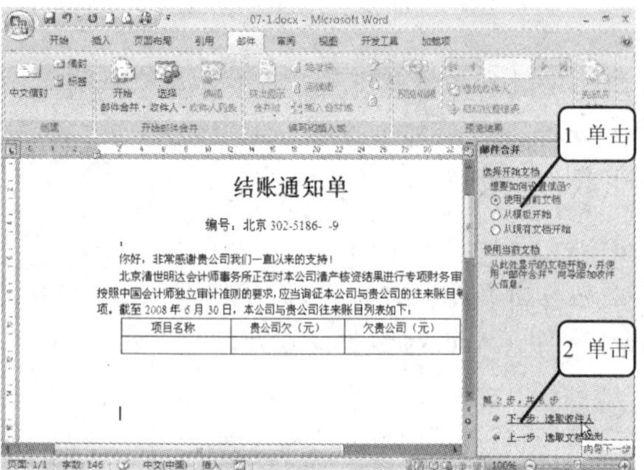

6　在“邮件合并”窗格中的“选取收件人”选项组中选中“使用现有列表”单选按钮，然后单击“浏览”链接项，如下图所示。

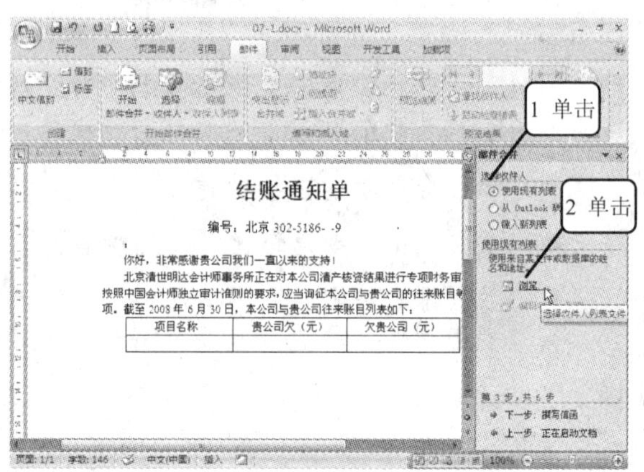

7　打开如下图所示的“选取数据源”对话框，打开“\实例素材\第 07 章\07-2.docx”文档，然后单击“打开”按钮。

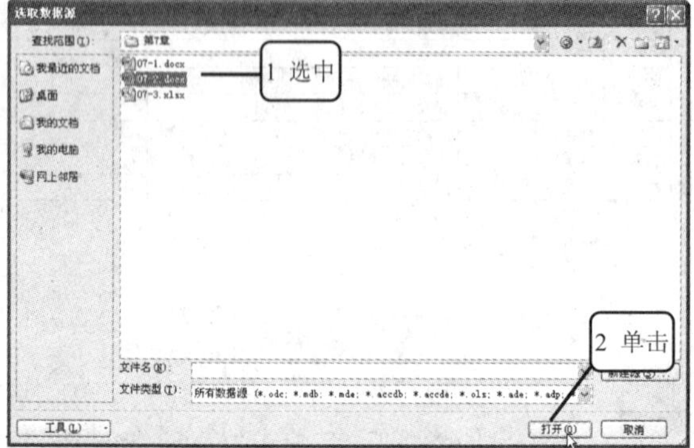

8　弹出“邮件合并收件人”对话框，如下图所示，直接单击“确定”按钮。

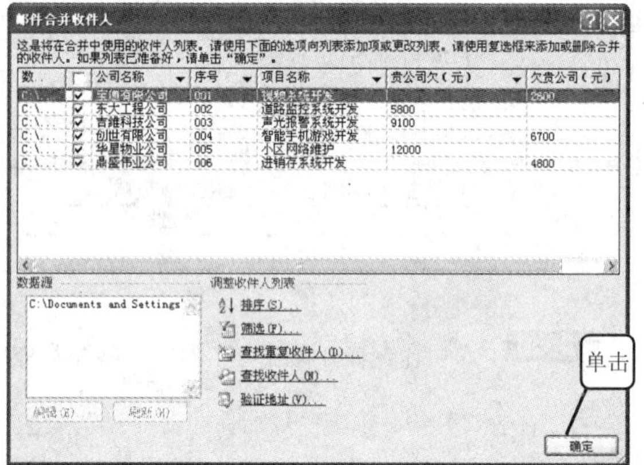

9　返回到“邮件合并”窗格，单击“下一步，撰写信函”链接项，如下图所示。

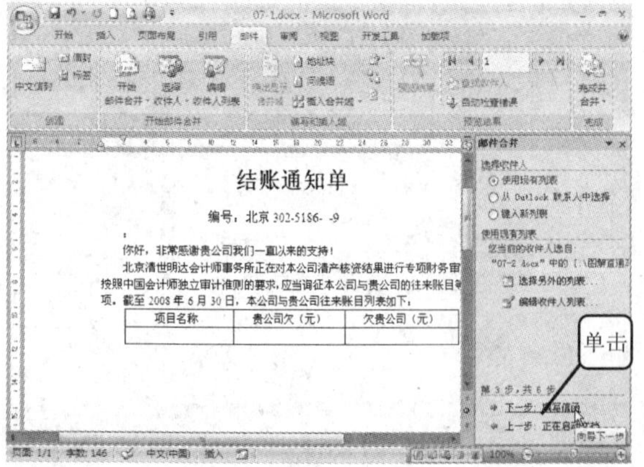

10　将光标放在第 2 行“- -”之间，然后在右侧的“邮件合并”窗格中单击“其他项目”链接项，如下图所示。

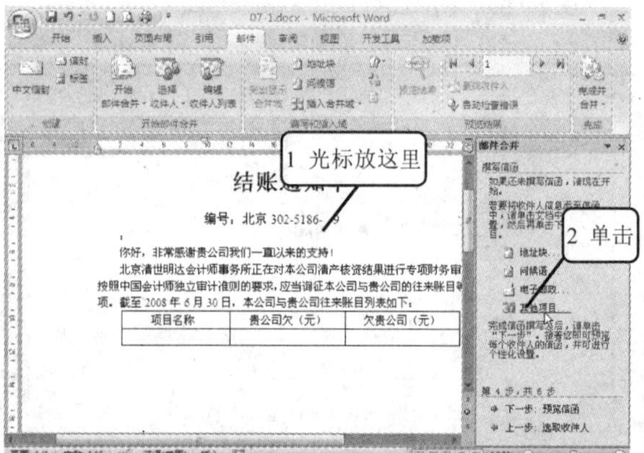

11 打开“插入合并域”对话框，选中“序号”项，然后单击 “插入”按钮，原来的“取消”按钮将变为“关闭”按钮，再单击“关闭”按钮，如下图所示。

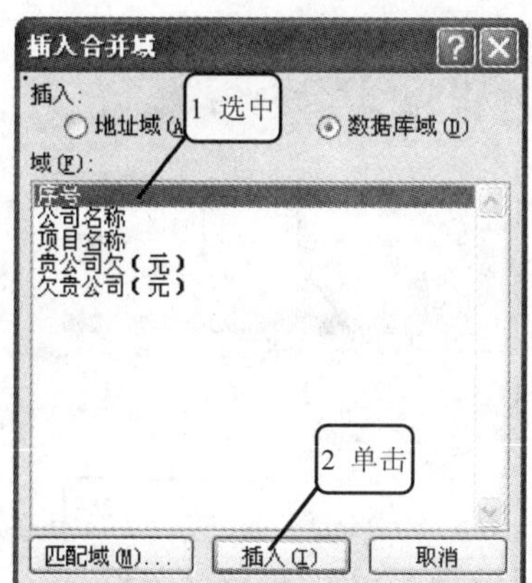

12 数据源文件表格中的“序号”列被插入到文档指定位置上，并用书名号括起来，如下图所示。将光标定位到第 3 行“:”前，然后在“邮件合并”窗格中单击“其他项目”链接项，

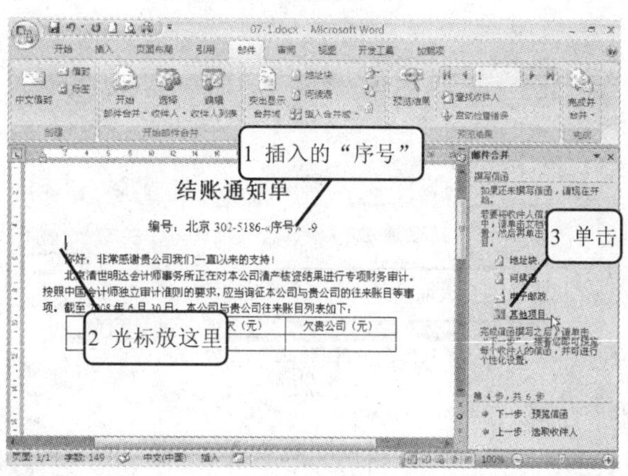

13 弹出如下图所示的“插入合并域”对话框，选中“公司名称”项，然后单击“插入”按钮，原来的“取消”按钮变为“关闭”按钮，再单击“关闭”按钮，如下图所示。

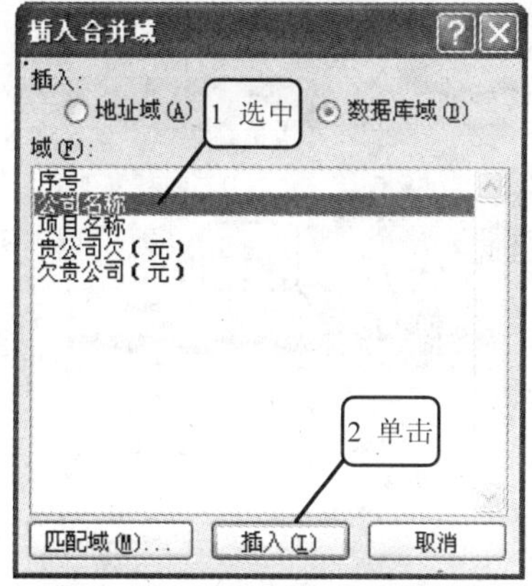

14 数据源文件表格中的“公司名称”列被插入到文档指定位置上，并用书名号括起来，如下图所示。将光标定位到表格“项目名称”列的下一行，然后在右侧的“邮件合并”窗格中单击“其他项目”链接项。

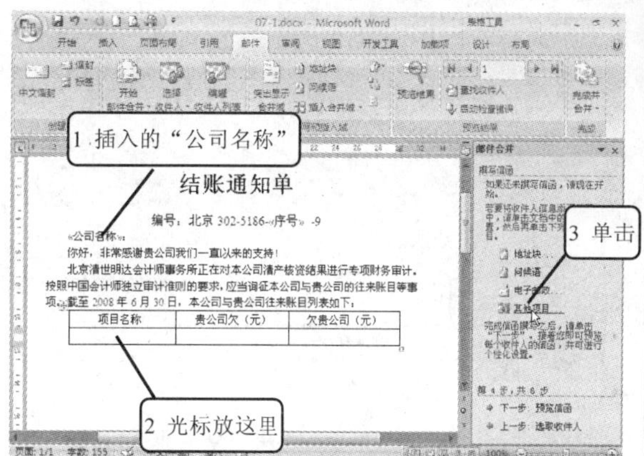

15 弹出 “插入合并域”对话框，选中“项目名称”项，然后单击“插入”按钮，原来的“取消”按钮变为“关闭”按钮，再单击“关闭”按钮，如下图所示。

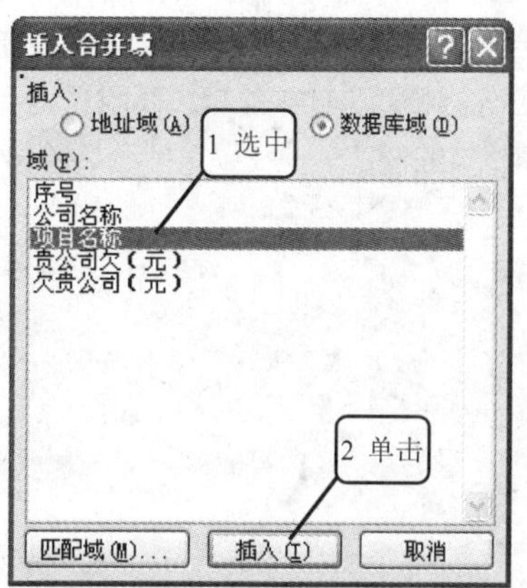

16 数据源文件表格中的“项目名称”列被插入到文档指定位置上，并用书名号括起来，如下图所示。将光标定位到表格“贵公司欠（元）”列的下一行，然后在右侧的“邮件合并”窗格中单击“其他项目”链接项。

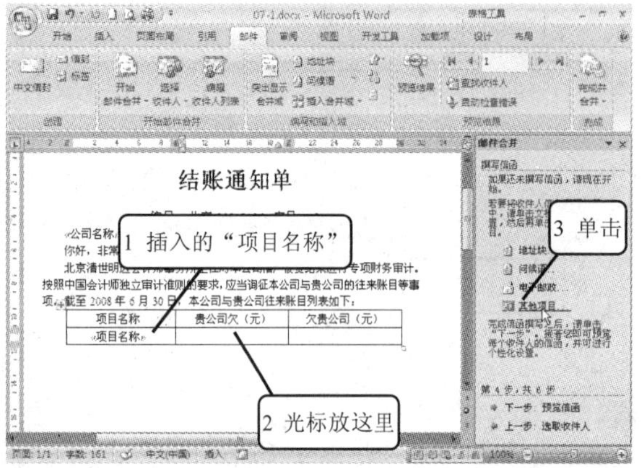

17 弹出“插入合并域”对话框，选中“贵公司欠（元）”项，然后单击“插入”按钮，原来的“取消”按钮变为“关闭”按钮，再单击“关闭”按钮，如下图所示。

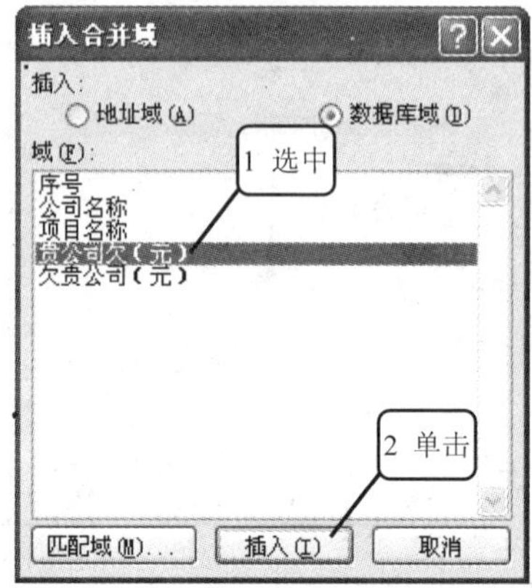

18 数据源文件表格中的“贵公司欠（元）”列被插入到文档指定位置上，并用书名号括起来，如下图所示。将光标定位到表格“欠贵公司（元）”列的下一行，然后在“邮件合并”窗格中单击“其他项目”链接项。

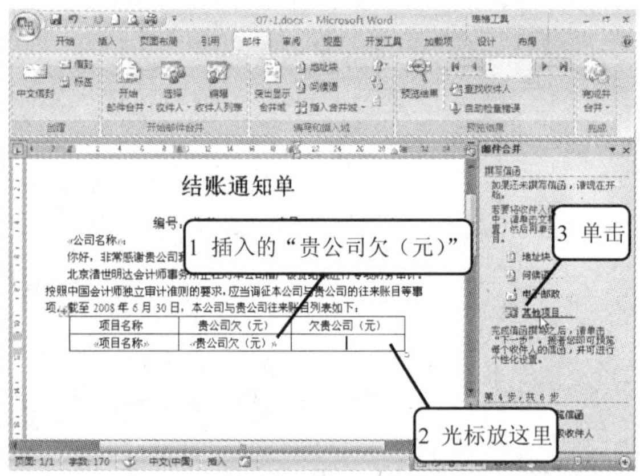

19 弹出“插入合并域”对话框，选中“欠贵公司（元）”项，然后单击“插入”按钮，原来的“取消”按钮变为“关闭”按钮，再单击“关闭”按钮，如下图所示。

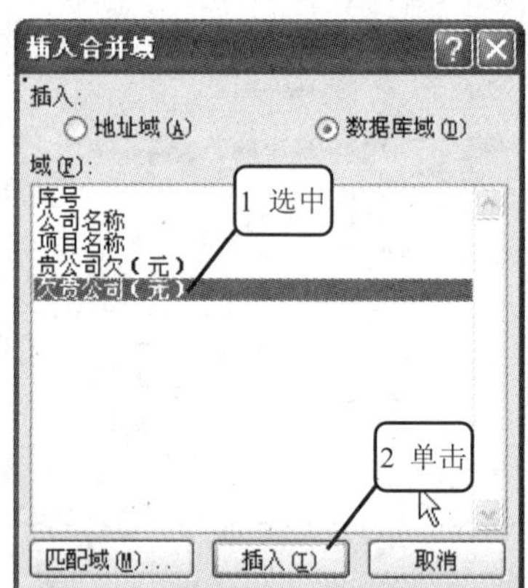

20 至此，该主文档中的书名号及里面的部分就对应着数据源文件中的相关项目了。单击“邮件合并”窗格中的“下一步：预览信函”链接项，如右图所示。

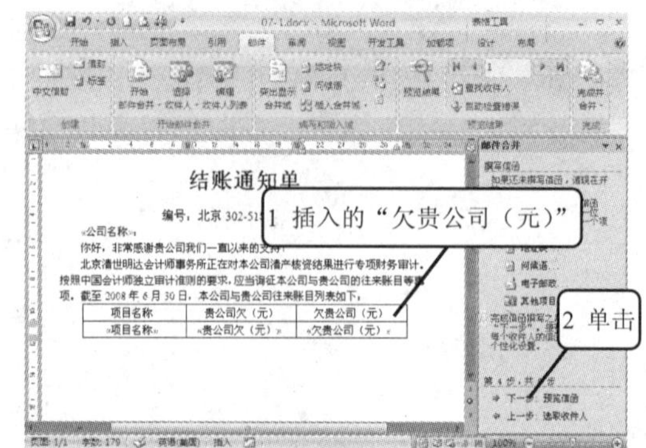

21 进入如下图所示的界面，文档被书名号包围的内容被替换成了前面创建的“公司账目往来明细表”中的具体数据。单击对话框右侧窗格中的《或》按钮，可以依次浏览各封信函内容。单击“排除此收件人”按钮可将当前显示的信函去除；预览无误则单击“下一步，完成合并”链接项。

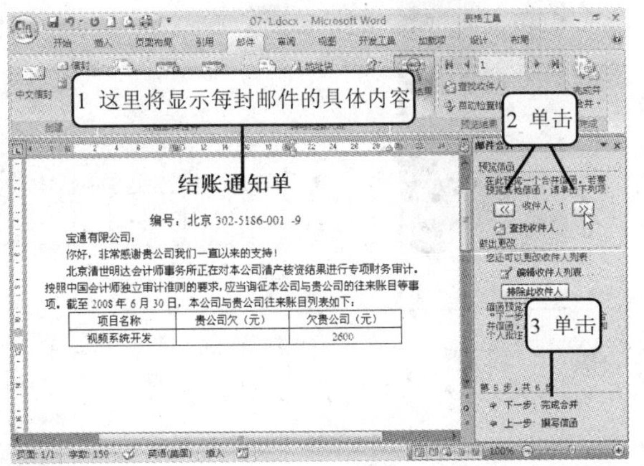

在“邮件合并”窗格的“合并”栏中单击“编辑单个信函”链接项，如下图所示。

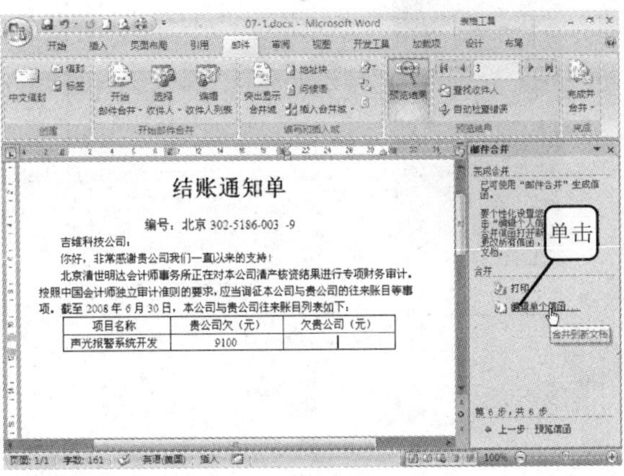

23 打开“合并到新文档”对话框，选中“全部”单选按钮，然后单击“确定”按钮，如下图所示。

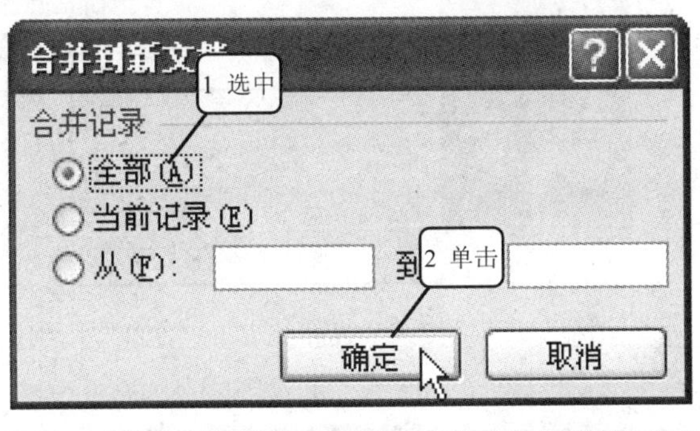

系统将自动生成信函，如下图所示。具体可参见本章实例结果。

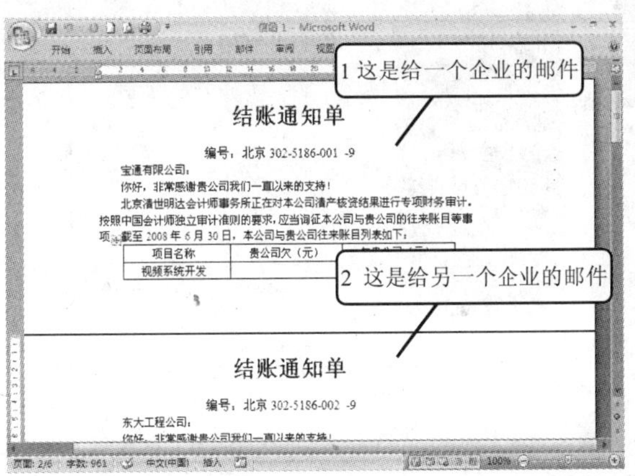

7.1.2　制作单个中文信封

许多单位和公司甚至个人都常常要发送大批信件，如邮政广告、会议通知、书籍或商品征订等。这时就需要填写大批信封，有时成千上万封也很正常。有的单位不得不花费大量人力进行此项工作。利用 Word 的邮件功能可以轻松地制作出信封。下面制作一个中文信封。

在“邮件”选项卡中，单击“创建”选项组的“中文信封”按钮，如下图所示。

2 打开“信封制作向导”对话框，如下图所示，单击“下一步”按钮。

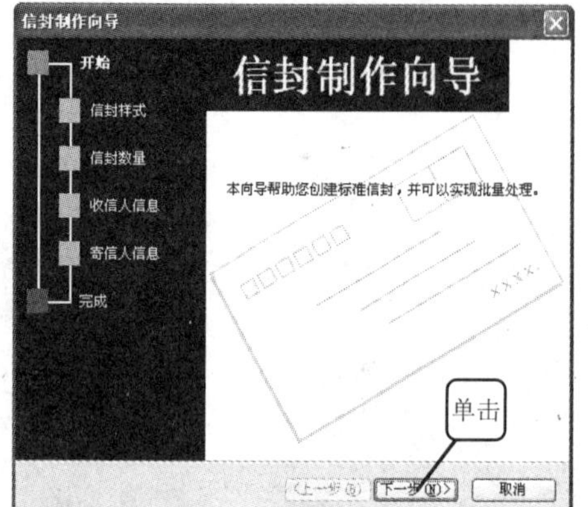

3 进入“选择信封样式”界面，如下图所示。在“信封样式”下拉列表中可以选择信封尺寸，然后单击“下一步”按钮。

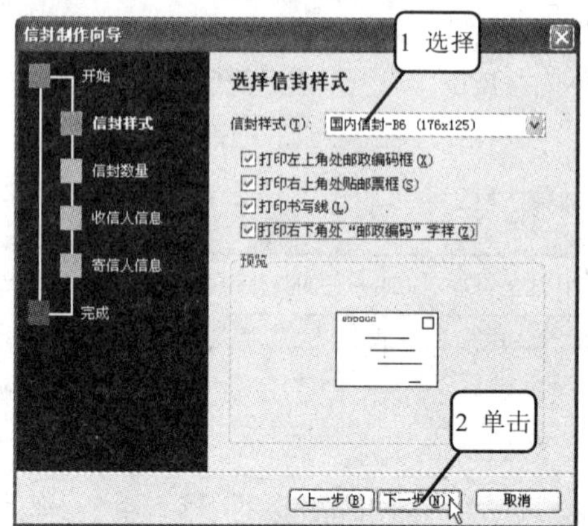

4 进入“选择生成信封的方式和数量”界面，这里选择“键入收件人信息，生成单个信封”单选按钮，然后单击“下一步”按钮，如下图所示。

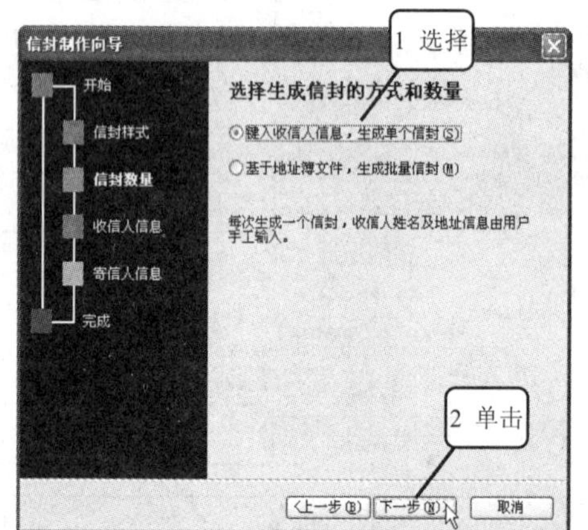

5 进入“输入收信人信息”界面，在该界面中输入收信人的基本信息，然后单击“下一步”按钮，如下图所示。

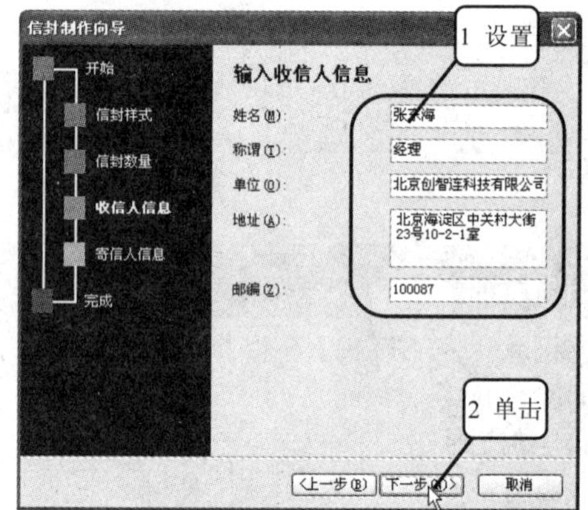

6 进入“输入寄信人信息”界面，输入相关内容后，单击“下一步”按钮，如下图所示。

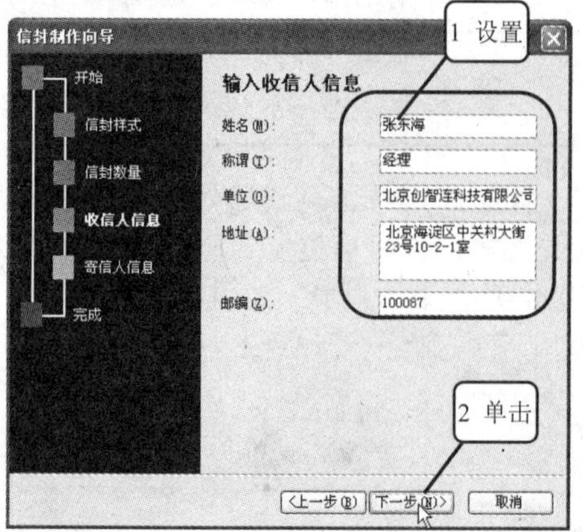

7 进入如下图所示的界面，单击“完成”按钮。

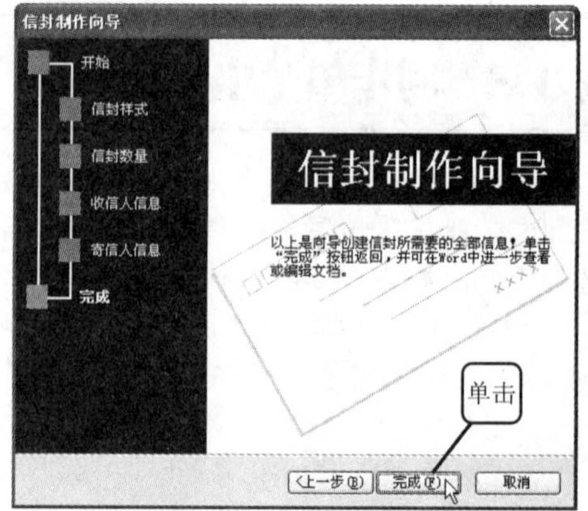

8 信封制作向导完成后，系统按照刚才输入的内容，新建了一个信封，如右图所示。

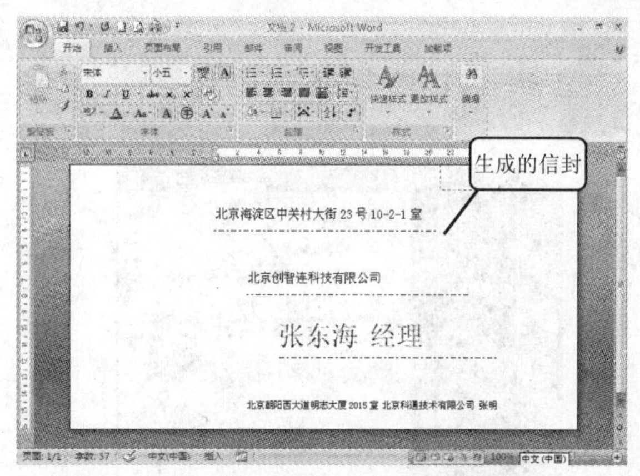

7.1.3 批量制作信封

如果需要制作数量众多且格式统一的信封，则前面讲的方法就不适用了。但是使用 Word 2007 也可以批量制作信封。

1 制作地址簿

批量制作信封，需要准备好地址簿。Word 支持 Excel 和记事本两种程序的地址簿。本例已经制作好了一个工作簿，见随书光盘中"\实例素材\第07章\07-3.xlsx"文件，如右图所示。制作地址簿时，一般要包括：姓名、称谓、单位、地址和邮编几项信息。

	A	B	C	D	E
1	收信人邮编	收信人地址	收件人单位	收信人姓名	收信人职务
2	100037	北京市西城区	博大科技有限公司	张天明	总经理
3	100089	北京市海淀区	科通文化有限公司	郝文丽	秘书
4	100021	北京市朝阳区	联智文化有限公司	刘自强	销售部经理
5	100042	北京市东城区	八科电脑有限公司	周倩	项目经理
6	100067	北京市丰台	月明文化有限公司	李涛	技术部主管

2 生成信封

下面就利用这个地址簿批量生成信封。具体操作步骤如下。

1 新建一个 Word 文档，单击"邮件"选项卡"创建"选项组中的"中文信封"按钮，打开"信封制作向导"对话框，如下图所示，单击"下一步"按钮。

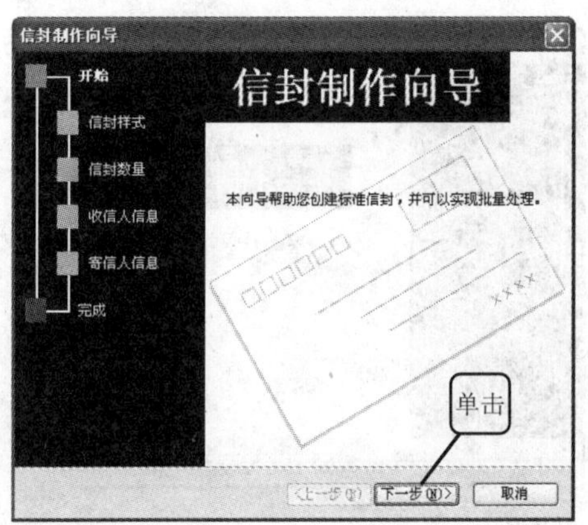

2 进入"选择信封样式"界面，如下图所示。在"信封样式"下拉列表中可以选择信封尺寸，然后单击"下一步"按钮。

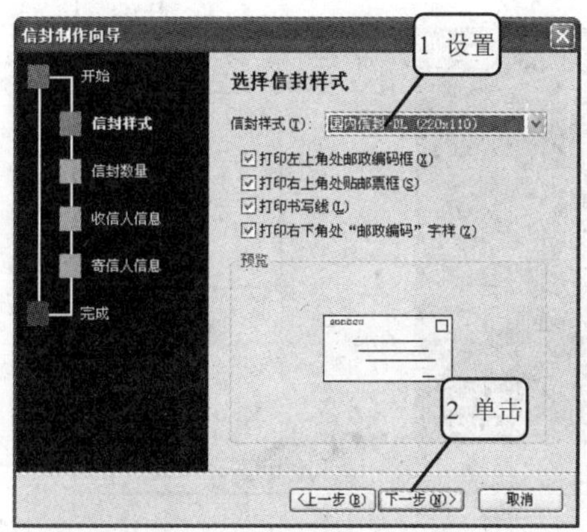

3 进入“选择生成信封的方式和数量”界面，选中“基于地址簿文件，生成批量信封”单选按钮，如下图所示，单击“下一步”按钮。

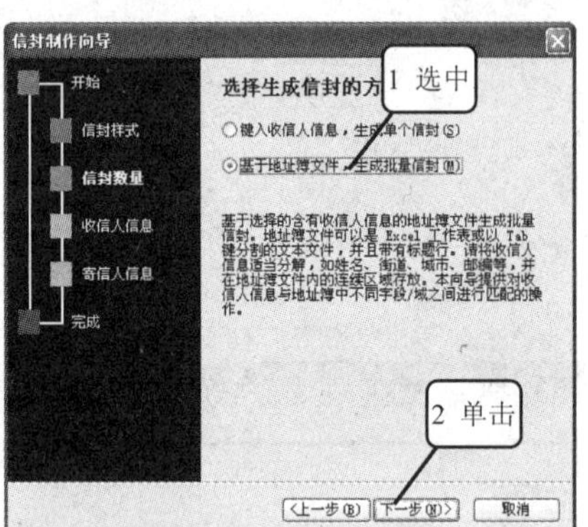

4 进入“从文件中获取并匹配收信人信息”界面，在该界面中单击“选择地址簿”按钮，如下图所示。

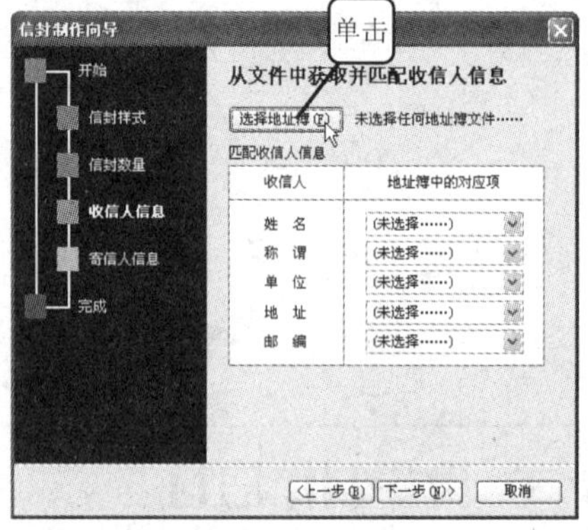

5 弹出“打开”对话框，选择要打开的 Excel 文件或用〈Tab〉键将数据分割好的文本文件，这里选择随书光盘中的“\实例素材\第 07 章\07-3.xlsx”文件，然后单击“打开”按钮，如下图所示。

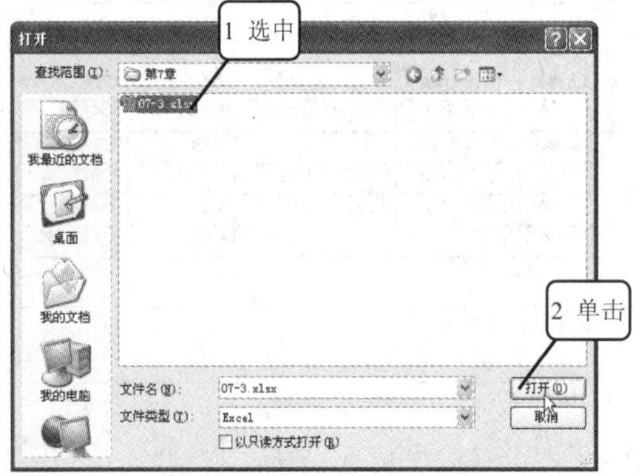

6 单击“打开”按钮后，返回到“从文件中获取并匹配收信人信息”界面，在匹配收信人信息下面的列表框中，分别选择地址簿中相对应的项目，然后单击“下一步”按钮，如下图所示。

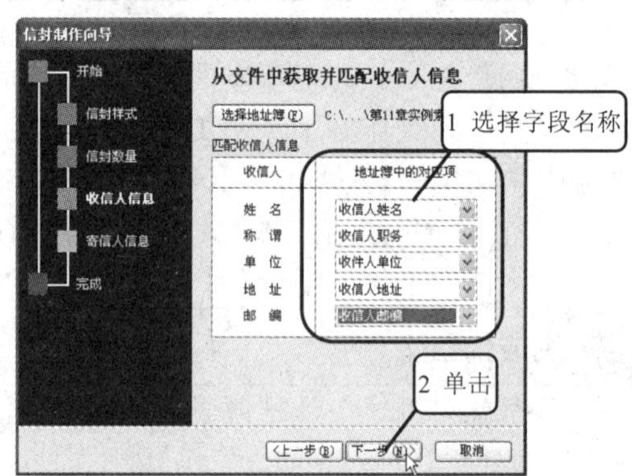

7 进入“输入寄信人信息”界面，在该界面中输入寄信人的信息，然后单击“下一步”按钮，如下图所示。

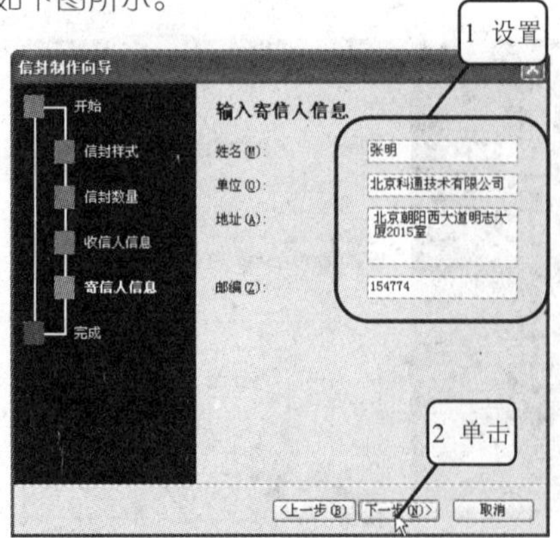

8 进入如下图所示的界面，单击“完成”按钮。

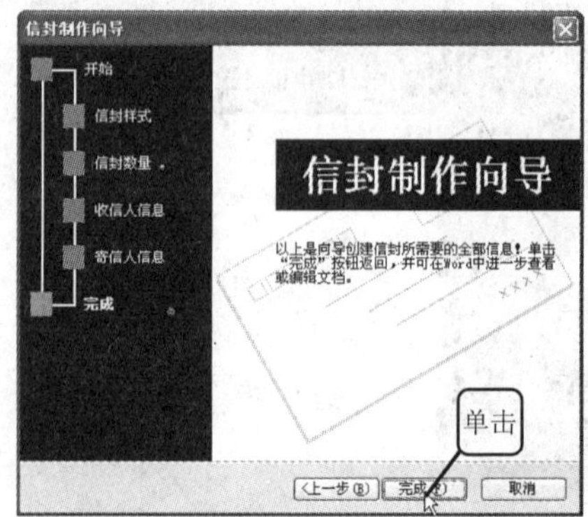

9　Word 开始自动生成批量信封，稍后将在新建的 Word 文档中显示所创建的信封，如右图所示。

7.2　拓展与提高

7.2.1　制作邮件标签

邮件标签指的是将收信人或寄信人的地址和姓名制作成标签，可以将该标签贴在邮件封皮上。用户可以利用 Word 2007 中文版提供的向导制作邮件标签，具体操作步骤如下。

1　新建一个文档，打开“邮件”选项卡，单击“创建”选项组中的“标签”按钮，如下图所示。

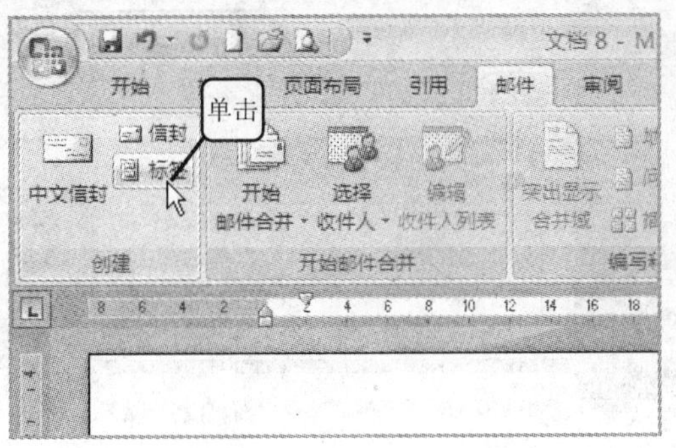

2　出现“信封和标签”对话框，打开“标签”选项卡，如下图所示。在“地址”文本框中输入收信人或寄信人的地址信息。如果选中“使用寄信人地址”复选框，则在“地址”文本框中将显示寄信人的地址。

“打印”区中有两个单选按钮，如果选中“全页为相同标签”单选按钮，则重复打印所制作的邮件标签，直到打满一页。如果选中“单个标签”单选按钮，则只打印一个邮件标签。“行”和“列”文本框决定邮件标签所在的行和列，它们只对“单个标签”有效。

在“标签”栏中显示了邮件标签的格式和内容，如果对格式或标签的尺寸不满意，可以对其进行修改。

3 单击“选项”按钮，出现“标签选项”对话框。在“标签供应商”下拉列表中选择选择一个邮件标签供应商，然后在“产品编号”列表框中选择邮件标签的类型编号，在“标签信息”栏中会显示邮件标签的类型和大小信息，如下图所示。

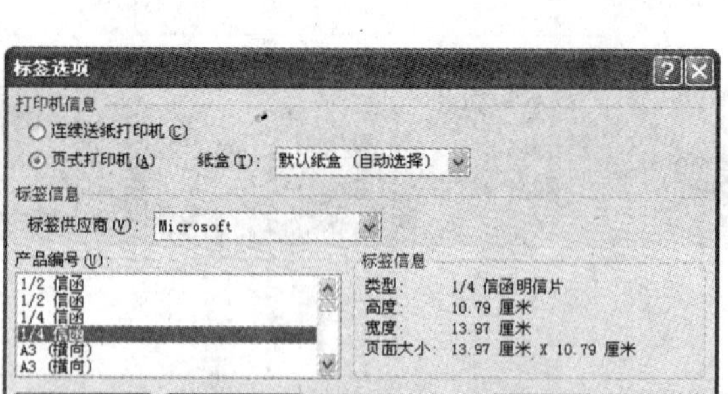

4 如果找不到合适的类型和大小，可以在“标签选项”对话框中单击“详细信息”按钮，出现一个对话框，用户可以对选定的邮件标签格式进行修改，如下图所示。

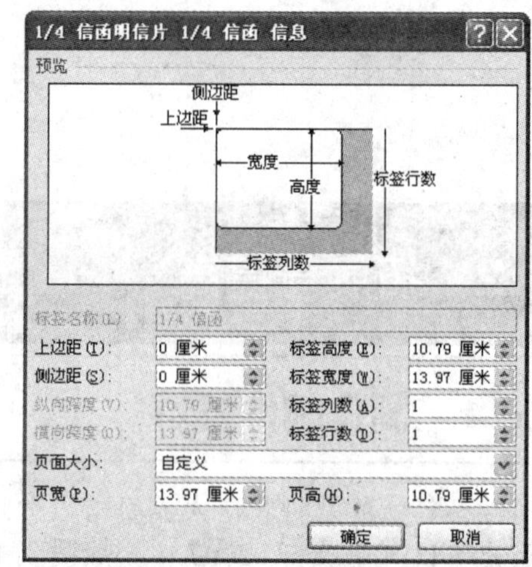

5 单击“邮件和信封”对话框“标签”选项卡中的“打印”按钮可以进行打印。如果单击“新建文档”按钮，则会打开一个文档，该文档中显示了所有的标鉴信息，如右图所示，如右图所示，可以将该文档保存起来。

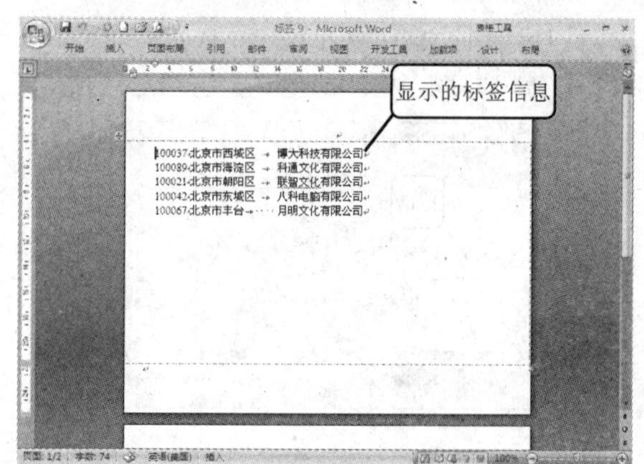

7.2.2 创建地址簿

除了利用 Word 文件的方法创建邮件合并的地址簿外，还可以在 Word 中利用“键入新列表”的方式创建地址簿，具体操作步骤如下。

1 打开“邮件”选项卡，单击“开始邮件合并”选项组中的“选择收件人”按钮，在弹出的下拉菜单中选择“键入新列表”命令，如右图所示。

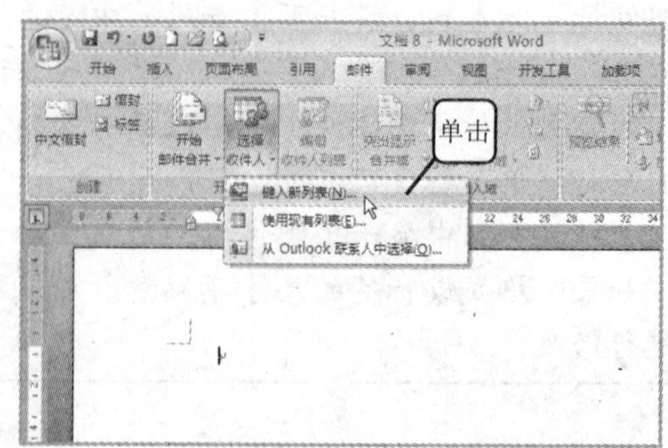

2 打开“新建地址列表”对话框，单击相应的字段即可输入内容，按〈Tab〉键切换至下一字段继续输入，输入一个条目后单击“新建条目”按钮，如下图所示。

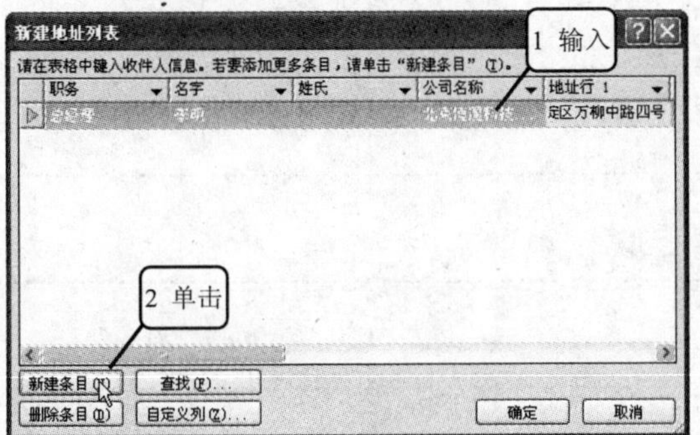

3 继续输入其他条目，然后单击“确定”按钮，如下图所示。

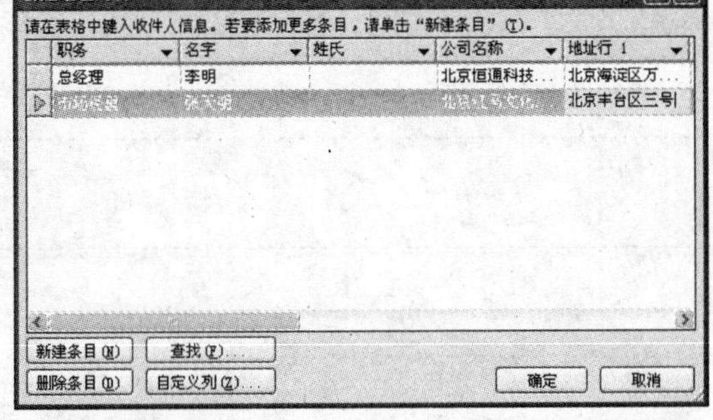

4 弹出“保存通讯录”对话框，如右图所示。输入文件名，单击“保存”按钮返回“新建地址列表”对话框，然后再单击“确定”按钮即可。

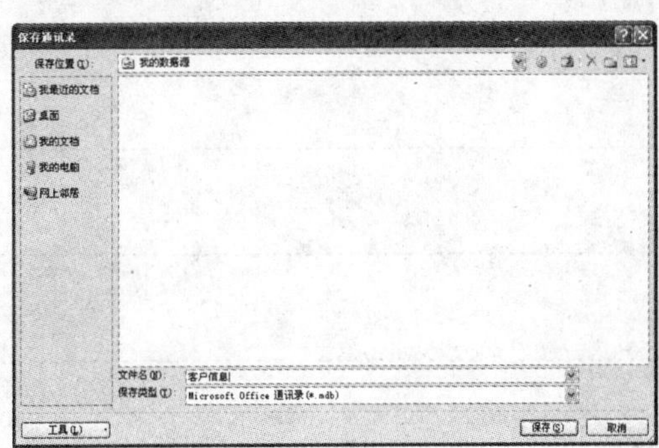

- 给文档添加批注
- 查看与删除批注
- 对文档进行修订
- 设置批注与修订的显示位置
- 更改批注与修订
- 显示批注与修订前后的不同状态
- 显示不同标记
- 查看批注和修订
- 利用“审阅窗格”查看批注和修订

第8章 为文档添加批注和修订

实例素材	\实例素材\第 8 章\08.docx
实例结果	\实例结果\第 8 章\08..docx

8.1 实例——为“员工培训”文档添加批注和修订

本章将对文档添加批注和修订，如下图所示。

通过添加批注或修订，可以使文档的多人协作成为可能。本章主要介绍了设置批注或修订的样式的方法，如何添加批注、编辑批注、添加修订、查看批注或修订、显示批注或修订的不同状态，以及如何接受、拒绝或删除所做的批注或修订。

本章重点讲解添加批注和修订的方法，以及查看、接受与拒绝批注和修订的方法。

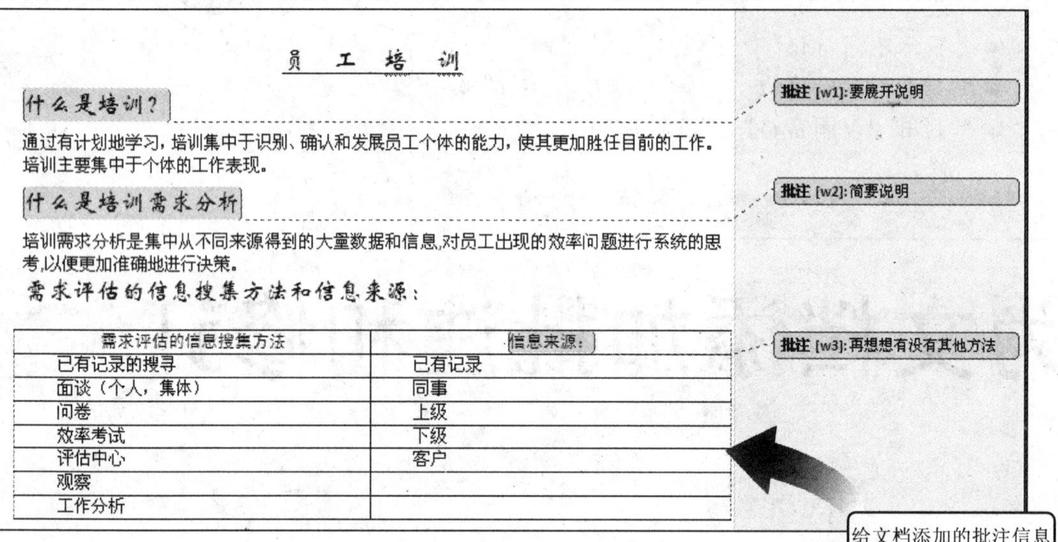

员 工 培 训

什么是培训？

通过有计划地学习，培训集中于识别、确认和发展员工个体的能力，使其更加胜任目前的工作。培训主要集中于个体的工作表现。

什么是培训需求分析

培训需求分析是集中从不同来源得到的大量数据和信息，对员工出现的效率问题进行系统的思考，以便更加准确地进行决策。

需求评估的信息搜集方法和信息来源：

需求评估的信息搜集方法	信息来源：
已有记录的搜寻	已有记录
面谈（个人，集体）	同事
问卷	上级
效率考试	下级
评估中心	客户
观察	
工作分析	

给文档添加的批注信息

员 工 培 训

什么是培训？

通过有计划地学习，培训集中于识别、确认和发展员工个体的能力，使其更加胜任目前的工作。培训主要集中于个体的工作表现。

什么是培训需求分析

培训需求分析是集中从不同来源得到的大量数据和信息，对员工出现的效率问题进行系统的思考，以便更加准确地进行决策。

需求评估的信息搜集方法和信息来源：

需求评估的信息搜集方法	信息来源：
已有记录的搜寻	已有记录
面谈（个人，集体）	同事
问卷	上级
效率考试	下级
评估中心	客户
观察	
工作分析	

删除的内容:工人

删除的内容:工人

对文档进行修订后的效果

8.1.1　给文档添加批注

在审阅文档时，可以利用 Word 的“批注”功能标注出对文档某个地方的相应意见。插入批注后可以将此意见与文档一起保存，阅读者可以方便地查看文件中的批注。

1 打开随书光盘中“\实例素材\第 8 章\08.docx”文档，如下图所示。在文档中选择需要为其插入批注的字、词、短语或句子，这里选择“什么是培训”，打开“审阅”选项卡，单击“批注”选项组中的“新建批注”按钮，如下图所示。

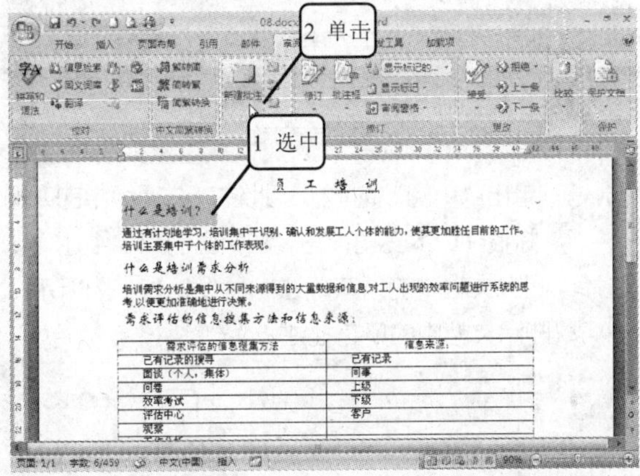

2 将在页面右侧弹出批注框，在批注框中显示了“批注”二字，在它的后面显示了当前使用 Word 的用户名，在用户名的后面自动为批注进行编号，如下图所示。

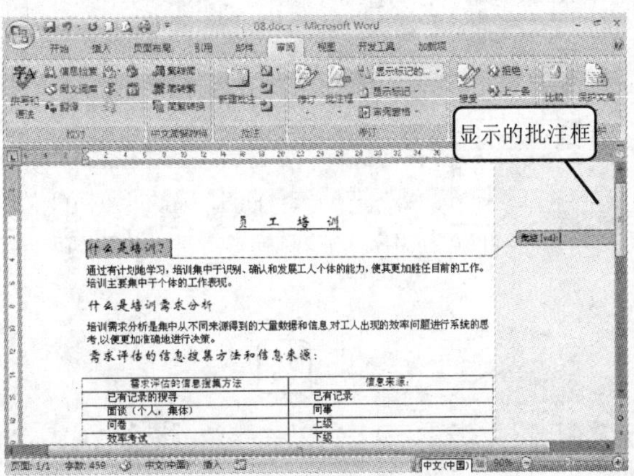

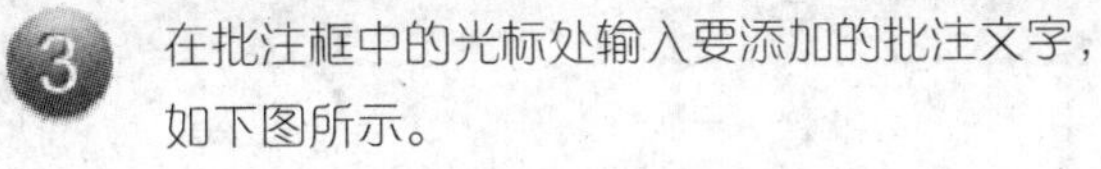

3 在批注框中的光标处输入要添加的批注文字，如下图所示。

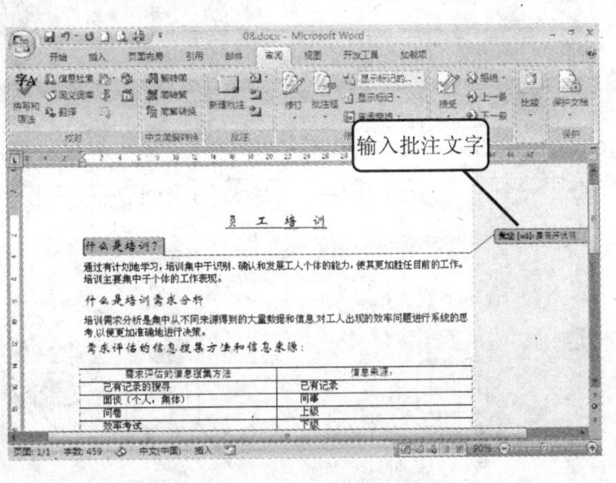

4 为文档中其他相应位置添加所需的批注。可以发现，当前正在编辑的批注显示为深色，而前面已经编辑过的批注显示为浅色，如下图所示。

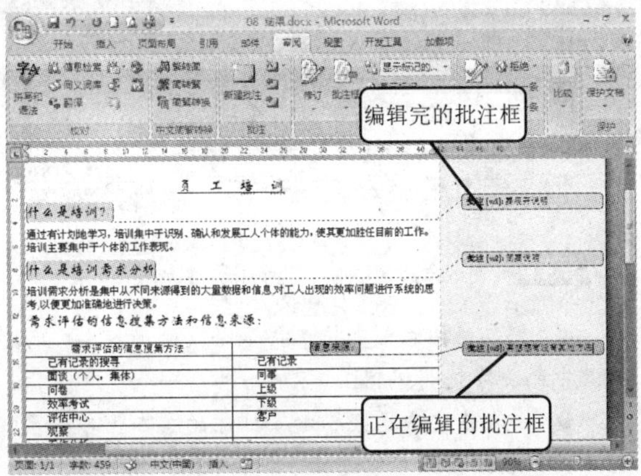

8.1.2　查看与删除批注

如果在添加批注的过程中觉得前面有的批注需要修改，或是有的批注已经毫无用处，这时，就需要编辑或删除这些批注。

1 单击“审阅”选项卡“批注”选项组中的“上一条批注”或“下一条批注”按钮，即可向前或向后查看不同的批注，如下图所示。

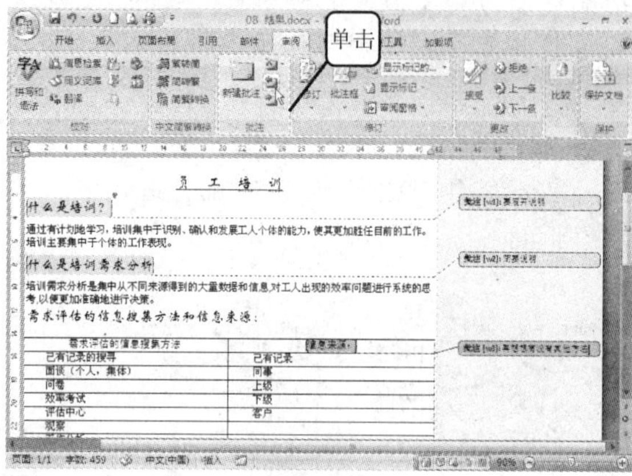

2 切换到要修改的批注上后，光标将自动出现在右侧的批注框中，可以对该批注文字进行修改，如下图所示。

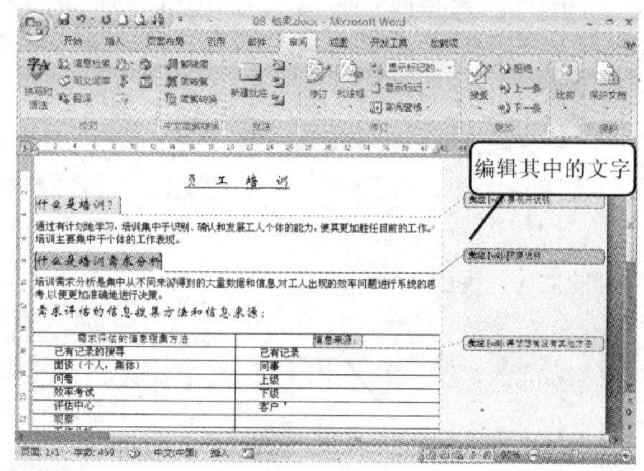

3 单击“审阅”选项卡“批注”选项组中的“删除批注”按钮，即可删除该批注，如下图所示。

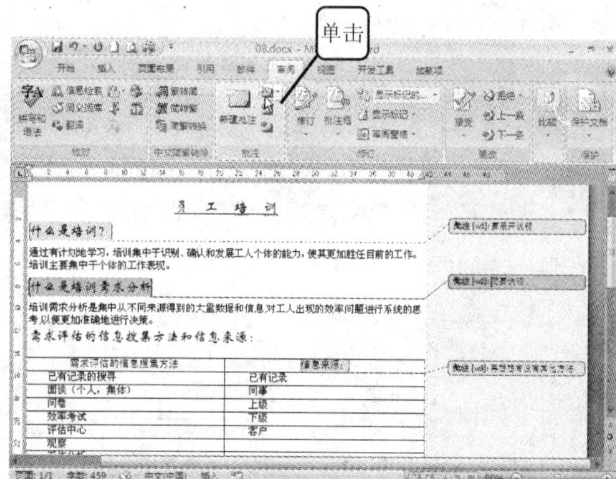

4 单击“审阅”选项卡“批注”选项组中的“删除批注”下三角按钮，从弹出的菜单中还可以选择“删除文档中的所有标注”命令，如下图所示，则可以删除文档中的所有批注。

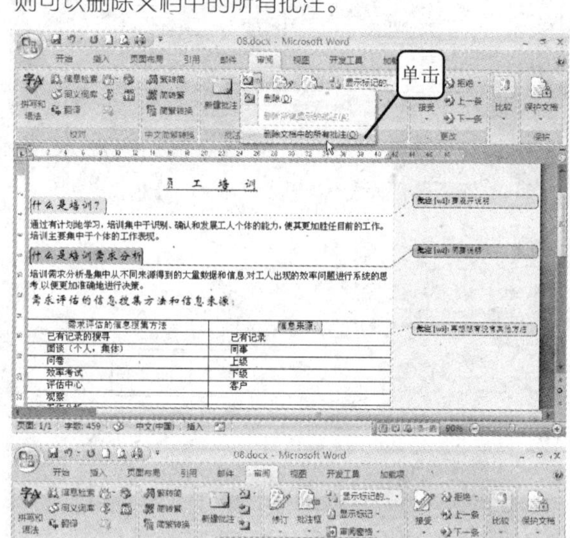

多学点 还可以通过以下两种方法修改批注。

● 在文档右侧直接单击要修改的批注，也可以对其中的文字进行编辑；

● 在正文中已经添加了批注的文本上单击鼠标右键，从弹出菜单中选择“编辑批注”命令或“删除批注”命令，如右图所示。

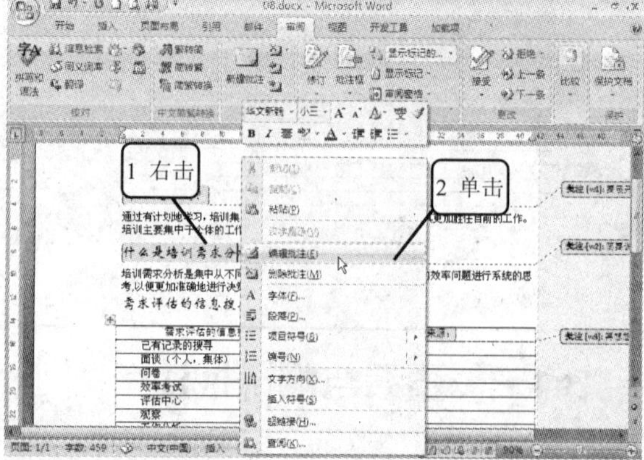

8.1.3　对文档进行修订

修订就是对文档进行修改，但是和普通的文本编辑不一样的是，修订是在修改的同时对修改的内容加以标记，以区别于其他文本，让其他人了解修改了文档中的哪些内容。

1　单击“审阅”选项卡 “修订”选项组中的“修订”按钮，然后对要修改的内容进行编辑，方法和编辑普通文本是一样的，这里将“工人”全部替换为“员工”，如下图所示。

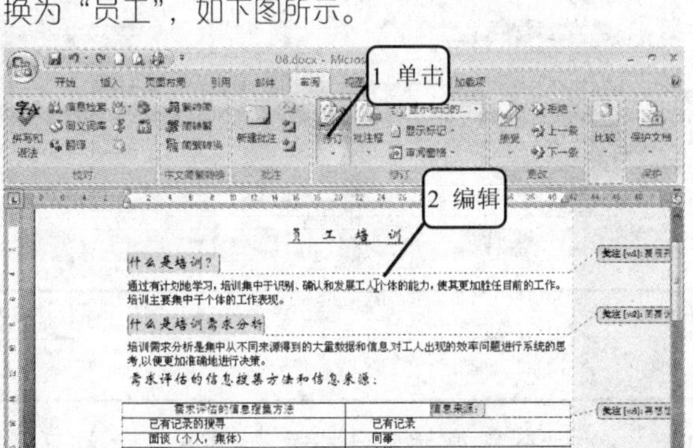

2　修订后的正文文本将以在“修订”对话框中设置好的颜色和样式显示，并在页面右侧详细说明对正文原内容做了哪些修改，并按修改顺序排列在页面右侧，如下图所示。

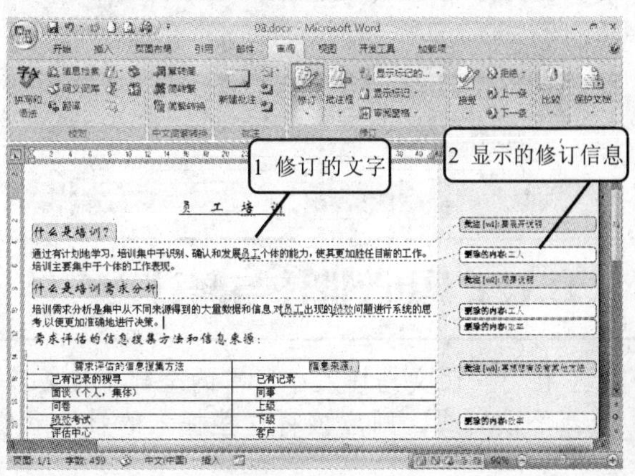

8.1.4　设置批注与修订的显示位置

默认情况下，批注和修订的内容都显示在文本的右侧区域中，并以虚线进行连接。但如果批注和修订的内容比较多，显示就会比较混乱，可以设置批注与修订的显示位置。具体操作步骤如下。

1　单击“批注框”按钮，在下拉菜单中列出了对文档所做的批注或修订后在文档页面中的表现方式等命令，如下图所示。

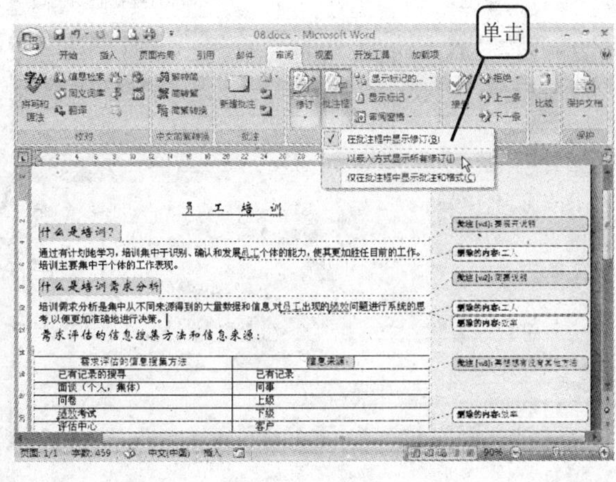

2　选择“以嵌入方式显示所有修订”命令，则将不会在在文档右侧显示批注或修订框，而是直接将批注或修订添加在与文档相关的正文旁边，如下图所示。

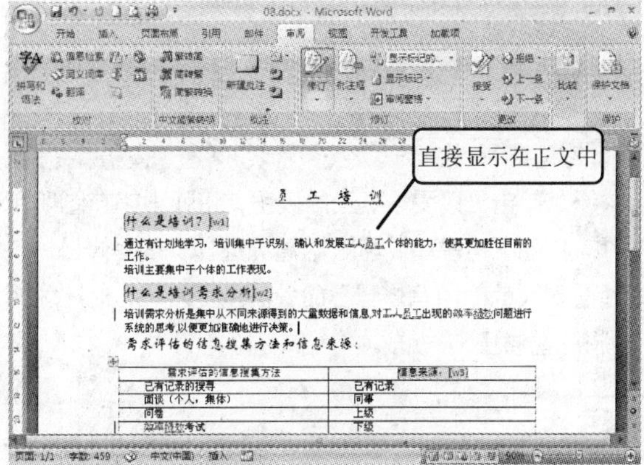

3 选择“仅在批注框中显示批注和格式”命令，则只有批注通过批注框显示，而修订通过嵌入的方式显示，其效果如下图所示。

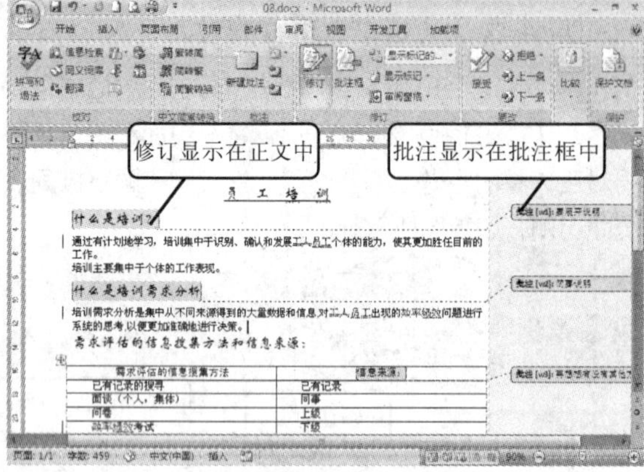

4 选择“在批注框中显示修订”命令，则所有的批注和修订都通过批注框来显示，其效果如下图所示。

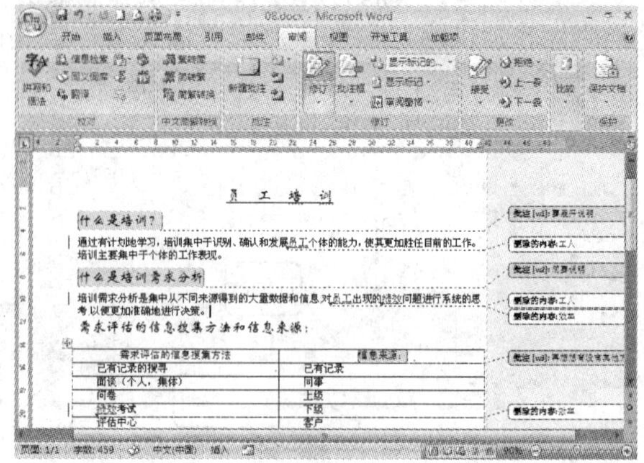

8.1.5 更改批注与修订

在对一篇文档插入了所需的全部批注或修订后，文档会显得非常凌乱。如果确认文档已经全部修改完成，则应该将这些插入的批注和修订内容进行确认并接受或拒绝插入的批注或修订。

1 单击“审阅”选项卡“更改”选项组中的“上一条”或“下一条”按钮，即可按排列的顺序向前或向后查看不同的批注与修订，如下图所示。

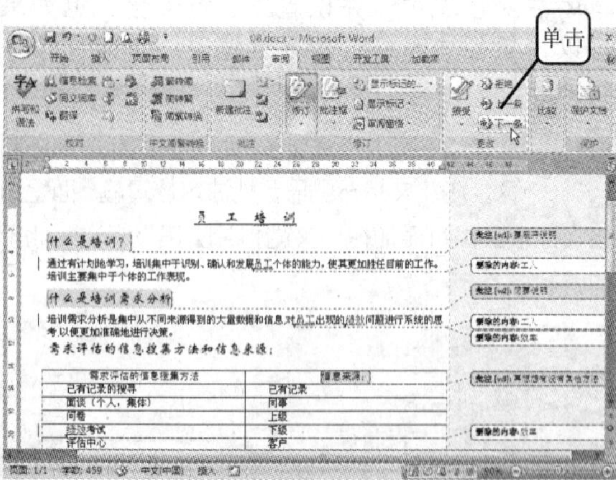

2 当切换至某修订时，单击“更改”选项组中的“接受”按钮，如下图所示。表示同意此修订，该文本不再有批注框。

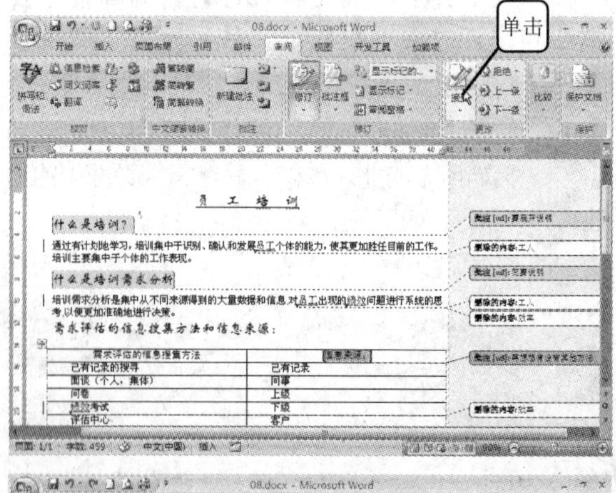

3 单击“接受”下三角按钮，将弹出如右图所示的下拉菜单，可根据情况选择“接受修订”或“接受对文档的所有修订”命令。接受之后，批注和修订将和普通正文一样。

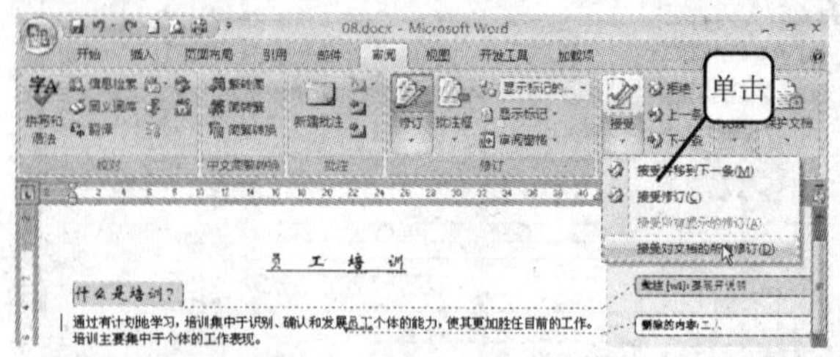

4 当切换至某修订时，单击“更改”选项组中的“拒绝”按钮，如右图所示，则文中的修订内容将恢复为原先内容。

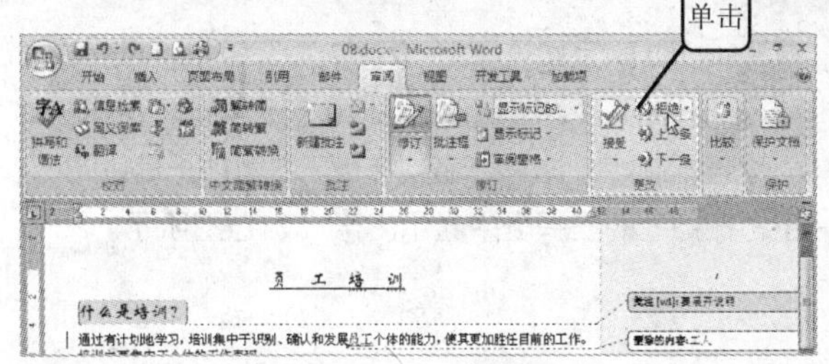

8.1.6　显示批注与修订前后的不同状态

添加了那么多的批注与修订，由于混乱，可能会忘记添加批注与修订前，文档的样子。Word 可以很容易地分清修改前后文档的状态。

1 在“审阅”选项卡中，单击“修订”选项组的“显示标记的最终状态”下三角按钮，打开其下拉列表，如下图所示。

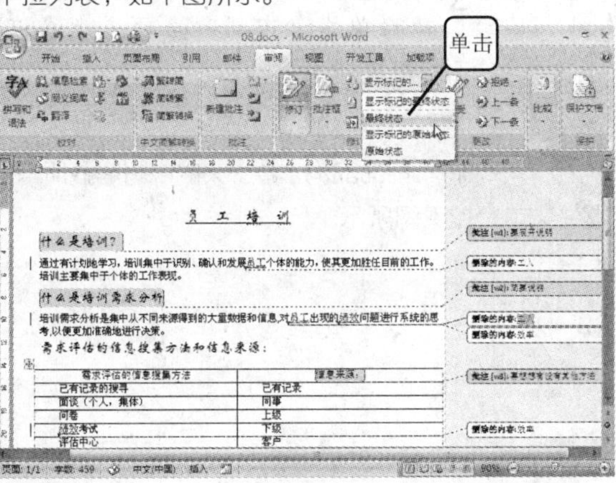

2 选择“原始状态”命令，视图中隐藏了所有更改和批注，只显示原版本，如下图所示。

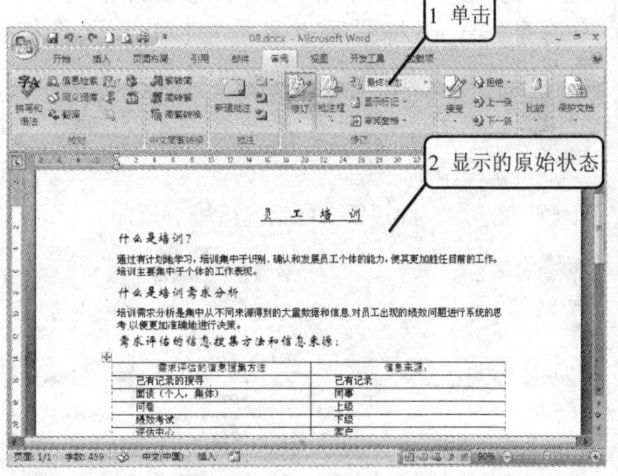

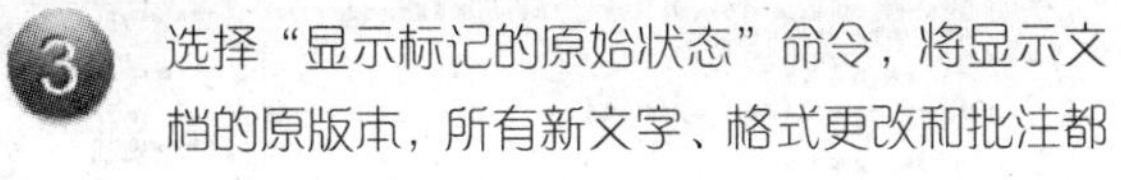

3 选择“显示标记的原始状态”命令，将显示文档的原版本，所有新文字、格式更改和批注都显示在文档边上的注释框中。已删除的文字标有删除线，如下图所示。

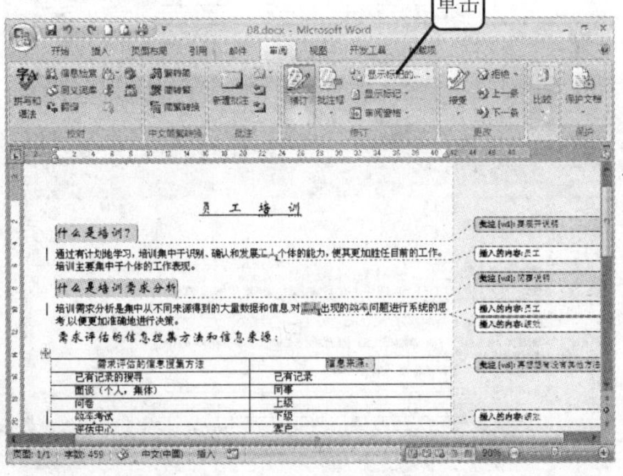

4 选择“最终状态”命令，在文档的屏幕视图中已体现了更改，好像更改已实际应用到文档，或者已接受了所有修订一样。所有格式的更改、注释和批注都不显示。没有任何更改标记，如下图所示。

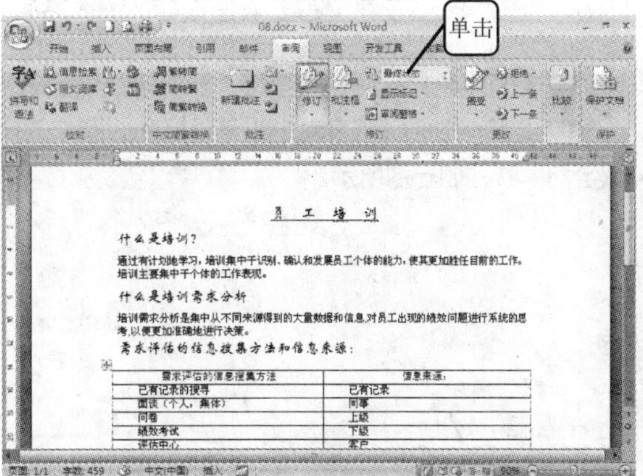

5 选择“显示标记的最终状态”命令，将显示文档的最终（或当前）版本，所有新文字和格式都标有下画线。注释、格式更改、说明和已删除的文字将在边上的注释框中显示出来，如右图所示。

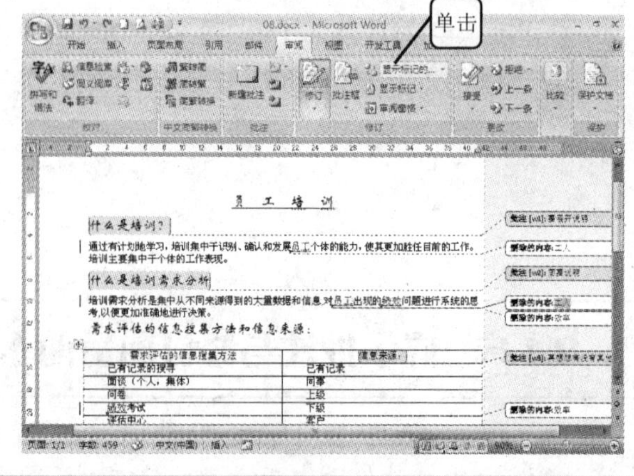

8.1.7 显示不同标记

在文档中添加完很多批注与修订信息后，要想查看某一个特定的批注或信息并不是一件容易的事。Word 除了可以显示文档的不同修订状态外，还可以通过单击“审阅”选项卡“修订”选项组的“显示标记”按钮来自定义文档中有关批注或修订的相关项目。

1 单击“显示标记”按钮，弹出其下拉菜单，如下图所示。在命令前有钩标志，表示该命令当前正在起作用，通过单击可选择或取消该命令。

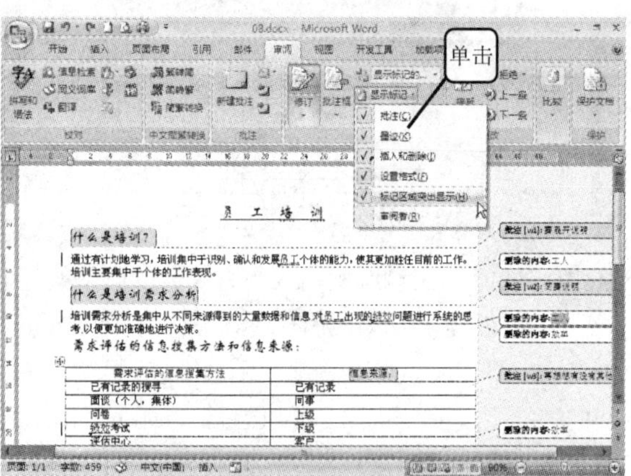

2 在“显示标记”下拉菜单中，选择“批注”命令，将其前面的钩去掉，文档中将隐藏所有的批注文本，如下图所示。

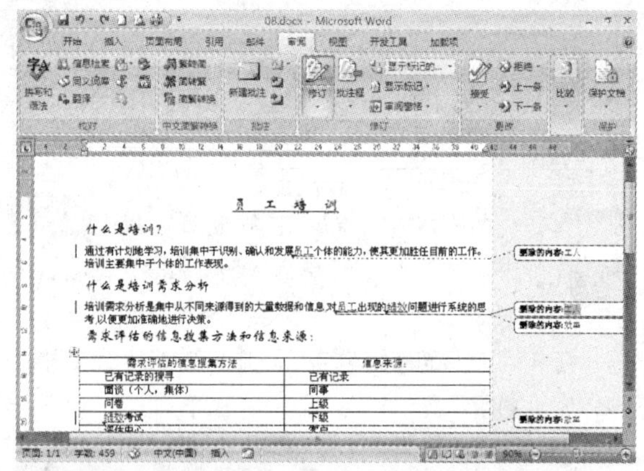

3 选择“显示标记”下拉菜单中的“插入和删除”命令，则可以将文档中的有关插入和删除的修订全部隐藏，如右图所示。

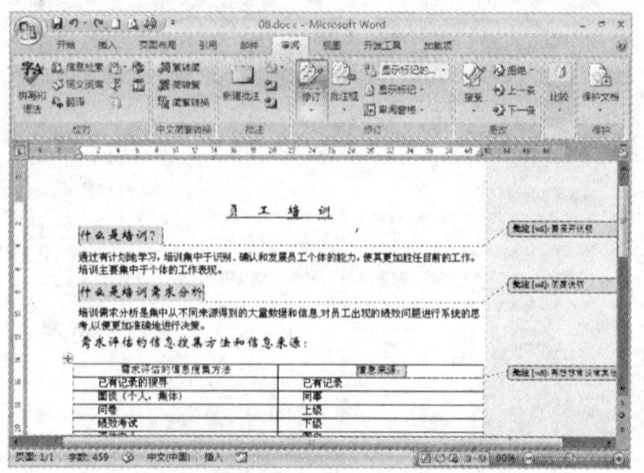

4 单击“显示标记”按钮，从弹出的菜单中选择“审阅者”命令，弹出其子菜单，里面列出了对该文档进行审阅的所有用户，可以取消选择任意用户，如下图所示。

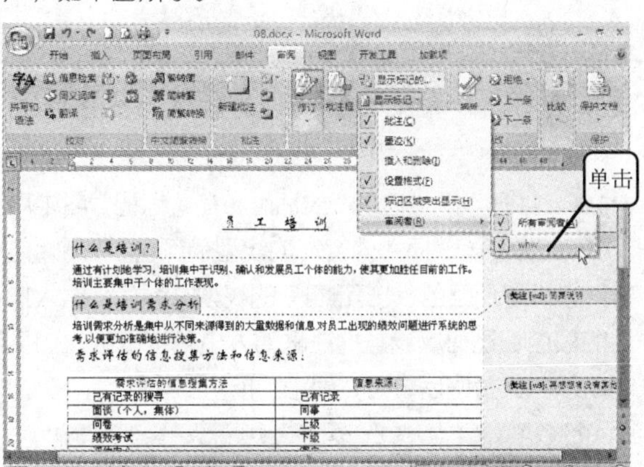

5 取消某用户则文档中将隐藏该用户对文档所做的批注或修订，如下图所示。

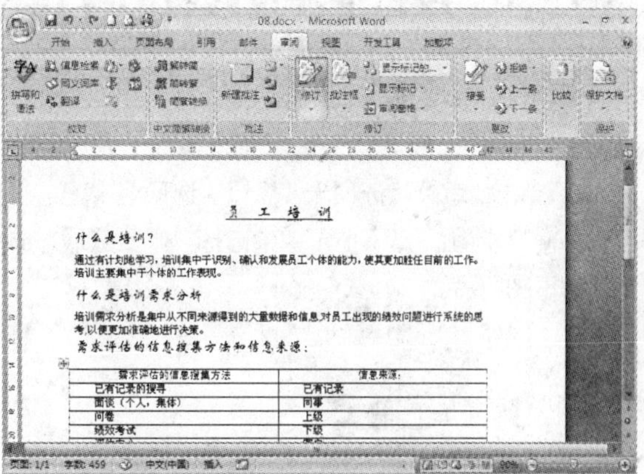

8.1.8 利用“审阅窗格”查看批注和修订

1 单击 “审阅窗格”按钮，从下拉菜单中选择“水平审阅窗格”命令，如下图所示。

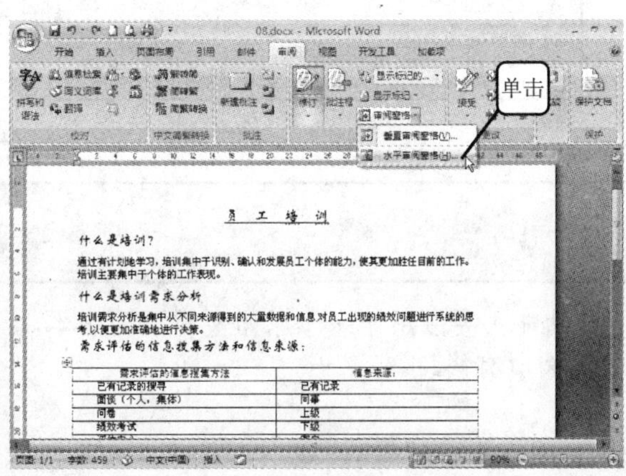

2 在文档下部将显示出用来查看批注或修订内容的“审阅窗格”，如下图所示。在该窗格中，可以对批注或修订内容进行详细的、逐条的查看。并且还可以对插入的内容进行修改，修改后会反映在正文中的修订中。

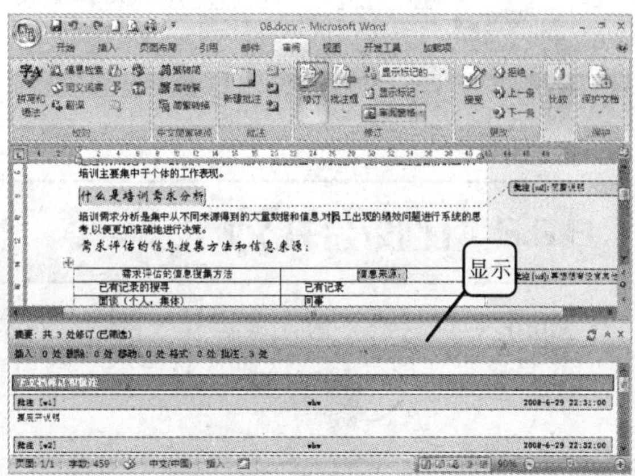

8.2 拓展与提高

8.2.1 设置批注及修订的样式

在对文档进行批注与修订之前，可以根据需要或喜好，设置批注及修订的颜色、线条样式及出现位置等。

1 单击“审阅”选项卡“修订”选项组中的“修订”按钮，从下拉菜单中选择“修订选项”命令，如下图所示。

2 打开“修订选项”对话框，在“标记”栏中可以设置“插入内容”的线型及颜色、“删除内容”的线型及颜色、“修订行”的线型及颜色，插入批注的颜色，还可以设置批注框的大小和位置等，如下图所示。设置好后单击“确定”按钮即可。

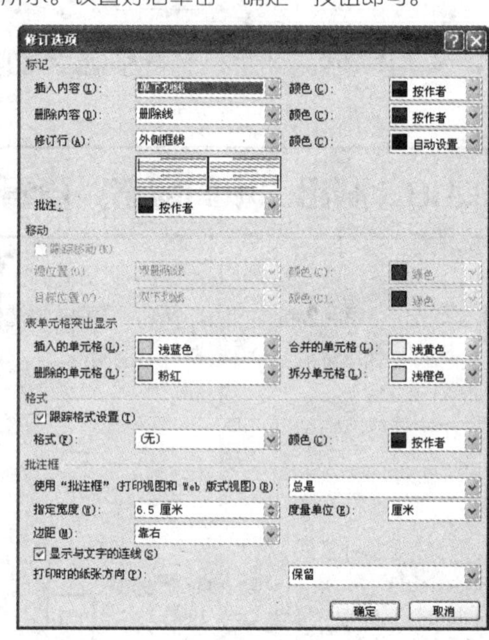

8.2.2 比较/合并文档

Word 可以以修订的方式比较任意两个文档，该功能主要应用于基于原始文档不同副本之间的修订或批注的合并，以便在同一个文档中统一审阅所有修订。

1 比较文档

如果想将文档与文档进行比较，这时，可以将要比较的多个文档打开。

1　在“审阅”选项卡中单击“比较”按钮，从下拉菜单中单击“比较”图标，在弹出的下拉菜单中选择“比较”命令，如下图所示。

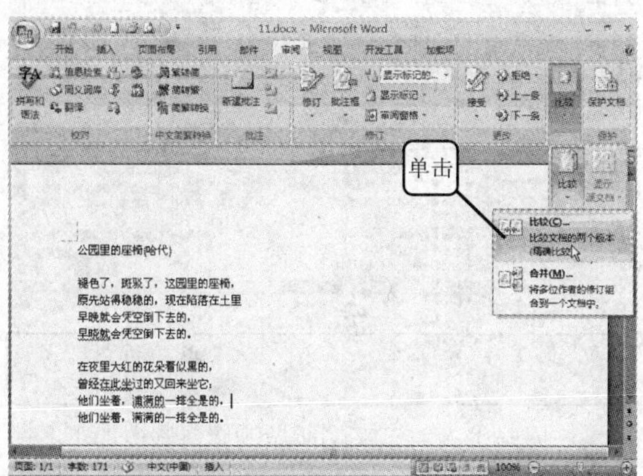

2　打开“比较文档”对话框，选择要比较的文档，然后单击“确定”按钮，如下图所示。

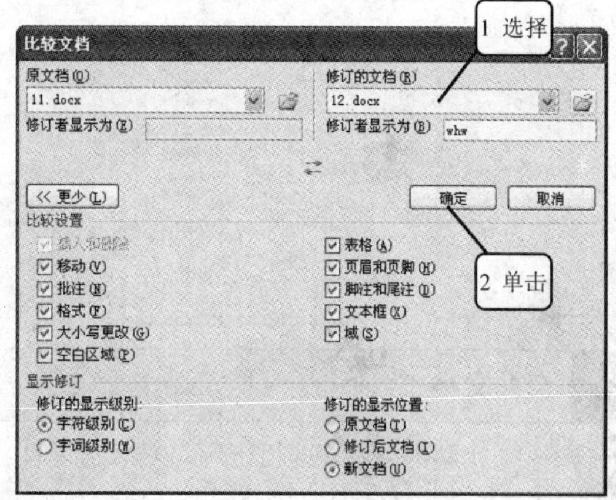

3　这时将自动新建一个文档，如下图所示。在窗口左侧会显示一个窗格，用来显示进行了哪些具体的修改操作；窗口中间显示了两个文档的比较结果，两个文档之间的不同之处会以红色下划线标识出来；窗口右侧显了原始及修订后的文档。

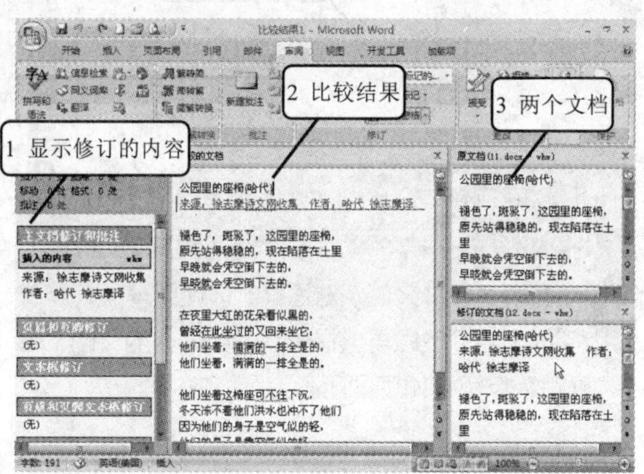

4　在“审阅”选项卡中单击“比较”按钮，从下拉菜单中单击“比较”图标，在弹出的下拉菜单中选择“显示源文件”命令，在其子菜单中可以选择是否显示原始及修订后的文档，如下图所示。

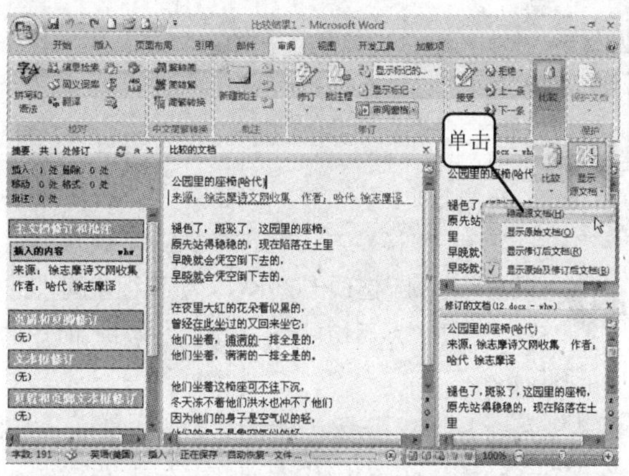

5　在“更改”选项卡中，单击“接受”下面的下三角按钮，在弹出的子菜单中选择“接受对文档的所有修订”命令，如右图所示。

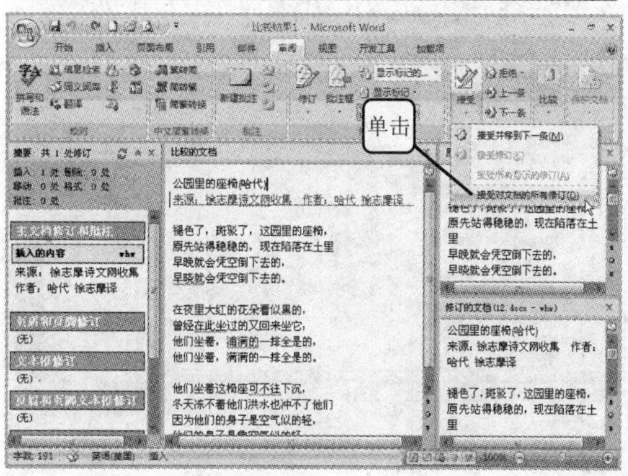

6 可以看到两个文档之间的不同之处，以红色下划线标识的文字，变成了正常文本的样式，如右图所示。

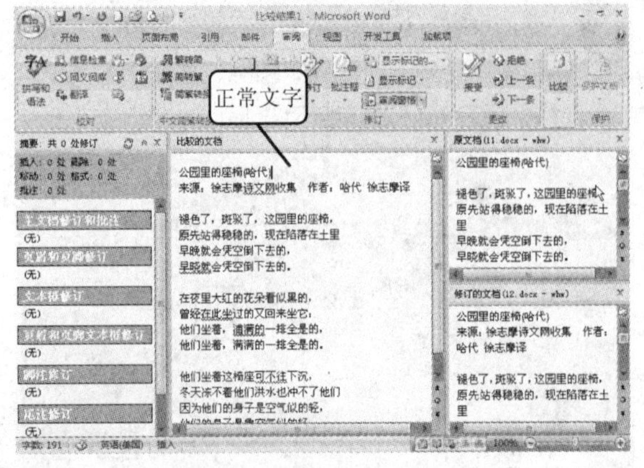

2 合并文档

1 打开本章实例结果如下图所示，假设这是其中一个人对该文档所做的修订。

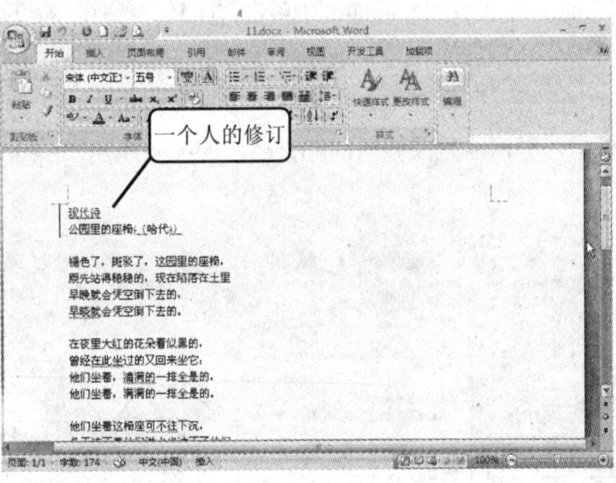

2 另一个人对该文档所做的修订假设如下图所示。

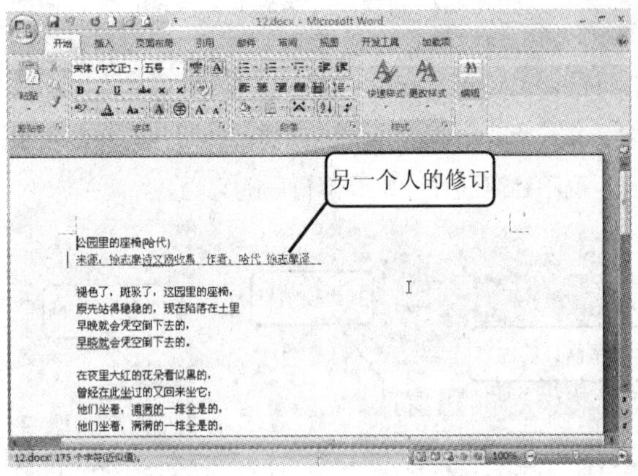

3 单击“审阅”选项卡“比较”选项组中的“比较”按钮，从下拉菜单中选择“合并”命令，如下图所示。

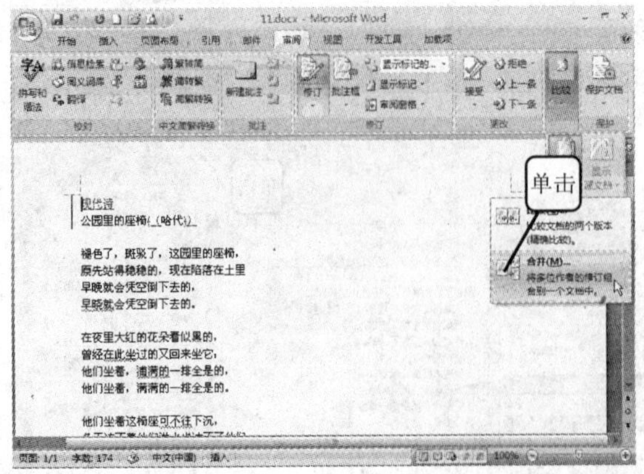

4 打开“合并文档”对话框，选择第一个人修改的文档，然后再选择第二个人修改的文档，单击“确定”按钮，如下图所示。

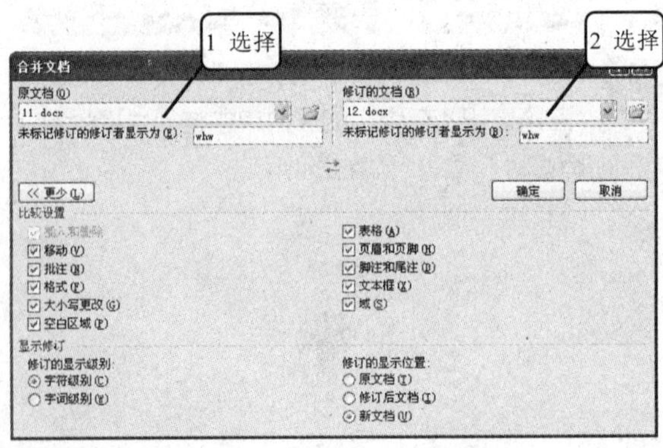

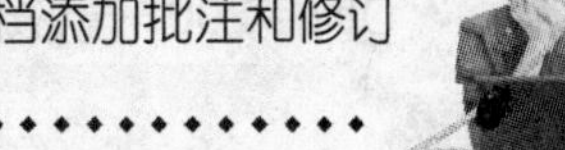

5 系统将单独打开一个窗口，合并这两个人对该文档所做的所有修订，如下图所示。

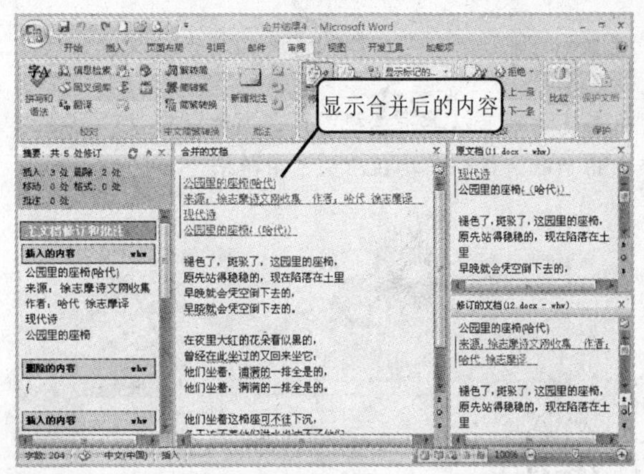

8.2.3 拆分窗口

如果在修改一篇文档时，想要参考该文档中其他位置上的内容，这时可以使用 Word 提供的拆分窗口功能，可以在不影响写作连续性的情况下，方便地查找和编辑文档中这两处文本的内容。

1 打开本章实例素材，单击“视图”选项卡“窗口”选项组中的“拆分”按钮，如下图所示。鼠标指针会变成÷状，并带着一条贯穿窗口的灰色直线，移动鼠标的同时此直线也随之移动。

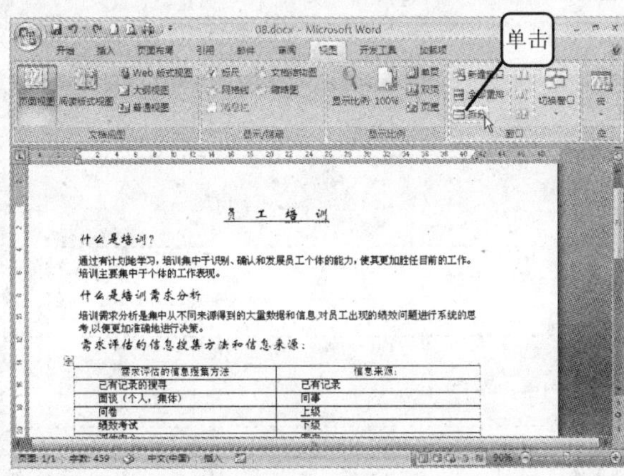

2 在文档窗口中合适的位置单击，则整个窗口被分为两部分，如下图所示。可以方便地对文档的任意位置进行查阅和修改。

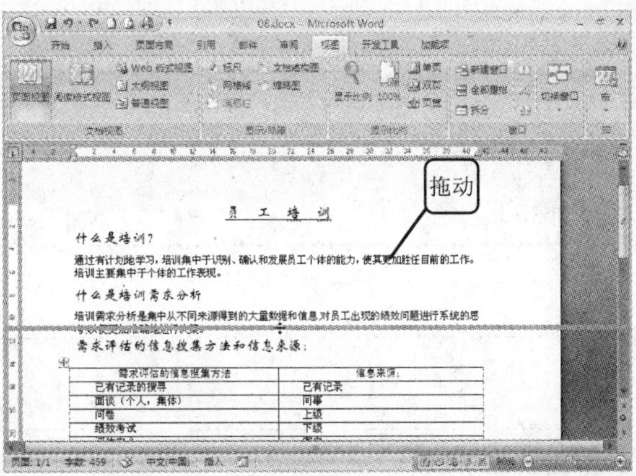

3 对两个窗口之间的文本进行编辑，只需选择任一窗口中要移动或复制的文本，用鼠标拖曳的方法将其移动或复制到另一个窗口的适当位置即可，如下图所示。

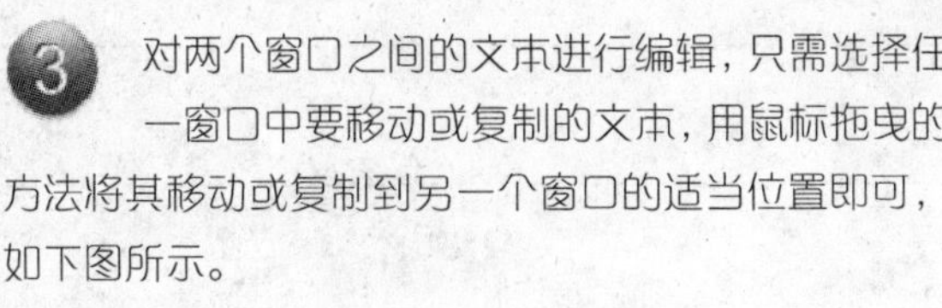

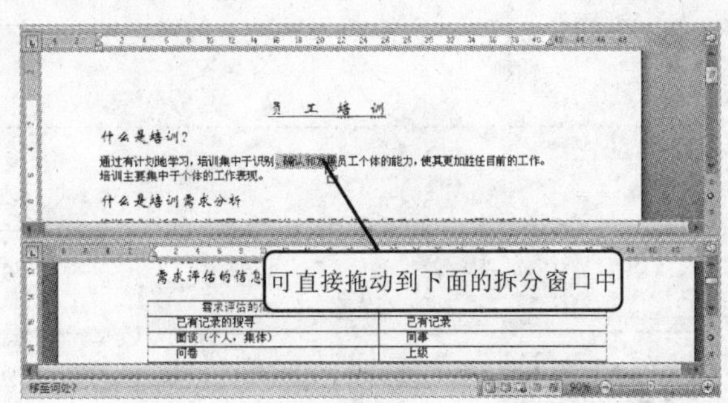

8

提示您 若要取消窗口的拆分，恢复到一个窗口的状态下，则可以单击“视图”选项卡“窗口”选项组中的“取消拆分”按钮，如下图所示。

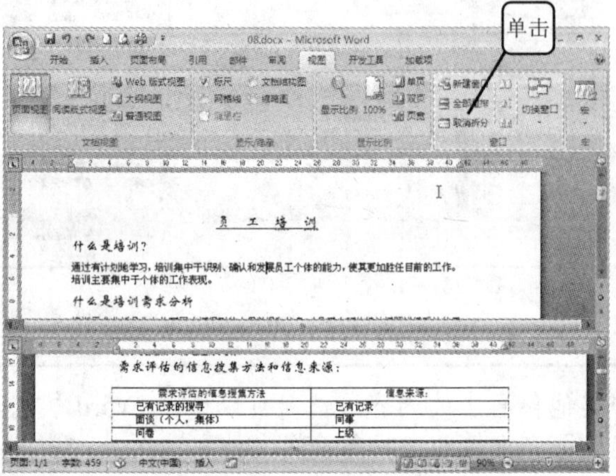

多学点 除了使用菜单来拆分窗口外，还可以通过将鼠标指针移动到垂直滚动条上方的拆分条处，如下图所示，当鼠标指针变为÷状时，按住鼠标左键并向下拖动，在合适的位置单击即可将窗口拆分。

这里

- 设置分栏
- 插入分页符
- 设置纸张的大小、方向以及页边距
- 设置页眉和页脚
- 打印预览
- 打印设置

第9章 页面布局及打印

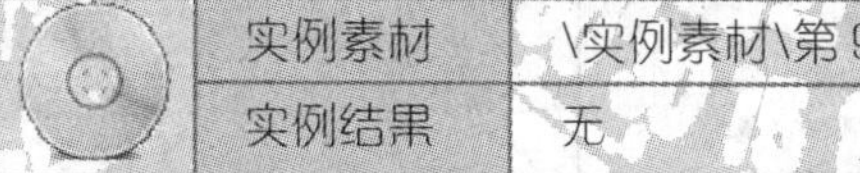

实例素材	\实例素材\第 9 章\09.docx
实例结果	无

9.1 实例——设置及打印“公司考勤管理制度”文档

页面设置是指在打印文档之前，对打印的纸张大小、页边距、页眉和页脚等进行设置。

在办公中制作完文档后，为了便于查阅和提交，需要将其打印出来。通常打印文档分为打印预览和设置打印两个步骤。

下面就来介绍页面设置和打印方面的内容。

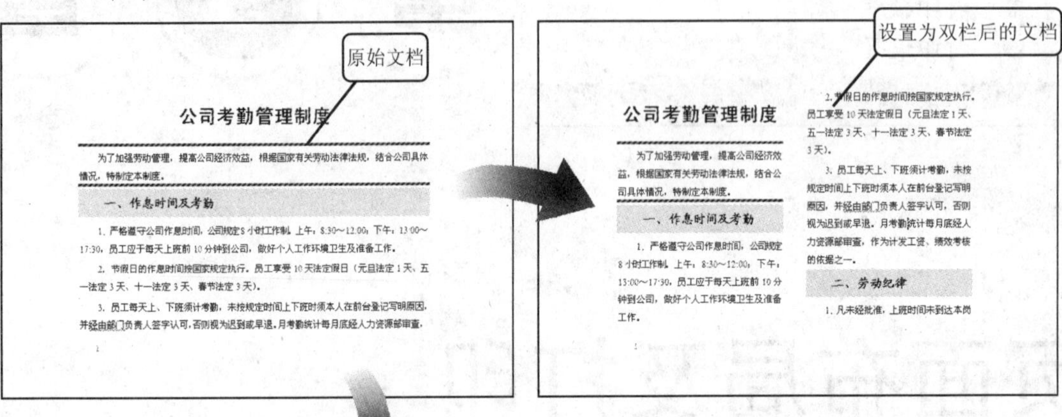

改变纸张方向和页边距后的文档

公司考勤管理制度

为了加强劳动管理，提高公司经济效益，根据国家有关劳动法律法规，结合公司具体情况，特制定本制度。

一、作息时间及考勤

1. 严格遵守公司作息时间，公司规定8小时工作制。上午：8:30～12:00；下午：13:00～17:30，员工应于每天上班前10分钟到公司，做好个人工作环境卫生及准备工作。

2. 节假日的作息时间按国家规定执行。员工享受10天法定假日（元旦法定1天、五一法定3天、十一法定3天、春节法定3天）。

3. 员工每天上、下班须计考勤，未按规定时间上下班时须本人在前台登记写明原因，并经由部门负责人签字认可，否则视为迟到或早退。月考勤统计每月底经人力资源部审查，作为计发工资、绩效考核的依据之一。

二、劳动纪律

1. 凡未经批准，上班时间未到达本岗位者为迟到，未经批准，未到下班时间下班者为早退，员工上、下班不得迟到、早退，无故缺勤、空岗。

2. 员工一个月内迟到或早退累计达3次，每1次迟到或早退分别从当月工资中扣除20元；对连续旷工3日或年累计旷工15日的员工，公司

9.1.1 设置分栏

在 Word 中输入文本时，Word 默认的文档为单栏（即单列）显示，如果需要增加文档中文本显示的列数，则需要进行分栏设置。

1 设置文档分栏

将整个文档分栏排版的具体操作步骤如下。

1. 打开随书光盘中“\实例素材\第 9 章\09.docx”文档，单击“页面布局”选项卡“页面设置”选项组中的“分栏”按钮，在下拉菜单中选择“两栏”命令，如下图所示。

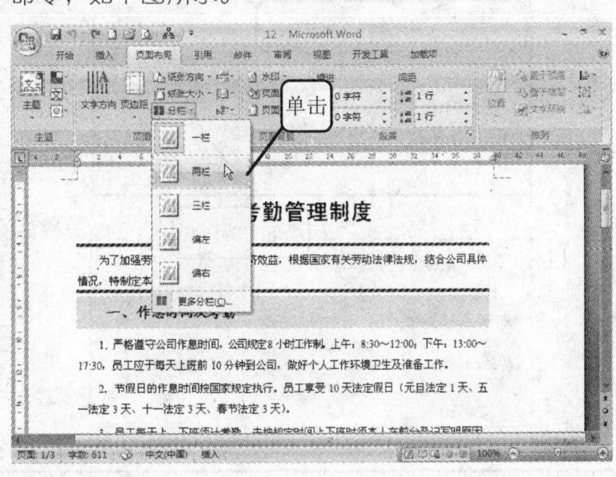

2. 单击“确定”按钮后，整个文档被分为左右两栏，如下图所示。由下图可以看出，当文档左侧栏中全部填满文本后，会在右侧栏中继续显示文本。

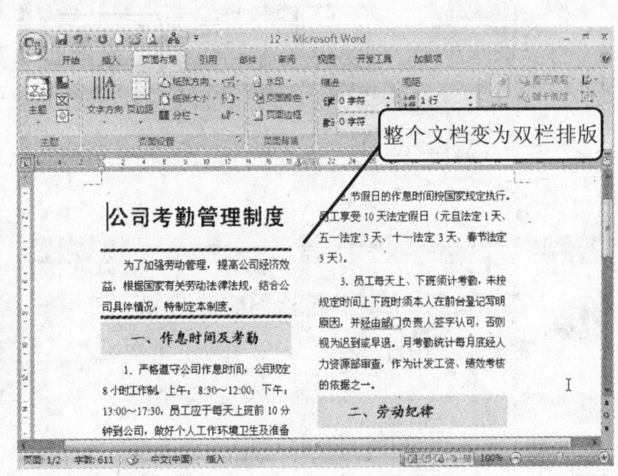

2 设置段落分栏

在 Word 中还可以对文档中的段落进行分栏，具体操作步骤如下。

1. 先选中该段落，打开“页面布局”选项卡，单击“页面设置”选项组中的“分栏”按钮，在下拉菜单中选择“两栏”命令，如下图所示。

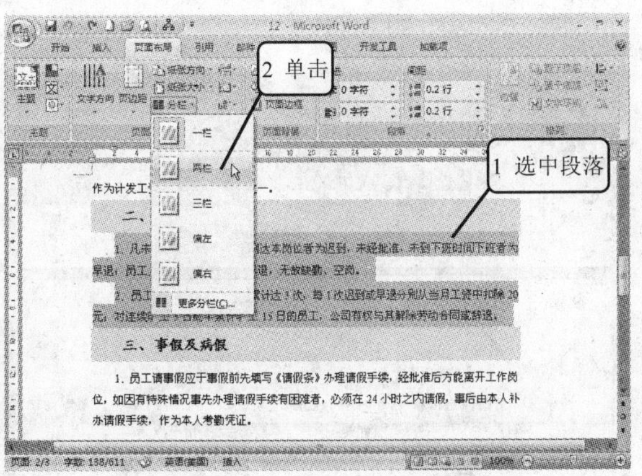

2. 可以看到被选中的段落被分为左右两栏，如下图所示。

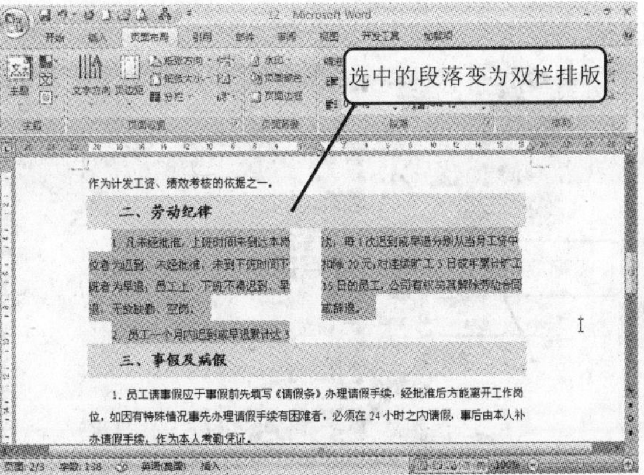

3 精确设置分栏

可以精确设置分栏，自定义栏数、各档的宽度和间距，以及添加分隔线。

1 将光标放置在文档中，或选中某一段落，这里选中一个段落，单击“页面设置”选项组中的“分栏”按钮，在下拉菜单中选择“更多分栏”命令，如下图所示。

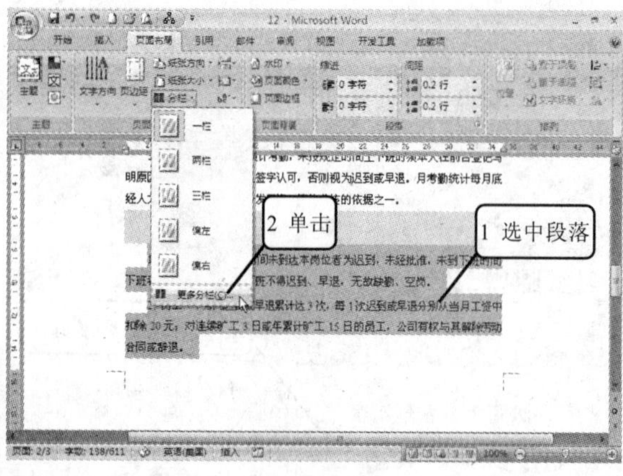

2 弹出“分栏”对话框，如下图所示。单击“三栏”项，选中“分隔线”复选框，在“宽度”和“间距”文本框中进行设置，然后单击“确定”按钮。

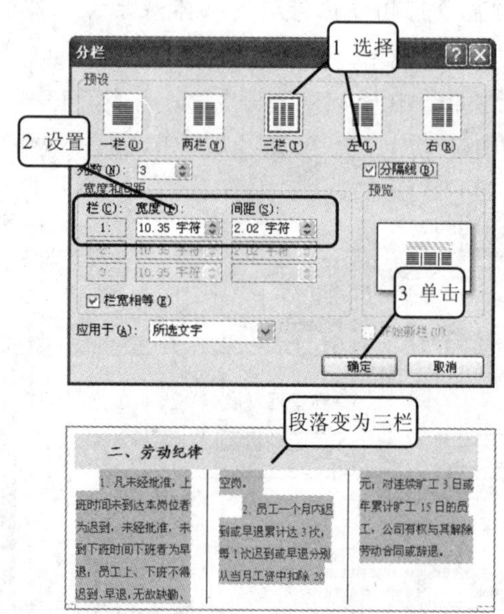

3 可以看到，被选中的段落被分为了三栏，并且各栏之间用分隔线分开，如右图所示。

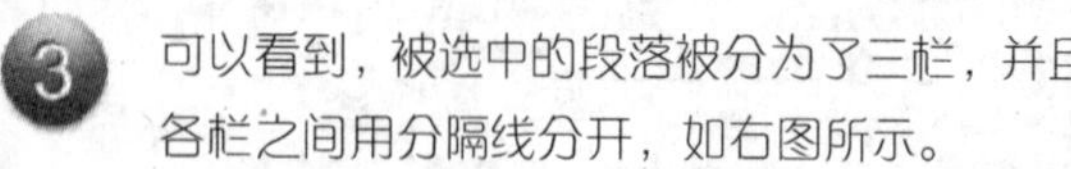

9.1.2 插入分页符

有时，需要在文档不满一页时停止输入，而后续的文本需要另起一页继续输入，则此时就需要手动分页。

1 将光标定位到“一、作息时间及考勤”文字前，单击“页面设置”选项组中的按钮，在弹出的菜单中选择“分页符”命令，如下图所示。

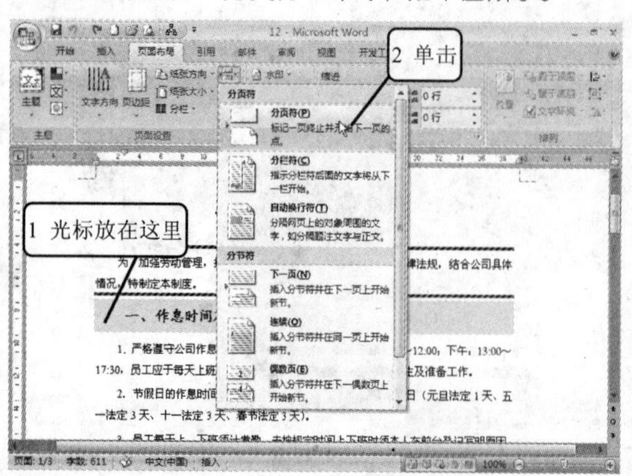

2 可以看到在原先位置添加了一个——分页符——图标，且内容从“一、作息时间及考勤”起自动切换至下一页，如下图所示。

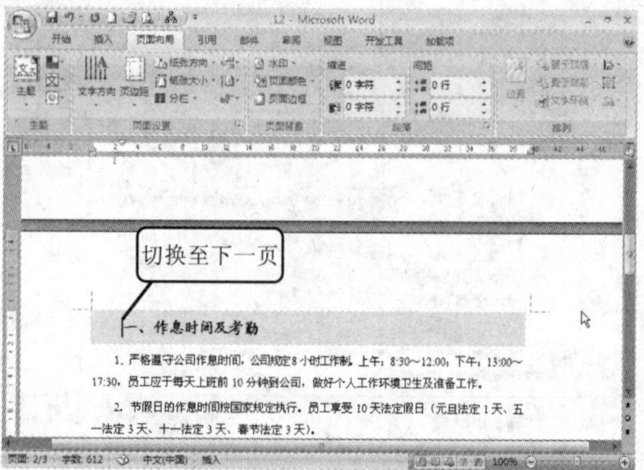

提示您 如果没看到分页符，则可以进行如下操作：打开“Word 选项”对话框，如右图所示。单击对话框左侧的“显示”项，然后在右侧“始终在屏幕上显示这些格式标记”选项组中选中“显示所有格式标记”复选框，即可显示出分页符标记。

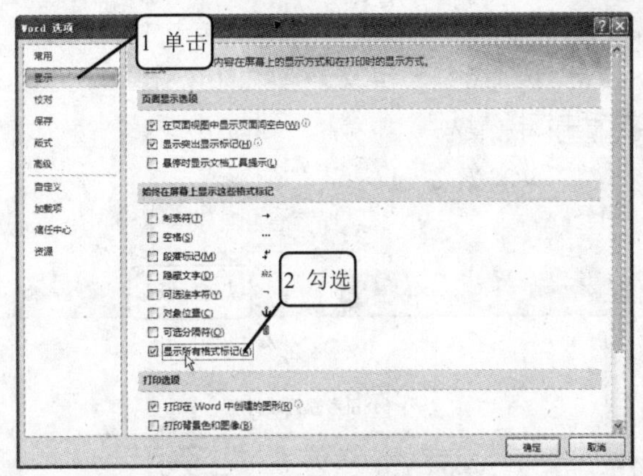

9.1.3 设置纸张的大小、方向及页边距

除了前面介绍的“分栏”和“分页符”以外，在“页面布局”选项组中还可以对文档的“页边距”、“纸张方向”和“纸张大小”等进行设置，下面分别介绍。

1 设置纸张大小

打印文档前一般要设置纸张的大小，常用的纸张大小主要分为 A4、B5 和 16 开等几种。

1. 单击“纸张大小”下三角按钮，从中可以选择纸张大小，这里选择“B5”项，如下图所示。

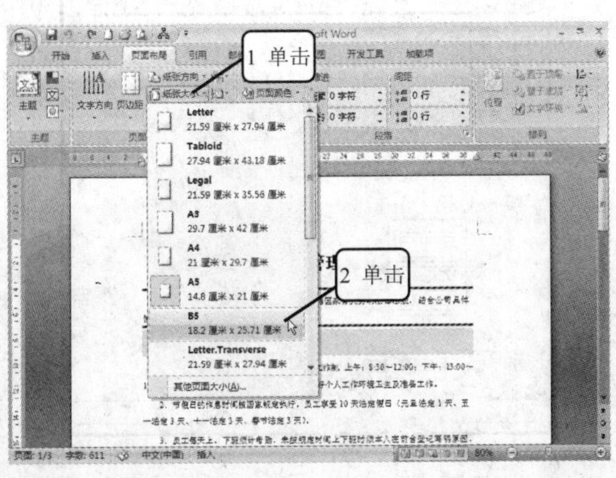

2. 还可以在弹出的菜单中选择“其他页面大小”命令，弹出“页面设置”对话框，默认打开“纸张”选项卡，在“纸张大小”下拉列表中选择一种纸张，如下图所示。

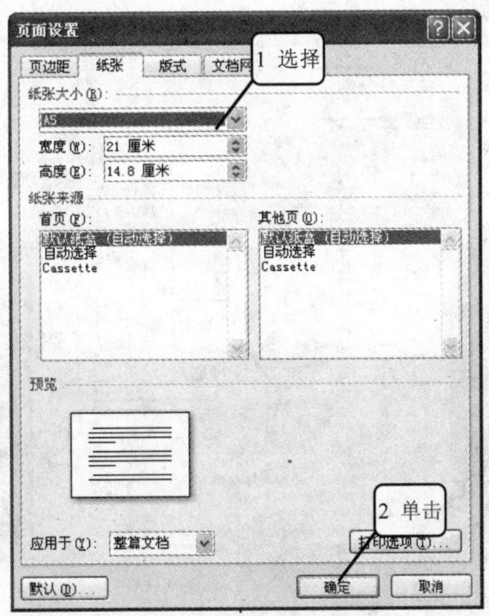

2 设置纸张方向

在同一张纸上，可以横向或纵向排版。设置纸张方向的具体操作步骤如下。

1 打开“页面布局”选项卡，单击“页面设置”选项组中的“纸张方向”按钮，在弹出的下拉菜单中选择“纵向”命令，如下图所示。

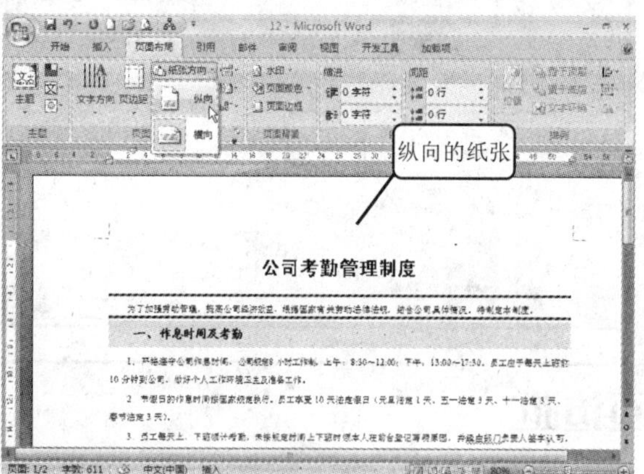

2 可以看出文档变成如下图所示的样式。

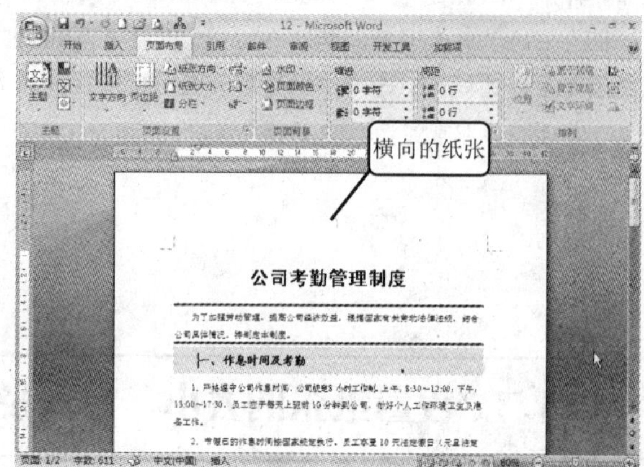

3 设置页边距

页边距就是指文档正文和纸张边缘的距离，具体操作步骤如下。

1 在“页面布局”选项卡中，单击“页面设置”选项组中的“页边距”按钮，在弹出的下拉菜单中选择某一项，如下图所示。

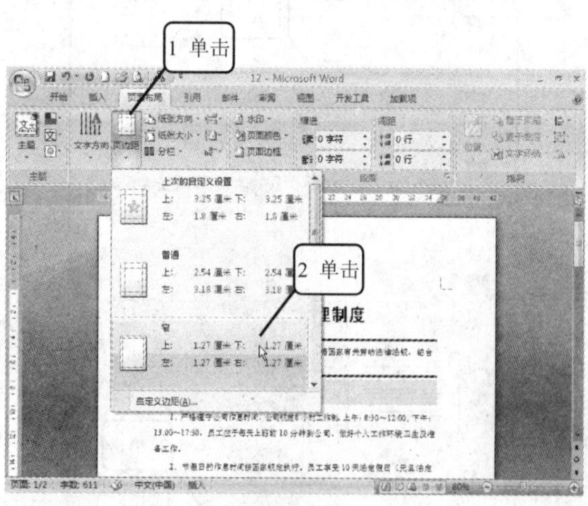

2 还可以在弹出的菜单中选择“自定义边距”命令，弹出“页面设置”对话框，默认打开“页边距”选项卡，如下图所示。在“页边距”栏中可以设置文档正文与页面 4 个边的距离。

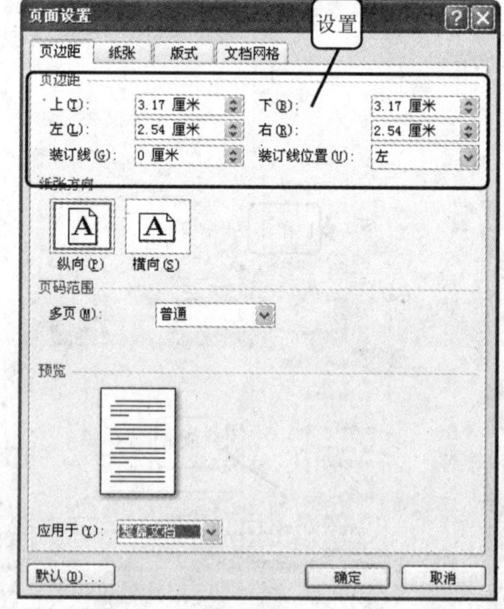

4 添加行号

为了便于快速地确定某段文字处在文档的第几行，可以为文档添加行号，具体操作步骤如下。

1　在“页面布局”选项卡中，单击“页面设置”选项组中的“行号”按钮，在弹出的下拉菜单中选择“连续”命令，如下图所示。

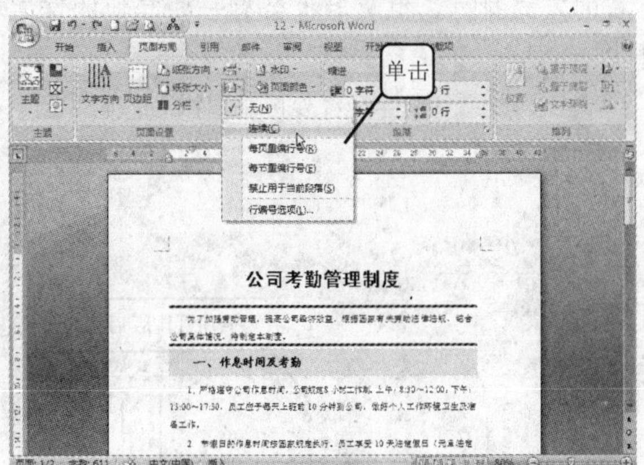

2　可以看到每行的前方都被加上了行号，如下图所示。

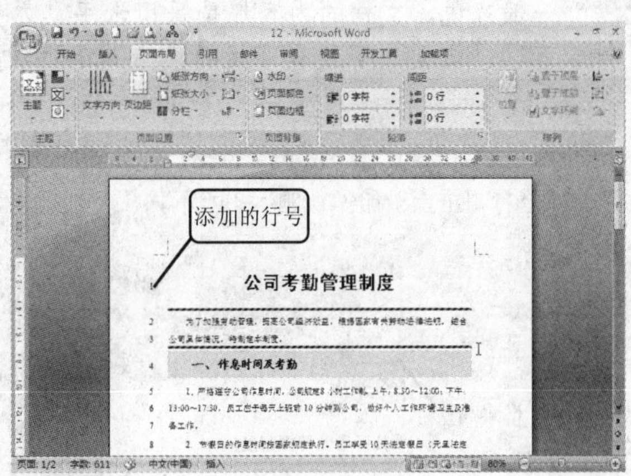

3　还可以对编号进行设置，具体操作步骤如下：在“行号”按钮的下拉菜单中选择“行编号选项”命令，弹出“页面设置”对话框，默认打开“版式”选项卡，如下图所示，单击右下角的“行号”按钮。

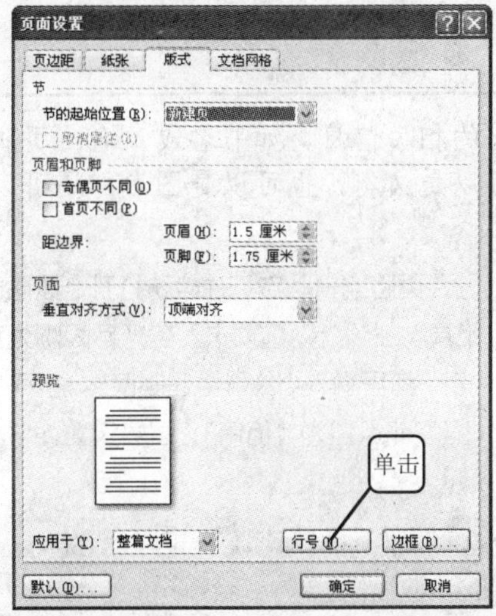

4　打开“行号”对话框，如下图所示。利用该对话框可以进行更加详细的设置。

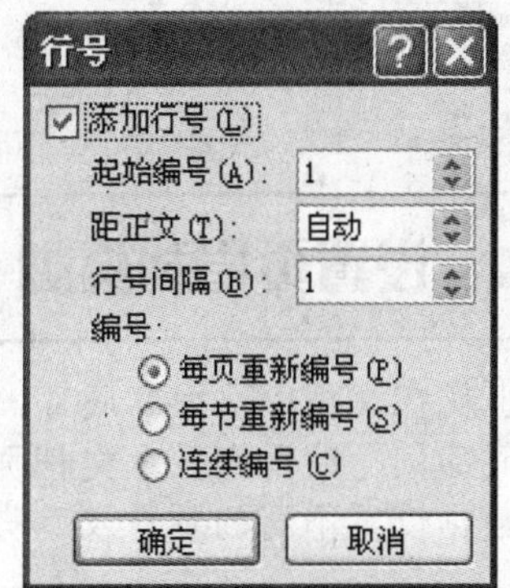

提示您　如果要取消行号有两种方法：一种方法是可以取消选中“行号”对话框中的“添加行号”复选框；另一种方法是先选中整篇文档，然后单击“开始”选项卡“段落”选项组中的下三角按钮，打开“段落”对话框，切换到“换行和分页”选项卡，选中“取消行号”复选框即可，如右图所示。

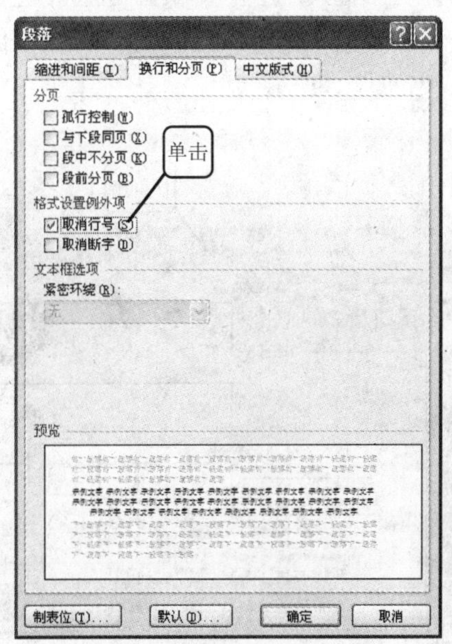

5 改变文字方向

一般来说，文档的内容都是采用水平从左至右的方式排列，但有时也会有一些其他的文字排版方向。改变文字排版方向的具体操作步骤如下。

1 在“页面布局”选项卡中，单击“页面设置”选项组中的“文字方向”按钮，在弹出的下拉菜单中选择“垂直”命令，如下图所示。

2 可以看到文字已经变成垂直排版，如下图所示。

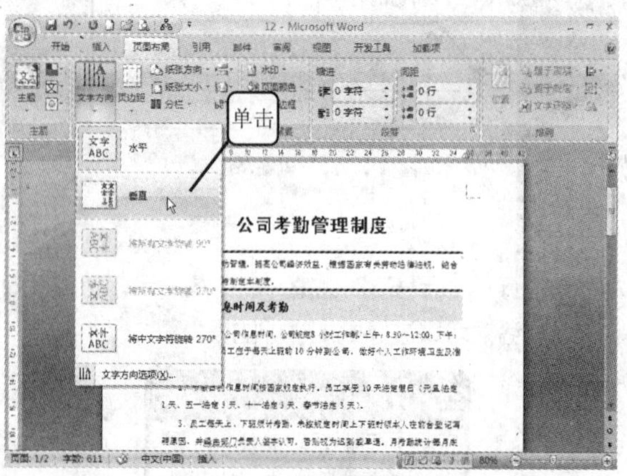

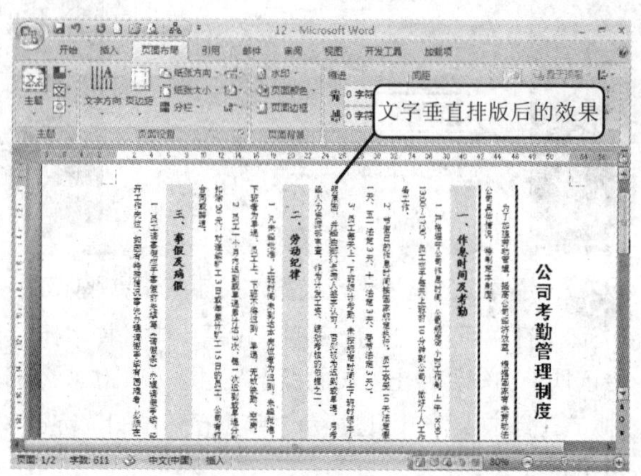

9.1.4 设置页眉和页脚

页眉出现在文档中页面的底部，一般用来显示文档的相关信息，如书名或章名；页脚显示在页面的底部，一般用来显示文档页码。页眉和页脚可以是文本，也可以是图形，还可以为奇数页和偶数页设置不同的页眉或页脚。

1 单击“插入”选项卡“页眉和页脚”选项组中的“页眉”按钮，从下拉菜单中选择“编辑页眉”命令，如下图所示。

2 进入页眉编辑状态，并自动打开“页眉和页脚工具”|“设计”选项卡。在光标闪烁处可以输入页眉内容，这里输入“公司管理制度”。打开“开始”选项卡，将字体设置为“仿宋”，字号设置为“小五”，如下图所示。

3　在“页眉和页脚工具”|“设计”选项卡中，单击“位置”选项组右侧的微调按钮可以调整文字的位置，如下图所示。

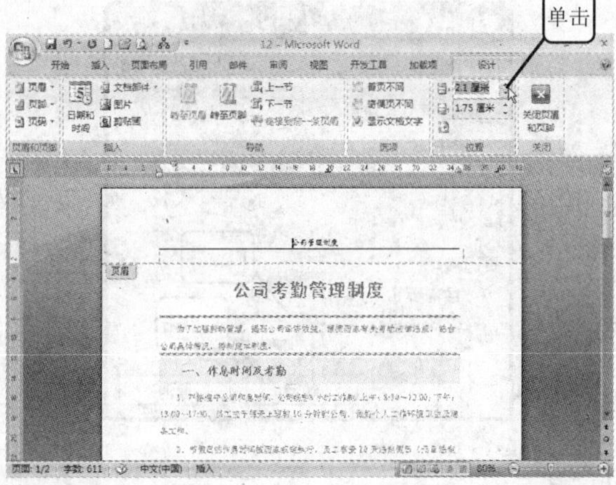

4　如果希望奇数页和偶数页的页眉不同，则可以先勾选“设计”选项卡“选项”选项组中的“奇偶页不同”复选框，然后切换至相应页数并添加页眉，如下图所示。

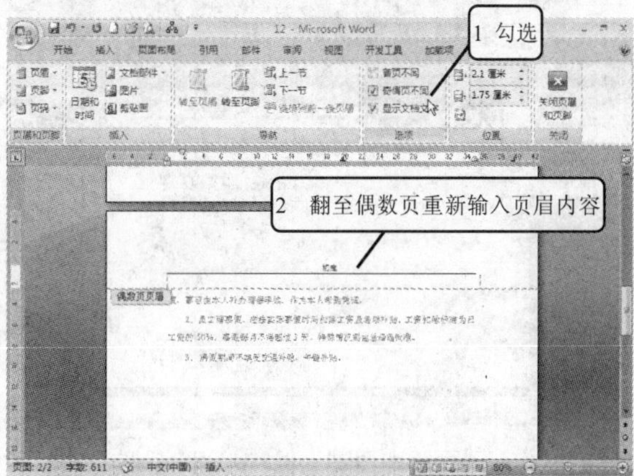

提示您　在添加页眉时，如果不勾选“奇偶页不同”复选框，则所有页面的页眉都相同，只需在其中一页输入页眉，Word 将自动为其他页添加页眉。如果勾选“奇偶页不同”复选框，则只需在其中的一个奇数页和一个偶数页中输入页眉，Word 将自动为其他奇数页和偶数页添加页眉。

另外，还可以选中“首页不同”复选框，然后单独为首页添加页眉。

5　单击“转至页脚”按钮（如下图所示），将切换到页脚编辑区，下面将在眉脚处添加页码。

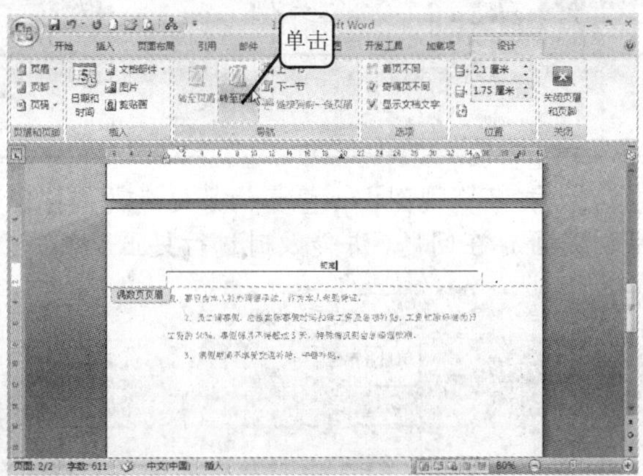

6　单击“设计”选项卡“页眉和页脚”选项组中的“页码”按钮，从下拉菜单中选择“当前位置”命令，从其子菜单中选择页码的格式，如下图所示。

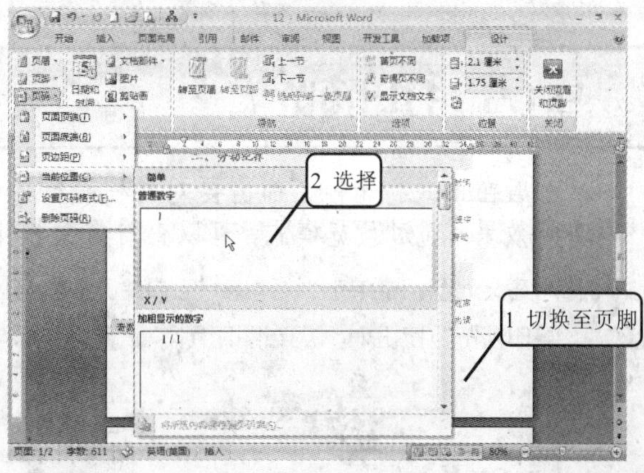

7　在页脚处插入相应页码，如右图所示。

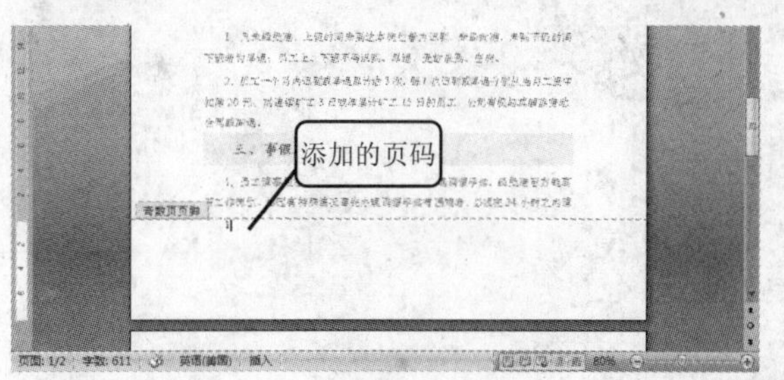

9

8 单击“页眉和页脚”选项组中的“页码”按钮，在弹出的下拉菜单中选择“设置页码格式”命令，如下图所示。

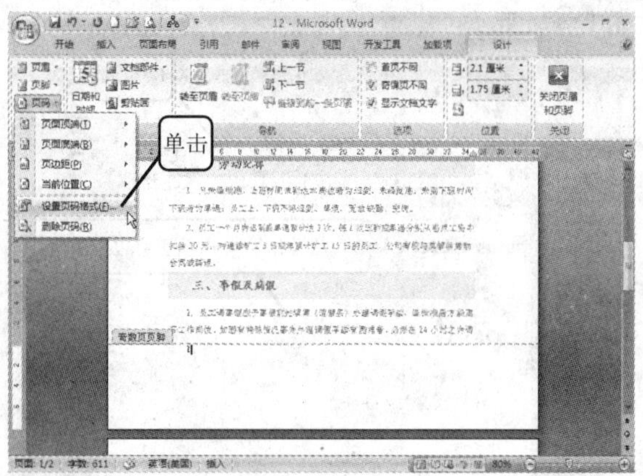

9 打开“页码格式”对话框，可以对页码的编号格式、页码编号方式等进行设置，如下图所示。

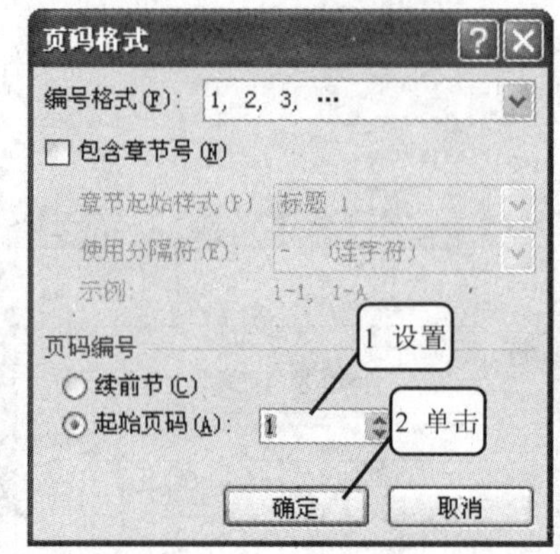

10 打开“页眉和页脚工具”|“设计”选项卡，单击“关闭”选项组中的“关闭页眉和页脚”按钮（或直接在正文区双击），即可返回正文编辑状态，如右图所示。

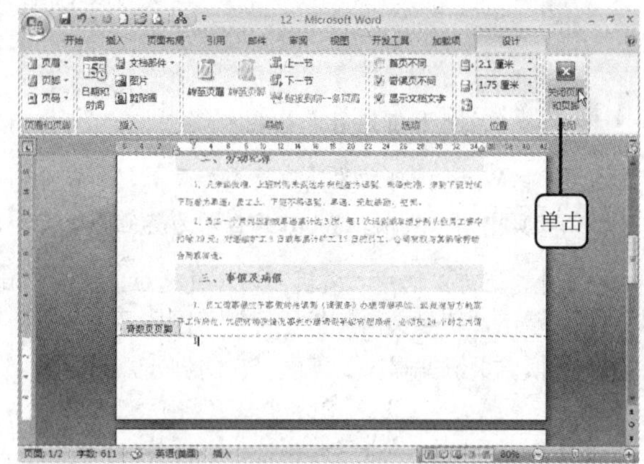

多学点 在页眉或页脚区域双击，则可以再次进入页眉或页脚编辑状态。

9.1.5 打印预览

一般在正式打印前，都需要对文档进行打印预览。在预览视图中，显示的是接近文档打印的实际效果。通过预览模式，可以查看在文档排版中是否存在问题，并能及时进行更正及解决。

1 在文档窗口中单击“快速访问工具栏”中的“打印预览”按钮，如右图所示。

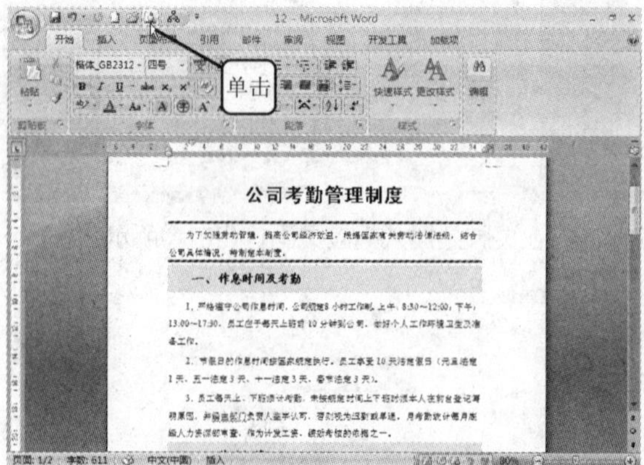

2　进入如下图所示的预览视图，默认为单页预览。光标形状变为🔍状，单击可放大文档的显示比例，同时光标形状变为🔍状，再次单击可缩小显示比例。

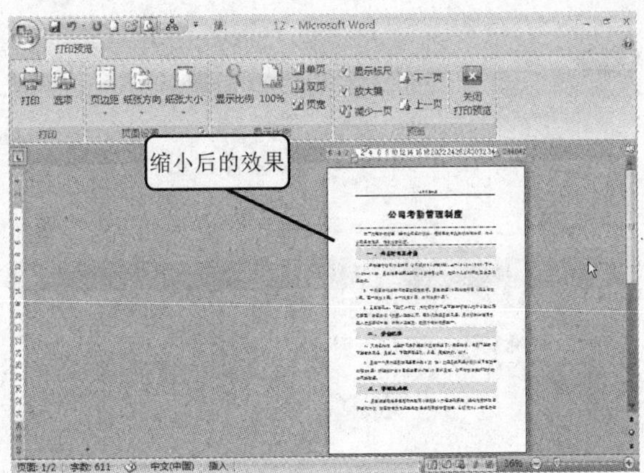

3　取消选中“打印预览”选项卡“预览”选项组中的“放大镜”复选框，可由预览状态切换到可编辑状态，如下图所示，此时可以对文档中的内容进行修改。

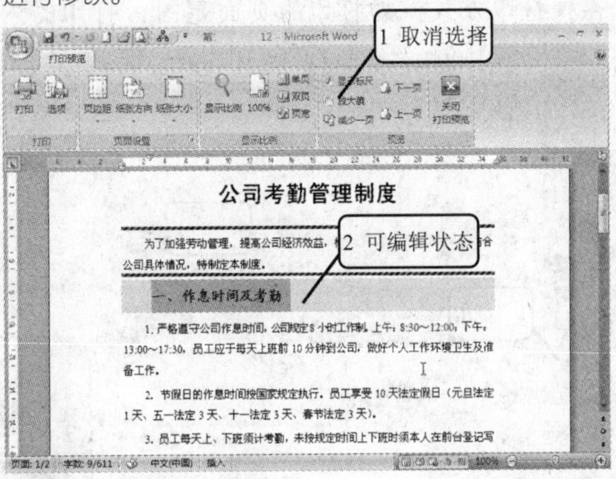

4　单击“显示比例”按钮，打开“显示比例”对话框，选中“多页”单选按钮，并单击下面的图标选择所要显示的页的数量，如下图所示。

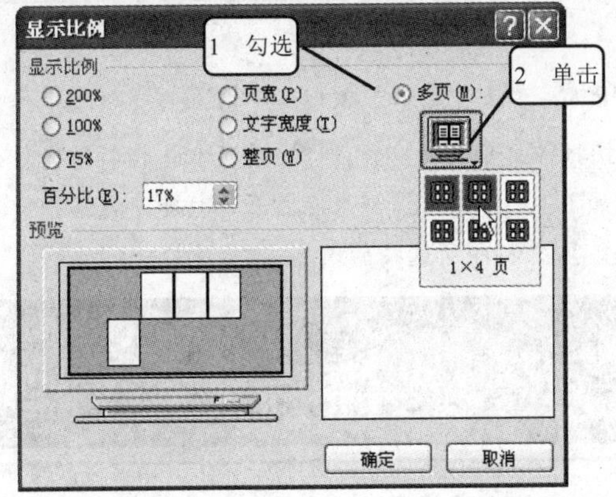

5　单击“1×2 页”图标后，预览视图中将同时以 1 行 2 列来显示内容，如下图所示。

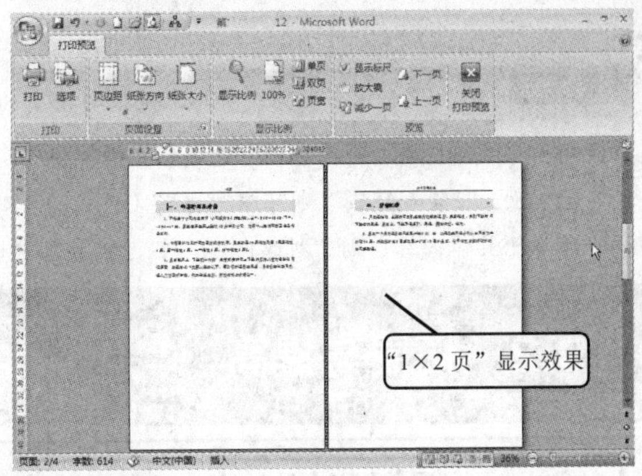

6　如果要退出打印预览状态，则可以单击“关闭打印预览”按钮。如果确定要打印，可单击“打印”按钮，如右图所示。

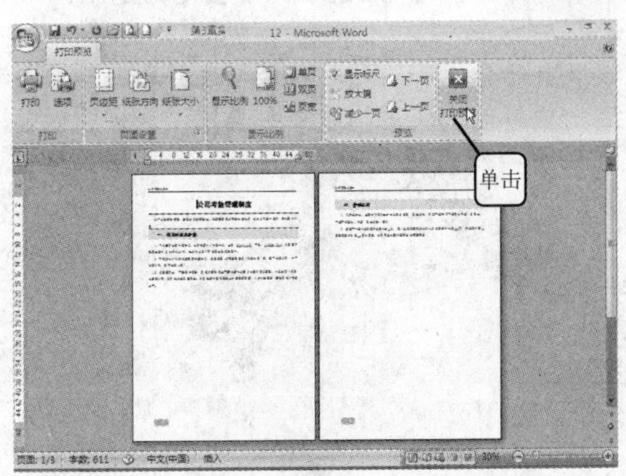

9

9.1.6 打印设置

在预览并确定文档正确无误后，就可以开始打印了。但是在真正开始打印前，还可以设置各种打印方式，如打印的页面范围、打印的内容、打印份数等。

退出打印预览视图，单击“Office 按钮”，从弹出的菜单中选择“打印”|“打印”命令，如下图所示。

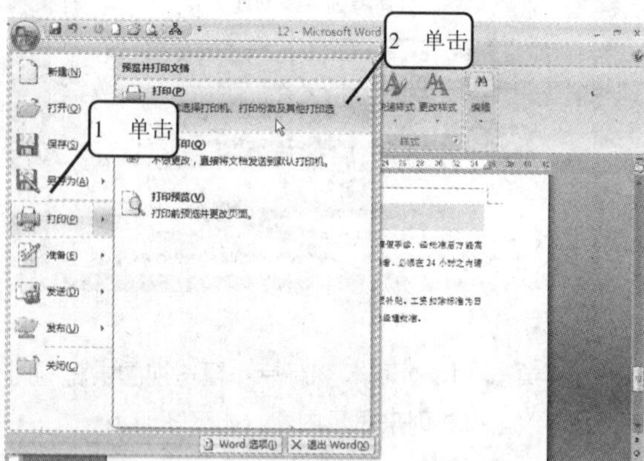

打开“打印”对话框，如下图所示。在其中可以设置页面范围和打印的份数。

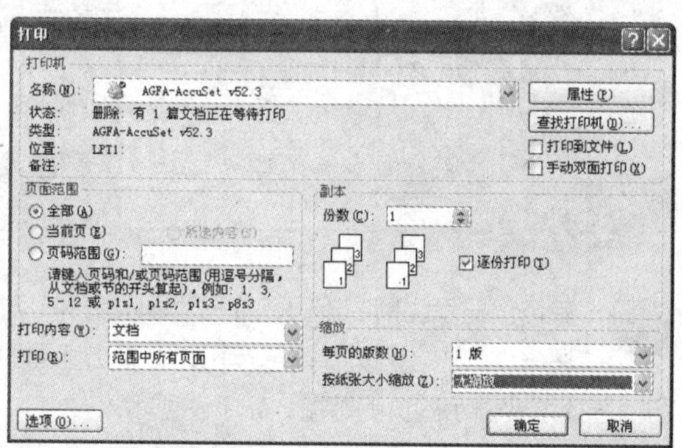

提示您 在“名称”下拉列表中可以选择要使用的打印机，单击“属性”按钮可以设置打印机的纸张大小以及输出格式等。在“页面范围”选项组中，“全部”是指打印文档的所有页；“当前页”是指打印光标位置所在的页面；“页码范围”则可以是自定义打印的页码，如1-3、6、8-10。如果在打开“打印”对话框前在文档中选择了具体内容，则“所选内容”单选钮为选中状态，即只打印所选择的内容。

9.2 拓展与提高

9.2.1 平衡各栏文字长度

有时分栏后的页面各栏长度并不一致，最后一栏可能比较短，如右图所示。这样版面显得很不美观，可以通过插入分节符来调整页面。

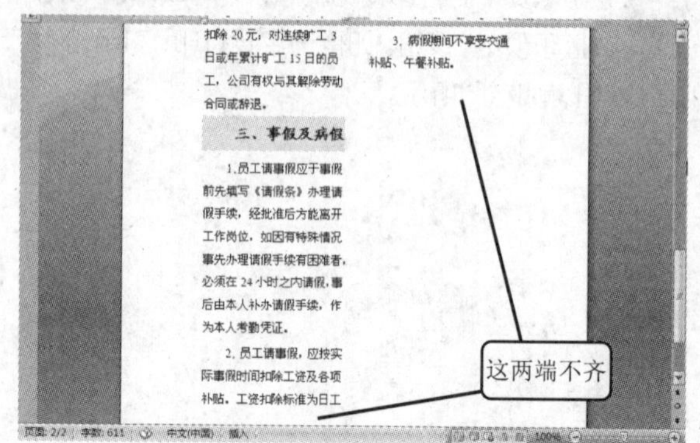

1 把光标定位到需平衡栏的段落结尾处，打开“页面布局”选项卡，单击“页面设置”选项组中的  按钮，从下拉菜单中选择“分节符”栏下的“连续”命令，如下图所示。

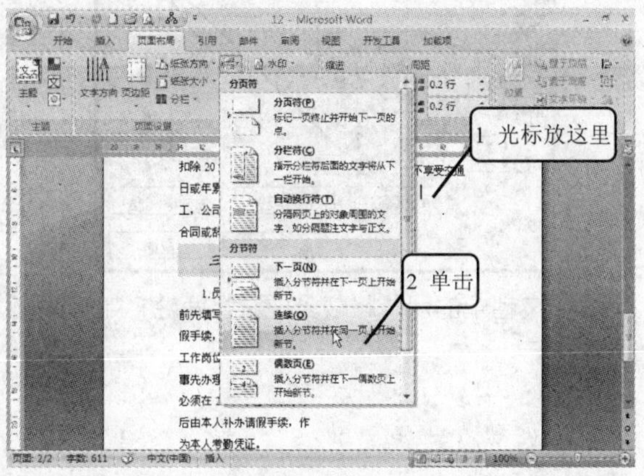

2 将在各栏的最后一个字符后面插入一个连续的分节符，就可以得到等长栏的效果，如下图所示。

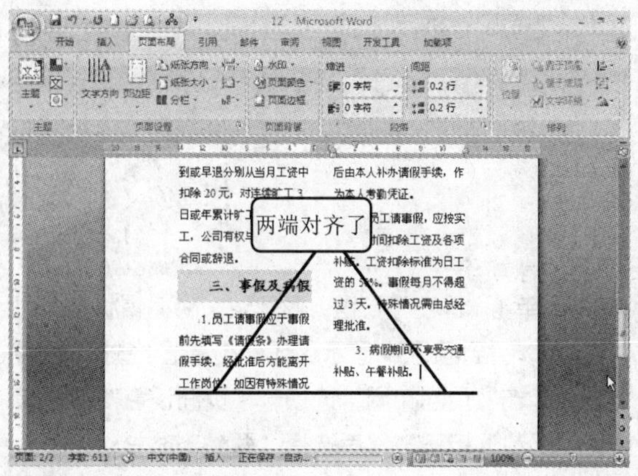

9.2.2 为目录分栏

书本的目录一般都分为两栏。这种形式的目录该如何处理呢？如果采取为文档中文字分栏的方法为目录分栏，则会出现右半侧页码消失的现象，这里有个小窍门，可以解决这一问题。

1 选中要分栏的目录，在选中区域上单击鼠标右键，从弹出的菜单中选择“段落”命令，如下图所示。

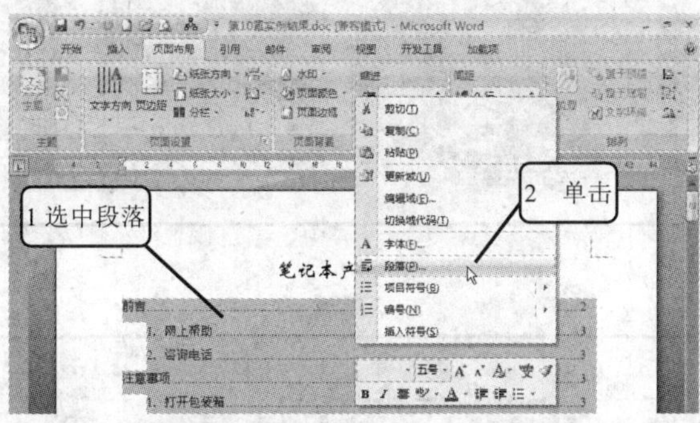

2 打开“段落”对话框，单击左下角的“制表位”按钮，如下图所示。

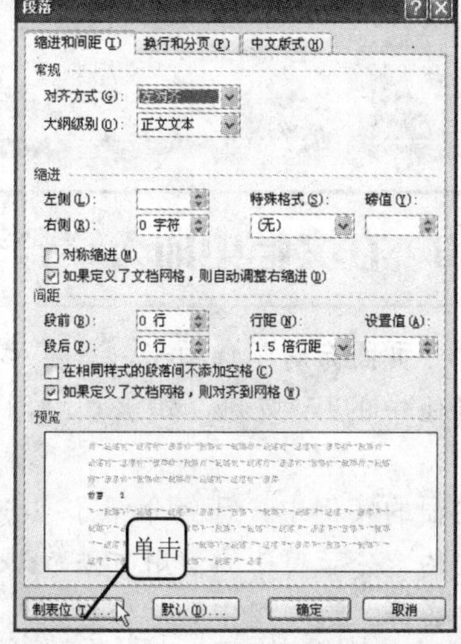

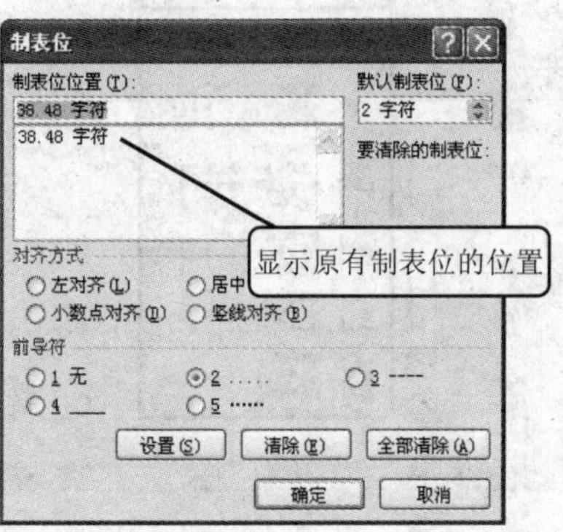

3 打开“制表位”对话框，默认显示原有制表位的位置，这里是“38.48 字符”，如左图所示。

4 在“制表位位置”文本框中输入原有制表位位置的一半，这里输入“19.24 字符”。在“对齐方式”选项组中选中“右对齐”单选按钮，在“前导符”选项组中选中其中一种形式，然后单击“设置”按钮，如右图所示。

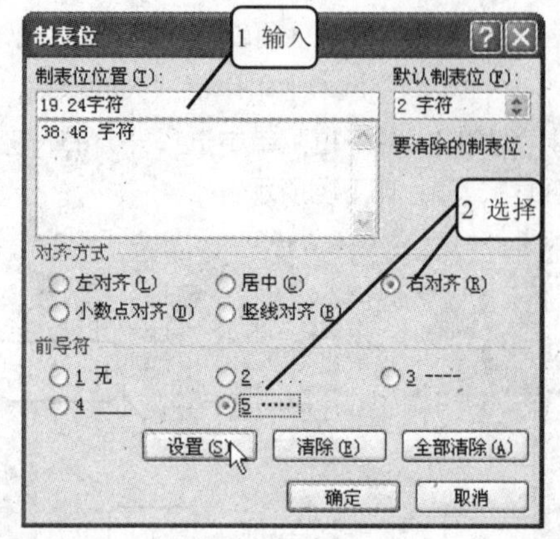

5 单击“确定”按钮，返回到文档编辑状态，可以看到目录中显示页码的位置已经处于居中位置。单击“页面布局”选项卡“页面设置”选项组中的“分栏”按钮，然后选择“两栏”命令，如下图所示。

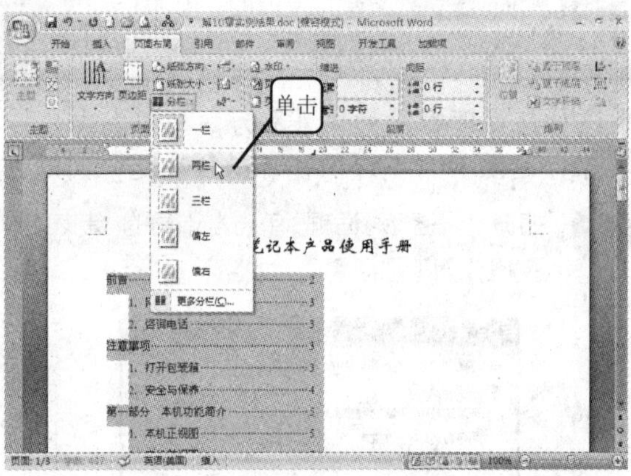

6 文档中的目录将被分成左右两栏，如下图所示。

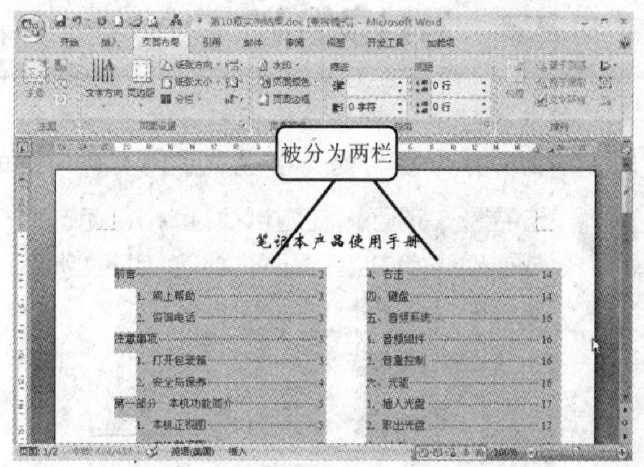

9.2.3 在文档中插入“分页符”

打开“页面布局”选项卡，单击“页面设置”选项组中的 按钮，弹出如右图所示的下拉菜单。

在前面的实例中，已经介绍了“分页符”选项组中的“分节符”的使用方法，下面分别介绍“分页符”选项组中的“分栏符”和“自动换行符”的使用方法。

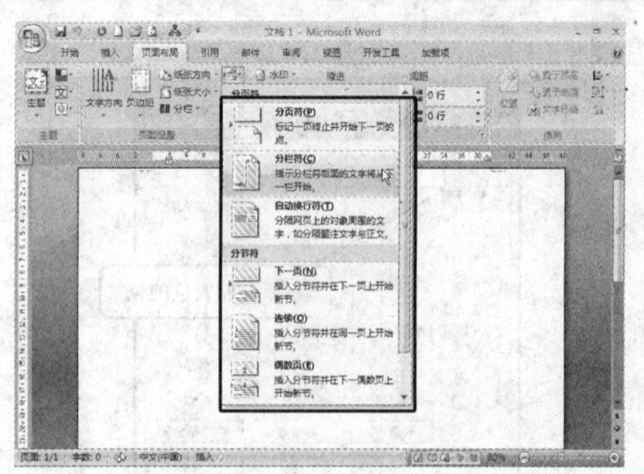

1 分栏符的使用

分栏符的作用就是将“分栏符”后的文字切换至另一分栏中。具体操作步骤如下。

1 下图所示是一个分栏的文档，将光标置于“3.员工每天上……”的前面，然后打开“页面布局”选项卡，单击“页面设置”选项组中的  按钮，从弹出的下拉菜单中选择“分栏符”命令。

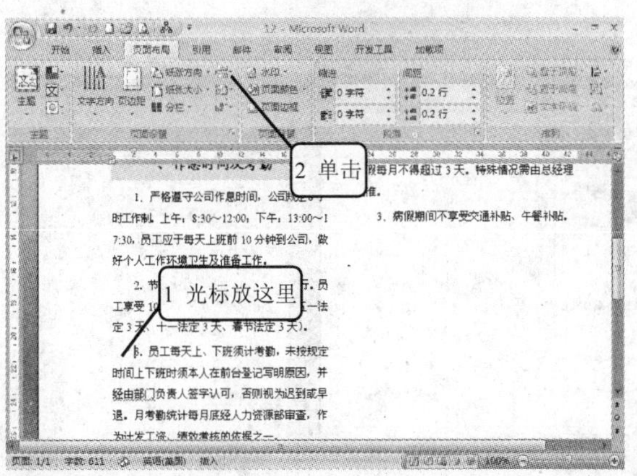

2 可以看到从“3.员工每天上……”起的文字已切换至右侧栏中，如下图所示。

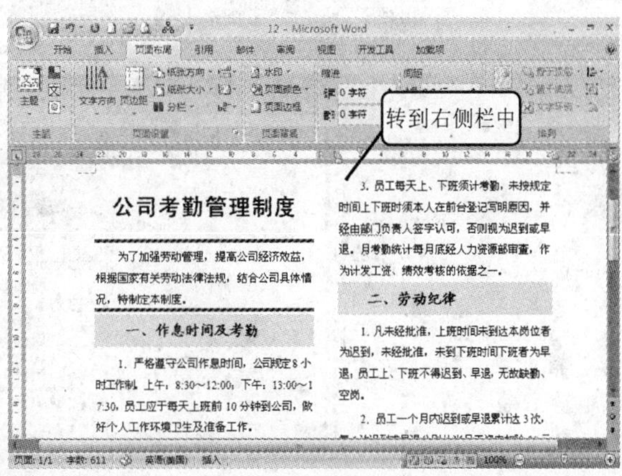

2 自动换行符

自动转行符的作用类似于键盘上的〈Enter〉键，用来切换至下一行，具体操作步骤如下。

1 下图所示是一个带有图片的文档，将光标放置在图片的右侧，如下图所示。然后打开“页面布局”选项卡，单击“页面设置”选项组中的按钮，从弹出的下拉菜单中选择“自动换行符”命令。

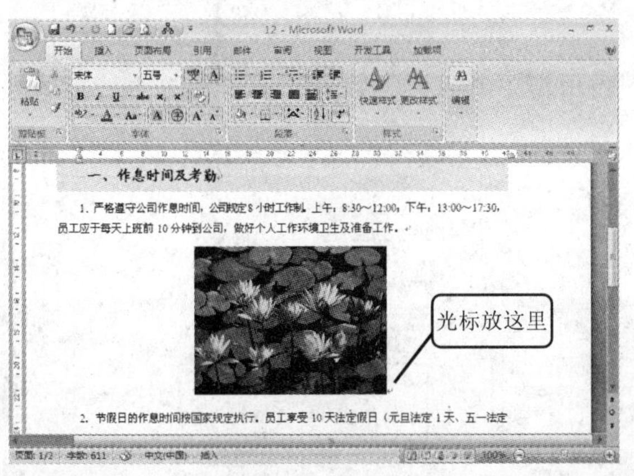

2 可以看到光标已经切换至图片的下一行，如下图所示。

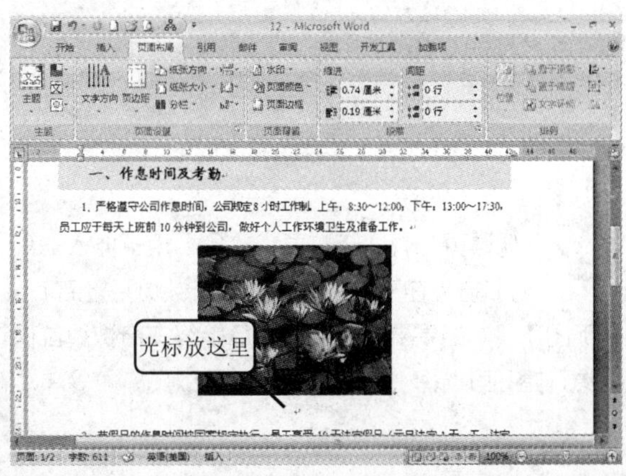

9

9.2.4 在文档中插入“分节符”

分节符用于将文档分成多个节，然后可以对每个节单独进行如下项目的设置：页边距、纸张大小或方向、打印机纸张来源、页面边框、页面文字的垂直对齐方式、页眉和页脚、分栏、页码编排、编排行号、脚注和尾注。

删除某分节符，则前一节文本将成为后一节文本的一部分并采用后一节文本的格式。

1 分节符作用及分类

打开“页面布局”选项卡，单击“页面设置”选项组中的 按钮，弹出如下图所示的下拉菜单，可以看到分节符共有 4 种：“下一页”、“连续”、“偶数页”和“奇数页”。

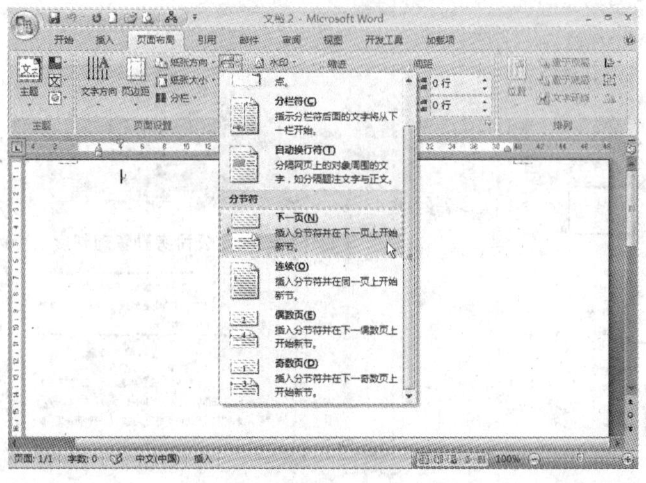

下面的示例显示了可以插入的分节符类型（在每个插图中，双虚线代表一个分节符）。

1. “下一页”命令：用于插入一个分节符并在下一页开始新的节，如下图所示。这种类型的分节符尤其适用于在文档中开始新章。

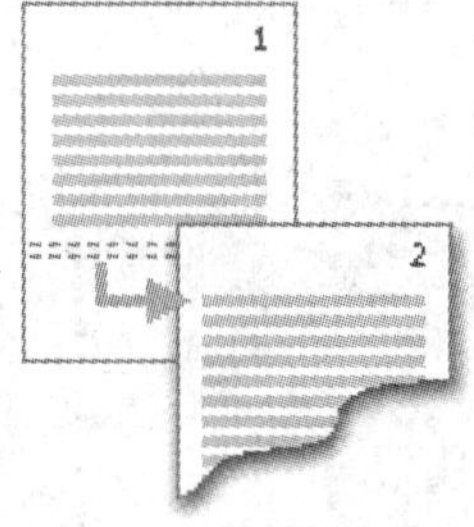

2. “连续”命令：用于插入一个分节符并在同一页上开始新节，如下图所示。连续分节符适用于在同一页中实现一种格式更改，例如更改列数。

3. “偶数页”或“奇数页”命令：用于插入一个分节符并在下一个偶数页或奇数页开始新节，如下图所示。如果要使文档的各章始终在奇数页或偶数页开始，可选择“奇数页”或“偶数页”命令。

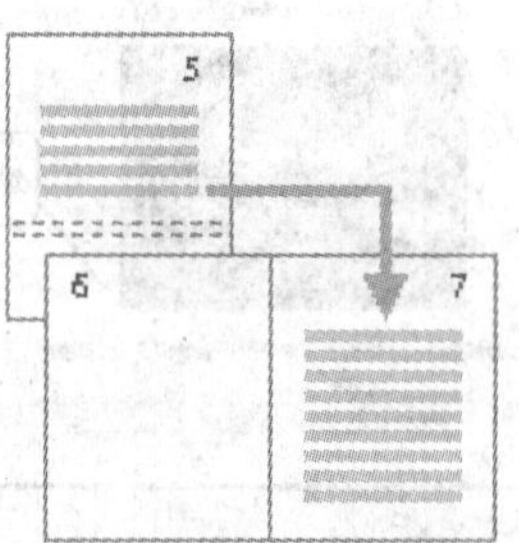

2 分节符应用实例

为了更好地讲解分节符的作用，下面通过一个实例来进行详细介绍。

1 将光标至于"二、劳动纪律"前，然后单击"页面设置"选项组中的 按钮，如下图所示。从下拉菜单中选择"分节符"栏的"下一页"命令。

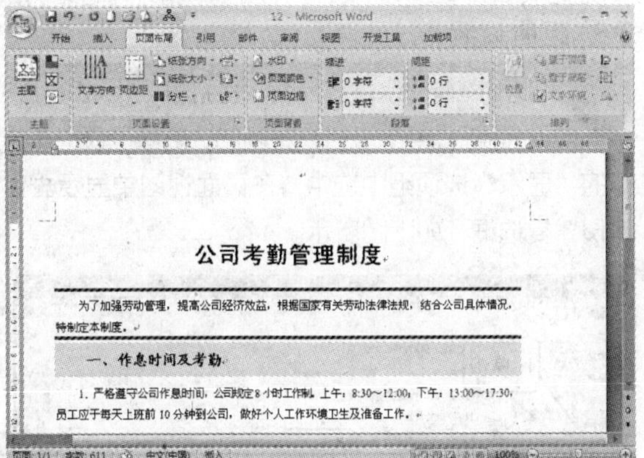

2 在文档中插入了一个"下一页"分节符，从"二、劳动纪律"起已经转到了下一页，表明这是新起的一节，如下图所示。

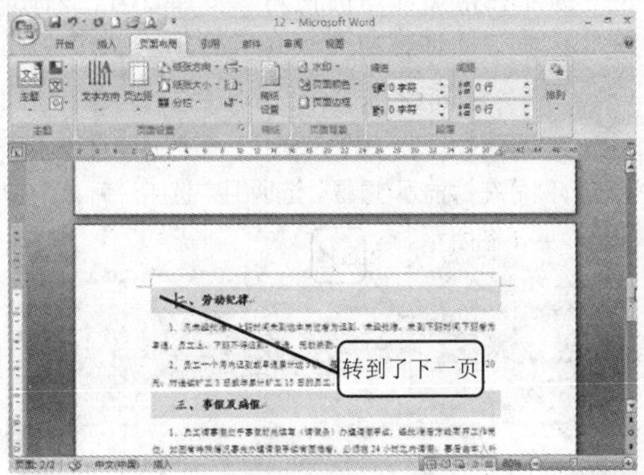

3 将光标放在第 2 节中，打开"页面布局"选项卡，单击"页面设置"选项组中的"文字方面"按钮，如下图所示。

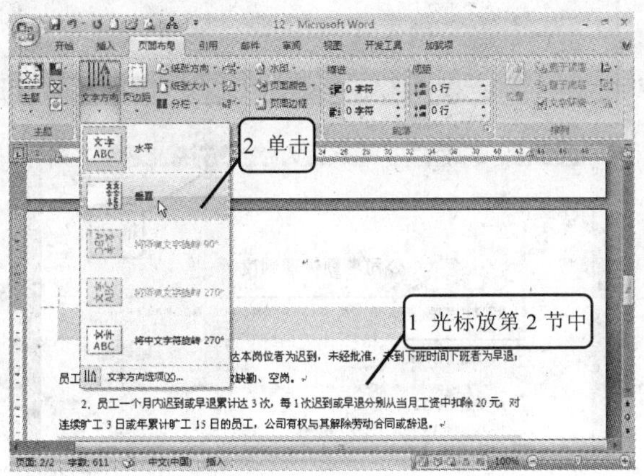

4 从弹出的下拉菜单中选择"垂直"命令，可以看到该节的文字已变成了竖排，如下图所示。

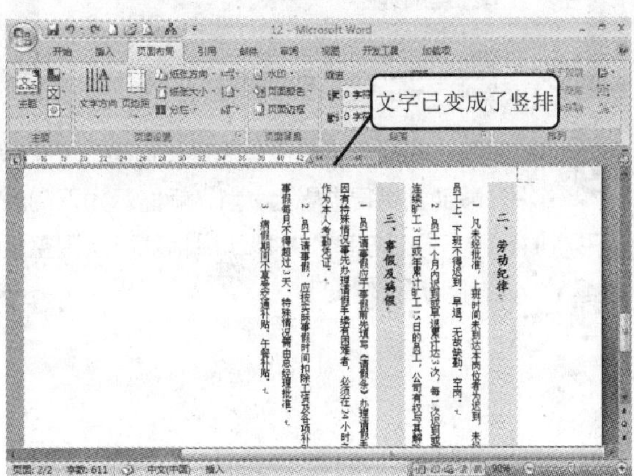

5 而第 1 节的文字依然保持原先的版式，该节如下图所示。

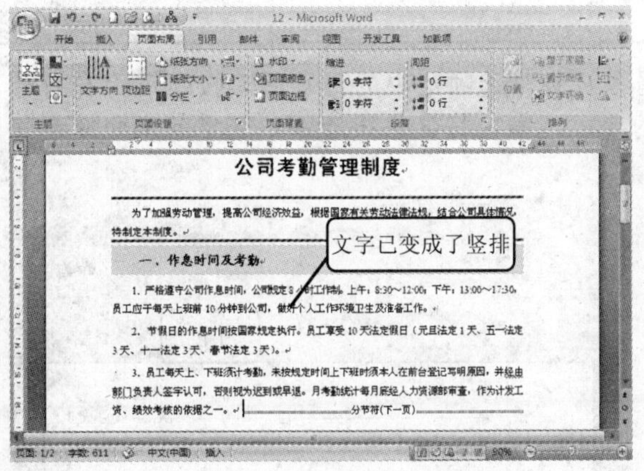

6 删除"下一页"分节符，可以看到前一节的文字也变成了后一节文字的格式，如下图所示。

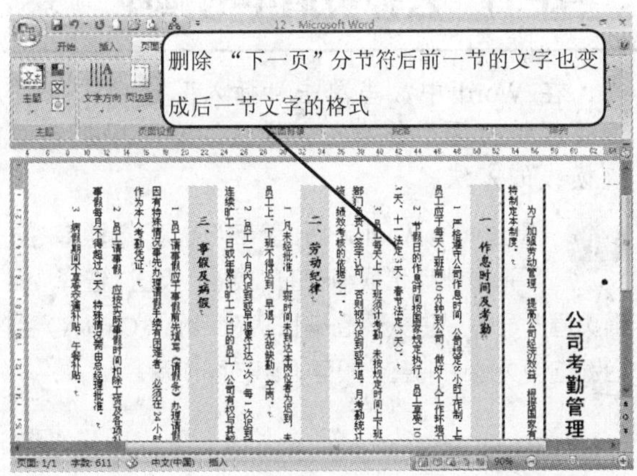

9.2.5 使用鼠标设置页边距

除了在前面介绍的使用“页面设置”对话框来设置页面“上”、“下”、“左”、“右”边距外，还可以通过鼠标拖动直接在文档编辑状态下进行页边距的设置。

1 首先要确定在文档中显示出了“水平标尺”和“垂直标尺”。如果未显示，可打开“视图”选项卡，然后在“显示/隐藏”选项组中选中“标尺”复选框，如下图所示。

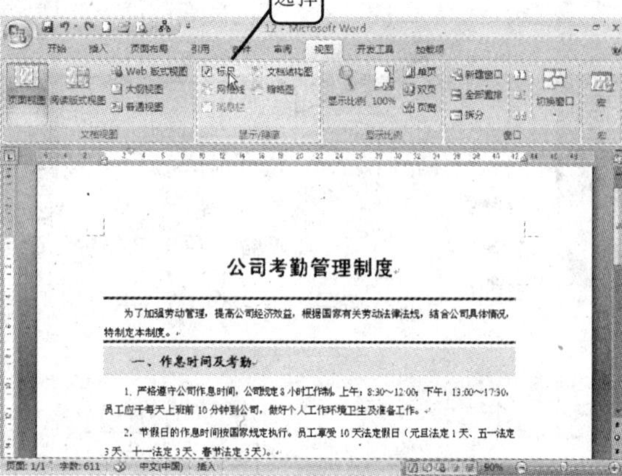

2 如果没有显示垂直标尺，可打开“Word 选项”对话框，单击对话框左侧的“高级”项，在右侧的“显示”选项组中选中“在页面视图中显示垂直标尺”复选框，如下图所示。

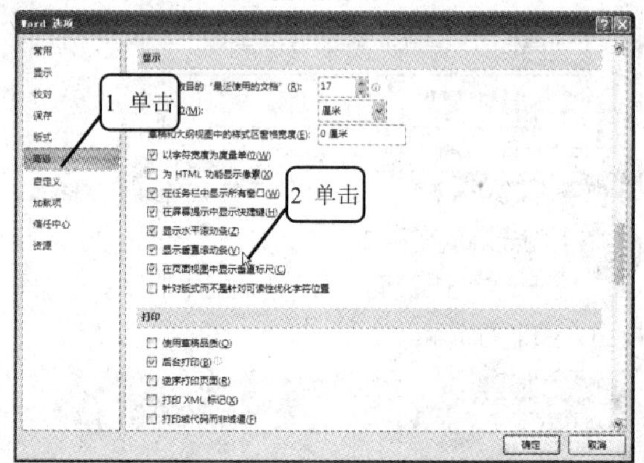

3 标尺两侧的深色区域代表的是页边距，将鼠标指针移动到标尺边界上，当光标显示为双向箭头形状时，按下鼠标左键，并拖动鼠标就可以调整页边距了，如右图所示。

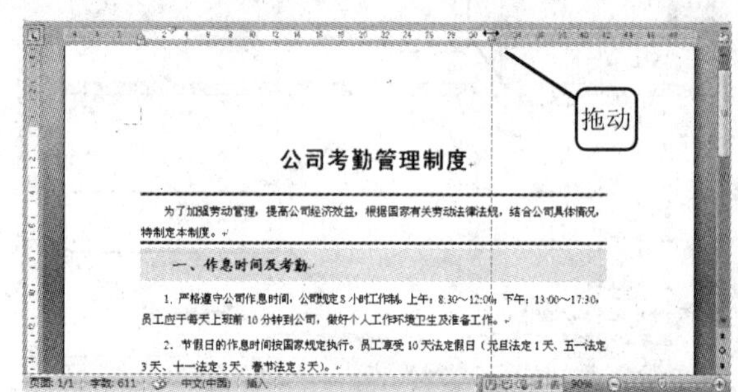

9.2.6 去掉页眉中的横线

在 Word 中，当单击“插入”选项卡“页眉和页脚”选项组中的“页眉”按钮后，在打开的页眉编辑区中都有一条横线，有时根据不同的要求，需要将这条线删除，这里就来介绍删除该横线的方法。

1 新建一个 Word 文档，单击“插入”选项卡“页眉和页脚”选项组中的“页眉”按钮，选择“编辑页眉”命令，进入页眉编辑状态，按〈Ctrl+A〉组合键选中页眉中的整个段落，如右图所示。

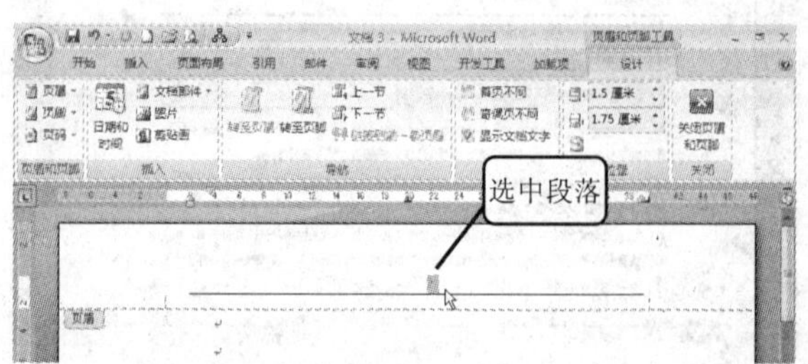

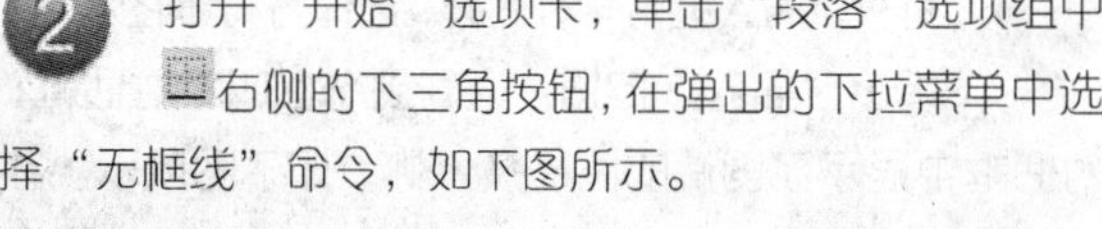

2 打开“开始”选项卡，单击“段落”选项组中右侧的下三角按钮，在弹出的下拉菜单中选择“无框线”命令，如下图所示。

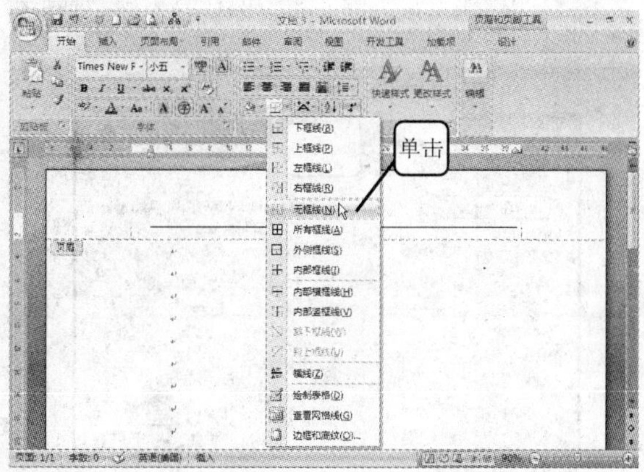

3 返回到 Word 编辑窗口，可以发现页眉中的横线被删除了，如下图所示。

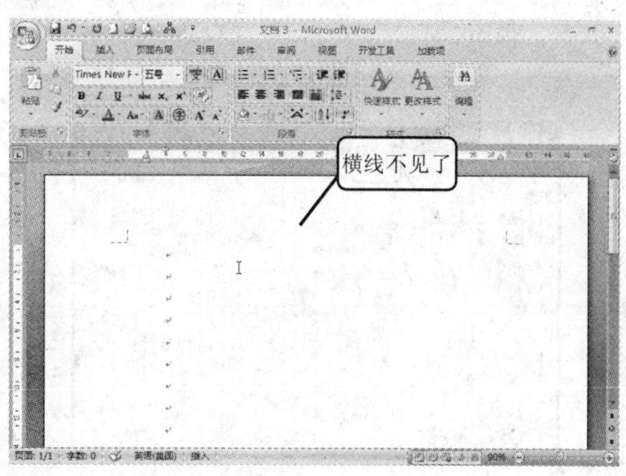

9.2.7 设置文档的背景与水印

有时为了使文档更具观赏性和更美观，可以将文档默认的白色背景更改为其他颜色，还可以用图片来填充背景。有些重要资料，还可以在文档中添加例如“保密”字样的水印效果。

1 设置文档的背景

1 打开文档，切换至“页面布局”选项卡，单击“页面背景”选项组中的“页面颜色”按钮。

2 从下拉列表中选择一种颜色，如右图所示。可以看到整个文档的背景都变成了这种颜色。

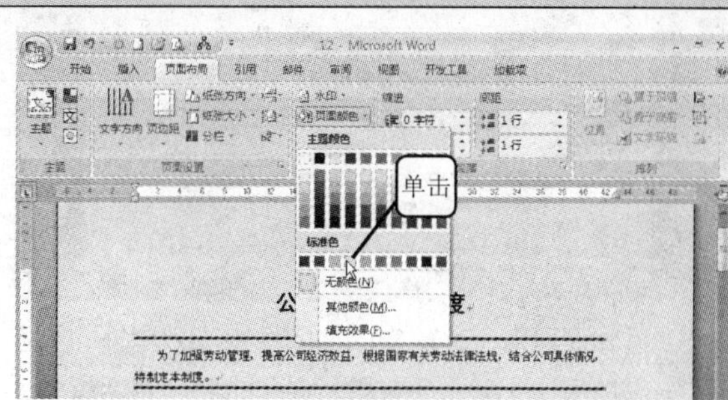

2 设置文档的水印

1 单击“页面背景”选项组中的“水印”按钮，从下拉列表中可以为当前文档添加水印效果，如右图所示。

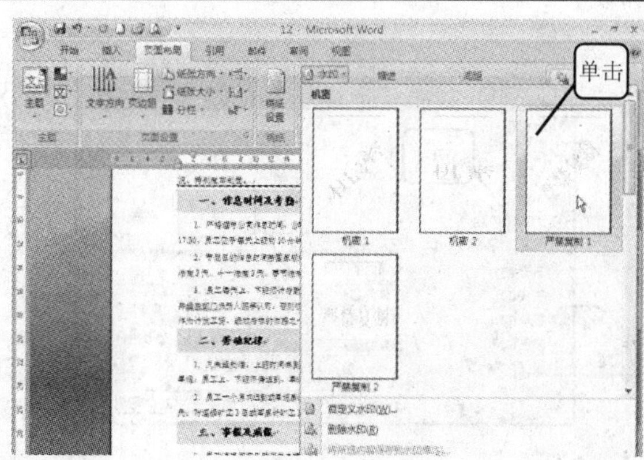

2 如果对默认的水印效果不满意，可以在弹出的菜单中选择“自定义水印”命令，打开“水印”对话框，选中“图片水印”单选按钮，然后再单击“选择图片”按钮，如下图所示。

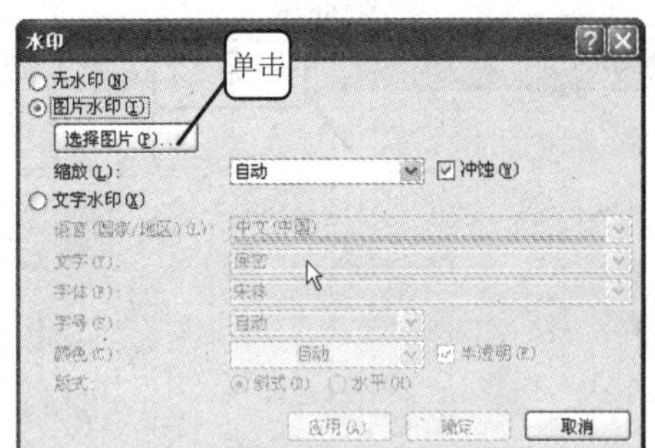

3 打开“插入图片”对话框，选择好一幅图片后，单击“插入”按钮，返回到“水印”对话框，对话框中显示了图片的路径及名称，如下图所示。在该对话框中还可以调整图片的缩放比例，或者选择图片是否有被“冲蚀”的效果。

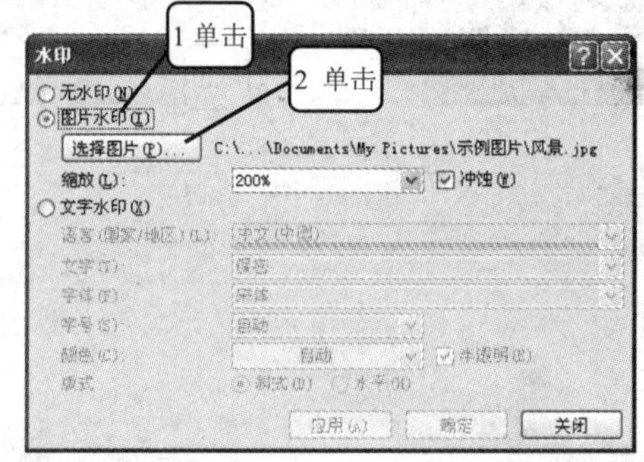

4 单击“确定”按钮后，插入到文档中的图片水印效果如下图所示。

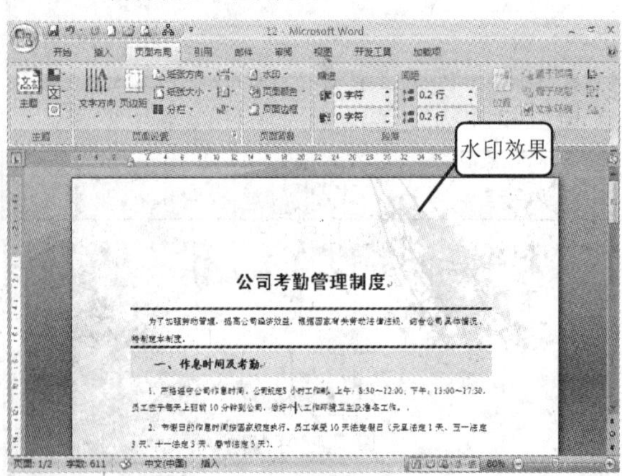

5 如果要删除水印效果，可单击“水印”按钮，从下拉列表中选择“删除水印”命令，如下图所示。

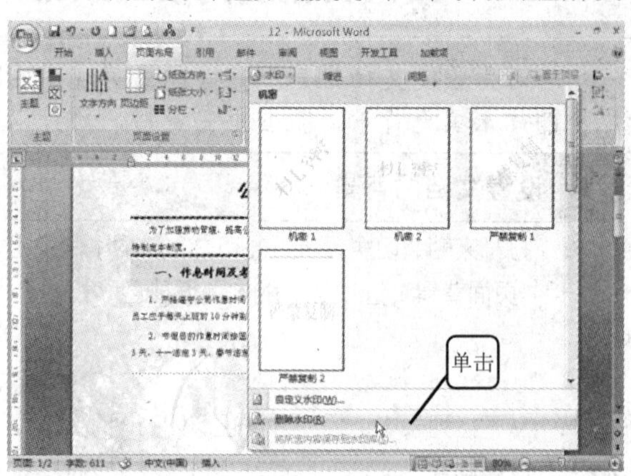

6 除了可以在文档中添加图片水印效果外，还可以添加文字水印效果。在“水印”对话框中，选中“文字水印”单选按钮，然后在“文字”文本框中输入自定义内容，如这里输入“公司内部资料”，然后再设置“字体”、“字号”和“颜色”，如下图所示。

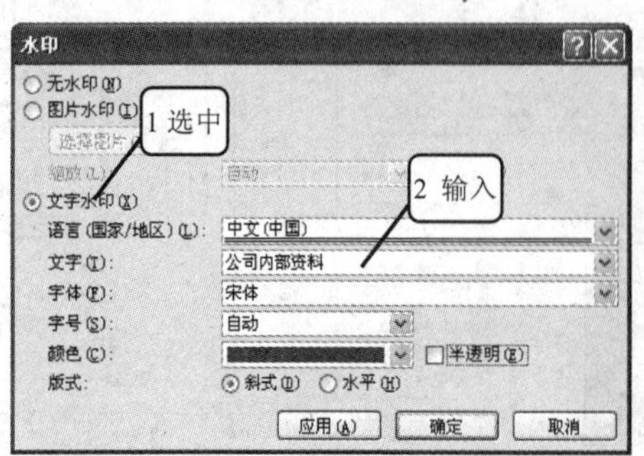

7 单击“确定”按钮，即可看到在文档中添加了文字水印效果，如下图所示。

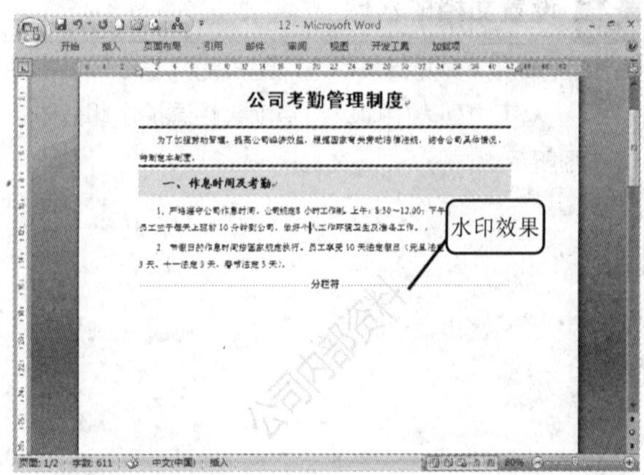

9.2.8 设置文档以图形格式输出

可以将 Word 文档打印成通用图形文件格式，既不影响视觉效果，又能防止他人修改，并且可以在没有安装 Office 程序的计算机中正常打开。在安装 Office 2007 时，将自动安装 Microsoft Office Document Image Writer 虚拟打印机。Microsoft Office Document Image Writer 其实是一个文件格式转换器，可以将 Word 文档转换为图形格式。

1 单击“Office 按钮”，然后选择“打印”|“打印”命令，打开“打印”对话框，如下图所示。在“打印机”栏的“名称”下拉列表框中选择 Microsoft Office Document Image Writer 项。

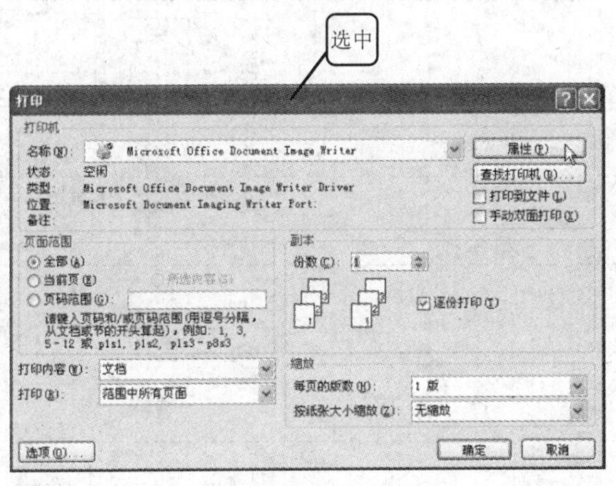

2 单击右侧的“属性”按钮，打开“Microsoft Office Document Image Writer”对话框，切换到“高级”选项卡，如下图所示。选中“MDI-压缩文档格式”单选按钮，然后选中“压缩文档中的图像”复选框，单击“确定”按钮后返回“打印”对话框，再单击“确定”按钮。

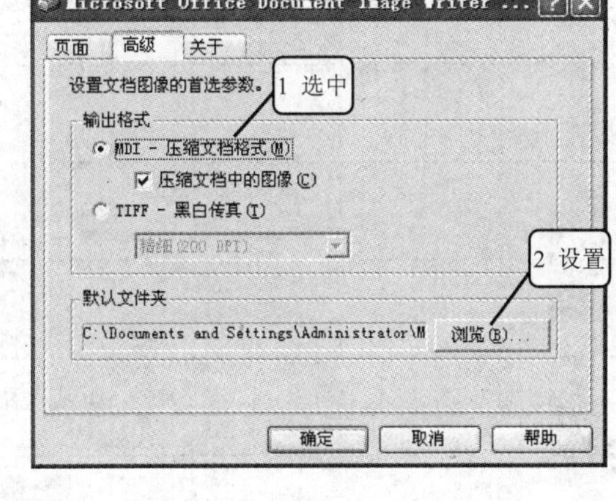

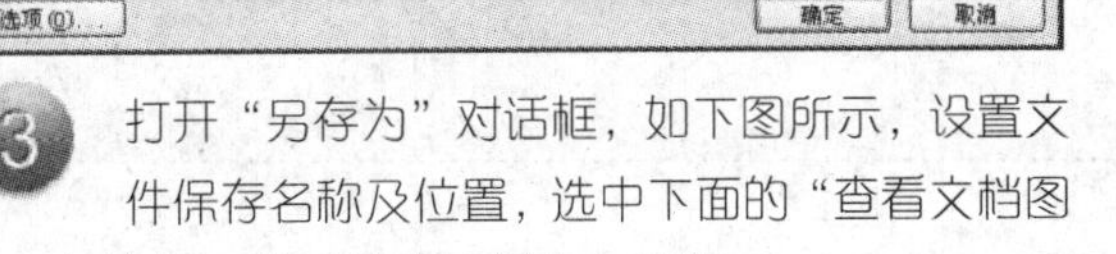

3 打开“另存为”对话框，如下图所示，设置文件保存名称及位置，选中下面的“查看文档图像”复选框，然后单击“保存”按钮。

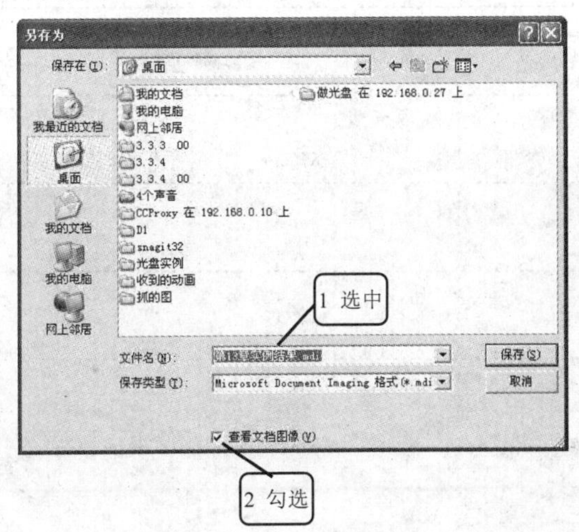

4 系统将自动打开转换后的文件，如下图所示。

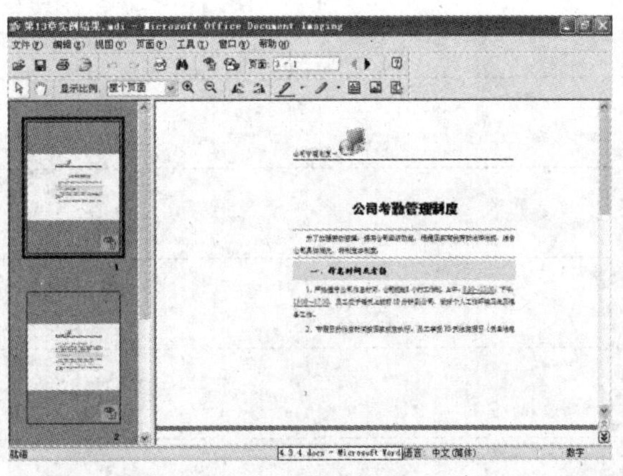

学习笔记

- 掌握单元格操作
- 掌握行列操作
- 掌握工作表操作
- 掌握工作簿操作

第10章 Excel 2007的基础操作

实例素材	\实例素材\第10章\10-1.xlsx，10-2.xlsx，10-3.xlsx，10-4.xlsx
实例结果	无

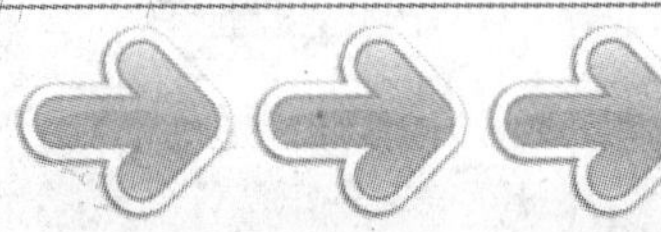

10.1 认识工作簿、工作表和单元格

在 Excel 2007 中会用到工作簿、工作表和单元格等，下面介绍它们之间的关系，并通过具体操作认识它们。

1 工作簿、工作表和单元格之间的关系如下图所示。

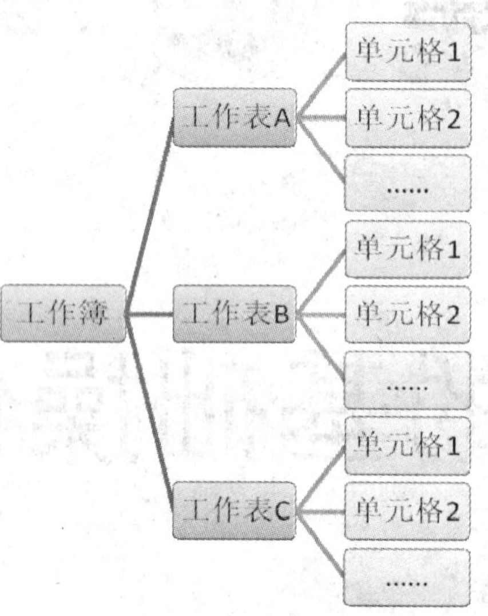

2 打开随书光盘中“\实例素材\第 10 章\10-1.xlsx”文件，如下图所示。“10-1.xlsx”就是一个工作簿，在这个工作簿中包含了多个工作表，左下角显示了各个工作表的标签。

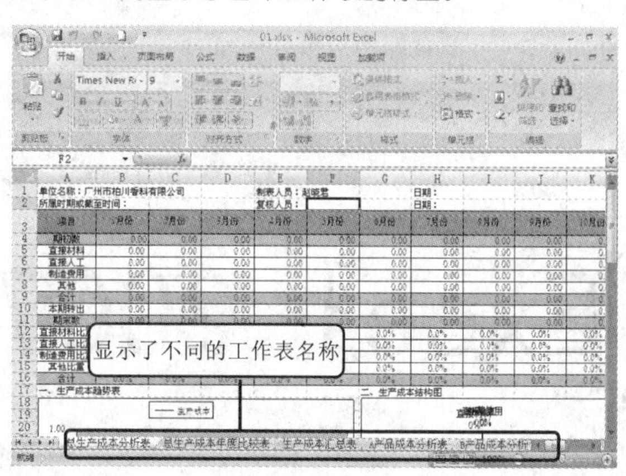

3 单击不同的标签，可以在不同工作表中切换。单击“A 产品成本分析表”标签，则切换到该工作表，如下图所示。

4 在一张工作表中又包含了多个单元格，单击其中一个单元格，在“名称框”内将显示该单元格的名称，下图中选择的是 D6 单元格。

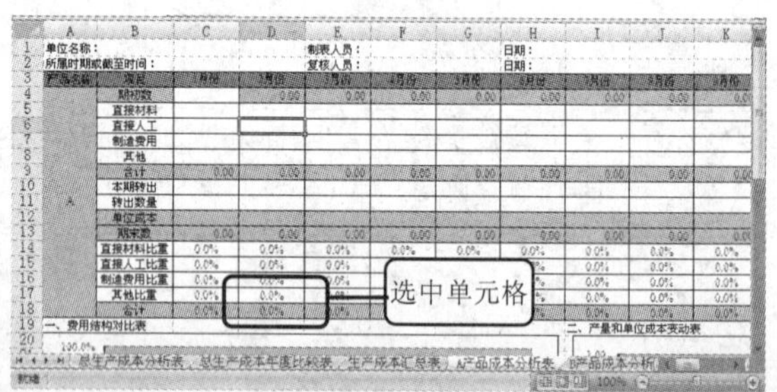

10.2 单元格的基本操作

单元格是工作表中最基本的组成部分，下面首先学习对单元格的相关操作。

10.2.1 单元格的选择

若要对某个或某些单元格进行编辑，则必须先选定这些单元格。

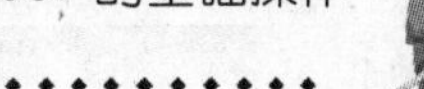

1 选择一个单元格

在 Excel 中，列有列标（用 A、B 等字母表示），行有行号（用 1、2 等数字表示），每个单元格也有自己的名称。单元格的名称就像坐标一样，图中的 B3 单元格，则表示第 2 列的第 3 行单元格。选择一个单元格有以下几种方法。

1. 单击要选择的单元格，被选中的单元格周围则会出现一个黑色边框，在“名称框”中会显示此单元格的名称，如右图所示。
2. 在“名称框”中直接输入要选择的单元格，如 B3（表示选择 B3 单元格），然后按〈Enter〉键即可。

多学点 当选择了一个单元格后，可以按键盘上的光标定位键〈←〉、〈→〉、〈↑〉和〈↓〉来选择单元格。

2 选格一定区域的单元格

选择一定区域的单元格有以下几种方法。

1. 将光标指向要选择的第一个单元格，按住鼠标左键不放并拖动光标到需要选择的最后一个单元格，如右图所示。
2. 选择第一个单元格，按住〈Shift〉键并单击最后一个单元格。
3. 在“名称框”中直接输入要选择的单元格区域，如“B2:D5”，然后按〈回车〉键即可。

多学点 当选择了一定区域的单元格后，可以按键盘上的〈Shift+↑〉或〈Shift+↓〉快捷键向上或向下增加或减少单元格的选择，按键盘上的〈Shift+←〉或〈Shift+→〉快捷键向左或向右增加或减少单元格的选择。

3 选定不连续的单元格

选择不连续的单元格有以下几种方法。

1. 按住〈Ctrl〉键的同时单击要选择的单元格，如右图所示。
2. 在“名称框”中直接输入要选择的多个单元格，如“A4，B2，D5”，然后按〈回车〉键即可。

提示您 选定要编辑的单元格后，单击编辑栏，此时左下角状态栏中的“就绪”变成“编辑”，如右图所示，表示可以对此单元格进行编辑。

10.2.2 单元格的插入/删除

在编辑表格时，对单元格的编辑也是必不可少的，如单元格的插入与删除、单元格的合并与拆分等操作，下面开始分别介绍。

1 插入单元格

对单元格进行编辑时，在单元格不足时可以进行插入单元格，也可以将多余的单元格删除。插入单元格的具体方法如下。

1. 打开随书光盘中“\实例素材\第 10 章\10-2.xlsx”文档，如下图所示。选中 C3 单元格，打开“开始”选项卡，单击“单元格”选项组中的“插入”按钮，从下拉菜单中选择“插入单元格”命令。

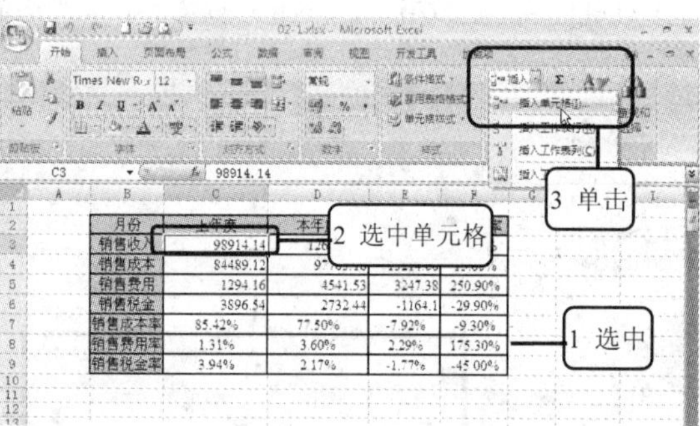

2. 在“插入”对话框中，选择单元格的插入方式，如选中“活动单元格下移”单选按钮，然后再单击“确定”按钮，如下图所示。

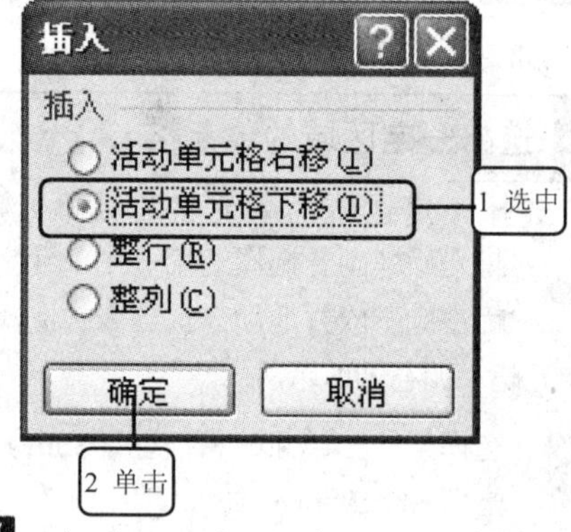

3. 经过以上操作后，插入单元格后的效果如下图所示。

月份	上年度	本年度	增减金额	增减比率
销售收入			7152.33	27.50%
销售成本	98914.14	97703.18	13214.06	15.60%
销售费用	84489.12	4541.53	3247.38	250.90%
销售税金	1294.16	2732.44	-1164.1	-29.90%
销售成本率	3896.54	77.50%	-7.92%	-9.30%
销售费用率	85.42%	3.60%	2.29%	175.30%
销售税金率	1.31%	2.17%	-1.77%	-45.00%
	3.94%			

插入的单元格

提示您 在“插入”对话框中，“活动单元格右移”表示将所选单元格向右移动一格，并在左边插入新单元格；“活动单元格下移”表示将所选单元格向下移动一格，并在上边插入新单元格；“整行”选项表示将所选单元格所在行向下移动一行，并在上边插入整行；“整列”选项表示将所选单元格所在列向右移动一列，并在左边插入整列。

2 删除单元格

删除单元格的具体方法如下。

1. 选中 C3 单元格，打开“开始”选项卡，单击“单元格”选项组中的“删除”按钮，从下拉菜单中选择“删除单元格”命令，如右图所示。

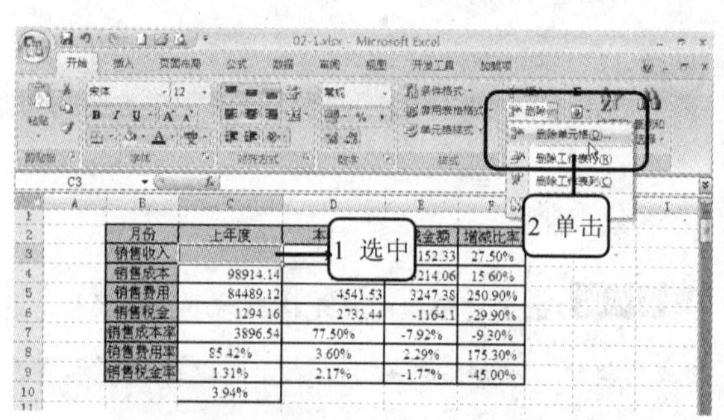

2 打开“删除”对话框，在其中选择单元格的删除方式，如选中“下方单元格上移”单选按钮，然后单击“确定”按钮，如下图所示。

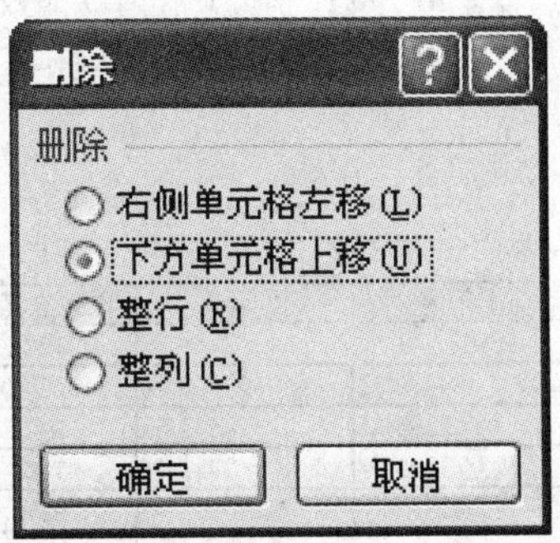

3 经过以上操作后，删除单元格后的效果如下图所示。

月份	上年度	本年度	增减金额	增减比率
销售收入	98914.14	126066.47	27152.33	27.50%
销售成本	84489.12	97703.18	13214.06	15.60%
销售费用	1294.16	4541.53	3247.38	250.90%
销售税金	3896.54	2732.44	-1164.1	-29.90%
销售成本率	85.42%	77.50%	-7.92%	-9.30%
销售费用率	1.31%	3.60%	2.29%	175.30%
销售税金率	3.94%	2.17%	-1.77%	-45.00%

10.2.3 单元格的合并/拆分

在编辑工作表时，有时需要将几个单元格合并成一个单元格，或将一个单元格拆分成若干个个单元格。

1 合并单元格

合并单元格的方法如下。

1 选择需要合并的单元格，如 C3 和 D3，打开“开始”选项卡，单击“对齐方式”选项组中的下三角按钮，从下拉菜单中选择“合并后居中”命令，如下图所示。

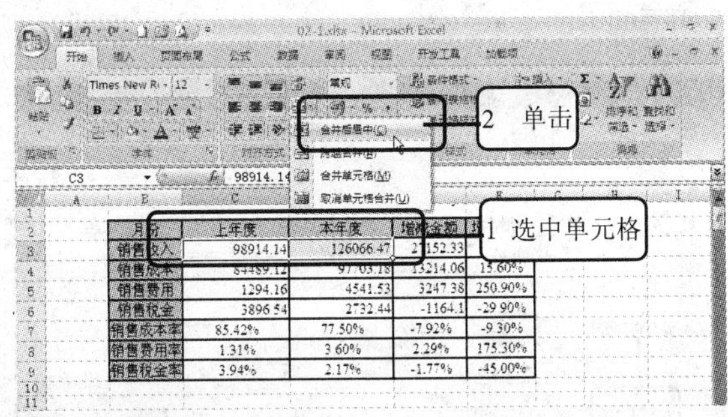

2 弹出下图所示的对话框，如果确定要合并，单击“确定”按钮即可。

多学点 选中要合并的单元格后，单击“对齐方式”选项组中的按钮，弹出“设置单元格格式”对话框，在“对齐”选项卡的“文本控制”选项组中选中“合并单元格”复选框，在右侧“方向”栏中可以改变文字的方向，如下图所示。

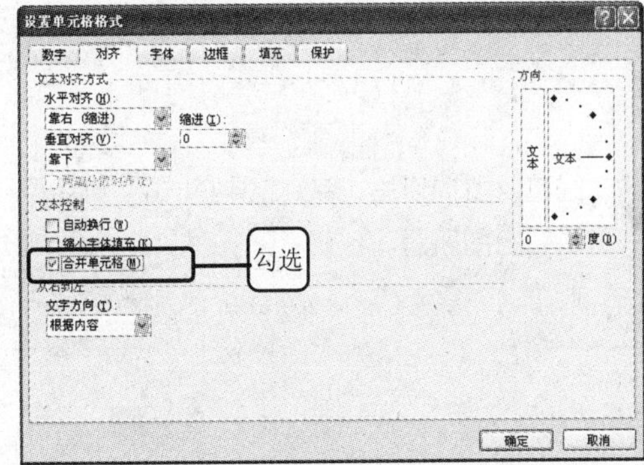

3 经过以上操作后，单元格合并后的效果如下图所示。

月份	上年度	本年度	增减金额	增减比率
销售收入			27152.33	27.50%
销售成本	[illegible]	[illegible]7703.18	13214.06	15.60%
销售费用	1294.16	4541.53	3247.38	250.90%
销售税金	3896.54	2732.44	-1164.1	-29.90%
销售成本率	85.42%	77.50%	-7.92%	-9.30%
销售费用率	1.31%	3.60%	2.29%	175.30%
销售税金率	3.94%	2.17%	-1.77%	-45.00%

合并后的单元格

10

2 拆分单元格

合并了多个单元格后还可以将单元格拆分，具体方法如下。

1 选择已经合并的单元格，单击“对齐方式”选项组中的下三角按钮，从下拉菜单中选择“取消单元格合并”命令，如下图所示。

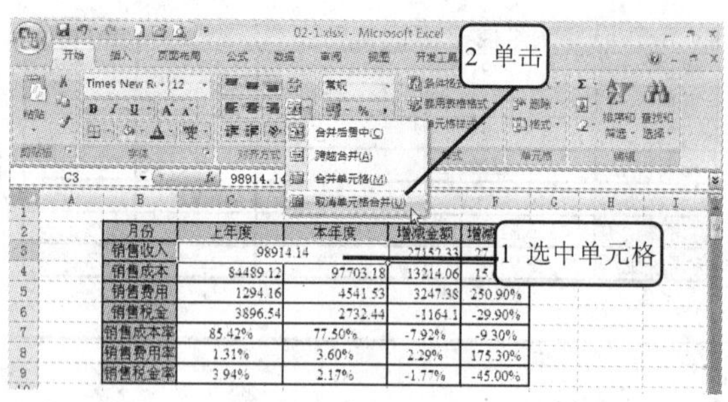

2 经过以上操作后，拆分后的单元格效果如下图所示。

月份	上年度	本年度	增减金额	增减比率
销售收入	98914.14		27152.33	27.50%
销售成本	84489.12	97703.18	13214.06	15.60%
销售费用	1294.16	4541.53	3247.38	250.90%
销售税金	3896.54	2732.44	-1164.1	-29.90%
销售成本率	85.42%	77.50%	-7.92%	-9.30%
销售费用率	1.31%	3.60%	2.29%	175.30%
销售税金率	3.94%	2.17%	-1.77%	-45.00%

多学点 也可以在选中要合并的单元格后，打开“设置单元格格式”对话框，在“对齐”选项卡的“文本控制”选项组中取消选中“合并单元格”复选框。

10.2.4 单元格的隐藏与取消

如果有些单元格中的数据比较重要，不想让别人随便看到这些数据，可以将其隐藏起来。

1 选择需要隐藏内容的单元格，单击“对齐方式”选项组中的按钮，如下图所示。

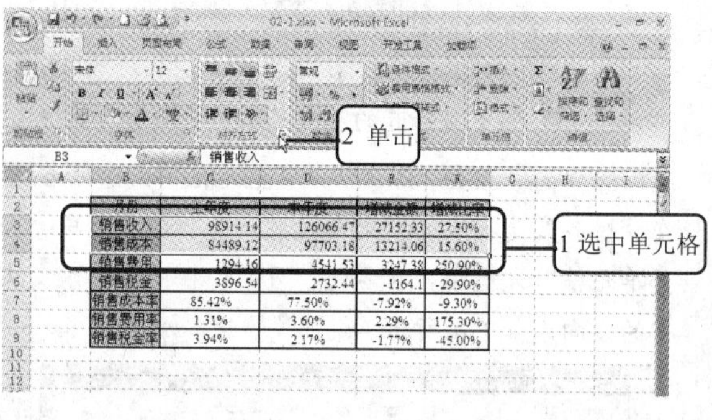

2 弹出“设置单元格格式”对话框，打开“数字”选项卡，在“分类”列表框中选择“自定义”选项，在“类型”文本框中输入“;;;”，单击“确定”按钮，如下图所示。

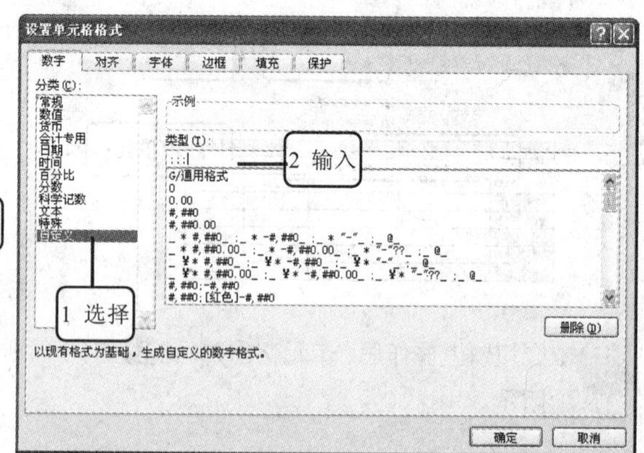

3 经过以上操作后，单元格中的内容被隐藏，效果如右图所示。

月份	上年度	本年度	增减金额	增减比率
销售费用	1294.16	4541.53	3247.38	250.90%
销售税金	38		-1164.1	-29.90%
销售成本率	85.42%		.92%	-9.30%
销售费用率	1.31%	3.60%	2.29%	175.30%
销售税金率	3.94%	2.17%	-1.77%	-45.00%

单元格中的内容被隐藏

10.3　行/列的基本操作

在编辑表格时，对行与列的操作是必不可少的，如对行与列的选择、插入、删除等操作。

10.3.1　行/列的选择

在对行与列进行编辑之前必须先选择行或列，才能进行相应的编辑。

1　选择行

选择行有以下几种方法。

1. 选择单行：将鼠标指针指向行标号，单击鼠标左键选择所需行，如下图所示。

月份	上年度	本年度	增减金额	增减比率
销售收入	98914.14	126066.47	27152.33	27.50%
销售成本	84489.12	97703.18	13214.06	15.60%
销售费用	1294.16	4541.53	3247.38	250.90%
销售税金	3896.54	2732.44	-1164.1	-29.90%
销售成本率	85.42%	77.50%	-7.92%	-9.30%
销售费用率	1.31%	3.60%	2.29%	175.30%
销售税金率	3.94%	2.17%	-1.77%	-45.00%

2. 选择多行的方法一：将鼠标指针指向行标号，按住鼠标左键不放并拖动选择多行，如下图所示。

月份	上年度	本年度	增减金额	增减比率
销售收入	98914.14	126066.47	27152.33	27.50%
销售成本	84489.12	97703.18	13214.06	15.60%
销售费用	1294.16	4541.53	3247.38	250.90%
销售税金	3896.54	2732.44	-1164.1	-29.90%
销售成本率	85.42%	77.50%	-7.92%	-9.30%
销售费用率	1.31%	3.60%	2.29%	175.30%
销售税金率	3.94%	2.17%	-1.77%	-45.00%

3. 选择多行的方法二：用鼠标单击要选择多行的起始行，如第 4 行，按住〈Shift〉键不放再单击要选择多行的最后一行，如第 6 行。操作如下图所示。

月份	上年度	本年度	增减金额	增减比率
销售收入	98914.14	126066.47	27152.33	27.50%
销售成本	84489.12	97703.18	13214.06	15.60%
销售费用	1294.16	4541.53	3247.38	250.90%
销售税金	3896.54	2732.44	-1164.1	-29.90%
销售成本率	85.42%	77.50%	-7.92%	-9.30%
销售费用率	1.31%	3.60%	2.29%	175.30%
销售税金率	3.94%	2.17%	-1.77%	-45.00%

4. 选择多行的方法三：按住〈Ctrl〉键不放，用鼠标单击选择需要的行即可，如第 4、6、8 行，操作如下图所示。

月份	上年度	本年度	增减金额	增减比率
销售收入	98914.14	126066.47	27152.33	27.50%
销售成本	84489.12	97703.18	13214.06	15.60%
销售费用	1294.16	4541.53	3247.38	250.90%
销售税金	3896.54	2732.44	-1164.1	-29.90%
销售成本率	85.42%	77.50%	-7.92%	-9.30%
销售费用率	1.31%	3.60%	2.29%	175.30%
销售税金率	3.94%	2.17%	-1.77%	-45.00%

提示您　按住〈Shift〉键不放，可以连续选择多行；按住〈Ctrl〉键不放，可以选择不连续的多行。

2　选择列

选择列的方法和选择行的方法类似，也有以下几种方法。

1. 选择单列：将鼠标指针指向列标号，单击鼠标左键即可选择列，如下图所示。

月份	上年度	本年度	增减金额	增减比率
销售收入	98914.14	126066.47	27152.33	27.50%
销售成本	84489.12	97703.18	13214.06	15.60%
销售费用	1294.16	4541.53	3247.38	250.90%
销售税金	3896.54	2732.44	-1164.1	-29.90%
销售成本率	85.42%	77.50%	-7.92%	-9.30%
销售费用率	1.31%	3.60%	2.29%	175.30%
销售税金率	3.94%	2.17%	-1.77%	-45.00%

2. 选择多列的方法一：将鼠标指针指向列标号，按住鼠标左键不放拖动选择多列，如下图所示。

月份	上年度	本年度	增减金额	增减比率
销售收入	98914.14	126066.47	27152.33	27.50%
销售成本	84489.12	97703.18	13214.06	15.60%
销售费用	1294.16	4541.53	3247.38	250.90%
销售税金	3896.54	2732.44	-1164.1	-29.90%
销售成本率	85.42%	77.50%	-7.92%	-9.30%
销售费用率	1.31%	3.60%	2.29%	175.30%
销售税金率	3.94%	2.17%	-1.77%	-45.00%

10

3 选择多列的方法二：用鼠标单击要选择多列的起始列，如第 3 列，按住〈Shift〉键不放再单击要选择多列的最后一列，如第 5 列，如下图所示。

月份	上年度	本年度	增减金额	增减比率
销售收入	98914.14	126066.47	27152.33	27.50%
销售成本	84489.12	97703.18	13214.06	15.60%
销售费用	1294.16	4541.53	3247.38	250.90%
销售税金	3896.54	2732.44	-1164.1	-29.90%
销售成本率	85.42%	77.50%	-7.92%	-9.30%
销售费用率	1.31%	3.60%	2.29%	175.30%
销售税金率	3.94%	2.17%	-1.77%	-45.00%

4 选择多列的方法三：按住〈Ctrl〉键不放，用鼠标单击选择需要的列即可，如第 2、4、6 列，如下图所示。

月份	上年度	本年度	增减金额	增减比率
销售收入	98914.14	126066.47	27152.33	27.50%
销售成本	84489.12	97703.18	13214.06	15.60%
销售费用	1294.16	4541.53	3247.38	250.90%
销售税金	3896.54	2732.44	-1164.1	-29.90%
销售成本率	85.42%	77.50%	-7.92%	-9.30%
销售费用率	1.31%	3.60%	2.29%	175.30%
销售税金率	3.94%	2.17%	-1.77%	-45.00%

10.3.2 行/列的插入/删除

1 插入行

插入行的具体方法如下。

1 选择行，打开"开始"选项卡，单击"单元格"选项组中的"插入"下三角按钮，从下拉菜单中选择"插入工作表行"命令，如下图所示。

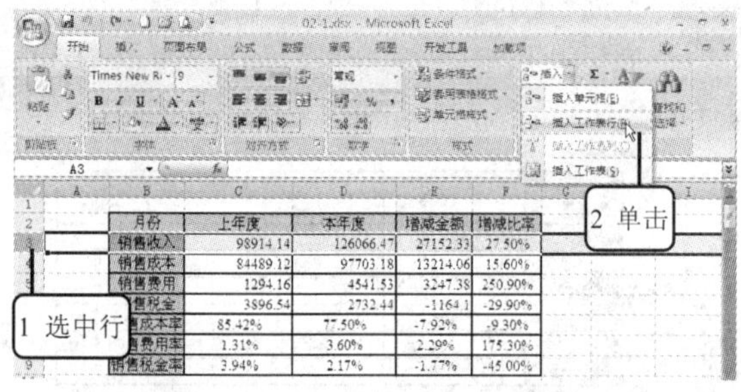

经过以上操作后，插入行的效果如下图所示。

月份	上年度	本年度	增减金额	增减比率
销售收入	98914.14	126066.47	27152.33	27.50%
销售成本	84489.12	97703.18	13214.06	15.60%
销售费用	1294.16	4541.53	3247.38	250.90%
销售税金	3896.54	2732.44	-1164.1	-29.90%
销售成本率	85.42%	77.50%	-7.92%	-9.30%
销售费用率	1.31%	3.60%	2.29%	175.30%
销售税金率	3.94%	2.17%	-1.77%	-45.00%

多学点 也可以在选中行后，在选中的行号上单击鼠标右键，在弹出的菜单中选择"插入"命令即可。

2 删除行

删除行的具体方法如下。

1 选择行，打开"开始"选项卡，单击"单元格"选项组中的"删除"下三角按钮，从下拉菜单中选择"删除工作表行"命令，如右图所示。

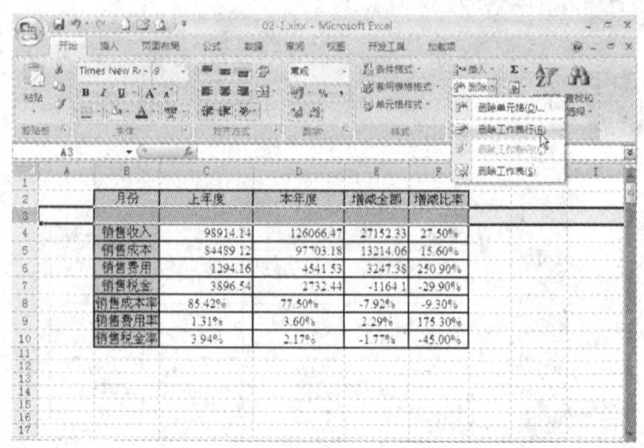

多学点 也可以在选中行后，在选中的行号上单击鼠标右键，在弹出的菜单中选择"删除"命令。

经过以上操作后，删除行的效果如右图所示。

月份	上年度	本年度	增减金额	增减比率
销售收入	98914.14	126066.47	27152.33	27.50%
销售成本	84489.12	97703.18	13214.06	15.60%
销售费用	1294.16	4541.53	3247.38	250.90%
销售税金	3896.54	2732.44	-1164.1	-29.90%
销售成本率	85.42%	77.50%	-7.92%	-9.30%
销售费用率	1.31%	3.60%	2.29%	175.30%
销售税金率	3.94%	2.17%	-1.77%	-45.00%

3 插入列

插入列的具体方法如下。

1 选择列，打开“开始”选项卡，单击“单元格”选项组中的“插入”下三角按钮，从下拉菜单中选择“插入工作表列”命令，如下图所示。

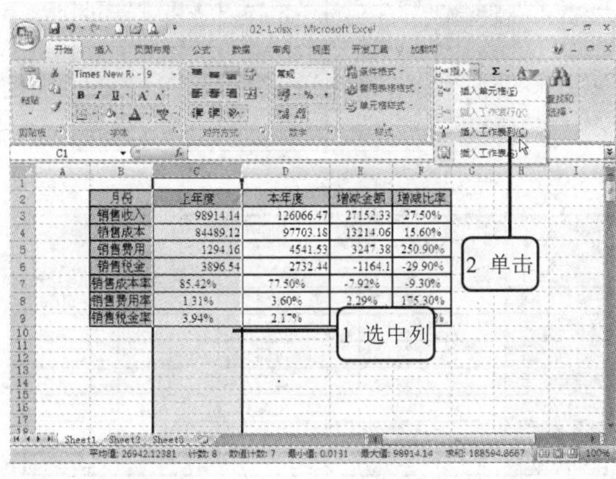

经过以上操作后，插入列的效果如下图所示。

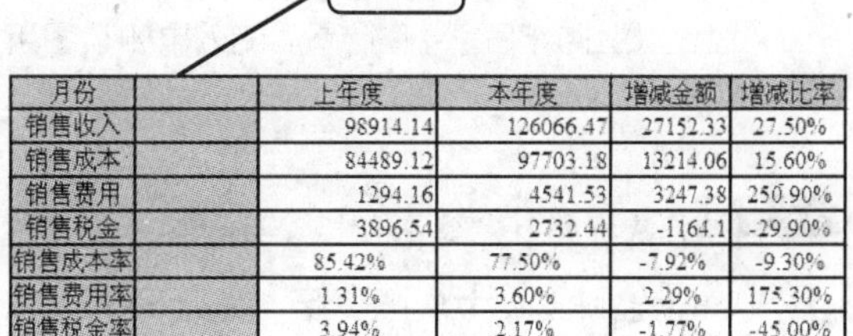

月份		上年度	本年度	增减金额	增减比率
销售收入		98914.14	126066.47	27152.33	27.50%
销售成本		84489.12	97703.18	13214.06	15.60%
销售费用		1294.16	4541.53	3247.38	250.90%
销售税金		3896.54	2732.44	-1164.1	-29.90%
销售成本率		85.42%	77.50%	-7.92%	-9.30%
销售费用率		1.31%	3.60%	2.29%	175.30%
销售税金率		3.94%	2.17%	-1.77%	-45.00%

多学点 也可以在选中列后，在选中的列号上单击鼠标右键，在弹出的菜单中选择“插入”命令。

4 删除列

删除列的具体方法如下。

1 选择列，打开“开始”选项卡，单击“单元格”选项组的“删除”下三角按钮，从下拉菜单中选择“删除工作表列”命令，如下图所示。

经过以上操作后，删除列的效果如下图所示。

月份	上年度	本年度	增减金额	增减比率
销售收入	98914.14	126066.47	27152.33	27.50%
销售成本	84489.12	97703.18	13214.06	15.60%
销售费用	1294.16	4541.53	3247.38	250.90%
销售税金	3896.54	2732.44	-1164.1	-29.90%
销售成本率	85.42%	77.50%	-7.92%	-9.30%
销售费用率	1.31%	3.60%	2.29%	175.30%
销售税金率	3.94%	2.17%	-1.77%	-45.00%

多学点 也可以在选中列后，在选中的列号上单击鼠标右键，在弹出的菜单中选择“删除”命令。

10.3.3 调整行高或列宽

在编辑表格时，若当前默认的行高或列宽不能满足需要，可根据实际情况对其进行修改和调整。

1 用鼠标调整行高

用鼠标调整行高的方法如下。

1. 将鼠标指针定位在行与行的交界横线上，如第2行与第3行之间，鼠标指针变成✛状，如下图所示。

2. 按住鼠标左键不放进行上下拖动，即可任意调整行高。拖动到合适高度时，再释放鼠标左键，操作如下图所示。

3. 经过以上操作后，调整行高后的效果如右图所示。

月份	上年度	本年度	增减金额	增减比率
销售收入	98914.14	126066.47	27152.33	27.50%
销售成本	84489.12	97703.18	13214.06	15.60%
销售费用	1294.16	4541.53	3247.38	250.90%
销售税金	3896.54	2732.44	-1164.1	-29.90%
销售成本率	85.42%	77.50%	-7.92%	-9.30%
销售费用率	1.31%	3.60%	2.29%	175.30%
销售税金率	3.94%	2.17%	-1.77%	-45.00%

多学点 将鼠标指针定位在行标号与行标号的交界线上，当鼠标指针变成✛状时双击。Excel 会根据行中的内容自动调整行的高度。

2 用菜单调整行高

用菜单调整行高的方法如下。

1. 选中需进行调整的行，打开"开始"选项卡，单击"单元格"选项组中的"格式"下三角按钮，从下拉菜单中选择"行高"命令，如下图所示。

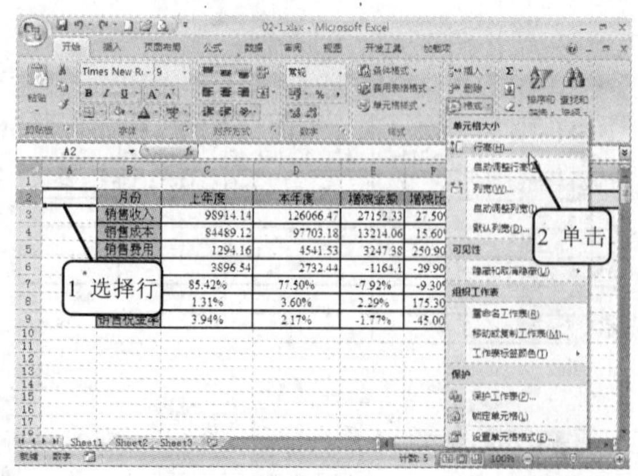

2. 在"行高"对话框中，输入行高的数值，单击"确定"按钮，如下图所示。

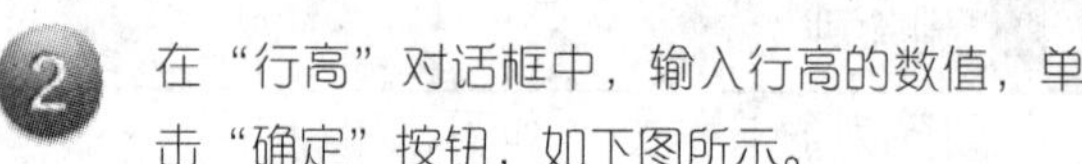

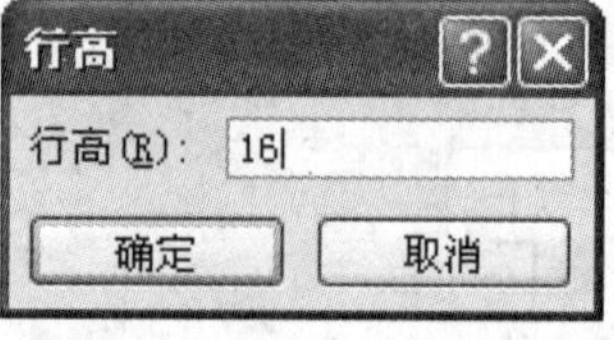

多学点 单击"单元格"选项组中的"格式"下三角按钮，如果从下拉菜单中选择"自动调整行高"命令，则 Excel 会自动调整行高。

3　用鼠标调整列宽

用鼠标调整列宽的方法如下。

1. 将鼠标指针定位在列与列的交界线上，如第 C 列与第 D 列之间，指针变成✛状，如下图所示。

月份	上年度	本年度	增减金额	增减比率
销售收入	98914.14	126066.47	27152.33	27.50%
销售成本	84489.12	97703.18	13214.06	15.60%
销售费用	1294.16	4541.53	3247.38	250.90%
销售税金	3896.54	2732.44	-1164.1	-29.90%
销售成本率	85.42%	77.50%	-7.92%	-9.30%
销售费用率	1.31%	3.60%	2.29%	175.30%
销售税金率	3.94%	2.17%	-1.77%	-45.00%

2. 按住鼠标左键不放并左右拖动，即可任意调整列宽。拖动到合适列宽时，再释放鼠标左键，操作如下图所示。

月份	上年度	本年度	增减金额	增减比率
销售收入	98914.14	126066.47	27152.33	27.50%
销售成本	84489.12	97703.18	13214.06	15.60%
销售费用	1294.16	4541.53	3247.38	250.90%
销售税金	3896.54	2732.44	-1164.1	-29.90%
销售成本率	85.42%	77.50%	-7.92%	-9.30%
销售费用率	1.31%	3.60%	2.29%	175.30%
销售税金率	3.94%	2.17%	-1.77%	-45.00%

3. 经过以上操作后，调整列宽后的效果如右图所示。

月份	上年度	本年度	增减金额	增减比率
销售收入	98914.14	126066.47	27152.33	27.50%
销售成本	84489.12	97703.18	13214.06	15.60%
销售费用	1294.16	4541.53	3247.38	250.90%
销售税金	3896.54	2732.44	-1164.1	-29.90%
销售成本率	85.42%	77.50%	-7.92%	-9.30%
销售费用率	1.31%	3.60%	2.29%	175.30%
销售税金率	3.94%	2.17%	-1.77%	-45.00%

多学点 将鼠标指针定位在列标号与列标号的交界线上，当鼠标指针变成✛状时双击。Excel 会根据列中的内容自动调整列宽。

10

4　用菜单调整列宽

用菜单调整列宽的方法如下。

1. 选中需进行调整的列，打开“开始”选项卡，单击“单元格”选项组中的“格式”下三角按钮，从下拉菜单中选择“列宽”命令，如下图所示。

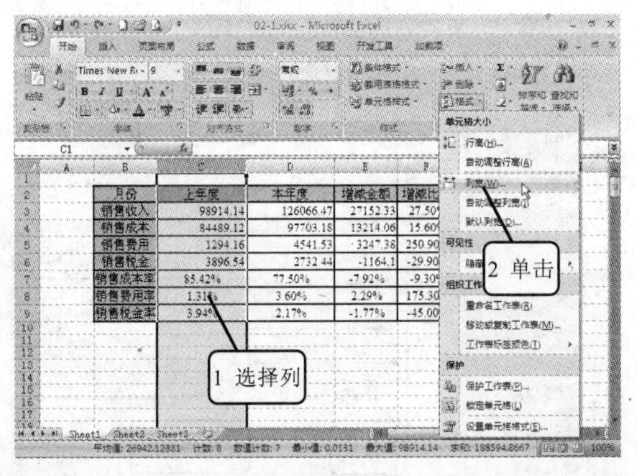

2. 在“列宽”对话框中，输入列宽的数值，单击“确定”按钮，如下图所示。

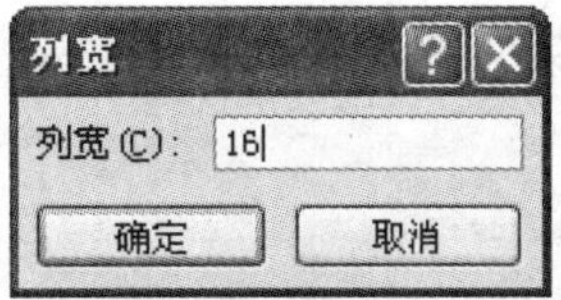

多学点 单击“单元格”选项组中的“格式”下三角按钮，如果从下拉菜单中选择“自动调整列宽”命令，则 Excel 会自动调整列宽。

10.3.4　行/列的隐藏与取消

在编辑 Excel 表格时，用户可以将暂时不需要的行/列或不需要打印的行/列进行隐藏，以方便对表格中的内容进行编辑和分析。

1 隐藏行

隐藏行的方法如下。

1. 选要隐藏的行，打开“开始”选项卡，单击“单元格”选项组中的“格式”下三角按钮，从下拉菜单中选择“隐藏和取消隐藏”|“隐藏行 ”命令，如下图所示。

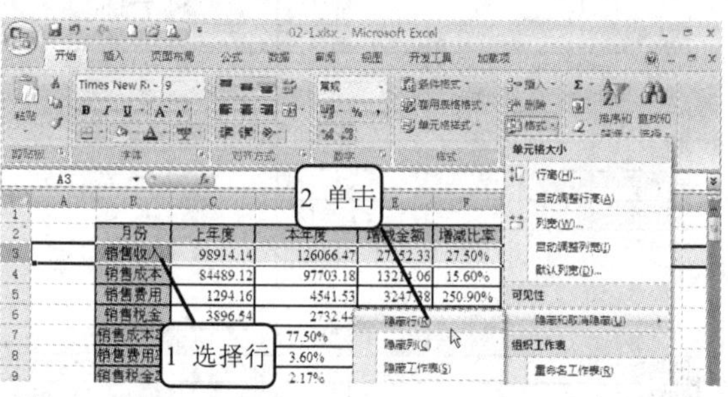

多学点 也可以在选中行后，在选中的行号上单击鼠标右键，在弹出的菜单中选择“隐藏”命令，如下图所示。

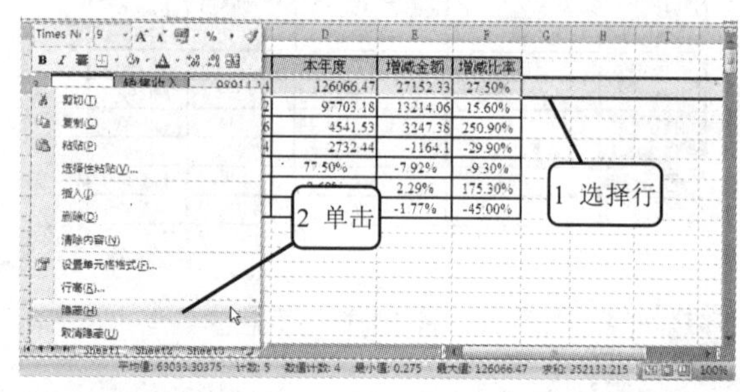

2. 经过以上操作后，行被隐藏的效果如右图所示。

月份	上年度	本年度	增减金额	增减比率
销售成本	84489.12	97703.18	13214.06	15.60%
销售费用	1294.16	4541.53	3247.38	250.90%
销售税金	3896.54	2732.44	-1164.1	-29.90%
销售成本率	85.42%	77.50%	-7.92%	-9.30%
销售费用率	1.31%	3.60%	2.29%	175.30%
销售税金率	3.94%	2.17%	-1.77%	-45.00%

2 取消隐藏行

取消隐藏行有以下两种方法。

1. 选择表格的数据区，打开“开始”选项卡，单击“单元格”选项组中的“格式”下三角按钮，从下拉菜单中选择“隐藏和取消隐藏”|“取消隐藏行”命令，如下图所示。

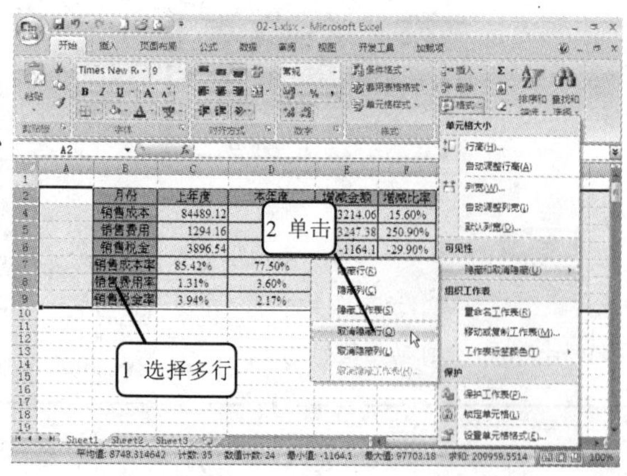

2. 也可以在选中表格的数据区后，在选中的行号上单击鼠标右键，在弹出的菜单中选择“取消隐藏”命令，如下图所示。

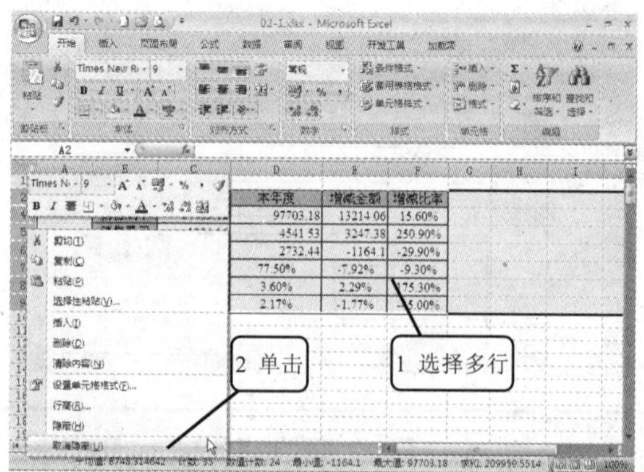

3 隐藏列

取消隐藏列有以下两种方法。

1 选中要隐藏的列，打开“开始”选项卡，单击“单元格”选项组中的“格式”下三角按钮，从下拉菜单中选择“隐藏和取消隐藏”|“隐藏列”命令，如下图所示。

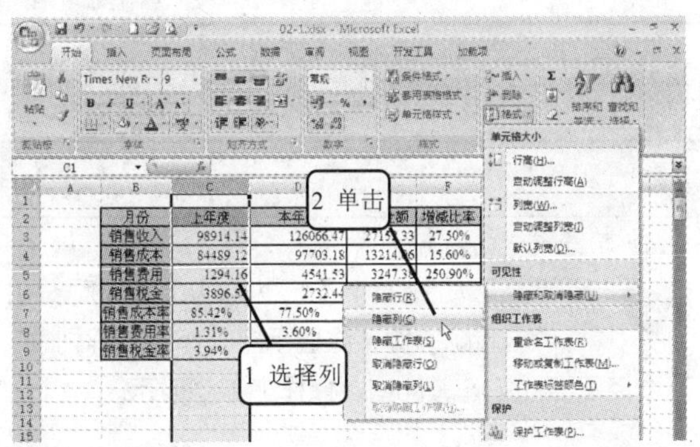

多学点 也可以在选中列后，在选中的列号上单击鼠标右键，在弹出的菜单中选择“隐藏”命令，如下图所示。

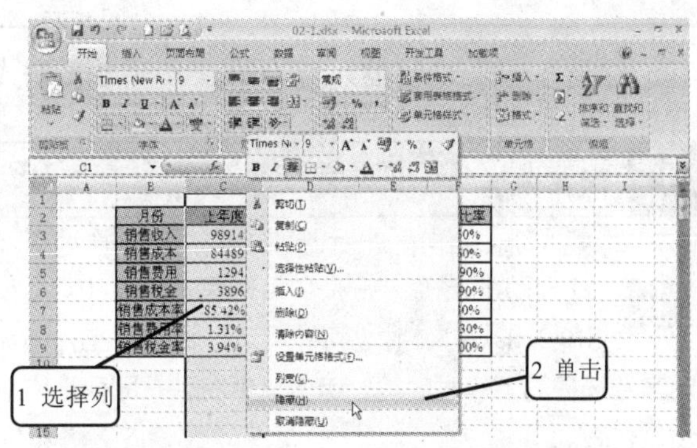

2 经过以上操作后，列被隐藏的效果如右图所示。

月份	本年度	增减金额	增减比率
销售收入	126066.47	27152.33	27.50%
销售成本	97703.18	13214.06	15.60%
销售费用	4541.53	3247.38	250.90%
销售税金	2732.44	-1164.1	-29.90%
销售成本率	77.50%	-7.92%	-9.30%
销售费用率	3.60%	2.29%	175.30%
销售税金率	2.17%	-1.77%	-45.00%

4 取消隐藏列

取消隐藏列有以下两种方法。

1 选择表格的数据区，打开“开始”选项卡，单击“单元格”选项组中的“格式”下三角按钮，从下拉菜单中选择“隐藏和取消隐藏”|“取消隐藏列”命令，如下图所示。

2 也可以在选中表格的数据区后，在选中的列号上单击鼠标右键，在弹出的菜单中选择“取消隐藏”命令，如下图所示。

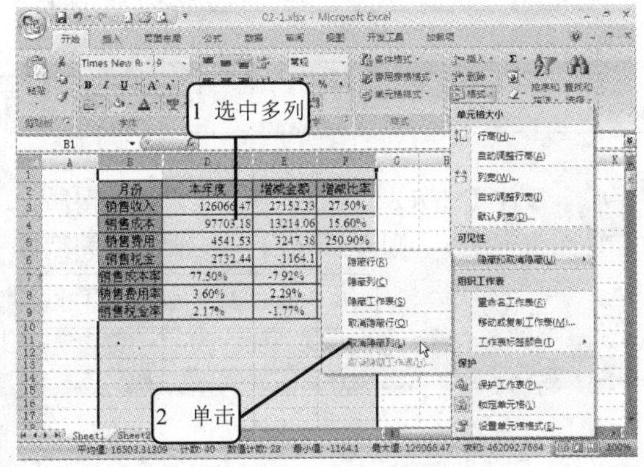

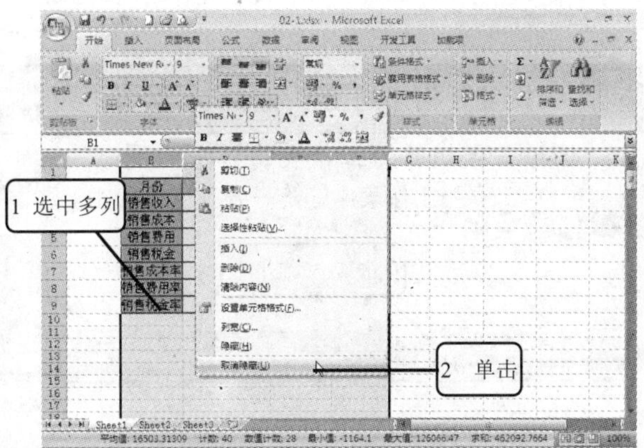

10.4 工作表的基本操作

针对工作表的管理操作，一般分为选择工作表、插入与删除工作表、重命名工作表、移动与复制工作表及隐藏与保护工作表等操作。

10.4.1 工作表的选择

在对工作表进行插入与删除、移动与复制或重命名时都必须先选中工作表。工作表的选择有如下几种类型。

1 快速选择一张工作表

对某一张工作表进行选择时，可以通过以下几种方法进行操作。

1. 打开随书光盘中的“\实例素材\第 10 章\10-3.xlsx”文档，如下图所示。将鼠标指针指向需要选择的工作表标签，单击鼠标左键，即可选中该工作表。

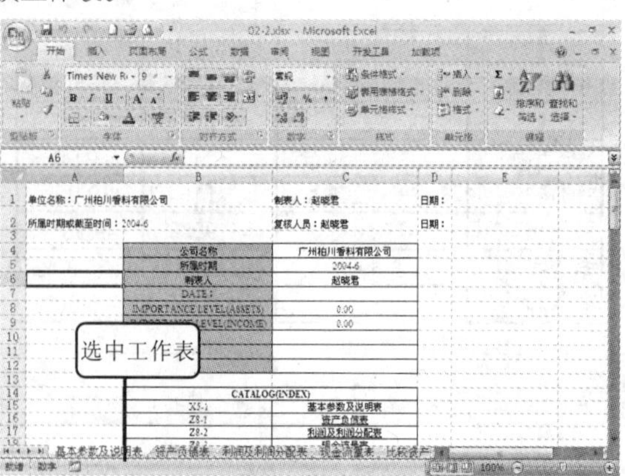

2. 将光标移动到工作表左下角的工作表标签上并单击鼠标右键，将显示出工作表名称列表，再选择需要的工作表即可。操作如下图所示。

多学点 若要激活当前工作表的前一个工作表，可以按〈Ctrl + Page Up〉快捷键；若要激活当前工作表的下一个工作表，可以按〈Ctrl + Page Down〉快捷键。

多学点 当前工作薄中若有多个工作表，且需要激活的工作表标签没有显示出来时，可以单击工作表标签左侧的标签控制按钮 |◀ ◀ ▶ ▶|，将需要的工作表标签显示出来。

2 选择多张相邻的工作表

选择多张相邻的工作表的方法如下。

1. 单击多张工作表中的第一张工作表，如下图所示。

单击第一张工作表

基本参数及说明表 / 资产负债表 / 利润及利润分配表 / 现金流量表

就绪 数字

2. 按住〈Shift〉键不放，单击要选择的最后一张工作表，则位于两工作表之间的表格被选中，如下图所示。

按住〈Shift〉键单击第二张工作表

基本参数及说明表 / 资产负债表 / 利润及利润分配表 / 现金流量表

就绪 数字

3　选择多张不相邻的工作表

若要选择多张不连续的工作表，可以按以下方法进行操作。

1. 单击多张工作表中的第一张工作表，如下图所示。

单击第一张工作表

基本参数及说明表　资产负债表　利润及利润分配表　现金流量表

就绪　数字

2. 按住〈Ctrl〉键不放，单击其他要选择的工作表，如下图所示。

按住〈Ctrl〉键单击其他工作表

基本参数及说明表　资产负债表　利润及利润分配表　现金流量表

就绪　数字

4　选择全部工作表

当工作簿中有多张工作表时，若要一次性选择全部工作表，可按以下方法进行操作。

1. 将鼠标指针指向任意一张工作表标签，单击鼠标右键。

2. 在弹出的快捷菜单中，选择“选定全部工作表”命令即可，如右图所示。

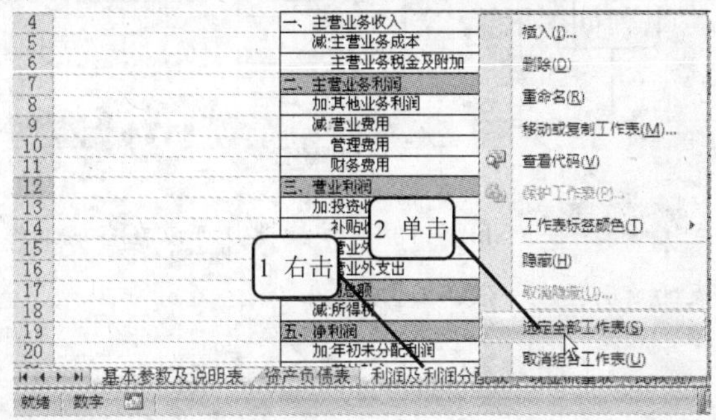

10.4.2　工作表的插入/删除

在默认状态下，新建的工作簿中包括 Sheet1、Sheet2 和 Sheet3 三张工作表。在实际工作中，所需的工作表数可能有所不同，用户可以根据实际需要来插入或删除工作表。

1　插入工作表

插入工作表的方法如下。

1. 选择新工作表的插入位置，单击“单元格”选项组中的“插入”下三角按钮，从下拉菜单中选择“插入工作表”命令，如下图所示。

2. 经过上步操作，就在刚才所选工作表的左侧插入了一张新工作表 Sheet1，如下图所示。

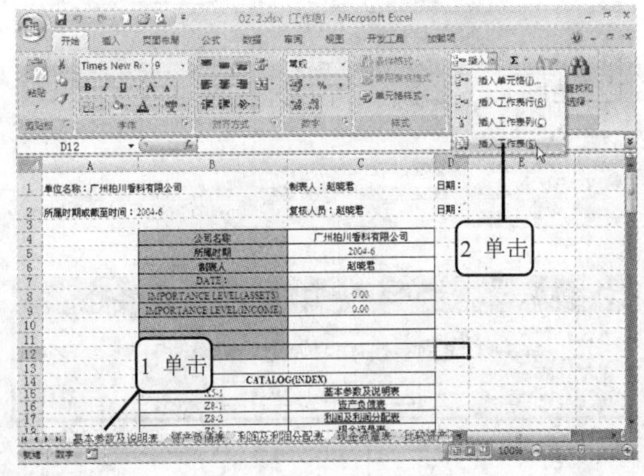

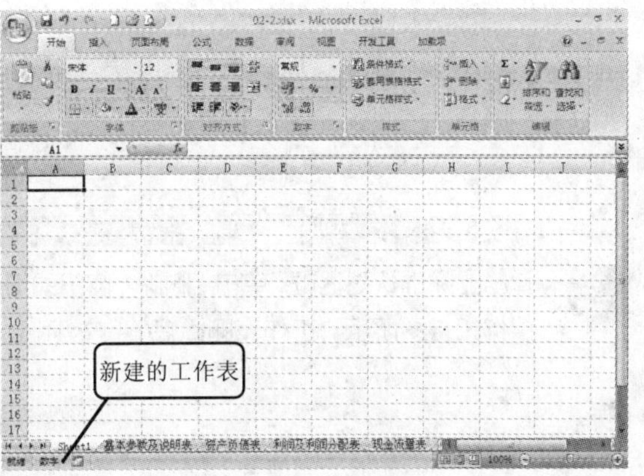

3 也可以在新工作表的插入位置单击鼠标右键，在快捷菜单中选择“插入”命令，如下图所示。

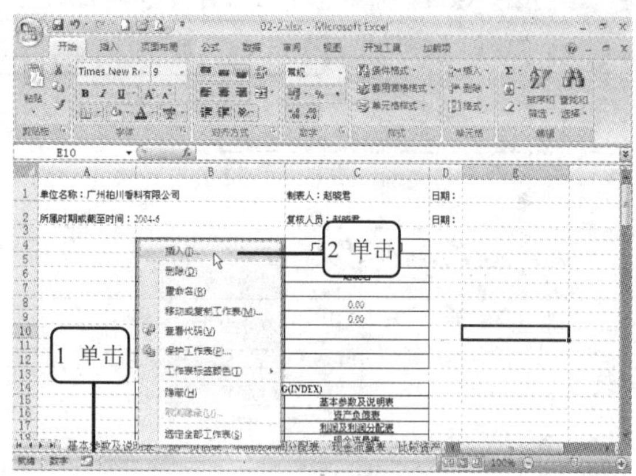

多学点 按〈Shift + F11〉快捷键，可以在当前工作表的前面插入一张新工作表。

4 弹出“插入”对话框，单击“工作表”图标，然后再单击“确定”按钮，如下图所示。这样也可以插入一张工作表。

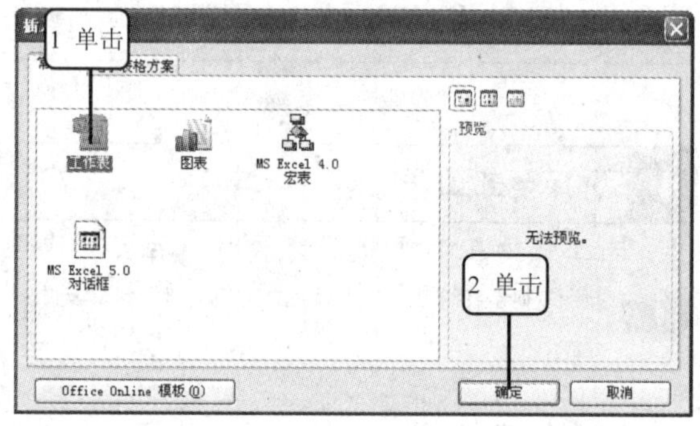

多学点 若要一次性插入多张工作表，可通过选择工作表的方法，先选择多张工作表，然后再选择“插入”命令。

2 删除工作表

当不需要工作簿中的某些工作表时，可通过以下方法进行删除。

1 选择要删除的工作表，单击“单元格”选项组中的“删除”下三角按钮，从下拉菜单中选择“删除工作表”命令，如下图所示。

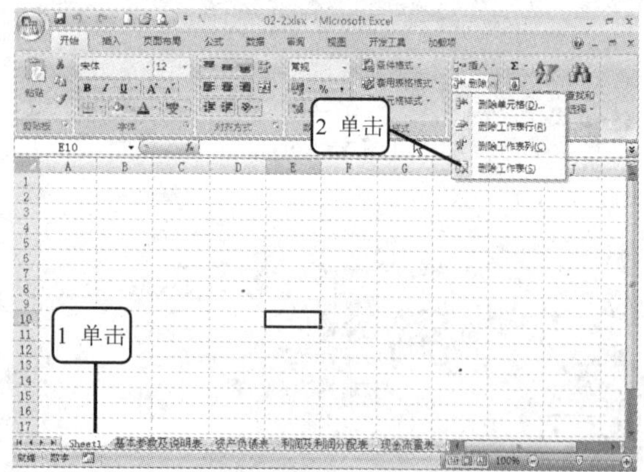

多学点 若要一次性删除多张工作表，可通过选择工作表的方法，先选择多张工作表，然后再选择“删除”命令。

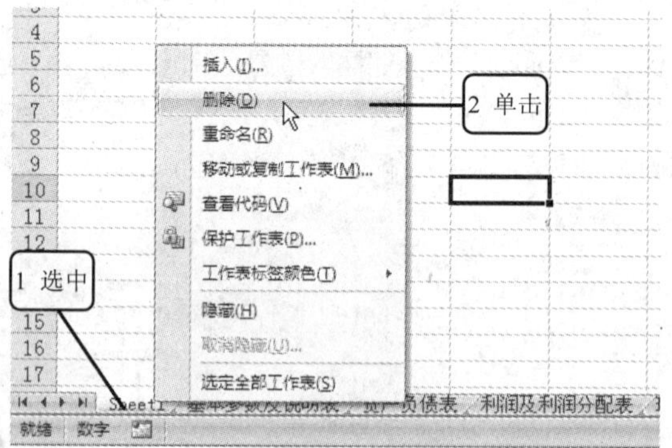

2 弹出删除确认对话框，单击“删除”按钮即可。操作如右图所示。工作表删除后不能被还原。

可以看到刚才被选中的工作表已经被删除了，如右图所示。

10.4.3　工作表的重命名

Excel 在建立一个新工作簿时，工作表都是默认以 Sheet1、Sheet2 等来命名的。但在实际工作中，为了便于记忆和进行有效的管理，用户可以改变工作表的名称。

1　单击需要重命名的工作表标签，单击“单元格”选项组中的“格式”下三角按钮，从下拉菜单中选择“重命名工作表”命令，如下图所示。

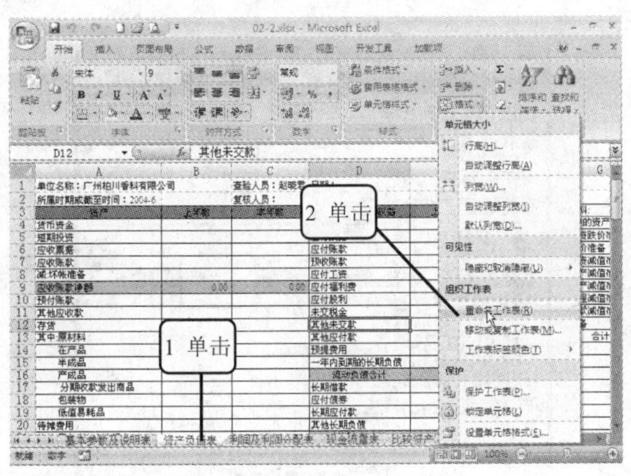

2　进入工作表重命名状态，输入相应的工作表名称并按〈Enter〉键确认，如下两图所示。

基本参数及说明表	资产负债表	利润及利润分配表
就绪	数字	

基本参数及说明表	资产负债情况表	利润及利润分配
就绪	数字	

多学点　也可以在要重命名的工作表标签上单击鼠标右键，从弹出的菜单中选择“重命名”命令，如右图所示。

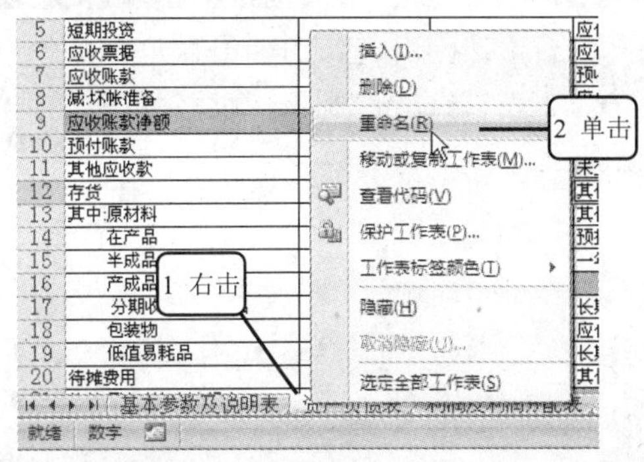

多学点　将鼠标指针指向需要重命名的工作表标签并双击，输入新的名字，按〈Enter〉键确认即可。

10.4.4　工作表的移动或复制

当建立了多张工作表后，可以通过移动工作表的方法来调整工作簿中各工作表之间的顺序。复制工作表可以快速备份工作表内容或创建内容及结构与原工作表大致相同的新工作表。

1　用拖动法移动工作表

用拖动法移动工作表的具体方法如下。

1 选择要移动的一张或多张工作表，将鼠标指针指向选择的工作表标签上，按住鼠标左键不放将选中的工作表拖放到目标位置，如下图所示。

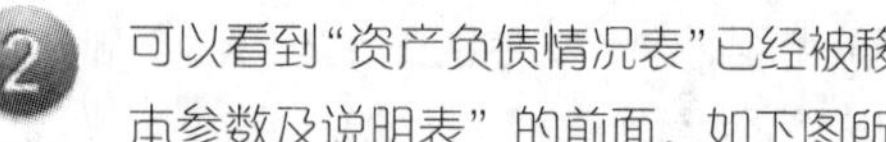

2 可以看到“资产负债情况表”已经被移动到“基本参数及说明表”的前面，如下图所示。

2 用菜单法移动工作表

也可以利用菜单法移动工作表，具体方法如下。

1 选择要移动的工作表，打开“开始”选项卡，单击“单元格”选项组中的“格式”下三角按钮，从下拉菜单中选择“移动或复制工作表”命令，如下图所示。

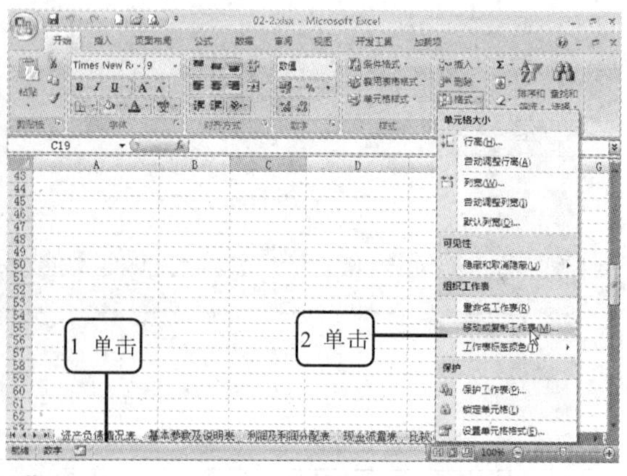

2 打开“移动或复制工作表”对话框中，在“下列选定工作表之前”列表框中，选择移动工作表的目标位置，然后单击“确定”按钮，如下图所示。

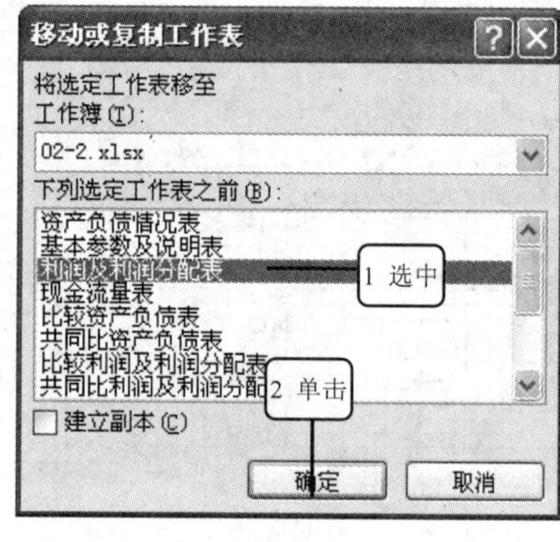

3 经过以上操作后，即可将选中的“资产负债情况表”移动到“利润及利润分配表”前面，如下图所示。

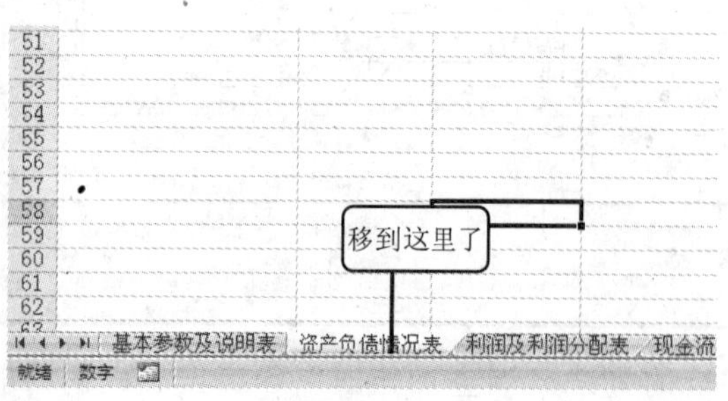

多学点 也可以在要移动的工作表标签上单击鼠标右键，从弹出的菜单中选择“移动或复制工作表”命令，如下图所示。

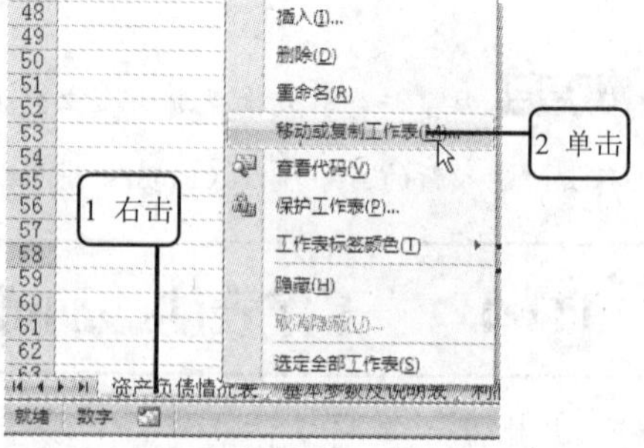

3 用拖动法复制工作表

用拖动法复制工作表的具体方法如下。

1 选择要复制的一张或多张工作表，按住〈Ctrl〉键不放，将鼠标指针指向选中的工作表标签上，按住鼠标左键不放将选中的工作表拖放到目标位置，如下图所示。

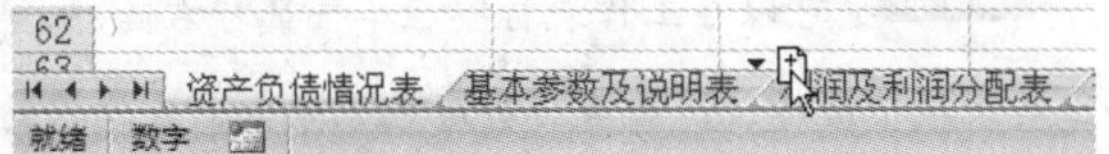

2 复制到目标位置后，先释放鼠标左键，再释放〈Ctrl〉键。可以看已经复制了一个“资产负债情况表（2）”，效果如下图所示。

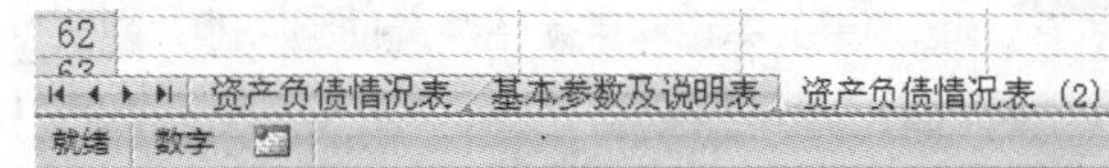

4 用菜单法复制工作表

用菜单法复制工作表的具体方法如下。

1 选择要复制的工作表，打开“开始”选项卡，单击“单元格”选项组中的“格式”下三角按钮，从下拉菜单中选择“移动或复制工作表”命令，如下图所示。

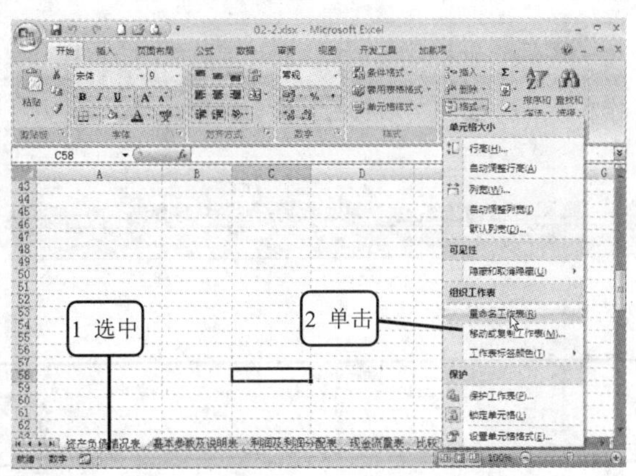

2 打开“移动或复制工作表”对话框中，在“下列选定工作表之前”列表框中，选择制作工作表的目标位置，并选中“建立副本”复选框，然后单击“确定”按钮，如下图所示。

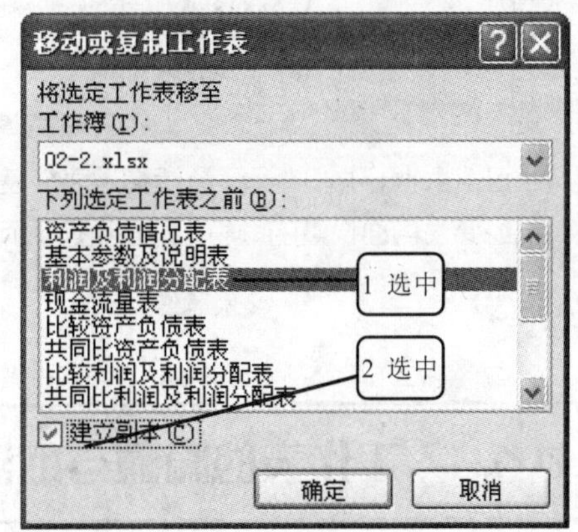

3 经过以上操作后，“利润及利润分配表”的前面已经复制了一个“资产负债情况表（2）”，如下图所示。

多学点 也可以在要移动的工作表标签上单击鼠标右键，从弹出的菜单中选择“移动或复制工作表”命令，如下图所示。

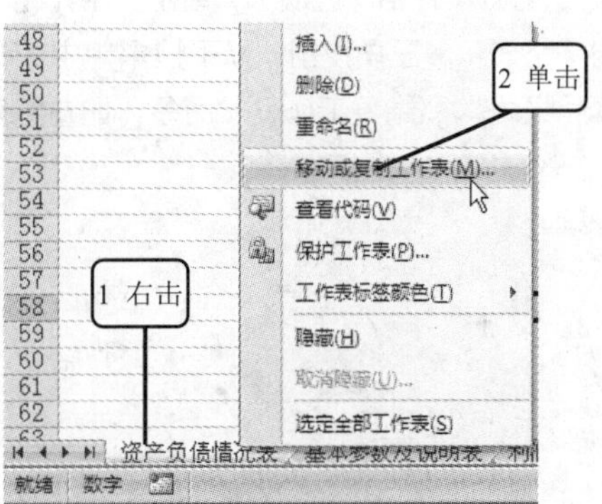

10

10.4.5 设置工作表标签颜色

有些工作表比较重要，为了便于查看，可以对该工作表标签设置颜色。

1 选择要设置标签颜色的工作表，打开“开始”选项卡，单击“单元格”选项组中的“格式”下三角按钮，从下拉菜单中选择“工作表标签颜色”命令，在弹出的子菜单中选择一种颜色，如下图所示。

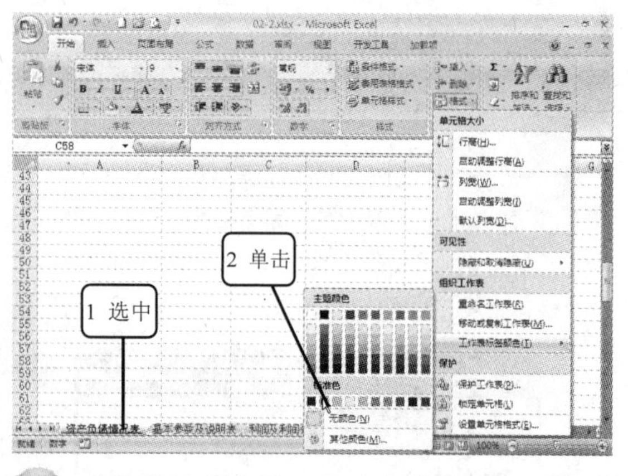

2 经过以上操作后，“资产负债情况表”的标签已经变为前面设置的颜色”，如右图所示。

多学点 也可以在工作表标签在单击鼠标右键，从弹出的菜单中选择“工作表标签颜色”命令，在弹出的子菜单中选择一种颜色，如下图所示。

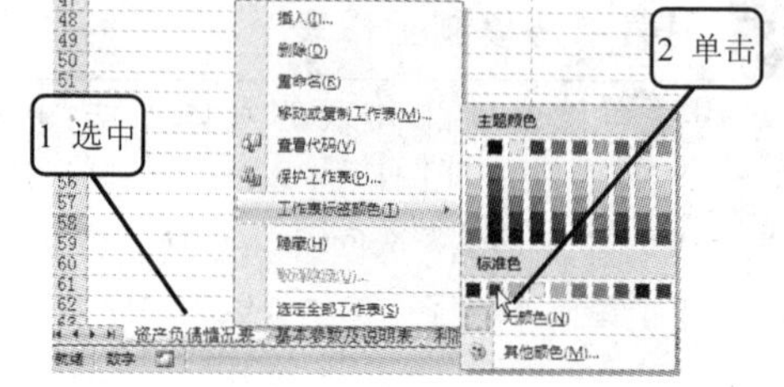

多学点 如果要取消工作表标签颜色，可以选择“工作表标签颜色”|“无颜色”命令。

10.4.6 工作表的隐藏与取消

用户可以将含有重要数据或暂时不用的工作表隐藏起来。

1 隐藏工作表

隐藏工作表的具体方法如下。

1 选择要隐藏的工作表，如“资产负债情况表”，打开“开始”选项卡，单击“单元格”选项组中的“格式”下三角按钮，从下拉菜单中选择“隐藏和取消隐藏”|“隐藏工作表”命令，如右图所示。

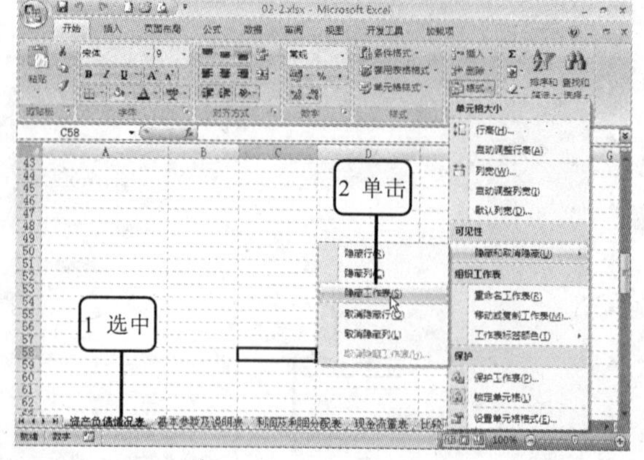

2 可以看到"资产负债情况表"已经被隐藏，如下图所示。

提示您 隐藏工作表时，要至少保留一张工作表可见。

多学点 也可以在工作表标签上单击鼠标右键，从弹出的菜单中选择"隐藏"命令，如下图所示。

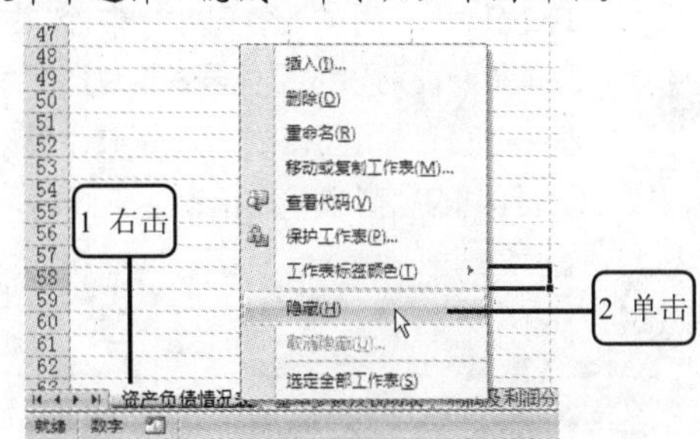

2 取消工作表的隐藏

取消隐藏工作表的具体方法如下。

1 选择任意一张工作表标签，打开"开始"选项卡，单击"单元格"选项组中的"格式"下三角按钮，从下拉菜单中选择"隐藏和取消隐藏"/"取消隐藏工作表"命令，如下图所示。

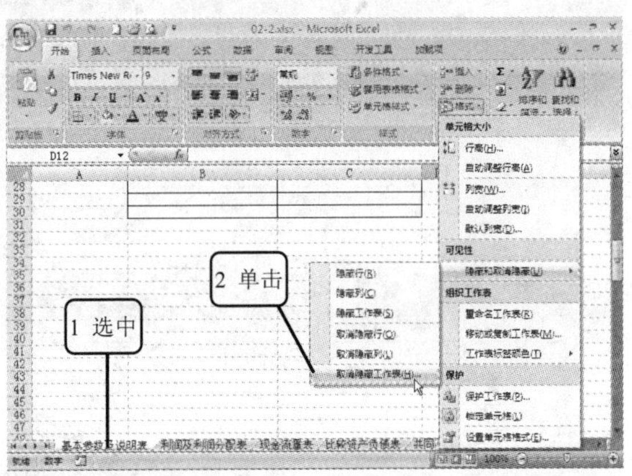

多学点 也可以在工作表标签上单击鼠标右键，从弹出的菜单中选择"取消隐藏"命令，如下图所示。

多学点 在取消隐藏工作表时，每次只能取消一张。

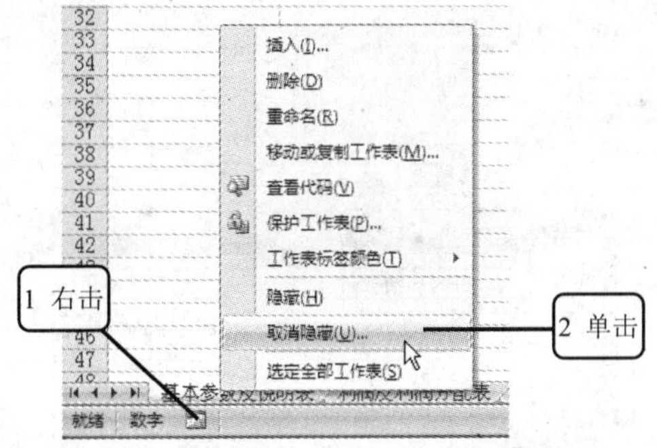

2 在"取消隐藏"对话框中，选择需要取消隐藏的工作表，单击"确定"按钮，如下图所示。

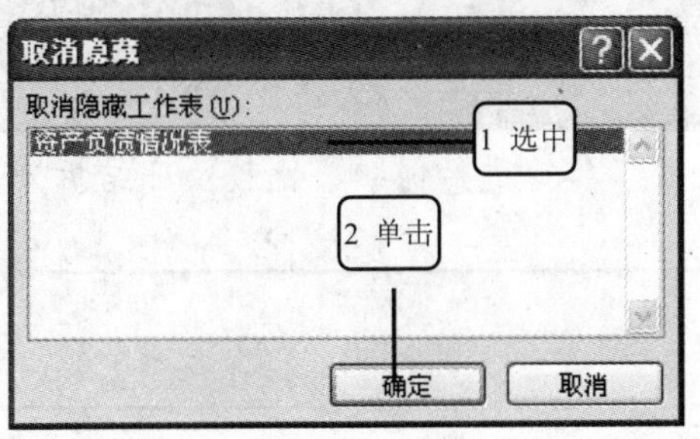

3 可以看到被隐藏的"资产负债情况表"工作表又再次出现，如下图所示。

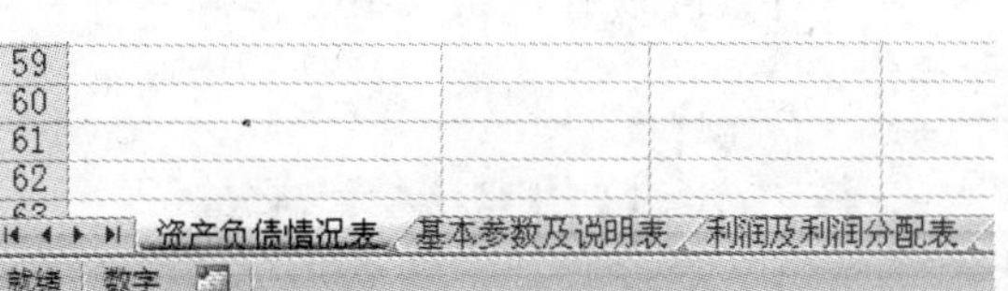

10.4.7 设置工作表的背景

在 Excel 中，用户还可以对整个工作表的背景进行设置，以美化工作表的内容。

1 选择要设置背景的工作表，如“资产负债情况表”，打开“页面布局”选项卡，单击“页面设置”选项组中的“背景”按钮，如下图所示。

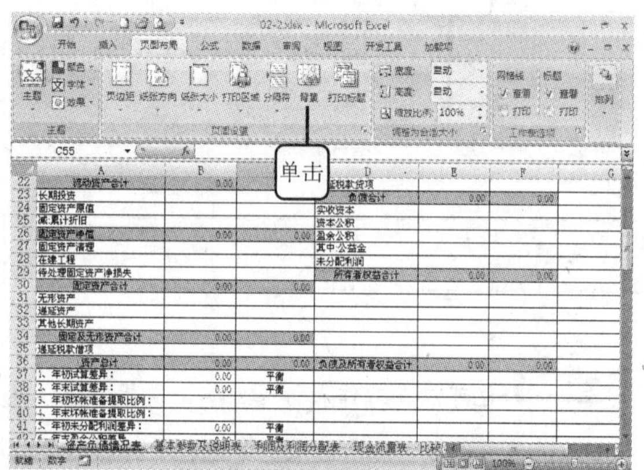

2 弹出“工作表背景”对话框，在“查找范围”下拉列表框中选择背景文件的位置，然后选择需要插入的背景文件，然后单击“插入”按钮，如下图所示。

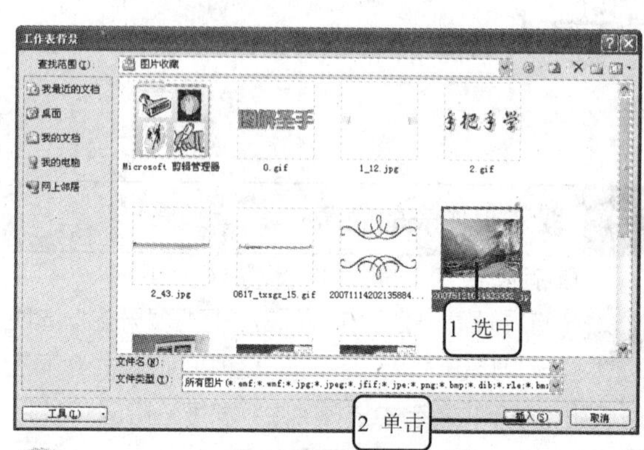

3 经过以上操作后，就给工作表设置了背景效果，如下图所示。

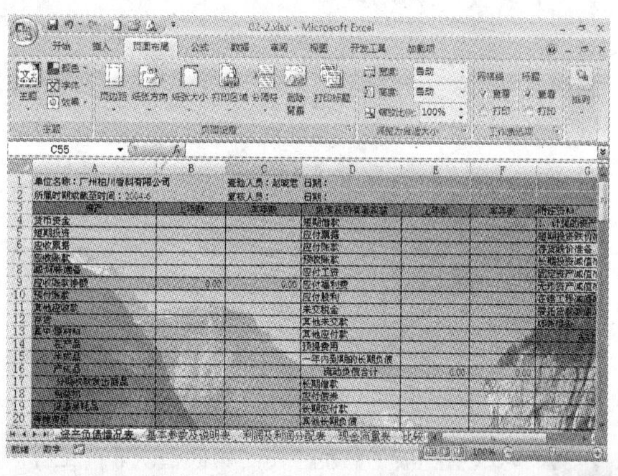

4 此时原先的“背景”按钮则变为了“删除背景”按钮，若要取消工作表的背景设置，可以单击“删除背景”按钮，如下图所示。

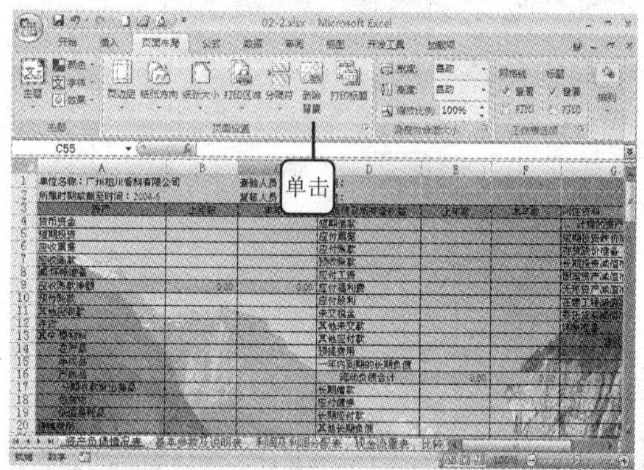

10.5 工作簿的基本操作

一个 Excel 文件就是一个工作簿。用户可对 Excel 工作簿进行保护、比较及冻结拆分等管理操作。

10.5.1 并排比较工作簿

当用户打开多个 Excel 工作簿后，Excel 软件将自动为每一个工作簿文件创建一个新窗口。

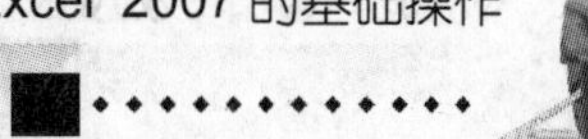

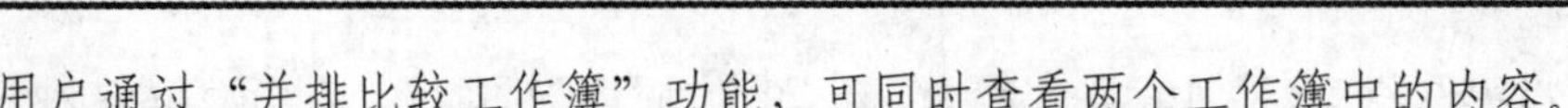

用户通过“并排比较工作簿”功能，可同时查看两个工作簿中的内容。

1 并排查看工作簿

并排查看工作簿的具体方法如下。

1 打开随书光盘中“\实例素材\第 10 章\10-3.xlsx”和“10-4.xlsx”文档，如下图所示。切换至“视图”选项卡，单击“窗口”选项组中的“并排查看”按钮，如下图所示。

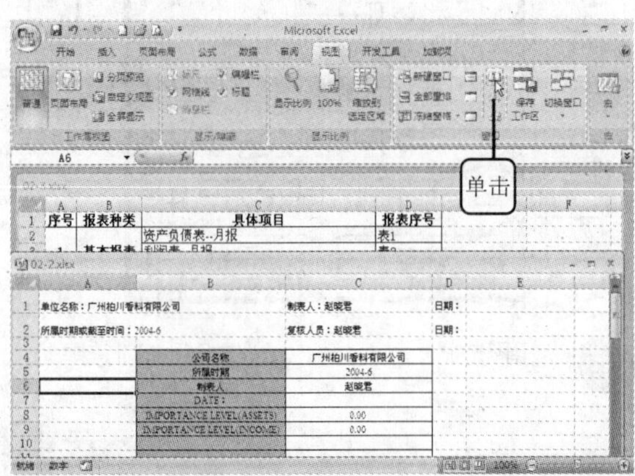

2 窗口并排查看效果如下图所示。Excel 在默认情况下，当对多个窗口进行并排比较时，具有“同步滚动”功能，也就是说，当移动其中一个窗口的滚动条时，另一个窗口也会跟着同步进行移动。

多学点 若当前只有两个 Excel 工作簿窗口，则单击“并排查看”按钮后即可对这两个工作簿窗口进行并排查看。若用户打开两个以上的工作簿窗口，则单击“并排查看”按钮后，会弹出“并排比较”对话框，让用户选择并排比较的工作簿窗口，如右图所示。

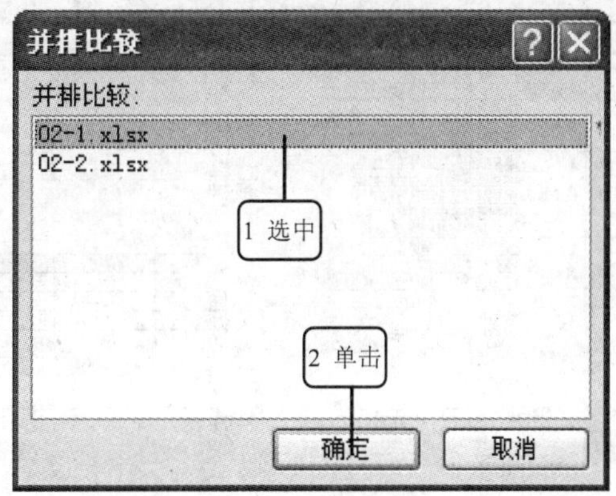

多学点 单击“窗口”选项组中的“同步滚动”按钮表示取消同步滚动功能，再单击该按钮，表示启用同步滚动功能。

多学点 用户对窗口进行并排比较完毕后，可以关闭窗口的并排比较功能，让窗口恢复到正常的编辑状态。再次单击“并排查看”按钮，或单击窗口中的按钮即可关闭按钮。

2 重设工作簿窗口的并排比较方式

Excel 为用户提供了多种窗口排列方式，如平铺、水平并排、垂直并排、层叠等。在对窗口进行并排比较时，用户可以更改窗口的并排比较方式。

10

1 打开随书光盘中“\实例素材\第 10 章\10-2.xlsx”、“10-3.xlsx”和“10-4.xlsx”文档，如下图所示。切换至“视图”选项卡，单击“窗口”选项组中的“全部重排”按钮，如下图所示。

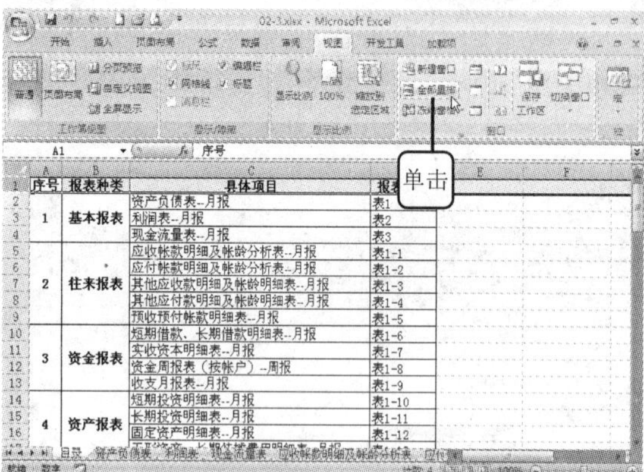

2 在“重排窗口”对话框中，选择窗口的排列方式，然后单击“确定”按钮，如下图所示。

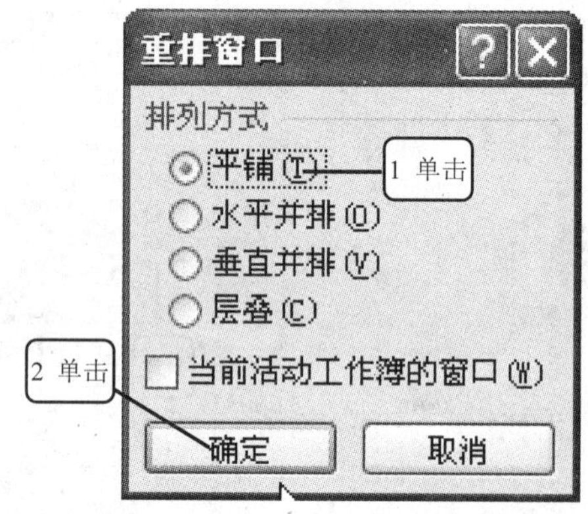

3 如果选中“平铺”单选按钮，则效果如下图所示。

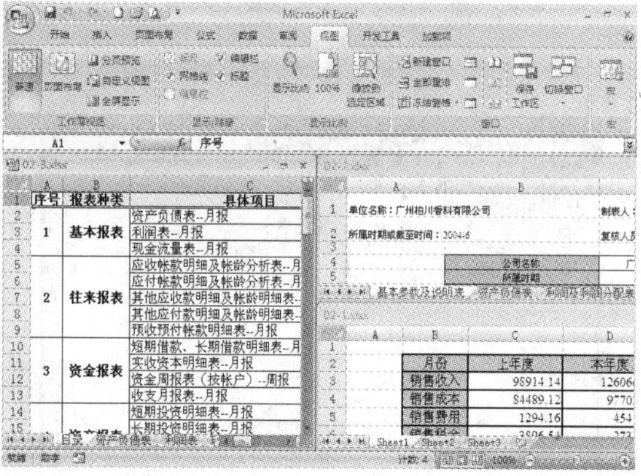

4 如果选中“水平并排”单选按钮，则效果如下图所示。

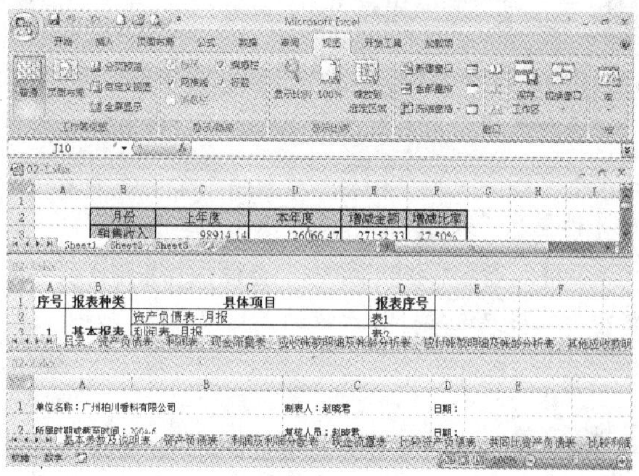

5 如果选中“垂直并排”单选按钮，则效果如下图所示。

6 如果选中“层叠”单选按钮，则效果如下图所示。

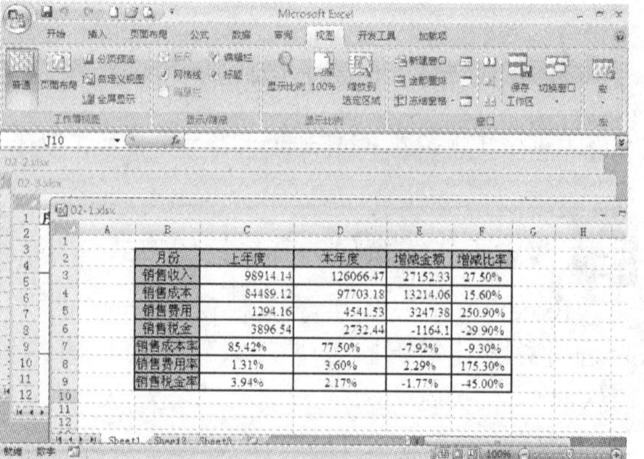

10.5.2 拆分工作簿窗口

选择“拆分窗口”命令可以将当前工作表窗口拆分成至少 2 个、至多 4 个编辑窗口，并且对每个窗口都可进行编辑操作。

1 打开随书光盘中“\实例素材\第 10 章 10-4.xlsx”文档，切换至“视图”选项卡，单击“窗口”选项组中的“拆分”按钮，如下图所示。

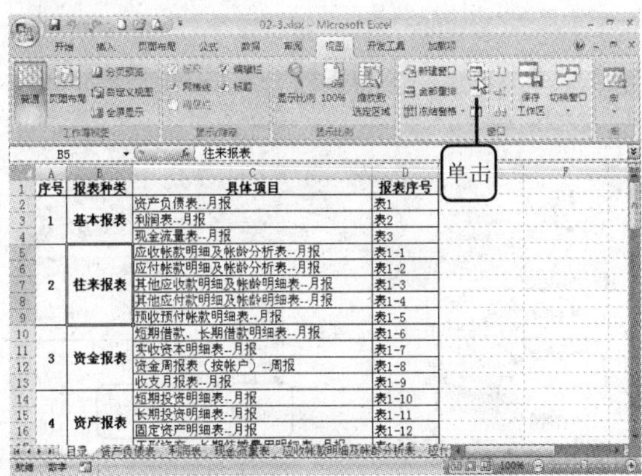

2 系统会在所选单元格上面行和左边列添加一条拆分标志的线，如下图所示。

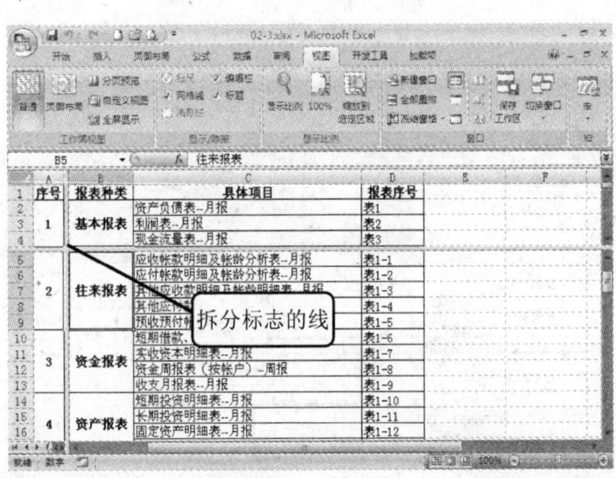

3 可以在每个窗口中通过拖拉垂直滚动条或水平滚动条来浏览工作表内容。在拆分后的窗口中可同时显示相同内容或不同内容，如下图所示。

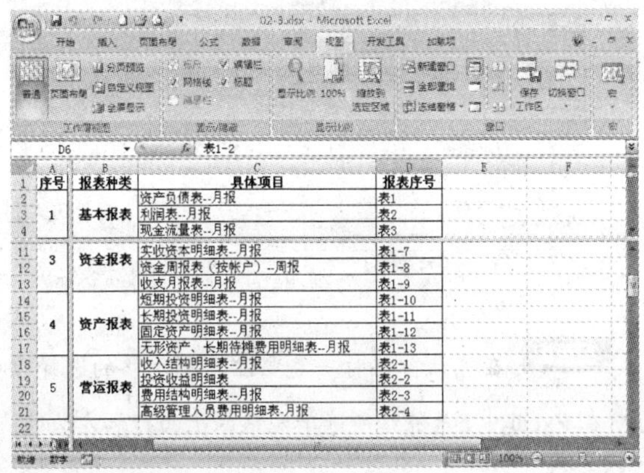

4 用户还可以在现有拆分窗口中根据需要调整各窗口的高度和宽度。调整宽度的方法为：将鼠标指针定位在拆分标志横线上，当指针变成状时按住鼠标左键不放并进行拖动，如下图所示。调整高度的方法与调整宽度的方法大致相同。

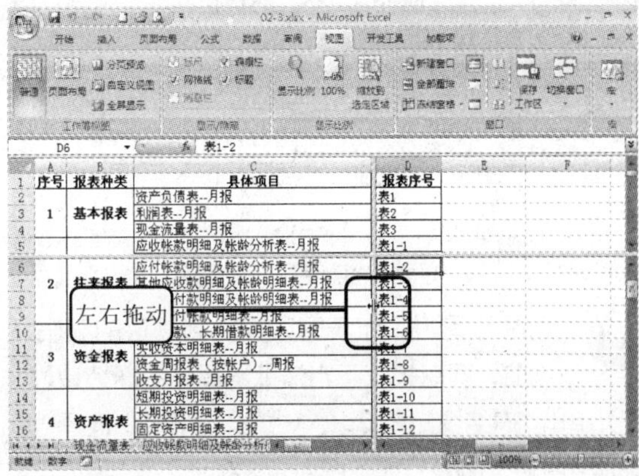

多学点 用户还可以根据需要删除水平或垂直拆分标志线。删除水平拆分标志线的方法是：将鼠标指针定位在水平拆分标志线上，当指针变成状时按住鼠标左键不放将其拖到行标上。删除垂直拆分标志线的方法与删除水平拆分标志线方法大致相同。

多学点 取消拆分窗口的方法为，再次单击“窗口”选项组中的“拆分”按钮。

10.5.3 冻结工作簿窗格

冻结窗格就是将相关的行或列冻结在窗口中，始终保持其可见。通过冻结窗格，可以方便用户查阅内容过多的工作表。

1 打开随书光盘中的“\实例素材\第 10 章\10-4.xlsx”文档，切换至“视图”选项卡，选中其中的某一个单元格，单击“窗口”选项组中的“冻结窗格”按钮，从弹出的菜单中选择“冻结拆分窗格”命令，如下图所示。

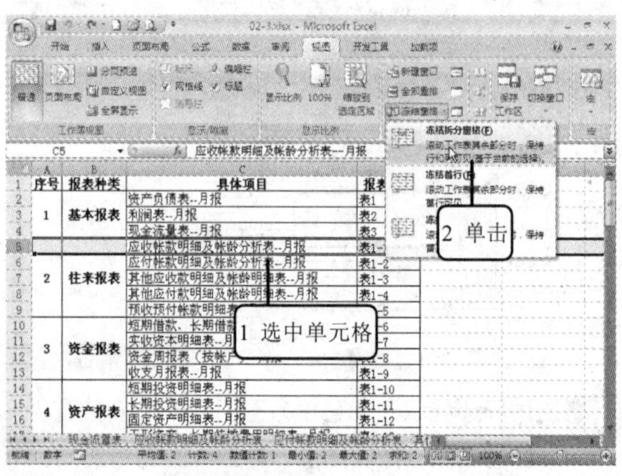

2 在所选单元格上面行和左边列添加一条冻结标志线。此时若拖动垂直滚动条或水平滚动条浏览工作表内容，所选单元格的上面行的内容会始终保持可见，如下图所示。

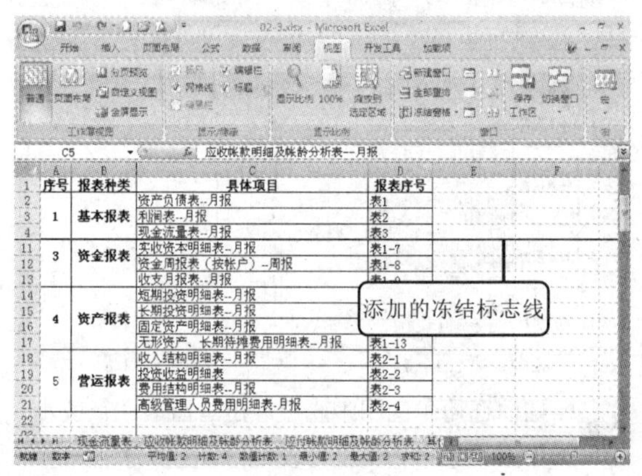

3 如果从“冻结窗格”子菜单中选择“冻结首行”命令，则首行内容会始终保持可见，如下图所示。

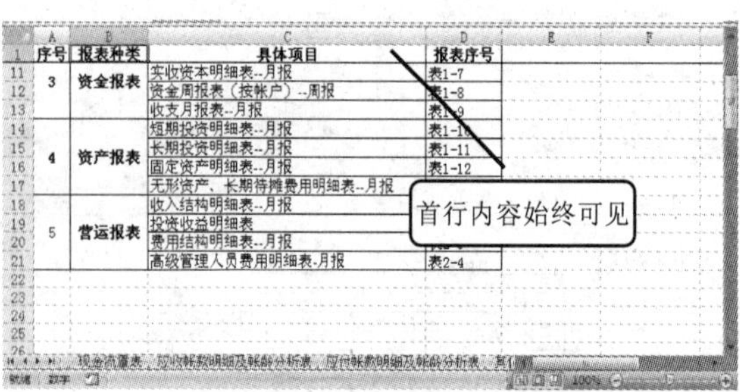

4 如果从“冻结窗格”子菜单中选择“冻结首列”命令，则首列内容会始终保持可见，如下图所示。

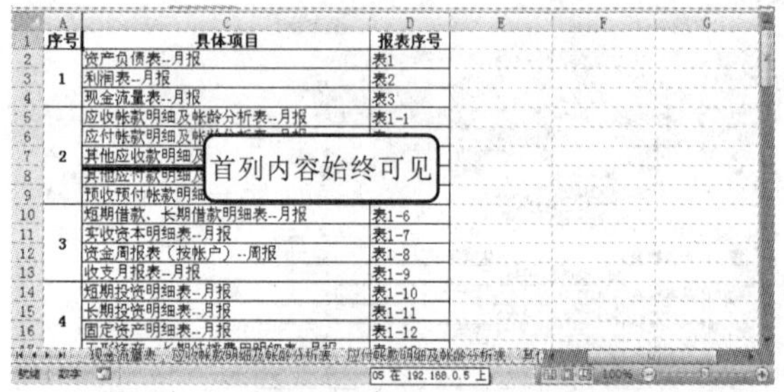

5 如果希望将工作表窗口恢复到默认的编辑状态时，可以按以下方法取消窗格的冻结属性：再次单击“冻结窗格”按钮，从弹出的菜单中选择“取消冻结窗格”命令，如下图所示。

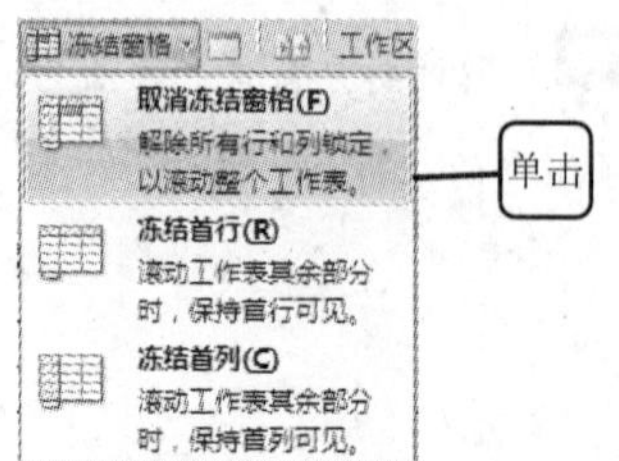

提示您 在冻结窗格时一定要注意单元格的选择位置。在 Excel 中，是冻结所选单元格的上面行和左边列。

经验谈 选择第 1 行中的任意一个单元格后执行“冻结窗格”命令，则只能冻结所选单元格的左边列；选择 A 列中的任意一个单元格后执行“冻结窗格”命令，则只能冻结所选单元格的上边行。

10.5.4 隐藏工作簿窗口

当打开的 Excel 工作簿窗口太多时，则可以将暂不需要的工作簿窗口隐藏。

1. 打开随书光盘中“\实例素材\第 10 章\10-4.xlsx”文件，切换至“视图”选项卡，单击“窗口”选项组中的“隐藏窗口”按钮，如下图所示，则可以将该窗口隐藏。

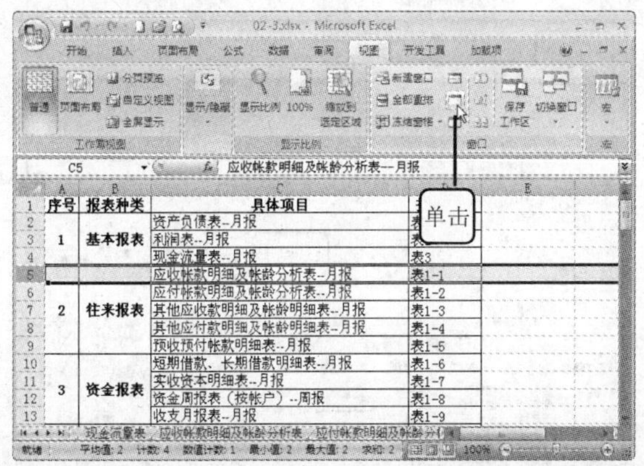

2. 若需要再将窗口显示出来，可按以下方法操作：单击“窗口”选项组中的“取消隐藏窗口”按钮，在“取消隐藏”对话框的“取消隐藏工作簿”列表框中选择要显示的工作簿，单击“确定”按钮，如下图所示。

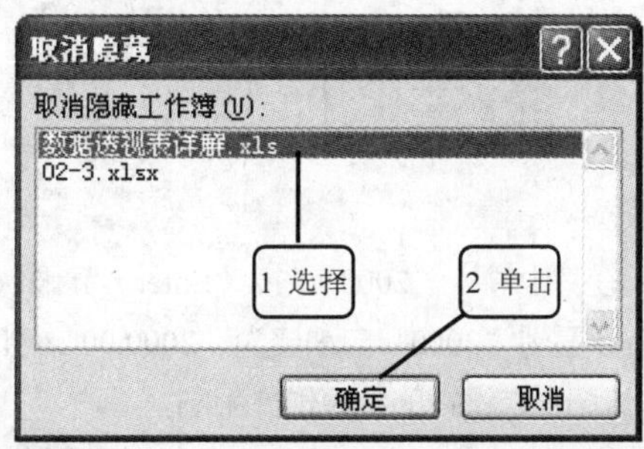

10.6 输入数据

单元格是工作表中最基本的组成部分，下面首先学习对单元格的相关操作。

10.6.1 数据输入的基本方法

向表格中输入数据有以下两种方法。

1. 将光标置于要输入数据的单元格中（这里是 A1 单元格），双击鼠标左键，使单元格处于输入状态，在其中输入文字，如右图所示。

2. 也可将光标置于 A1 单元格中，然后在后面的文本框中输入文字，完成后按〈回车〉键确认。

10.6.2 在单元格中输入特殊数字

在 Excel 中，有时需要输入一些特殊的数据，如带有两位小数的数据、分数或表示年月日的日期等。

1 选中“基本工资”单元格下方的区域，然后单击“开始”选项卡“单元格”选项组中的“格式”按钮，从弹出的菜单中选择“设置单元格格式”命令，如下图所示。

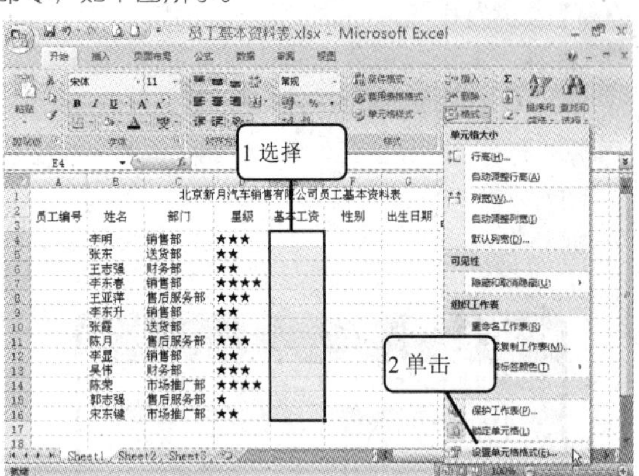

2 弹出“设置单元格格式”对话框，如下图所示。打开“数字”选项卡，在“分类”列表框中选择“数值”项，然后在对话框右侧选择一种数值形式。

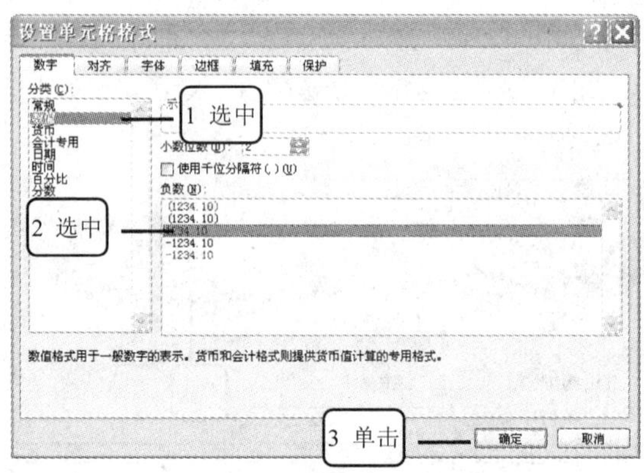

3 在其中输入“2000”，按〈Enter〉键确认，可以看到“2000”自动变为“2000.00”，如右图所示。这和刚才设置的数值形式相同。

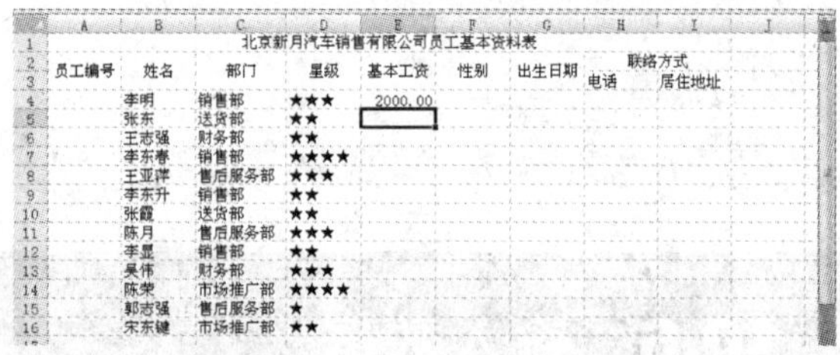

10.6.3 输入完全相同的内容

下面接着输入“部门”列中的内容。有些员工同属一个部门，可以用以下方法方便地输入。

1 按住鼠标左键，选中多个单元格，如下图所示。

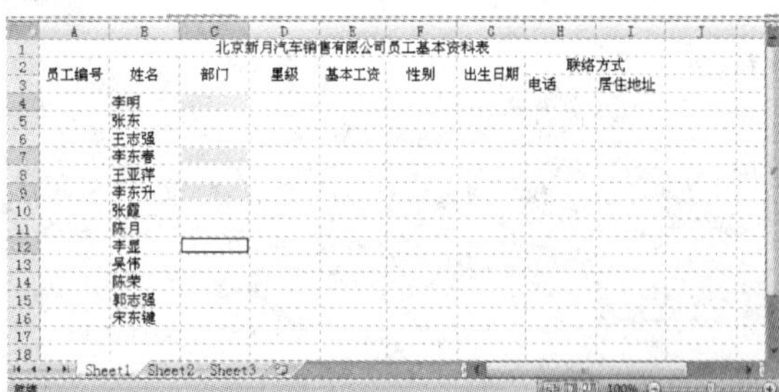

2 输入部门名称，这里输入“销售部”，如下图所示。

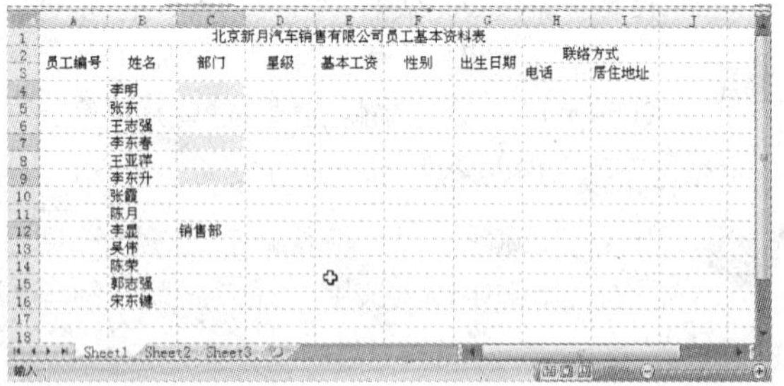

3 输入完成后按〈Ctrl+Enter〉键，可以看到在选中的单元格中都输入了同样的内容，如右图所示。

提示您 在步骤 1 中选中单元格后，好像光标不见了，不要担心，直接输入内容即可。

10.6.4　输入部分相同的内容

在表格中有时还需要输入部分重复的内容，如职工编号分别是“新月-01”、“新月-02”、“新月-03”等，为了方便，可以利用以下方法来实现。

1 选中“员工编号”单元格下方的区域，然后单击“单元格”选项组中的“格式”按钮，弹出“设置单元格格式”对话框，如下图所示。打开“数字”选项卡，在“分类”列表框中选择“自定义”项，然后在右侧“类型”下方的文本框中输入"新月-"@，然后单击“确定”按钮。

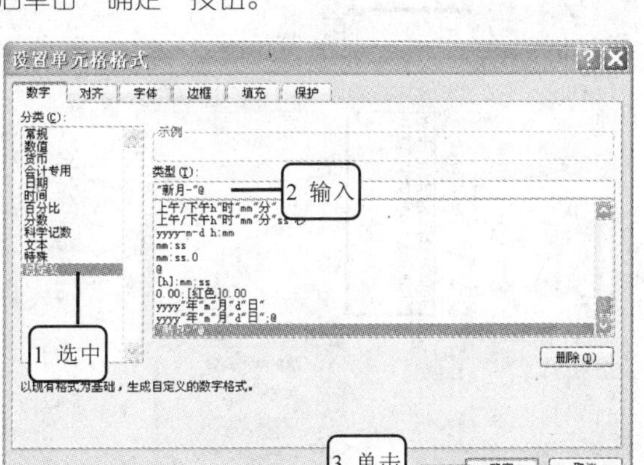

2 选中“员工编号”单元格下方的单元格，在其中输入“01”，如下图所示。

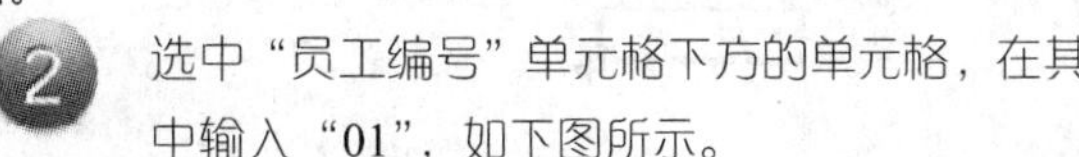

提示您　输入"新月-"@时，双引号必须是在英文输入状态下输入。

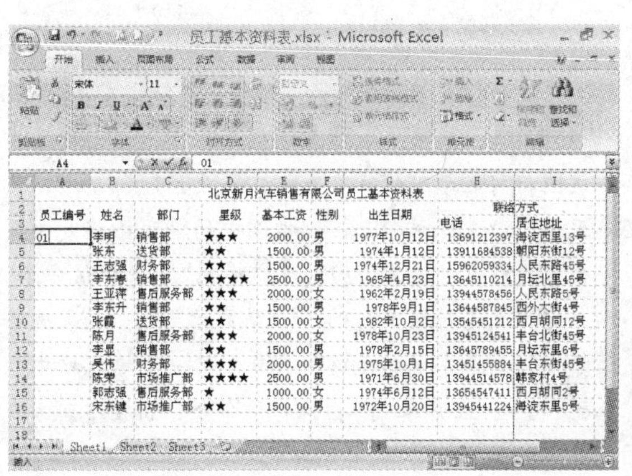

3 按〈Enter〉键确认，可以看到该数值自动变为“新月-01”，如下图所示。

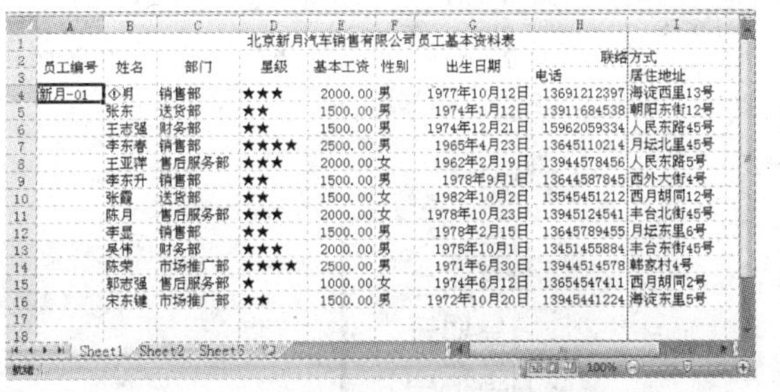

4 将光标移至该单元格的右下角，当光标变为＋状时，按住鼠标左键并向下拖动，单元格右下角显示数据的变化，释放鼠标左键，可以看到已经自动填充好的数据，如下图所示。

10.6.5　利用“自动填充”功能输入数据

在 10.6.4 节中简单介绍了“自动填充”功能，除此之外“自动填充”还有很多其他用途，下面分别介绍。

1　快速输入月份

利用“自动填充”功能，可以快速输入月份，操作步骤如下。

1 在 A1 单元格中输入“一月”，然后选择该单元格，将光标指向单元格的右下角，光标变为✚状，如下图所示。

	A	B	C
1	一月		
2			
3			
4			
5			
6			
7			
8			
9			
10			

2 按住鼠标左键不放并向下拖动光标到相应位置，然后释放鼠标左键，被选中的单元格将自动输入其他月份，如下图所示。

	A	B	C
1	一月		
2	二月		
3	三月		
4	四月		
5	五月		
6	六月		
7	七月		
8	八月		
9	九月		
10			

提示您 在光标✚的右下角显示了图标，单击该图标将显示下拉菜单（如右图所示）。1）“复制单元格”：选择该命令，则被选中的单元格将复制第一个单元格中的内容。2）“填充序列”：选择该命令，按序列方式进行填充。3）“仅填充格式”：如果选择该命令，被选中的单元格将只复制第一个单元格中的格式。4）“以月填充”：选择该命令，的按序列方式填充不同的月。

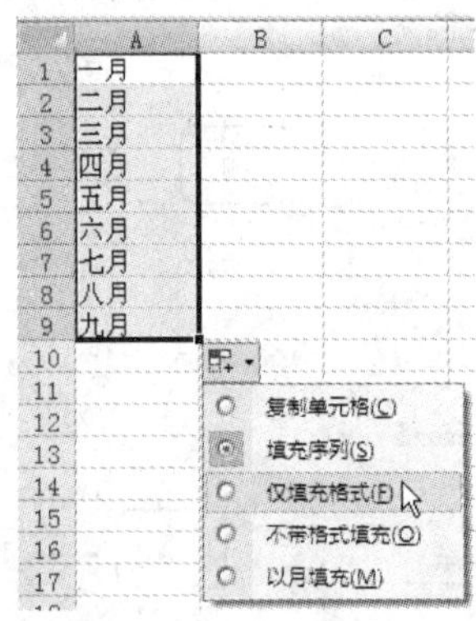

2 快速输入星期

利用“自动填充”功能，可以快速输入星期，操作步骤如下。

1 在 A1 单元格中输入“星期一”，然后选择该单元格，将光标指向单元格的右下角，光标变为✚状，如下图所示。

	A	B
1	星期一	
2		
3		
4		
5		
6		
7		
8		

2 按住鼠标左键不放并向下拖动光标到相应位置，然后释放鼠标左键，被选中的单元格将自动输入其他星期数，如下图所示。

	A	B
1	星期一	
2	星期二	
3	星期三	
4	星期四	
5	星期五	
6	星期六	
7		
8		

3 快速输入等差序列

利用“自动填充”功能还可以快速输入等差序列，如：1，4，7，10，…，操作步骤如下。

1 在 A1 单元格中输入“1”，然后选中包括 A1 在内的单元格区域，打开“开始”选项卡，单击“编辑”选项组中的“填充”下三角按钮，从下拉菜单中选择“系列”命令，如下图所示。

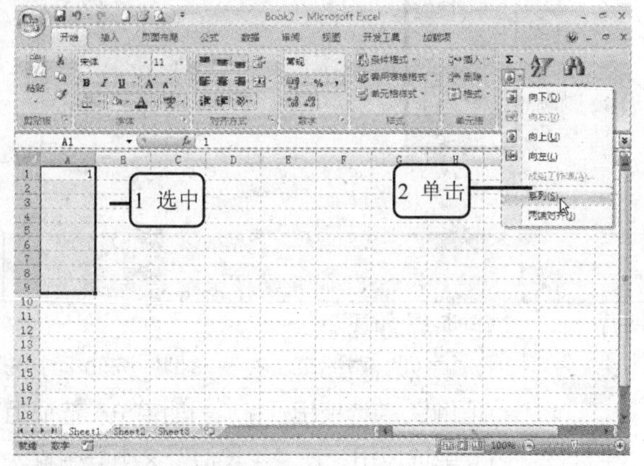

2 弹出“序列”对话框，在“类型”选项组中选中“等差序列”单选按钮，在“步长值”文本框中输入“3”，单击“确定”按钮，如下图所示。

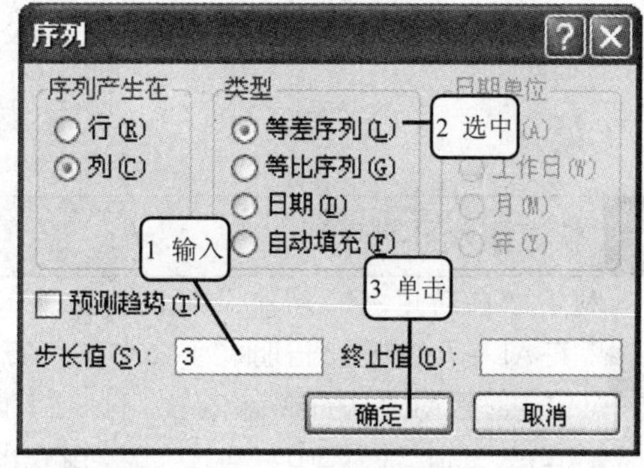

3 被选中的单元格中填充了等差序列，如右图所示。

	A	B	C	D
1	1			
2	4			
3	7			
4	10			
5	13			
6	16			
7	19			
8	22			
9	25			
10				

提示您 Excel 会自动根据当前输入的数字与步长值进行相加或相减操作。若输入的是正数，则相加后填充单元格；若输入的是负数，则相减后填充单元格。

4 快速输入等比序列

利用“自动填充”功能还可以快速输入等比序列，如：1，2，4，8，16，…，操作步骤如下。

1 在 A1 单元格中输入“1”，然后选中包括 A1 在内的单元格区域，打开“开始”选项卡，单击“编辑”选项组中的“填充”下三角按钮，从下拉菜单中选择“系列”命令，如下图所示。

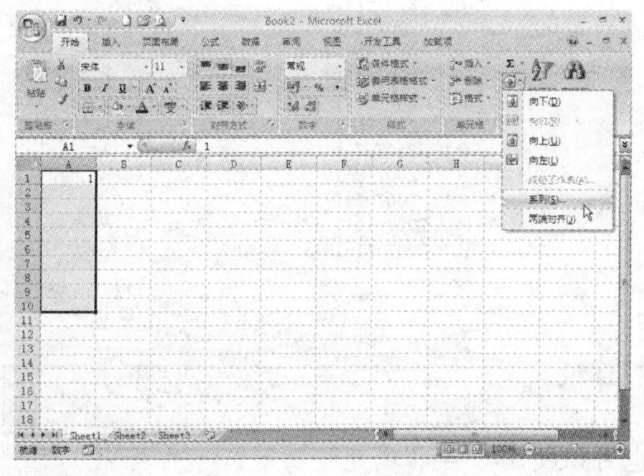

2 弹出“序列”对话框，在“类型”选项组中选中“等比序列”单选按钮，在“步长值”文本框中输入“2”，单击“确定”按钮，如下图所示。

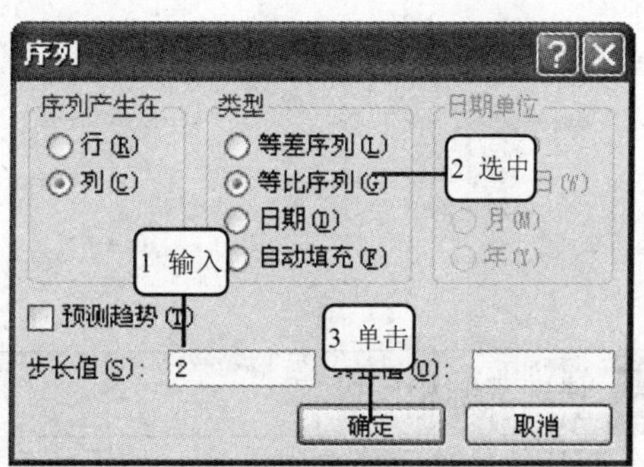

3 在表格中填充了等比序列，如右图所示。

	A	B	C	D
1	1			
2	2			
3	4			
4	8			
5	16			
6	32			
7	64			
8	128			
9	256			
10	512			

提示您 在“序列”对话框的“终止值”文本框中输入数字，则该数字为自动填充的最后一个值。

5 快速输入日期序列

利用“自动填充”功能，可以快速输入日期序列，操作步骤如下。

1 在A1单元格中输入日期序列“2007-1-1”，然后选中包括A1在内的单元格区域，打开“开始”选项卡，单击“编辑”选项组中的“填充”下三角按钮，从下拉菜单中选择“系列”命令，如下图所示。

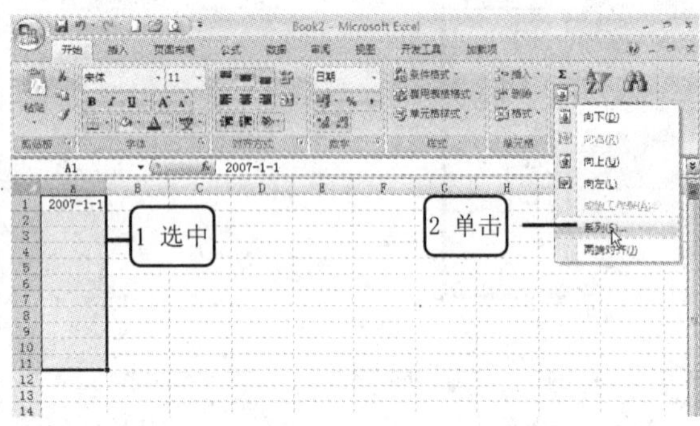

2 弹出“序列”对话框，在“类型”选项组中选中“日期”单选按钮，在“日期单位”选项组中选择“日”单选按钮，在“步长值”文本框中输入“1”，单击“确定”按钮，如下图所示。

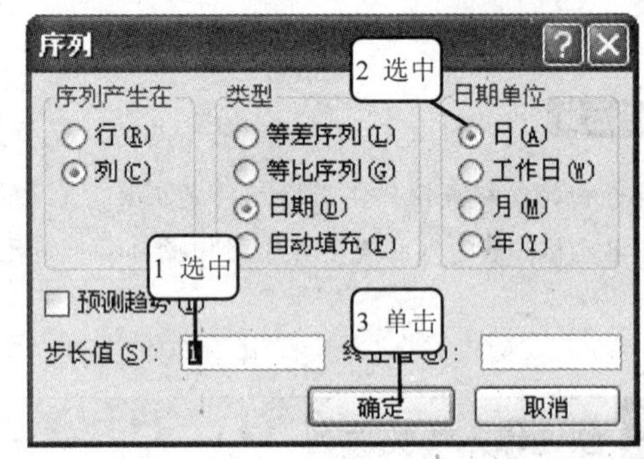

3 在表格中填充了以“日”为变化的序列，如下图所示。

	A	B	C
1	2007-1-1		
2	2007-1-2		
3	2007-1-3		
4	2007-1-4		
5	2007-1-5		
6	2007-1-6		
7	2007-1-7		
8	2007-1-8		
9	2007-1-9		
10	2007-1-10		
11	2007-1-11		
12			
13			

4 在“系列”对话框中，如果在“日期单位”选项组中选择“月”单选按钮，则显示的序列如下图所示。

	A	B	C
1	2007-1-1		
2	2007-2-1		
3	2007-3-1		
4	2007-4-1		
5	2007-5-1		
6	2007-6-1		
7	2007-7-1		
8	2007-8-1		
9	2007-9-1		
10	2007-10-1		
11	2007-11-1		
12			
13			

6 快速复制相同内容

在连续的单元格中需要输入相同内容时，也可以使用“自动填充”功能。

1 在 A1 单元格中输入“工资情况”，将鼠标指针指向单元格的右下角待其变成＋状，按住〈Ctrl〉键，当鼠标指针变成＋状时，按住鼠标左键不放并向下拖动，如下图所示。

	A	B	C
1	工资情况		
2			
3			
4			
5			
6			
7			
8			
9			
10			
11			

2 到相应位置后，先释放鼠标左键，然后释放〈Ctrl〉键，被选中的单元格自动复制相同内容，如下图所示。

	A	B	C
1	工资情况		
2	工资情况		
3	工资情况		
4	工资情况		
5	工资情况		
6	工资情况		
7	工资情况		
8	工资情况		
9			
10			
11			

多学点 输入“工资情况”后，选中包括“工资情况”在内的单元格区域，打开“开始”选项卡，单击“编辑”选项组中的“填充”下三角按钮，从下拉菜单中选择“向下”命令，如下图所示，则选中的单元格区域将自动复制相同内容。

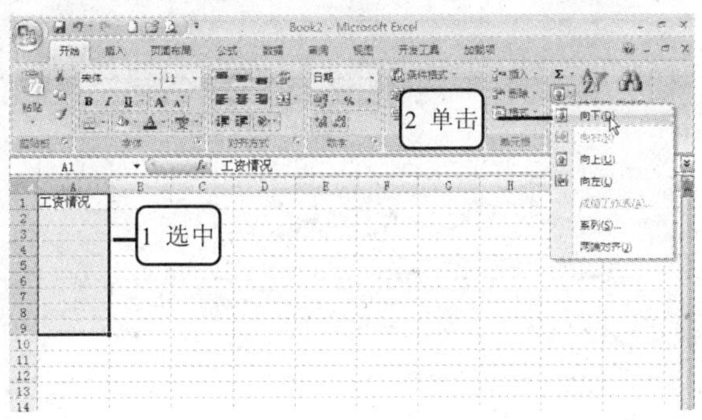

提示您 单击“填充”下三角按钮，其下拉菜单中的“向上”、“向下”、“向左”、“向右”命令表示要填充的方向。只有选择了下面的单元格区域才能选择“向下”命令，选择其他命令则无效。其他命令的使用方法与“向下”命令类似。

提示您 复制“工资情况”这类纯文字时，按住〈Ctrl〉键和不按住〈Ctrl〉键都可以进行复制。但是，复制“一月”这类具有数字特征的文字时一定要按住〈Ctrl〉键。

学习笔记

- 筛选
- 排序
- 使用条件格式显示数据
- 分类汇总
- 组级显示数据

第11章 以不同的方式显示数据

实例素材	\实例素材\第 11 章\11.xlsx
实例结果	无

11.1 实例——显示“房产销售记录表”中的数据

在实际工作中，如果一张表格中有很多数据，这时查看某一特定的数据就不太方便，Excel 2007 提供了“筛选”、“排序”、“条件格式显示”、“分类汇总”、“组级显示”等功能，通过这些功能，可以使我们的查看变得更加快捷方便。

房产销售记录表

地址	套型	套数	面积(m^2)	厅面积(m^2)	单价(元/m^2)	总价(万元)
秦虹小区	大	5	143.5	28	3200	
相府营	大	2	137.4	26	3700	
后宰门	大	4	134.8	26	4000	
南湖小区	大	4	134.7	26	3880	
汉中路	大	1	123.7	24	3800	
月苑小区	大	2	122.8	25	2750	
锁金村	大	7	112.6	22	3600	
天地花园	大	4	110.4	22	3200	
雨花西路	大	1	101.2	22	2700	
天地花园	中	4	93.1	18	3100	
相府营	中	4	90.2	16	3500	
月苑小区	中	2	88.8	16	2700	
雨花西路	中	1	84.6	15	2700	
秦虹小区	中	3	82.6	15	2900	
锁金村	中	6	78.8	16	3300	
后宰门	中	6	76.3	15	3800	
南湖小区	中	5	76.2	15	3300	

原始表格

筛选出的数据

房产销售记录表

地址	套型	套数	面积(m^2)	厅面积(m^2)	单价(元/m^2)	总价(万元)
相府营	大	2	137.4	26	3700	
天地花园	大	4	110.4	22	3200	
天地花园	中	4	93.1	18	3100	
相府营	中	4	90.2	16	3500	
天地花园	小	4	59.21	13	2800	
相府营	小	4	55.3	12	3100	

按单价排序后的数据

房产销售记录表

地址	套型	套数	面积(m^2)	厅面积(m^2)	单价(元/m^2)	总价(万元)
后宰门	大	4	134.8	26	4000	
南湖小区	大	4	134.7	26	3880	
后宰门	中	6	76.3	15	3800	
汉中路	大	1	123.7	24	3800	
相府营	大	2	137.4	26	3700	
汉中路	中	3	75.04	15	3600	
锁金村	大	7	112.6	22	3600	
相府营	中	4	90.2	16	3500	
后宰门	小	2	62.9	14	3400	
南湖小区	中	5	76.2	15	3300	
锁金村	中	6	78.8	16	3300	
天地花园	大	4	110.4	22	3200	
秦虹小区	大	5	143.5	28	3200	
南湖小区	小	7	64.45	15	3180	
锁金村	小	3	58.1	12	3100	
相府营	小	4	55.3	12	3100	
天地花园	中	4	93.1	18	3100	

11.1.1　筛选符合条件的数据

“筛选”操作是在数据表格的统计分析中最常用的操作之一。所谓“筛选”，就是将表格中满足条件的记录显示出来，将不满足条件的记录隐藏起来。

1　自动筛选

自动筛选适于用简单的数据筛选，就是按选定的内容进行筛选。通常情况下，使用自动筛选功能就可以满足基本的筛选要求了。

1　打开随书光盘中“\实例素材\第 11 章\11.xlsx”文档，如下图所示。这是一张房产销售记录表。

	A	B	C	D	E	F	G
1	房产销售记录表						
2	地址	套型	套数	面积(m^2)	厅面积(m^2	单价(元/m^2	总价(万元)
3	雨花西路	大	1	101.2	22	2700	
4	月苑小区	大	2	122.8	25	2750	
5	南湖小区	大	4	134.7	26	3880	
6	天地花园	大	4	110.4	22	3200	
7	相府营	大	2	137.4	26	3700	
8	汉中路	大	1	123.7	24	3800	
9	秦虹小区	大	5	143.5	28	3200	
10	锁金村	大	7	112.6	22	3600	
11	后宰门	大	4	134.8	26	4000	
12	雨花西路	小	3	62.7	14	2600	
13	月苑小区	小	3	56.8	12	2700	
14	南湖小区	小	7	64.45	15	3180	
15	天地花园	小	4	59.21	13	2800	
16	相府营	小	4	55.3	12	3100	
17	汉中路	小	3	63.8	14	3000	
18	秦虹小区	小	4	54	10	2800	
19	锁金村	小	3	58.1	12	3100	
20	后宰门	小	2	62.9	14	3400	
21	雨花西路	中	1	84.6	15	2700	
22	月苑小区	中	2	88.8	16	2700	
23	南湖小区	中	5	76.2	15	3300	

2　将光标放置在表格区域中，打开“数据”选项卡，单击“排序和筛选”选项组中的“筛选”按钮，如下图所示。

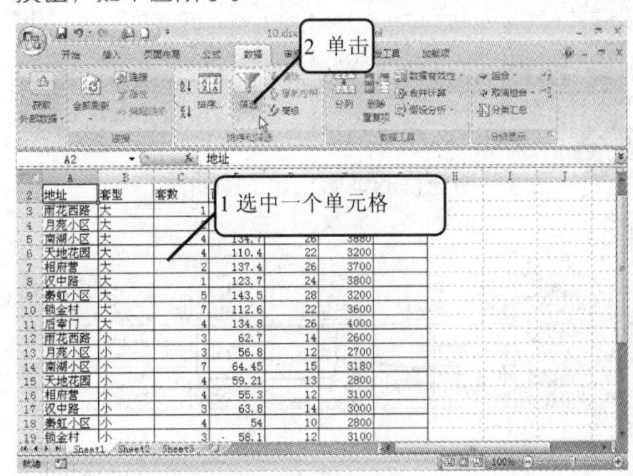

3　数据的表头字段名旁出现了下三角按钮，如下图所示，单击“地址”右侧的下三角按钮。

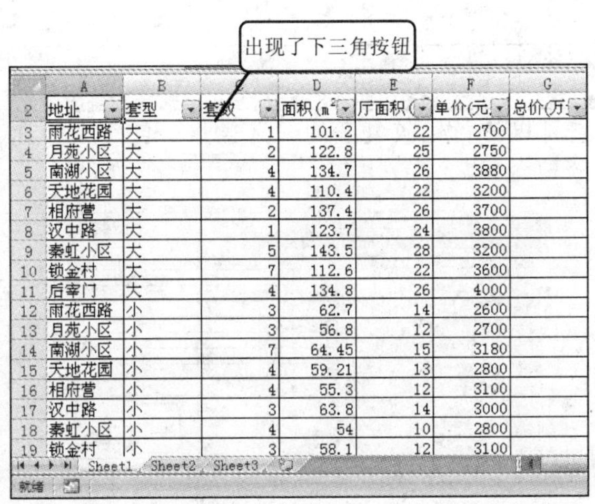

	A	B	C	D	E	F	G
2	地址	套型	套数	面积(m^2	厅面积(	单价(元	总价(万
3	雨花西路	大	1	101.2	22	2700	
4	月苑小区	大	2	122.8	25	2750	
5	南湖小区	大	4	134.7	26	3880	
6	天地花园	大	4	110.4	22	3200	
7	相府营	大	2	137.4	26	3700	
8	汉中路	大	1	123.7	24	3800	
9	秦虹小区	大	5	143.5	28	3200	
10	锁金村	大	7	112.6	22	3600	
11	后宰门	大	4	134.8	26	4000	
12	雨花西路	小	3	62.7	14	2600	
13	月苑小区	小	3	56.8	12	2700	
14	南湖小区	小	7	64.45	15	3180	
15	天地花园	小	4	59.21	13	2800	
16	相府营	小	4	55.3	12	3100	
17	汉中路	小	3	63.8	14	3000	
18	秦虹小区	小	4	54	10	2800	
19	锁金村	小	3	58.1	12	3100	

4　弹出下图所示的菜单，在列表框中选中合适的复选框，这里选中“天地花园”和“相府营”复选框。

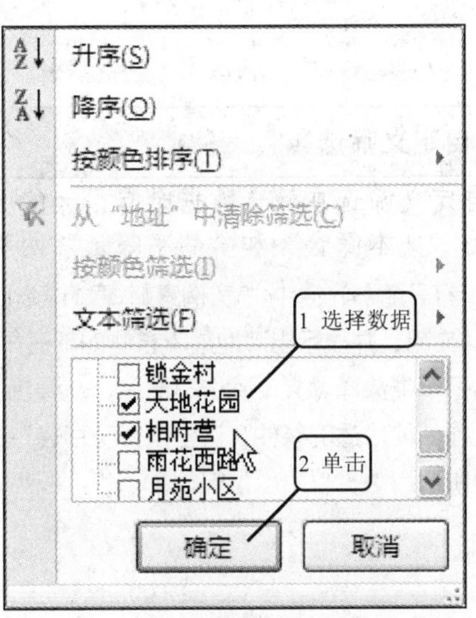

5 可以看到，表格中只显示了“天地花园”和“相府营”所在行的数据，如下图所示。

	地址	套型	套数	面积(m²)	厅面积(	单价(元	总价(万
6	天地花园	大	4	110.4	22	3200	
7	相府营	大	2	137.4	26	3700	
15	天地花园	小	4	59.21	13	2800	
16	相府营	小	4	55.3	12	3100	
24	天地花园	中	4	93.1	18	3100	
25	相府营	中	4	90.2	16	3500	

只显示了“天地花园”和“相府营”数据

6 单击“套型”右侧的下三角按钮，弹出下图所示的菜单，在列表框中选中合适的复选框，这里选中“大”、“中”复选框。

升序(S)
降序(O)
按颜色排序(T)
文本筛选(F)
(全选)
大
小
中
确定
取消
1 选择
2 单击

7 Excel又从步骤5所示的表格中筛选出了“大”、“中”所在行的数据，如下图所示。

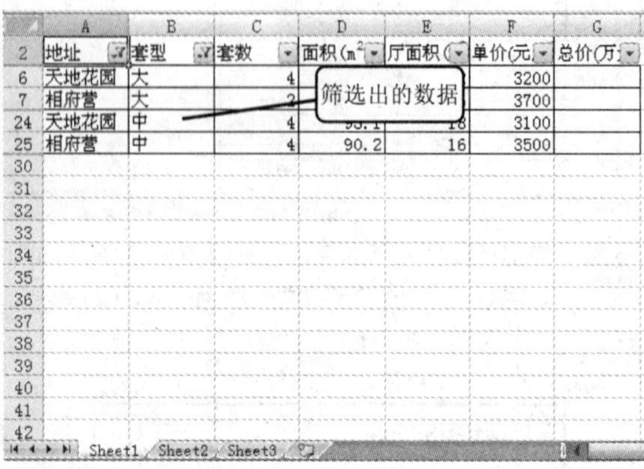

	地址	套型	套数	面积(m²)	厅面积(	单价(元	总价(万
6	天地花园	大	4			3200	
7	相府营	大	2			3700	
24	天地花园	中	4	93.1	18	3100	
25	相府营	中	4	90.2	16	3500	

8 如果要取消筛选并显示所有的数据，可再次单击“筛选”按钮，如下图所示，使其不再处于按下状态。

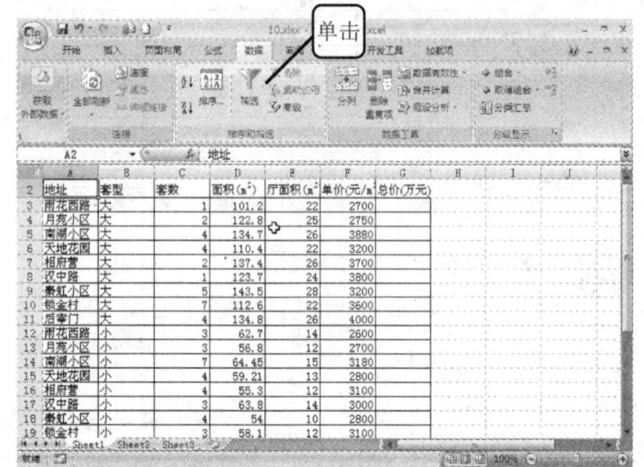

	地址	套型	套数	面积(m²)	厅面积(m²	单价(元/m²	总价(万元)
3	雨花西路	大	1	101.2	22	2700	
4	月苑小区	大	2	122.8	25	2750	
5	南湖小区	大	4	134.7	26	3880	
6	天地花园	大	4	110.4	22	3200	
7	相府营	大	2	137.4	26	3700	
8	汉中路	大	1	123.7	24	3800	
9	秦虹小区	大	5	143.5	28	3200	
10	锁金村	大	7	112.6	22	3600	
11	后宰门	大	4	134.8	26	4000	
12	雨花西路	小	3	62.7	14	2600	
13	月苑小区	小	3	56.8	12	2700	
14	南湖小区	小	7	64.45	15	3180	
15	天地花园	小	4	59.21	13	2800	
16	相府营	小	4	55.3	12	3100	
17	汉中路	小	3	63.8	14	3000	
18	秦虹小区	小	4	54	10	2800	
19	锁金村	小	3	58.1	12	3100	

2 自定义筛选

自定义筛选在筛选数据时有很大的灵活性，它可以进行比较复杂的筛选操作。自定义筛选又分为“文本筛选”和“数字筛选”两种。下面分别介绍。

1 打开随书光盘中“\实例素材\第11章\11.xlsx”文档，并显示出“地址”右侧的下三角按钮，从弹出菜单中选择“文本筛选”命令，从弹出的子菜单中选择一种合适的条件，这里选择“包含”命令，如右图所示。

2　弹出“自定义自动筛选方式”对话框，选择第一个条件，如“包含”，并在右侧的文本框中输入满足条件的值，如“小区”，然后单击“确定”按钮，如右图所示。

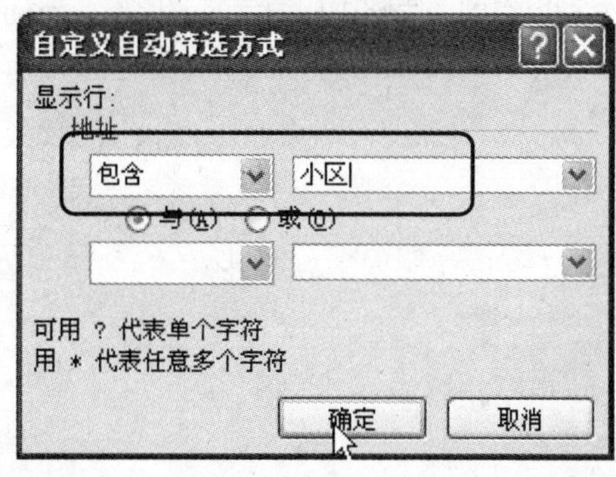

多学点 步骤 2 所示图中，“与”和“或”表示逻辑条件，“与”表示同时满足上方和下方的条件；而“或”则表示满足上方或下方的条件。

3　可以看到，表格只显示了“地址”列中包括文字“小区”所在行的数据，如下图所示。

	A	B	C	D	E	F	G
2	地址	套型	套数	面积(m²	厅面积(	单价(元	总价(万
4	月苑小区	大	2	122.8	25	2750	
5	南湖小区	大	4	134.7	26	3880	
9	秦虹小区	大	5	143.5	28	3200	
13	月苑小区	小	3	56.8	12	2700	
14	南湖小区	小	7	64.45	15	3180	
18	秦虹小区	小	4	54	10	2800	
22	月苑小区	中	2	88.8	16	2700	
23	南湖小区	中	5	76.2	15	3300	
27	秦虹小区	中	3	82.6	15	2900	
30							
31							
32							
33							
34							

提示您 如果在步骤 2 所示的图中选中“或”单选按钮，并在下方选择“包含”并输入“花园”，则显示结果如下图所示。

	A	B	C	D	E	F	G
2	地址	套型	套数	面积(m²	厅面积(	单价(元	总价(万
4	月苑小区	大	2	122.8	25	2750	
5	南湖小区	大	4	134.7	26	3880	
6	天地花园	大	4	110.4	22	3200	
9	秦虹小区	大	5	143.5	28	3200	
13	月苑小区	小	3	56.8	12	2700	
14	南湖小区	小	7	64.45	15	3180	
15	天地花园	小	4	59.21	13	2800	
18	秦虹小区	小	4	54	10	2800	
22	月苑小区	中	2	88.8	16	2700	
23	南湖小区	中	5	76.2	15	3300	
24	天地花园	中	4	93.1	18	3100	
27	秦虹小区	中	3	82.6	15	2900	
30							
31							

除了可以设置文本筛选外，还可以设置数字筛选，具体操作步骤如下。

1　取消前面的筛选，单击“单价（元/m²）”右侧的下三角按钮，从弹出的菜单中选择“数字筛选”命令，从弹出的子菜单中选择一种合适的条件，这里选择“大于”命令，如下图所示。

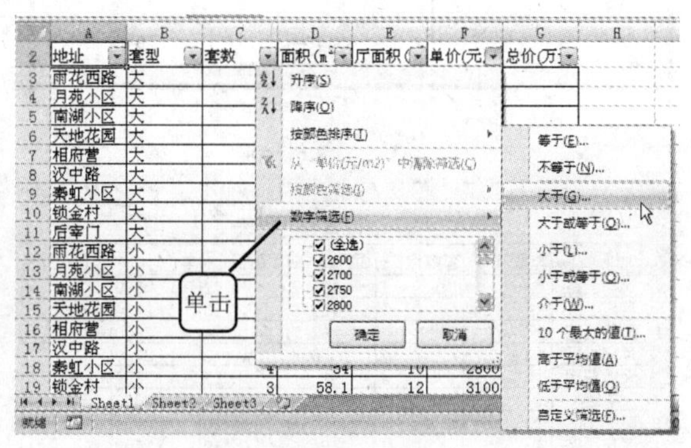

2　弹出“自定义自动筛选方式”对话框，在“大于”右侧的文本框中输入满足条件的值，如“3000”，然后单击“确定”按钮，如下图所示。

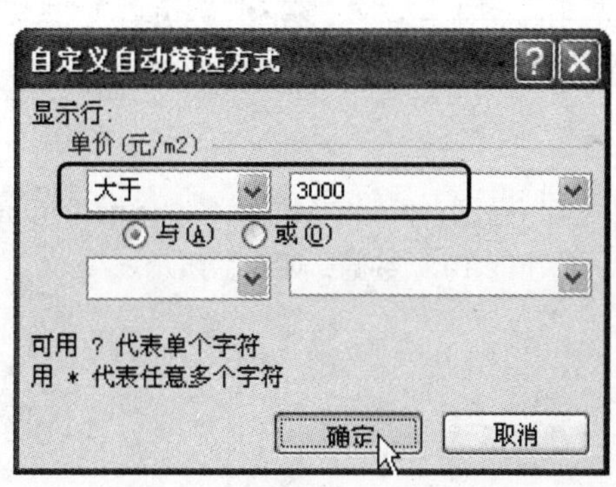

3 可以看到，表格中只显示了“单价（元/m²）”大于“3000”所在行的数据，如右图所示。

	A	B	C	D	E	F	G
1	房产销售记录表						
2	地址	套型	套数	面积(m²	厅面积(	单价(元	总价(万
5	南湖小区	大	4	134.7	26	3880	
6	天地花园	大	4	110.4	22	3200	
7	相府营	大	2	137.4	26	3700	
8	汉中路	大	1	123.7	24	3800	
9	秦虹小区	大	5	143.5	28	3200	
10	锁金村	大	7	112.6	22	3600	
11	后宰门	大	4	134.8	26	4000	
14	南湖小区	小	7	64.45	15	3180	
16	相府营	小	4	55.3	12	3100	
19	锁金村	小	3	58.1	12	3100	
20	后宰门	小	2	62.9	14	3400	
23	南湖小区	中	5	76.2	15	3300	
24	天地花园	中	4	93.1	18	3100	
25	相府营	中	4	90.2	16	3500	
26	汉中路	中	3	75.04	15	3600	
28	锁金村	中	6	78.8	16	3300	
29	后宰门	中	6	76.3	15	3800	
30							

3 自定义筛选 10 个最大的值

有时需要从在表格中快速查找“销售量最高的 10 个”或“销售量最低的 10 个”，这里可以按以下方法查询。

1 单击“单价（元/m²）”右侧的下三角按钮，从弹出菜单中选择“数字筛选”|“10 个最大的值”命令，如下图所示。

2 弹出“自动筛选前 10 个”对话框，在对话框左侧下拉列表中选择“最大”或“最小”项，这里选择“最小”项，然后在其右侧的文本框中输入“10”，单击“确定”按钮，如下图所示。

3 可以看到，表格中只显示了“单价（元/m²）”最小的 10 项数据，如右图所示。

	A	B	C	D	E	F	G
1	房产销售记录表						
2	地址	套型	套数	面积(m²	厅面积(	单价(元	总价(万
3	雨花西路	大	1	101.2	22	2700	
4	月苑小区	大	2	122.8	25	2750	
12	雨花西路	小	3	62.7	14	2600	
13	月苑小区	小	3	56.8	12	2700	
15	天地花园	小	4	59.21	13	2800	
17	汉中路	小	3	63.8	14	3000	
18	秦虹小区	小	4	54	10	2800	
21	雨花西路	中	1	84.6	15	2700	
22	月苑小区	中	2	88.8	16	2700	
27	秦虹小区	中	3	82.6	15	2900	

11.1.2　对数据进行排序

排序是指将表格中的数据按照一定的顺序（一般是“升序”和“降序”）进行排列。

1　简单排序

简单排序就是将数据表格按某一个关键字进行快速排列。

1. 打开随书光盘中“\实例素材\第 11 章\11.xlsx”文档，如下图所示。将光标放置在“单价（元/m^2）”列中。打开“数据”选项卡，单击“排序和筛选”选项组中的“升序”按钮，如右图所示。

单击

F2　单价(元/m2)

房产销售记录表

地址	套型	套数	面积(m^2)	厅面积(m^2	单价(元/m	总价(万元)
雨花西路	大	1	101.2	22	2700	
月苑小区	大	2	122.8	25	2750	
南湖小区	大	4	134.7	26	3880	
天地花园	大	4	110.4	22	3200	
相府营	大	2	137.4	26	3700	
汉中路	大	1	123.7	24	3800	
秦虹小区	大	5	143.5	28	3200	
锁金村	大	7	112.6	22	3600	
后宰门	大	4	134.8	26	4000	
雨花西路	小	3	62.7	14	2600	
月苑小区	小	3	56.8	12	2700	
南湖小区	小	7	64.45	15	3180	
天地花园	小	4	59.21	13	2800	
相府营	小	4	55.3	12	3100	
汉中路	小	3	63.8	14	3000	

2. 可以看到表格中的数据按照“单价”字段由低到高排列，如下图所示。

房产销售记录表

地址	套型	套数	面积(m^2)	厅面积(m^2	单价(元/m	总价(万元)
雨花西路	小	3	62.7	14	2600	
雨花西路	大	1	101.2	22	2700	
月苑小区	小	3	56.8	12	2700	
雨花西路	中	1	84.6	15	2700	
月苑小区	中	2	88.8	16	2700	
月苑小区	大	2	122.8	25	2750	
天地花园	小	4	59.21	13	2800	
秦虹小区	小	4	54	10	2800	
秦虹小区	中	3	82.6	15	2900	
汉中路	小	3	63.8	14	3000	
相府营	小	4	55.3	12	3100	
锁金村	小	3	58.1	12	3100	
天地花园	中	4	93.1	18	3100	
南湖小区	小	7	64.45	15	3180	
天地花园	大	4	110.4	22	3200	
秦虹小区	大	5	143.5	28	3200	
南湖小区	中	5	76.2	15	3300	
锁金村	中	6	78.8	16	3300	
后宰门	小.	2	62.9	14	3400	
相府营	中	4	90.2	16	3500	
锁金村	大	7	112.6	22	3600	

3. 如果单击“排序和筛选”选项组中的“降序”按钮，则排序结果如下图所示。

房产销售记录表

地址	套型	套数	面积(m^2)	厅面积(m^2	单价(元/m	总价(万元)
后宰门	大	4	134.8	26	4000	
南湖小区	大	4	134.7	26	3880	
汉中路	大	1	123.7	24	3800	
后宰门	中	6	76.3	15	3800	
相府营	大	2	137.4	26	3700	
锁金村	大	7	112.6	22	3600	
汉中路	中	3	75.04	15	3600	
相府营	中	4	90.2	16	3500	
后宰门	小	2	62.9	14	3400	
锁金村	中	6	78.8	16	3300	
南湖小区	中	5	76.2	15	3300	
秦虹小区	大	5	143.5	28	3200	
天地花园	大	4	110.4	22	3200	
南湖小区	小	7	64.45	15	3180	
天地花园	中	4	93.1	18	3100	
锁金村	小	3	58.1	12	3100	
相府营	小	4	55.3	12	3100	
汉中路	小	3	63.8	14	3000	
秦虹小区	中	3	82.6	15	2900	
天地花园	小	4	59.21	13	2800	
秦虹小区	小	4	54	10	2800	

2　复杂排序

复杂排序是指通过设置“排序”对话框对数据进行排序，下面仍以“房产销售记录表”为例进行介绍。

1. 打开随书光盘中“\实例素材\第 11 章\11.xlsx”文档，如右图所示。将光标放置在数据区域中，打开至“数据”选项卡，单击“排序和筛选”选项组中的“排序”按钮。

11

2 弹出“排序”对话框，如下图所示。在“主要关键字”下拉列表中选择“套数”项，在“排序依据”下拉列表中选择“数值”项，在“次序”下拉列表中选择“降序”项。

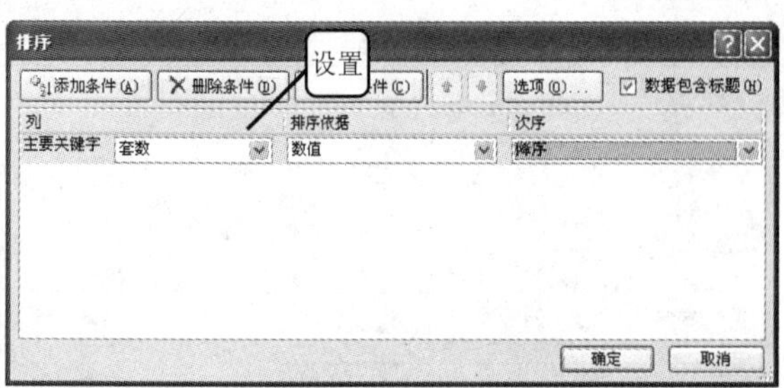

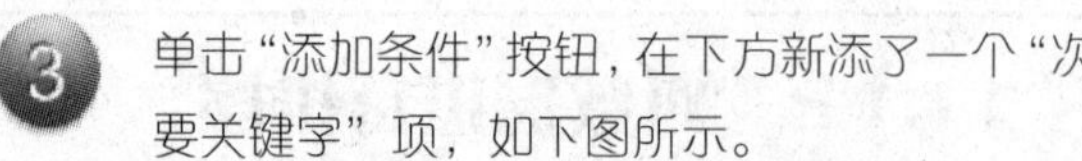
3 单击“添加条件”按钮，在下方新添了一个“次要关键字”项，如下图所示。

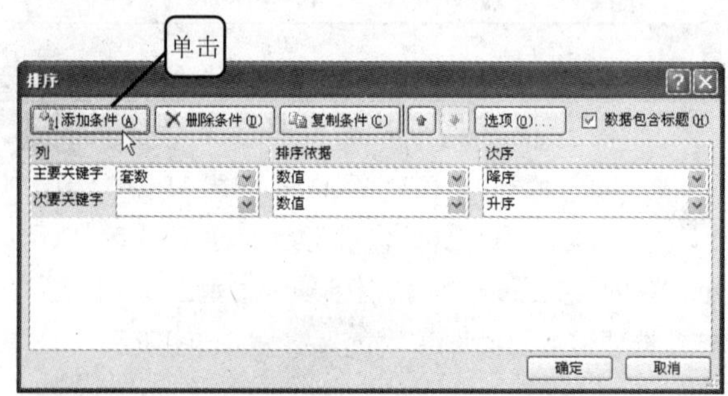

4 在“次要关键字”下拉列表中选择“单价（元/m2）项”，在“排序依据”下拉列表中选择“数值”项，在“次序”下拉列表中选择“升序”项，如下图所示。

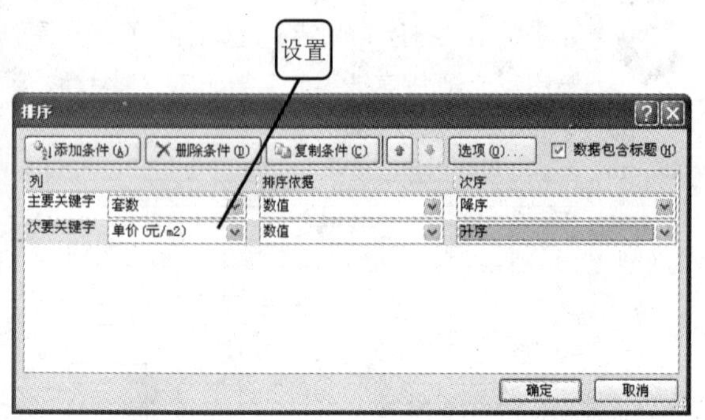

5 可以看到表格中的数据先按“主要关键字”进行排序，从 7 到 1，如果“套数”都是 7，则再按“次要关键字”进行排序，如下图所示。

	A	B	C	D	E	F	G
1	房产销售记录表						
2	地址	套型	套数	面积(m^2)	厅面积(m^2	单价(元/m	总价(万元)
3	南湖小区	小	7	64.45	15	3180	
4	锁金村	大	7	112.6	22	3600	
5	锁金村	中	6	78.8	16	3300	
6	后宰门	中	6	76.3	15	3800	
7	秦虹小区	大	5	143.5	28	3200	
8	南湖小区	中	5	76.2	15	3300	
9	天地花园	小	4	59.21	13	2800	
10	秦虹小区	小	4	54	10	2800	
11	天地花园	中	4	93.1	18	3100	
12	相府营	小	4	55.3	12	3100	
13	天地花园	大	4	110.4	22	3200	
14	相府营	中	4	90.2	16	3500	
15	南湖小区	大	4	134.7	26	3880	
16	后宰门	大	4	134.8	26	4000	
17	雨花西路	小	3	62.7	14	2600	

提示您 在“拓展与提高”中介绍了 Excel 的排序规则。

3 自定义排序

不仅可以按照 Excel 自身的规则对数据进行排序，还可以按照其他方式进行排序。

1 打开随书光盘中“\实例素材\第 11 章\11.xlsx”文档，如右图所示。将光标放置在数据区域中，切换至“数据”选项卡，单击“排序和筛选”选项组中的“排序”按钮。

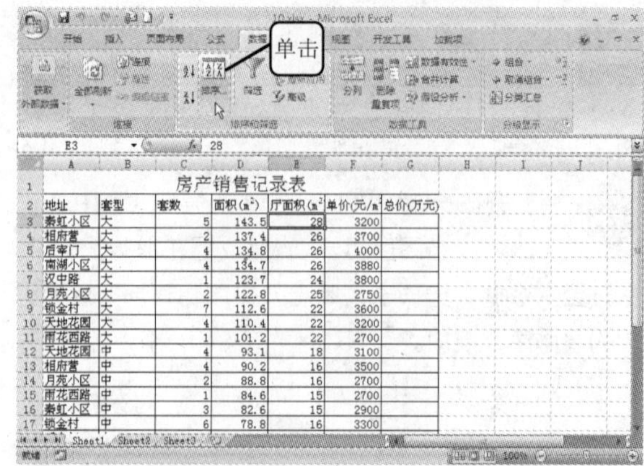

	A	B	C	D	E	F	G
1	房产销售记录表						
2	地址	套型	套数	面积(m^2)	厅面积(m^2	单价(元/m	总价(万元)
3	秦虹小区	大	5	143.5	28	3200	
4	相府营	大	2	137.4	26	3700	
5	后宰门	大	4	134.8	26	4000	
6	南湖小区	大	4	134.7	26	3880	
7	汉中路	大	1	123.7	24	3800	
8	月苑小区	大	2	122.8	25	2750	
9	锁金村	大	7	112.6	22	3600	
10	天地花园	大	4	110.4	22	3200	
11	雨花西路	大	1	101.2	22	2700	
12	天地花园	中	4	93.1	18	3100	
13	相府营	中	4	90.2	16	3500	
14	月苑小区	中	2	88.8	16	2700	
15	雨花西路	中	1	84.6	15	2700	
16	秦虹小区	中	3	82.6	15	2900	
17	锁金村	中	6	78.8	16	3300	

2 弹出“排序”对话框，如下图所示。在“主要关键字”下拉列表中选择“套型”项，在“排序依据”下拉列表中选择“数值”项，在“次序”下拉列表中选择“自定义序列”项。

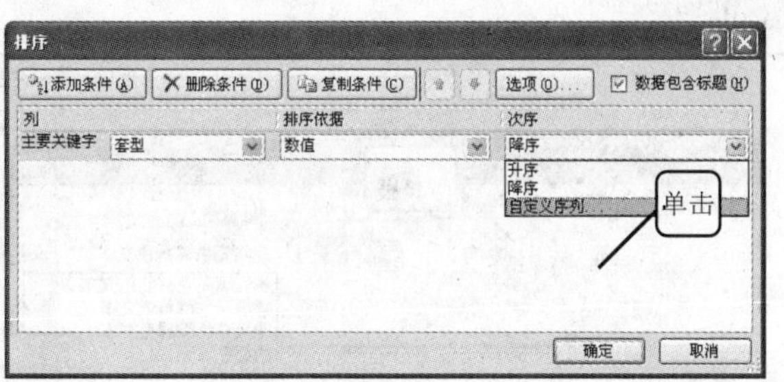

3 在“输入序列”文本框中输入“小”，然后按〈Enter〉键，接着输入“中”和“大”，如下图所示。单击“添加”按钮，将新输入的序列添加到左侧列表框中，单击“确定”按钮。

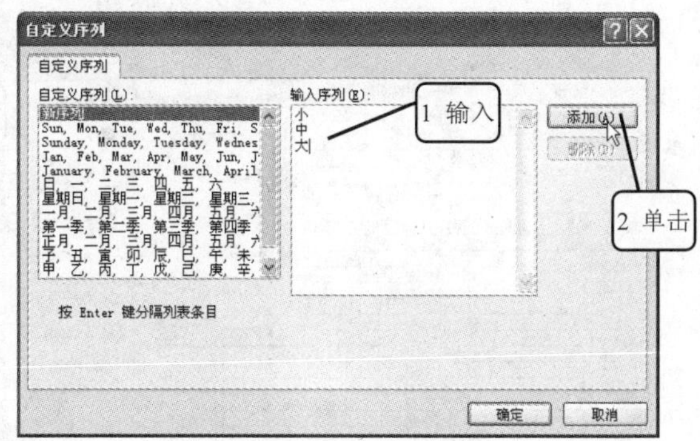

4 返回“排序”对话框，可以看到新添加的关键字方式，单击“添加条件”按钮，添加次要关键字“面积（m2）”，按升序排序，如下图所示。

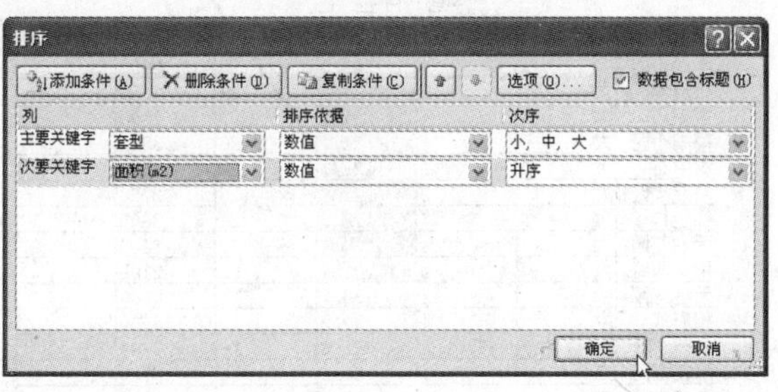

5 排序后的结果如下图所示。先按“套型”进行排序，然后再按“面积（m2）”进行排序。

2	地址	套型	套数	面积(m²)	厅面积(m²	单价(元/m²	总价(万元)
3	秦虹小区	小	4	54	10	2800	
4	相府营	小	4	55.3	12	3100	
5	月苑小区	小	3	56.8	12	2700	
6	锁金村	小	3	58.1	12	3100	
7	天地花园	小	4	59.21	13	2800	
8	雨花西路	小	3	62.7	14	2600	
9	后宰门	小	2	62.9	14	3400	
10	汉中路	小	3	63.8	14	3000	
11	南湖小区	小	7	64.45	15	3180	
12	汉中路	中	3	75.04	15	3600	
13	南湖小区	中	5	76.2	15	3300	
14	后宰门	中	6	76.3	15	3800	
15	锁金村	中	6	78.8	16	3300	
16	秦虹小区	中	3	82.6	15	2900	
17	雨花西路	中	1	84.6	15	2700	
18	月苑小区	中	2	88.8	16	2700	
19	相府营	中	4	90.2	16	3500	
20	天地花园	中	4	93.1	18	3100	
21	雨花西路	大	1	101.2	22	2700	
22	天地花园	大	4	110.4	22	3200	
23	锁金村	大	7	112.6	22	3600	
24	月苑小区	大	2	122.8	25	2750	
25	汉中路	大	1	123.7	24	3800	

11.1.3 使用条件格式显示数据

条件格式是指为单元格的数值限定范围，在限定范围内动态地为单元格使用不同的字体格式、图案或边框等。Excel 2007 提供了 5 种条件格式，另外还可以自建条件格式。

1 突出显示单元格规则

下面仍以“房产销售记录表”为例进行介绍。

1 选中“面积”列中的数据，如右图所示。

	A	B	C	D	E	F	G
1	房产销售记录表						
2	地址	套型	套数	面积(m²)	厅面积(m²	单价(元/m²	总价(万元)
3	秦虹小区	大	5	143.5	28	3200	
4	相府营	大	2	137.4	26	3700	
5	后宰门	大	4	134.8	26	4000	
6	南湖小区	大	4	134.7	26	3880	
7	汉中路	大	1	123.7	24	3800	
8	月苑小区	大	2	122.8	25	2750	
9	锁金村	大	7	112.6	22	3600	
10	天地花园	大	4	110.4	22	3200	
11	雨花西路	大	1	101.2	22	2700	
12	天地花园	中	4	93.1	18	3100	
13	相府营	中	4	90.2	16	3500	
14	月苑小区	中	2	88.8	16	2700	
15	雨花西路	中	1	84.6	15	2700	
16	秦虹小区	中	3	82.6	15	2900	
17	锁金村	中	6	78.8	16	3300	

2 打开“开始”选项卡，单击“样式”选项组中的“条件格式”按钮，从下拉菜单中选择“突出显示单元格规则”|“介于”命令，如下图所示。

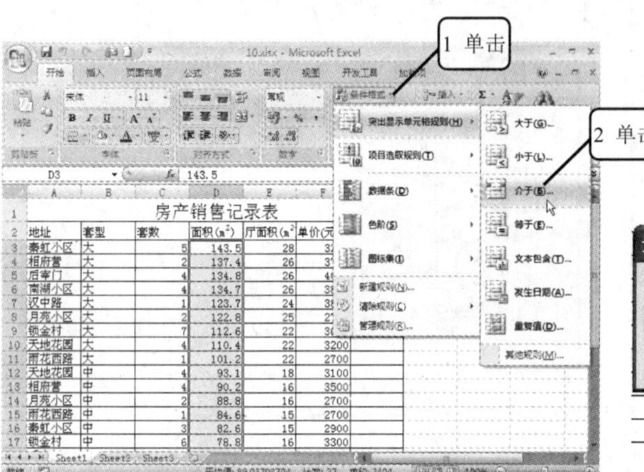

3 如下图所示。在第一个文本框中输入“100”，在第二个文本框中输入“140”，在“设置为”下拉列表中选择“自定义格式”项，如下图所示。

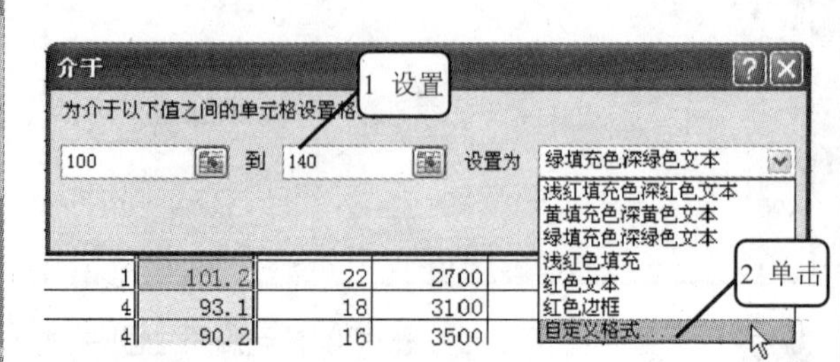

4 从弹出的对话框中选择一种填充的颜色，如下图所示，然后单击“确定”按钮。

设置单元格格式

数字 字体 边框 填充

背景色(C): 无颜色 图案颜色(A): 自动 图案样式(P):

单击

填充效果(I)... 其他颜色(M)...

示例

清除(R)

确定 取消

5 可以看到符合条件的单元格中被填充了指定的颜色，如下图所示。

突出显示的内容

	房产销售记录表						
2	地址	套型	套数	面积(m^2)	厅面积(m^2	单价(元/m^2	总价(万元)
3	泰虹小区	大	5	143.5	28	3200	
4	相府营	大	2	137.4	26	3700	
5	后宰门	大	4	134.8	26	4000	
6	南湖小区	大	4	134.7	26	3880	
7	汉中路	大	1	123.7	24	3800	
8	月苑小区	大	2	122.8	25	2750	
9	锁金村	大	7	112.6	22	3600	
10	天地花园	大	4	110.4	22	3200	
11	雨花西路	大	1	101.2	22	2700	
12	天地花园	中	4	93.1	18	3100	
13	相府营	中	4	90.2	16	3500	
14	月苑小区	中	2	88.8	16	2700	
15	雨花西路	中	1	84.6	15	2700	
16	泰虹小区	中	3	82.6	15	2900	

2 项目选取规则

1 选中“面积（m^2）”列中的数据，单击“条件格式”按钮，选择“项目选取规则”|“值最小的 10 项”命令，如下图所示。

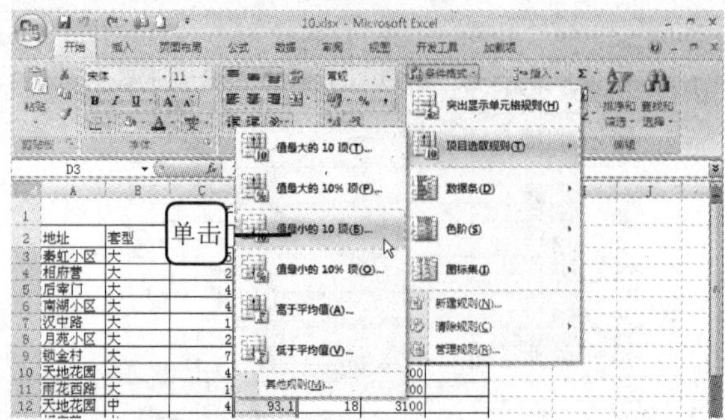

2 弹出“10 个最小的项”对话框，在对话框左侧输入数值，在右侧的下拉列表中选择一种格式，如下图所示。

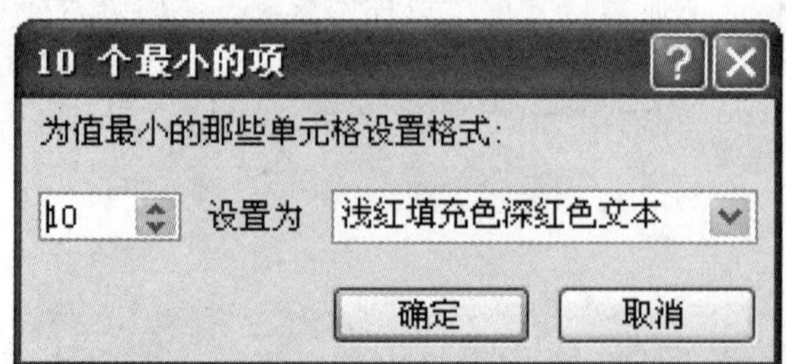

3 可以看到符合条件的单元格中被填充了指定的颜色，如右图所示。

	A	B	C	D		
16	秦虹小区	中	3	82.6	[illegible]	[illegible]
17	锁金村	中	6	78.8	16	3300
18	后宰门	中	6	76.3	15	3800
19	南湖小区	中	5	76.2	15	3300
20	汉中路	中	3	75.04	15	3600
21	南湖小区	小	7	64.45	15	3180
22	汉中路	小	3	63.8	14	3000
23	后宰门	小	2	62.9	14	3400
24	雨花西路	小	3	62.7	14	2600
25	天地花园	小	4	59.21	13	2800
26	锁金村	小	3	58.1	12	3100
27	月苑小区	小	3	56.8	12	2700
28	相府营	小	4	55.3	12	3100
29	秦虹小区	小	4	54	10	2800

突出显示的内容

3 数据条

可以在表格中显示数据条，以表现数据的值，具体方法如下。

1 选中“面积（m²）”列中的数据，单击“条件格式”按钮，选择“数据条”命令，从子菜单中选择一种数据条样式，如下图所示。

2 可以看到选中的单元格中填充了数据条，如下图所示。数据条的长度表示单元格中数值的大小，单元格中数值越大数据条越长，单元格中数值越小数据条越短。

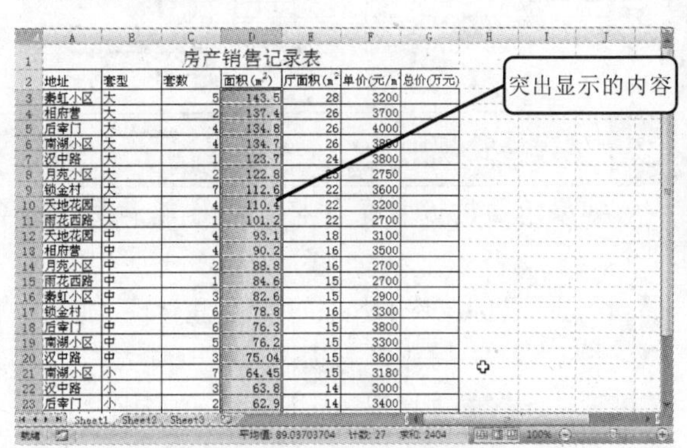

4 色阶

可以为表格添充不同的颜色，以表现数据的值，具体方法如下。

1 选中“面积（m²）”列中的数据，单击“条件格式”按钮，从下拉菜单中选择“色阶”命令，从子菜单中选择一种色阶样式，如下图所示。

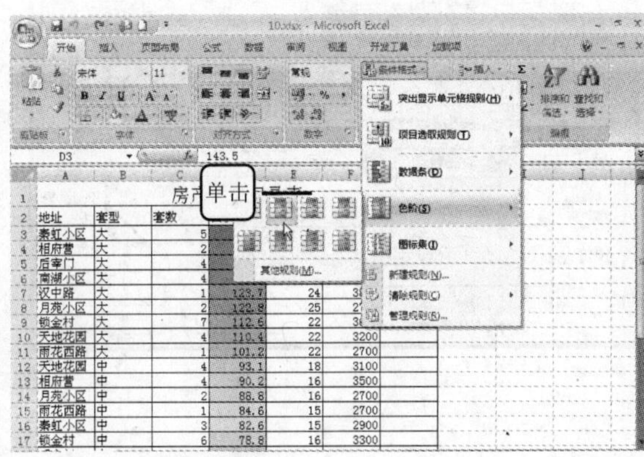

2 可以看到选中的单元格中被填充了不同的颜色，如下图所示。颜色的深浅表示单元格中数值的大小，单元格中数值越大颜色越深，单元格中数值越小颜色越浅。

5 图标集

以不同的图标表现表格中的数值，具体方法如下。

1 选中"面积（m^2）"列中的数据，单击"条件格式"按钮，选择"数据条"命令，从子菜单中选择一种数据条样式，如下图所示。

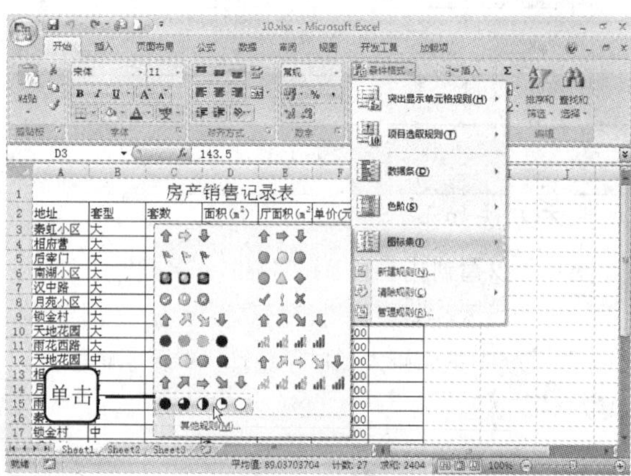

2 可以看到选中的单元格中填充了不同的图标，如下图所示。图标中的黑色区域越大，表示单元格中数值越大。

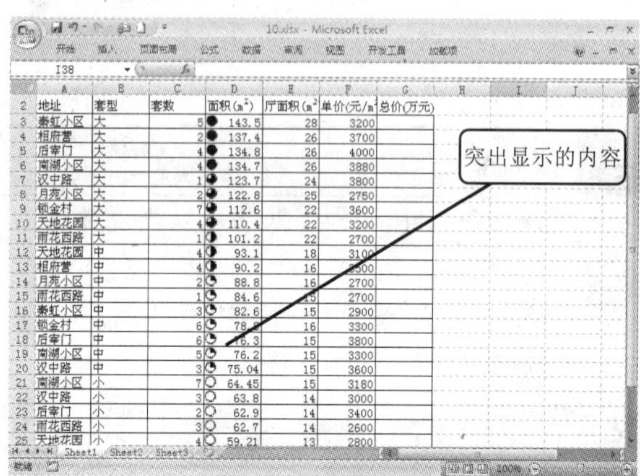

6 创建格式规则

如果前面的 5 种条件格式仍不能满足您的要求，还可以自己创建格式规则。具体操作步骤如下。

1 选中要创建条件格式的列，这里选择"地址"列，打开"开始"选项卡，单击"格式"选项组中的"条件格式"按钮，从下拉菜单中选择"创建规则"命令，如下图所示。

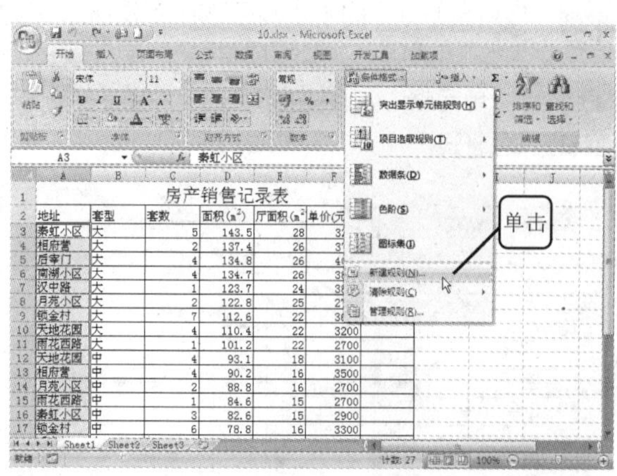

2 弹出"新建格式类型"对话框，如下图所示。在上方选择规则类型，这里选择"只为包含以下内容的单元格设置格式"项，然后在下方设置条件，这里选择"特定文本"、"包含"、"小区"项，然后单击"格式"按钮，如下图所示。

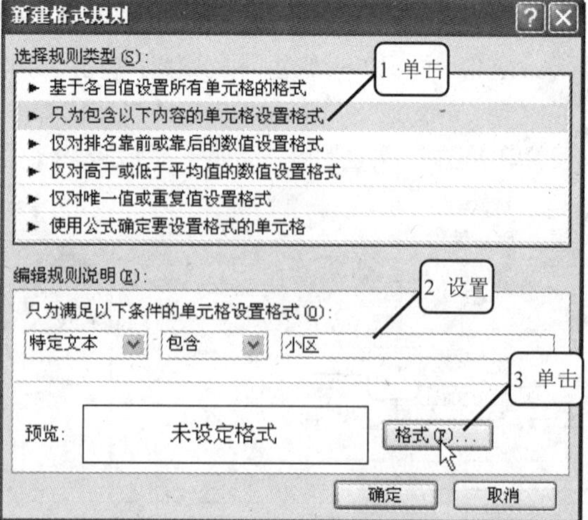

3 弹出“设置单元格格式”对话框，在对话框左侧选择一种背景色，然后在右侧的“图案样式”下拉列表中选择一种样式，然后单击“确定”按钮，如下图所示。

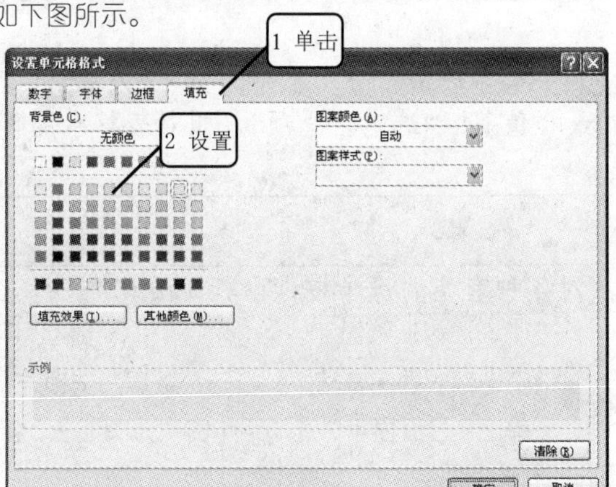

4 可以看到在“地址”列中，包含文字“小区”的单元格中都被填充了底纹色，如下图所示。

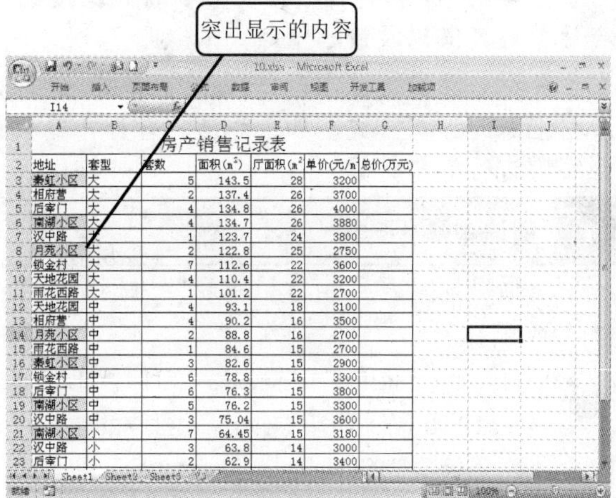

经验谈 可以对同一列设置多个不同的条件格式，如将带有文字“小区”的单元格设置为粉色，将带有文字“花园”的单元格设置为绿色。

7 清除规则

若不再需要条件格式了，可以对其进行删除。有以下两种方法。

1 选中设有条件格式的单元格，然后单击“条件格式”按钮，选择“清除规则”|“清除所选单元格的规则”命令。或直接将光标放在表格中，然后单击“条件格式”按钮，选择“清除规则”|“清除整个工作表的规则”命令，如下图所示。

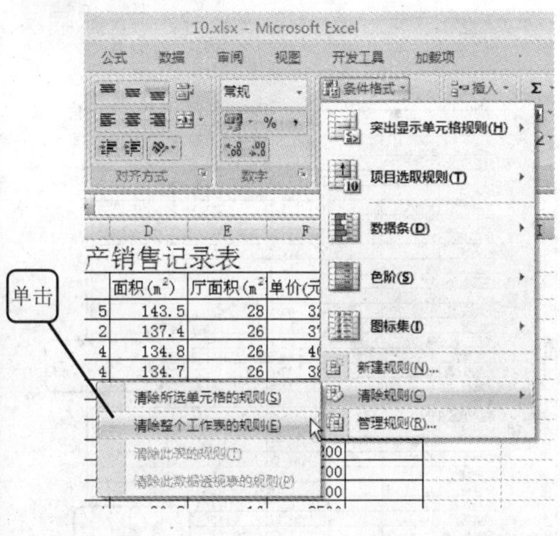

2 如果对某一列设置了多个条件格式，则可以按以下方法有选择性的清除：先选中该列，然后单击“条件格式”按钮，选择“管理规则”命令，则弹出“条件格式规则管理器”对话框，在对话框下方选中一种规格，然后单击“删除规则”按钮即可，如下图所示。如果单击“编辑规则”按钮则可以重新编辑该规则。

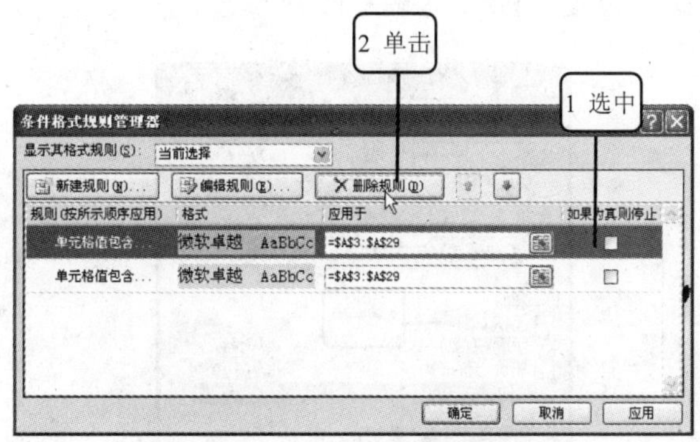

11.1.4 将数据按不同分类进行汇总

分类汇总，就是将数据表格中的数据按某一关键字进行相关选项的数据汇总，如求平均值、合计、最大值以及最小值等。

分类汇总的关键字段包括："分类字段"，即按哪一个字段进行分类汇总；"汇总方式"，即表格汇总的计算方式，如平均值、合计、最大值、最小值等；"选定汇总项"，即对表格中的哪些字段进行汇总计算。

1 创建单项汇总

下面仍以"房产销售记录表"为例进行介绍，对各种套型的房子按"面积（m^2）"进行汇总（求和）。

1 打开随书光盘中"\实例素材\第 11 章\11.xlsx"文档，如下图所示，并按"套型"关键字进行排序，以使各种套型的数据行排在一起，如下图所示。

房产销售记录表

地址	套型	套数	面积(m^2)	厅面积(m^2	单价(元/m	总价(万元)
秦虹小区	大	5	143.5	28	3200	
相府营	大	2	137.4	26	3700	
后宰门	大	4	134.8	26	4000	
南湖小区	大	4	134.7	26	3880	
汉中路	大	1	123.7	24	3800	
月苑小区	大	2	122.8	25	2750	
锁金村	大	7	112.6	22	3600	
天地花园	大	4	110.4	22	3200	
雨花西路	大	1	101.2	22	2700	
天地花园	中	4	93.1	18	3100	
相府营	中	4	90.2	16	3500	
月苑小区	中	2	88.8	16	2700	
雨花西路	中	1	84.6	15	2700	
秦虹小区	中	3	82.6	15	2900	
锁金村	中	6	78.8	16	3300	
后宰门	中	6	76.3	15	3800	
南湖小区	中	5	76.2	15	3300	
汉中路	中	3	75.04	15	3600	
南湖小区	小	7	64.45	15	3180	
汉中路	小	3	63.8	14	3000	
后宰门	小	2	62.9	14	3400	

2 将光标放置在表格中，打开"数据"选项卡，单击"分级显示"选项组中的"分类汇总"按钮，如下图所示。

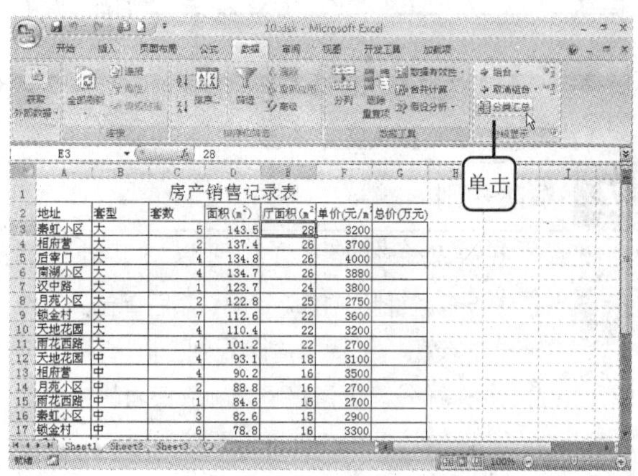

3 弹出"分类汇总"对话框，如下图所示。在"分类字段"下拉列表中选择"套型"项，在"汇总方式"下拉列表中选择"求和"项，在"选定汇总项"列表框中选中"面积（m2）"复选框。

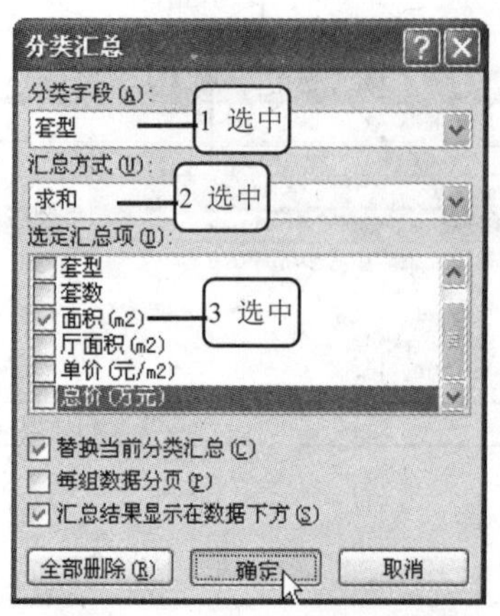

4 表格分类汇总后的效果如下图所示。在数据行下方显示了汇总值，并在左侧显示了分级显示按钮。

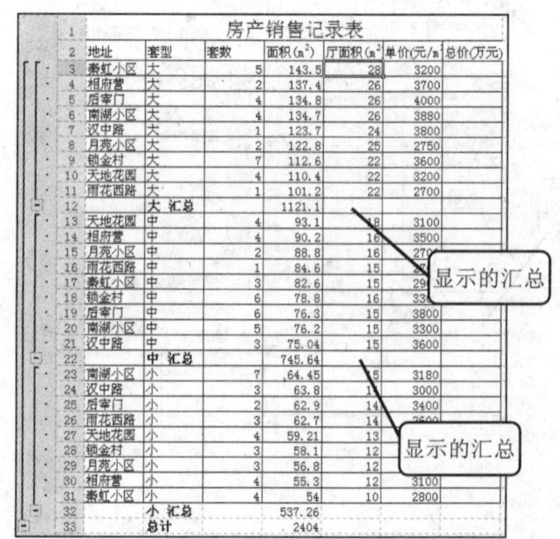

房产销售记录表

地址	套型	套数	面积(m^2)	厅面积(m^2	单价(元/m	总价(万元)
秦虹小区	大	5	143.5	28	3200	
相府营	大	2	137.4	26	3700	
后宰门	大	4	134.8	26	4000	
南湖小区	大	4	134.7	26	3880	
汉中路	大	1	123.7	24	3800	
月苑小区	大	2	122.8	25	2750	
锁金村	大	7	112.6	22	3600	
天地花园	大	4	110.4	22	3200	
雨花西路	大	1	101.2	22	2700	
	大 汇总		1121.1			
天地花园	中	4	93.1	18	3100	
相府营	中	4	90.2	16	3500	
月苑小区	中	2	88.8	16	[illegible]	
雨花西路	中	1	84.6	15	[illegible]	
秦虹小区	中	3	82.6	15	[illegible]	
锁金村	中	6	78.8	16	[illegible]	
后宰门	中	6	76.3	15	3800	
南湖小区	中	5	76.2	15	3300	
汉中路	中	3	75.04	15	3600	
	中 汇总		745.64			
南湖小区	小	7	64.45	[illegible]	3180	
汉中路	小	3	63.8	[illegible]	3000	
后宰门	小	2	62.9	14	3400	
雨花西路	小	3	62.7	14	[illegible]	
天地花园	小	4	59.21	13	[illegible]	
锁金村	小	3	58.1	12	[illegible]	
月苑小区	小	3	56.8	12	[illegible]	
相府营	小	4	55.3	12	3100	
秦虹小区	小	4	54	10	2800	
	小 汇总		537.26			
	总计		2404			

5 单击工作表左侧 2 下方的第 1 个 − 按钮，它将变为 + 状，“大”套型的数据被隐藏，如下图所示。

	A	B	C	D	E	F	G
1	房产销售记录表						
2	地址	套型	套数	面积(m²)	厅面积(m²	单价(元/m	总价(万元)
12		大 汇总		1121.1			
13	天地花园	中	4	93.1	18	3100	
14	相府营	中	4	90.2	16	3500	
15	月苑小区	中	2	88.8	16	2700	
16	雨花西路	中	1	84.6	15	2700	
17	秦虹小区	中	3	82.6	15	2900	
18	锁金村	中	6	78.8	16	3300	
19	后宰门	中	6	76.3	15	3800	
20	南湖小区	中	5	76.2	15	3300	
21	汉中路	中	3	75.04	15	3600	
22		中 汇总		745.64			
23	南湖小区	小	7	64.45	15	3180	
24	汉中路	小	3	63.8	14	3000	
25	后宰门	小	2	62.9	14	3400	
26	雨花西路	小	3	62.7	14	2600	
27	天地花园	小	4	59.21	13	2800	
28	锁金村	小	3	58.1	12	3100	
29	月苑小区	小	3	56.8	12	2700	
30	相府营	小	4	55.3	12	3100	
31	秦虹小区	小	4	54	10	2800	
32		小 汇总		537.26			
33		总计		2404			

6 单击工作表左侧 2 下方的第 2 和第 3 个 − 按钮，它将变为 + 状，使得“中”套型和“小”套型的数据被隐藏，如下图所示。

	A	B	C	D	E	F	G
1	房产销售记录表						
2	地址	套型	套数	面积(m²)	厅面积(m²	单价(元/m	总价(万元)
12		大 汇总		1121.1			
22		中 汇总		745.64			
32		小 汇总		537.26			
33		总计		2404			

多学点 直接工作表单击左侧的 1 、 2 、 3 按钮也可以展开和隐藏分组。

7 单击工作表左侧 1 下方的 − 按钮，它将变为 + 状，工作表中只显示所有数据的总计，如下图所示。

	A	B	C	D	E	F	G
1	房产销售记录表						
2	地址	套型	套数	面积(m²)	厅面积(m²	单价(元/m	总价(万元)
33		总计		2404			

提示您 如果在步骤 3 所示图中选中“每组数据分页”复选框，则“大”套型的数据显示在一页，“中”套型的数据显示在一页，“小”套型的数据显示在一页。

8 如果要取消隐藏，则将光标放置在 + 所在行，然后单击“分级显示”选项组中的“显示明细数据”按钮，则可以显示隐藏的数据行，如下图所示。

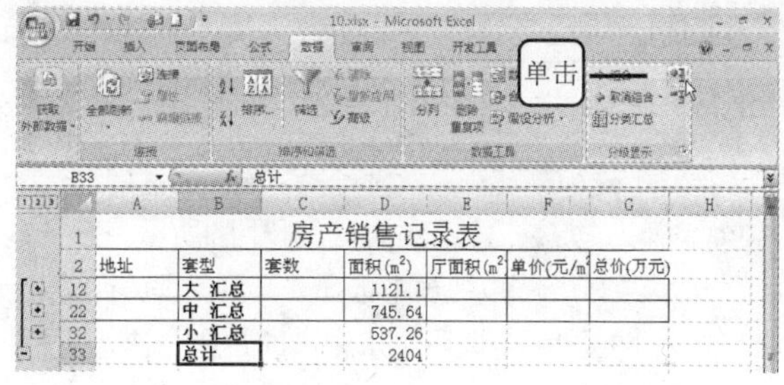

若不需要分类汇总效果，可以将其删除，具体操作步骤如下。

1 将光标放置在数据区域，再次单击“分类汇总”按钮，如下图所示。

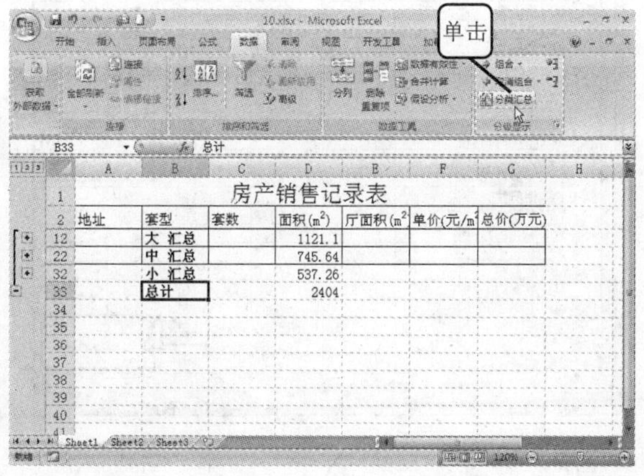

2 弹出“分类汇总”对话框，单击下方的“全部删除”按钮，如下图所示。

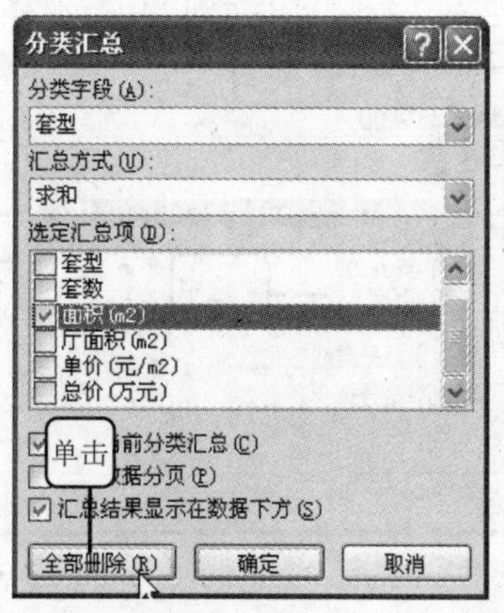

3 可以看到表格已经取消了分类汇总，效果如右图所示。

房产销售记录表

	地址	套型	套数	面积(m²)	厅面积(m²	单价(元/m	总价(万元)
3	秦虹小区	大	5	143.5	28	3200	
4	相府营	大	2	137.4	26	3700	
5	后宰门	大	4	134.8	26	4000	
6	南湖小区	大	4	134.7	26	3880	
7	汉中路	大	1	123.7	24	3800	
8	月苑小区	大	2	122.8	25	2750	
9	锁金村	大	7	112.6	22	3600	
10	天地花园	大	4	110.4	22	3200	
11	雨花西路	大	1	101.2	22	2700	
12	天地花园	中	4	93.1	18	3100	
13	相府营	中	4	90.2	16	3500	
14	月苑小区	中	2	88.8	16	2700	
15	雨花西路	中	1	84.6	15	2700	
16	秦虹小区	中	3	82.6	15	2900	
17	锁金村	中	6	78.8	16	3300	

2 创建多项汇总

利用 Excel 还可以对表格中的某一列进行多项汇总。

1 打开随书光盘中"\实例素材\第 11 章\11.xlsx"文档，如下图所示。

房产销售记录表

	地址	套型	套数	面积(m²)	厅面积(m²	单价(元/m	总价(万元)
3	秦虹小区	大	5	143.5	28	3200	
4	相府营	大	2	137.4	26	3700	
5	后宰门	大	4	134.8	26	4000	
6	南湖小区	大	4	134.7	26	3880	
7	汉中路	大	1	123.7	24	3800	
8	月苑小区	大	2	122.8	25	2750	
9	锁金村	大	7	112.6	22	3600	
10	天地花园	大	4	110.4	22	3200	
11	雨花西路	大	1	101.2	22	2700	
12	天地花园	中	4	93.1	18	3100	
13	相府营	中	4	90.2	16	3500	
14	月苑小区	中	2	88.8	16	2700	
15	雨花西路	中	1	84.6	15	2700	
16	秦虹小区	中	3	82.6	15	2900	
17	锁金村	中	6	78.8	16	3300	
18	后宰门	中	6	76.3	15	3800	
19	南湖小区	中	5	76.2	15	3300	
20	汉中路	中	3	75.04	15	3600	
21	南湖小区	小	7	64.45	15	3180	
22	汉中路	小	3	63.8	14	3000	
23	后宰门	小	2	62.9	14	3400	

2 单击"分类汇总"按钮，如下图所示。

房产销售记录表

	地址	套型	套数	面积(m²)	厅面积(m²	单价(元/m	总价(万元)
3	秦虹小区	大	5	143.5	28	3200	
4	相府营	大	2	137.4	26	3700	
5	后宰门	大	4	134.8	26	4000	
6	南湖小区	大	4	134.7	26	3880	
7	汉中路	大	1	123.7	24	3800	
8	月苑小区	大	2	122.8	25	2750	
9	锁金村	大	7	112.6	22	3600	
10	天地花园	大	4	110.4	22	3200	
11	雨花西路	大	1	101.2	22	2700	
12	天地花园	中	4	93.1	18	3100	
13	相府营	中	4	90.2	16	3500	
14	月苑小区	中	2	88.8	16	2700	
15	雨花西路	中	1	84.6	15	2700	
16	秦虹小区	中	3	82.6	15	2900	
17	锁金村	中	6	78.8	16	3300	

3 弹出"分类汇总"对话框，如下图所示。在"分类字段"下拉列表中选择"套型"项，在"汇总方式"下拉列表中选择"求和"项，在"选定汇总项"列表框中选中"面积（m2）"复选框。

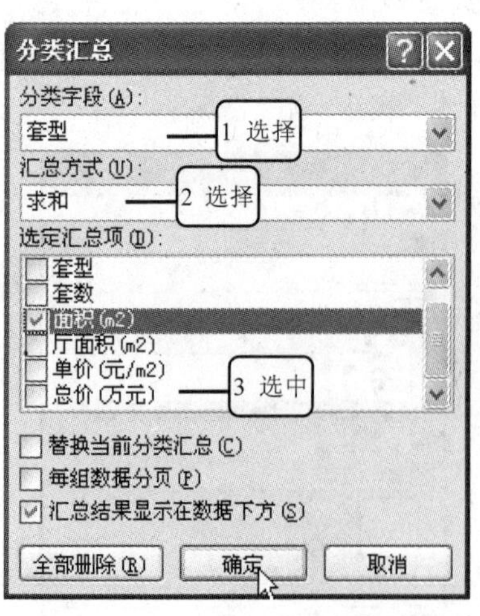

4 表格分类汇总后的效果如下图所示。

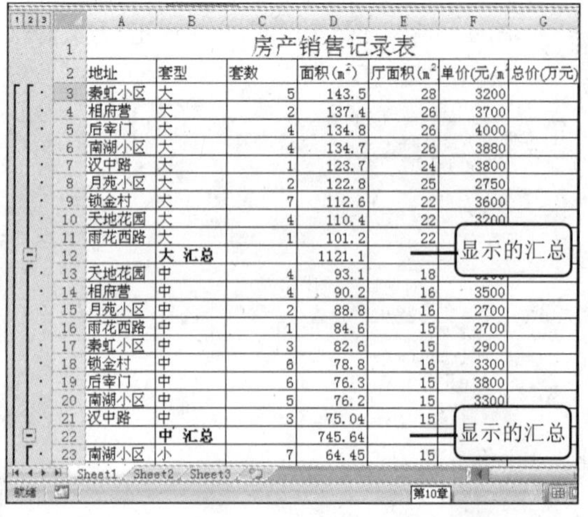

房产销售记录表

	地址	套型	套数	面积(m²)	厅面积(m²	单价(元/m	总价(万元)
3	秦虹小区	大	5	143.5	28	3200	
4	相府营	大	2	137.4	26	3700	
5	后宰门	大	4	134.8	26	4000	
6	南湖小区	大	4	134.7	26	3880	
7	汉中路	大	1	123.7	24	3800	
8	月苑小区	大	2	122.8	25	2750	
9	锁金村	大	7	112.6	22	3600	
10	天地花园	大	4	110.4	22	3200	
11	雨花西路	大	1	101.2	22		
12		大 汇总		1121.1			
13	天地花园	中	4	93.1	18		
14	相府营	中	4	90.2	16	3500	
15	月苑小区	中	2	88.8	16	2700	
16	雨花西路	中	1	84.6	15	2700	
17	秦虹小区	中	3	82.6	15	2900	
18	锁金村	中	6	78.8	16	3300	
19	后宰门	中	6	76.3	15	3800	
20	南湖小区	中	5	76.2	15	3300	
21	汉中路	中	3	75.04	15		
22		中 汇总		745.64			
23	南湖小区	小	7	64.45	15		

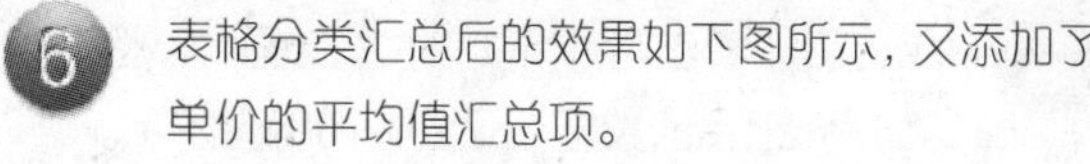

5 再次单击“分类汇总”按钮，弹出“分类汇总”对话框。在“分类字段”下拉列表中选择“套型”项，在“汇总方式”下拉列表中选择“平均值”项，在“选定汇总项”列表框中选中“单价（元/m2）”复选框，如下图所示

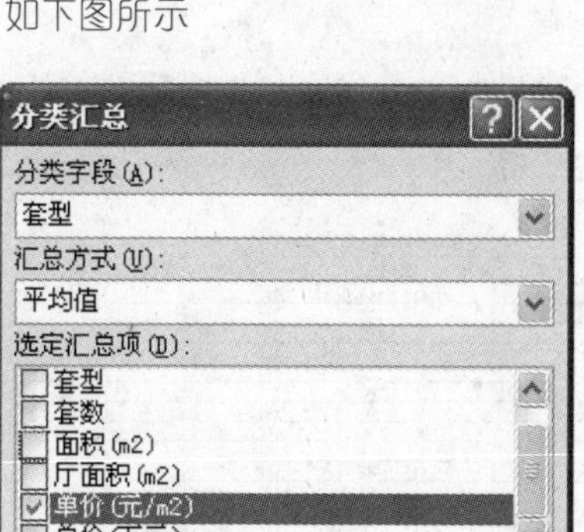

6 表格分类汇总后的效果如下图所示，又添加了单价的平均值汇总项。

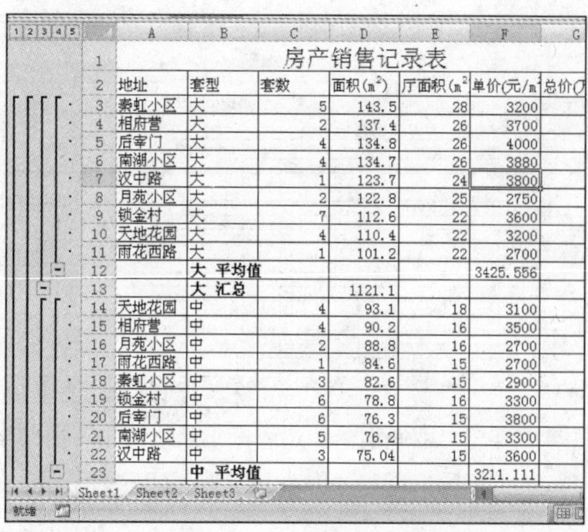

	A	B	C	D	E	F
1	房产销售记录表					
2	地址	套型	套数	面积(m²)	厅面积(m²)	单价(元/m
3	綦虹小区	大	5	143.5	28	3200
4	相府营	大	2	137.4	26	3700
5	后宰门	大	4	134.8	26	4000
6	南湖小区	大	4	134.7	26	3880
7	汉中路	大	1	123.7	24	3800
8	月苑小区	大	2	122.8	25	2750
9	锁金村	大	7	112.6	22	3600
10	天地花园	大	4	110.4	22	3200
11	雨花西路	大	1	101.2	22	2700
12		大 平均值				3425.556
13		大 汇总		1121.1		
14	天地花园	中	4	93.1	18	3100
15	相府营	中	4	90.2	16	3500
16	月苑小区	中	2	88.8	16	2700
17	雨花西路	中	1	84.6	15	2700
18	綦虹小区	中	3	82.6	15	2900
19	锁金村	中	6	78.8	16	3300
20	后宰门	中	6	76.3	15	3800
21	南湖小区	中	5	76.2	15	3300
22	汉中路	中	3	75.04	15	3600
23		中 平均值				3211.111

11.1.5 以“组级”方式显示数据

在前面分类汇总时，可以发现单击分级显示按钮，可以很方便地隐藏和显示数据明细，其实就算不分类汇总数据，也可以使用分级显示按钮。

1 打开随书光盘中“\实例素材\第 11 章\11.xlsx”文档，选中第 4 至 6 行，打开“数据”选项卡，单击“分级显示”选项组中的“组合”下三角按钮，从下拉菜单中选择“给合”命令，如下图所示。

2 第 4 至 6 行已被组合，并在工作表左侧显示了分级显示按钮，如下图所示。

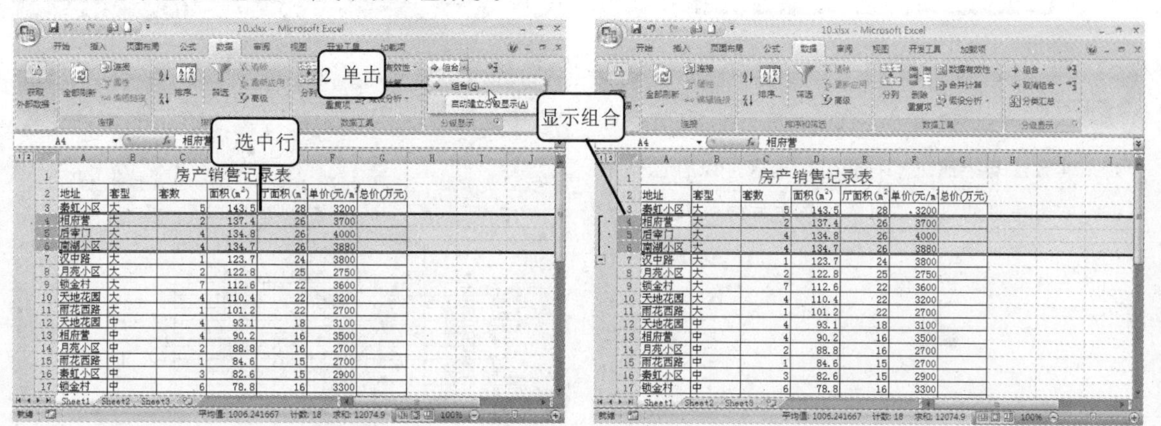

3 单击工作表左侧1下方的-按钮，它将变为+状，组合的数据被隐藏，如下图所示。

4 再次单击+按钮，它将变为-状，被隐藏数据再次显示出来。如果要取消组合，可单击“分级显示”选项组中的“取消组合”下三角按钮，从下拉菜单中选择“取消组合”命令，如下图所示。

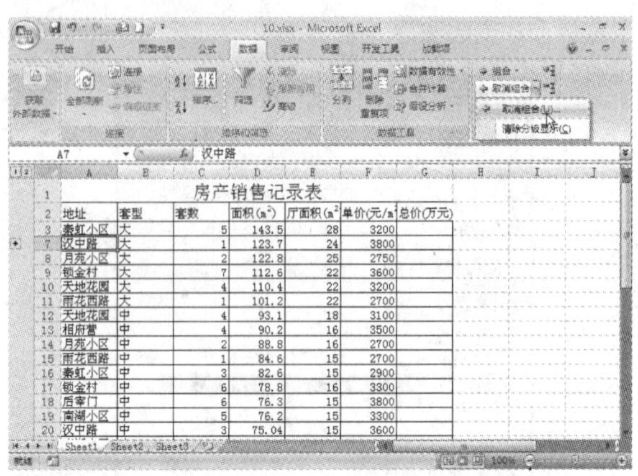

5 弹出“取消组合”对话框，默认选中“行”单选按钮，单击“确定”按钮，如下图所示。

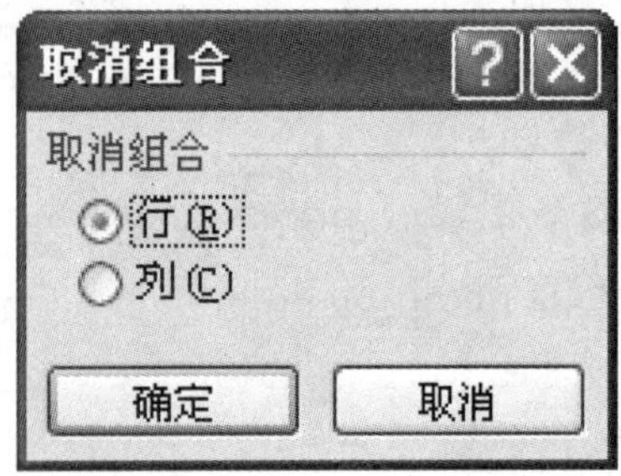

6 取消组合后的效果如下图所示，左侧的分级显示按钮消失了。

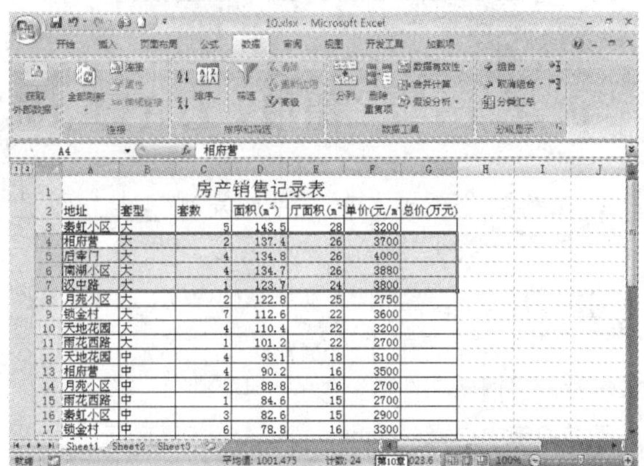

多学点 “组级”显示不仅可以用于行，还可以用于列，其方法和“组级”行相同，读者可以自己动手试试，右图是对列进行“组级”显示后的效果。

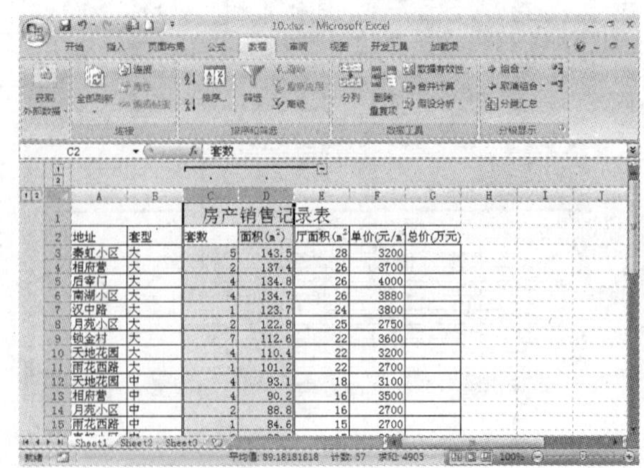

11.2 拓展与提高

11.2.1 了解 Excel 的排序次序

在按升序排序时，Excel 使用如下排序次序。在按降序排序时，则相反。

表 11-1　Excel 升序排序次序

<table>
<tr><th>值</th><th>注释</th></tr>
<tr><td>数字</td><td>数字按从最小的负数到最大的正数进行排序</td></tr>
<tr><td>日期</td><td>日期按从最早的日期到最晚的日期进行排序</td></tr>
<tr><td>文本</td><td>字母数字文本按从左到右的顺序逐字符进行排序。例如，假如一个单元格中含有文本“A100”，Excel 会将这个单元格放在含有“A1”的单元格的后面、含有“A11”的单元格的前面。文本连同包含存储为文本格式的数字及符号按以下次序排序：0 1 2 3 4 5 6 7 8 9（空格）! " # $ % & ( ) * ，. / : ; ? @ [\ ] ^ _ ` { | } ~ + < = > A B C D E F G H I J K L M N O P Q R S T U V W X Y Z</td></tr>
<tr><td>逻辑</td><td>在逻辑值中，FALSE 排在 TRUE 之前</td></tr>
<tr><td>错误</td><td>任何错误值的优先级都相同</td></tr>
<tr><td>空白单元格</td><td>无论是按升序还是按降序排序，空白单元格总是被放在最后</td></tr>
</table>

11

11.2.2 “筛选”功能的高级应用

如果要筛选的数据列中包含多个关键字，而且筛选的条件又比较复杂时，就可以利用“高级筛选”功能。利用“高级筛选”功能时，需要先建立一个筛选条件区域。

1 打开随书光盘中“\实例素材\第 11 章\11.xlsx”文档，如下图所示。

2 在工作表下方输入需要的条件，一般为两行：第一行为字段名称，第二行为筛选条件，如下图所示。

房产销售记录表

地址	套型	套数	面积(m^2)	厅面积(m^2)	单价(元/m^2)	总价(万元)
秦虹小区	大	5	143.5	28	3200	
相府营	大	2	137.4	26	3700	
后宰门	大	4	134.8	26	4000	
南湖小区	大	4	134.7	26	3880	
汉中路	大	1	123.7	24	3800	
月苑小区	大	2	122.8	25	2750	
锁金村	大	7	112.6	22	3600	
天地花园	大	4	110.4	22	3200	
雨花西路	大	1	101.2	22	2700	
天地花园	中	4	93.1	18	3100	
相府营	中	4	90.2	16	3500	
月苑小区	中	2	88.8	16	2700	
雨花西路	中	1	84.6	15	2700	
秦虹小区	中	3	82.6	15	2900	
锁金村	中	6	78.8	16	3300	
后宰门	中	6	76.3	15	3800	
南湖小区	中	5	76.2	15	3300	
汉中路	中	3	75.04	15	3600	
南湖小区	小	7	64.45	15	3180	
汉中路	小	3	63.8	14	3000	
后宰门	小	2	62.9	14	3400	

地址	套型	套数	面积(m^2)	厅面积(m^2)	单价(元/m^2)	总价(万元)
汉中路	小	3	63.8	14	3000	
后宰门	小	2	62.9	14	3400	
雨花西路	小	3	62.7	14	2600	
天地花园	小	4	59.21	13	2800	
锁金村	小	3	58.1	12	3100	
月苑小区	小	3	56.8	12	2700	
相府营	小	4	55.3	12	3100	
秦虹小区	小	4	54	10	2800	

地址	套型	套数	面积(m^2)	厅面积(m^2)	单价(元/m^2)	总价(万元)
南湖小区	大					

3 将光标放置在数据区域，打开“数据”选项卡，单击“排序和筛选”选项组中的“高级”按钮，如下图所示。

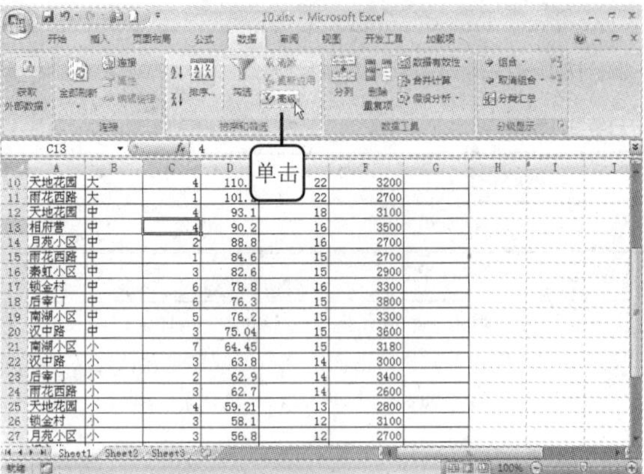

4 数据区域被选中，同时弹出“高级筛选”对话框，如下图所示。默认选中“在原有区域显示筛选结果”单选按钮，单击“条件区域”文档框右侧的按钮。

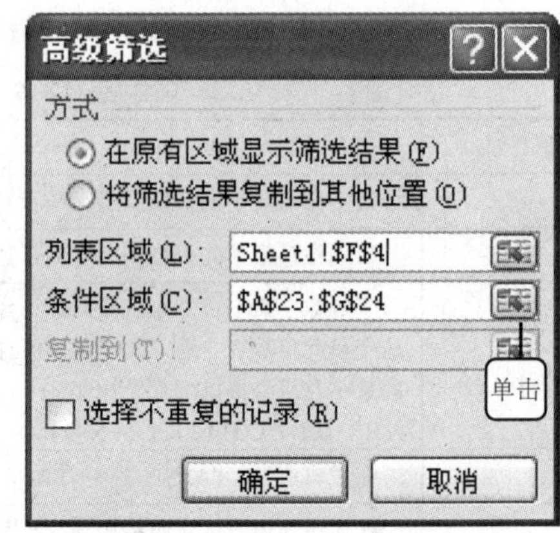

5 选中刚才输入的条件区域，如下图所示，然后单击按钮返回。

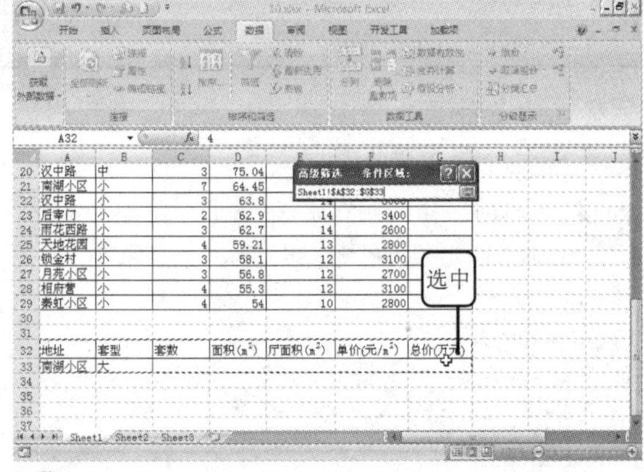

6 在“高级筛选”对话框中单击“确定”按钮，如下图所示。

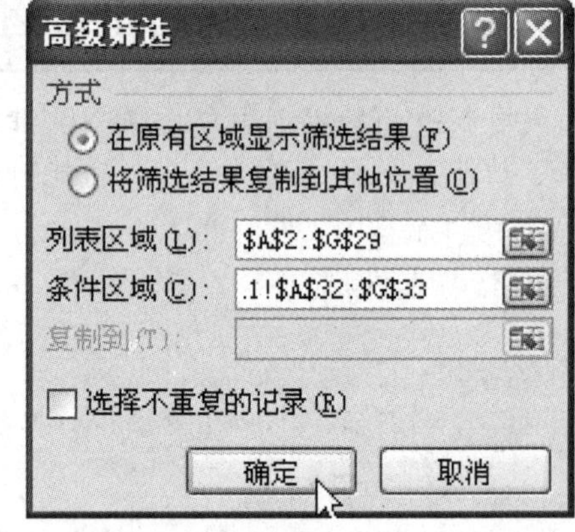

7 筛选出的结果如下图所示。

	A	B	C	D	E	F	G
1	房产销售记录表						
2	地址	套型	套数	面积(m^2)	厅面积(m^2)	单价(元/m^2)	总价(万元)
6	南湖小区	大	4	134.7	26	3880	
30							

多学点 在建立筛选条件时，还可以利用数学符号，如下图所示。大于用“＞”表示；大于等于用“＞＝”表示；小于用“＜”表示；小于等于用“＜＝”表示。

32	地址	套型	套数	面积(m^2)	厅面积(m^2)	单价(元/m^2)	总价(万元)
33	南湖小区			>=100			

还可以将筛选出的结果显示到其他位置，具体操作方法如下。

1 在“高级筛选”对话框中，选中“将筛选结果复制到其他位置”单选按钮，然后单击“复制到”文本框右侧的按钮，如下图所示。

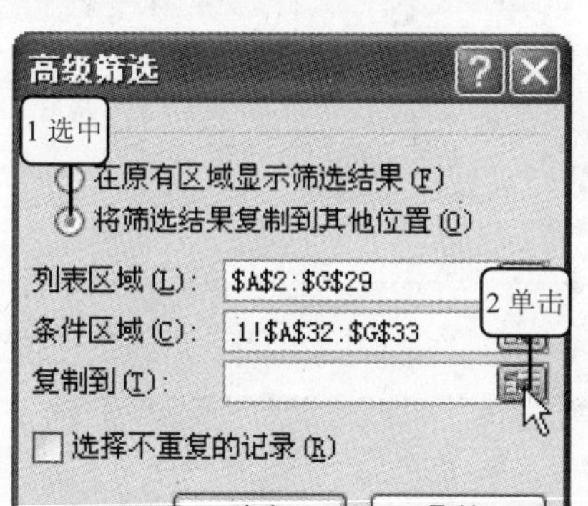

2 在工作表中单击其他位置的一个单元格，如下图所示。

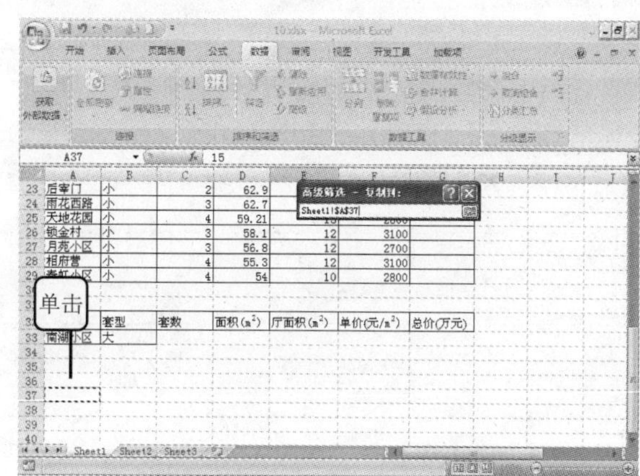

3 筛选出的结果将显示在刚才指定的位置，如下图所示。

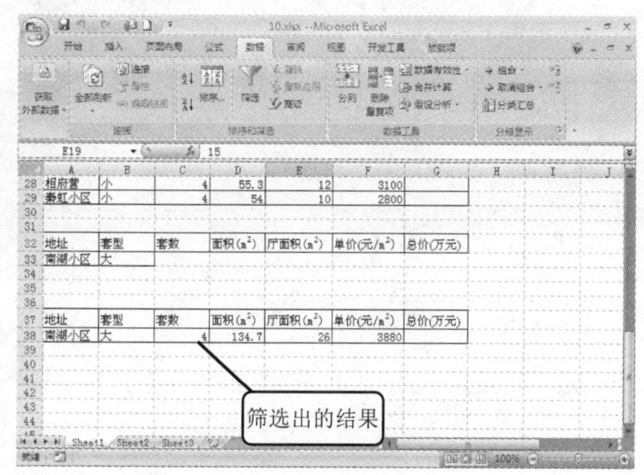

经验谈 因为不知道筛选出的结果是多少行，所以，不需要指定一个单元格区域，只需要指定一个单元格即可。

11

图解直通车

- 公式的创建、移动和复制
- 监视公式
- 检查公式是否有错误
- 利用“公式求值”验证结果
- “追踪”引用和从属单元格
- 了解常用函数
- 了解财务函数
- 了解统计函数
- 了解日期与时间函数
- 了解逻辑函数

第12章 Excel的计算功能

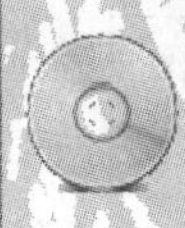	实例素材	\实例素材\第12章\12-1.xlsx，12-2.xlsx，12-3.xlsx，12-4.xlsx，12-5.xlsx，12-6.xlsx，12-7.xlsx，12-8.xlsx，12-9.xlsx，12-10.xlsx，12-11.xlsx，12-12.xlsx，12-13.xlsx，12-14.xlsx，12-15.xlsx，12-16.xlsx，12-17.xlsx
	实例结果	\实例结果\第12章\12-1.xlsx

12.1 实战——用公式运算"销售统计及返点计算表"

本章先来介绍公式的应用。先打开一张"销售统计及返点计算表"，通过公式来计算其中的"合计销售数"、"合计销售额"、"给销售人员的返点"和"给经销商的返点"项，如下图所示。

通过该实例，读者可以了解公式应用的主要内容。

销售统计及返点计算表

月份	销售统计				返点计算	
	南方区（件）	北方区（件）	合计销售数（件）	合计销售额（元）	给销售人员的返点 2%	给经销商的返点 6%
7月	52000	28000				
8月	41000	32000				
9月	23000	26000				
10月	12000	24000				
11月	24000	25000				
12月	45000	23000				
总计						

商品单价　　1.7

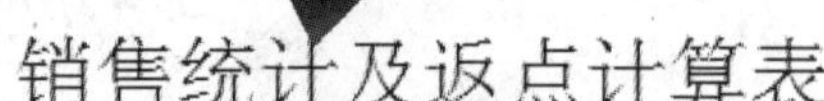

销售统计及返点计算表

月份	销售统计				返点计算	
	南方区（件）	北方区（件）	合计销售数（件）	合计销售额（元）	给销售人员的返点 2%	给经销商的返点 6%
7月	52000	28000	80000	￥136,000.00	2040	8160
8月	41000	32000	73000	￥124,100.00	1862	7446
9月	23000	26000	49000	￥83,300.00	1250	4998
10月	12000	24000	36000	￥61,200.00	918	3672
11月	24000	25000	49000	￥83,300.00	1250	4998
12月	45000	23000	68000	￥115,600.00	1734	6936
总计	197000	158000	355000	603500	9053	36210

商品单价　　1.7

12.1.1　创建公式

创建公式时可以直接在单元格中输入，也可以在“编辑栏”中输入，得到的效果是相同的。下面以计算“销售统计及返点计算表”为例，讲解公式的创建方法。

1　打开随书光盘中“\实例素材\第 12 章\12-1.xlsx”文档，如下图所示。选择存放结果的单元格，如 D5，在其中输入公式“=B5+C5”，如下图所示。

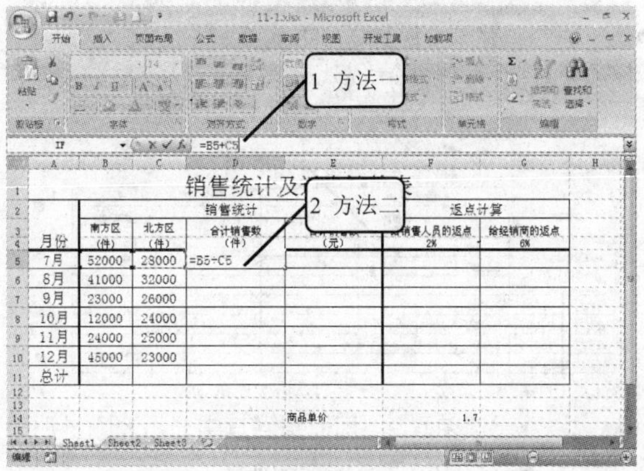

公式输入完毕后，按〈Enter〉键得出结果，如下图所示。

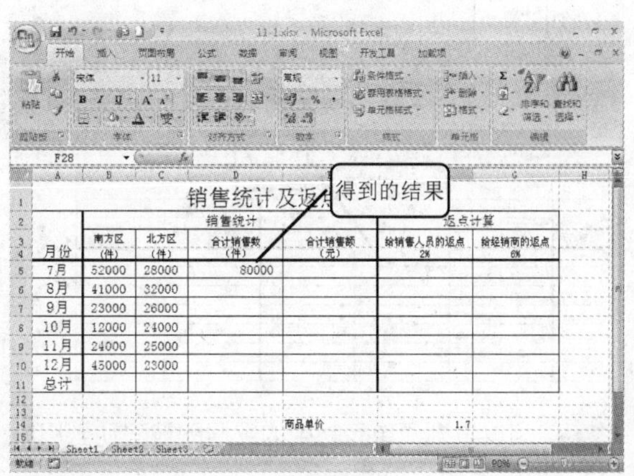

3　建立公式后还可以对其进行修改：直接双击要修改公式的单元格，此时再次进入公式编辑状态，如下图所示。直接输入新的公式或对原公式进行修改。公式修改后，单元格中的数值也会跟着发生变化。

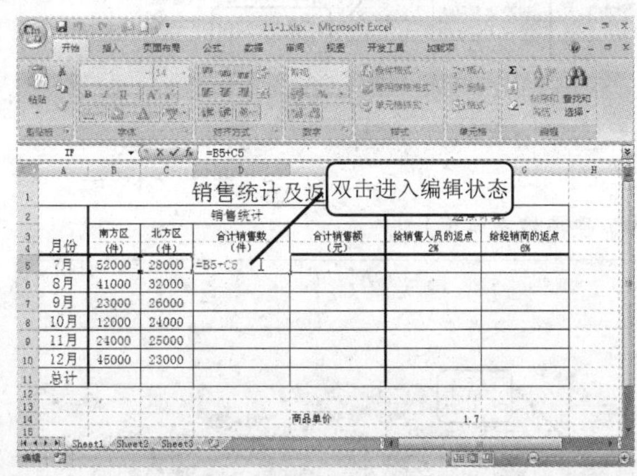

多学点　在输入公式时，不能输入空格。否则在运算时会出现错误。

提示您　在输入“=”后，可直接单击 B5 单元格，则“B5”将自动被添加到公式中，在输入“+”后，可直接单击 C5 单元格，则“C5”将自动被添加到公式中。

多学点　要了解其他公式运算符，以及公式的运算顺序，可参见本章“拓展与提高”部分。

12.1.2　移动及复制公式

在 Excel 2007 中，可以将已创建好的公式移动或复制到其他单元格中，从而大大提高输入效率。

在移动公式时，公式内的单元格引用不会发生改变。复制公式时，到达新位置后单元格引用将根据引用类型而变化。

1 移动公式

下面介绍移动公式的方法。

1 选择要移动的单元格，如 D5，打开“开始”选项卡，单击“剪贴板”选项组中的“剪切”按钮，如下图所示。

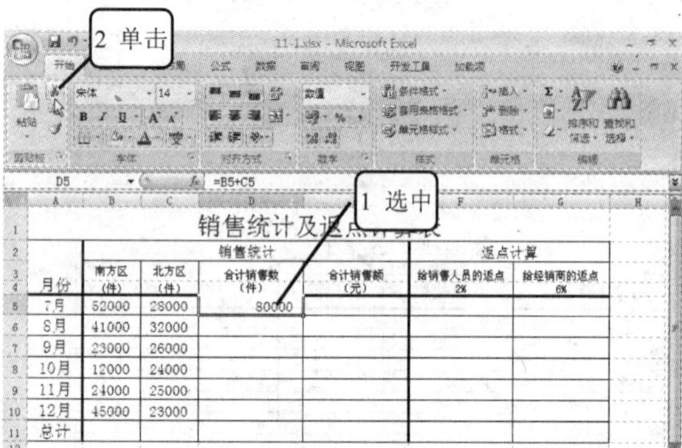

2 选择目标单元格，如 D6，单击“剪贴板”选项组中的“粘贴”下三角按钮，从下拉菜单中选择“粘贴”命令，如下图所示。

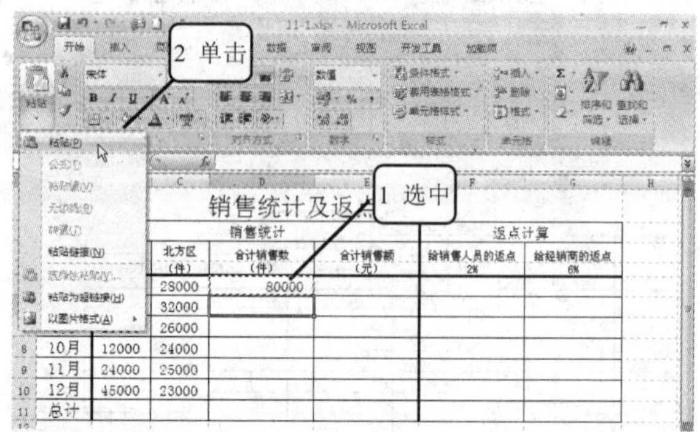

3 可以看到原单元格中的数据即被移动到目标单元格中，如下图所示。

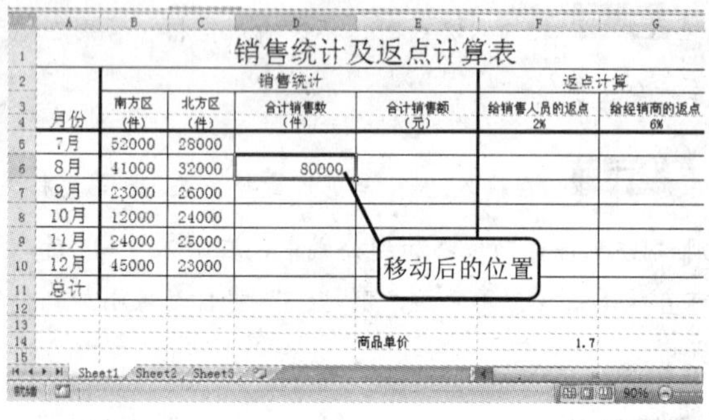

4 双击该单元格，可以看到其中显示了刚才那个单元格的公式，如下图所示。

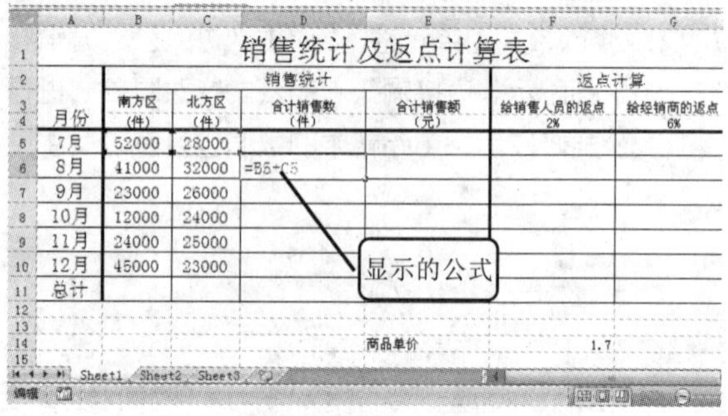

多学点 移动公式时，也可以按〈Ctrl+X〉和〈Ctrl+V〉快捷键来实现。

2 使用菜单复制公式

使用菜单复制公式的具体操作步骤如下。

1 选择要移动的单元格，如 D5，打开“开始”选项卡，单击“剪贴板”选项组中的“复制”按钮，如右图所示。

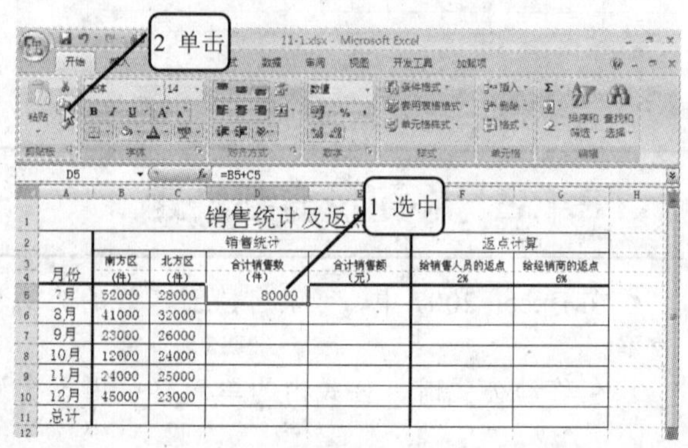

2　选择目标单元格，如 D6，单击“剪贴板”选项组中的“粘贴”下三角按钮，从下拉菜单中选择“公式”命令，如右图所示。

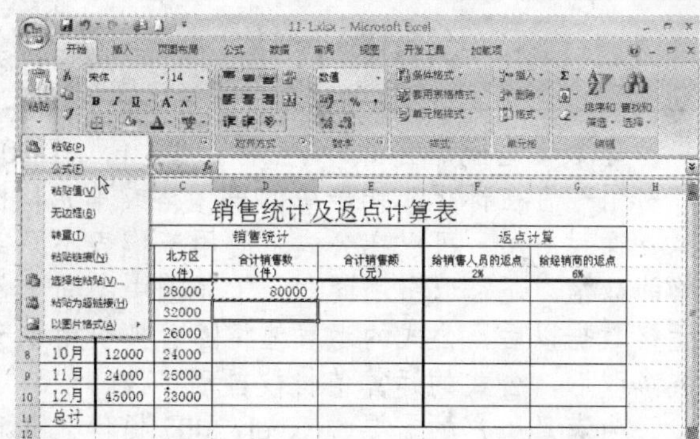

月份	南方区（件）	北方区（件）	合计销售数（件）	合计销售额（元）	给销售人员的返点 2%	给经销商的返点 6%
		28000	80000			
		32000				
		26000				
10月	12000	24000				
11月	24000	25000				
12月	45000	23000				
总计						

3　可以看到单元格中的数值已经不是刚才复制的那个数值了，如下图所示。

销售统计及返点计算表

月份	销售统计				返点计算	
	南方区（件）	北方区（件）	合计销售数（件）	合计销售额（元）	给销售人员的返点 2%	给经销商的返点 6%
7月	52000	28000	80000			
8月	41000	32000	73000			
9月	23000	26000				
10月	12000	24000				
11月	24000	25000				
12月	45000	23000				
总计						

4　双击该单元格，可以看到其中显示了公式，如下图所示，这里不再是“=B5+C5”，而是“=B6+C6”，这是因为复制公式时单元格引用将根据引用类型而变化。

销售统计及返点计算表

月份	销售统计				返点计算	
	南方区（件）	北方区（件）	合计销售数（件）	合计销售额（元）	给销售人员的返点 2%	给经销商的返点 6%
7月	52000	28000	80000			
8月	41000	32000	=B6+C6			
9月	23000	26000				
10月	12000	24000				
11月	24000	25000				
12月	45000	23000				
总计						

多学点　*若要将同一个公式复制到多个单元格中，可先选中多个单元格，再进行上面的步骤 2 操作。*

3　用拖动法复制公式

用拖动法复制公式的具体操作步骤如下。

1　选中要复制的单元格，然后将鼠标指针指向该单元格的填充控制点，待鼠标指针变为+状时，如下图所示。

销售统计及返点计算表

月份	销售统计				返点计算	
	南方区（件）	北方区（件）	合计销售数（件）	合计销售额（元）	给销售人员的返点 2%	给经销商的返点 6%
7月	52000	28000	80000			
8月	41000	32000				
9月	23000	26000				
10月	12000	24000				
11月	24000	25000				
12月	45000	23000				
总计						

2　按住鼠标左键不放并向下拖动，如下图所示。

销售统计及返点计算表

月份	销售统计				返点计算	
	南方区（件）	北方区（件）	合计销售数（件）	合计销售额（元）	给销售人员的返点 2%	给经销商的返点 6%
7月	52000	28000	80000			
8月	41000	32000				
9月	23000	26000				
10月	12000	24000				
11月	24000	25000				
12月	45000	23000				
总计						

3　鼠标拖出的单元格将会被填充公式，同时将计算结果显示出来，如右图所示。

销售统计及返点计算表

月份	销售统计				返点计算	
	南方区（件）	北方区（件）	合计销售数（件）	合计销售额（元）	给销售人员的返点 2%	给经销商的返点 6%
7月	52000	28000	80000			
8月	41000	32000	73000			
9月	23000	26000	49000			
10月	12000	24000	36000			
11月	24000	25000	49000			
12月	45000	23000	68000			
总计						

12

12.1.3 引用单元格

每个单元格都有行、列坐标位置，Excel 2007 中将单元格行、列坐标位置称为单元格引用。“引用”旨在标识工作表中的单元格或单元格区域，并指明公式中所使用数据的位置。

通过引用，可以在公式中使用工作表不同部分的数据，或者在多个公式中使用同一个单元格的数值。还可以引用同一个工作簿中不同工作表上的单元格或其他工作簿中的数据。引用单元格数据以后，公式的运算值将随着被引用单元格数据的变化而变化。当被引用的单元格数据被修改后，公式的运算值将被自动修改。

为满足用户的需要，Excel 2007 提供了 3 种不同的引用类型：相对引用、绝对引用和混合引用。

1 相对引用

相对引用是指公式所在的单元格与公式中引用的单元格之间的相对位置。若公式所在单元格的位置发生改变，则公式中引用的单元格位置也将随之发生变化。

在使用公式时，默认情况下，使用相对地址来引用单元格的位置。所谓“相对地址”是指，当把一个含有单元格地址的公式复制到一个新位置或用一个公式填充一个单元格区域时，公式中的单元格地址会随之改变。

① 选中 D5 单元格，在其中输入公式“=B5+C5”，如下图所示。按〈Enter〉键显示运算结果。

IF =B5+C5

销售统计及返点计算表

月份	销售统计				返点计算	
	南方区（件）	北方区（件）	合计销售数（件）	合计销售额（元）	给销售人员的返点 2%	给经销商的返点 6%
7月	52000	28000	=B5+C5			
8月	41000	32000				
9月	23000	26000				
10月	12000	24000				
11月	24000	25000				
12月	45000	23000				
总计						

② 选中 D5 单元格，将公式复制到 D6 单元格，双击该单元格，可以看到其中的公式，D6 中的公式不再是“=B5+C5”，而是“=B6+C6”，如下图所示，这就是相对引用。

IF =B6+C6

销售统计及返点计算表

月份	销售统计				返点计算	
	南方区（件）	北方区（件）	合计销售数（件）	合计销售额（元）	给销售人员的返点 2%	给经销商的返点 6%
7月	52000	28000	80000			
8月	41000	32000	=B6+C6			
9月	23000	26000				
10月	12000	24000				
11月	24000	25000				
12月	45000	23000				
总计						

③ 选中 D6 单元格，将公式复制到 D7 单元格，单元格 D7 中的公式显示为“=B7+C7”，如下图所示。

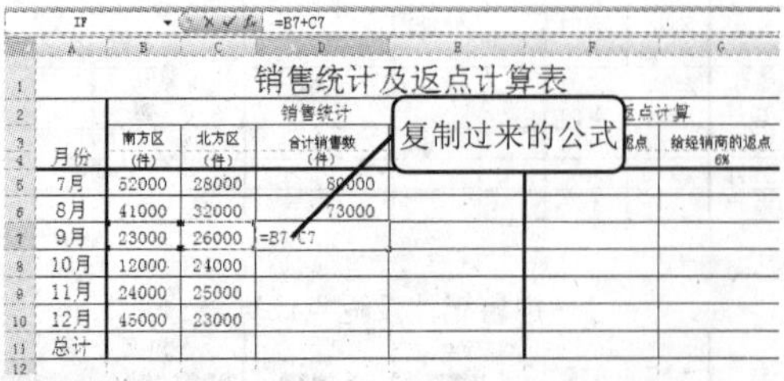

IF =B7+C7

销售统计及返点计算表

月份	销售统计				返点计算	
	南方区（件）	北方区（件）	合计销售数（件）			给经销商的返点 6%
7月	52000	28000	80000			
8月	41000	32000	73000			
9月	23000	26000	=B7+C7			
10月	12000	24000				
11月	24000	25000				
12月	45000	23000				
总计						

复制过来的公式

提示您 相对引用在平常的公式中使用最多。一般情况下，一个普通的计算公式里面所引用的单元格，都是相对引用。

2 绝对引用

绝对引用是指被引用单元格与公式所在的单元格的位置关系是绝对的，无论将该公式粘贴到任何单元格，公式中所引用的还是原来单元格中的数据。

默认情况下，复制公式中的单元格地址所采用的是相对地址方式，即相对引用。但是在特殊情况下，当不需要复制公式中单元格的地址发生变化，就必须使用绝对地址引用。要达到这一目的，可以通过在行标号和列标号的前面添加一个“$”符号。

1 选择 E5 单元格，输入公式“=D5*F14”，如下图所示。

IF　=D5*F14

销售统计及返点计算表

月份	南方区（件）	北方区（件）	合计销售数（件）	合计销售额（元）	给销售人员的返点 2%	给经销商的返点 6%
7月	52000	28000	80000	=D5*F14		
8月	41000	32000	73000			
9月	23000	26000	49000			
10月	12000	24000	36000			
11月	24000	25000	49000			
12月	45000	23000	68000			
总计						
				商品单价	1.7	

2 在 F14 单元格的列标号和行标号前分别添加一个“$”符号，如下图所示。

IF　=D5*$F$14

销售统计及返点计算表

月份	南方区（件）	北方区（件）	合计销售数（件）	合计销售额（元）	给销售人员的返点 2%	给经销商的返点 6%
7月	52000	28000	80000	=D5*$F$14		
8月	41000	32000	73000			
9月	23000	26000	49000			
10月	12000	24000	36000			
11月	24000	25000	49000			
12月	45000	23000	68000			
总计						
				商品单价	1.7	

3 按〈Enter〉键，显示计算结果。再复制 E5 单元格公式到下面的单元格区域，如下图所示。

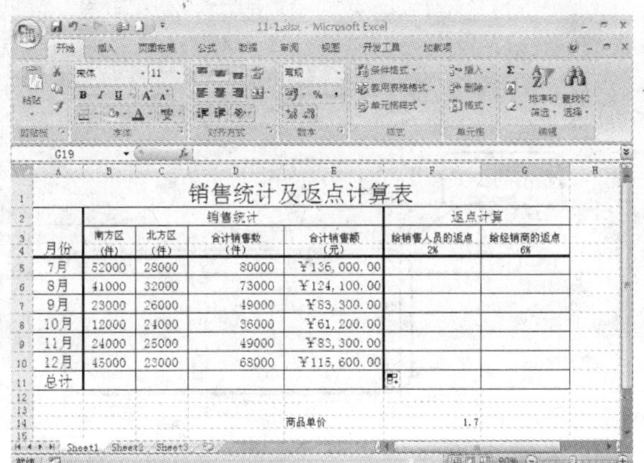

销售统计及返点计算表

月份	南方区（件）	北方区（件）	合计销售数（件）	合计销售额（元）	给销售人员的返点 2%	给经销商的返点 6%
7月	52000	28000	80000	￥136,000.00		
8月	41000	32000	73000	￥124,100.00		
9月	23000	26000	49000	￥83,300.00		
10月	12000	24000	36000	￥61,200.00		
11月	24000	25000	49000	￥83,300.00		
12月	45000	23000	68000	￥115,600.00		
总计						
				商品单价	1.7	

4 打开“公式”选项卡，单击“公式审查”选项组中的“显示公式”按钮，则表格中显示了公式，如下图所示。

销售统计及返点计算表

北方区（件）	合计销售数（件）	合计销售额（元）	给销售人
			0.015
28000	=B5+C5	=D5*$F$14	
32000	=B6+C6	=D6*$F$14	
26000	=B7+C7	=D7*$F$14	
24000	=B8+C8	=D8*$F$14	
25000	=B9+C9	=D9*$F$14	
23000	=B10+C10	=D10*$F$14	
		商品单价	1.7

多学点 在输入绝对引用单元格时，是在列标号和行标号前分别添加一个“$”符号，注意，不要加错方向。要将一个相对引用的单元格，变为绝对引用，只需在输入公式后，将光标定位到单元格中，按〈F4〉键即可。

多学点 也可以通过以下方式显示公式：打开“Excel 选项”对话框，在左侧单击“高级”项，在右侧的“此工作表的显示选项”选项组中选中“在单元格中显示公式而非其计算结果”复选框，如右图所示。

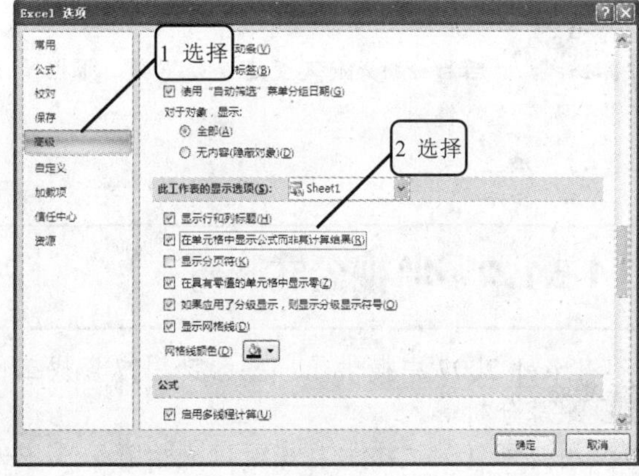

3 混合引用

混合引用是介于相对引用和绝对引用之间的一种引用，也就是说引用单元格的行和列之一，一个是相对引用，一个是绝对引用。混合引用有两种：一种是行绝对、列相对，如 E$4；另一种是行相对、列绝对，如 $ E4。

有些情况下，在复制公式时只需要行或只需要列保持不变，这时就需要使用混合引用。

1. 选择 F5 单元格，输入计算公式“=E5*F4”，如下图所示。

输入公式

=E5*F4

销售统计及返点计算表

月份	南方区（件）	北方区（件）	合计销售数（件）	合计销售额（元）	给销售人员的返点 2%	给经销商的返点 6%
7月	52000	28000	80000	¥136, 000. 00	=E5*F4	
8月	41000	32000	73000	¥124, 100. 00		
9月	23000	26000	49000	¥83, 300. 00		
10月	12000	24000	36000	¥61, 200. 00		
11月	24000	25000	49000	¥83, 300. 00		
12月	45000	23000	68000	¥115, 600. 00		
总计						

2. 分析绝对单元格地址的引用，在不变的行或列前添加一个“$”符号。就本例而言，是第 E 列不变，第 4 行不变。所以，在 E 和 4 前分别添加一个“$”符号，如下图所示。

插入“$”符号

=$E5*F$4

销售统计及返点计算表

月份	南方区（件）	北方区（件）	合计销售数（件）	合计销售额（元）	给销售人员的返点 2%	给经销商的返点 6%
7月	52000	28000	80000	¥136, 000. 00	=$E5*F$4	
8月	41000	32000	73000	¥124, 100. 00		
9月	23000	26000	49000	¥83, 300. 00		
10月	12000	24000	36000	¥61, 200. 00		
11月	24000	25000	49000	¥83, 300. 00		
12月	45000	23000	68000	¥115, 600. 00		
总计						

3. 公式输入完毕后，按〈Enter〉键，并填充公式到右下侧的单元格区域中，结果如下图所示。

销售统计及返点计算表

月份	南方区（件）	北方区（件）	合计销售数（件）	合计销售额（元）	给销售人员的返点 2%	给经销商的返点 6%
7月	52000	28000	80000	¥136, 000. 00	2040	8160
8月	41000	32000	73000	¥124, 100. 00	1862	7446
9月	23000	26000	49000	¥83, 300. 00	1250	4998
10月	12000	24000	36000	¥61, 200. 00	918	3672
11月	24000	25000	49000	¥83, 300. 00	1250	4998
12月	45000	23000	68000	¥115, 600. 00	1734	6936
总计						

4. 打开“公式”选项卡，单击“公式审查”选项组中的“显示公式”按钮，则表格中显示了公式，如下图所示。

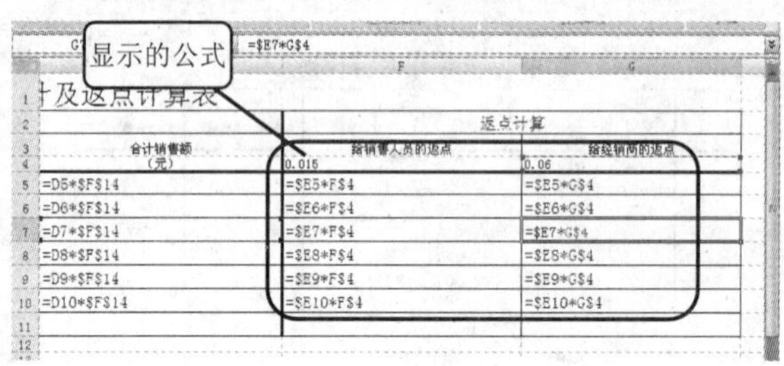

合计销售额（元）	给销售人员的返点 0.015	给经销商的返点 0.06
=D5*$F$14	=$E5*F$4	=$E5*G$4
=D6*$F$14	=$E6*F$4	=$E6*G$4
=D7*$F$14	=$E7*F$4	=$E7*G$4
=D8*$F$14	=$E8*F$4	=$E8*G$4
=D9*$F$14	=$E9*F$4	=$E9*G$4
=D10*$F$14	=$E10*F$4	=$E10*G$4

要点 对于混合引用的计算，一般是先输入普通计算公式，然后再分析是行不变还是列不变，根据情况，添加“$”符号。

经验谈 当判断出了一个单元格中绝时引用的行或列后，则另一个单元格绝对引用的行或列跟第一个单元格相反。

12.1.4 监视公式

Excel 2007 中提供了一些帮助用户查找工作表问题的工具，例如查找和修改公式、数据审核及跟踪分析等。

用户可以通过添加监视窗口来检查公式中的错误，操作方法如下。

1　打开“公式”选项卡，单击“公式审核”选项组中的“监视窗口”按钮，弹出如下图所示的“监视窗口”对话框。

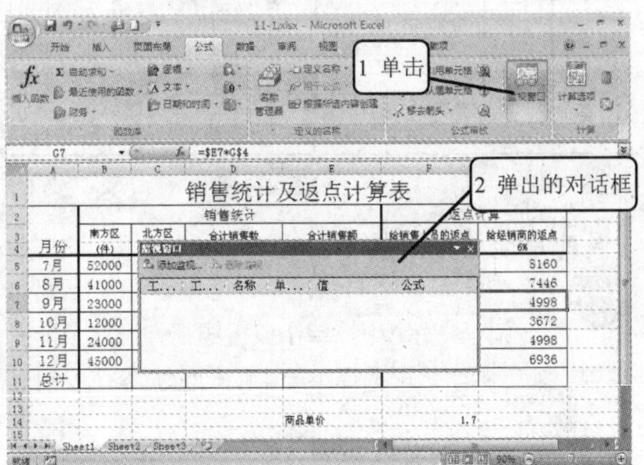

2　单击“添加监视”按钮，弹出“添加监视点”对话框。选择需要监视的单元格区域，单击“添加”按钮，如下图所示。

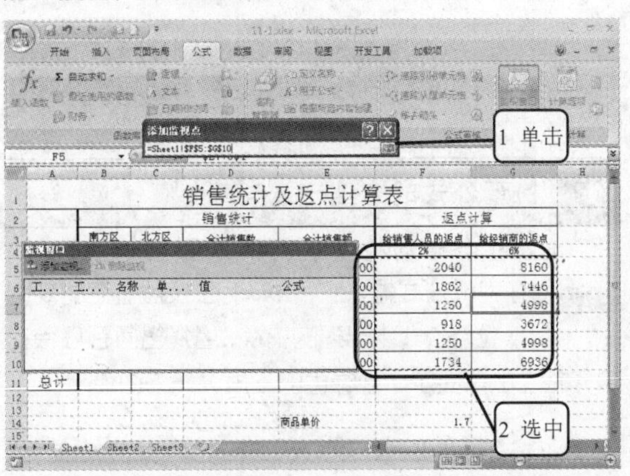

3　通过以上操作，在“监视窗口”对话框中显示了需要监视的单元格、值以及公式，可以方便地检查公式是否有误，如右图所示。

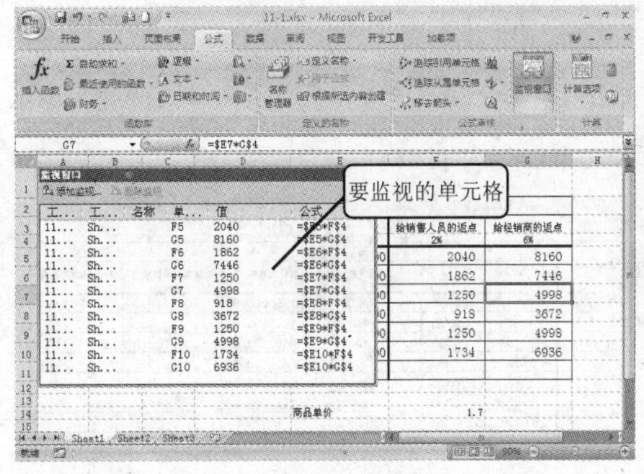

多学点　如果监视的单元格区域是间断的，则需选择一部分，然后按住〈Ctrl〉键，再选择其他部分。

多学点　还可以直接选择要监视的单元格区域，单击鼠标右健，在弹出的快捷菜单中选择“添加监视点”命令。

12.1.5　检查公式

在输入公式过程中难免会出现一些错误，但是 Excel 2007 提供了检查错误公式的功能。为了便于学习，下面故意给出一个错误。

1　在 B11 单元格中输入公式“=B5+B6+B7+B8+B9+B10”，如下图所示。

销售统计及返点计算表

月份	南方区(件)	北方区(件)	合计销售数(件)	合计销售额(元)	给销售人员的返点 2%	给经销商的返点 6%
7月	52000	28000	80000	¥136,000.00	2040	8160
8月	41000	32000	73000	¥1[illegible]4,100.00	1862	7446
9月	23000	26000	49000	[illegible]3,300.00	1250	4998
10月	12000	24000	3600[illegible]	[illegible]1,200.00	918	3672
11月	24000	25000	[illegible]9000	¥83,300.00	1250	4998
12月	45000	23000	68000	¥115,600.00	1734	6936
总计	=B5+B6+B7+B8+B9+B10					

输入

2　将 B11 单元格中的公式复制到右侧的单元格区域中，最后结果如下图所示。

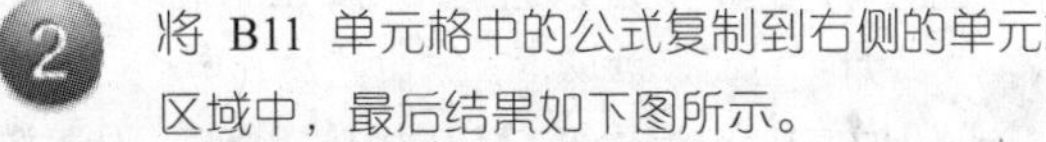

销售统计及返点计算表

月份	南方区(件)	北方区(件)	合计销售数(件)	合计销售额(元)	给销售人员的返点 2%	给经销商的返点 6%
7月	52000	28000	80000	¥136,000.00	2040	8160
8月	41000	32000	73000	¥124,100.00	1862	7446
9月	23000	26000	49000	¥83,300.00	1250	4998
10月	12000	24000	36000	¥61,200.00	918	3672
11月	24000	25000	49000	¥83,300.00	1250	4998
12月	45000	23000	68000	¥115,600.00	1734	6936
总计	197000	158000	355000	603500	9053	36210

填充后的效果

3 这里将F11单元格改为错误的公式。F11单元格原先的公式为"=F5+F6+F7+F8+F9+F10"，现将其改为"=F5+F6+F7+F8+F9"，如右图所示。

销售统计及返点计算表

月份	销售统计				返点计算	
	南方区(件)	北方区(件)	合计销售数(件)	合计销售额(元)	给销售人员的返点 2%	给经销商的返点 6%
7月	52000	28000	80000	¥136,000.00	2040	8160
8月	41000	32000	73000	¥124,100.00	1862	7446
9月	23000	26000	49000	¥83,300.00	1250	4998
10月	12000	24000	36000	¥61,200.00	918	3672
11月	24000	25000	49000	¥83,300.00	1250	4998
12月	45000	23000	68000	¥115,600.00	1734	6936
总计	197000	158000	355000	603500	=F5+F6+F7+F8+F9	

1 检查公式的方法一

Excel会自动检查表格中是否有错误，并在错误的单元格中有提示。

1 在完成公式输入后，Excel会按照一定的规则来检查公式中出现的错误，当找出问题后会在单元格左上角显示一个绿色的三角，如下图所示。

销售统计及返点计算表

月份	销售统计				返点计算	
	南方区(件)	北方区(件)	合计销售数(件)	合计销售额(元)	给销售人员的返点 2%	给经销商的返点 6%
7月	52000	28000	80000	¥136,000.00	2040	8160
8月	41000	32000	73000	¥124,100.00	1862	7446
9月	23000	26000	49000	¥83,300.00	1250	4998
10月	12000	24000	36000	¥61,200.00	918	3672
11月	24000	25000	49000	¥83,300.00	1250	4998
12月	45000	23000	68000	¥115,600.00	1734	6936
总计	197000	158000	355000	603500	7319	36210

2 选中该单元格时会在单元格附近自动出现一个错误提示按钮，单击该按钮将弹出一个选择菜单，如下图所示。选择菜单中的相应命令可以对其进行修改。

6%
公式不一致
从左侧复制公式(A)
关于此错误的帮助(H)
忽略错误(I)
在编辑栏中编辑(F)
错误检查选项(O)...
单击
8160
7446
4998
3672
4998
6936
7319
36210

多学点 如果公式不能正确地计算出结果，将显示一个错误值，公式常见错误的处理方法可参见本章"拓展与提高"部分。

2 检查公式的方法二

也可以单击"错误检查"按钮来检查错误的公式。

1 打开"公式"选项卡，单击"公式审核"选项组中的"错误检查"下三角按钮，从下拉菜单中选择"错误检查"命令，如右图所示。

销售统计及返点计算表

月份	销售统计				返点计算	
	南方区(件)	北方区(件)	合计销售数(件)	合计销售额(元)	给销售人员的返点 2%	给经销商的返点 6%
7月	52000	28000	80000	¥136,000.00	2040	8160
8月	41000	32000	73000	¥124,100.00	1862	7446
9月	23000	26000	49000	¥83,300.00	1250	4998
10月	12000	24000	36000	¥61,200.00	918	3672
11月	24000	25000	49000	¥83,300.00	1250	4998
12月	45000	23000	68000	¥115,600.00	1734	6936
总计	197000	158000	355000	603500	7319	36210
				商品单价	1.7	

2　系统将自动检查工作表所有单元格中的公式，若发现错误，就会出现如右图所示的对话框。从对话框中可以看出，单元格 F11 出现了公式不一致的错误，少引用了一个单元格，可单击对话框中的相应按钮进行修改。

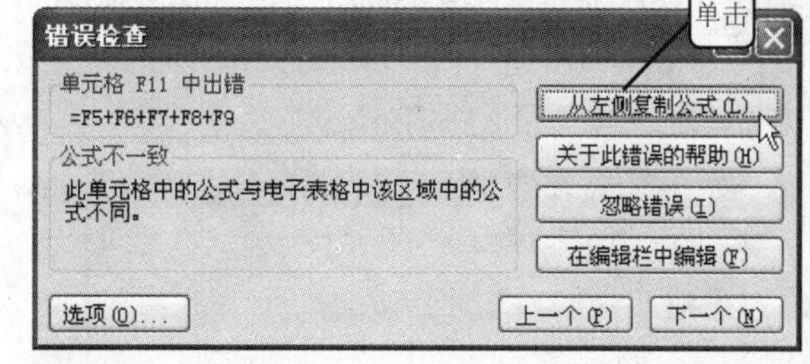

3　单击“从左侧复制公式”按钮，完成对整个工作表的错误检查，稍后弹出如下图所示的对话框，单击“确定”按钮即可。

4　可看到单元格 F11 中的数值已经变得正确了，如下图所示。

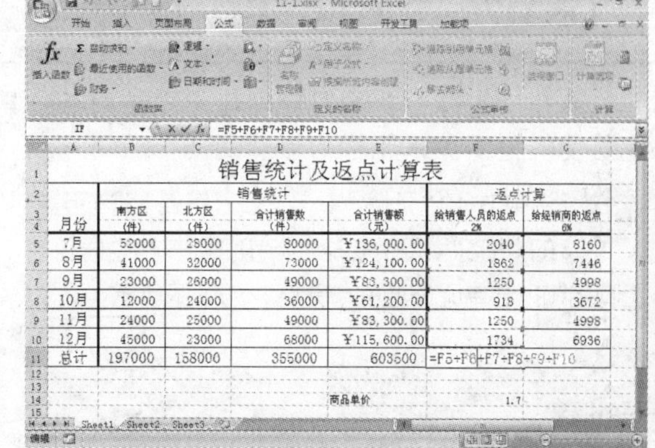

12.1.6　验证运算结果

用户可以单击“公式审核”选项组中的“公式求值”按钮，以验证公式结果是否正确。公式求值验证结果的操作方法如下。

1　选择要验证公式结果的单元格，如 C11，单击“公式审核”选项组中的“公式求值”按钮，如下图所示。

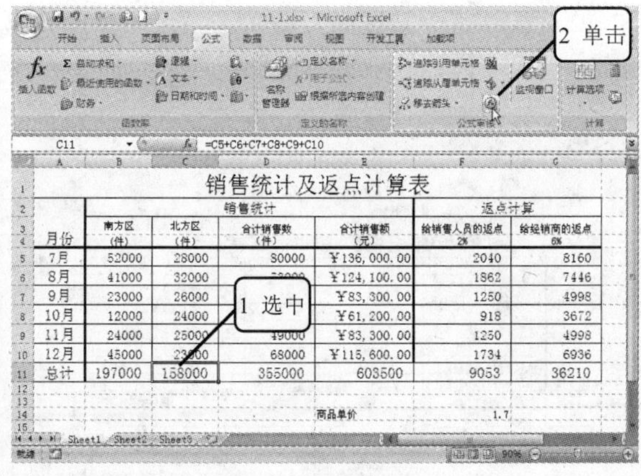

2　弹出“公式求值”对话框，其中“C5”标有下画线，单击“求值”按钮，如下图所示。

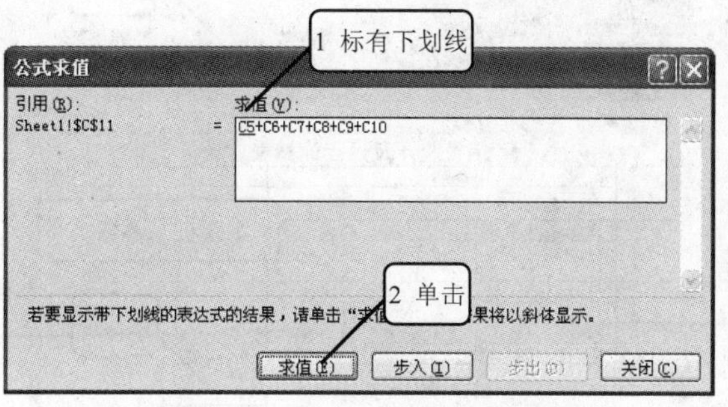

③ "C5"被替换为值"28000"，再次单击"求值"按钮，则显示"C6"被替换为值"32000"，且两者都标有下划线，如下图所示。

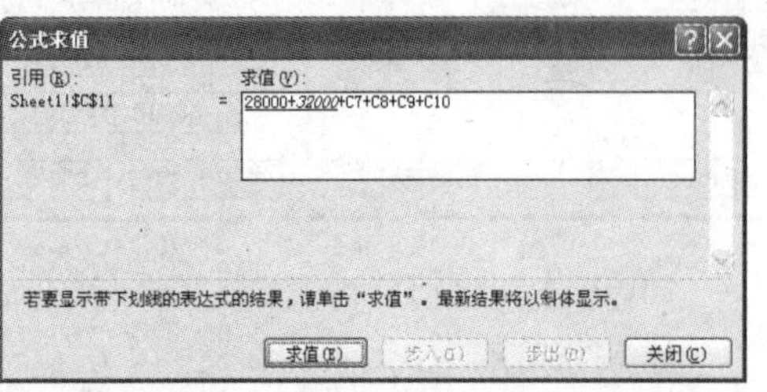

④ 再次单击"求值"按钮，则显示C5+C6的值"60000"，如下图所示。接着单击"求值"按钮，则继续进行求值。

公式求值
引用(R): Sheet1!$C$11
求值(V): = 60000+C7+C8+C9+C10
若要显示带下划线的表达式的结果，请单击"求值"。最新结果将以斜体显示。
求值(E) 步入(I) 步出(O) 关闭(C)

12.1.7 "追踪"单元格

利用"追踪"功能则可以帮您轻松判断：某一单元格的值影响了其他哪些单元格；某一单元格受其他哪些单元格的影响。

① 选中B11单元格，单击"公式审核"选项组中的"追踪引用单元格"按钮，则表格中显示了影响当前所选单元格值的单元格，如下图所示。

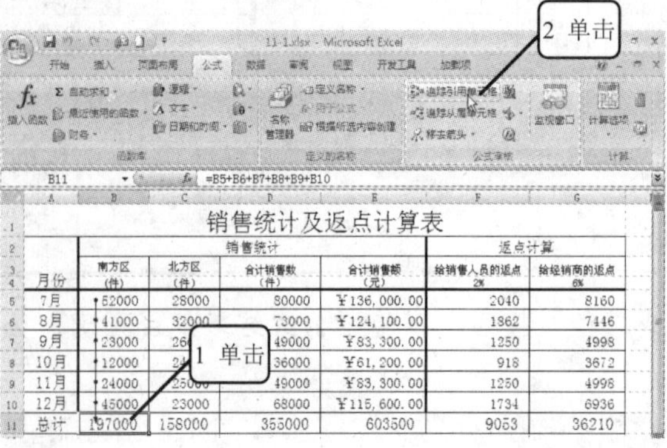

② 用同样的方法可以显示出影响C11单元格值的单元格，如下图所示。

③ 选中F14单元格，单击"公式审核"选项组中的"追踪从属单元格"按钮，则表格中显示了当前所选单元格值影响哪些单元格，如下图所示。

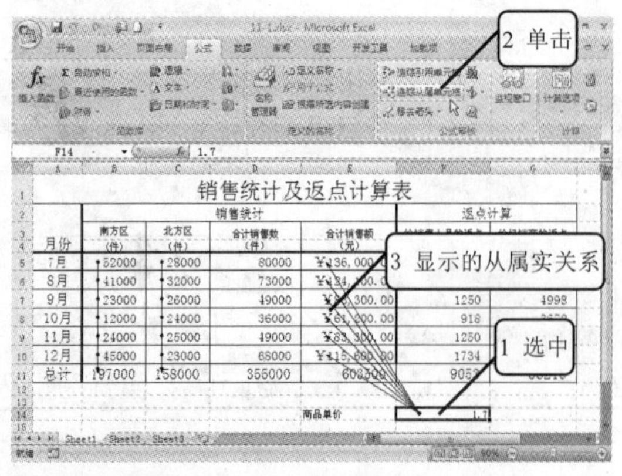

④ 分别选中F5至F11、G5至G11单元格区域，并显示出它所引用的单元格，如下图所示。

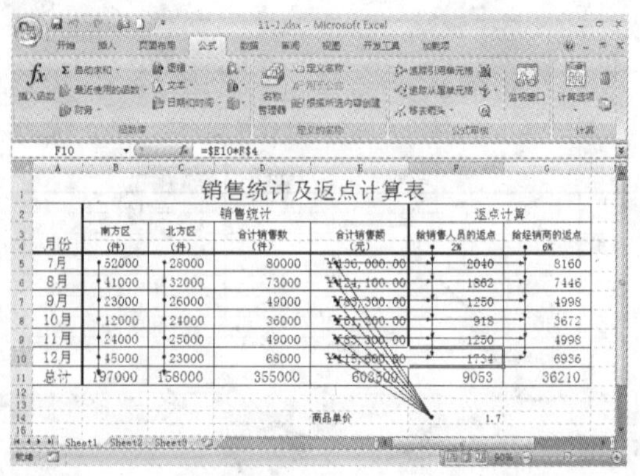

12.2　函数基础

函数是对公式的概括，是一些预定义的公式，它们使用一些称为参数的特定数值按特定的顺序或结构对单元格区域进行计算。Excel 中包含了各式各样的函数，以方便用户对工作表中的数据进行运算。函数作为预定义的内置公式，具有一定的语法。

12.2.1　函数的分类

Excel 2007 提供了大量的内置函数，此外，用户还可以利用 VBA 编写自定义函数，以完成特定需要。从功能来看，函数可分为以下几种类型，如表 12-1 所示。

表 12-1　函数的分类

分　类	功能简介
数据库函数	对数据表中的数据进行分类、查找、计算等
日期和时间函数	对日期和时间进行计算、修改和格式化处理
数字和三角函数	可以处理简单和复杂的数学计算
文本和数据函数	对公式中的字符、文本进行处理或计算
逻辑函数	进行逻辑判定、条件检查
统计函数	对工作表进行统计、分析
信息函数	对单元格或公式中的数据类型进行判定
财务函数	进行财务分析和财务数据的计算
查找和引用函数	在工作表中查找特定的数据或引用公式中的特定信息
外部函数	通过加载宏提供的函数，可以不断扩充 Excel 的函数功能
工程函数	用于工程数据的分析和处理
自定义函数	用户可以使用 VBA 编写用于完成特定功能的函数

12.2.2　函数的语法

Excel 的函数结构大致可分为函数名和参数表两部分，如下所示：

函数名（参数 1，参数 2，参数 3，…）

“函数名”表明函数要执行的运算，“函数名”后用圆括号括起来的是参数表，参数表说明了函数使用的单元格或数值。参数可以是数字、文本、逻辑值（TRUE 或 FALSE）、数组、单元格及单元格区域的引用等。

提示您　函数名与圆括号之间不能有空格或其他字符，否则 Excel 将显示一个出错信息“#NAME?”。

函数的参数也可以是常量、公式或其他函数。当函数的参数表中又包括其他函数时，就称为函数的嵌套调用。不同函数所需要的参数个数是不同的，有的函数只需要 1 个参数，有的函数需要 2 个参数，最多的可达 255 个参数，也有的函数不需要任何参数。没有参数的函

12

数称为无参函数。无参函数的调用格式为：

函数名（）

提示您 无参函数名后必须带有圆括号，这是一种函数的语法格式。

12.2.3 函数的输入方法

在 Excel 的公式或表达式中调用函数，最重要的就是函数的输入。输入函数要遵守前面提到的函数语法规则，可以在单元格中输入，也可以在“编辑栏”中输入。

1 直接输入

如果知道函数名及函数的参数，就可以直接在公式或表达式中输入函数，这是最常见的一种输入函数的方法。例如，求单元格区域 B5:B10 的数据和，结果保存到 B11 单元格中。

① 在单元格 B11 中输入一个求和函数“=SUM(B5:B10)”，如下图所示（也可以在“编辑栏”中输入函数）。

IF =SUM(B5:B10)

销售统计及返点计算表

月份	销售统计 南方区(件)	北方区(件)	合计销售数(件)	合计销售额(元)	返点计算 给销售人员的返点 2%	给经销商的返点 6%
7月	52000	28000	80000	¥136,000.00	2040	8160
8月	41000	320	73000	¥124,100.00	1862	7446
9月	23000	260	49000	¥83,300.00	1250	4998
10月	12000	24	36000	¥61,200.00	918	3672
11月	24000	25000	49000	¥83,300.00	1250	4998
12月	45000	23000	68000	¥115,600.00	1734	6936
总计	5:B10)					

② 输入完成并按〈Enter〉键，Excel 就会自动把单元格区域 B5:B10 中所有数值的和显示在单元格 B11 中，如下图所示。

K25

销售统计及返点计算表

月份	销售统计 南方区(件)	北方区(件)	合计销售数(件)	合计销售额(元)	返点计算 给销售人员的返点 2%	给经销商的返点 6%
7月	52000			¥136,000.00	2040	8160
8月	41000			¥124,100.00	1862	7446
9月	23000			¥83,300.00	1250	4998
10月	12000	24000	36000	¥61,200.00	918	3672
11月	24000	25000	49000	¥83,300.00	1250	4998
12月	45000	23000	68000	¥115,600.00	1734	6936
总计	197000					

提示您 直接输入函数时，一定要先输入一个等号“=”，然后再输入函数名，紧接着就是输入一对圆括号，并在括号里面输入参数。

2 使用函数向导

Excel 中的函数覆盖了许多应用领域，每个函数又允许使用多个参数。要记住所有函数的名字、参数及用法是不可能的。当知道函数的类别及需要计算的问题，或者知道函数的名字但不知道所需要的参数时，可以使用函数向导来完成函数的输入。

① 选中单元格 B11，打开“公式”选项卡，单击“函数库”选项组中的“插入函数”按钮，如右图所示。

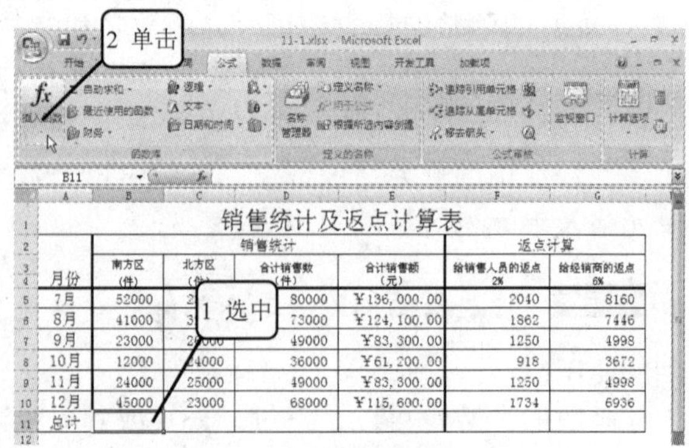

销售统计及返点计算表

月份	销售统计 南方区(件)	北方区(件)	合计销售数(件)	合计销售额(元)	返点计算 给销售人员的返点 2%	给经销商的返点 6%
7月	52000	2	80000	¥136,000.00	2040	8160
8月	41000	3	73000	¥124,100.00	1862	7446
9月	23000	2	49000	¥83,300.00	1250	4998
10月	12000	24000	36000	¥61,200.00	918	3672
11月	24000	25000	49000	¥83,300.00	1250	4998
12月	45000	23000	68000	¥115,600.00	1734	6936
总计						

2　弹出“插入函数”对话框，在类别下拉列表中选择一种函数类别，然后在“选择函数”列表框中选择一种函数，这里选择 SUM 项，然后单击“确定”按钮，如下图所示。

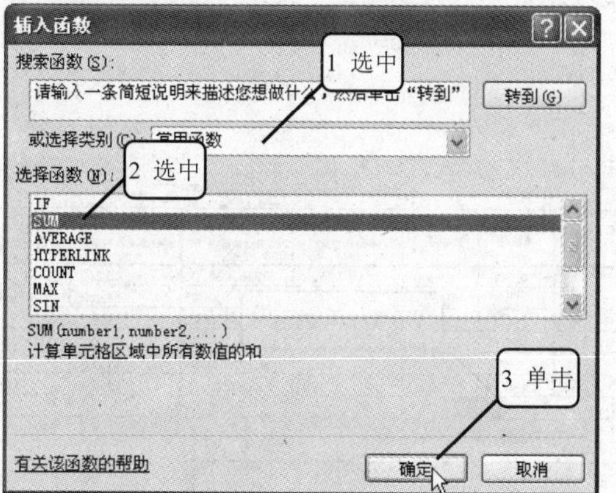

3　在 Number1 后的文本框中显示了要求和的单元格区域（如果单元格区域不正确，可以单击后面的按钮进行选择），单击“确定”按钮，如下图所示。

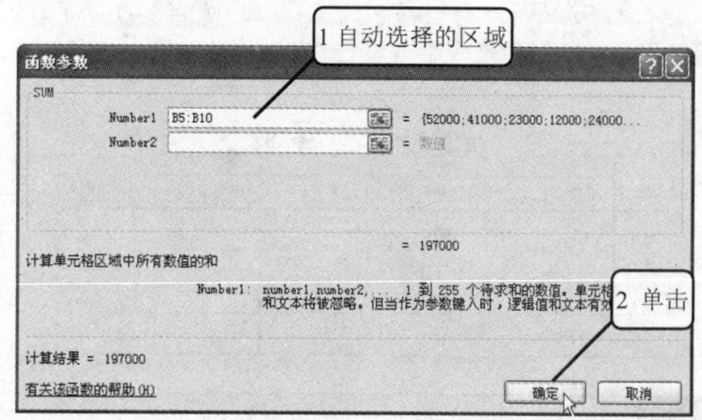

4　单元格 B11 中显示了运算的结果，如右图所示。

B11　=SUM(B5:B10)

销售统计及返点计算表

月份	销售统计				返点计算	
	南方区(件)	北方区(件)	合计销售数(件)	合计销售额(元)	给销售人员的返点 2%	给经销商的返点 6%
7月	52000	28000	80000	¥136,000.00	2040	8160
8月	41000	[illegible]	73000	¥124,100.00	1862	7446
9月	23000	[illegible]	49000	¥83,300.00	1250	4998
10月	12000	[illegible]	36000	¥61,200.00	918	3672
11月	24000	25000	49000	¥83,300.00	1250	4998
12月	45000	23000	68000	¥115,600.00	1734	6936
总计	197000					

计算结果

12.3　函数应用实例

在日常工作中，函数的应用非常广泛，涉及许多领域，如财务、统计、日期、时间、数据库等。使用这些函数可以比较轻松地完成相关的数据运算，满足一些特定的需要。

下面用日常工作中的实例，给大家分类介绍函数的应用。

12.3.1　常用函数应用实例

这里介绍几种常用函数的使用。常用函数主要包括“自动求和”、AVERAGE 函数、MAX 函数、MIN 函数、COUNT 函数和 IF 函数。

1　“自动求和”按钮

单击 Excel 的“自动求和”按钮可以方便地对工作表中的行、列数据进行求和。此外，还可以利用它进行其他数据运算。

12

① 打开随书光盘中“\实例素材\第 12 章\12-1.xlsx”文档，如下图所示。选择存放结果的单元格，如 B11，单击“函数库”选项组中的“自动求和”下三角按钮，从弹出的菜单中选择“求和”命令，如下图所示。

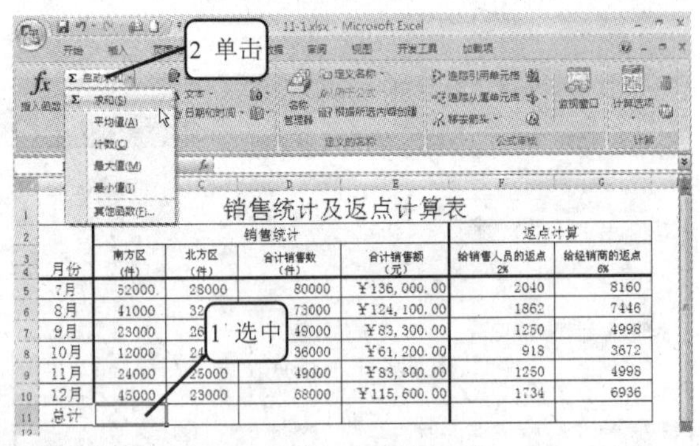

② 单元格 B11 中显示了函数，并自动显示了要求和的单元格区域，如下图所示。按〈Enter〉键，单元格 B11 中显示了运算的结果。

销售统计及返点计算表

月份	南方区（件）	北方区（件）	合计销售数（件）	合计销售额（元）	给销售人员的返点 2%	给经销商的返点 6%
7月	52000	28000	80000	¥136,000.00	2040	8160
8月	41000	3[illegible]	[illegible]	[illegible]100.00	1862	7446
9月	23000	[illegible]	[illegible]	[illegible]300.00	1250	4998
10月	12000	[illegible]	[illegible]	[illegible]200.00	918	3672
11月	24000	25000	49000	¥83,300.00	1250	4998
12月	45000	23000	68000	¥115,600.00	1734	6936
总计	=SUM(B5:B10)					

显示要求和的区域

2 AVERAGE 函数

功能

AVERAGE 函数是一个求平均值的函数，它可以返回给定参数的平均值（算术平均值）。

语法

AVERAGE(numberl,number2,…)

其中，number 1，number2，…为需要计算平均值的 1～255 个参数。

说明

- 参数可以是数字，或者是包含数字的名称、数组或引用等；
- 如果数组或引用参数包含文本、逻辑值或空白单元格，则这些值将被忽略。但包含零值的单元格将被计算在内。

举例

下面以计算“南方区”的平均值为例，讲解 AVERAGE 函数的应用。

① 打开随书光盘中“\实例素材\第 12 章\12-2.xlsx”文件，如下图所示。选择存放结果的单元格，如 B11，打开“公式”选项卡，单击“函数库”选项组中的“插入函数”按钮。

② 弹出“插入函数”对话框，在类别下拉列表中选择一种函数类别，然后在“选择函数”列表框中选择一种函数，这里选择 AVERAGE 项，然后单击“确定”按钮，如下图所示。

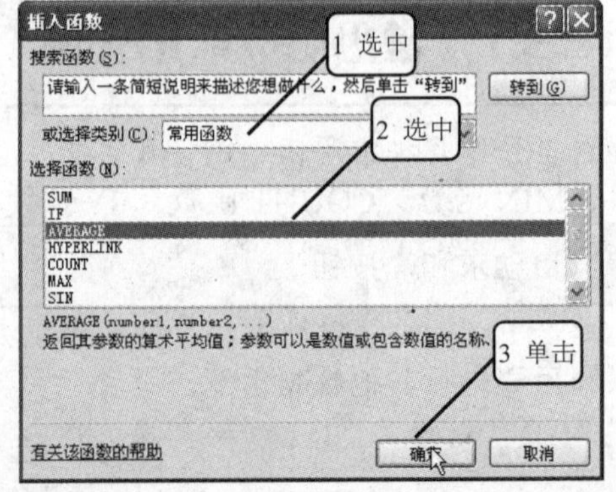

3　在 Number1 后的文本框中显示了要求平均值的单元格区域（如果单元格区域不正确，可以单击后面的按钮进行选择），单击“确定”按钮，如下图所示。

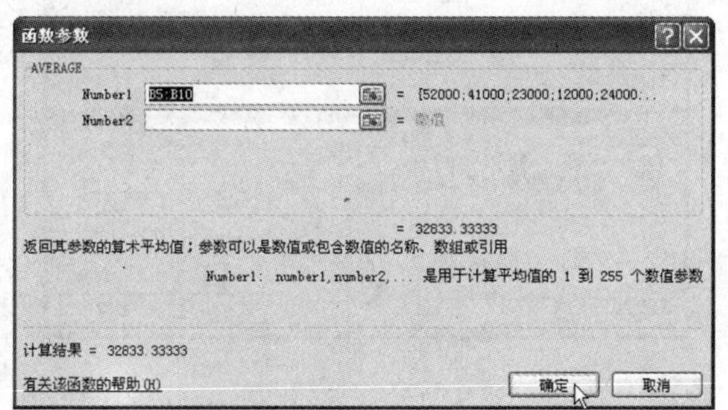

4　单元格 B11 中显示了运算的结果，如下图所示。

销售统计及返点计算表						
	销售统计				返点计算	
月份	南方区（件）	北方区（件）	合计销售数（件）	合计销售额（元）	给销售人员的返点 2%	给经销商的返点 6%
7月	52000	28000				
8月	41000	32000				
9月	23000	26000				
10月	12000	24000				
11月	24000	25000				
12月	45000	23000				
平均值	32833					

3　MAX 函数

功能

MAX 函数是求最大值的函数。

语法

MAX(numberl,number2,…)

其中，numberl，number2…是要从中找出最大值的 1～255 个数字参数。

说明

- 可以将参数指定为数字、空白单元格、逻辑值或数字的文本表达式。如果参数为错误值或不能转换成数字的文本，将产生错误；
- 如果参数为数组或引用，则只有数组或引用中的数字被计算。数组或引用中的空白单元格、逻辑值或文本将被忽略。如果逻辑值和文本不能忽略，应使用函数 MAXA 来代替；
- 如果参数不包含数字，函数 MAX 将返回零值。

举例

下面以计算 3 个部门“下半年”的最大值为例，讲解 MAX 函数的应用。

1　打开随书光盘中“\实例素材\第 12 章\12-3.xlsx”文件，如下图所示。选择存放结果的单元格，如 B7，打开“公式”选项卡，单击“函数库”选项组中的“插入函数”按钮，如右图所示。

销售统计及返点计算表						
	销售统计				返点计算	
月份	南方区（件）	北方区（件）	合计销售数（件）	合计销售额（元）	给销售人员的返点 2%	给经销商的返点 6%
7月	52000	28000				
8月	41000	32000				
9月	23000	26000				
10月	12000	24000				
11月	24000	25000				
12月	45000	23000				
最大值						

2 弹出“插入函数”对话框，在类别下拉列表中选择一种函数类别，然后在“选择函数”列表框中选择一种函数，这里选择 MAX 项，然后单击“确定”按钮，如右图所示。

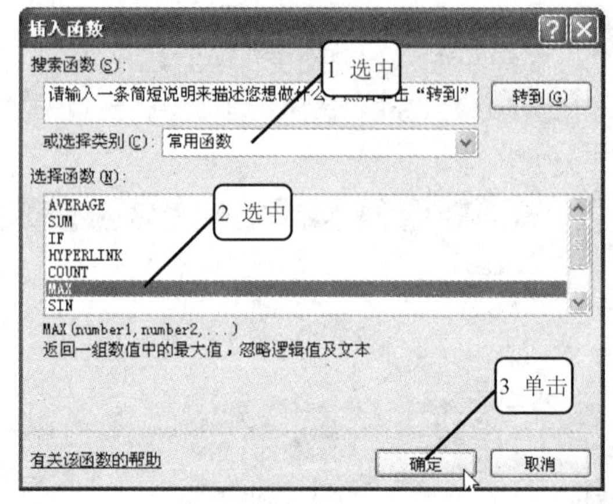

3 在 Number1 后的文本框中显示了要求最大值的单元格区域（如果单元格区域不正确，可以单击后面的按钮进行选择），单击“确定”按钮，如下图所示。

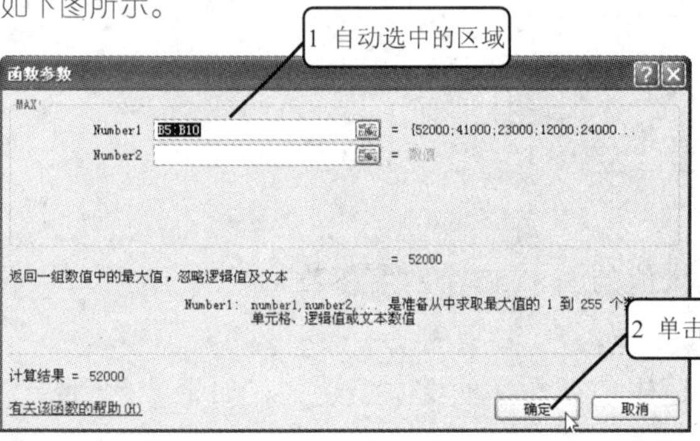

4 单元格 B7 中显示了运算的结果，如下图所示。

销售统计及返点计算表

月份	销售统计				返点计算	
	南方区（件）	北方区（件）	合计销售数（件）	合计销售额（元）	给销售人员的返点 2%	给经销商的返点 6%
7月	52000	28000				
8月	41000	32000				
9月	23000	26000				
10月	12000	24000				
11月	24000	25000				
12月	45000	23000				
最大值	52000					

计算的结果

4 MIN 函数

功能

MIN 函数是求最小值的函数。

语法

MIN(numberl,number2,⋯)

其中，numberl，number2，⋯是要从中找出最小值的 1～255 个数字参数。

说明

- 可以将参数指定为数字、空白单元格、逻辑值或数字的文本表达式。如果参数为错误值或不能转换成数字的文本，将产生错误；
- 如果参数是数组或引用，则函数 MIN 仅使用其中的数字，空白单元格、逻辑值、文本或错误值将被忽略。如果逻辑值和文本字符串不能忽略，应使用 MINA 函数；
- 如果参数中不含数字，则函数 MIN 返回零值。

举例

下面以计算“南方区”的最小值为例，讲解 MIN 函数的应用。

1 打开随书光盘中“\实例素材\第 12 章\12-4.xlsx”文档，如下图所示。选择存放结果的单元格，如 B11，打开“公式”选项卡，单击“函数库”选项组中的“插入函数”按钮，如下图所示。

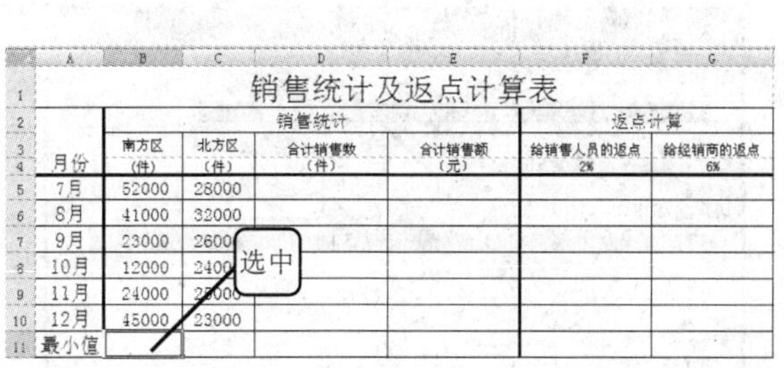

月份	销售统计				返点计算	
	南方区（件）	北方区（件）	合计销售数（件）	合计销售额（元）	给销售人员的返点 2%	给经销商的返点 6%
7月	52000	28000				
8月	41000	32000				
9月	23000	2600				
10月	12000	240				
11月	24000	2				
12月	45000	23000				
最小值						

2 弹出“插入函数”对话框，在类别下拉列表中选择一种函数类别，然后在“选择函数”列表框中选择一种函数，这里选择 MIN 项，然后单击“确定”按钮，如下图所示。

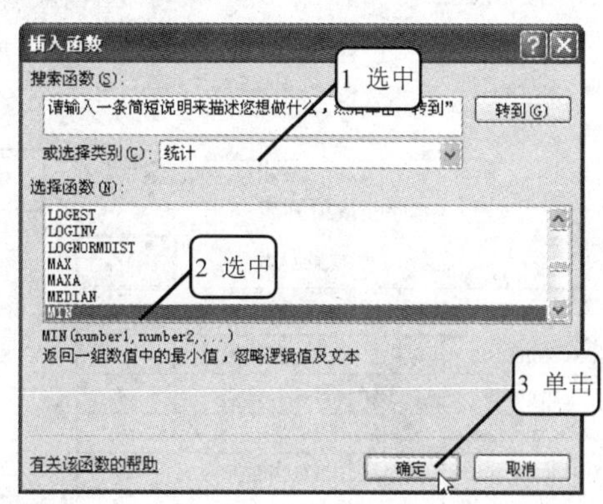

3 在 Number1 后的文本框中显示了要求最大值的单元格区域，单击“确定”按钮，如下图所示。

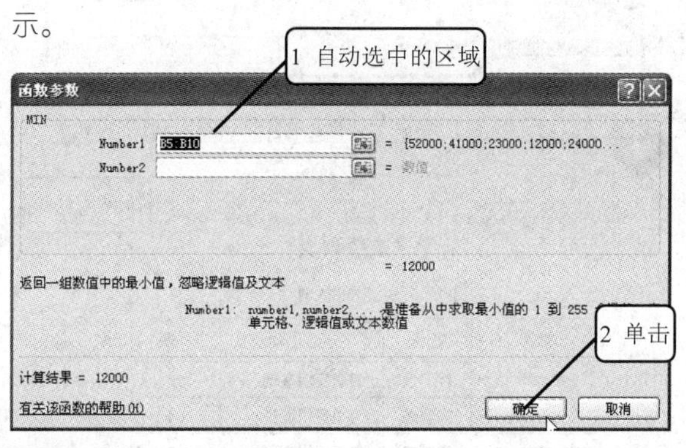

4 单元格 B11 中显示了运算的结果，如下图所示。

月份	销售统计				返点计算	
	南方区（件）	北方区（件）	合计销售数（件）	合计销售额（元）	给销售人员的返点 2%	给经销商的返点 6%
7月	52000	28000				
8月	41000	32000				
9月	23000	26000				
10月	12000	24000				
11月	24000	25000				
12月	45000	23000				
最小值	12000					

销售统计及返点计算表（计算的结果）

5 COUNT 函数

功能

COUNT 函数是计数函数，可以返回包含数字和包含参数列表中数字的单元格的个数。利用函数 COUNT 可以计算单元格区域或数字数组中数字字段的输入项个数。

语法

COUNT(value l,value2,…)

其中，value l，value2，…为包含或引用各种类型数据的参数（1～255 个）。

说明

- 函数 COUNT 在计数时，将把数字、日期或以文本代表的数字计算在内，但是错误值或其他无法转换成数字的文本将被忽略；
- 如果参数是一个数组或引用，那么只统计数组或引用中的数字，空白单元格、逻辑值、文字或错误值都将被忽略。

提示您 如果要统计逻辑值、文字或错误值，应使用函数 COUNTA。

12

举例

下面以计算“学生成绩列表”中的学生人数为例，讲解 COUNT 函数的应用。

1 打开随书光盘中“\实例素材\第 12 章\12-5.xlsx”文档，如下图所示。选择存放结果的单元格，如 D2，打开“公式”选项卡，单击“函数库”选项组中的“插入函数”按钮，如下图所示。

学生成绩列表			
	共有学生人数		
学号	姓名	课程名称	成绩
2001050810	程卫伦	计算机应用基础	97
2001052869	梁慧珠	计算机应用基础	84
2001052998	唐晓林	计算机应用基础	95
2001053104	麦小玲	计算机应用基础	85
2001053449	唐英敏	计算机应用基础	86
2001053493	潘罡	计算机应用基础	81
2002050077	杨超琪	计算机应用基础	62
2002053425	李全	计算机应用基础	85
2002054297	黄若兰	计算机应用基础	75

选中

2 弹出“插入函数”对话框，在类别下拉列表中选择一种函数类别，然后在“选择函数”列表框中选择一种函数，这里选择 COUNT 项，然后单击“确定”按钮，如下图所示。

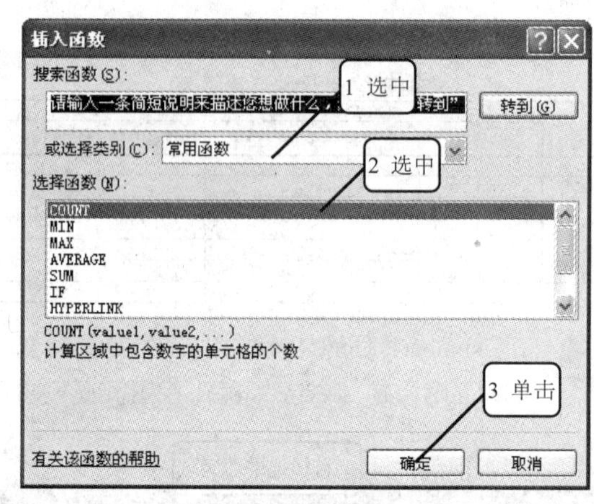

3 单击 Value1 后面的按钮选择要计数的单元格区域，这里选择学号所占用的行，然后单击“确定”按钮，如下图所示。

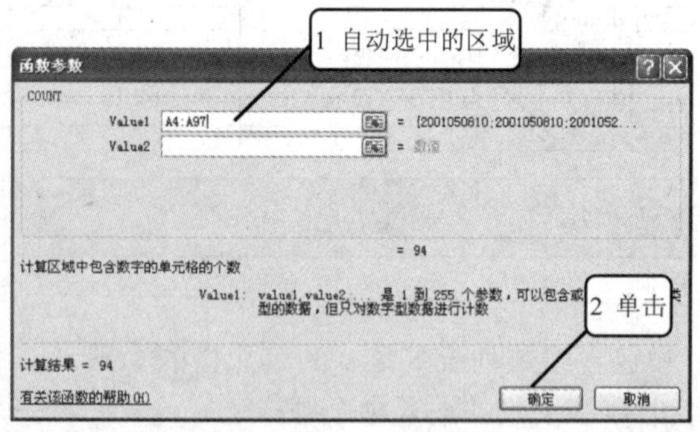

4 单元格 D2 中显示了运算的结果，如下图所示。

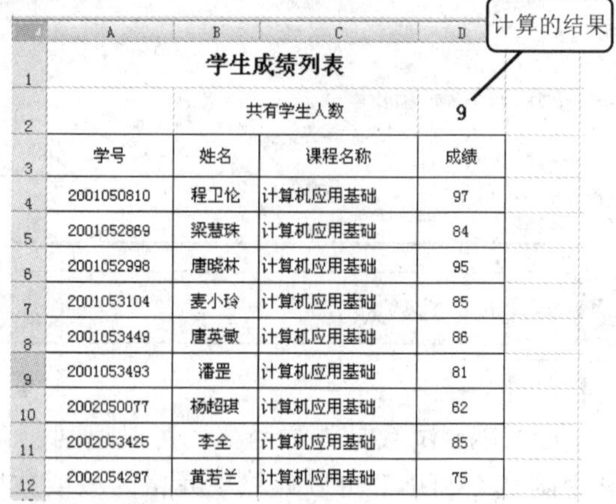

学生成绩列表			
	共有学生人数		9
学号	姓名	课程名称	成绩
2001050810	程卫伦	计算机应用基础	97
2001052869	梁慧珠	计算机应用基础	84
2001052998	唐晓林	计算机应用基础	95
2001053104	麦小玲	计算机应用基础	85
2001053449	唐英敏	计算机应用基础	86
2001053493	潘罡	计算机应用基础	81
2002050077	杨超琪	计算机应用基础	62
2002053425	李全	计算机应用基础	85
2002054297	黄若兰	计算机应用基础	75

计算的结果

6 IF 函数

IF 函数是条件函数，执行真假值判断，根据逻辑计算的真假值，返回不同结果。用户可以使用 IF 函数对数值和公式进行条件检测。

功能

判断一个条件是否满足，如果满足则返回一个值，如果不满足则返回另外一个值。

语法

IF(logical test,value if true,value if false)

- logical test 表示计算结果为 TRUE 或 FALSE 的任意值或表达式；
- value-if-true 表示 logical test 为 TRUE 时返回的值；
- value-if-false 表示 logical test 为 FALSE 时返回的值。

说明

- 函数 IF 可以嵌套 7 层，用 value if false 及 value if true 参数可构造复杂的检测条件；
- 在计算参数 value if true 和 value if false 后，IF 函数返回相应语句执行后的值；
- 如果 IF 函数的参数包含数组，则在执行 IF 语句时，数组中的每一个元素都将被计算。

举例

下面以计算“学生成绩列表”中的成绩是否通过为例，讲解 IF 函数的应用。

1. 打开随书光盘中“\实例素材\第 12 章\12-6.xlsx”文档，如下图所示。选择存放结果的单元格，如 F3，打开“公式”选项卡，单击“函数库”选项组中的“插入函数”按钮，如下图所示。

学生成绩列表							
学号	姓名	课程名称	学分	成绩	是否通过	判断标准	
2001050810	程卫伦	计算机应用基础	4	98		成绩	是否通过
2001050810	程卫伦	计算机应用基础	4	65		>60	合格
2001052869	梁慧珠	计算机应用基础	4	82		<60	补考
2001052869	梁慧珠	计算机应用基础	4	75			
2001052998	唐晓林	计算机应用基础	4	55			
2001052998	唐晓林	计算机应用基础	4	42			
2001053104	麦小玲	计算机应用基础	4	98			
2001053449	唐英敏	计算机应用基础	4	75			

2. 弹出“插入函数”对话框，在类别下拉列表中选择一种函数类别，然后在“选择函数”列表框中选择一种函数，这里选择 IF 项，然后单击“确定”按钮，如下图所示。

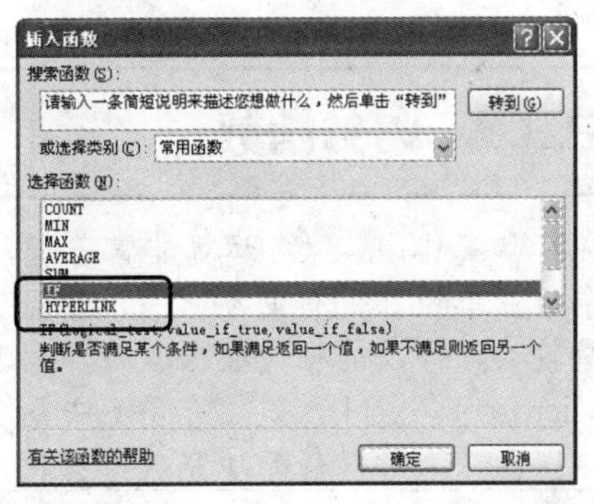

3. 在 Logical_test 文本框中输入“E3>=60”在 Value-if-true 文本框中输入“"合格"”，在 Value-if-false 文本框中输入“"补考"”，单击“确定”按钮，如下图所示。

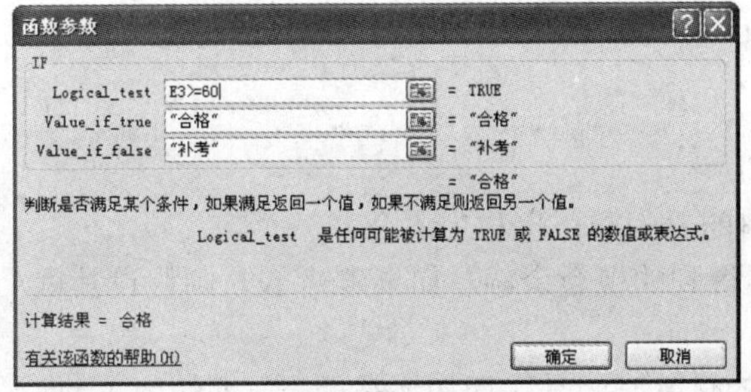

4. F3 中显示了运算的结果，将光标移至单元格 F3 右下角，按住鼠标左键向下填充至下面的单元格，释放左键，效果如下图所示。

学生成绩列表							
学号	姓名	课程名称	学分	成绩	是否通过	判断标准	
2001050810	程卫伦	计算机应用基础	4	98	合格	成绩	是否通过
2001050810	程卫伦	计算机应用基础	4	65	合格	>60	合格
2001052869	梁慧珠	计算机应用基础	4	82	合格	<60	补考
2001052869	梁慧珠	计算机应用基础	4	75	合格		
2001052998	唐晓林	计算机应用基础	4	55	补考		
2001052998	唐晓林	计算机应用基础	4	42	补考		
2001053104	麦小玲	计算机应用基础	4	98	合格		
2001053449	唐英敏	计算机应用基础	4	75	合格		

提示您　如果返回的值是文本型的，如字符、文本等，则需要添加英文双引号，如"合格"。

以上介绍的是 IF 函数单条件的应用，还可以创建 IF 函数多条件的应用。

1 改变成绩的判断标准，如下图所示。共有四个等级：小于 60 分的为“补考”；大于或等于 60 分的为“合格”；大于或等于 70 分的为“良”；大于或等于 90 分的为“优”。

	A	B	C	D	E	F	G	H	I
1	学生成绩列表								
2	学号	姓名	课程名称	学分	成绩	是否通过		判断标准	
3	2001050810	程卫伦	计算机应用基础	4	98			成绩	是否通过
4	2001050810	程卫伦	计算机应用基础	4	65			>90	优
5	2001052869	梁慧珠	计算机应用基础	4	82			>70	良
6	2001052869	梁慧珠	计算机应用基础	4	75			>60	合格
7	2001052998	唐晓林	计算机应用基础	4	55			<60	补考
8	2001052998	唐晓林	计算机应用基础	4	42				
9	2001053104	麦小玲	计算机应用基础	4	98				
10	2001053449	唐英敏	计算机应用基础	4	75				

2 在单元格 F3 中输入公式“=IF(E3>=90,"优",IF(E3>=70,"良",IF(E3>=60,"合格","补考")))”，如下图所示。

	A	B	C	D	E	F	G	H	I
1	学生成绩列表								
2	学号	姓名	课程名称	学分	成绩	是否通过		判断标准	
3	=IF(E3>=90,"优",IF(E3>=70,"良",IF(E3>=60,"合格","补考")))							成绩	是否通过
4	2001050810	程卫伦	计算机应用基 IF(logical_test, [value_if_true], [value_if_false])					>90	合格
5	2001052869	梁慧珠	计算机应用基础	4	82			<60	补考
6	2001052869	梁慧珠	计算机应用基础	4	75				
7	2001052998	唐晓林	计算机应用基础	4	55				
8	2001052998	唐晓林	计算机应用基础	4	42				
9	2001053104	麦小玲	计算机应用基础	4	98				
10	2001053449	唐英敏	计算机应用基础	4	75				

3 F3 单元格中显示了运算的结果，将光标移至单元格 F3 右下角，按住鼠标左键向下填充至下面的单元格，释放左键，效果如右图所示。

	A	B	C	D	E	F	G	H	I
1	学生成绩列表								
2	学号	姓名	课程名称	学分	成绩	是否通过		判断标准	
3	2001050810	程卫伦	计算机应用基础	4	98	优		成绩	是否通过
4	2001050810	程卫伦	计算机应用基础	4	65	合格		>90	优
5	2001052869	梁慧珠	计算机应用基础	4	82	良		>70	良
6	2001052869	梁慧珠	计算机应用基础	4	75	良		>60	合格
7	2001052998	唐晓林	计算机应用基础	4	55	补考		<60	补考
8	2001052998	唐晓林	计算机应用基础	4	42	补考			
9	2001053104	麦小玲	计算机应用基础	4	98	优			
10	2001053449	唐英敏	计算机应用基础	4	75	良			

12.3.2 财务函数

在日常工作中，财务运算非常普遍，也非常重要，它与每个人的切身利益密切相关。目前，许多企事业单位都设有财务部门，专门负责处理本单位的财务工作。财务管理的特点就是数据运算量较大，涉及的相关数据较多，而且与资金和费用直接相关，这就要求计算要十分准确。

Microsoft Excel 内置了许多有关财务、投资、利息、折旧、偿还方面的函数，在工作表中运用这些函数，可以轻松地完成一些特定的财务运算。

1 PMT 函数

功能

PMT 函数是基于固定利率及等额分期付款方式，返回贷款的每期付款额。

语法

PMT(rate,nper,pv,fv,type)

说明

- rate 为贷款利率；
- nper 为该项贷款的付款总数；
- pv 为现值，或一系列未来付款的当前值的累积和，也称为本金；
- fv 为未来值，或在最后一次付款后希望得到的现金余额。如果省略 fv，则假设其值为零，即一笔贷款的未来值为零；
- type 取值为数字 0 或 1，用以指定各期的付款时间是在期初还是期末。期初为 1，期末为 0。

举例

某人按揭买房，贷款为 300 000 元，年利率为 6%，分 20 年付清，则他的月支付额应为多少？

欲计算月偿还额，需先将此题做成右图所示的表格，见随书光盘中“\实例素材\第 12 章\12-7.xlsx”文档（本例做了两表，用两种方法介绍）。

	A	B	C
1	贷款总额（元）	300000	
2	年利率	6%	
3	年限	20	
4	月偿还		
5			
6	贷款总额（元）	300000	
7	年利率	6%	
8	年限	20	
9	月偿还		

方法一：

1 在单元格 B4 中输入公式“=PMT(B2/12,B3*12,B1)”，如下图所示。

	A	B	C
1	贷款总额（元）	300000	
2	年利率	6%	
3	年限	20	
4	月偿还	=PMT(B2/12,B3*12,B1)	
5		PMT(rate, nper, pv, [fv], [type])	
6	贷款总额（元）		
7	年利率	6%	
8	年限	20	
9	月偿还		

2 按〈Enter〉键，单元格 B4 中显示了运算的结果，如下图所示。

	A	B	C
1	贷款总额（元）	300000	
2	年利率	6%	
3	年限	20	
4	月偿还	¥-2,149.29	
5			
6	贷款总额（元）	300000	
7	年利率	6%	
8	年限	20	
9	月偿还		

方法二：

3 在单元格 B9 中输入公式“=PMT(B7/12,B8*12,B6,0,1)”如下图所示。

	A	B	C
1	贷款总额（元）	300000	
2	年利率	6%	
3	年限	20	
4	月偿还	¥-2,149.29	
5			
6	贷款总额（元）	300000	
7	年利率	6%	
8	年限	20	
9	月偿还	=PMT(B7/12,B8*12,B6,0,1)	

4 按〈Enter〉键，单元格 B9 中显示了运算的结果，如下图所示。

	A	B	C
1	贷款总额（元）	300000	
2	年利率	6%	
3	年限	20	
4	月偿还	¥-2,149.29	
5			
6	贷款总额（元）	300000	
7	年利率	6%	
8	年限	20	
9	月偿还	¥-2,149.29	

2 PV 函数

功能

PV 函数可以计算投资的现值。现值是一系列未来付款当前值的累积和，如借入方的借入款即为贷出方贷款的现值。

现值是权衡长期投资利益的一种方法，现值一般是指一项投资的当前值，它通过把以后将收到的偿还额折算到当前的价值中来确定投资是否合算。如果投资回收额大于投资的价值，则此投资就是有收益的，否则，不予投资。

语法

PV(rate,nper,pmt.fv,type)

说明

- rate 为各期利率；
- nper 为总投资（或贷款）期，即该项投资（或贷款）的付款期总数，与 rate 的单位必须相同；

- pmt 为各期所应支付的金额，其数值在整个年金期间保持不变。通常 pmt 包括本金和利息，但不包括其他费用及税款。如果忽略 pmt，则必须包含 fv 参数；
- fv 为未来值，或在最后一次支付后希望得到的现金余额，如果省略 fv，则假设其值为零（即一笔贷款的未来值为零），且必须包含 pmt 参数；
- type 取值为数字 0 或 1，用以指定各期的付款时间是在期初还是期末。

举例

某人欲买一笔养老保险，该保险公司可以在今后 30 年内于每个月末回报 600 元。该保险的购买成本为 76000 元，假设投资回报率为 6.5%，问该保险是否划算？

要想知道该保险是否划算，可以先将此题做成右图所示的表格，见随书光盘中“\实例素材\第 12 章\12-8.xlsx”文档，然后通过 PV 函数计算一下该笔投资是否值得。

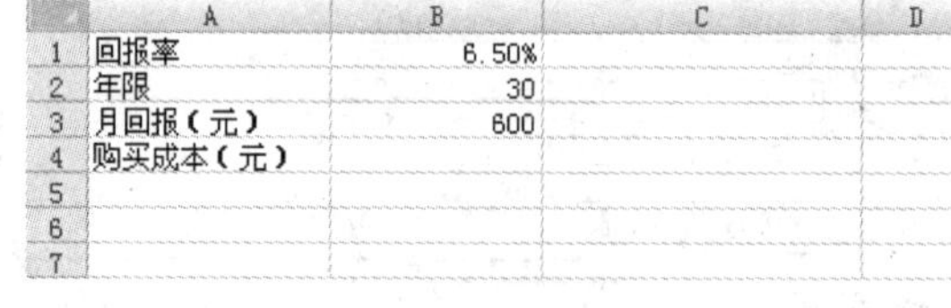

	A	B	C	D
1	回报率	6.50%		
2	年限	30		
3	月回报（元）	600		
4	购买成本（元）			
5				
6				
7				

计算该项投资的年金现值，其操作步骤如下所示。

在单元格 B4 中输入公式“=PV(B1/12,B2*12,B3,0)”，如下图所示。

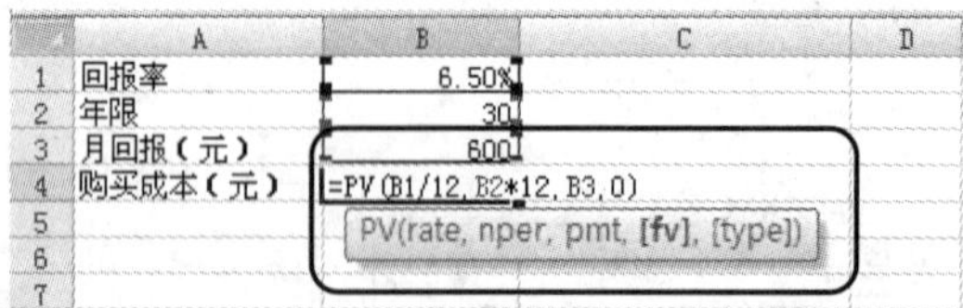

	A	B	C	D
1	回报率	6.50%		
2	年限	30		
3	月回报（元）	600		
4	购买成本（元）	=PV(B1/12,B2*12,B3,0)		
5		PV(rate, nper, pmt, [fv], [type])		
6				
7				

按〈Enter〉键，单元格 B4 中显示了运算的结果，如下图所示。

	A	B	C	D
1	回报率	6.50%		
2	年限	30		
3	月回报（元）	600		
4	购买成本（元）	¥-94,926.49		
5				
6				
7				

3 FV 函数

功能

FV 函数用于计算某项投资的未来值。它基于固定利率及等额分期付款方式，返回某项投资的未来值。

语法

FV(rate,nper,pmt,pv,type)

说明

- rate 为各期利率；
- nper 为总投资期，即该项投资的付款期总数；
- pmt 为各期所应支付的金额，其数值在整个年金期间保持不变。通常 pmt 包括本金和利息，但不包括其他费用及税款。如果忽略 pmt，则必须包括 pv 参数；
- pv 为现值，即从该项投资开始计算时已经入账的款项，或一系列未来付款的当前值的累积和，也称为本金。如果省略 pv，则假设其值为零，且必须包括 pmt 参数。
- type 取值为数字 0 或 1，用以指定各期的付款时间是在期初还是期末。如果省略 type，则假设其值为零。

举例

某人为保证退休后的生活，打算每年年初向银行存入 1800 元，在整个投资期间内，假设

平均投资回报率为 6.5%。此人现在 30 岁，请问到他 60 岁时，他在银行有多少存款？

欲计算此项投资的最终存款，先将此题做成右图所示的表格，见随书光盘中“\实例素材\第 12 章\12-9.xlsx”文档，然后使用 FV 函数进行未来值计算。

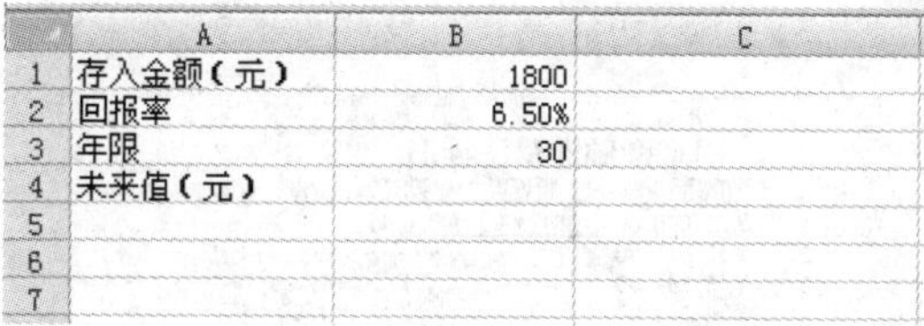

	A	B	C
1	存入金额（元）	1800	
2	回报率	6.50%	
3	年限	30	
4	未来值（元）		
5			
6			
7			

其操作步骤如下所示。

在单元格 B4 中输入公式“=FV(B2,B3,-B1,1)”，如下图所示。

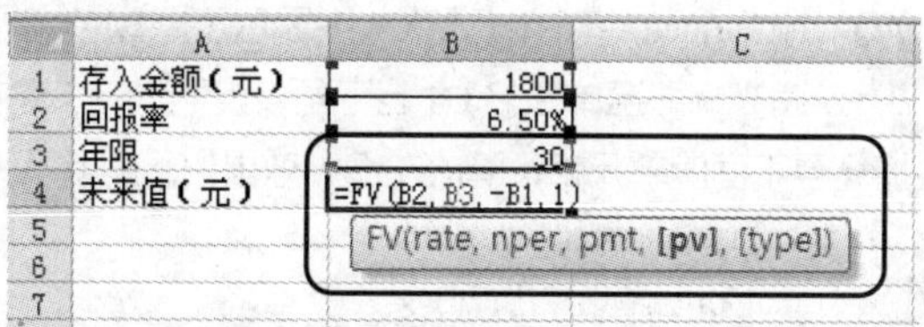

	A	B	C
1	存入金额（元）	1800	
2	回报率	6.50%	
3	年限	30	
4	未来值（元）	=FV(B2,B3,-B1,1)	
5		FV(rate, nper, pmt, [pv], [type])	
6			
7			

2 按〈Enter〉键，单元格 B4 中显示了运算的结果，如下图所示。

	A	B	C
1	存入金额（元）	1800	
2	回报率	6.50%	
3	年限	30	
4	未来值（元）	¥155,468.14	
5			
6			
7			

4　DB 函数

功能

固定余额递减法，返回指定期间某项固定资产的折旧值。

语法

DB(cost,salvage,life,period,month)

说明

- cost 为资产原值；
- salvage 为资产在折旧期末的价值（也称为资产残值）；
- life 为折旧期限（资产的使用寿命）；
- period 为需要计算折旧值的时间，period 必须使用与 life 相同的单位；
- month 为第一年的月份数，如省略，则假设为 12。

举例

某单位购买了一套价值 23 000 元的机器，使用年限为 8 年，报废价值为 900 元，计算该机器每年的折旧额。

欲计算该机器每年的折旧额，本例使用固定余额递减法。首先建立如下图所示的折旧表，见随书光盘中“\实例素材\第 12 章\12-10.xlsx”文档。

	A	B	C	D	E	F
1		固定余额递减法折旧				
2	年份	期初账面余额	折旧额	期初账面余额		
3	1	¥23,000.00		¥23,000.00		
4	2	¥23,000.00		¥23,000.00		
5	3	¥23,000.00		¥23,000.00		
6	4	¥23,000.00		¥23,000.00		
7	5	¥23,000.00		¥23,000.00		
8	6	¥23,000.00		¥23,000.00		
9	7	¥23,000.00		¥23,000.00		
10	8	¥23,000.00		¥900.00		
11						

下面计算该机器的年折旧额，首先计算第 1 年的折旧额，其操作步骤如下。

12

1 在单元格 C3 中输入公式“=DB(23000,900,8,1)”，如下图所示。

	A	B	C	D	E	F
1		固定余额递减法折旧				
2	年份	期初账面余额	折旧额	期初账面余额		
3	1	¥23,000.00	=DB(23000,900,8,1)			
4	2	¥15,341.00	DB(**cost**, salvage, life, period, [month])			
5	3	¥15,341.00				
6	4	¥15,341.00		¥15,341.00		
7	5	¥15,341.00		¥15,341.00		
8	6	¥15,341.00		¥15,341.00		
9	7	¥15,341.00		¥15,341.00		
10	8	¥15,341.00		¥900.00		
11						

2 按〈Enter〉键，单元格 C3 中显示了运算的结果，如下图所示。

	A	B	C	D	E	F
1		固定余额递减法折旧				
2	年份	期初账面余额	折旧额	期初账面余额		
3	1	¥23,000.00	¥7,659.00	¥15,341.00		
4	2	¥15,341.00		¥15,341.00		
5	3	¥15,341.00		¥15,341.00		
6	4	¥15,341.00		¥15,341.00		
7	5	¥15,341.00		¥15,341.00		
8	6	¥15,341.00		¥15,341.00		
9	7	¥15,341.00		¥15,341.00		
10	8	¥15,341.00		¥900.00		
11						

3 在单元格 C4 中输入公式 “=DB(15341,900,7,1)”，如下图所示。

	A	B	C	D	E	F
1		固定余额递减法折旧				
2	年份	期初账面余额	折旧额	期初账面余额		
3	1	¥23,000.00	¥7,659.00	¥15,341.00		
4	2	¥15,341.00	=DB(15341,900,7,1)			
5	3	¥10,232.45	DB(**cost**, salvage, life, period, [month])			
6	4	¥10,232.45				
7	5	¥10,232.45		¥10,232.45		
8	6	¥10,232.45		¥10,232.45		
9	7	¥10,232.45		¥10,232.45		
10	8	¥10,232.45		¥900.00		
11						

4 按〈Enter〉键，单元格 C4 中显示了运算的结果，将光标移至单元格 C4 右下角，按住鼠标左键向下填充至下面的单元格，释放左键，效果如下图所示。

	A	B	C	D	E	F
1		固定余额递减法折旧				
2	年份	期初账面余额	折旧额	期初账面余额		
3	1	¥23,000.00	¥7,659.00	¥15,341.00		
4	2	¥15,341.00	¥5,108.55	¥10,232.45		
5	3	¥10,232.45	¥3,407.26	¥6,825.19		
6	4	¥6,825.19	¥2,272.79	¥4,552.40		
7	5	¥4,552.40	¥1,515.95	¥3,036.45		
8	6	¥3,036.45	¥1,011.14	¥2,025.31		
9	7	¥2,025.31	¥674.43	¥1,350.88		
10	8	¥1,350.88	¥451.20	¥900.00		
11						

5 DDB 函数

功能

双倍余额递减法，计算一笔资产在给定期间内的折旧值。

语法

DDB (cost, salvage,life,period,factor)

说明

- cost 为资产原值；
- salvage 为资产在折旧期末的价值（也称为资产残值）；
- life 为折旧期限（资产的使用寿命）；
- period 为需要计算折旧值的期间。period 必须使用与 life 相同的单位；
- factor 为余额递减速率。如果 factor 被省略，则假设为 2（双倍余额递减法）。

提示您 *以上 5 个参数都必须为正数。*

举例

某单位购买了一套设备，价格为 16 000 元，使用年限为 5 年，报废价值为 500 元，计算每年的折旧额。

本例使用双倍余额递减法来计算，首先建立如右图所示的表格，见随书光盘中“\实例素材\第 12 章\12-11.xlsx”文档。

	A	B	C	D
1		双倍余额递减法折旧		
2	年份	期初账面余额	折旧额	期初账面余额
3	1	¥16,000.00		¥16,000.00
4	2	¥16,000.00		¥16,000.00
5	3	¥16,000.00		¥16,000.00
6	4	¥16,000.00		¥16,000.00
7	5	¥16,000.00		¥500.00

1 在单元格 C3 中输入公式"=DDB(16000,500,5,1)"，如下图所示。

	A	B	C	D	E	F
1	双倍余额递减法折旧					
2	年份	期初账面余额	折旧额	期初账面余额		
3	1	¥16,000.00	=DDB(16000,500,5,1)			
4	2	¥9,600.00	DDB(**cost**, salvage, life, period, [factor])			
5	3	¥9,600.00				
6	4	¥9,600.00		¥9,600.00		
7	5	¥9,600.00		¥500.00		

2 按〈回车〉键，单元格 C3 中显示了运算的结果，如下图所示。

	A	B	C	D	E	F
1	双倍余额递减法折旧					
2	年份	期初账面余额	折旧额	期初账面余额		
3	1	¥16,000.00	¥6,400.00	¥9,600.00		
4	2	¥9,600.00		¥9,600.00		
5	3	¥9,600.00		¥9,600.00		
6	4	¥9,600.00		¥9,600.00		
7	5	¥9,600.00		¥500.00		

从以上结果可以看出，第 1 年的折旧额为 6400，期末账面余额为"期初账面余额–折旧额"，即 9600。第 2 年的折旧额，其计算方法与此相似，可依此计算后 12 年的折旧额。

6 SYD 函数

功能

年限总和折旧法，返回某项资产按年限总和计算的指定期间的折旧值。

语法

SYD(cost,salvage,life,per)

说明

- cost 为资产原值；
- salvage 为资产在折旧期末的价值（也称为资产残值）；
- life 为折旧期限（资产的使用寿命）；
- per 为期间，其单位与 life 相同。

举例

某单位购买了一套价值 20 000 元的设备，使用年限为 5 年，报废价值为 2000 元，计算每年的折旧额。

本例使用年限总和折旧法计算，首先建立如右图所示的折旧表，见随书光盘中"\实例素材\第 12 章\12-12.xlsx"文档，然后使用 SYD 函数计算每年的折旧额，操作方法如下。

	A	B	C	D	E	F
1	年限总和法折旧					
2	年份	期初账面余额	折旧额	期末账面余额		
3	1	¥20,000.00		¥20,000.00		
4	2	¥20,000.00		¥20,000.00		
5	3	¥20,000.00		¥20,000.00		
6	4	¥20,000.00		¥20,000.00		
7	5	¥20,000.00		¥2,000.00		
8						

1 在单元格 C3 中输入公式"=SYD(20000,2000,5,1)"，如下图所示。

2 按〈Enter〉键，单元格 C3 中显示了运算的结果，如下图所示。

	A	B	C	D	E	F
1	年限总和法折旧					
2	年份	期初账面余额	折旧额	期末账面余额		
3	1	¥20,000.00	=SYD(20000,2000,5,1)			
4	2	¥20,000.00	SYD(cost, salvage, life, **per**)			
5	3	¥20,000.00				
6	4	¥20,000.00		¥20,000.00		
7	5	¥20,000.00		¥2,000.00		
8						

	A	B	C	D	E	F
1	年限总和法折旧					
2	年份	期初账面余额	折旧额	期末账面余额		
3	1	¥20,000.00	¥6,000.00	¥14,000.00		
4	2	¥14,000.00		¥14,000.00		
5	3	¥14,000.00		¥14,000.00		
6	4	¥14,000.00		¥14,000.00		
7	5	¥14,000.00		¥2,000.00		
8						

提示您 从以上结果可以看出，第 1 年的折旧额为 6000，期末账面余额为"期初账面余额–折旧额"，即 14 000。第 2 年的折旧额，其计算方法与此相似。

在单元格 C4 中输入公式“=SYD(14000,2000,4,1)”，如下图所示。

	A	B	C	D	E	F
1		年限总和法折旧				
2	年份	期初账面余额	折旧额	期末账面余额		
3	1	¥20,000.00	¥6,000.00	¥14,000.00		
4	2	¥14,000.00	=SYD(14000,2000,4,1)			
5	3	¥9,200.00	SYD(**cost**, salvage, life, per)			
6	4	¥9,200.00				
7	5	¥9,200.00		¥2,000.00		
8						

按〈Enter〉键，单元格 C4 中显示了运算的结果，如下图所示。

	A	B	C	D	E	F
1		年限总和法折旧				
2	年份	期初账面余额	折旧额	期末账面余额		
3	1	¥20,000.00	¥6,000.00	¥14,000.00		
4	2	¥14,000.00	¥4,800.00	¥9,200.00		
5	3	¥9,200.00	¥3,600.00	¥5,600.00		
6	4	¥5,600.00	¥2,400.00	¥3,200.00		
7	5	¥3,200.00	¥1,200.00	¥2,000.00		
8						

7 SLN 函数

功能

线性折旧法，返回某项资产在一个期间内的线性折旧值。线性折旧即每期折旧金额相同。

语法

SLN(cost,salvage,life)

说明

- cost 为资产原值；
- salvage 为资产在折旧期末的价值（也称为资产残值）；
- life 为折旧期限（资产的使用寿命）。

举例

某单位购买了一套 50 000 元的机器，使用年限为 4 年，报废价值为 3800 元，计算每年的折旧额。

首先建立如下图所示的折旧表，见随书光盘中“\实例素材\第 12 章\12-13.xlsx”文档。

	A	B	C	D	E
1		直线法折旧			
2	年份	期初账面余额	折旧额	期末账面余额	
3	1	¥50,000.00		¥50,000.00	
4	2	¥50,000.00		¥50,000.00	
5	3	¥50,000.00		¥50,000.00	
6	4	¥50,000.00		¥3,800.00	
7					

在单元格 C3 中输入公式“=SLN(50000,3800,4)”，如下图所示。

	A	B	C	D	E
1		直线法折旧			
2	年份	期初账面余额	折旧额	期末账面余额	
3	1	¥50,000.00	=SLN(50000,3800,4)		
4	2	¥50,000.00	SLN(cost, salvage, **life**)		
5	3	¥50,000.00		¥50,000.00	
6	4	¥50,000.00		¥3,800.00	
7					

3 按〈Enter〉键，单元格 C3 中显示了运算的结果，如下图所示。从以上结果可以看出，第 1 年的折旧额为 11 550，期末账面余额为“期初账面余额－折旧额”，即 38 450。

	A	B	C	D	E
1		直线法折旧			
2	年份	期初账面余额	折旧额	期末账面余额	
3	1	¥50,000.00	¥11,550.00	¥38,450.00	
4	2	¥38,450.00		¥38,450.00	
5	3	¥38,450.00		¥38,450.00	
6	4	¥38,450.00		¥3,800.00	
7					

4 由于本例使用的是线性折旧法，即每年的折旧金额相同，所以直接填充到下面的单元格即可。结果如下图所示。

	A	B	C	D	E
1		直线法折旧			
2	年份	期初账面余额	折旧额	期末账面余额	
3	1	¥50,000.00	¥11,550.00	¥38,450.00	
4	2	¥38,450.00	¥11,550.00	¥26,900.00	
5	3	¥26,900.00	¥11,550.00	¥15,350.00	
6	4	¥15,350.00	¥11,550.00	¥3,800.00	
7					

12.3.3 统计函数

Excel 2007 中统计函数非常多，下面介绍两个常用的统计函数。

1 COUNTIF 函数

功能

COUNTIF 是一个条件统计函数，它用于计算符合条件的数据个数。

语法

COUNTIF(range,criteria)

说明

- range 为需要计算其中满足条件的单元格数目的单元格区域；
- criteria 为确定哪些单元格将被计算在内的条件，其形式可以为数字、表达式或文本。

举例

下面统计学生成绩列表中男、女学生人数，操作如下所示。

1. 打开随书光盘中“\实例素材\第 12 章\12-14.xlsx”文档，如下图所示。

学生成绩列表

学号	性别	姓名		
2001050810	男	程卫伦		
2001052869	女	梁慧珠		
2001052998	女	唐晓林		
2001053104	女	麦小玲		
2001053449	女	唐英敏		
2001053493	男	潘罡	男学生人数	
2002050077	女	杨超琪	女学生人数	
2002050078	女	赖彩兰		
2002053425	男	李全		
2002054297	女	黄若兰		

2. 在“男学生人数”后面的单元格中输入公式“=COUNTIF(C3:C12,"男")”，如下图所示。

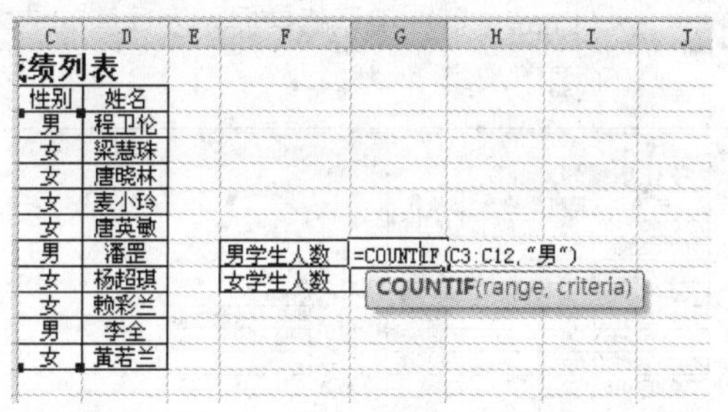

绩列表

性别	姓名		
男	程卫伦		
女	梁慧珠		
女	唐晓林		
女	麦小玲		
女	唐英敏		
男	潘罡	男学生人数	=COUNTIF(C3:C12,"男")
女	杨超琪	女学生人数	COUNTIF(range, criteria)
女	赖彩兰		
男	李全		
女	黄若兰		

3. 按〈Enter〉键，单元格中显示了运算的结果，如下图所示。

学生成绩列表

学号	性别	姓名		
2001050810	男	程卫伦		
2001052869	女	梁慧珠		
2001052998	女	唐晓林		
2001053104	女	麦小玲		
2001053449	女	唐英敏		
2001053493	男	潘罡	男学生人数	3
2002050077	女	杨超琪	女学生人数	
2002050078	女	赖彩兰		
2002053425	男	李全		
2002054297	女	黄若兰		

4. 用同样的方法可以求出女学生人数，如下图所示。

学生成绩列表

学号	性别	姓名		
2001050810	男	程卫伦		
2001052869	女	梁慧珠		
2001052998	女	唐晓林		
2001053104	女	麦小玲		
2001053449	女	唐英敏		
2001053493	男	潘罡	男学生人数	3
2002050077	女	杨超琪	女学生人数	7
2002050078	女	赖彩兰		
2002053425	男	李全		
2002054297	女	黄若兰		

2 SUMIF 函数

功能

SUMIF 函数可以对满足条件的单元格求和。

语法

SUMIF(range,criteria,sumrange)

说明

- range 为用于条件判断的单元格区域；
- criteria 为确定哪些单元格将被相加的条件，其形式可以为数字、表达式或文本；
- sumrange 是需要求和的实际单元格。

举例

下面统计学生成绩列表中男、女学生的分数总和，操作如下所示。

1 打开随书光盘中“\实例素材\第 12 章\12-15.xlsx”文档，如下图所示。

学生成绩列

学号	性别	成绩	姓名
2001050810	男	90	程卫伦
2001052869	女	84	梁慧珠
2001052998	女	56	唐晓林
2001053104	女	81	麦小玲
2001053449	女	75	唐英敏
2001053493	男	69	潘罡
2002050077	女	45	杨超琪
2002050078	女	75	赖彩兰
2002053425	男	91	李全
2002054297	女	65	黄若兰

性别	分数总和
男	
女	

2 在 I8 单元格中输入公式“=SUMIF()”，将光标移至括号中，选中 C3 至 C12 单元格区域，输入“,”，选中“男”所在单元格，输入“,”选中 E3 至 E12 单元格区域，如下图所示。

性别	分数总和
男	=SUMIF(C3:C12,H8,E3:E12)
女	

SUMIF(range, criteria, [sum_range])

3 按〈Enter〉键，单元格中显示了运算的结果，如下图所示。

性别	分数总和
男	250
女	

4 用同样的方法求出女学生的分数总和，如下图所示。

性别	分数总和
男	250
女	=SUMIF(C3:C12,H9,E3:E12)

SUMIF(range, criteria, [sum_range])

12.3.4 日期与时间函数

Excel 提供了许多日期和时间函数，便于用户查看、设置、修改日期和时间。

1 YEAR 函数

功能

YEAR 函数返回某日期的年份，返回值为 1900～9999 之间的整数。

语法

YEAR(serial_number)

说明

serial_number 是一个日期值，包括要查找的年份。

2 MONTH 函数

功能

MONTH 函数返回以系列数表示的日期中的月份，月份是 1～12 之间的整数。

语法

MONTH(serial_number)

3　DAY 函数

功能

DAY 函数返回以系列数表示的某日期的天数，天数是 1～31 之间的整数。

语法

DAY(serial_number)

4　NOW 函数

功能

NOW 函数返回当前的时间。

语法

NOW()

5　TODAY 函数

功能

TODAY 函数返回当天的日期。

语法

TODAY()

6　日期函数应用实例

下面统计表中的年龄和工龄，操作如下所示。

1 打开随书光盘中“\实例素材\第 12 章\12-16.xlsx”文档，如下图所示。

	A	B	C	D	E	F	G	H
1	工号	姓名	性别	文化程度	出生日期	参加工作日期	年龄	工龄
2	0001	程卫伦	男	高中	1978-10-1	1999-1-1		
3	0002	梁慧珠	女	本科	1977-10-9	2000-1-1		
4	0003	唐晓林	女	研究生	1974-6-24	2000-1-1		
5	0004	麦小玲	女	中专	1974-6-18	1999-1-1		
6	0005	唐英敏	女	研究生	1976-3-28	1998-1-1		
7	0006	潘罡	男	本科	1976-6-25	1999-1-1		
8	0007	杨超琪	女	中专	1980-9-24	2000-1-1		
9	0008	赖彩兰	女	本科	1971-2-11	1998-1-1		
10	0009	李全	男	本科	1979-8-16	2000-1-1		
11	0010	黄若兰	女	本科	1974-10-2	1999-1-1		

在单元格 G2 中输入公式“=YEAR(NOW())–YEAR(E2)”，如下图所示。

	A	B	C	D	E	F	G	H
1	工号	姓名	性别	文化程度	出生日期	参加工作日期	年龄	工龄
2	0001	程卫伦	男	高中	1978-10-1	=YEAR(NOW())-YEAR(E2)		
3	0002	梁慧珠	女	本科	1977-10-9	2000-1-1		
4	0003	唐晓林	女	研究生	1974-6-24	2000-1-1		
5	0004	麦小玲	女	中专	1974-6-18	1999-1-1		
6	0005	唐英敏	女	研究生	1976-3-28	1998-1-1		
7	0006	潘罡	男	本科	1976-6-25	1999-1-1		
8	0007	杨超琪	女	中专	1980-9-24	2000-1-1		
9	0008	赖彩兰	女	本科	1971-2-11	1998-1-1		
10	0009	李全	男	本科	1979-8-16	2000-1-1		
11	0010	黄若兰	女	本科	1974-10-2	1999-1-1		

3 按〈Enter〉键，单元格中显示了运算的结果，然后将结果填充到下面的单元格即可。结果如下图所示。

	A	B	C	D	E	F	G	H
1	工号	姓名	性别	文化程度	出生日期	参加工作日期	年龄	工龄
2	0001	程卫伦	男	高中	1978-10-1	1999-1-1	30	
3	0002	梁慧珠	女	本科	1977-10-9	2000-1-1	31	
4	0003	唐晓林	女	研究生	1974-6-24	2000-1-1	34	
5	0004	麦小玲	女	中专	1974-6-18	1999-1-1	34	
6	0005	唐英敏	女	研究生	1976-3-28	1998-1-1	32	
7	0006	潘罡	男	本科	1976-6-25	1999-1-1	32	
8	0007	杨超琪	女	中专	1980-9-24	2000-1-1	28	
9	0008	赖彩兰	女	本科	1971-2-11	1998-1-1	37	
10	0009	李全	男	本科	1979-8-16	2000-1-1	29	
11	0010	黄若兰	女	本科	1974-10-2	1999-1-1	34	

4 在单元格 H2 中输入公式“=YEAR(NOW())–YEAR(F2)”，则可计算出工龄，如下图所示。

	C	D	E	F	G	H	I	J
1	性别	文化程度	出生日期	参加工作日期	年龄	工龄		
2	男	高中	1978-10-1	1999-1-1	30	=YEAR(NOW())-YEAR(F2)		
3	女	本科	1977-10-9	2000-1-1	31	YEAR(serial_number)		
4	女	研究生	1974-6-24	2000-1-1	34			
5	女	中专	1974-6-18	1999-1-1	34			
6	女	研究生	1976-3-28	1998-1-1	32			
7	男	本科	1976-6-25	1999-1-1	32			
8	女	中专	1980-9-24	2000-1-1	28			
9	女	本科	1971-2-11	1998-1-1	37			
10	男	本科	1979-8-16	2000-1-1	29			
11	女	本科	1974-10-2	1999-1-1	34			

12.3.5 逻辑函数

Excel 提供了几个逻辑函数，利用这些函数可以对单元格中的信息进行各种判断，用来检查某些条件是否为真。如果条件为真，还可以利用其他函数对相应单元格进行进一步的数据处理。例如，统计成绩表中的及格人数、缺考人数，统计销售表中赢利最多的产品等。

逻辑函数一般跟 IF、SUMIF 和 COUNTIF 等函数结合使用，在这些函数中运用逻辑函数，可以给工作带来很多方便。

1 AND 函数

功能

AND 函数表示逻辑与，当且仅当所有的条件全部为真时，才能返回 TRUE；否则返回 FALSE。

语法

AND(logical 1,logical2,…)

说明

logical 1,logical2,…为待检测的 1～255 个条件值，各条件值可以为 TRUE 或 FALSE。

2 OR 函数

功能

OR 函数表示逻辑或，只要有一个参数的逻辑值为真，就返回 TRUE；当所有参数的逻辑值为假时，才返回 FALSE。

语法

OR(logicall,logical2,…)

说明

logical 1,logical2,…为需要进行检验的 1～255 个条件值，各条件值可以为 TRUE 或 FALSE。

3 NOT 函数

功能

NOT 函数是对参数值求反。只有一个参数 logical，该参数是一个可以计算出 TRUE 或 FALSE 的逻辑值或逻辑表达式。如果逻辑值为 TRUE，则 NOT 函数返回 FALSE；如果逻辑值为 FALSE，则 NOT 函数返回 TRUE。也就是说，NOT 函数是返回不满足条件的结果。

语法

NOT(logical)

说明

logical 为一个可以计算出 TRUE 或 FALSE 的逻辑值或逻辑表达式。

4 逻辑函数应用实例

下面以逻辑函数与 IF 的结合为例，计算成绩表中学生的评定等级。

假设，笔试和上机的成绩大于 90，则评定等级为“优秀”；笔试或上机的成绩大于 80，则评定等级为“良好”；笔试和上机的成绩大于 70，则评定等级为“中等”；笔试和上机的成绩大于 60，则评定等级为“合格”；否则评定等级为“差”。

1 打开随书光盘中“\实例素材\第 12 章\12-17xlsx”文档，如下图所示。

	A	B	C	D	E	F
3	《计算网络》笔试及上机成绩					
4	姓名	笔记成绩	上机成绩	等级		
5	程卫伦	98	90			
6	梁慧珠	75	68			
7	唐晓林	68	85			
8	麦小玲	92	78			
9	唐英敏	65	85			
10	潘罡	85	74			
11	杨超琪	89	56			
12	赖彩兰	79	86			
13	李全	64	94			
14	黄若兰	64	89			
15						
16						

2 在单元格 D5 中输入公式“=IF(AND(B5>=90,C5>=90),"优秀",IF(OR(B5>=80,C5>=80),"良好",IF(AND(B5>=70,C5>=70),"中等",IF(AND(B5>=60,C5>=60),"合格","差"))))”，如下图所示。

	A	B	C	D	E	F
1						
2						
3	《计算网络》笔试及上机成绩					
4	姓名	笔记成绩	上机成绩	等级		
5	程卫伦	98	90	=IF(AND(B5>=90,C5>=90),"(		
6	梁慧珠	75	68	B5>=60,C5>=60),"合格","差		
7	唐晓林	68	85	IF(logical_test, [value_if_true], [v		
8	麦小玲	92	78			
9	唐英敏	65	85			
10	潘罡	85	74			
11	杨超琪	89	56			
12	赖彩兰	79	86			
13	李全	64	94			
14	黄若兰	64	89			
15						
16						

3 按<Enter>键，单元格中显示了运算的结果，如下图所示。

	A	B	C	D	E	F
1						
2						
3	《计算网络》笔试及上机成绩					
4	姓名	笔记成绩	上机成绩	等级		
5	程卫伦	98	90	优秀		
6	梁慧珠	75	68			
7	唐晓林	68	85			
8	麦小玲	92	78			
9	唐英敏	65	85			
10	潘罡	85	74			
11	杨超琪	89	56			
12	赖彩兰	79	86			
13	李全	64	94			
14	黄若兰	64	89			
15						
16						

4 将结果填充到下面的单元格即可，如下图所示。

	A	B	C	D	E	F
1						
2						
3	《计算网络》笔试及上机成绩					
4	姓名	笔记成绩	上机成绩	等级		
5	程卫伦	98	90	优秀		
6	梁慧珠	75	68	合格		
7	唐晓林	68	85	良好		
8	麦小玲	92	78	良好		
9	唐英敏	65	85	良好		
10	潘罡	85	74	良好		
11	杨超琪	89	56	良好		
12	赖彩兰	79	86	良好		
13	李全	64	94	良好		
14	黄若兰	64	89	良好		
15						
16						

12.4 拓展与提高

12.4.1 公式运算符

公式是对工作表中的数值进行计算的等式。公式要以等号“=”开始，用于表明其后的字符为公式。

运算符是公式中的重要组成部分，指明完成什么运算，在 Excel 中包含 4 种类型的运算符。Excel 公式的运算符有以下几类。

- 算术运算符：用于基本数学运算，有加（+）、减（–）、负数（–）、乘（*）、除（/）、百分比（%）、乘方（^）等。
- 比较运算符：用来比较两个数值的大小关系，有大于（>）、小于（<）、小于等于（<=）、大于等于（>=）、不等于（<>）、等于（=）等，公式返回值为逻辑值 TRUE（真）或 FALSE

（假）。

- 文本运算符：用来将多个文本连接成组合文本，有文本连接符（&）等。
- 引用运算符：用来将不同的单元格区域合并运算，有区域运算符（:）、联合运算符（,）等。

12.4.2 公式运算优先级

在一个有混合运算的公式里，要规定运算的优先级，对于不同优先级的运算，按照优先级从高到低的顺序进行运算。要改变运算规则，可以用括号将需要优先运算的部分括起来，如表 12-1 所示。

表 12-1 公式运算优先级

运算优先级	运 算 符	说 明
优先级由高到低（↓）	()	括号
	–	表示负数
	%	百分比
	^	乘方
	*和/	乘和除
	+和–	加和减
	>、<、<=、>=、<>、=	比较运算符

提示您 括号运算符的优先级最高，在 Excel 的公式中只能使用小括号，不能使用中括号和大括号；小括号可以嵌套使用，当有多重小括号时，最内层的括号优先运算；同等级别的运算符从左到右依次运算。

如公式“a=10*（90–5+22）”的运算顺序如下。

1）最先计算圆括号内的表达式。在圆括号内，有加法和减法运算符。这两个运算符的优先级相同，按从左向右的顺序计算它们。先用 90 减去数字 5，结果是 85。然后将数字 22 与 85 相加，得出的值是 107。

2）计算相乘。用数字 107 乘以数字 10，得出的值为 1070。

3）进行赋值。将数字 1070 赋给字母 a。

12.4.3 公式的常见错误与处理方法

在 Excel 中，如果公式不能正确地计算出结果，将显示一个错误值，如“#NAME ?”或“#N/A”等。出错的原因不同，其解决方法也不同。表 12-2 列出了常见的公式返回错误值及其产生错误的原因。

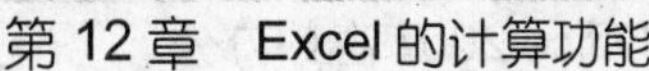

表 12-2　公式返回的错误值及其产生错误的原因

返回的错误值	产生错误的原因
#####!	公式计算的结果太长，单元格宽度不够。增加单元格的列宽可以解决
#DIV/0!	除数为零
#N/A	公式中无可用的数值或缺少函数参数
#NAME?	删除了公式中使用的名称，或使用了不存在的名称，以及名称有拼写错误
#NULL!	使用了不正确的区域运算或不正确的单元
#NUM!	在需要数字参数的函数中使用了不能接受的参数，或者公式计算结果的数字太大或太少，Excel 无法表示
#REF!	删除了由其他公式引用的单元格，或将移动单元格粘贴到其他公式引用的单元格中
#VALUE!	需要数字或逻辑值时却输入了文本

12

- 创建图表
- 修改图表的大小及位置
- 复制/删除图表
- 更改图表的类型和行列
- 更改图表数据源
- 添加或删除图表中的数据
- 添加图表中标签
- 设置坐标轴
- 美化图表

第13章 制作图表

实例素材	\实例素材\第13章\13-1.xlsx，13-2.xlsx
实例结果	\实例结果\第13章\13-1.xlsx

13.1 实例——利用“杰新科技公司上半年度销售表”制作图表

图表是数据的图形化表示。通过图表，用户可以更加直观地理解数据的内容。在创建图表前，必须有一些数据。图表本质上是按照工作表中的数据而创建的对象。图表由一个或多个以图形方式表示的数据系列组成。数据系列的外观取决于选定的图表类型。

本章将根据“杰新科技公司上半年度销售表”制作出一张图表，如下图所示。通过该实例，读者可以了解图表的主要内容。

杰新科技公司上半年度销售表

单位：元

部门	一月份	二月份	三月份	四月份	五月份	六月份
A部门	15245	1545	7855	6244	52154	52155
B部门	55254	5727	2457	21024	52040	51024
C部门	58212	55752	76245	5245	52455	51257
D部门	5272	57824	85752	55824	57578	57215

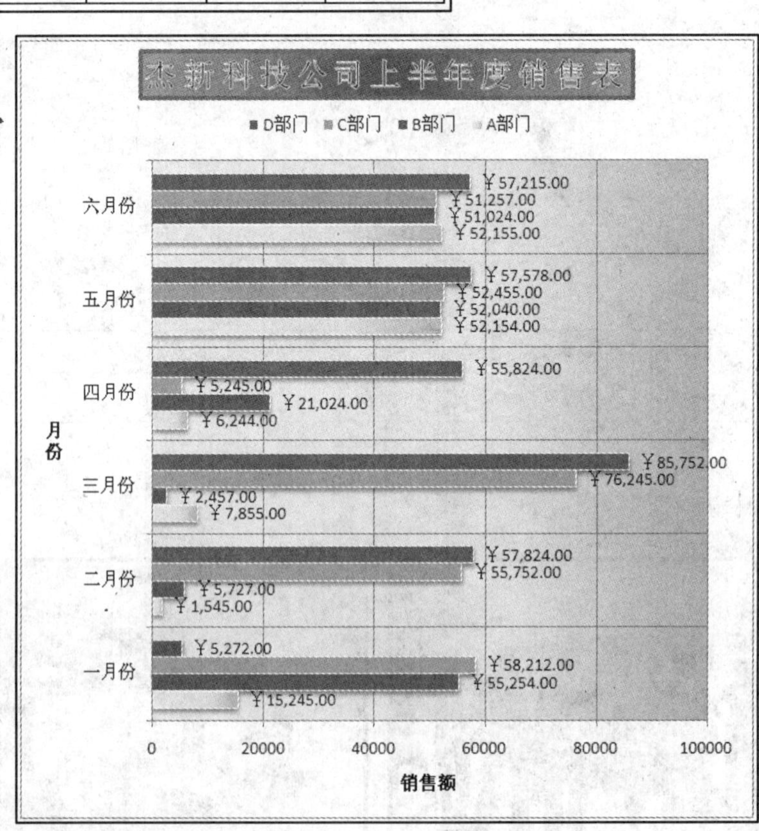

13.1.1　创建图表

根据创建的图表位置不同，图表可以分为嵌入式图表和工作表图表两种。

- 嵌入式图表浮在工作表的上面，在工作表图层中。嵌入式图表可以像其他绘图对象一样移动位置，改变大小和比例，调整边界等。
- 工作表图表，是在一张单独的工作表中显示图表。

1　创建嵌入式图表

创建嵌入式图表的具体方法如下。

1. 打开随书光盘中“\实例素材\第 13 章\13-1.xlsx”文档，如下图所示。这是一张普通的产品销售统计表，下面将利用这张表来制作图表。

杰新科技公司上半年度销售表

单位：元

部门	一月份	二月份	三月份	四月份	五月份	六月份
A部门	15245	1545	7855	6244	52154	52155
B部门	55254	5727	2457	21024	52040	51024
C部门	58212	55752	76245	5245	52455	51257
D部门	5272	57824	85752	55824	57578	57215

2. 选中表格中的 A3 至 G7 单元格，打开“插入”选项卡，单击“图表”选项组中的“条形图”下三角按钮，从下拉菜单中选择一种图表类型，这里选择“二维柱形图”中的第一个图表，如下图所示。

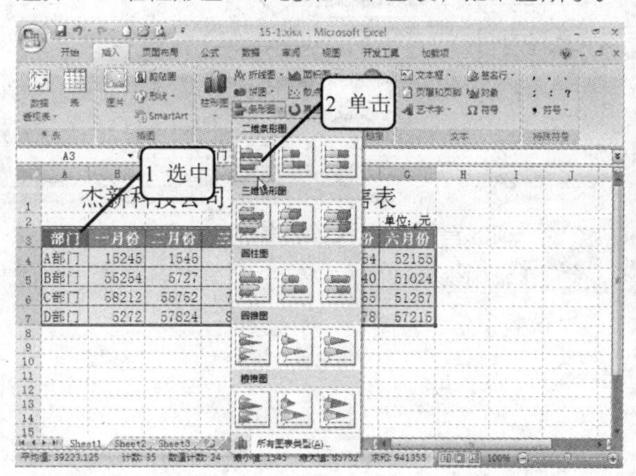

3. 可以看到在工作表中插入了一张图表，这就是嵌入式图表，如下图所示。

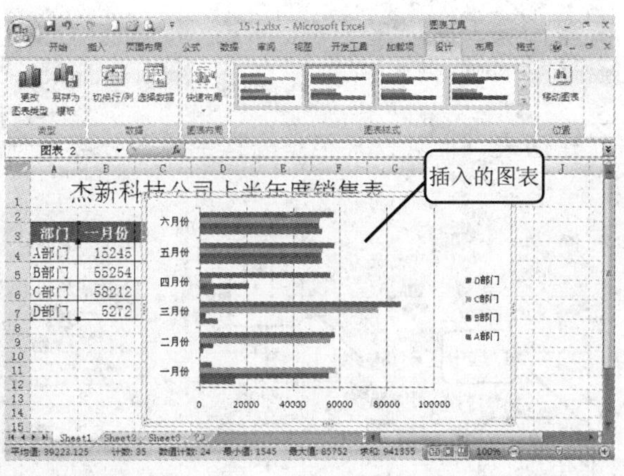

多学点 在步骤 2 中，如果在“条形图”下拉菜单中选择“所有图表类型”命令，将弹出“插入图表”对话框，可以从中选择任何图表，如下图所示。

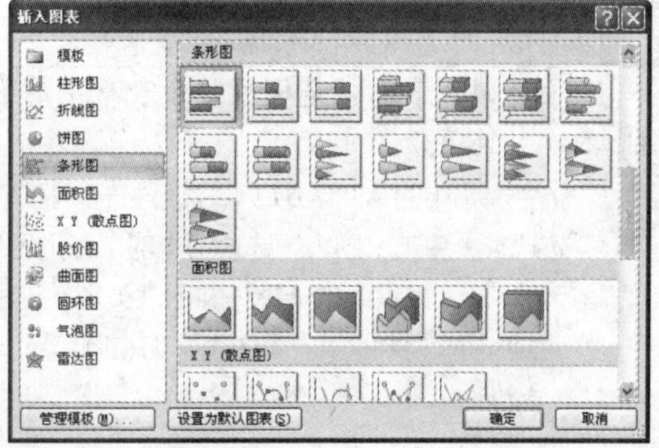

多学点 本章将以条形图为例，并在本章的“拓展与提高”部分简要介绍其他图表类型。

2 创建工作表图表

如果要在一页中打印图表，则使用工作表图表是一种很好的选择。下面将刚创建的嵌入式图表转化为工作表图表。

1 在图表中的空白区域单击，使其处于选中状态，打开“图表工具”|“设计”选项卡，单击“位置”选项组中的“移动图表”按钮，如下图所示。

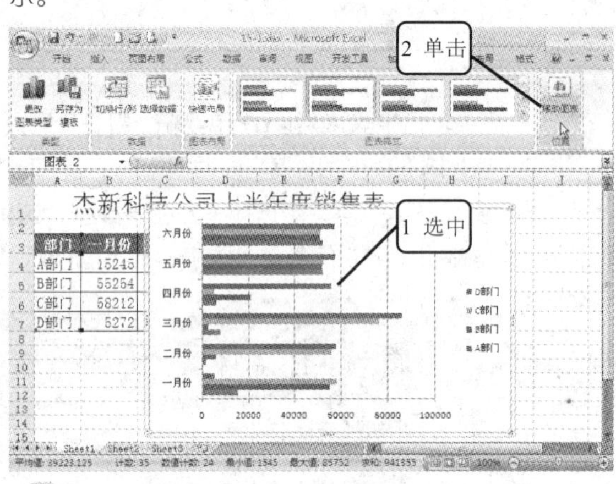

2 弹出“移动图表”对话框，选中“新工作表”单选按钮，在右侧的文本框中输入该工作表的名称，然后单击“确定”按钮，如下图所示。

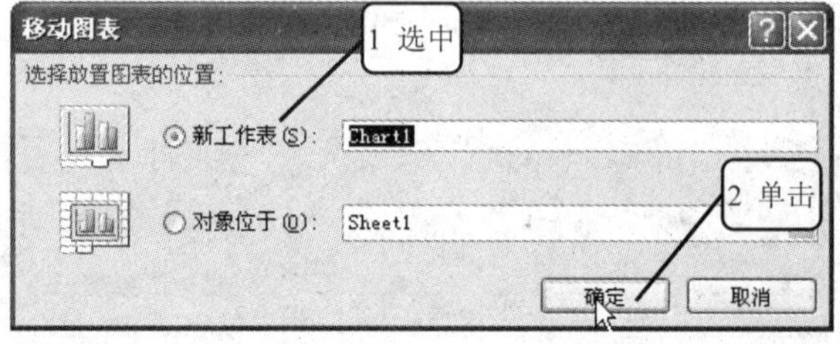

3 可以看到在工作簿中新建了一张工作表，其中包含一张图表，且该图表占据了整个工作表，这就是工作表图表，如右图所示。

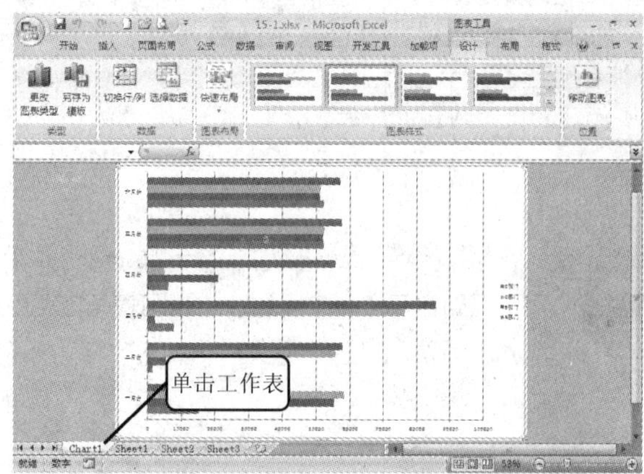

3 创建数据不连续的图表

前面创建图表时，是根据整个表格中的数据创建图表，也可以只根据表格中的部分数据创建图表，具体方法如下。

1 选中表格中的 A3 至 B7 列，然后打开“插入”选项卡，单击“图表”选项组中的“条形图”下三角按钮，从下拉菜单中选择一种图表类型，这里选择“二维条形图”中的第一个图表，如右图所示。

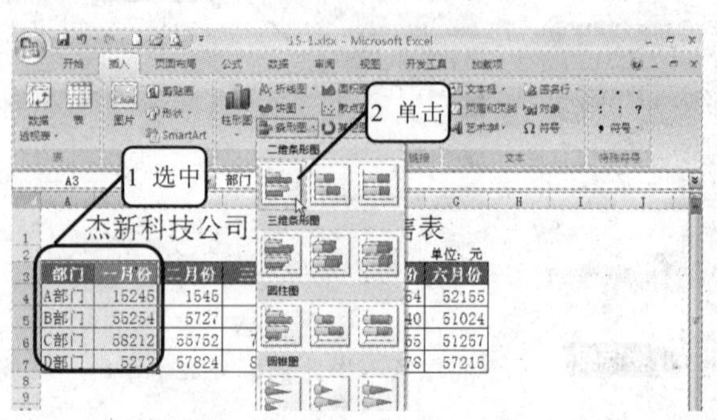

2 可以看到工作表中插入了一张一月份的销售图表，如右图所示。

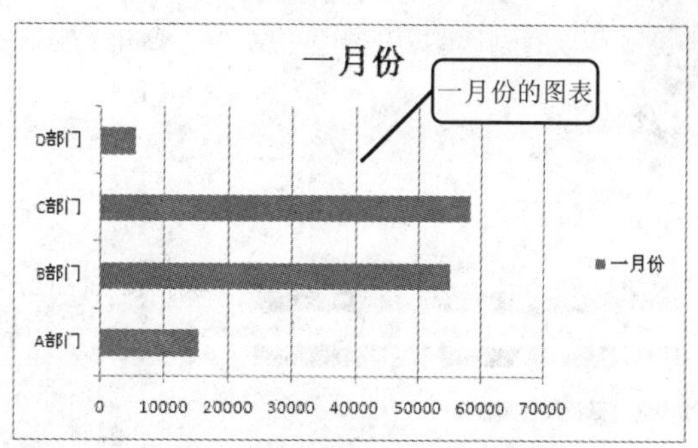

3 按住〈Ctrl〉键，选中表格中的“部门”、“二月份”和“六月份”列，然后打开“插入”选项卡，单击“图表”选项组中的“条形图”下三角按钮，从下拉菜单中选择一种图表类型，这里选择“二维条形图”中的第一个图表，如下图所示。

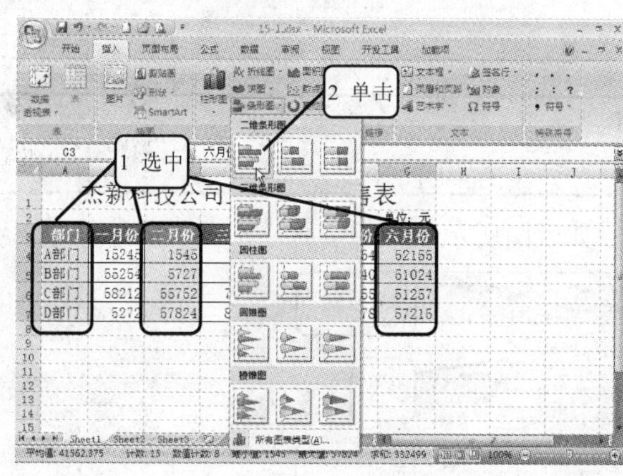

4 可以看到工作表中插入了一张各部门二月份和六月份的销售图表，如下图所示。

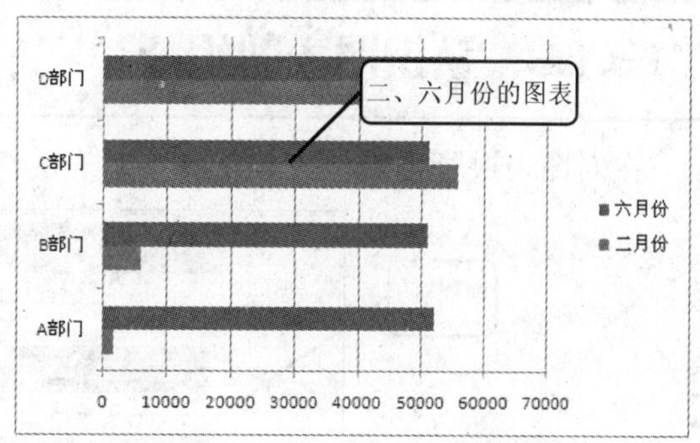

13.1.2　更改图表的类型和行列

在插入图表后，如果发现图表的类型或行列不太合适，可以很方便地进行更改。

1 选中图表，打开“图表工具”|“设计”选项卡，单击“类型”选项组中的“更改图表类型”按钮，如下图所示。

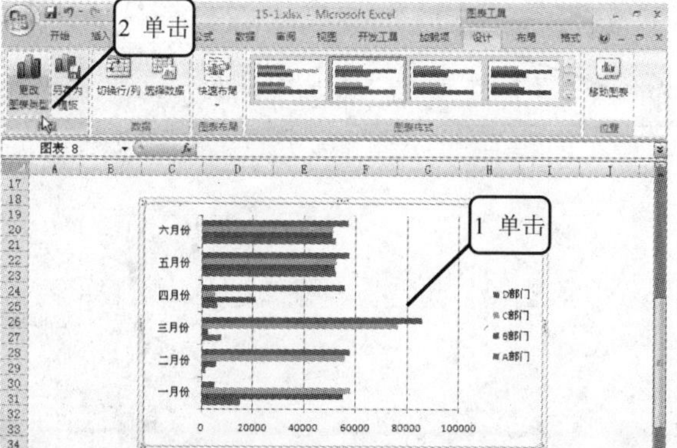

2 弹出“更改图表类型”对话框，如下图所示。从中选择一种合适的类型，然后单击“确定”按钮。

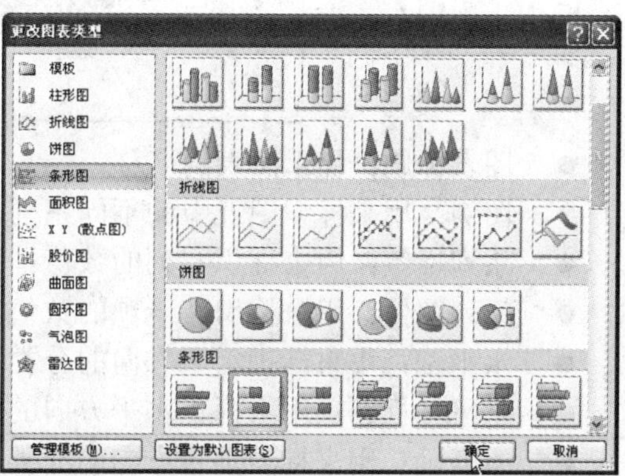

3 可以看到该图表的类型已发生了变化，如下图所示。

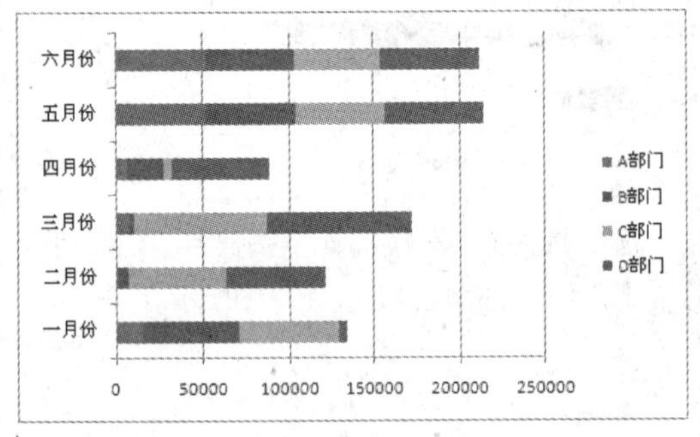

4 选中图表，打开“图表工具”|“设计”选项卡，单击“数据”选项组中的“切换行列”按钮，则可以看到图表按行列切换后的显示效果，如下图所示。

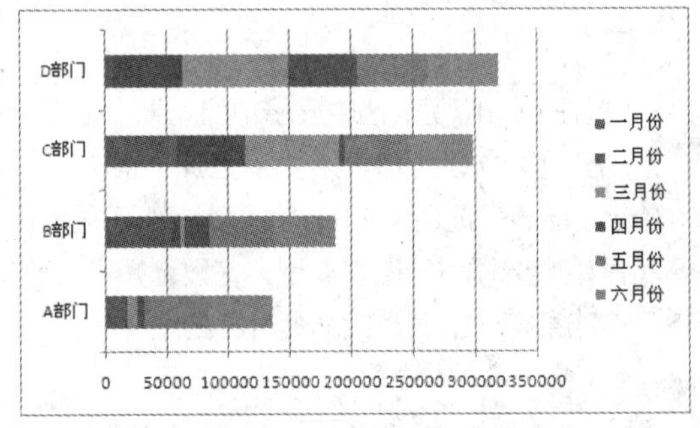

13.1.3 认识图表的组成

在对图表进行编辑前先认识一下图表的组成，如下图所示

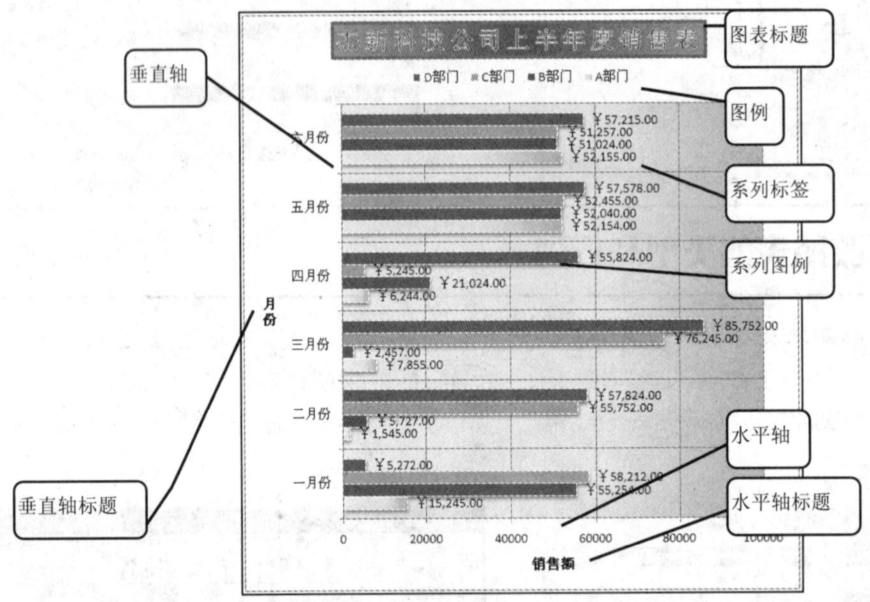

- 图表标题：显示图表的名称。
- 图例：用来标识图表中的不同系列。
- 系列标签：用来标识系列的数值。
- 系列图例：用来标识其一项的数值。
- 水平轴：用来标识水平方向的分类。
- 水平轴标题：用来标识水平方向的标题。
- 垂直轴：用来标识垂直方向的分类。
- 垂直轴标题：用来标识垂直方向的标题。

13.1.4　修改及复制图表

1　修改图表的大小

图表其实就是浮在工作表上的图形，因此，可以对图表的大小进行任意改变。

①　在图表中的空白区域单击，使其处于选中状态，图表四周出现边框，将光标移至图表边框右下角的控制点上，光标变为↘状，如下图所示。此时按住鼠标左键，向内侧拖动可以改变图表的大小，如下图所示。

②　将光标移至图表边框上下控制点上，光标变为↕状，此时按住鼠标左键并拖动可以改变图表的高度，如下图所示；将光标移至图表边框左右控制点上，光标变为↔状，此时按住鼠标左键并拖动可以改变图表的宽度。

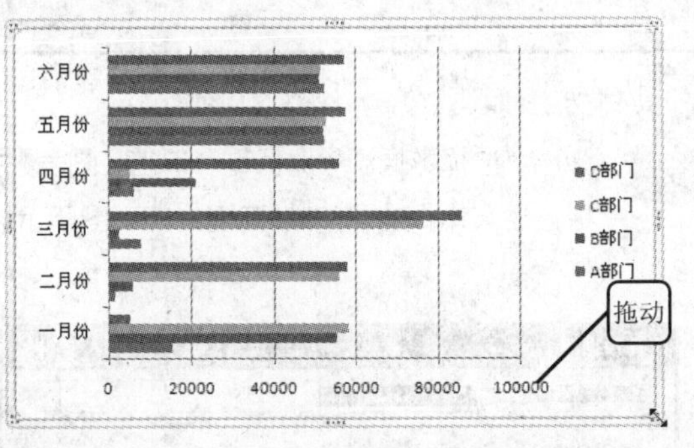

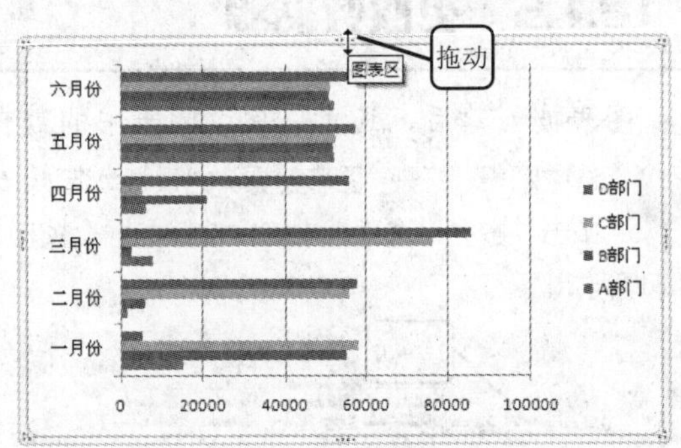

2　调整图表的位置

可以在工作表中对图表的位置进行任意调整。

①　使图表处于选中状态，图表四周出现边框，将光标移至边框上，光标变为状，如下图所示。

②　此时按住鼠标左键并拖动，可以改变图表的位置，如下图所示。

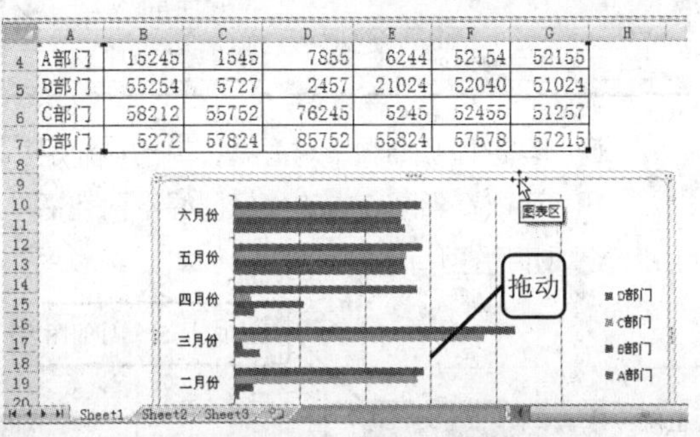

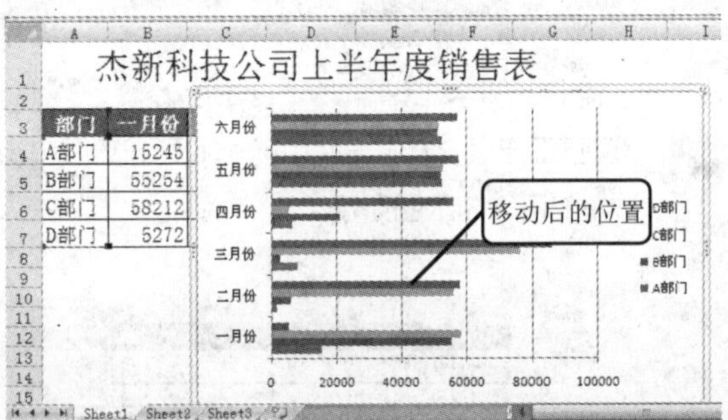

3　复制/删除图表

复制/删除图表的方法也比较简单。

经验谈　复制图表时，不仅可以将图表复制在同一表格中，而且可以将图表复制到其他表格中，还可以将图表复制到 Word、PowerPoint 等其他 Office 组件中。

1 复制图表的方法是：选中图表，按〈Ctrl+C〉组合键，然后单击表格中的其他单元格，再按〈Ctrl+V〉组合键，则复制了一个新的图表，如右图所示。

2 删除图表的方法是：选中图表，直接按〈Delete〉键即可将图表删除。

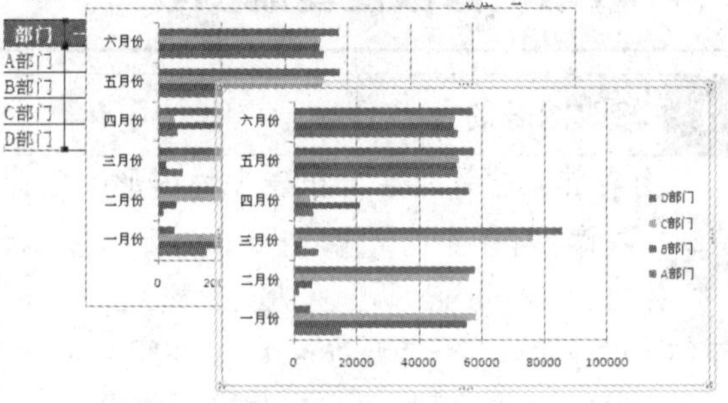

13.1.5 更改数据源

图表被创建后，还可以更改图表中的数据源，具体方法如下。

1 选中图表，打开“图表工具”|“设计”选项卡，单击“数据”选项组中的“选择数据”按钮，如下图所示。

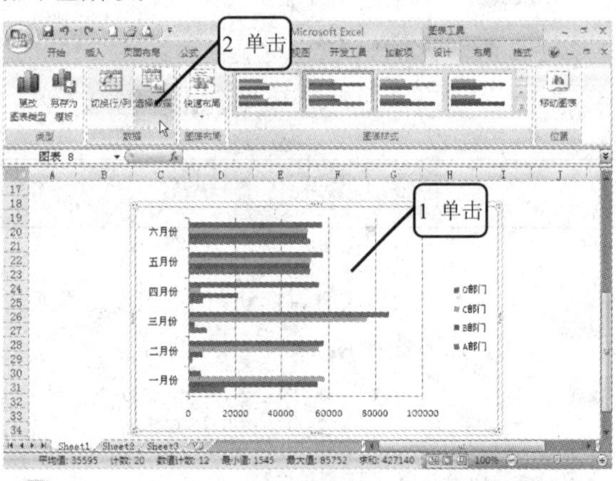

2 弹出“选择数据源”对话框，单击“图表数据区域”文本框右侧的按钮，如下图所示。

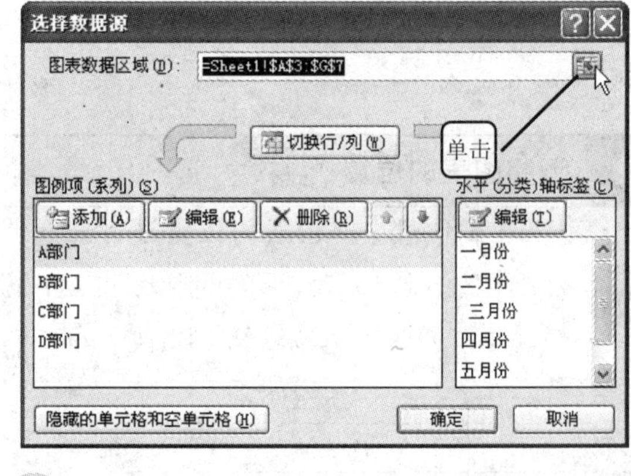

3 返回工作表，选中表格中的前6列，然后单击按钮，如下图所示。

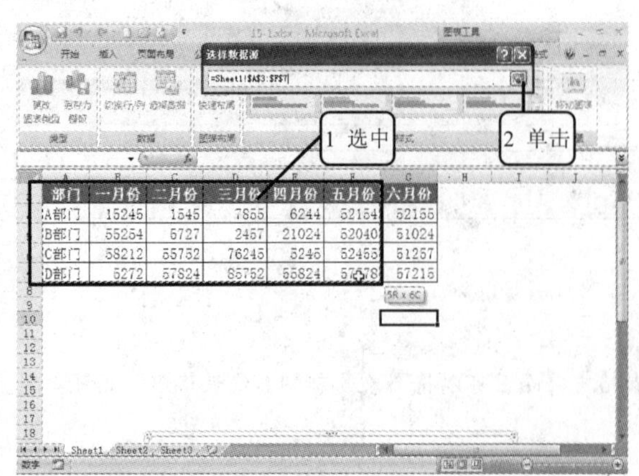

4 返回“选择数据源”对话框，单击“确定”按钮，可以看到图表中的坐标已经不再包括“六月份”了，如下图所示。

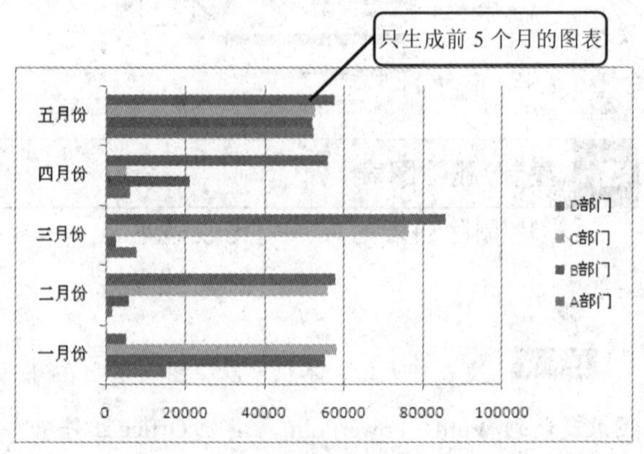

13.1.6　添加或删除图表中的数据

默认情况下，当创建图表的数据发生更改时，Excel 会自动更新图表中的数据，而不需要重新创建图表。但是，当在源数据表中添加新的数据时，图表不会自动更新，除了上节所介绍的“更改图表数据源”方法外，还可以通过以下两种方法来实现。

1　在表格中添加数据

下面是在表格中添加新的一行的操作。

1　选中“D 部门”所在行下面的单元格，打开“开始”选项卡，单击“字体”选项组中的田按钮，将该行的单元格边框显示出来，如下图所示。

2　在该行中输入“E 部门”数据，如下图所示。

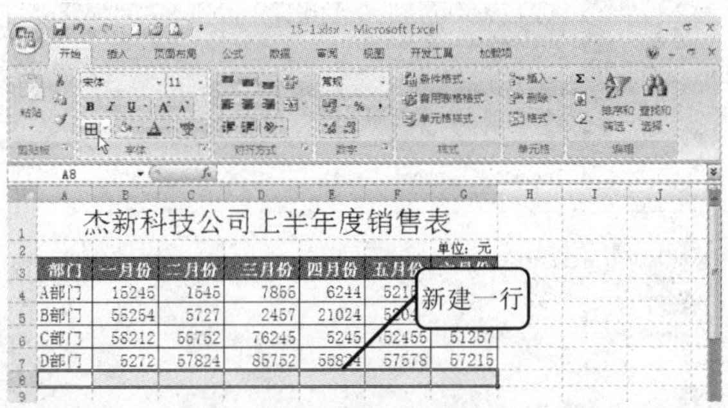

杰新科技公司上半年度销售表

单位：元

部门	一月份	二月份	三月份	四月份	五月份	六月份
A部门	15245	1545	7855	6244	52154	52155
B部门	55254	[illegible]	[illegible]	[illegible]024	52040	51024
C部门	5821[illegible]	[illegible]	[illegible]	[illegible]245	52455	51257
D部门	5272	57824	85752	55824	57578	57215
E部门	45128	78451	62541	78412	78451	65124

输入“E 部门”的数据

2　通过拖动添加和删除数据

通过拖动添加和删除数据非常快捷，具体操作如下。

1　在图表中的空白区域单击将图表选中，可以看到在源数据处添加了一个方框，将光标放置在方框的右下角，如下图所示。

2　按住鼠标并拖动，直至“六月份”所在列最后一行的右下角，如下图所示。

杰新科技公司上半年度销售表

单位：元

部门	一月份	二月份	三月份	四月份	五月份	六月份
A部门	15245	1545	7855	6244	52154	52155
B部门	55254	5727	2457	21024	52040	5102[illegible]
C部门	58212	55752	76245	5245	52455	51257
D部门	5272	57824	85752	55824	57578	57215
E部门	45128	78451	62541	78412	78451	65124

拖动

杰新科技公司上半年度销售表

单位：元

部门	一月份	二月份	三月份	四月份	五月份	六月份
A部门	15245	1545	7855	624[illegible]	[illegible]	52155
B部门	55254	5727	2457	2102[illegible]	[illegible]	51024
C部门	58212	55752	76245	5245	52455	51257
D部门	5272	57824	85752	55824	57578	57215
E部门	45128	78451	62541	78412	78451	65124

3　可以看到图表中新添加了刚刚选中的“E 部门”和“六月份”的数据，如右图所示。

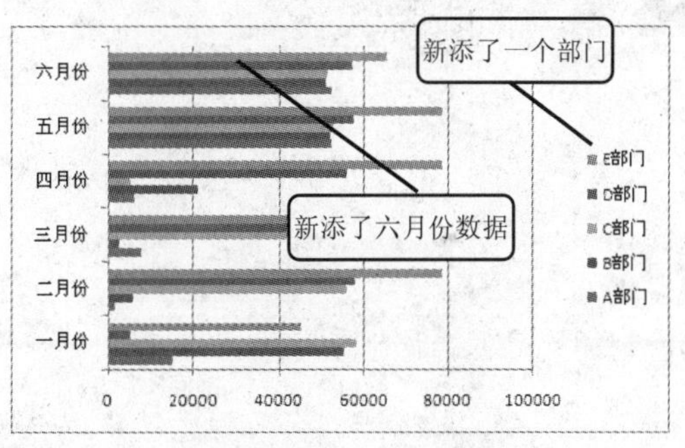

多学点　删除数据的方法与上述方法类似，只是通过拖动将要删除的数据放置在数据区域以外。

3 通过复制向图表中添加数据

也可以通过复制和粘贴的方法向图表中添加数据，具体的操作步骤如下。

1 选中需要添加的新数据所在的单元格（"E 部门"的 1 至 5 月份的数据），按〈Ctrl+C〉组合键，如下图所示。

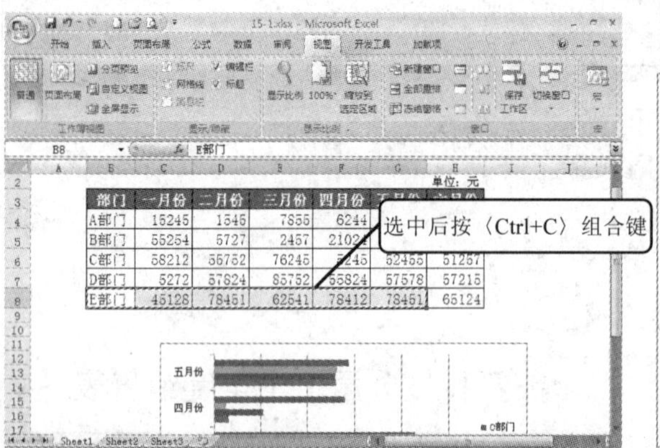

2 再次单击图表区域，按〈Ctrl+V〉组合键，可以看到在图表中新添加了"E 部门"1 至 5 月份的数据，如下图所示。

3 如果要删除图表中的数据，可按以下方法进行：选中需要删除的新数据所在的单元格（"E 部门"所在行），单击鼠标右键，在弹出的菜单中选择"删除"命令，如下图所示。

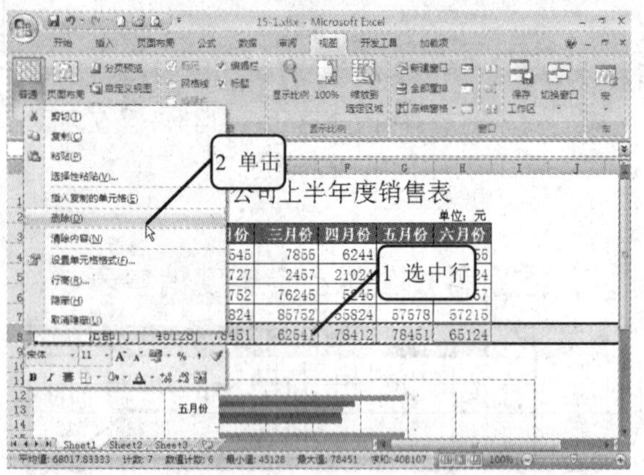

4 弹出下图所示的对话框，直接单击"确定"按钮。

5 可以看到图表中"E 部门"的数据列已经被删除，如右图所示。

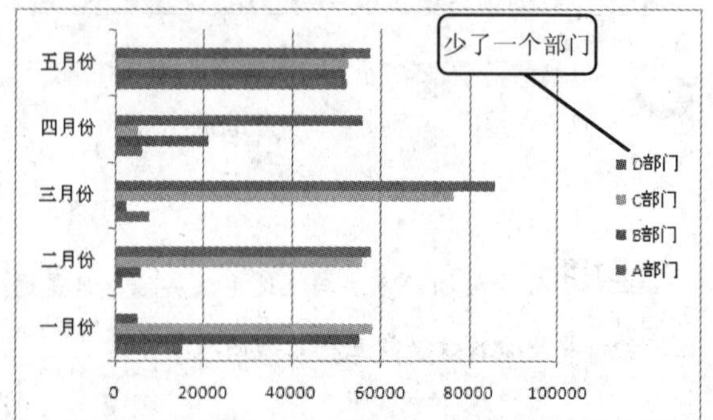

13.1.7 在图表中添加标题

用户可以对图表中的图表标题、坐标轴标题、图例、数据标签进行设置，还可以在图表中添加数据表。

1 添加图表标题

添加图表标题的具体操作步骤如下。

1. 选中图表，打开“图表工具”|“布局”选项卡，单击“标签”选项组中的“图表标题”按钮，从下拉菜单中选择“图表上方”命令，如下图所示。

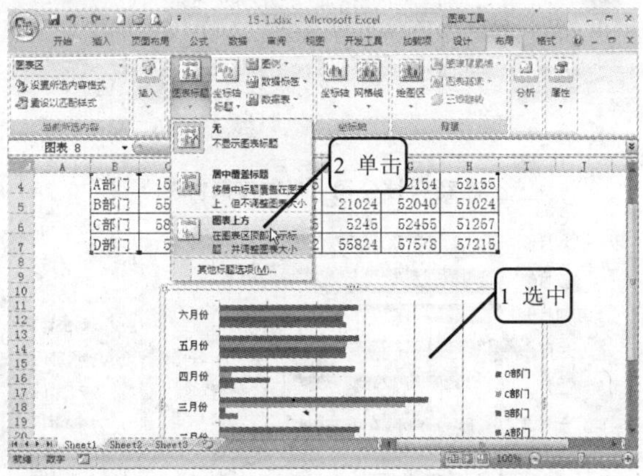

2. 可以看到在图表上方新添加了一个文本框，其中显示“图表标题”，如下图所示。

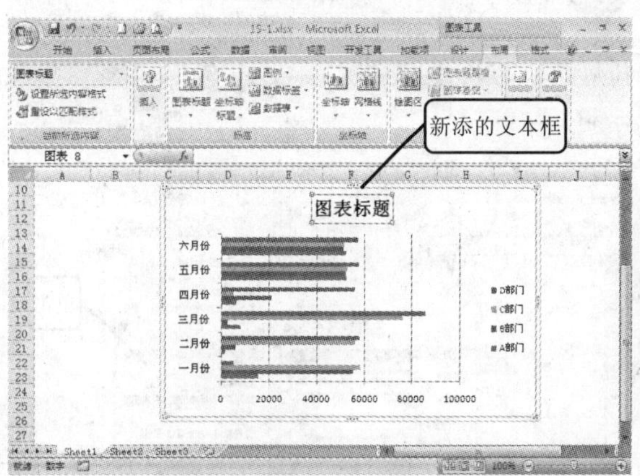

3. 在文本框中输入文字，如右图所示。打开“开始”选项卡，利用“字体”选项组对图表标题进行设置。

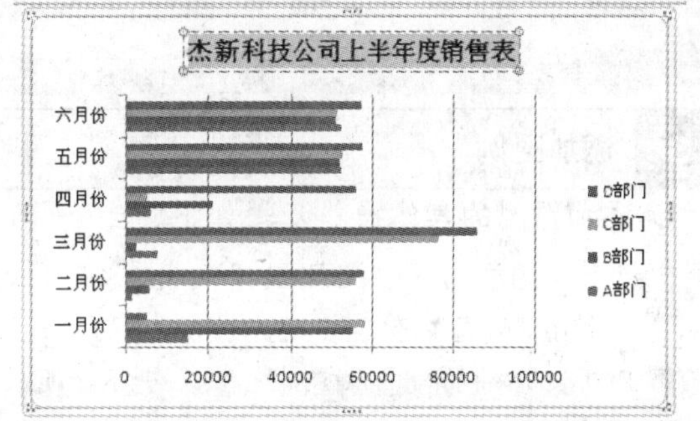

2 添加坐标轴标题

添加坐标轴标题的具体操作步骤如下。

1. 选中图表，打开“图表工具”|“布局”选项卡，单击“标签”选项组中的“坐标轴标题”按钮，从下拉菜单中选择“主要横坐标轴标题”|“坐标轴下方标题”命令，如右图所示。

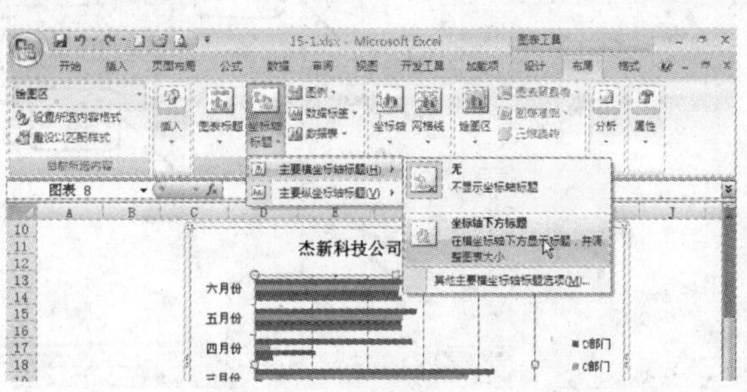

2 可以看到在坐标轴下方新添加了一个文本框，其中显示“坐标轴标题”，在文本框中输入文字，如右图所示。

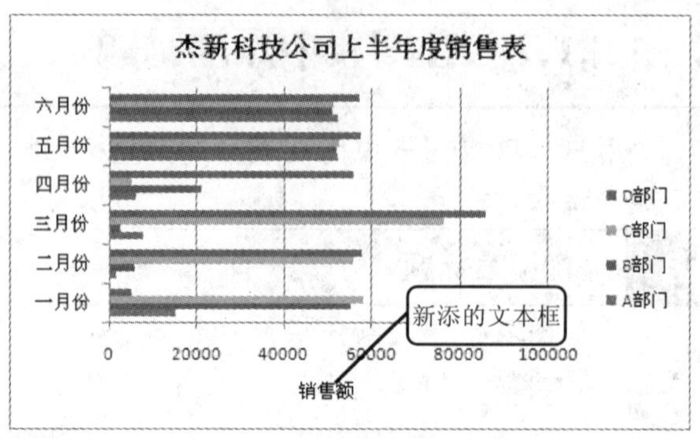

3 单击“标签”选项组中的“坐标轴标题”按钮，从下拉菜单中选择“主要纵坐标轴标题”|“竖排标题”命令，如下图所示。

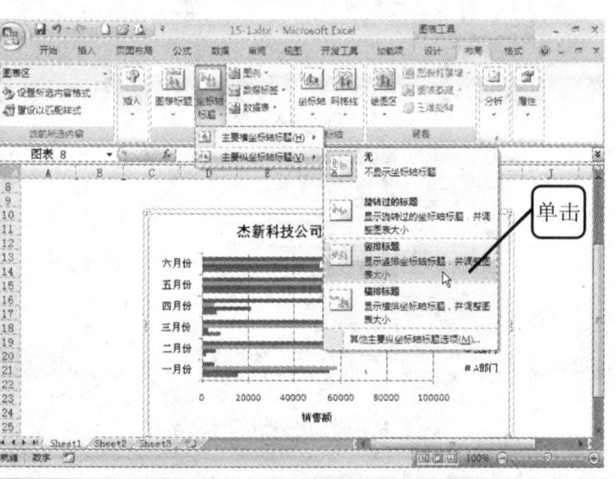

4 在坐标轴左侧新添加了一个文本框，在文本框中输入文字，如下图所示。

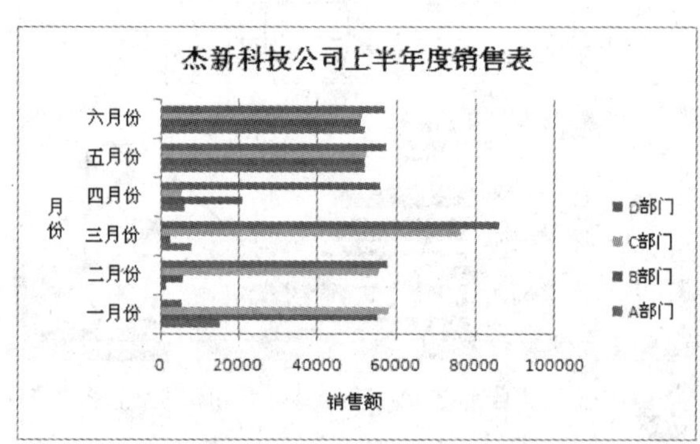

3 添加图例

添加图例的具体操作步骤如下。

1 选中图表，打开“图表工具”|“布局”选项卡，单击“标签”选项组中的“图例”按钮，从下拉菜单中选择“在顶部显示图例”命令，如下图所示。

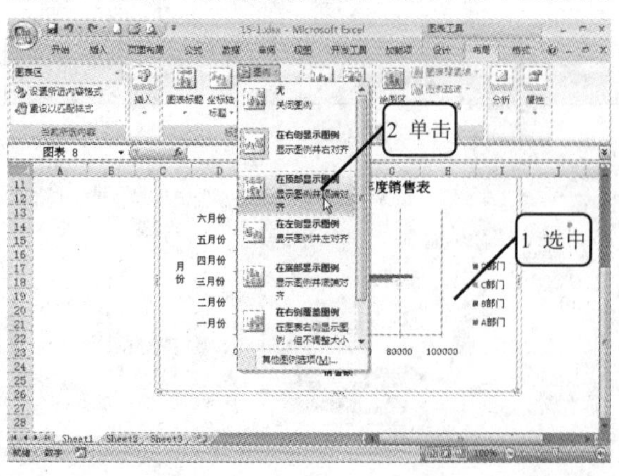

2 可以看到图例显示在图表顶部，如下图所示。

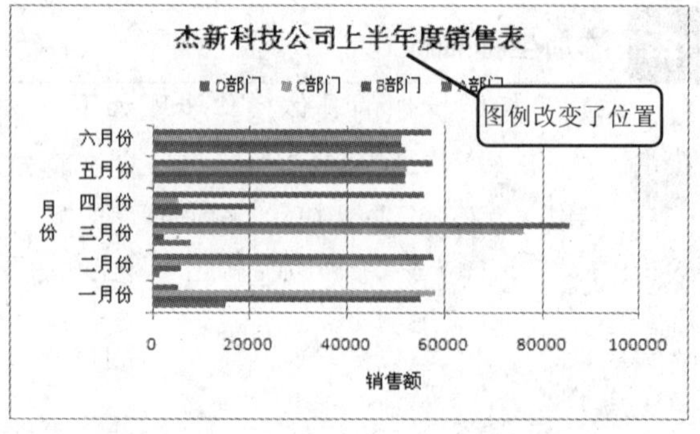

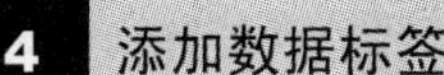

4　添加数据标签

添加数据标签的具体操作步骤如下。

1　打开“图表工具”|“布局”选项卡，单击“标签”选项组中的“数据标签”按钮，从下拉菜单中选择“数据标签外”命令，如下图所示。

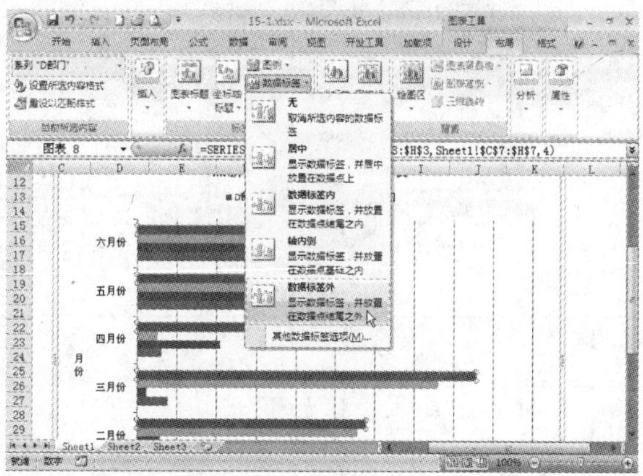

2　可以看到在系列图标的右侧显示了数据值，如下图所示。

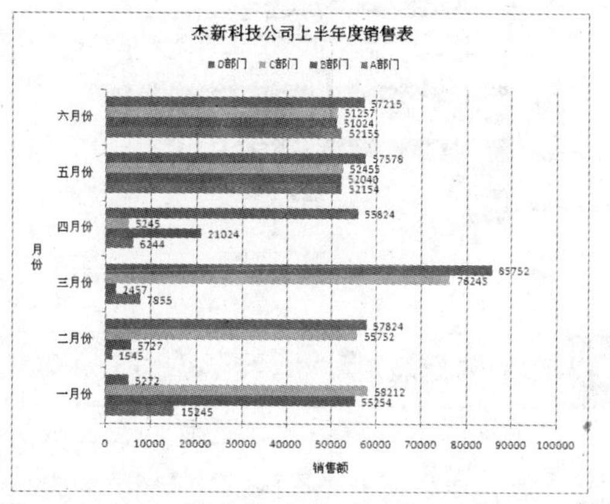

3　在图表中单击某一系列标签，则该系列标签全部被选中，如下图所示。

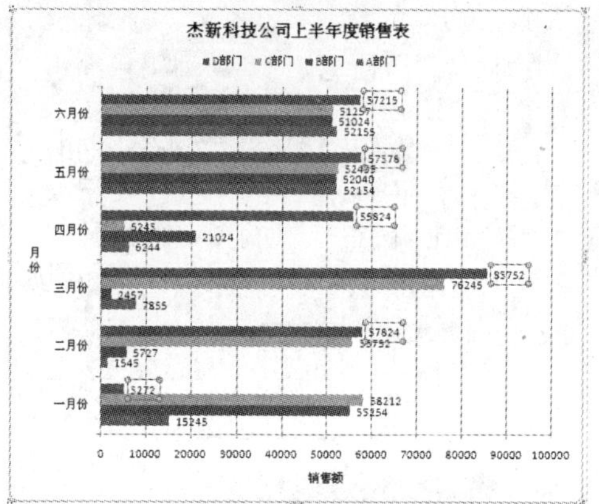

4　单击“数据标签”按钮，从下拉菜单中选择“其他数据标签选项”命令，如下图所示。

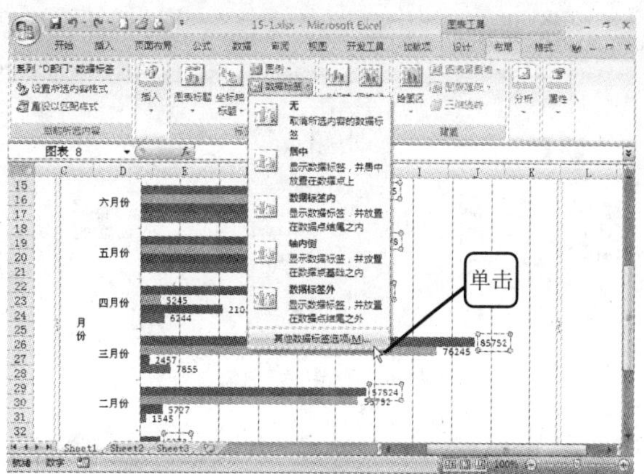

5　弹出“设置数据标签格式”对话框，在对话框左侧单击“数字”项，在右侧的“类别”列表框中选择“货币”项，在右侧设置货币的样式，如右图所示。

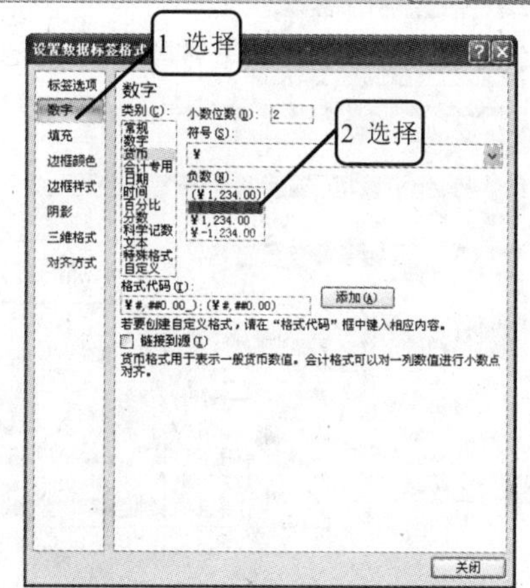

13

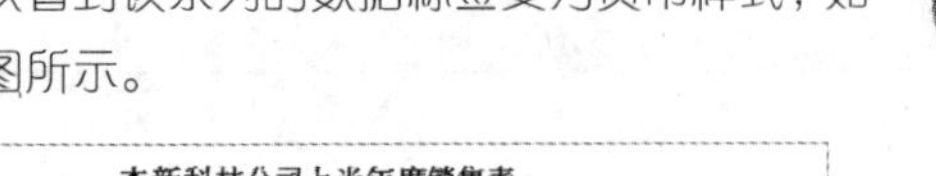

6 可以看到该系列的数据标签变为货币样式，如下图所示。

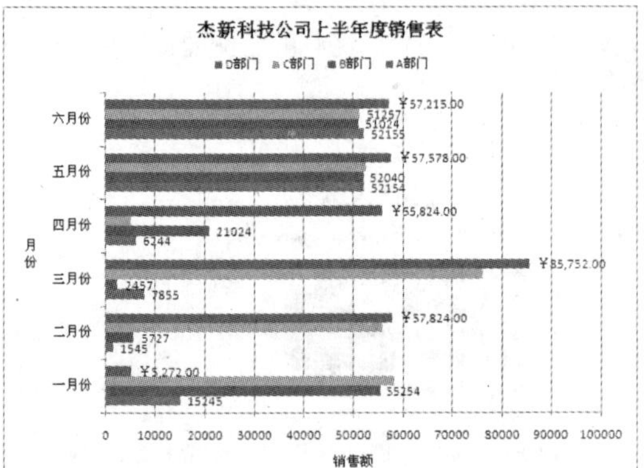

7 用同样方法将其他系列也变为货币样式，如下图所示。

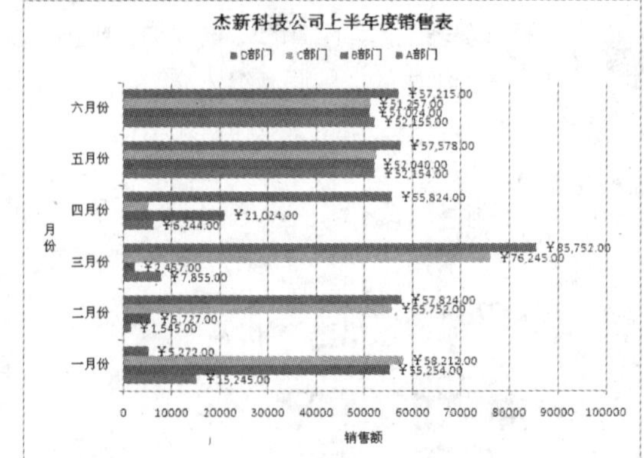

5 添加数据表

为了更好地理解图表，还可以在图表的下方添加数据表，具体操作如下。

1 选中图表，打开“图表工具”|“布局”选项卡，单击“标签”选项组中的“数据表”按钮，从下拉菜单中选择“显示数据表”命令，如右图所示。

2 可以看到在图表的下方新添加了数据表，如下图所示。

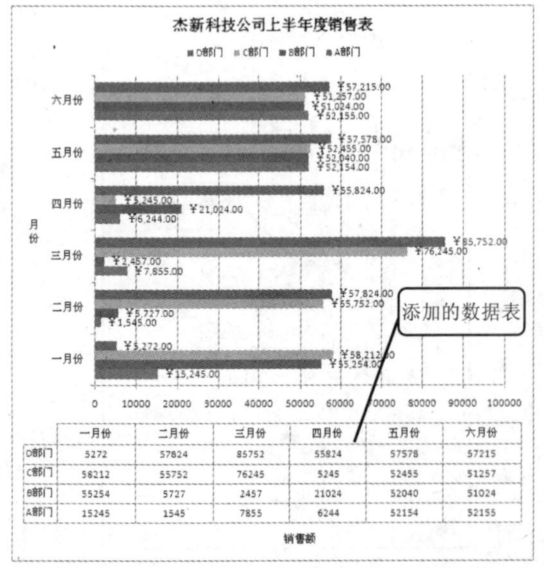

	一月份	二月份	三月份	四月份	五月份	六月份
D部门	5272	57824	85752	55824	57578	57215
C部门	58212	55752	76245	5245	52455	51257
B部门	55254	5727	2457	21024	52040	51024
A部门	15245	1545	7855	6244	52154	52155

3 如果单击“标签”选项组中的“数据表”按钮，从下拉菜单中选择“显示数据表和图例项标示”命令，则效果如下图所示。

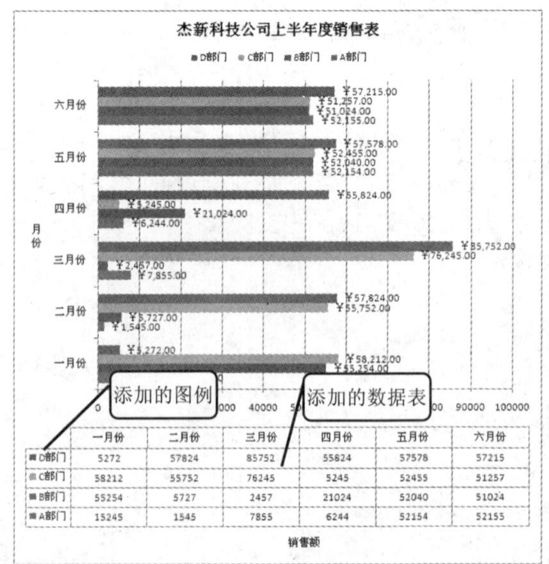

	一月份	二月份	三月份	四月份	五月份	六月份
D部门	5272	57824	85752	55824	57578	57215
C部门	58212	55752	76245	5245	52455	51257
B部门	55254	5727	2457	21024	52040	51024
A部门	15245	1545	7855	6244	52154	52155

13.1.8 设置坐标轴

设置坐标轴主要包括设置主要横坐标轴和设置主要纵坐标轴。

1 设置主要横坐标轴

设置主要横坐标轴的具体方法如下。

1 选中图表，打开"图表工具"|"布局"选项卡，单击"坐标轴"选项组中的"坐标轴"按钮，从下拉菜单中选择"主要横坐标轴"|"显示千单位坐标轴"命令，如下图所示。

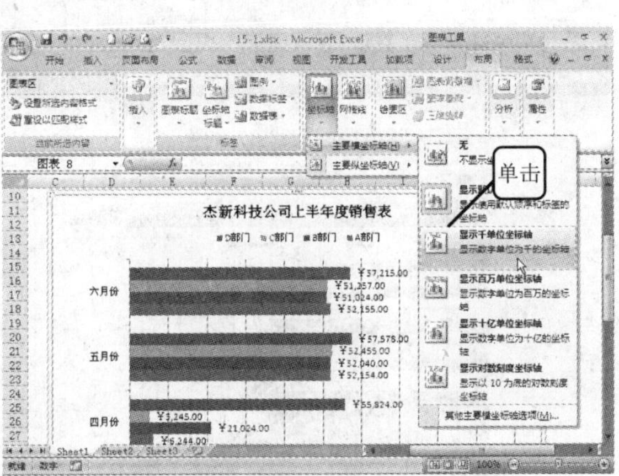

2 可以看到横坐标轴上的数字标签变为以"千"为单位了，效果如下图所示。

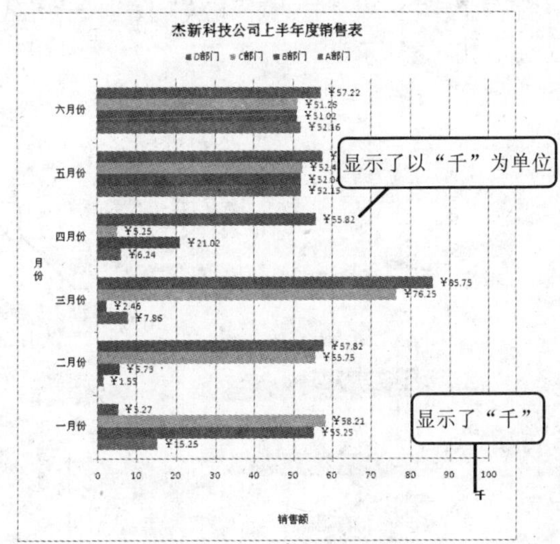

2 设置主要纵坐标轴

设置主要纵坐标轴的具体方法如下。

1 单击"坐标轴"选项组中的"坐标轴"按钮，从下拉菜单中选择"主要纵坐标轴"|"显示从右向左坐标轴"命令，如下图所示。

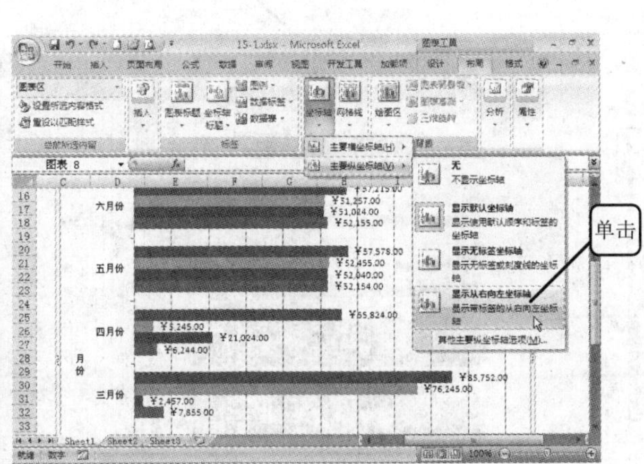

2 可以看到坐标轴上下翻转了，效果如下图所示。

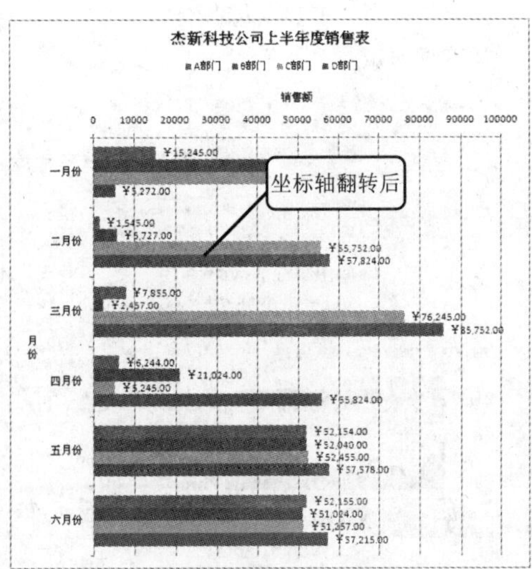

13

13.1.9 显示网格线

为了方便查看图表中的内容，可以选择性地显示网格线。

1 显示横网络线

显示主要横网络线的方法如下。

① 选中图表，打开“图表工具”|“布局”选项卡，单击“坐标轴”选项组中的“网格线”按钮，从下拉菜单中选择“主要横网格线”|“主要网格线”命令，如下图所示。

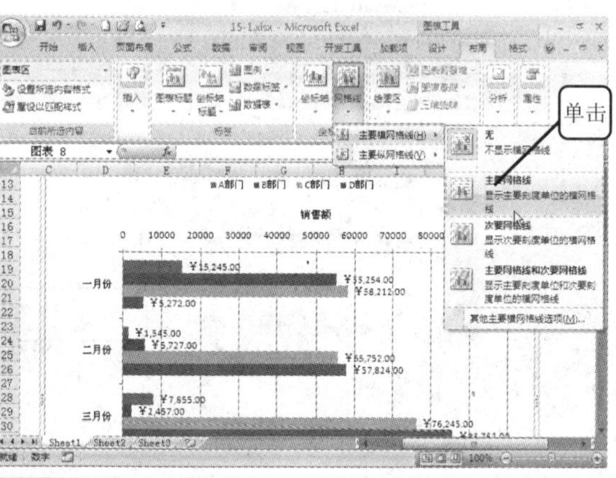

② 图表中的主要横网格线被显示出来了，如下图所示。

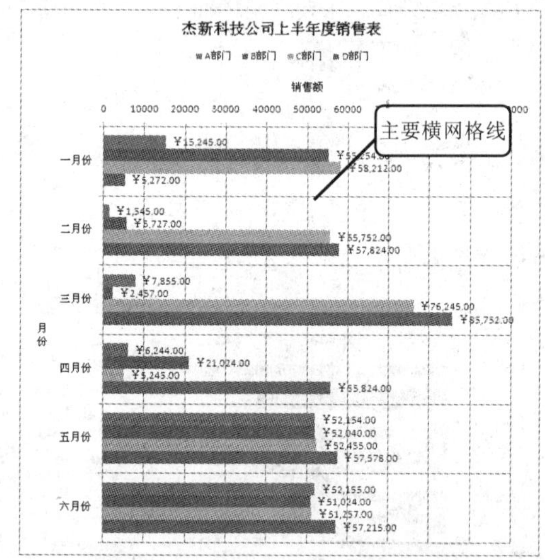

2 显示纵网络线

显示纵网络线的方法如下。

① 选中图表，打开“图表工具”|“布局”选项卡，单击“坐标轴”选项组中的“网格线”按钮，从下拉菜单中选择“主要纵网格线”|“次要网格线”命令，如下图所示。

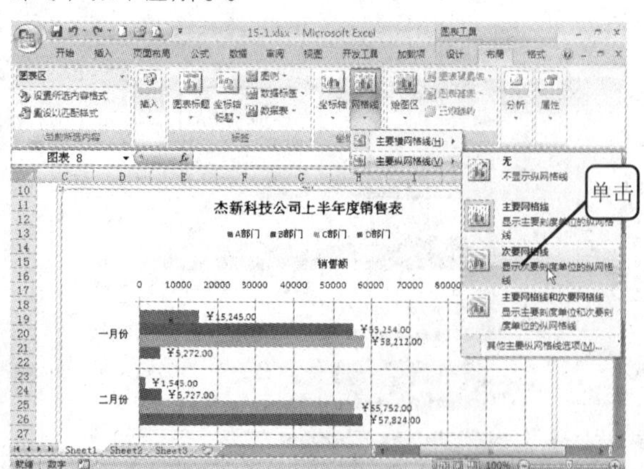

② 图表中的次要纵网格线被显示出来了，如下图所示。

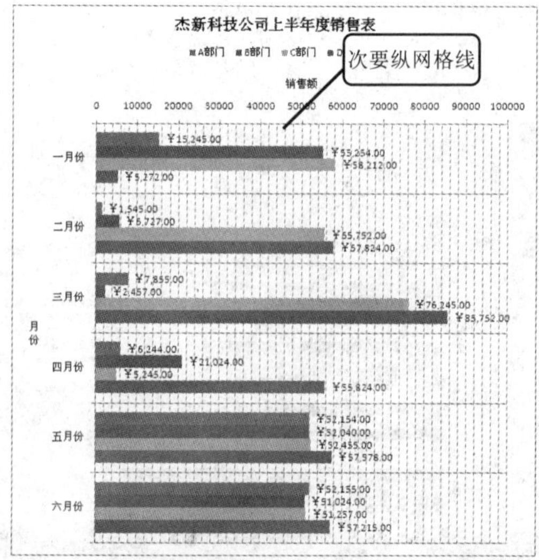

13.1.10　快速布局图表

前面两节“在图表中添加标题”和“设置坐标轴”都是对图表的布局进行设置，在 Excel 中提供了很多现成的布局样式，可以利用布局样式快捷地美化图表。

1　选中图表，打开“图表工具”|“设计”选项卡，单击“图表布局”选项组中的“快速布局”按钮，从下拉菜单中选择一种合适的布局，如下图所示。

2　可以看到图表已经应用了该布局，效果如下图所示。

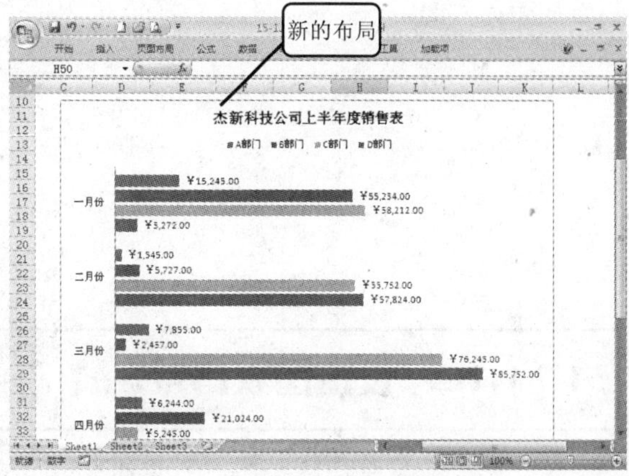

13.1.11　设置图表样式

在 Excel 中提供了很多现成的图表样式，利用这些图表样式可以快捷地美化图表。

1　选中图表，打开“图表工具”|“设计”选项卡，单击“图表样式”选项组中的下三角按钮，如下图所示。

2　从下拉菜单中选择一种合适的样式，如下图所示。

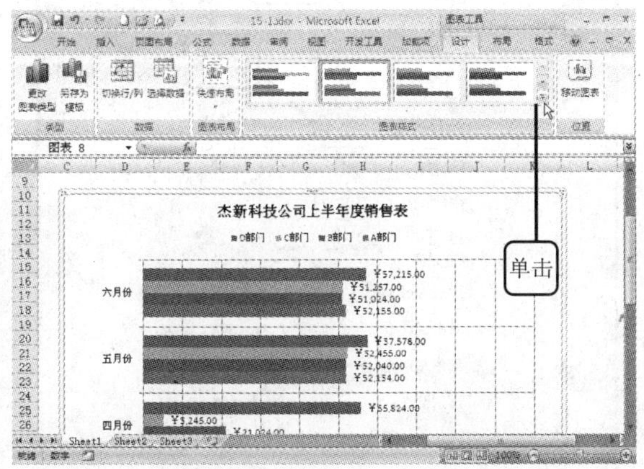

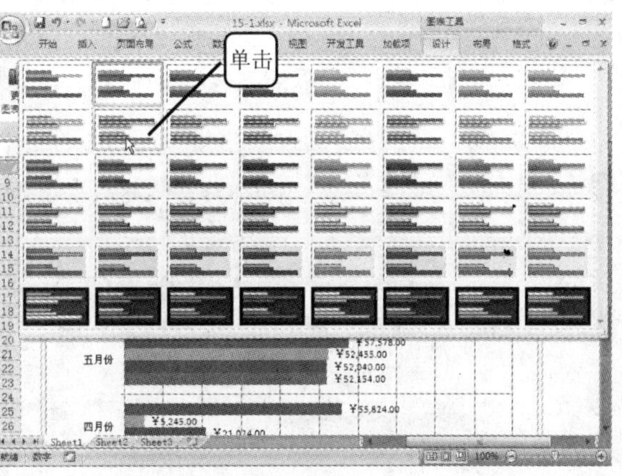

3 可以看到图表已经应用了该样式，效果如右图所示。

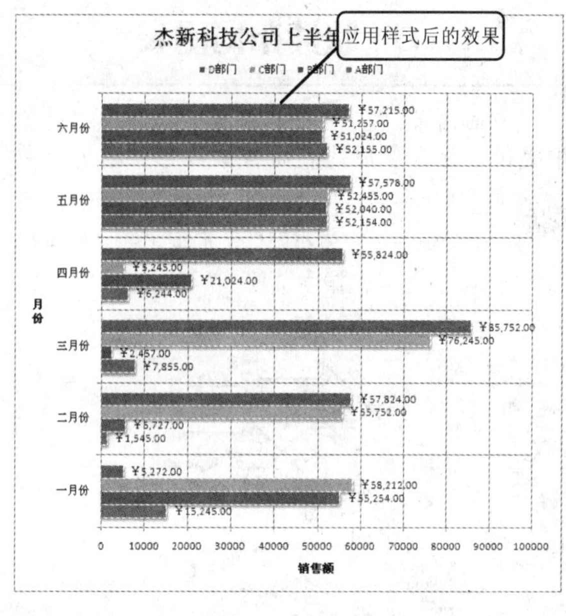

13.1.12 设置图表背景

为了突出显示绘图区，用户可以根据自己的需要设置绘图区的背景色。

1 选中图表，打开“图表工具”|“布局”选项卡，单击“背景”选项组中的“绘图区”按钮，从下拉菜单中选择“其他绘图区选项”命令，如下图所示。

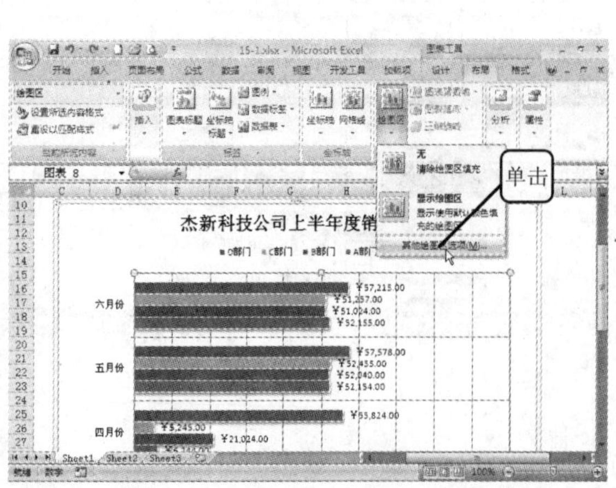

2 弹出“设置绘图区格式”对话框，在对话框左侧单击“填充”项，在右侧选中“渐变填充”单选按钮，在“预设颜色”下拉列表中选择一种合适的渐变色，如下图所示。

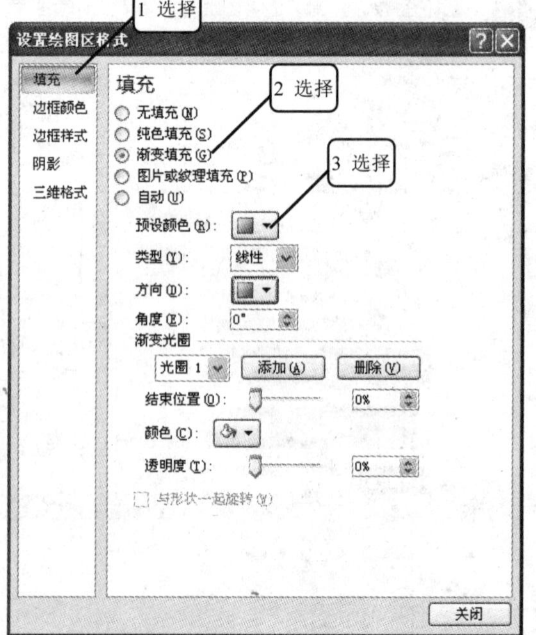

3 绘图区的背景色变成了刚才所设置的渐变色，如右图所示。

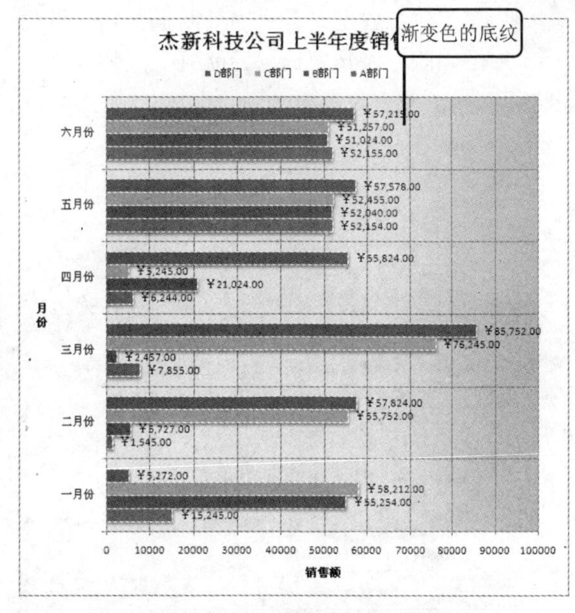

13.1.13　选择图表中的不同内容

用户可以对图表中的图表标题、坐标轴标题、图例、数据标签等分别进行设置。在设置前应先将其选中，选中它们的方法有两种，一是在图表中直接单击；二是单击“当前所选内容”选项组中的“设置所选内容格式”按钮，具体方法如下。

1 选中图表，打开“图表工具”|“布局”选项卡（或“格式”选项卡），在“当前所选内容”选项组中单击最上方的下三角按钮，从中可以选择图表中的某一项内容，这里选择“系列 A 部门”项，如下图所示。

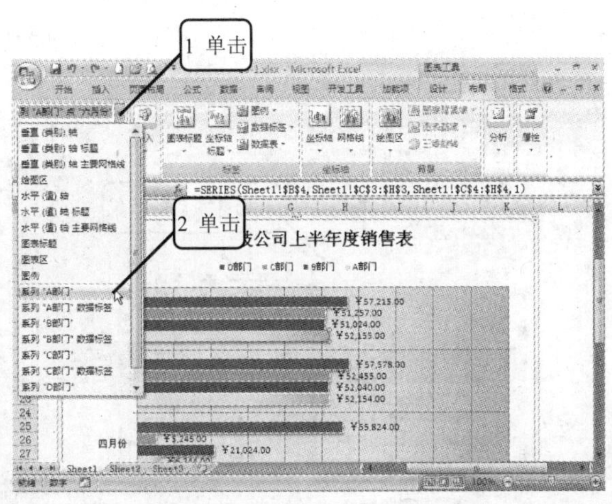

2 可以看到图表中的“A 部门”系列全部被选中，如下图所示。

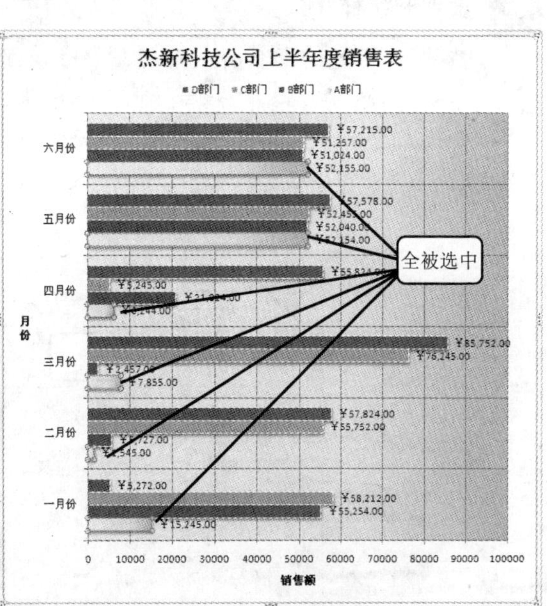

3 第二种方法是单击“当前所选内容”选项组中的“设置所选内容格式”按钮，如下图所示。

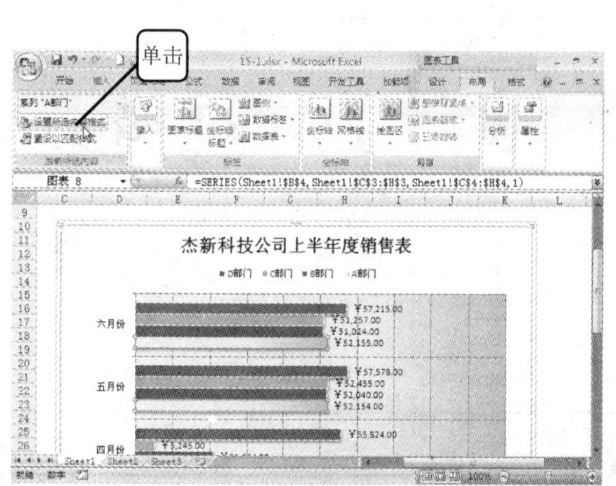

4 弹出“设置数据系列格式”对话框，如下图所示。在其中对图表进行详细的设置。

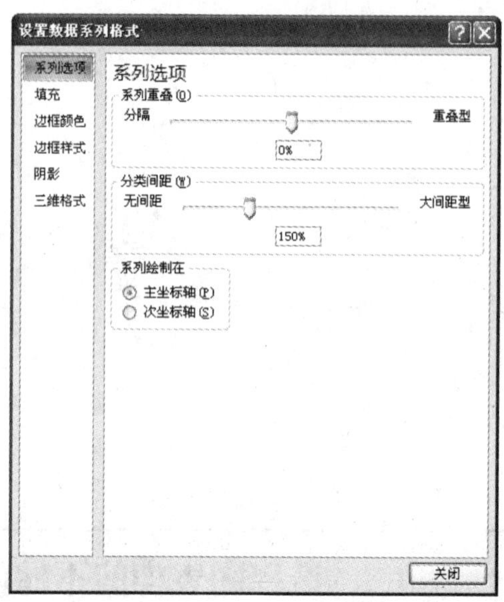

13.1.14 美化图表中的不同内容

对图表中的图表标题、坐标轴标题、图例、数据标签等的设置方法基本相同，主要包括对“形状样式”、“艺术字样式”和“大小”的设置。下面以设置图表标题为例进行介绍。

1 设置形状样式

设置图表标题的形状样式和设置艺术字的形状样式的方法相同。

1 选中图表标题，打开“图表工具”|“格式”选项卡，单击“形状样式”选项组左侧的下三角按钮，从下拉菜单中选择一种满意的样式，如下图所示。

2 可以看到图表标题的形状框变成了刚才所选的样式，如下图所示。如果对样式不太满意，还可以继续进行设置。

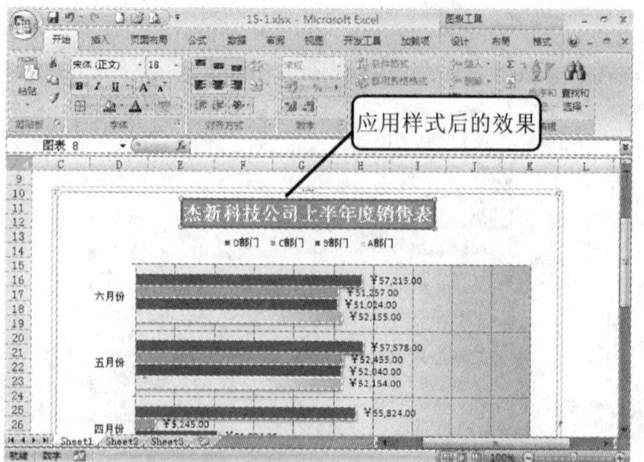

3 单击“形状样式”选项组中的“形状轮廓”下三角按钮，从下拉菜单中选择“粗线”命令，在子菜单中选择一种粗线值，如下图所示。

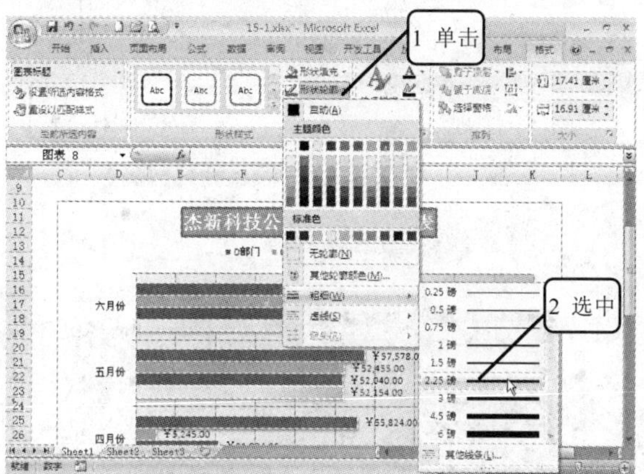

4 单击“形状样式”选项组中的“形状填充”下三角按钮，从下拉菜单中选择“渐变”命令，在子菜单中选择一种渐变样式，如下图所示。

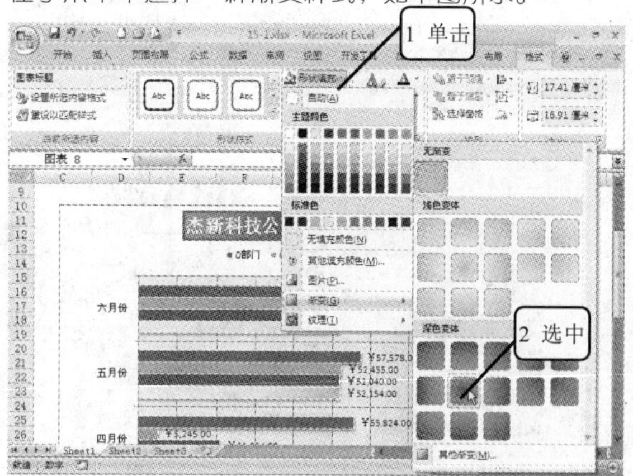

5 设置样式后的效果如右图所示。

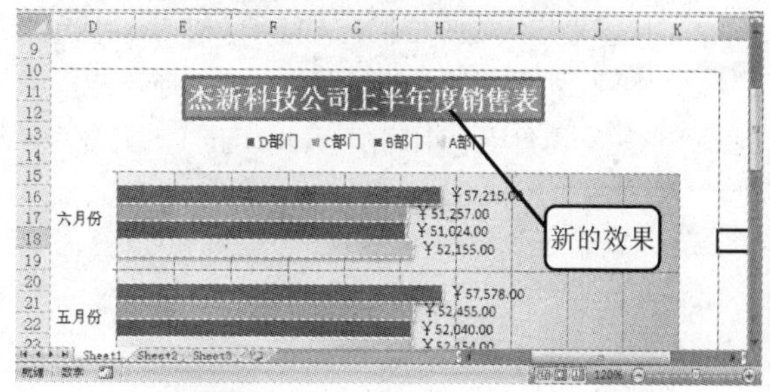

2 艺术字样式

设置图表标题的艺术字样式也很简单，具体方法如下。

1 选中图表标题，打开“图表工具”|“格式”选项卡，单击“快速样式”下三角按钮，从下拉菜单中选择一种满意的样式，如下图所示。

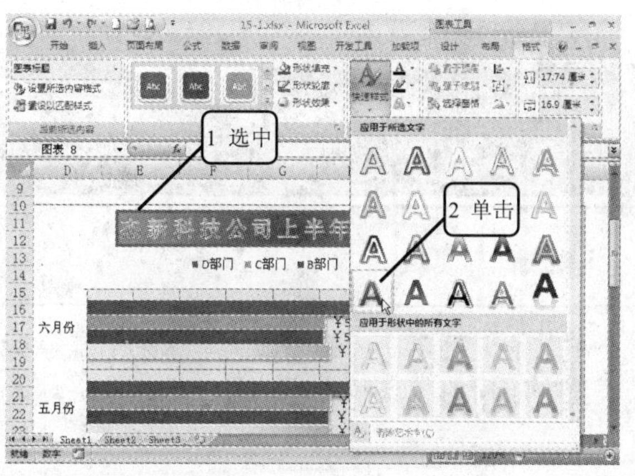

2 可以看到图表标题中的文字变成了刚才所选的样式，如下图所示。如果对样式不太满意，还可以继续进行设置。

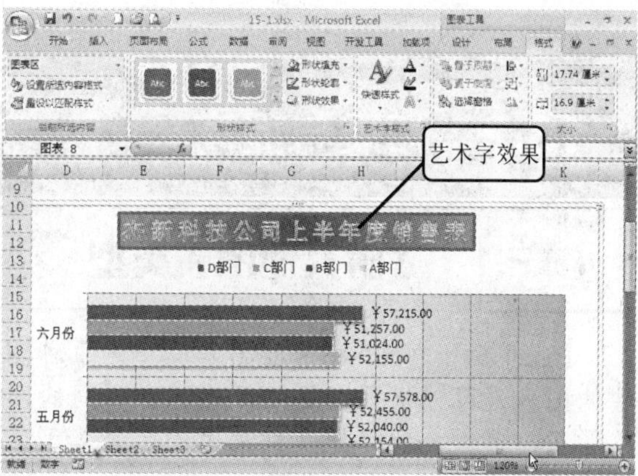

③ 单击“艺术字样式”选项组中的“文字轮廓”下三角按钮，从下拉菜单中可以选择文字轮廓的粗细，如下图所示。

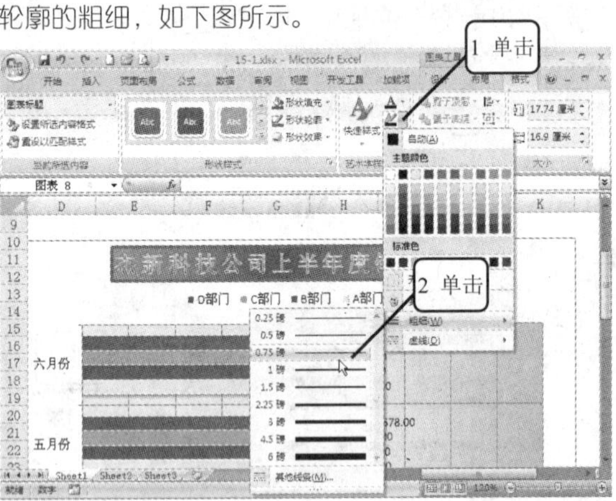

④ 单击“艺术字样式”选项组中的“文字填充”下三角按钮，从下拉菜单中可以选择填充文字的颜色，如下图所示。

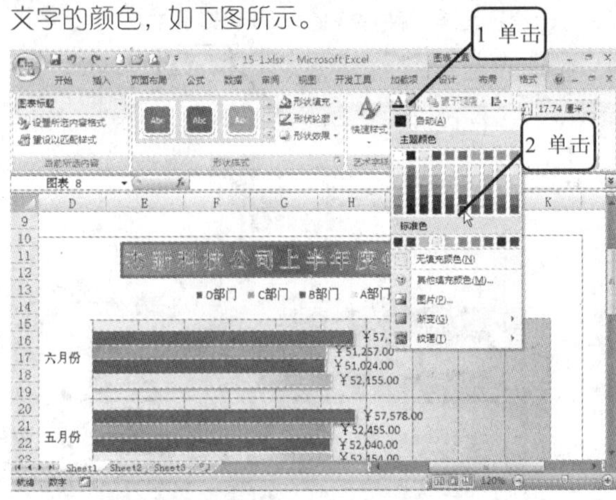

⑤ 该图表的最终样式如右图所示。坐标轴标题、图例、数据标签等的设置方法与上述方法基本相同，这里不再介绍，相信读者可以自己掌握。

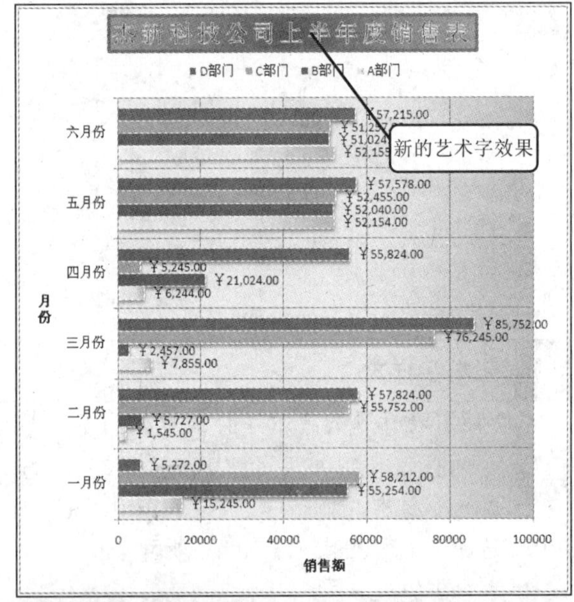

13.2 拓展与提高

13.2.1 了解其他图表类型

Excel 提供了 11 种标准图表类型，每种图表类型都有几种不同的子类型。具体采用哪种类型的图表，可以根据实际情况确定，不同的图表类型有不同的特点和用途。前面已经介绍过了条形图，下面介绍其他几种常用的图表类型。

1 柱形图：柱形图显示了各个项目之间的比较情况，横轴表示分类，纵轴表示值，如下图所示。它主要强调各个值之间的比较，并不太关心图形随时间的变化情况。

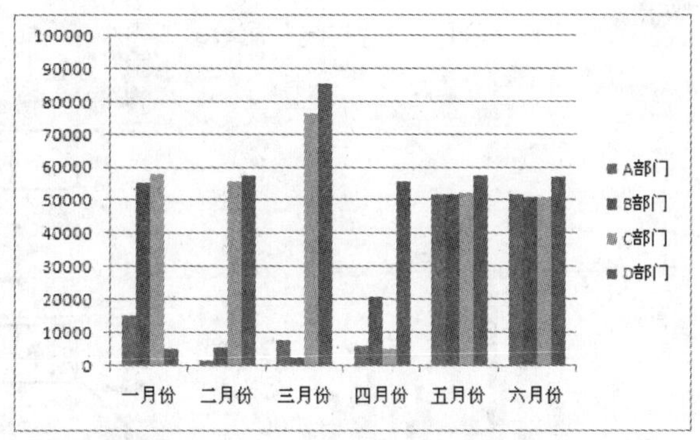

2 饼图：饼图是用来显示数据系列中各项目和总量的比例关系，常用于表示各组成部分在总体中所占的百分比，如下图所示。

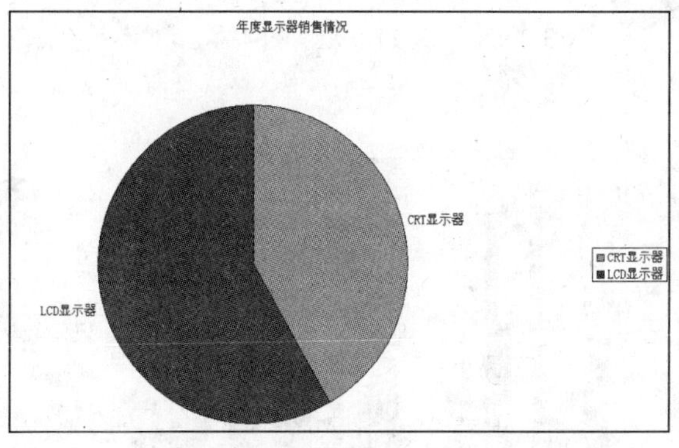

3 折线图：折线图适用于显示等时间间隔的变化趋势，主要强调的是时间性和变动率，而不是变动量。折线图的分类轴总是表现为时间，例如，年、季度、月份、日期等，如下图所示。

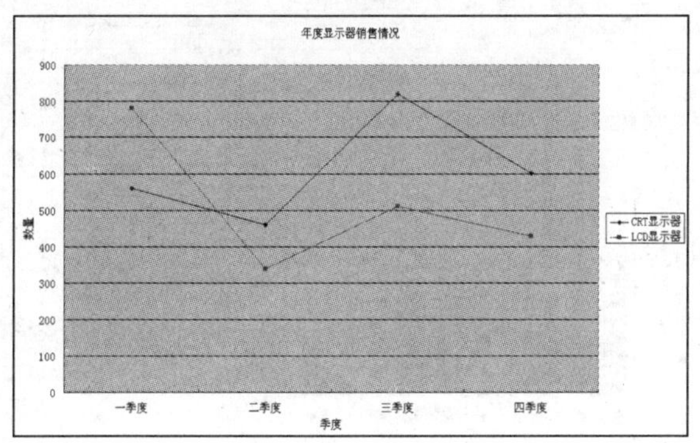

4 XY 散点图：　XY 散点图类似于折线图，它可以显示单个或者多个数据系列的数据在某种间隔条件下的变化趋势，如下图所示。

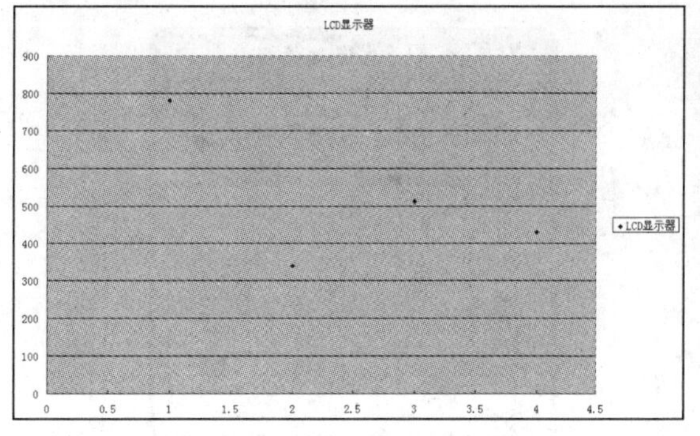

5 面积图：面积图用于显示不同数据系列之间的对比关系，同时也显示各数据系列与整体的比例关系，尤其强调随时间的变化幅度，如下图所示。

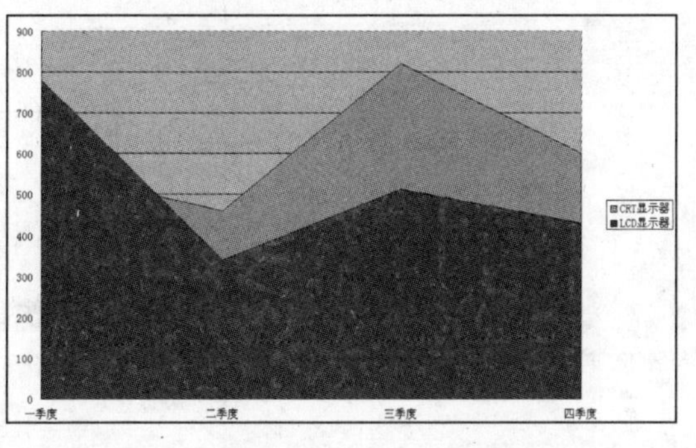

6 圆环图：圆环图和饼图很相似，也是用来表示数据间的比例关系，但是圆环图可以含有多个数据系列，如下图所示。

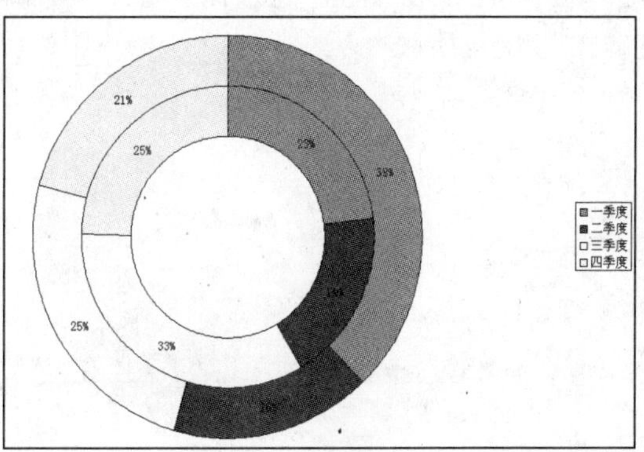

13

13.2.2 添加系列的趋势线

给图表中的数据系列添加趋势线，可以直观地对系列中数据的变化趋势进行分析与预测。

1 打开随书光盘中“\实例素材\第 13 章\13-2.xlsx”文档，如下图所示。

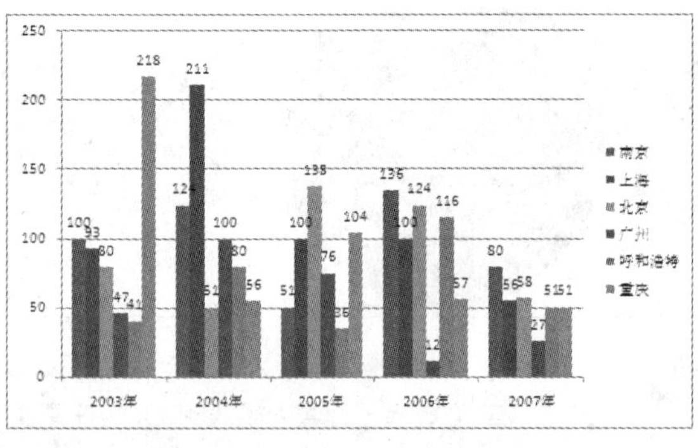

2 单击“分析”按钮，从下拉菜单中选择“趋势线”|“线性预测趋势线”命令，如下图所示。

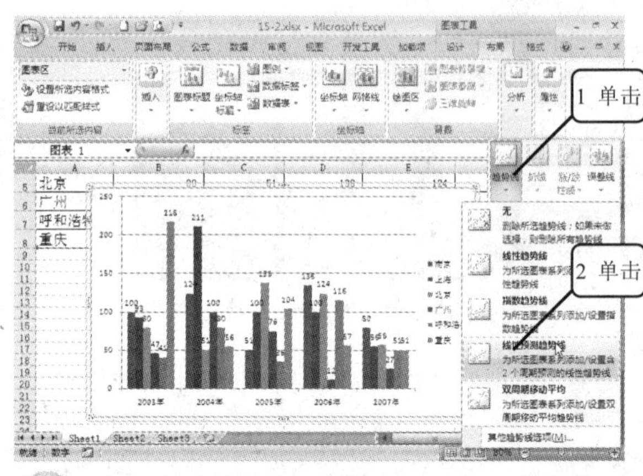

3 选中趋势线所基于的系列，这里选择“南京”项，单击“确定”按钮，如下图所示。

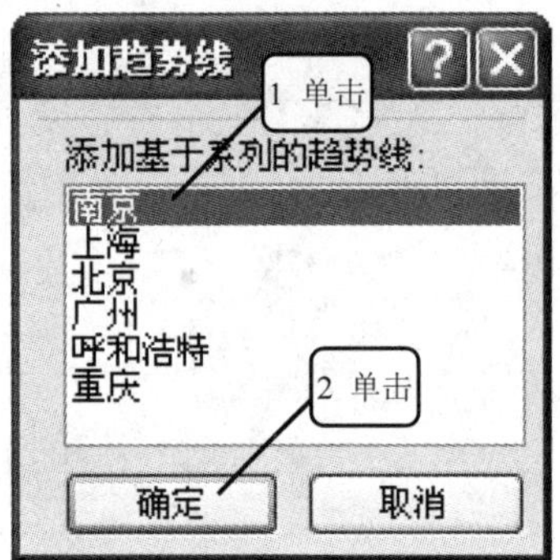

4 经过上面的操作，图表已经添加了一个线性预测趋势线，如下图所示。

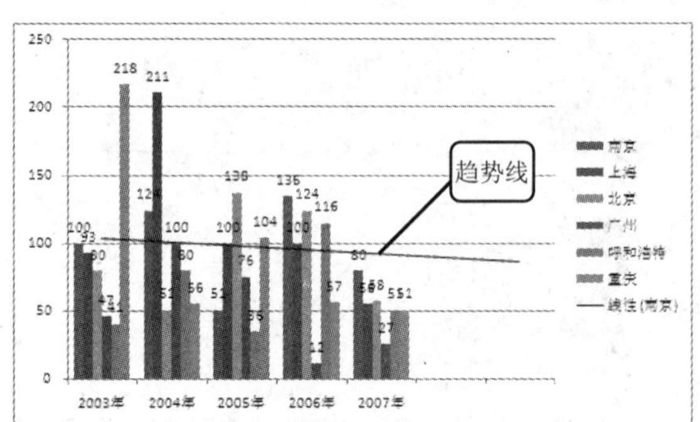

5 选中线性预测趋势线，打开“图表工具”|“格式”选项卡，在“形状样式”选项组中单击左侧的下三角按钮，从弹出的下拉列表中选择一种满意的样式，如右图所示。

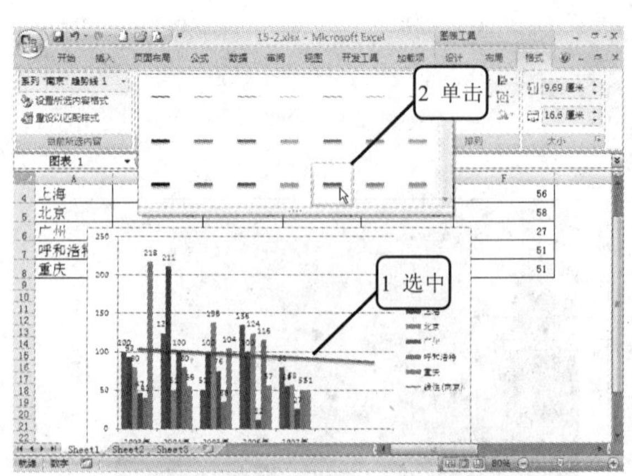

6 可以看到趋势线已经被应用到刚才所选择的样式中，如果不满意还可以自定义颜色，在“形状样式”选项组中单击“形状轮廓”按钮，从下拉菜单中选择一种颜色，如下图所示。

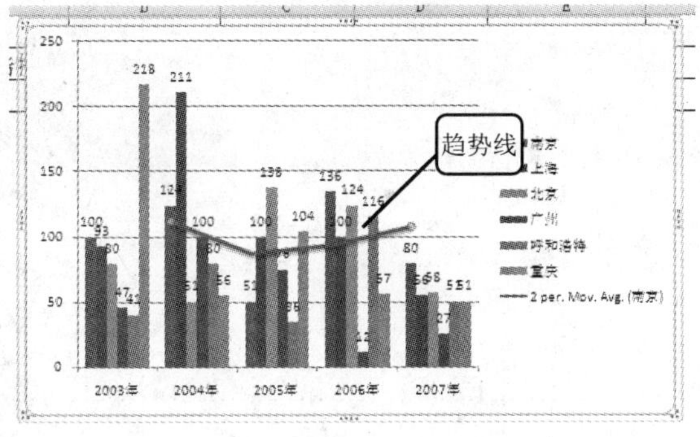

7 此时还可以更改趋势线的类型，单击“分析”按钮，从下拉菜单中选择“趋势线”/“双周期移动平均”命令，如下图所示。

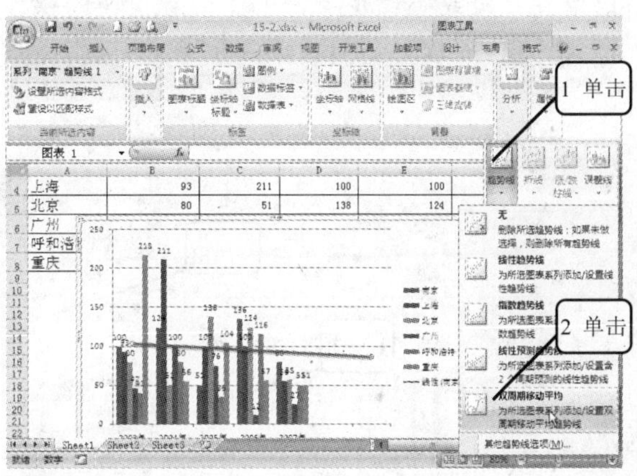

8 可以看到趋势线已经发生了变化，如下图所示。

9 单击“分析”按钮，从下拉菜单中选择“趋势线”|“其他趋势线选项”命令，弹出“设置趋势线格式”对话框，通过这个对话框可以对趋势线进行更详细的设置，在对话框左侧单击“线型”项，在右侧的“箭头设置”栏中对“后端类型”进行设置，如下图所示。

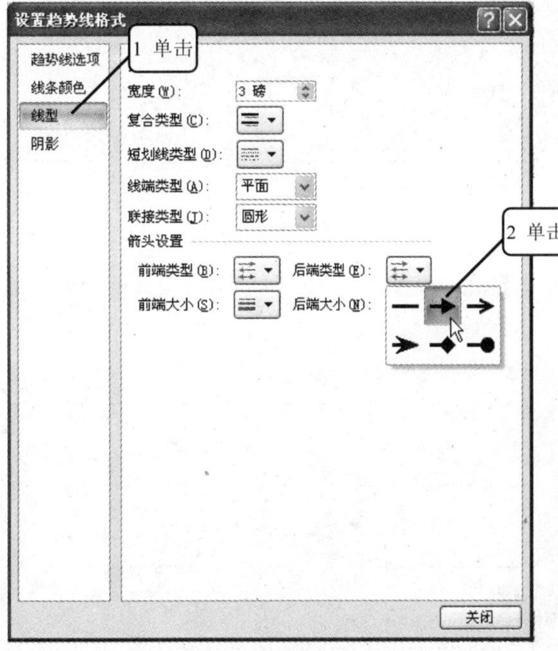

10 可以看到趋势线的右端已经被添加了一个箭头，如下图所示。

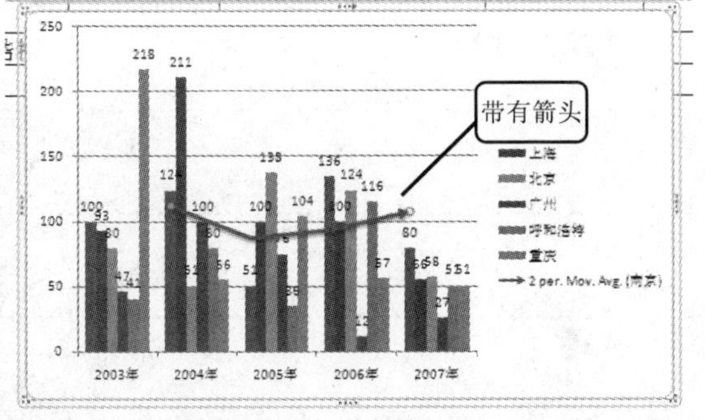

13

13.2.3 添加系列的误差线

误差线通常用在统计或科学计数法数据中，误差线可以显示相对数据系列中每个数据标志的潜在误差或不确定度。下面接着前面的操作，给图表中的数据系列添加误差线的方法如下。

1 单击“分析”按钮，从下拉菜单中选择“误差线”/“标准误差误差线”命令，如下图所示。

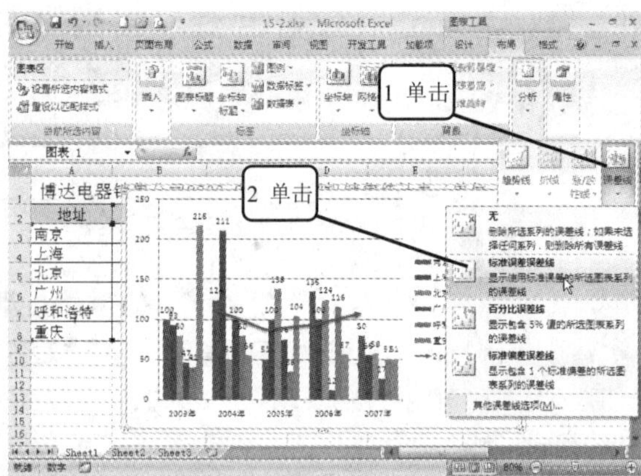

2 经过以上操作后，在图表中添加误差线的效果如下图所示。

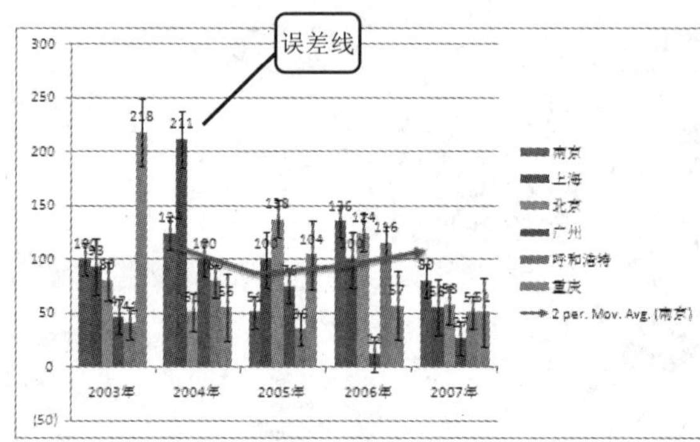

- 建立并查看数据透视表
- 显示/隐藏数据透视表工具
- 更改数据透视表的数据源
- 添加、删除数据透视表字段
- 更新数据透视表中的数据
- 更改数据透视表中字段的汇总方式
- 美化数据透视表报表
- 创建并美化数据透视图

第14章 透视表和透视图的应用

实例素材	\实例素材\第 14 章\14-1.xlsx
实例结果	\实例结果\第 14 章\14-1.xlsx

14.1 实例——制作“销售统计表”的透视表和透视图

本章将利用 “公司第一季度销售统计表”制作一个透视表和一个透视图，如下图所示。通过该实例，读者可以了解透视表、透视图应用的主要内容。

公司第一季度销售统计表（单位：万元）

成交时间	所属月份	销售部门	销售代表	A产品销售额
2008-1-10	1月份	销售一部	李想	21
2008-1-11	1月份	销售二部	张杰	5
2008-1-11	1月份	销售二部	吴伟	10
2008-1-12	1月份	销售三部	王东海	41
2008-1-12	1月份	销售三部	张丰	24
2008-1-13	1月份	销售一部	张键	17
2008-1-17	1月份	销售一部	李想	98
2008-1-14	2月份	销售一部	刘刚	75
2008-2-14	2月份	销售一部	李想	23
2008-2-16	2月份	销售一部	张键	31
2008-2-20	2月份	销售三部	张丰	24
2008-2-28	2月份	销售二部	吴伟	74
2008-3-18	3月份	销售二部	张杰	47
2008-3-19	3月份	销售二部	吴伟	78
2008-3-26	3月份	销售一部	张键	16

销售部门 （全部）

平均值项:A产品销售额 销售代表	所属月份 1月份	 2月份	 3月份
李想	59.50	23.00	
刘刚		75.00	
王东海	41.00		
吴伟	10.00	74.00	78.00
张丰	24.00	24.00	
张键	17.00	31.00	16.00
张杰	5.00		47.00

生成的透视表

公司第一季度销售统计表

140
120
100
80
60
40
20
0
A产品销售额
119 23
75
41
10 74 78
24 24
17 31 16
5 47
李想 刘刚 王东海 吴伟 张丰 张键 张杰
销售代表
1月份
2月份
3月份

生成的透视图

14.1.1　认识数据透视表的组成

在 Excel 里，数据透视表具有创新性和强大的分析特性，它可以立即将大量复杂的数据恰到好处地转换成汇总表，并且可以利用数据透视图更直观地显示数据。

从本质上讲，数据透视表是从数据库中产生的一个动态汇总表格，它可以创建频率分布和多个不同数据维的交叉制表。数据透视表最具创新的一个特征就是它的交互性。也就是说，创建一个数据透视表后，可以根据需要任意重新编排数据，转换行和列以查看源数据的不同汇总结果，还可以显示不同页面的筛选数据及根据需要显示区域中的明细数据。

下面介绍数据透视表中的各组成部分。

销售部门	(全部)		

平均值项:A产品销售额	所属月份		
销售代表	1月份	2月份	3月份
李想	59.50	23.00	
刘刚		75.00	
王东海	41.00		
吴伟	10.00	74.00	78.00
张丰	24.00	24.00	
张键	17.00	31.00	16.00
张杰	5.00		47.00

报表筛选项　列字段　行字段　数据区域

- 报表筛选项：是源表格中用于对整个数据透视表进行筛选的字段。
- 行字段：是指在数据透视表中被指定为行方向的源数据库或表格中的字段。
- 列字段：是指在数据透视表中被指定为列方向的源数据库或表格中的字段。
- 数据区域：是指含有数据的数据透视表的一部分。

14.1.2　建立数据透视表

创建数据透视表的操作比较简单，具体方法如下。

1. 打开随书光盘中"\实例素材\第 14 章\14-1.xlsx"文档，如下图所示。这是一张某公司 1 至 3 分份的销售统计表。

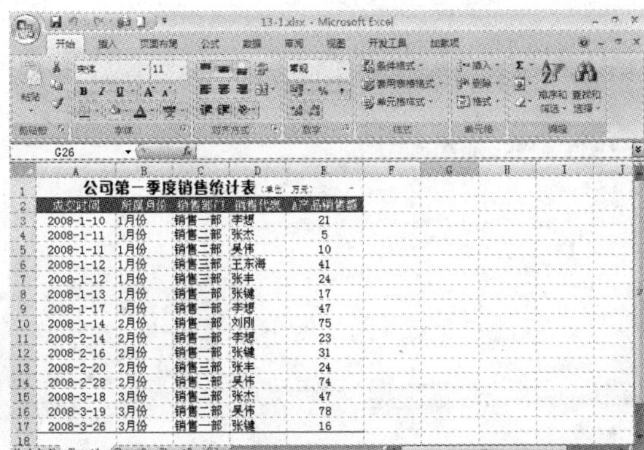

2. 选中工作表中的任意单元格，打开"插入"选项卡，单击"表"选项组中的"数据透视表"按钮，从下拉菜单中选择"数据透视表"命令，如下图所示。

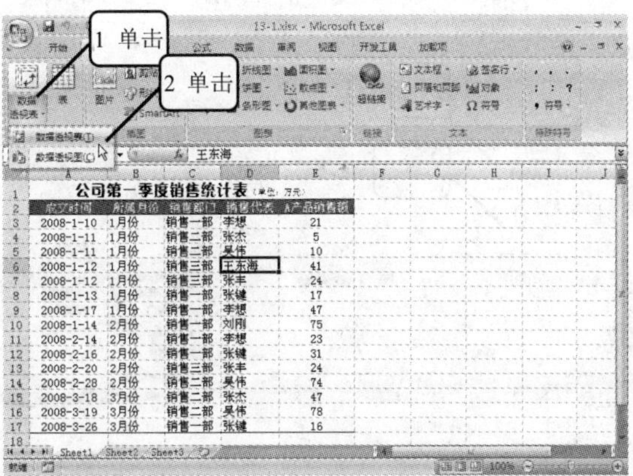

3 弹出“创建数据透视表”对话框，默认选中“选择一个表或区域”单选按钮，并在后面的文本框中显示了选中的区域，在下方选中“新工作表”或“现有工作表”单选按钮，这里选中“新工作表”单选按钮，然后单击“确定”按钮，如下图所示。

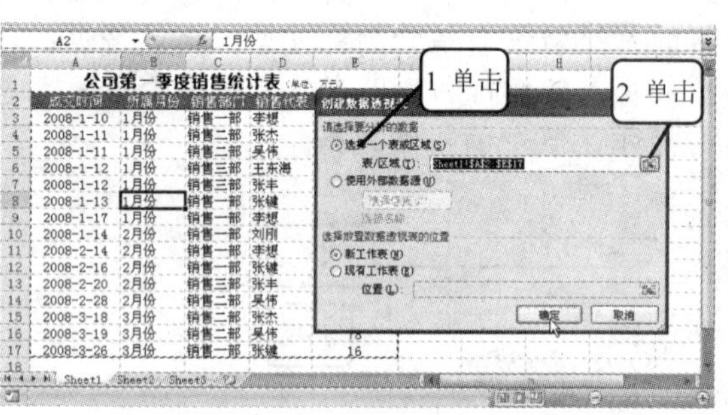

4 可以看到 Excel 自动新建了一张工作表，并在右侧显示“数据透视表字段列表”窗格，如下图所示。

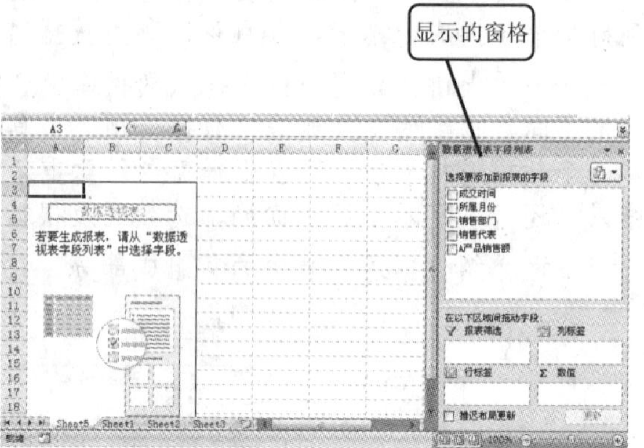

5 将字段“销售部门”拖动到“报表筛选”字段中，将字段“销售代表”拖动到“行标签”中，将字段“所属月份”拖动到“列标签”中，将字段“A 产品销售额”拖动到“数值”项中，生成如右图所示的数据透视表。

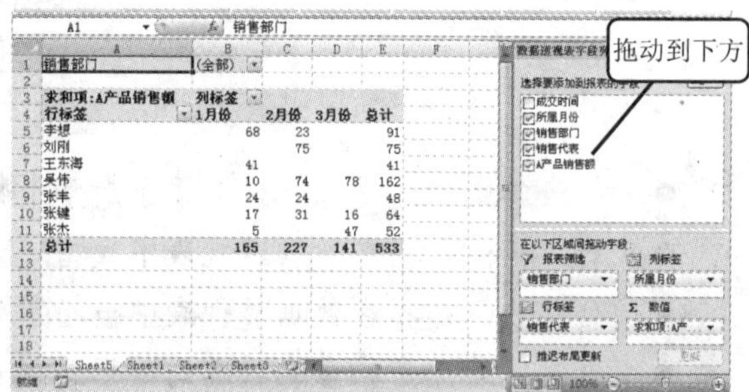

多学点 在步骤 3 中如果默认选择的区域不合适，还可以单击按钮，然后根据需要选择数据区域。

14.1.3 查看数据透视表

用户可以通过一定的设置，使数据透视表变得更清晰。即只显示所需要的数据，对于其他数据则可以将其隐藏起来。

1 单击字段“销售部门”右侧的下三角按钮，选择“销售一部”项，单击“确定”按钮，如下图所示。

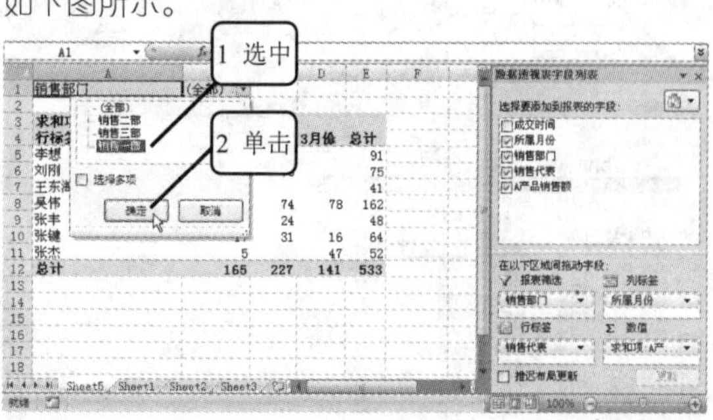

2 数据透视表中将只显示“销售部门”为“销售一部”的销售数据，如下图所示。

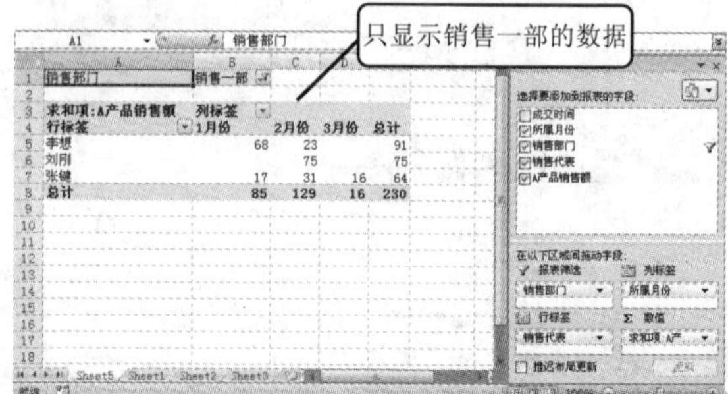

3 单击“列标签”右侧的下三角按钮，选中“1月份”和“2 月份”复选框，单击“确定”按钮，如下图所示。

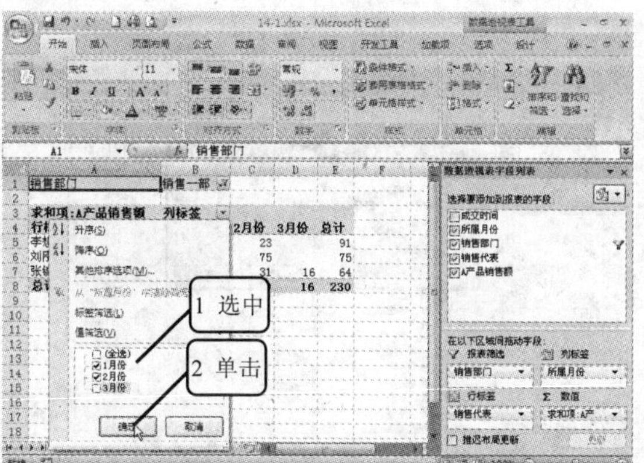

4 数据透视表中将只显示“销售部门”为“销售一部”的 1、2 月份销售数据，如下图所示。这样分析数据就一目了然了。

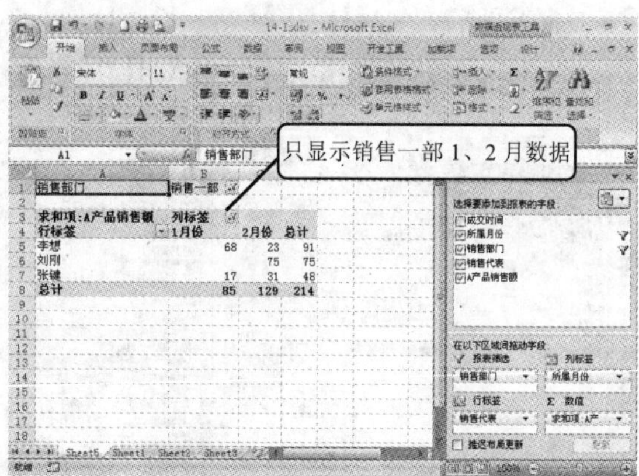

14.1.4　显示/隐藏数据透视表工具

创建数透视表后，会自动打开“数据透视表字段列表”窗格，并自动显示行、列标题，用户可以根据需要将它们隐藏，具体操作方法如下。

14

1 打开“数据透视表工具”|“选项”选项卡，单击“显示/隐藏”选项组中的“字段标题”按钮，则隐藏了行、列标题，如下图所示。

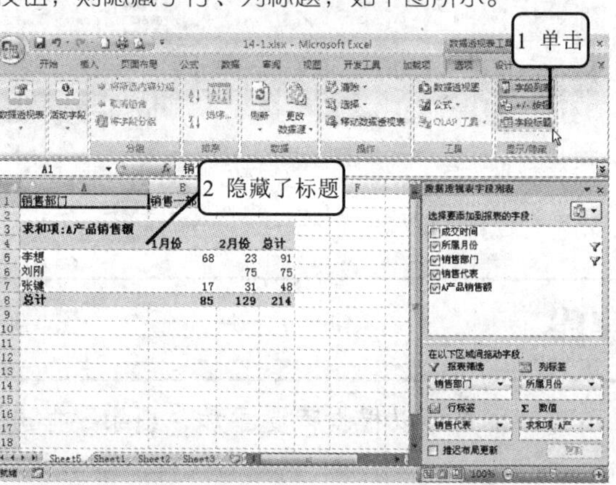

2 单击“显示/隐藏”选项组中的“字段列表”按钮，则隐藏了“数据透视表字段列表”窗格，如下图所示。

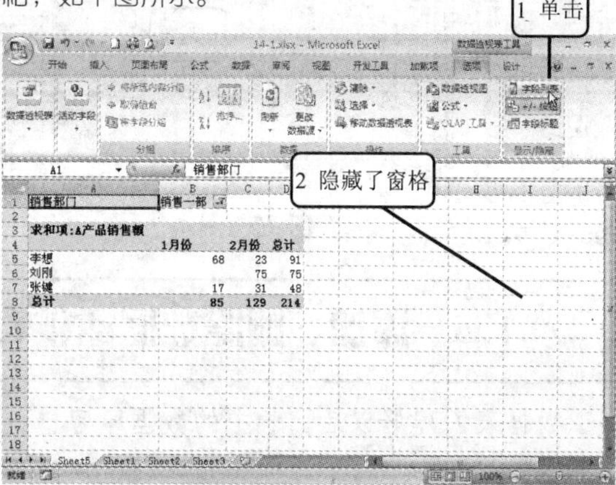

14.1.5　更改数据透视表的数据源

在创建好的数据透视表中，还可以根据实际需要修改数据透视表的数据源，其具体操作步骤如下。

1 打开“数据透视表工具”/“选项”选项卡，单击“数据”选项组中的“更改数据源”按钮，从下拉菜单中选择“更改数据源”命令，如下图所示。

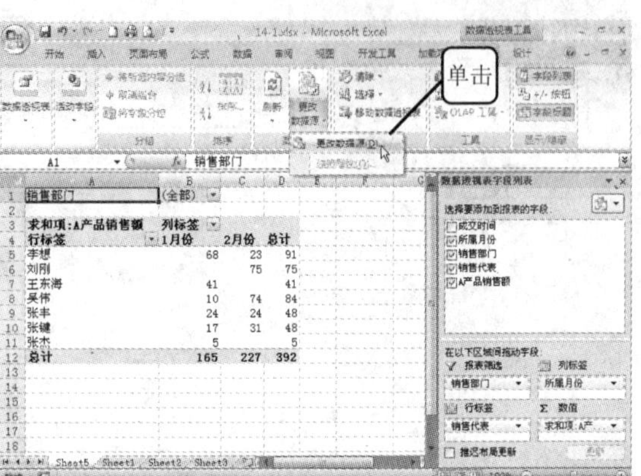

2 弹出“更改数据透视表数据源”对话框，单击按钮，如下图所示。

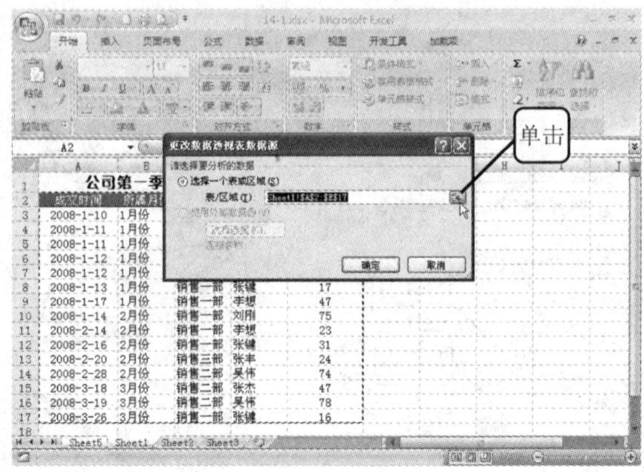

3 根据需要重新选择数据区域，这里只选择第1、2月份的数据，单击按钮返回“更改数据透视表数据源”对话框，然后单击“确定”按钮，如下图所示。

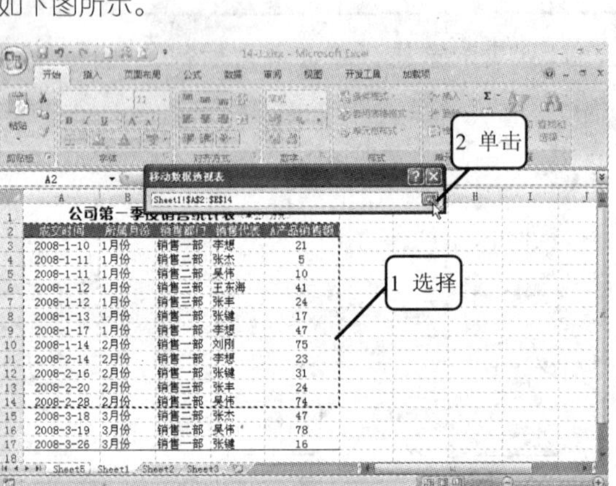

4 数据透视表中将只显示1、2月份的销售数据，如下图所示。这样分析数据就一目了然了。

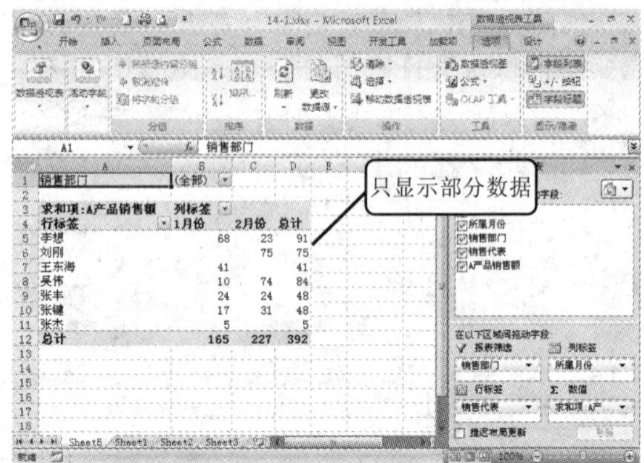

14.1.6 添加、删除数据透视表字段

数据表创建好以后，表中的数据不可能一成不变，用户可以根据需要添加、删除数据透视表字段等。

1 在源数据表中添加一个新列“B产品销售额”，并输入数值，如右图所示。

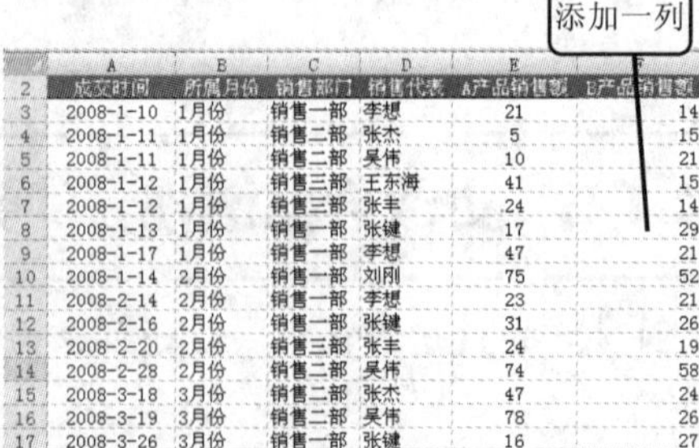

	A	B	C	D	E	F
2	成交时间	所属月份	销售部门	销售代表	A产品销售额	B产品销售额
3	2008-1-10	1月份	销售一部	李想	21	14
4	2008-1-11	1月份	销售二部	张杰	5	15
5	2008-1-11	1月份	销售二部	吴伟	10	21
6	2008-1-12	1月份	销售三部	王东海	41	15
7	2008-1-12	1月份	销售三部	张丰	24	14
8	2008-1-13	1月份	销售一部	张键	17	29
9	2008-1-17	1月份	销售一部	李想	47	21
10	2008-1-14	2月份	销售一部	刘刚	75	52
11	2008-2-14	2月份	销售一部	李想	23	21
12	2008-2-16	2月份	销售一部	张键	31	26
13	2008-2-20	2月份	销售三部	张丰	24	19
14	2008-2-28	2月份	销售二部	吴伟	74	58
15	2008-3-18	3月份	销售二部	张杰	47	24
16	2008-3-19	3月份	销售二部	吴伟	78	26
17	2008-3-26	3月份	销售一部	张键	16	27

2 打开“数据透视表工具”/“选项”选项卡，单击“数据”选项组中的“更改数据源”按钮，从下拉菜单中选择“更改数据源”命令，如下图所示。

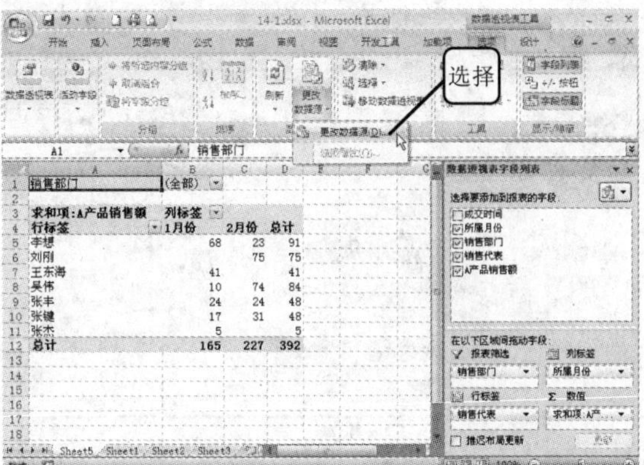

3 重新选择数据区域以包含“B 产品销售额”列，单击按钮返回“更改数据透视表数据源”对话框，然后单击“确定”按钮，如下图所示。

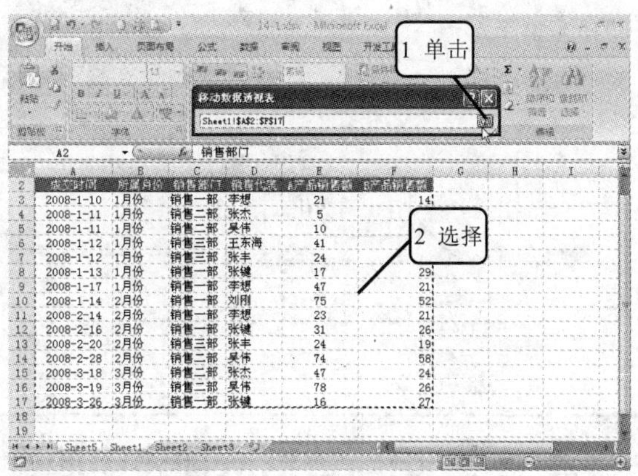

4 “数据透视表字段列表”窗格中新添了字段“B 产品销售额”，如下图所示。

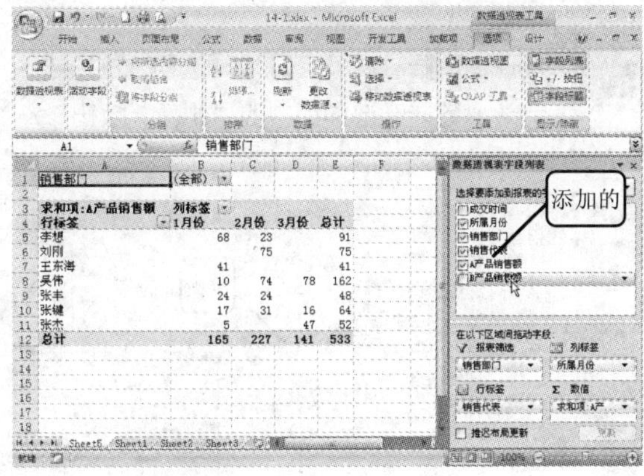

5 再将字段“B 产品销售额”拖动到“数值”项中，如下图所示。

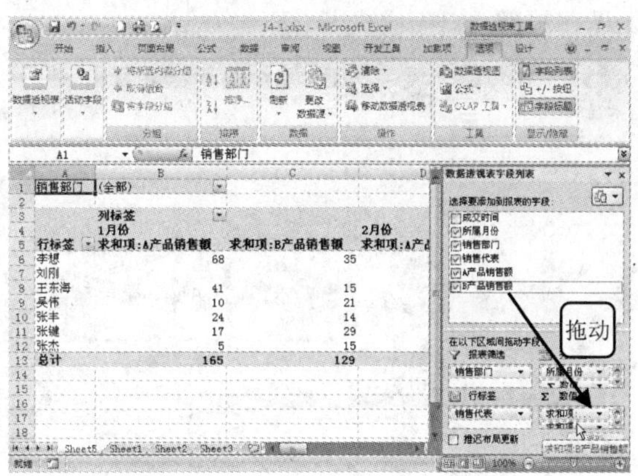

6 生成如下图所示的数据透视表。

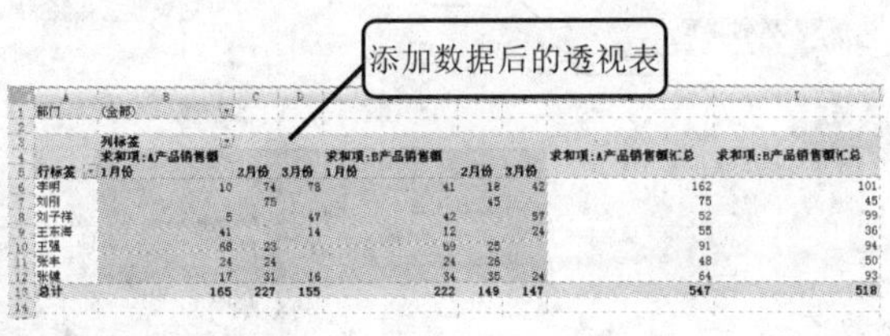

7 将字段“销售代表”拖动到“列标签”中，将字段“所属月份”拖动到“行标签”中，如下图所示。

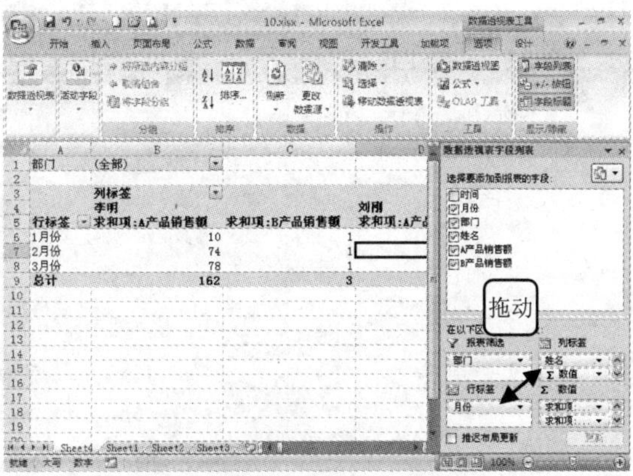

8 以看到数据透视表中的行、列发生了变化，如下图所示。

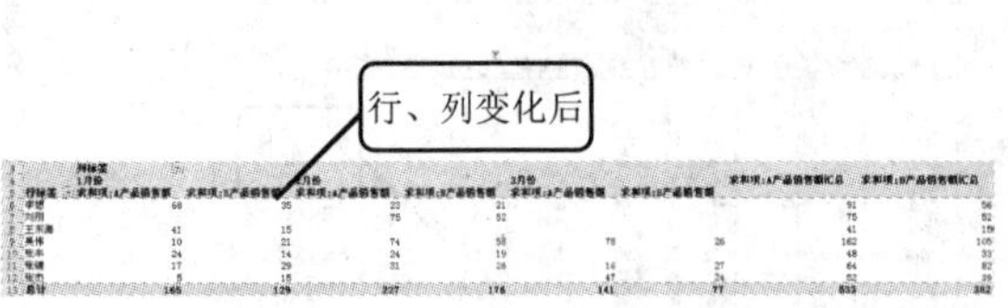

9 如果要删除某个字段，可以在“数据透视表字段列表”窗格中该字段上单击鼠标右键，在弹出的菜单中选择“删除字段”命令，如下图所示。

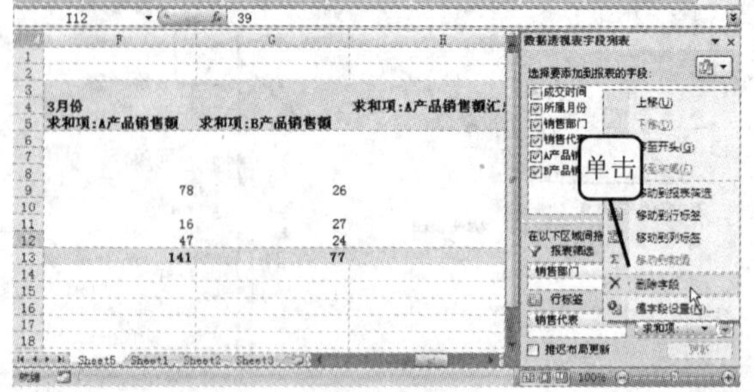

14.1.7 更新数据透视表中的数据

如果源数据表中的数据发生了变化，不需要重新创建数据透视表，直接将其更新即可。具体操作步骤如下。

1 在源数据表中将E9单元格的数值变大，如下图所示。

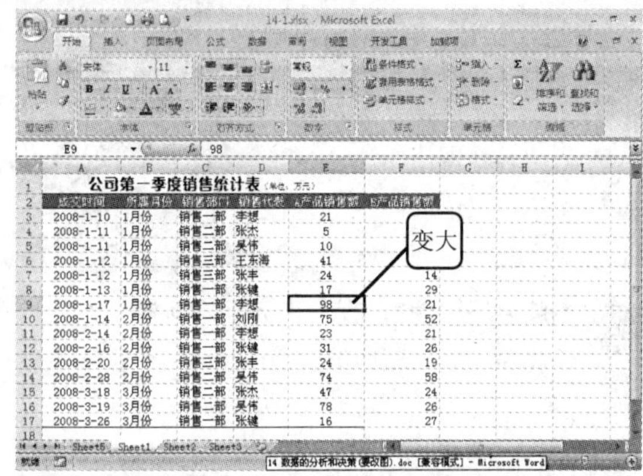

2 打开“数据透视表工具”|“选项”选项卡，单击“数据”选项组中的“刷新”按钮，从下拉菜单中选择“全部刷新”命令，如下图所示。

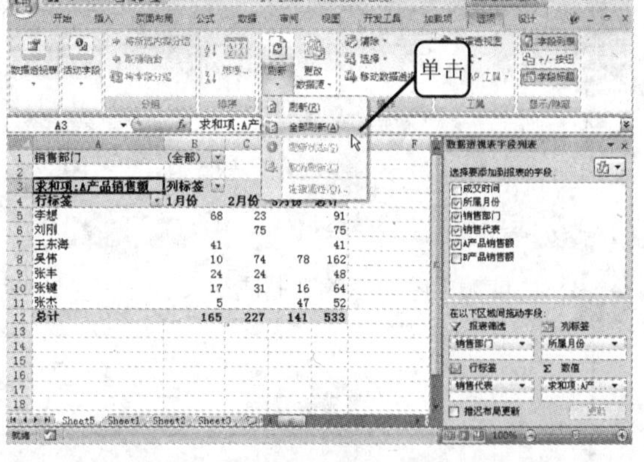

3 可以看到数据透视表中的数据也相应地发生了变化，如右图所示。

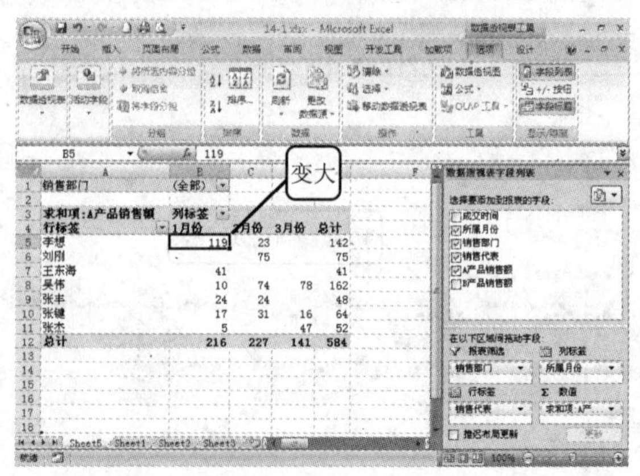

14.1.8　更改数据透视表中字段的汇总方式

在用户建立好的数据透视表中，数据的汇总方式默认都是“求和”，这样显然不能满足工作需要。用户可以更改数据透视表中字段的汇总方式，具体操作步骤如下。

1　在“数据透视表字段列表”窗格中单击字段“求和项：A 产品销售额”右侧的下三角按钮，从弹出的菜单中选择“值字段设置”命令，如下图所示。

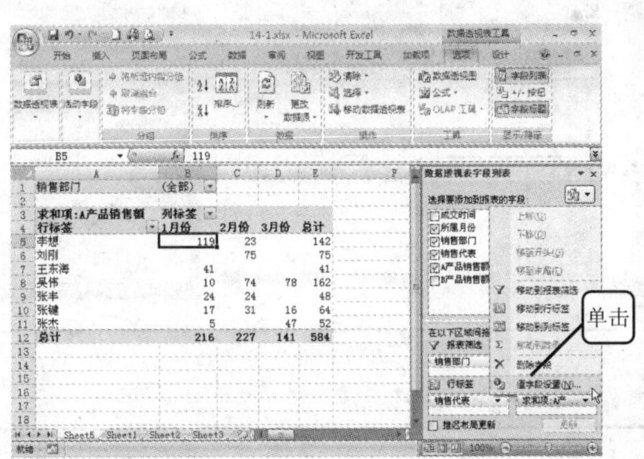

2　弹出“值字段设置”对话框，在“计算类型”列表框中选择“平均值”项，如下图所示。

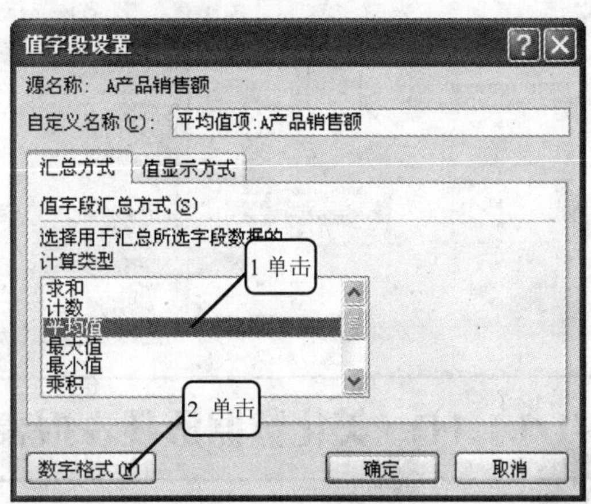

3　单击对话框左下角的“数字格式”按钮，弹出“设置单元格格式”对话框，在左侧选择“数值”项，在右侧将“小数位数”设为“2”，如下图所示，单击“确定”按钮。

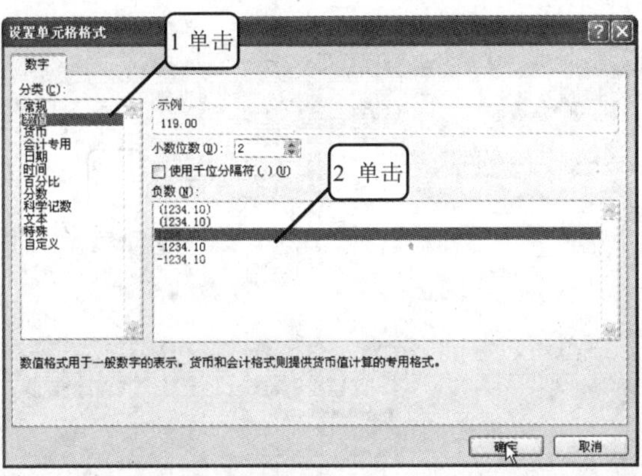

4　可以看到数据透视表中的求和项都变成了求平均值项，且数据格式发生了变化，如下图所示。

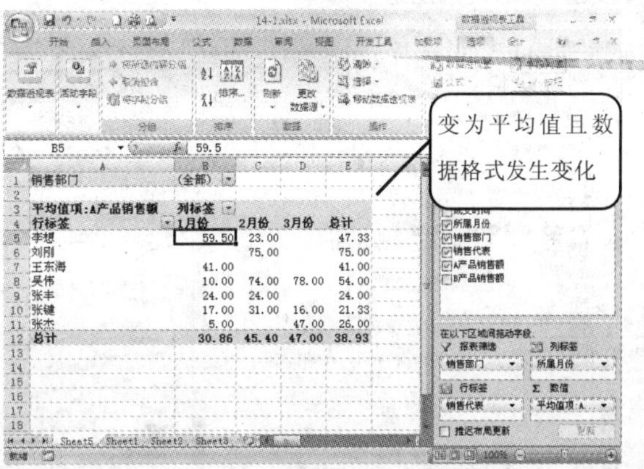

14.1.9　删除数据透视表

如果要删除数据透视表则有以下两种方法。

1 如果是在一张单独的工作表中创建了透视表，则可以在工作表标签上单击鼠标右键，从弹出的菜单中选择“删除”命令，如下图所示。

2 打开“数据透视表工具”|“选项”选项卡，单击“操作”选项组中的“选择”按钮，从下拉菜单中选择“整个数据透视表”命令选中透视表。然后，再次单击“操作”选项组中的“清除”按钮，从下拉菜单中选择“全部清除”命令，如下图所示。

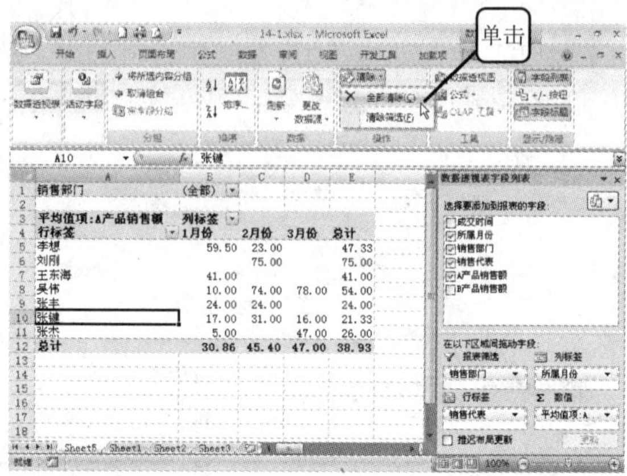

14.1.10 美化数据透视表报表

根据用户需要建立的数据表，虽然已经很清楚了，但还可以使其更美观，具体操作步骤如下。

1 打开“数据透视表工具”|“设计”选项卡，单击“数据透视表格式”选项组中的下三角按钮，如下图所示。

2 从弹出的菜单中选择一种满意的样式，如下图所示。

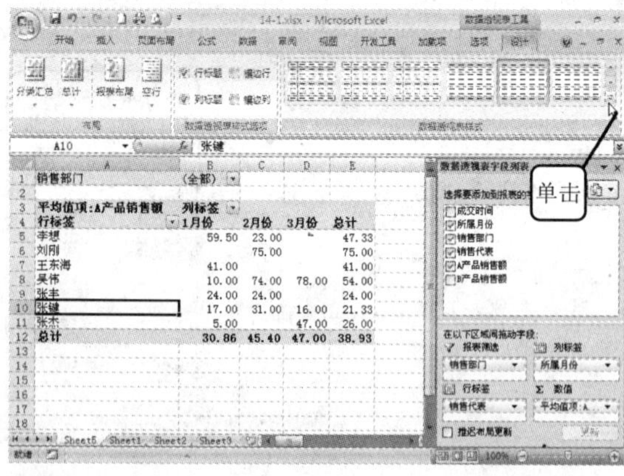

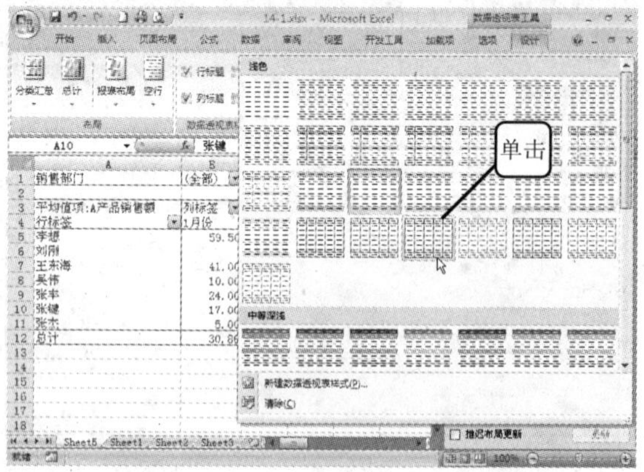

3 可以看到在数据透视表中已经套用了刚刚选择的样式，如右图所示。

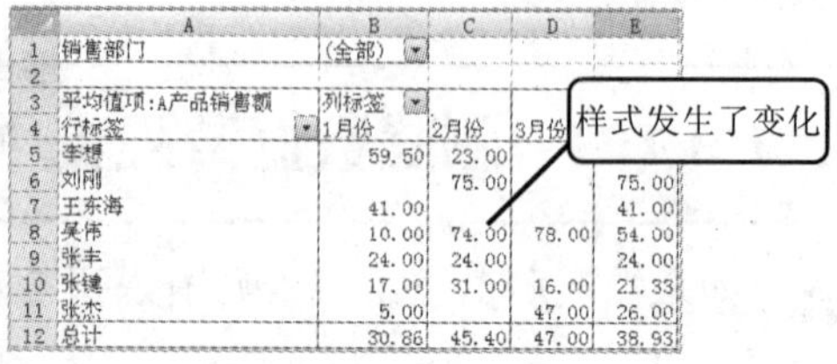

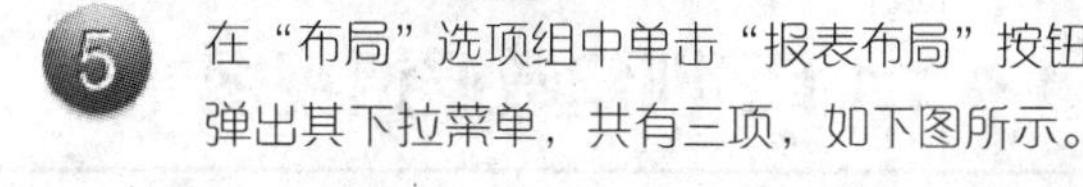

4 打开“数据透视表工具”|“设计”选项卡，在“数据透视表选项”选项组中选中“镶边行”复选框，可以看到数据行中被添加了底纹，如下图所示。

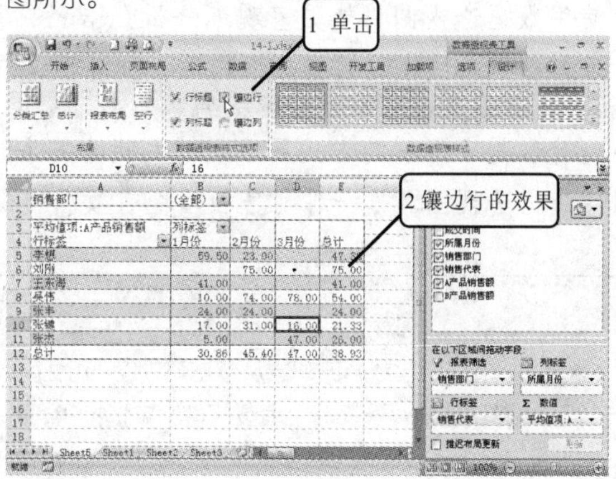

5 在“布局”选项组中单击“报表布局”按钮，弹出其下拉菜单，共有三项，如下图所示。

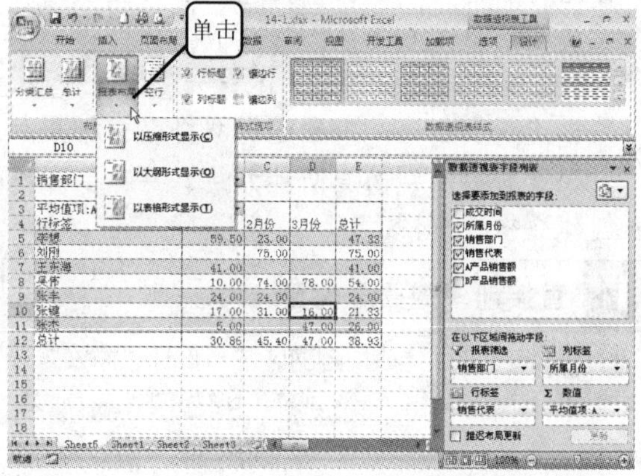

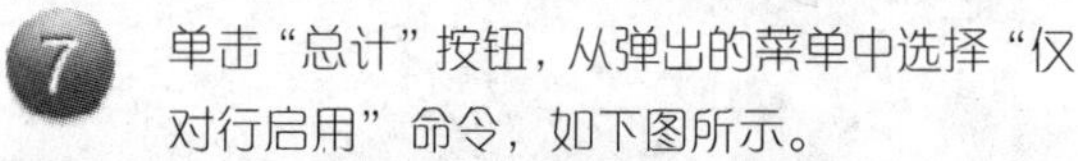

6 选择“以表格形式显示”命令，则数据透视表显示结果如下图所示，列宽变大了。

7 单击“总计”按钮，从弹出的菜单中选择“仅对行启用”命令，如下图所示。

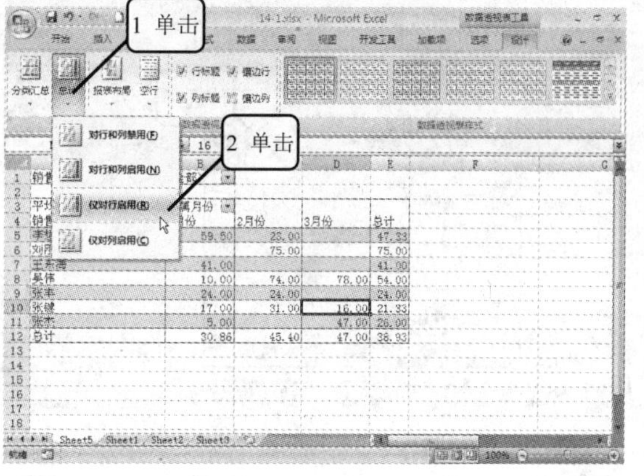

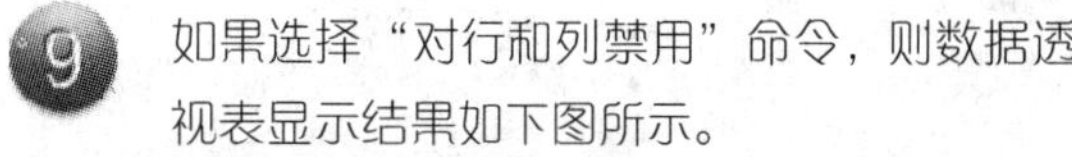

8 数据透视表显示如下图所示，只对行进行总计。

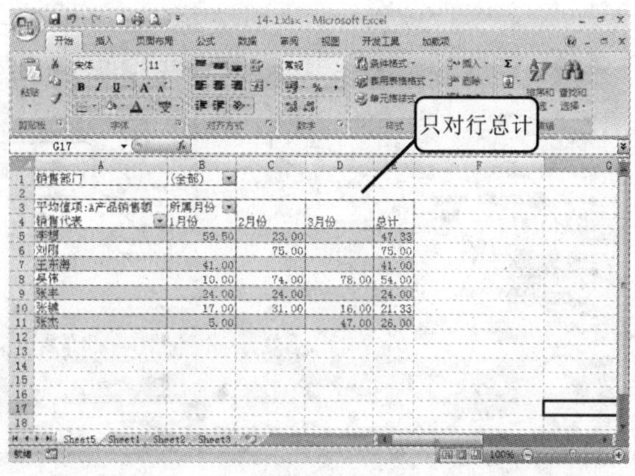

9 如果选择“对行和列禁用”命令，则数据透视表显示结果如下图所示。

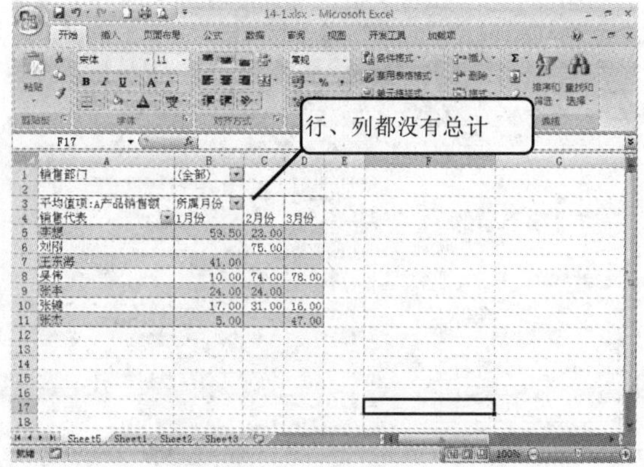

14

14.1.11 创建数据透视图

使用数据透视表可以准确地计算和分析数据，但有时候如果数据源较大，则数据透视表中的数据将非常多，数据排列也会非常复杂。此时使用数据透视图将能更直观地分析数据。

数据透视图和统计图表类似，包括柱形图、条形图、折线图、饼图、面积图、圆环图、圆柱图、圆锥图和棱锥图等，还有大量的自定义图标，几乎能满足所有类型数据的图形表示要求。与数据透视表相比，数据透视图将以一种更加可视化和易于理解的方式展示数据之间的关系。

创建数据透视图有两种方法，一种是直接创建数据透视图；另一种则是利用现有数据透视表创建数据透视图。

1 直接创建数据透视图

1 选中要创建透视图的区域，打开“插入”选项卡，单击“表”选项组中的“数据透视表”按钮，从下拉菜单中选择“数据透视图”命令，如下图所示。

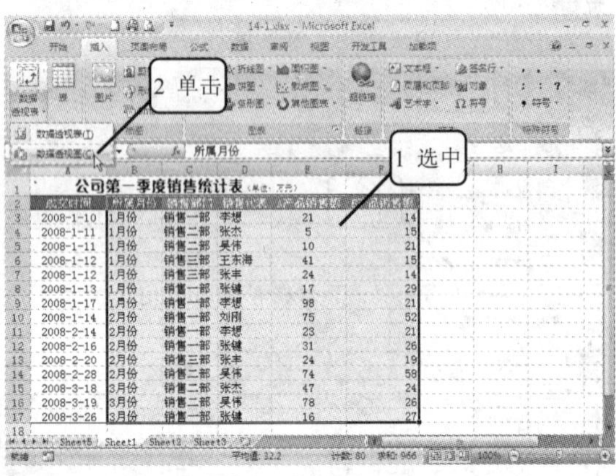

2 弹出“创建数据透视表及数据透视图”对话框，默认选中“选择一个表或区域”单选按钮，并在后面的文本框中显示了选中的区域，在下方选中“新工作表”或“现有工作表”单选按钮，这里选中“新工作表”单选按钮，然后单击“确定”按钮，如下图所示。

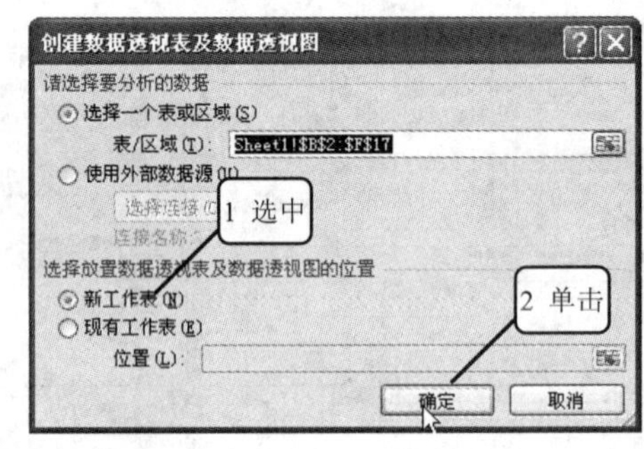

3 弹出“数据透视图筛选窗格”和“数透视表字段列表”窗格，如下图所示。

4 与前面创建数据透视表相同，将各字段拖动到下方的字段中，可以看到在“数据透视图筛选窗格”中自动填入了相应字段，如下图所示。

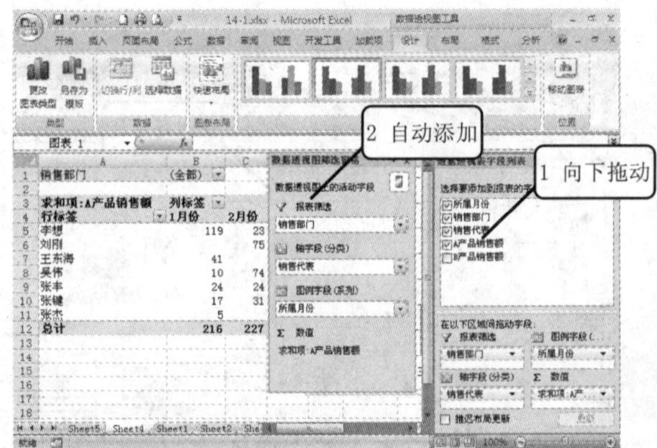

5　工作表中会显示新建的数据透视图，如右图所示。

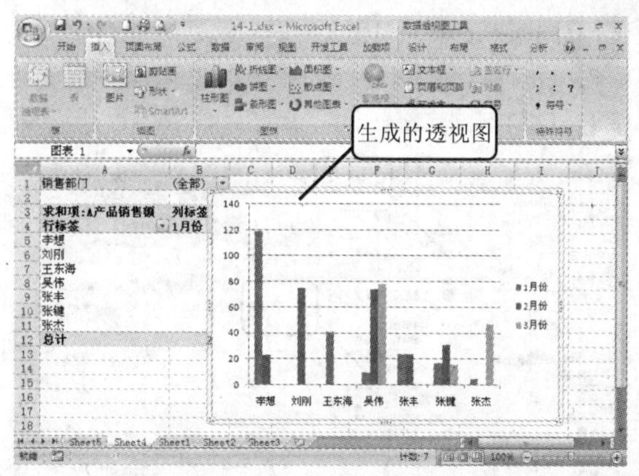

提示您　在建立数据透视图后，Excel 会自动建立一个数据透视表，而且两者之间是相关联的，改变其中一个，另一个也会相应改变。

提示您　在建立数据透视图后，应将“字段列表”隐藏，否则新建的数据透视图可能被“字段列表”挡住。

2　利用现有数据透视表创建数据透视图

在数据透视表的基础上创建数据透视图的具体操作步骤如下。

1　选中数据透视表中的任意单元格，打开“数据透视图工具”|“选项”选项卡，单击“工具”选项组中的“数据透视图”按钮，如下图所示。

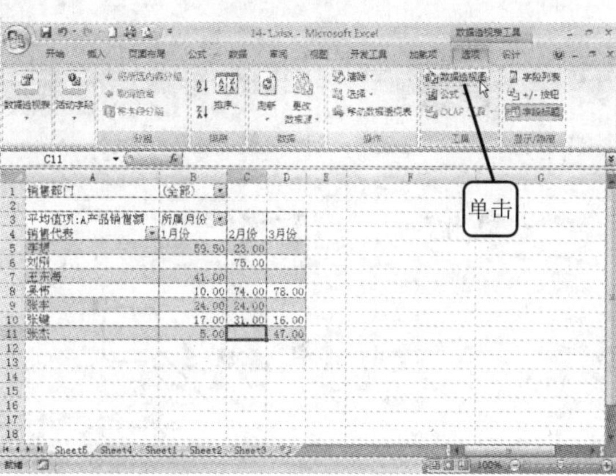

2　弹出“插入图表”对话框，在对话框左侧单击“柱形图”项，在右侧选择一种合适的样式，然后单击“确定”按钮，如下图所示。

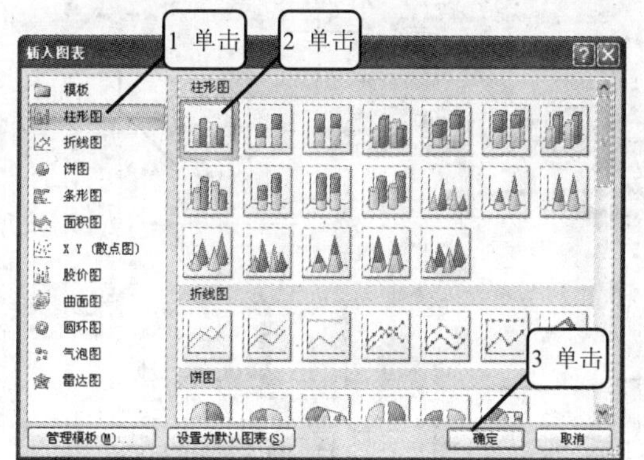

3　工作表中会显示新建的数据透视图，如右图所示。

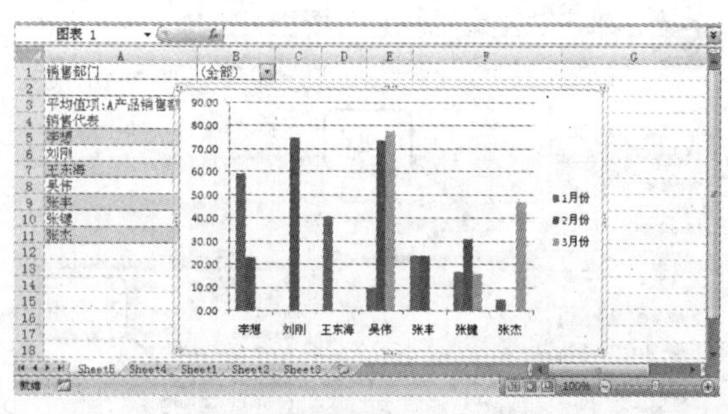

14.1.12　美化数据透视图

数据透视图建立起来后，用户可以将其美化，其方法和美化统计图表方法相同，下面简要介绍美化数据透视图的方法。

1 选中图表，单击“标签”选项组中的“图表标题”按钮，从下拉菜单中选择“图表上方”命令，如下图所示。

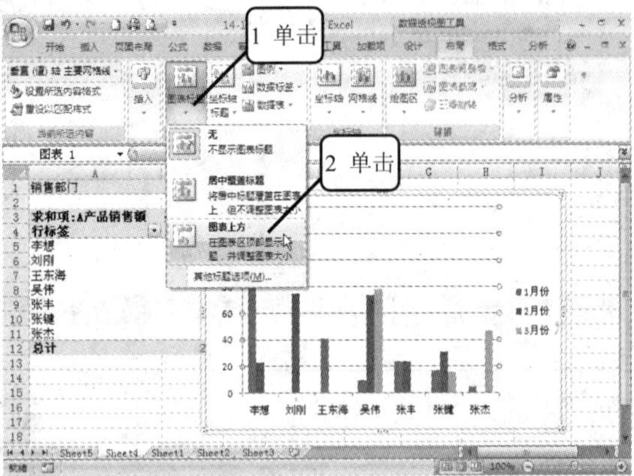

2 可以看到在图表的上方新添加了一个文本框，在文本框中输入图标标题文字，可以利用“字体”选项组对其进行设置，如下图所示。

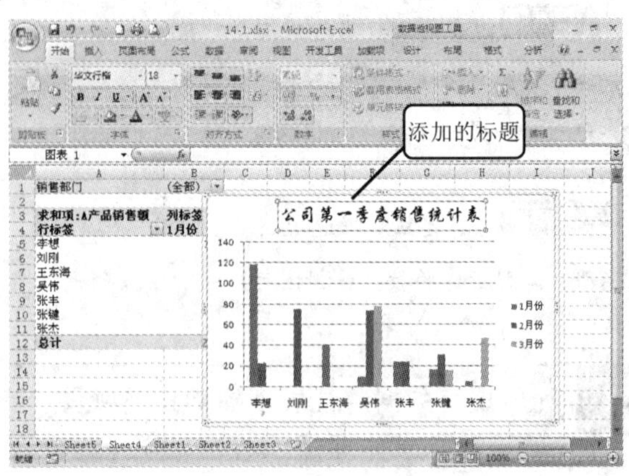

3 单击“标签”选项组中的“坐标轴标题”按钮，从下拉菜单中选择“主要横坐标轴标题”|“坐标轴下方标题”命令，如下图所示。

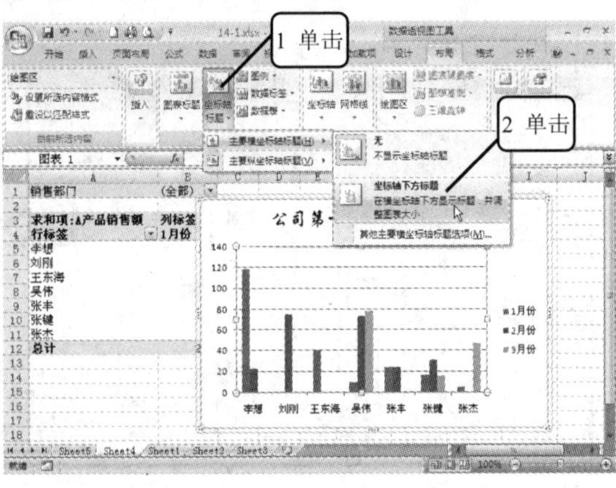

4 可以看到在坐标轴下方新添加了一个文本框，在文本框中输入图标标题文字，如下图所示。

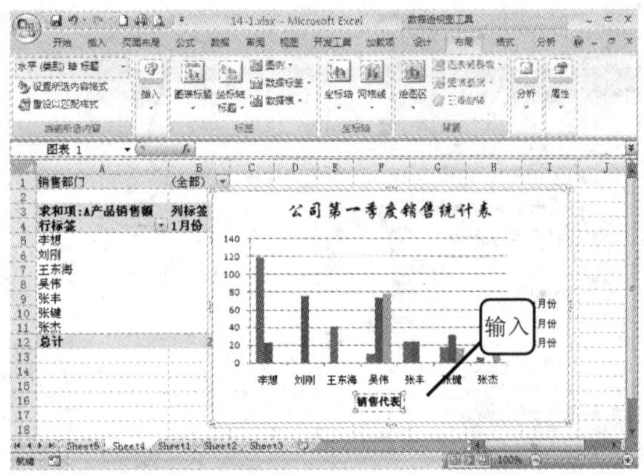

5 单击“坐标轴标题”按钮，选择“主要纵坐标轴标题”|“竖排标题”命令，如下图所示。

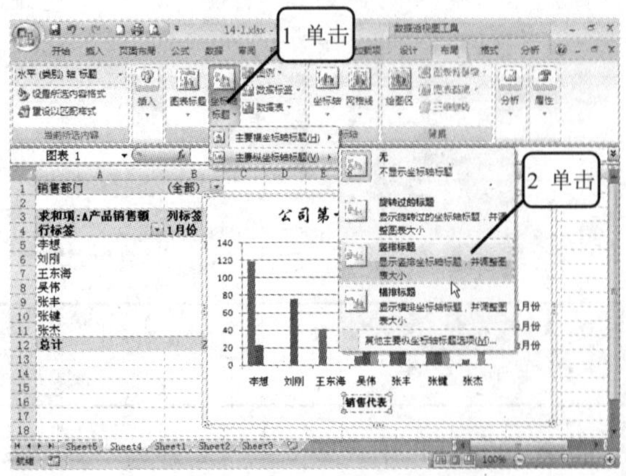

6 在坐标轴左侧新添加了一个文本框，在文本框中输入文字，如下图所示。

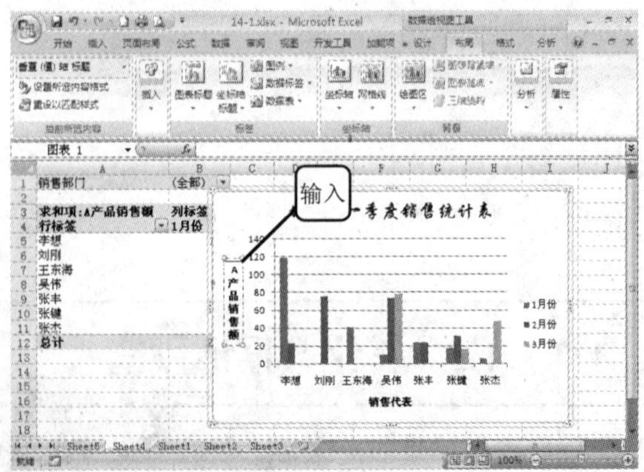

7 单击“标签”选项组中的“数据标签”按钮，选择“数据标签外”命令，如下图所示。

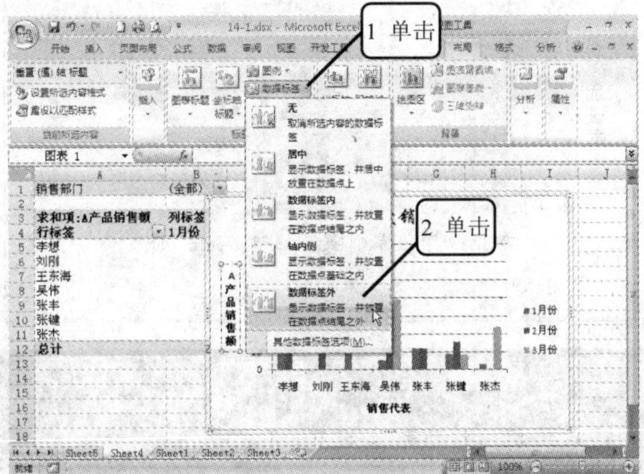

8 可以看到在系列图标的顶部显示了数据值，如下图所示。

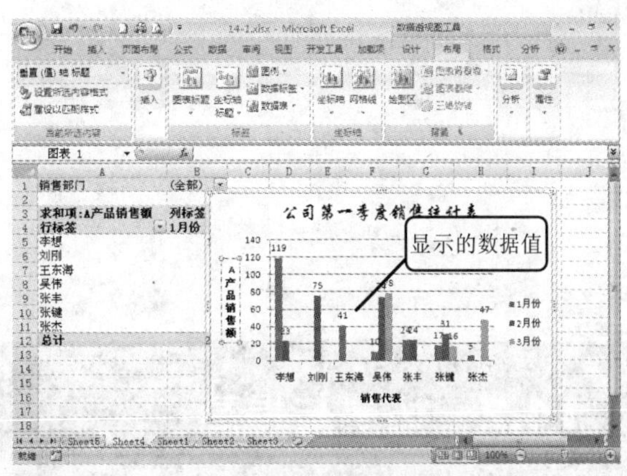

9 选中图表标题文本框，打开“数据透视图工具”|“样式”选项卡，单击“形状样式”选项组中的下三角按钮，如下图所示。

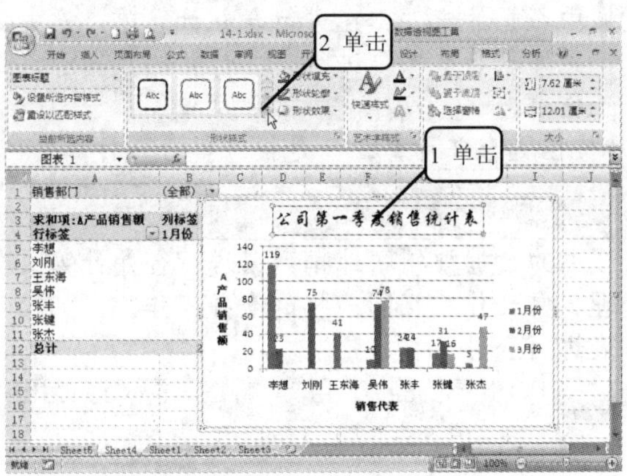

10 从下拉菜单中选择一种合适的样式，可以看到图表已经应用了该样式，效果如下图所示。

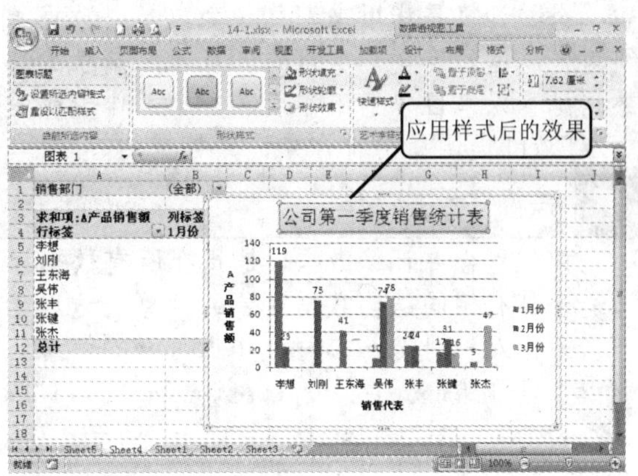

11 在绘图区边框上单击鼠标右键，从弹出的菜单中选择 “设置绘图区格式”命令，如下图所示。

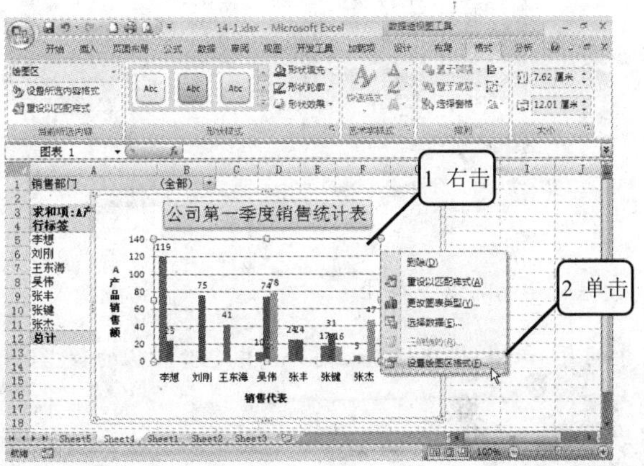

12 弹出“设置绘图区格式”对话框，在对话框左侧单击“填充”项，在右侧选择一种渐变色，如下图所示。

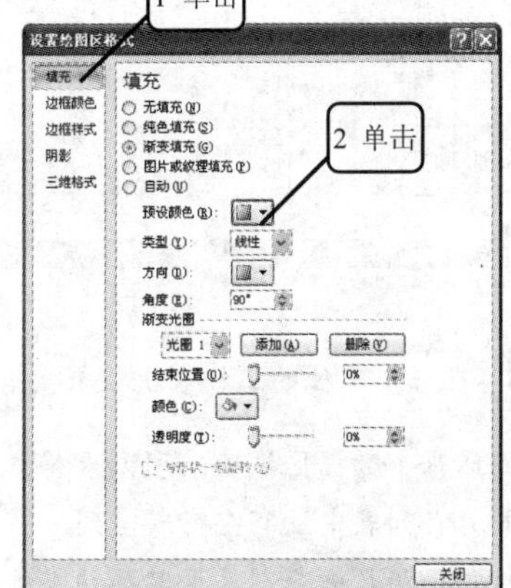

14

13 最终的效果如右图所示，见随书光盘中“\实例结果\第 14 章\14-1.xlsx”文档。

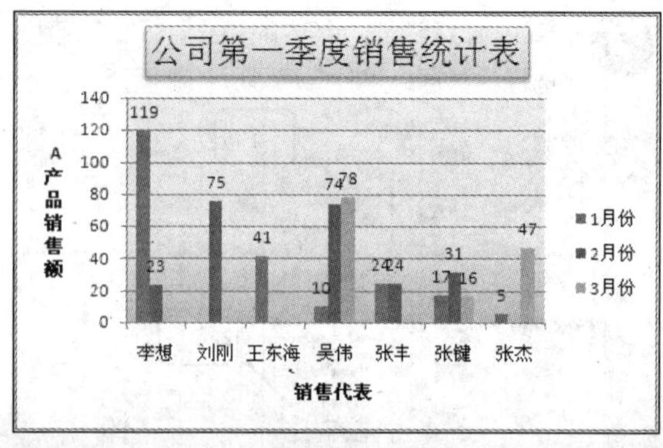

14.2 拓展与提高

14.2.1 合并计算

合并计算是指用来汇总一个或多个数据源区域中数据的方法。在进行合并计算前，首先必须为汇总信息定义一个目的区来显示摘录的信息。另外需要选择要进行合并计算的数据源。此数据源可以来自单个工作表、多个工作表或多个工作薄。

Excel 提供了两种合并计算数据的方法：一是按位置合并计算；二是按分类合并计算。

1 按位置合并计算

按位置合并计算数据，是指在所有数据源区域中的数据被相同地排列以进行合并计算。这只适合具有相同结构数据区域的计算。适用于处理日常工作中相同表格的合并工作。

下面对一月份、二月份和三月份的销售统计表进行合并计算。

1 打开随书光盘中“\实例素材\第 14 章\14-02.xlsx”文档，如下图所示，显示了一月份的销售统计表。

2 单击下方的“二月份”标签，显示了二月份的销售统计表，如下图所示。

	A	B	C	D	E
1	盛世和商贸公司1月份销售统计表（单位：万元）				
2	部门	姓名	A产品销售额	B产品销售额	
3	A部门	王强	21	91	
4	B部门	刘子祥	5	75	
5	B部门	李明	10	74	
6	C部门	王东海	41	62	
7	C部门	张丰	24	85	
8	A部门	张键	17	65	
9	A部门	王强	47	75	
10	A部门	刘刚	44	81	
11	C部门	王东海	23	12	
12					

一月份 / 二月份 / 三月份 / 合计

	A	B	C	D	E
1	盛世和商贸公司2月份销售统计表（单位：万元）				
2	部门	姓名	A产品销售额	B产品销售额	
3	A部门	王强	24	75	
4	B部门	刘子祥	26	12	
5	B部门	李明	9	56	
6	C部门	王东海	85	56	
7	C部门	张丰	45	41	
8	A部门	张键	21	58	
9	A部门	王强	56	55	
10	A部门	刘刚	74	95	
11	C部门	王东海	74	55	
12					

一月份 / 二月份 / 三月份 / 合计

提示您 在每个单独的工作表上设置要合并计算的数据时要满足以下条件。

- 确保每个数据区域都采用列表格式：第一行中的每一列都具有标签，同一列中包含相似的数据，并且在列表中没有空行或空列。
- 将每一组数据分别置于单独的工作表中。不要将任何数据放在需要放置合并数据的工作表中。

- 确保每个数据区域都具有相同的布局。

3　单击下方的“三月份”标签，显示了三月份的销售统计表，如下图所示。

	A	B	C	D	E
1	盛世和商贸公司3月份销售统计表（单位：万元）				
2	部门	姓名	A产品销售额	B产品销售额	
3	A部门	王强	54	54	
4	B部门	刘子祥	66	55	
5	B部门	李明	225	44	
6	C部门	王东海	57	22	
7	C部门	张丰	74	21	
8	A部门	张键	75	56	
9	A部门	王强	64	24	
10	A部门	刘刚	61	74	
11	C部门	王东海	45	42	
12					

一月份 二月份 三月份 合计

4　插入一张空白工作表，将其改名为“合计”，并在工作表中输入下图所示的内容。

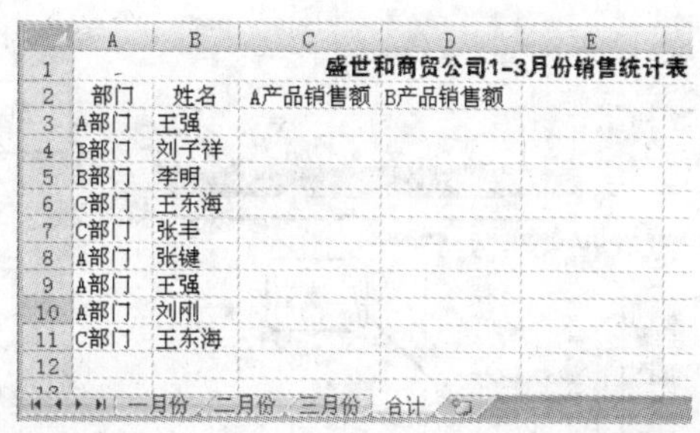

	A	B	C	D	E
1	盛世和商贸公司1–3月份销售统计表				
2	部门	姓名	A产品销售额	B产品销售额	
3	A部门	王强			
4	B部门	刘子祥			
5	B部门	李明			
6	C部门	王东海			
7	C部门	张丰			
8	A部门	张键			
9	A部门	王强			
10	A部门	刘刚			
11	C部门	王东海			
12					

一月份 二月份 三月份 合计

5　选中单元格区域 C3:D11，打开“数据”选项卡，单击“数据工具”选项组中的“合并计算”按钮，如下图所示。

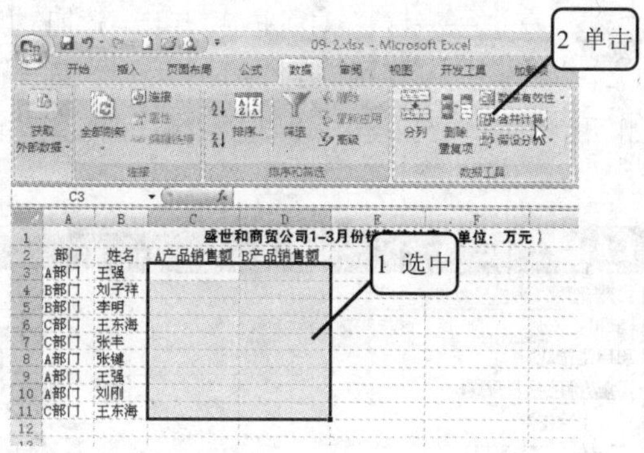

6　合并计算的默认函数是“求和”，用户不用更改。在“引用位置”栏单击按钮，如下图所示。

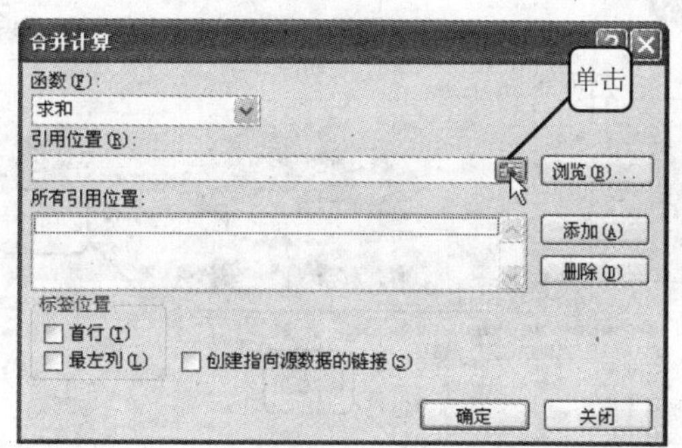

提示您　如果要保持汇总后的数据能随源数据实时更新，可在“合并计算”对话框中选择“创建指向源数据的链接”复选框。

7　打开“一月份”工作表，并选中单元格区域 C3:D11（即用户需要汇总的源数据），单击按钮，如下图所示。

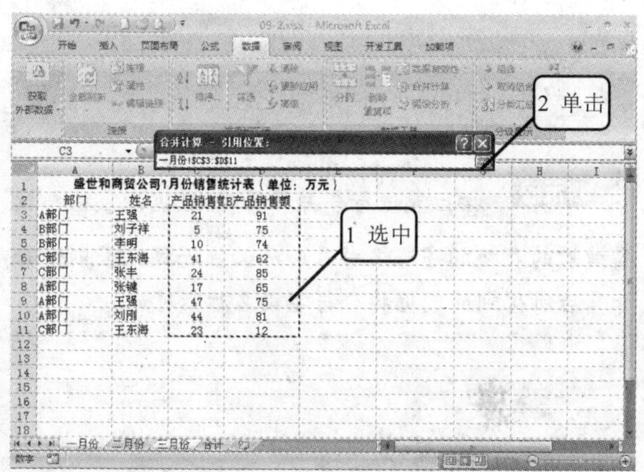

8　在“合并计算”对话框中，单击“添加”按钮，将该数据区域添加到“所有引用位置”列表框中，如下图所示。再次单击“引用位置”栏后面的按钮。

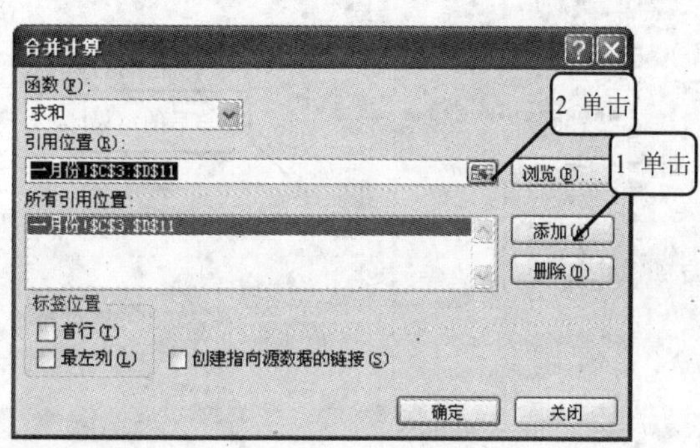

9 打开“二月份”工作表，并选中单元格区域C3:D11（即用户需要汇总的源数据），单击按钮，如下图所示。

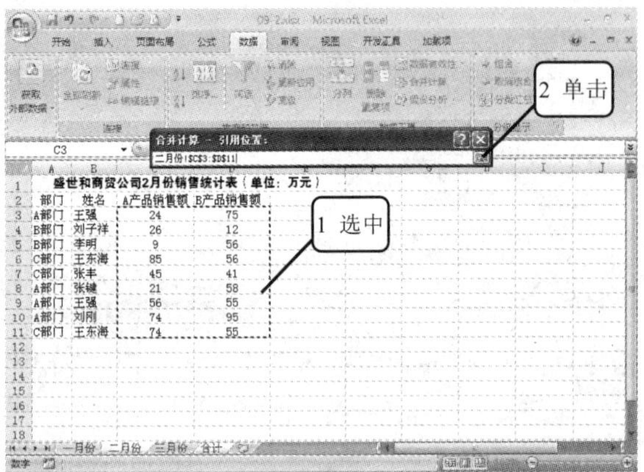

	A	B	C	D
1	盛世和商贸公司2月份销售统计表（单位：万元）			
2	部门	姓名	A产品销售额	B产品销售额
3	A部门	王强	24	75
4	B部门	刘子祥	26	12
5	B部门	李明	9	56
6	C部门	王东海	85	56
7	C部门	张丰	45	41
8	A部门	张键	21	58
9	A部门	王强	56	55
10	A部门	刘刚	74	95
11	C部门	王东海	74	55

10 在“合并计算”对话框中，单击“添加”按钮，将该数据区域添加到“所有引用位置”列表框中，如下图所示。再次单击“引用位置”栏后面的按钮。

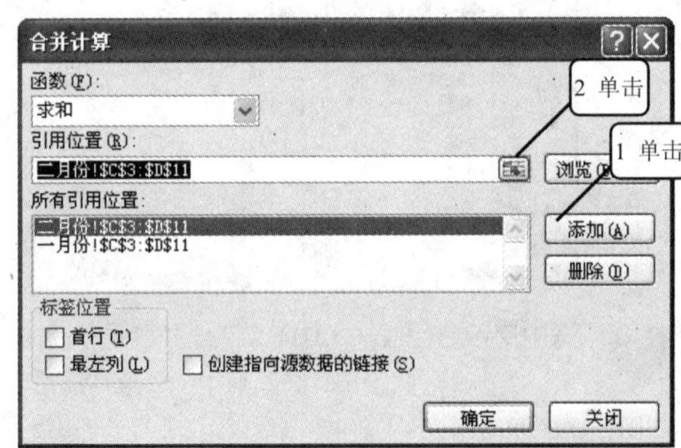

11 打开“三月份”工作表，并选中单元格区域C3:D11（即用户需要汇总的源数据），单击按钮，如下图所示。

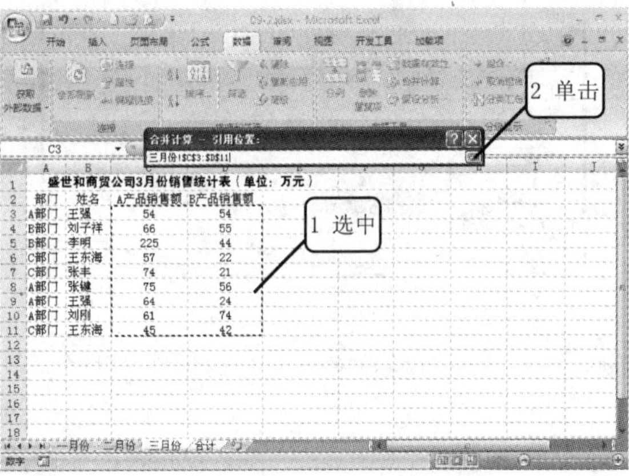

	A	B	C	D
1	盛世和商贸公司3月份销售统计表（单位：万元）			
2	部门	姓名	A产品销售额	B产品销售额
3	A部门	王强	54	54
4	B部门	刘子祥	66	55
5	B部门	李明	225	44
6	C部门	王东海	57	22
7	C部门	张丰	74	21
8	A部门	张键	75	56
9	A部门	王强	64	24
10	A部门	刘刚	61	74
11	C部门	王东海	45	42

12 在“合并计算”对话框中，单击“添加”按钮，将该数据区域添加到“所有引用位置”列表框中，如下图所示。再次单击“引用位置”栏后面的按钮。

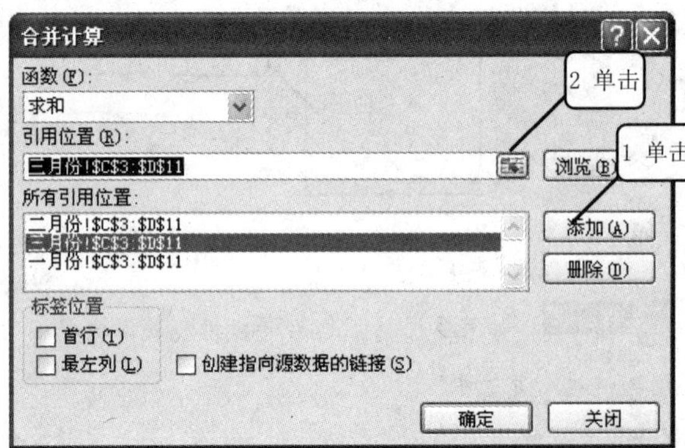

13 经过合并计算后的“合计”工作表如下图所示，见随书光盘中“\实例结果\第14章\14-2.xlsx”文档。

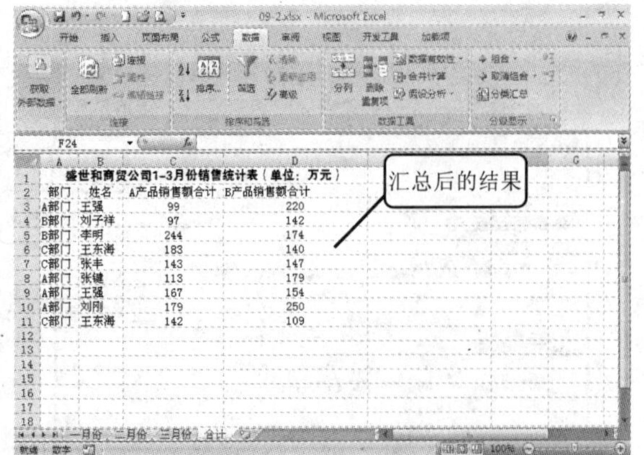

	A	B	C	D
1	盛世和商贸公司1-3月份销售统计表（单位：万元）			
2	部门	姓名	A产品销售额合计	B产品销售额合计
3	A部门	王强	99	220
4	B部门	刘子祥	97	142
5	B部门	李明	244	174
6	C部门	王东海	183	140
7	C部门	张丰	143	147
8	A部门	张键	113	179
9	A部门	王强	167	154
10	A部门	刘刚	179	250
11	C部门	王东海	142	109

提示您 按位置进行合并计算时，数据源表格与放置结果的表格的字段名称及顺序必须一致，否则合并计算后所得到的数据将会与字段名称不对应。

2　按分类合并计算

分类合并计算数据，是指当多重源数据区域包含相似的数据却以不同的行进行排列时，可以按不同分类进行数据的合并计算。

下面对一月份、二月份、三月份的销售统计表进行合并计算。不同的是，各工作表的各行排序方式有所变化。

1 打开随书光盘中“\实例素材\第 14 章\14-03.xlsx”文档，如下图所示。

	A	B	C	D
1	盛世和商贸公司1月份销售统计表（单位			
2	部门	姓名	A产品销售额	B产品销售额
3	A部门	王强	21	91
4	B部门	刘子祥	5	75
5	B部门	李明	10	74
6	C部门	王东海	41	62
7	C部门	张丰	24	85
8	A部门	张键	17	65
9	A部门	王强	47	75
10	A部门	刘刚	44	81
11	C部门	王东海	23	12

一月份　二月份　三月份　合计

2 单击下方的“二月份”标签，显示了二月份的销售统计表，如下图所示。

	A	B	C	D
1	盛世和商贸公司2月份销售统计表（单位			
2	部门	姓名	A产品销售额	B产品销售额
3	B部门	刘子祥	26	12
4	B部门	李明	9	56
5	A部门	王强	24	75
6	C部门	张丰	45	41
7	A部门	张键	21	58
8	C部门	王东海	85	56
9	A部门	王强	56	55
10	A部门	刘刚	74	95
11	C部门	王东海	74	55

一月份　二月份　三月份　合计

3 单击下方的“三月份”标签，显示了三月份的销售统计表，如下图所示。

	A	B	C	D
1	盛世和商贸公司3月份销售统计表（单位:			
2	部门	姓名	产品销售额	B产品销售额
3	C部门	王东海	45	42
4	A部门	王强	54	54
5	A部门	张键	75	56
6	B部门	刘子祥	66	55
7	C部门	王东海	57	22
8	C部门	张丰	74	21
9	A部门	王强	64	24
10	B部门	李明	225	44
11	A部门	刘刚	61	74

一月份　二月份　三月份　合计

4 插入一张空白工作表，将其改名为“合计”，并在工作表中输入下图所示的内容。打开工作表“合计”，并选中单元格 A2，单击“数据工具”选项组中的“合并计算”按钮，如下图所示。

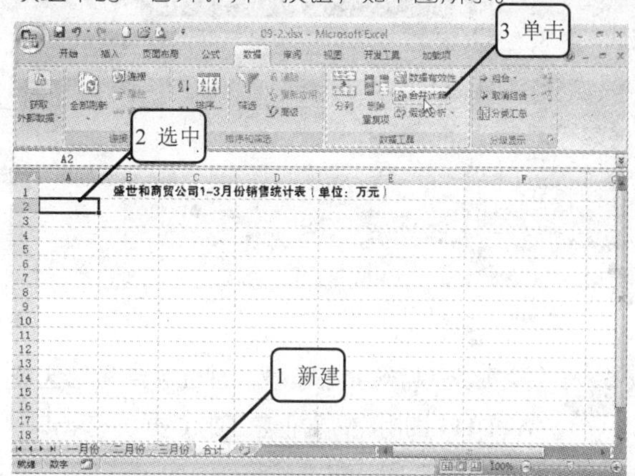

5 合并计算的默认函数是“求和”，用户不用更改，在“标签位置”选项组中勾选“首行”、“最左列”复选框，在“引用位置”栏单击按钮，如右图所示。

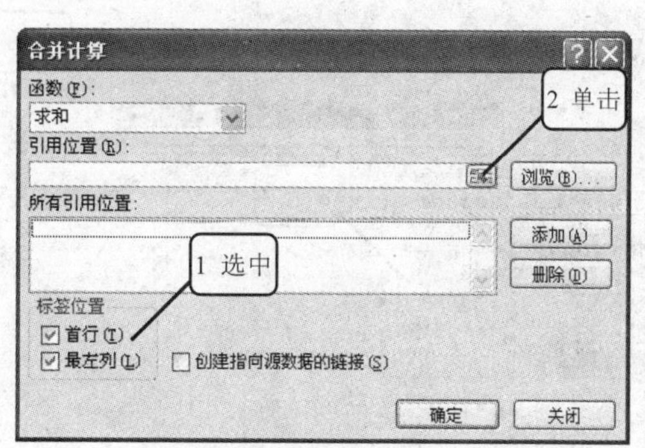

提示您　在工作表“合计”中只需输入标题即可，行和列的标签将被自动填充。

6 打开“一月份”工作表，并选中单元格区域A2:D11（即用户需要汇总的源数据），单击按钮，如下图所示。

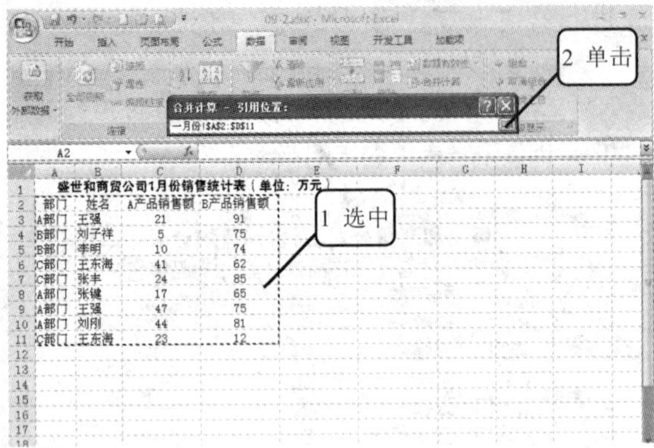

7 在“合并计算”对话框中，单击“添加”按钮，将该数据区域添加到“所有引用位置”列表框中，如下图所示。再次单击“引用位置”栏后面的按钮。

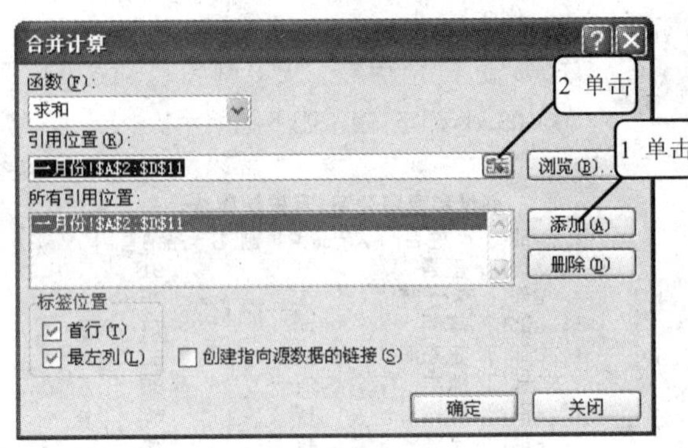

8 打开“二月份”工作表，并选中单元格区域A2:D11（即用户需要汇总的源数据），单击按钮，如下图所示。

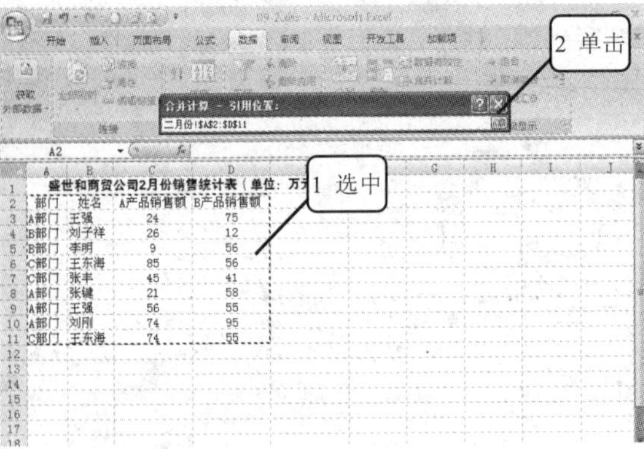

9 在“合并计算”对话框中，单击“添加”按钮，将该数据区域添加到“所有引用位置”列表框中，如下图所示。再次单击“引用位置”栏后面的按钮。

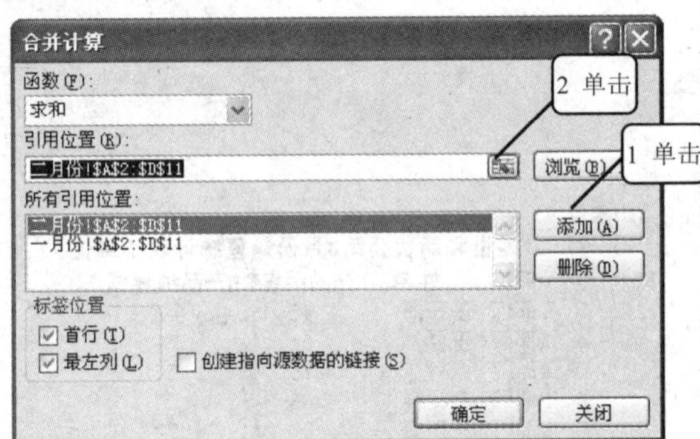

10 打开“三月份”工作表，并选中单元格区域A2:D11（即用户需要汇总的源数据），单击按钮，如下图所示。

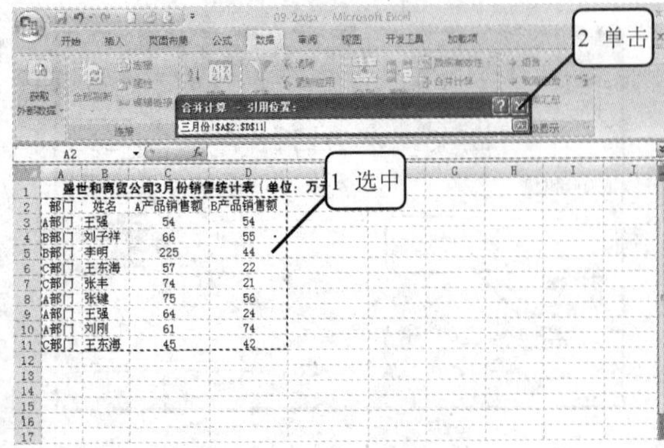

11 在“合并计算”对话框中，单击“添加”按钮，将该数据区域添加到“所有引用位置”列表框中，如下图所示。再次单击“引用位置”栏后面的按钮。

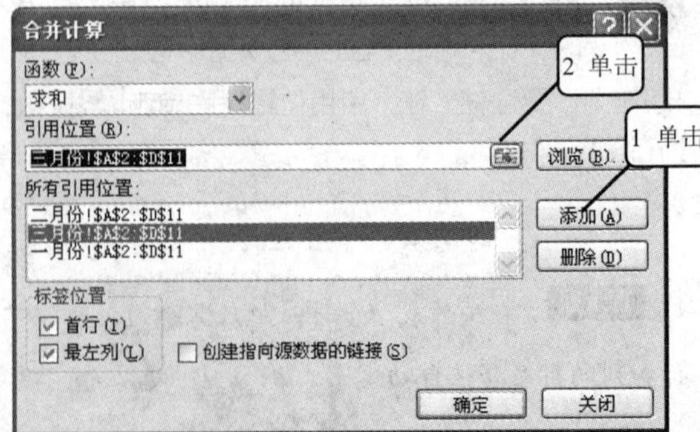

12 工作表"合计"中显示了计算结果，如下图所示。由于是按"销售部门"进行合并计算，所以"姓名"列是没有用的，选中"姓名"列及其下面的单元格。

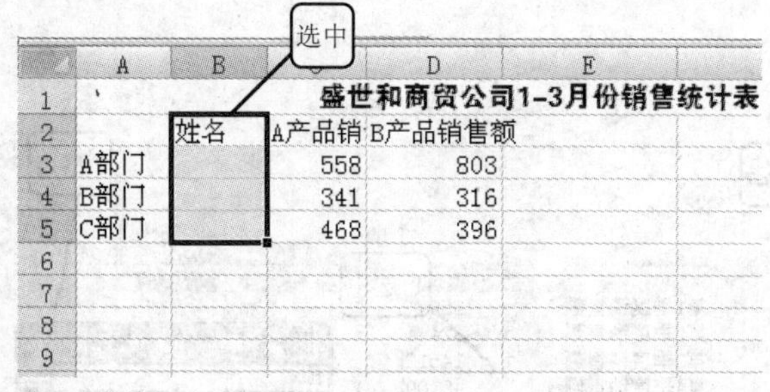

	A	B	C	D	E
1			盛世和商贸公司1-3月份销售统计表		
2		姓名	A产品销	B产品销售额	
3	A部门		558	803	
4	B部门		341	316	
5	C部门		468	396	
6					
7					
8					
9					

13 在选中的区域上单击鼠标右键，从弹出的菜单中选择"删除"命令，如下图所示。

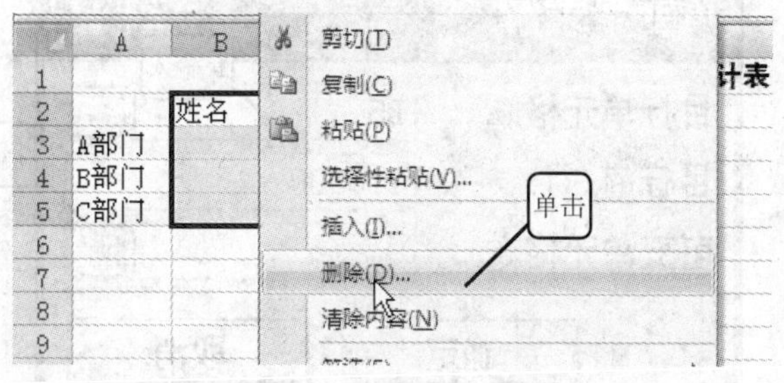

14 选中"右侧单元格左移"单选按钮，然后单击"确定"按钮，如下图所示。

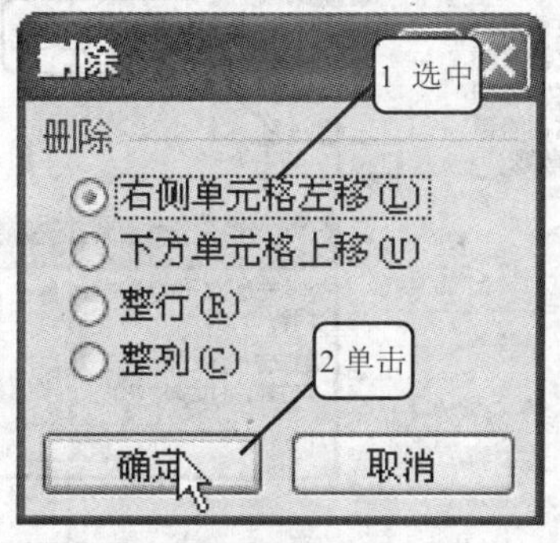

15 合并计算的最后结果如下图所示，见随书光盘中"\实例结果\第 14 章\14-3.xlsx"文档，

	A	B	C	D	E
1			盛世和商贸公司1-3月份销售统计表		
2		A产品销	B产品销售额		
3	A部门	558	803		
4	B部门	341	316		
5	C部门	468	396		
6					
7					
8					
9					

14.2.2 单变量求解

单变量求解就是寻求公式中的特定解，如同解一个一元一次方程。使用单变量求解，可以通过调整可变单元格中的数值，按照给定的公式来满足目标单元格中的目标值，解决一些实际生活和工作中的问题。下面就举例介绍使用单变量求解的方法。

在该例中，全年销售额=第 1 季度销售额+第 2 季度销售额+第 3 季度销售额+第 4 季度销售额。第 1、2、3 季度销售额已经完成了，不能再进行调整，只有第 4 季度销售额未知。如果现在全年销售额上调了，那么第 4 季度销售额应为多少呢？

1 打开随书光盘中"\实例素材\第 14 章\14-04.xlsx"文档，如下图所示，其中，全年销售额等于四个季度销售额之和。

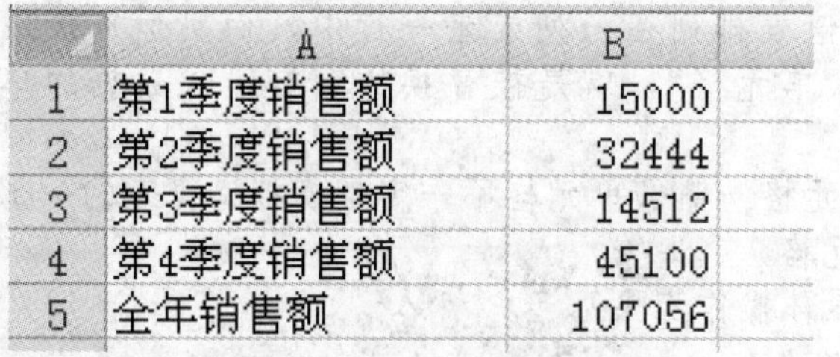

	A	B
1	第1季度销售额	15000
2	第2季度销售额	32444
3	第3季度销售额	14512
4	第4季度销售额	45100
5	全年销售额	107056

2 选中 B5 单元格，打开"数据"选项卡，单击"数据工具"选项组中的"假设分析"按钮，从下拉菜单中选择"单变量求解"命令，如下图所示。

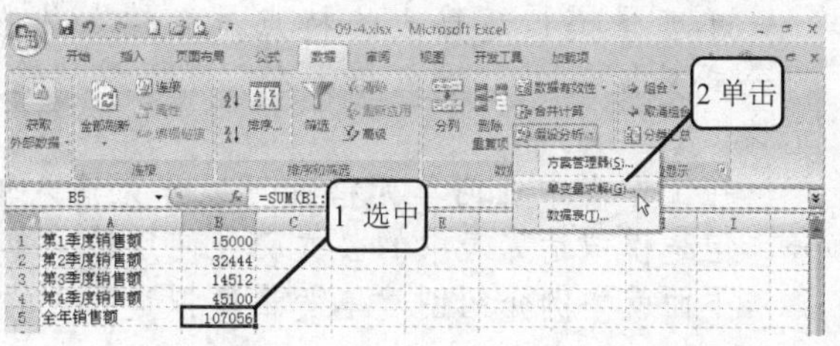

3 打开“单变量求解”对话框，在“目标值”文本框输入“110 000”，单击“可变单元格”文本框后面的按钮，如下图所示。

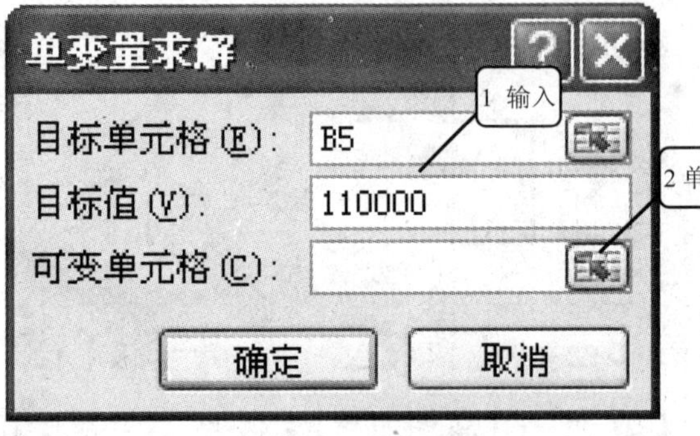

4 选中 B4 单元格，然后单击按钮，如下图所示。

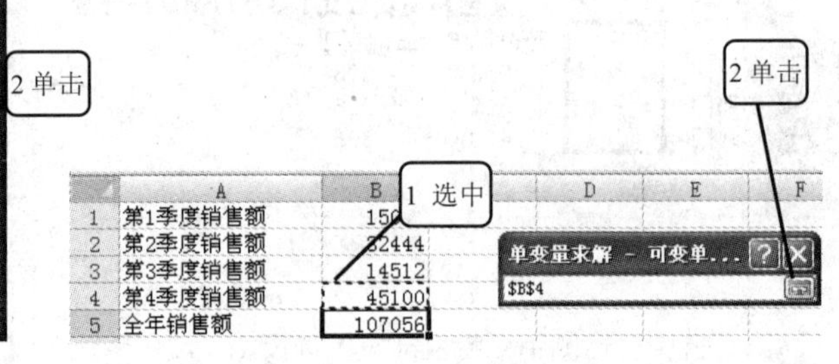

5 可以看到 B4 单元格中的数据已经发生了变化，单击“确定”按钮，如右图所示，见随书光盘中“\实例结果\第 14 章\14-3.xlsx”文档。

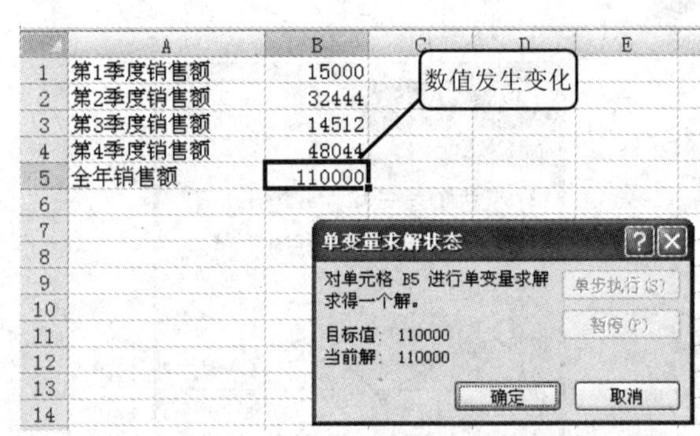

14.2.3 使用模拟运算表计算多个结果

模拟运算表作为工作表的一个单元格区域，可以显示公式中某些数值的变化对计算结果产生的影响。

模拟运算表为同时求解某一运算中所有可能的变化值的组合提供了捷径，并且可以将不同的计算结果同时显示在工作表中。以方便对数据进行查找和比较。

模拟运算表有两种类型：单变量模拟运算表和双变量模拟运算表。

- 单变量模拟运算表可以通过对一个变量输入不同的值来查看它对一个或者多个公式的影响；
- 双变量模拟运算表可以通过对两个变量输入不同的值来查看它对一个公式的影响。

1 创建单变量模拟运算表

单变量模拟运算表的特点是：输入的数值被排列在一列或者一行中，而且运算表中的公式必须使用“输入单元格”。所谓“输入单元格”，就是被替换的含有输入数据的单元格。

在工作表中任何单元格都可以作为输入单元格。输入单元格不一定是模拟运算表的一部分，但是模拟运算表中的公式必须使用输入单元格。

下面就举例介绍创建单变量模拟运算表的具体操作步骤。

1 打开随书光盘中“\实例素材\第 14 章\14-05.xlsx”文档，如下图所示。其中，利润金额=销售金额*利润率。B4 和 B8 单元格中都是公式“=B3*B2”。

	A	B
1	条件区域	
2	利润率	10.00%
3	销售金额	100
4	利润金额	10
5		
6	计算区域	
7	销售金额	利润金额
8	100	10
9	8541	
10	4565	
11	7541	
12	1100	
13	7841	

2 选中作为模拟运算表的单元格区域 A8:B13，打开“数据”选项卡，单击“数据工具”选项组中的“假设分析”按钮，从下拉菜单中选择“数据表”命令，如下图所示。

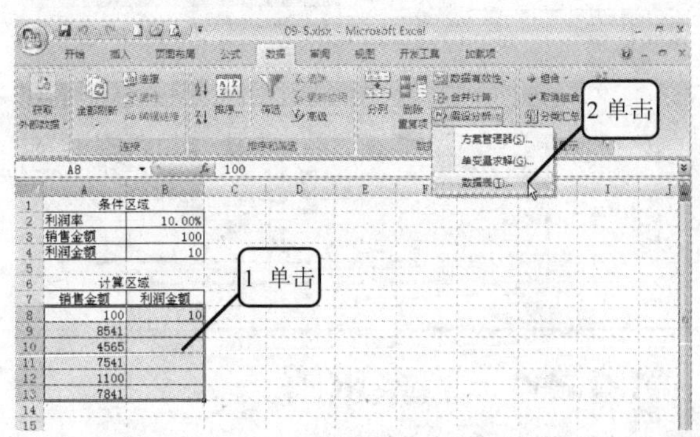

3 在“输入引用列的单元格”文本框中选择 B3 单元格，单击“确定”按钮，如下图所示。

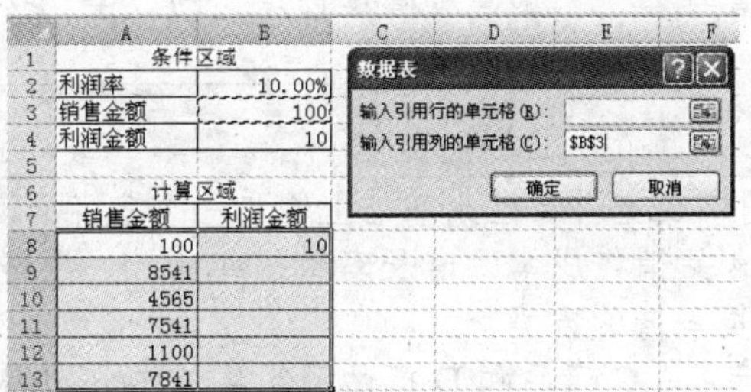

4 通过上述操作，计算结果如下图所示，“利润金额”因“销售金额”的变化而产生了变化。

	A	B
1	条件区域	
2	利润率	10.00%
3	销售金额	100
4	利润金额	10
5		
6	计算区域	
7	销售金额	利润金额
8	100	10
9	8541	854.1
10	4565	456.5
11	7541	754.1
12	1100	110
13	7841	784.1

2 创建双变量模拟运算表

如果要查看“利润率”和“销售金额”同时变化对“利润金额”的影响，用户就必须要借助双变量模拟运算表了。操作步骤如下。

1 打开随书光盘中“\实例素材\第 14 章\14-06.xlsx”文档，如下图所示。其中，利润金额=销售金额*利润率。B4 和 B8 单元格中都是公式“=B3*B2”。

2 选中作为模拟运算表的单元格区域 B8:G14，打开“数据”选项卡，单击“数据工具”选项组中的“假设分析”按钮，从下拉菜单中选择“数据表”命令，如下图所示。

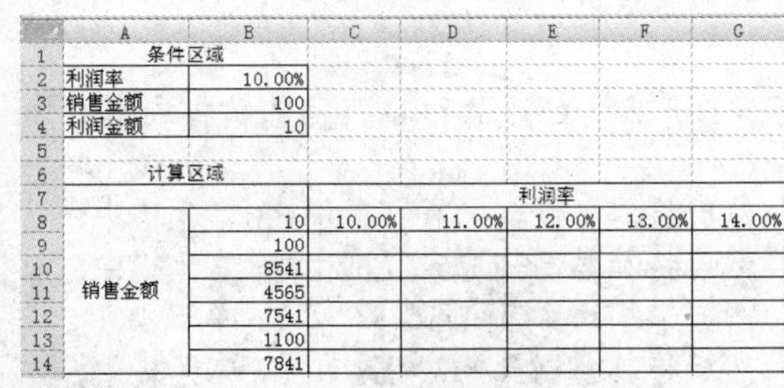

	A	B	C	D	E	F	G
1	条件区域						
2	利润率	10.00%					
3	销售金额	100					
4	利润金额	10					
5							
6	计算区域						
7			利润率				
8	销售金额	10	10.00%	11.00%	12.00%	13.00%	14.00%
9		100					
10		8541					
11		4565					
12		7541					
13		1100					
14		7841					

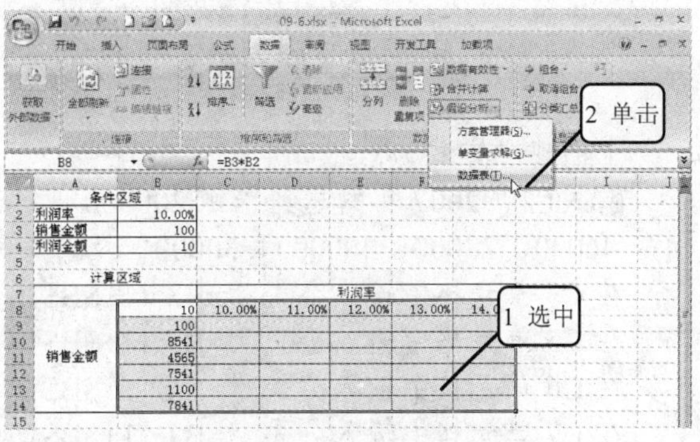

3 在“输入引用行的单元格”文本框中选择 B2 单元格，在“输入引用列的单元格”文本框中选择 B3 单元格，单击“确定”按钮，如下图所示。

	A	B	C	D	E	F	G
1	条件区域						
2	利润率	10.00%					
3	销售金额	100					
4	利润金额	10					
5							
6	计算区域						
7			利润率				
8	销售金额	10	10.00%	11.00%	12.00%	13.00%	14.00%
9		100					
10		8541					
11		4565					
12		7541					
13		1100					
14		7841					

数据表
输入引用行的单元格(R): $B$2
输入引用列的单元格(C): $B$3
确定 取消

4 通过上述操作，计算结果如下图所示。从图中可以看出，“利润率”及“销售金额”的变化都将对“利润金额”产生影响。

	A	B	C	D	E	F	G
1	条件区域						
2	利润率	10.00%					
3	销售金额	100					
4	利润金额	10					
5							
6	计算区域						
7			利润率				
8	销售金额	10	10.00%	11.00%	12.00%	13.00%	14.00%
9		100	10	11	12	13	14
10		8541	854.1	939.51	1024.92	1110.33	1195.74
11		4565	456.5	502.15	547.8	593.45	639.1
12		7541	754.1	829.51	904.92	980.33	1055.74
13		1100	110	121	132	143	154
14		7841	784.1	862.51	940.92	1019.33	1097.74

14.2.4 方案求解

之前讲过的单变量求解只能解决具有一个未知变量的问题，模拟运算表最多也只能解决具有两个变量的问题。但是在实际的工作中，可能会遇到具有很多可变因素的问题，或者需要在几种假设分析中找出最佳方案，这就需要用“方案管理器”来创建和管理自定义的方案。接下来就来认识这种工具。

1 定义方案

已知某公司 2007 年的总销售额及各种食品的销售成本，要在此基础上制订一个五年计划。由于市场在不断变化，所以只能对总销售额及各种食品销售成本的增长率做一些估计。最好的当然是总销售额增长率高，各种食品的销售成本增长率低的方案。

最好的估计是总销售额增长 20%，A 产品、B 产品、C 产品和 D 产品的销售成本分别增长 8%、10%、14%和 9%。在这种方案下，该食品公司在 5 年内的成本及利润估算情况如下图所示，见随书光盘中“\实例素材\第 14 章\14-07.xlsx”文档。

	A	B	C	D	E	F
1	某公司的五年计划					
2		2007年	2008年	2009年	2010年	2011年
3	总销售额	200000	240000	288000	345600	414720
4	销售成本					
5	A产品	46000	49680	53654	57947	62582
6	B产品	68000	74800	82280	90508	99559
7	C产品	40000	45600	51984	59262	67558
8	D产品	30000	32700	35643	38851	42347
9	总计	184000	202780	223561	246567	272047
10	利润	16000	37220	64439	99033	142673
11						
12	增长估计					
13	总销售额增长率	20%			五年总利润	
14	A产品销售成本增长率	8%			359364	
15	B产品销售成本增长率	10%				
16	C产品销售成本增长率	14%				
17	D产品销售成本增长率	9%				

上图建立方式为：

输入已知 2007 年的总销售额 200000，A 产品、B 产品、C 产品和 D 产品的销售成本（分别是 46000、78000、40000 和 30000）及增长率。

在 C3 单元格中输入公式“=B3*(1+$B$13)”，然后将其复制到 D3、E3 和 F3 单元格中；

在 C5 单元格中输入公式“=B5*(1+$B$14)”，然后将其复制到 D5、E5 和 F5 单元格中；

在 C6 单元格中输入公式“=B6*(1+$B$15)”，然后将其复制到 D6、E6 和 F6 单元格中；

在 C7 单元格中输入公式“=B7*(1+$B$16)”，然后将其复制到 D7、E7 和 F7 单元格中；

在 C8 单元格中输入公式 “=B8*(1+$B$17)”，然后将其复制到 D8、E8 和 F8 单元格中；

第 9 行数据是第 5 至 8 行数据对应列之和；

第 10 行利润是总销售额和销售成本之差；

单元格 E14 的 5 年总利润是第 10 行数据之和。

从图中可以看出，在这种估计方案下，5 年的总利润能达到三十五万多。但这毕竟是最好的估计方案，市场是变化的，应该做最坏的打算。假设在最坏的情况下，总销售额增长率还是 18%，但是各种食品的销售成本在增加，A 产品、B 产品、C 产品和 D 产品的销售成本分别增长为 9%、12%、16%和 10%，在这种假设下，公司 5 年的总利润应该是多少呢？

可以直接修改上图中各种产品的销售成本增长率，以便查阅总利润。但这种方式有一个缺点：不能同时对比最好和最坏的情况，而且经过一段时间后，或许会忘记工作表中没有保存的估计情况。

对于这个问题，Excel 2007 提供了一种较好的处理方法——“方案”。把最好和最坏的两组估计数据保存为方案。这样，在任何时候都可以从保存的方案中取出当初制定的估计数据对工作表进行计算。建立方法如下。

1 选定要建立方案的工作表中的任意一个单元格，打开“数据”选项卡，单击“数据工具”选项组中的“假设分析”按钮，从下拉菜单中选择“方案管理器”命令，如下图所示。

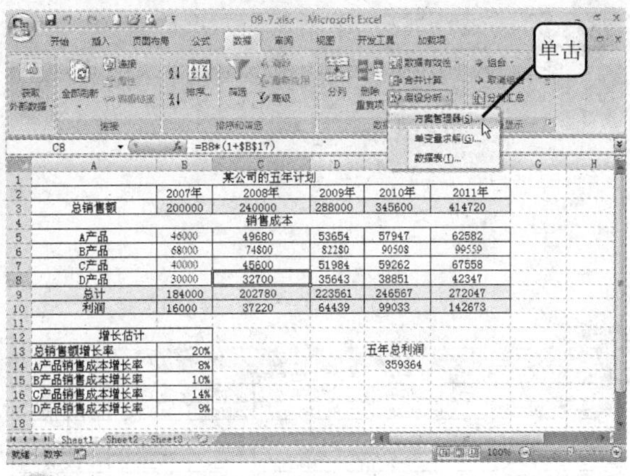

	A	B	C	D	E	F
1			某公司的五年计划			
2		2007年	2008年	2009年	2010年	2011年
3	总销售额	200000	240000	288000	345600	414720
4			销售成本			
5	A产品	46000	49680	53654	57947	62582
6	B产品	68000	74800	82280	90508	99559
7	C产品	40000	45600	51984	59262	67558
8	D产品	30000	32700	35643	38851	42347
9	总计	184000	202780	223561	246567	272047
10	利润	16000	37220	64439	99033	142673
12	增长估计					
13	总销售额增长率	20%			五年总利润	
14	A产品销售成本增长率	8%			359364	
15	B产品销售成本增长率	10%				
16	C产品销售成本增长率	14%				
17	D产品销售成本增长率	9%				

2 在建立方案之前，“方案管理器”对话框是空白的。单击“添加”按钮，如下图所示。

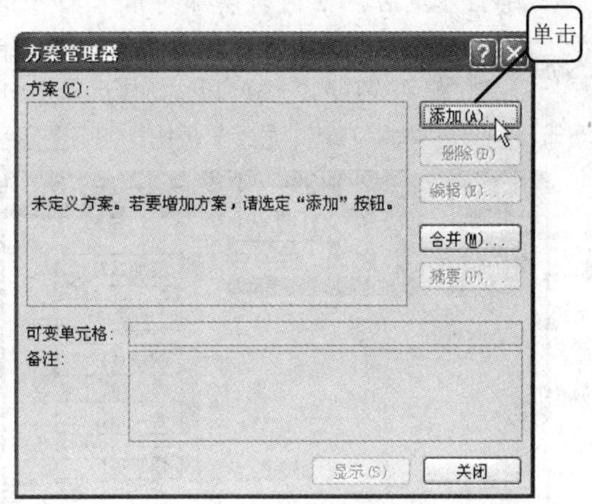

3 输入方案名“最好五年计划”，在“可变单元格”文本框中输入方案中可变量的单元格或单元格区域，本例是“$B$13:$B$17”，单击“确定”按钮如下图所示。

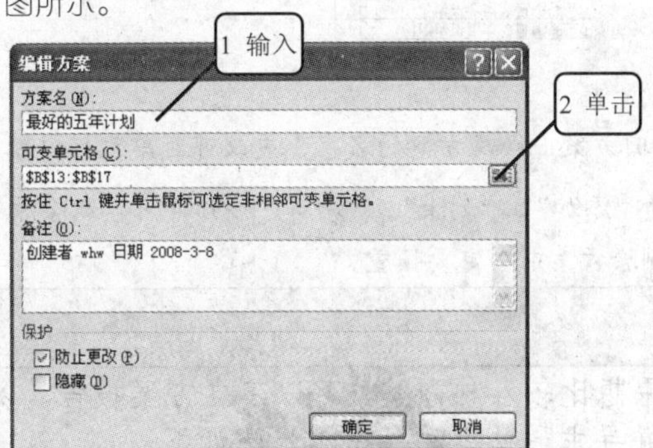

4 在“方案变量值“对话框中，5 个变量已经有了默认值，即最好方案下的增长率，单击“确定”按钮将此方案添加到“方案管理器“中，如下图所示。

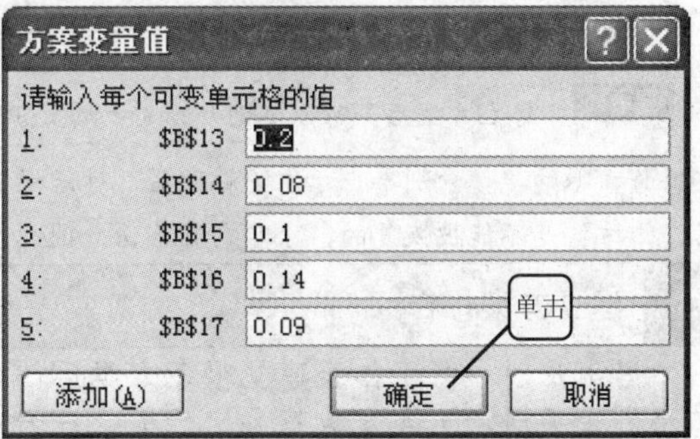

5 返回“方案管理器”对话框，可以看到刚才新建的方案，用同样的方法添加方案“最坏的五年计划”，在“方案变量值”对话框中输入新的增长情况，分别为 20%、9%、12%，16%和 10%，如下图所示。

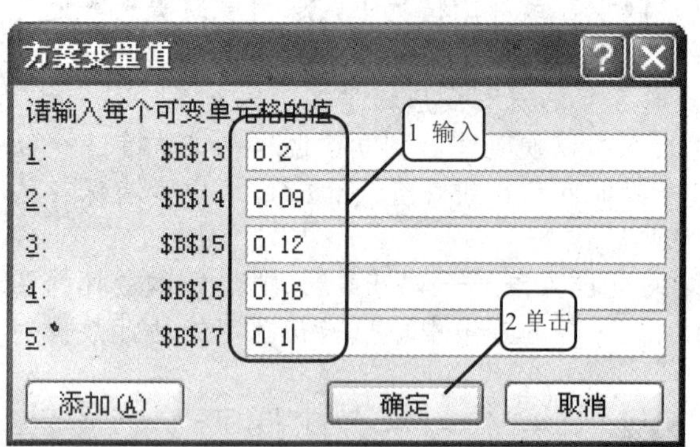

6 返回“方案管理器”对话框，可以看到刚才新建的两个方案，如下图所示。

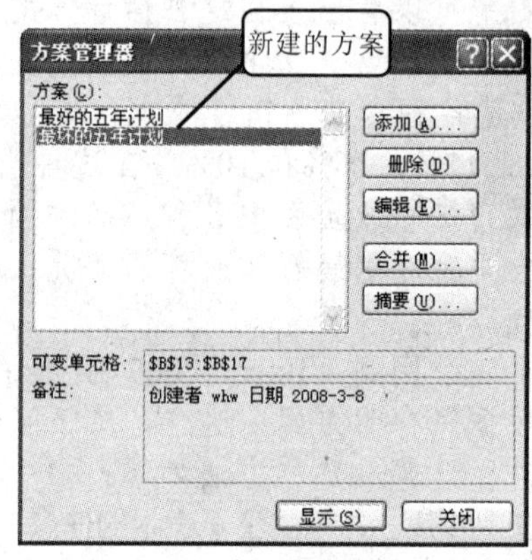

2 显示/增加/删除方案

建立方案后，任何时候都可以查看不同方案对总利润带来的影响。操作方法如下。

1 打开包含方案的工作表，再次打开“方案管理器”对话框，从中选择一种方案，这里选择“最坏的五年计划”方案然后单击“显示”按钮，如下图所示。

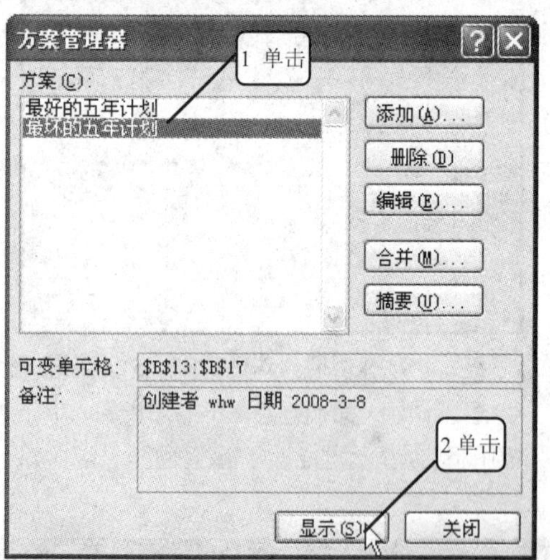

2 工作表中显示了增长情况分别为 20%、9%、12%、16%和 10%所得出的数据，如下图所示。

	A	B	C	D	E	F
1	某公司的五年计划					
2		2007年	2008年	2009年	2010年	2011年
3	总销售额	200000	240000	288000	345600	414720
4	销售成本					
5	A产品	46000	50140	54653	59571	64933
6	B产品	68000	76160	85299	95535	106999
7	C产品	40000	46400	53824	62436	72426
8	D产品	30000	33000	36300	39930	43923
9	总计	184000	205700	230076	257472	288281
10	利润	16000	34300	57924	88128	126439
11						
12	增长估计					
13	总销售额增长率	20%			五年总利润	
14	A产品销售成本增长率	9%			322791	
15	B产品销售成本增长率	12%				
16	C产品销售成本增长率	16%				
17	D产品销售成本增长率	10%				

提示您 建立方案后，可以随时增加新方案、删除旧方案、修改方案的名字、更改可变单元格内容等。这些操作都很简单，分别单击“方案管理器”对话框中的“添加”、“删除”、“编辑”按钮即可。删除原有方案后，该方案是不能被恢复的，除非它有备份，因此在删除方案前一定要慎重。

3 建立方案报告

当用户对一张工作表建立很多方案后，如果想比较各种方案，可以建立方案报告，以便对各种方案采用的可变参数及方案结果进行对比并寻求最佳方案。操作步骤如下。

1 打开“方案管理器”对话框，单击“摘要”按钮，如下图所示。

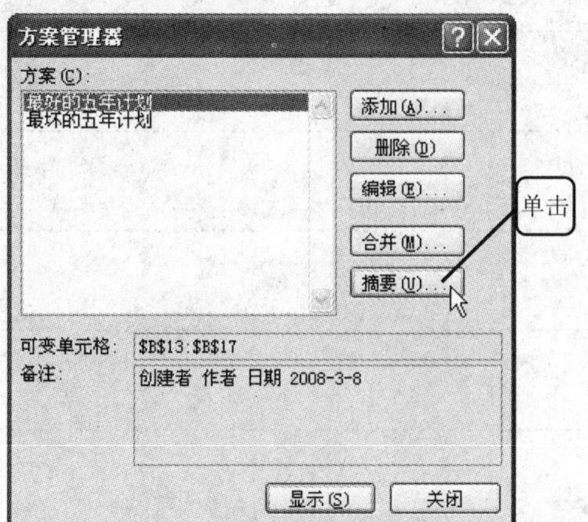

2 默认状态下，在“报表类型”选项组中选中“方案摘要”单选按钮，在“结果单元格”文本框中选择$E$14 单元格，也就是用户的“五年总利润”所在的单元格，单击“确定”按钮，如下图所示。

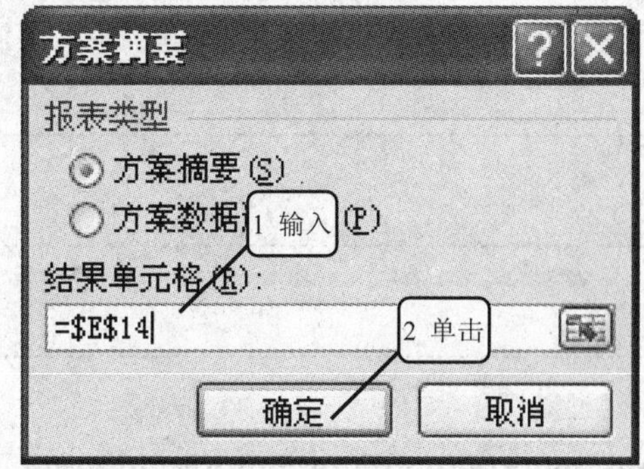

3 从方案报告可以看出各种方案中可变单元格的值，以及各种方案的最大获利情况，如下图所示。不过这样建立的方案报告不是很清晰。问题在于，其中有些单元格用单元格行列数来表示。

方案摘要	当前值:	最好的五年计划	最坏的五年计划
可变单元格:			
$B$13	20%	20%	20%
$B$14	8%	8%	9%
$B$15	10%	10%	12%
$B$16	14%	14%	16%
$B$17	9%	9%	10%
结果单元格:			
$E$14	359364	359364	322791

4 用户可以结合表格，将该单元格修改为相关项的名称。修改后的最终结果如下图所示。

方案摘要	当前值:	最好的五年计划	最坏的五年计划
可变单元格:			
总销售额	20%	20%	20%
A产品销售额	8%	8%	9%
B产品销售额	10%	10%	12%
C产品销售额	14%	14%	16%
D产品销售额	9%	9%	10%
结果单元格:			
总利润额	359364	359364	322791

- 安装打印机
- 预览打印效果
- 设置打印纸张及方向
- 设置页边距
- 设置页眉及页脚
- 设置分页打印
- 打印文档
- 只打印指定文档中的指定区域
- 打印多页表格的标题
- 打印行列标号

第15章 页面布局及打印

实例素材	\实例素材\第15章\15.xlsx
实例结果	\实例结果\第15章\15.xlsx

15.1 实例——设置及打印“2007 年度产品库存统计表”

本章打印一张“2007 年度产品库存统计表”，如下图所示。通过该实例，读者可以了解打印的主要步骤。

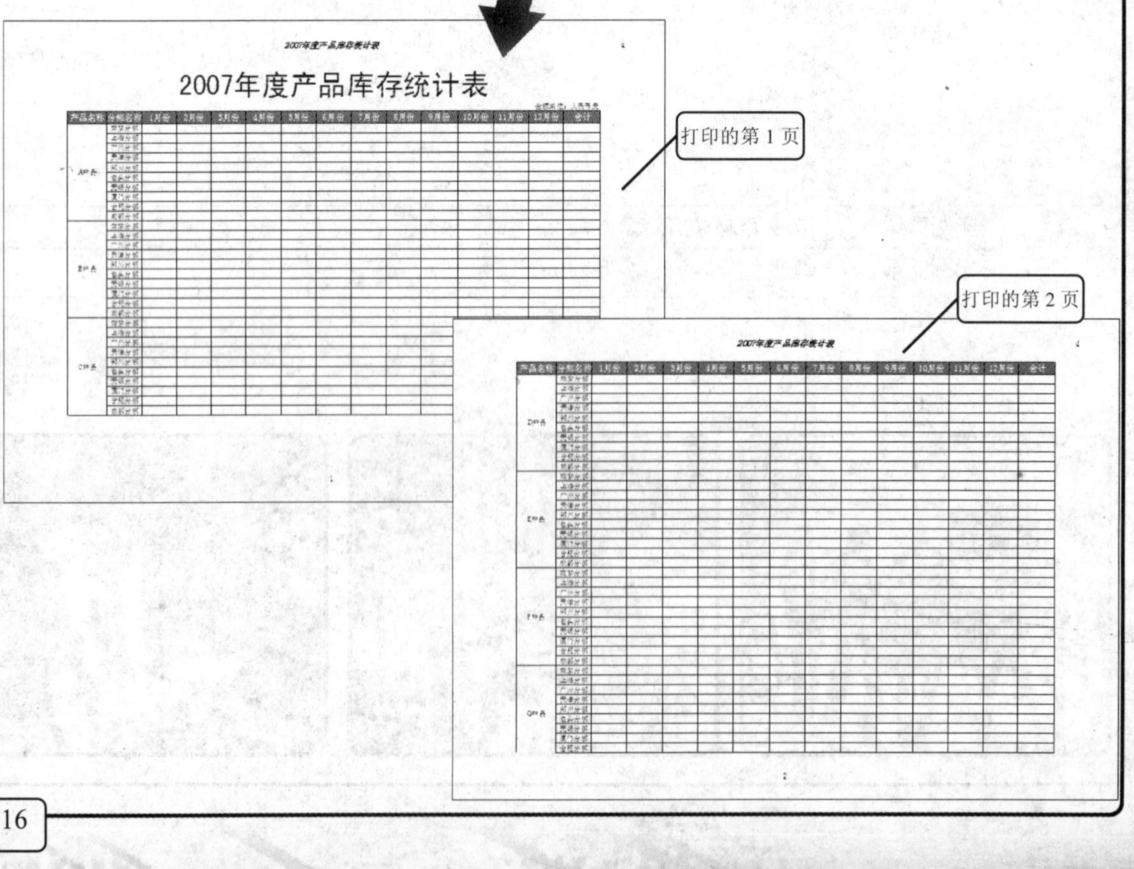

2007年度产品库存统计表

金额单位：人民币元

产品名称	分部名称	1月份	2月份	3月份	4月份	5月份	6月份	7月份	8月份	9月份	10月份	11月份	12月份	合计
A产品	南京分部													
	上海分部													
	广州分部													
	天津分部													
	郑州分部													
	包头分部													
	无锡分部													
	厦门分部													
	合肥分部													
	成都分部													
B产品	南京分部													
	上海分部													
	广州分部													
	天津分部													
	郑州分部													
	包头分部													
	无锡分部													
	厦门分部													
	合肥分部													
	成都分部													
C产品	南京分部													
	上海分部													
	广州分部													
	天津分部													
	郑州分部													
	包头分部													
	无锡分部													
	厦门分部													
	合肥分部													
	成都分部													
D产品	南京分部													
	上海分部													
	广州分部													
	天津分部													
	郑州分部													
	包头分部													
	无锡分部													
	厦门分部													

打印的第 1 页

打印的第 2 页

15.1.1　安装打印机

一般情况下，是不能保证制作完成的工作表在打印输出时就一定合格，如果直接打印则很有可能会浪费纸张，所以，在打印前应先预览一下效果，然后再反复调整，合适后再进行打印。

要使用 Excel 的打印预览功能，应确保已经安装了打印机。如果没有安装现实中的打印机，也没有安装 Windows 系统默认的打印机，则在使用打印预览功能时会弹出警告对话框，如右图所示。

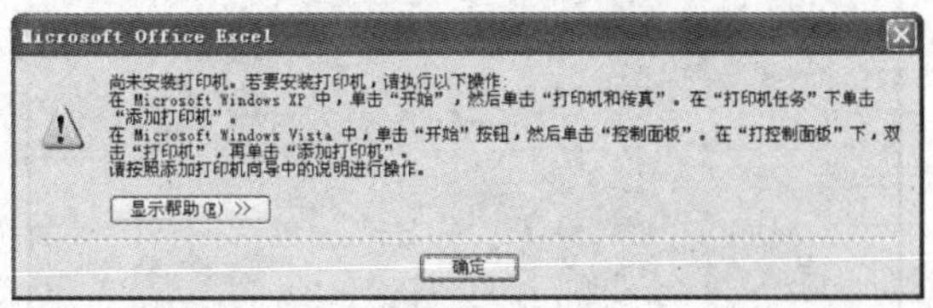

下面介绍安装 Windows 系统默认的打印机的方法，它与安装现实中的打机印的方法完全相同。

进入“控制面板”窗口，双击其中的“打印机和传真”图标，如下图所示。

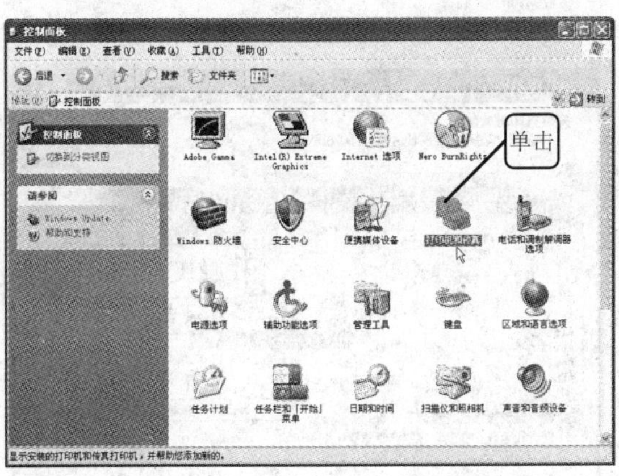

2　打开“打印机和传真”窗口，可以发现其中没有安装任何打印机，单击窗口左侧的“添加打印机”链接项，如下图所示。

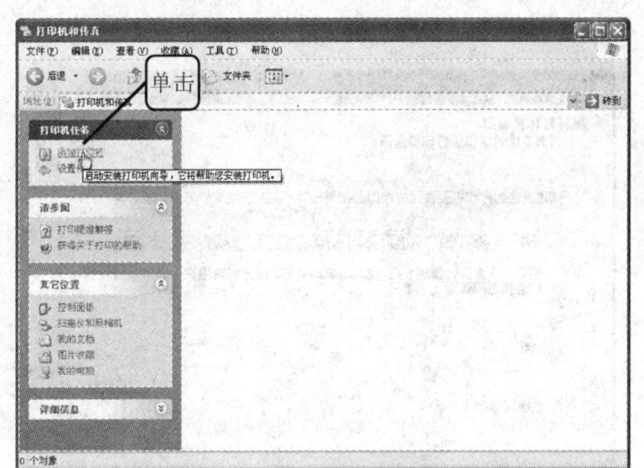

3　弹出“添加打印机向导”对话框，单击“下一步”按钮，如下图所示。

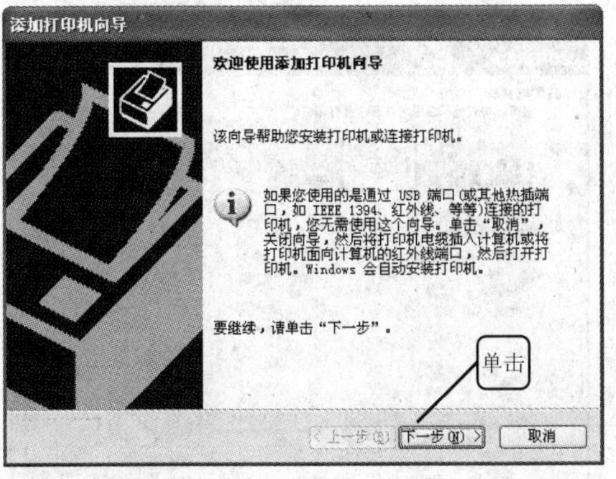

4　保持默认选项，单击“下一步”按钮，如下图所示。

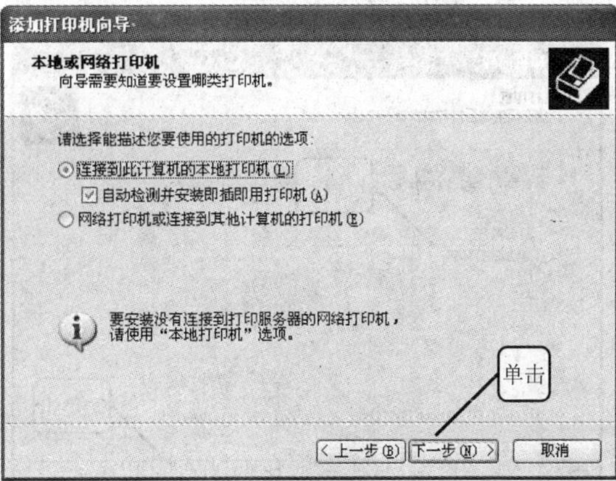

15

5 向导开始搜索是否有即插即用的打印机等待安装，如下图所示。

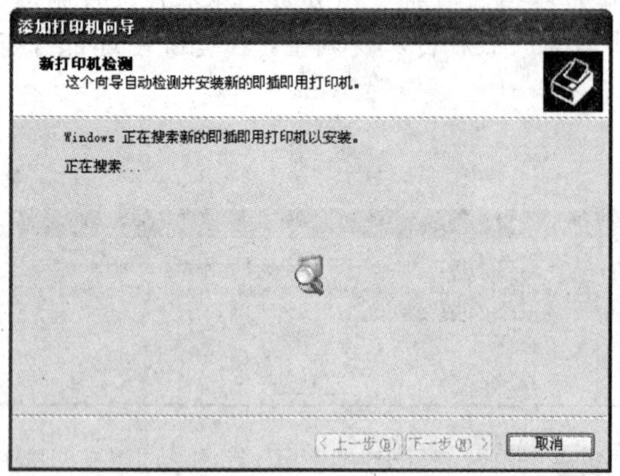

6 由于安装的是系统默认打印机，所以向导没有找到该打印机，将显示下图所示的对话框，单击“下一步”按钮，如下图所示。

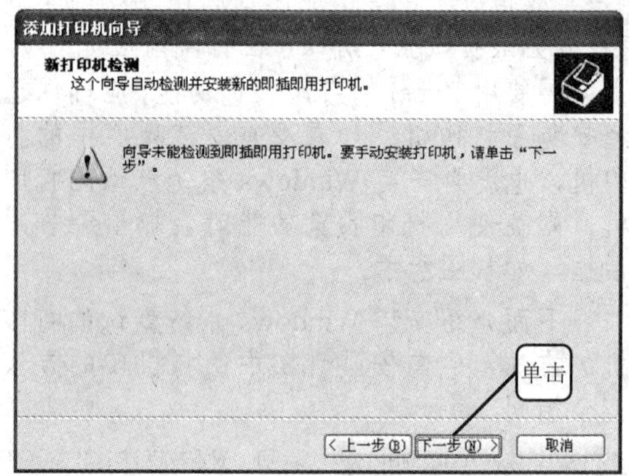

7 保持默认端口，单击“下一步”按钮，如下图所示。

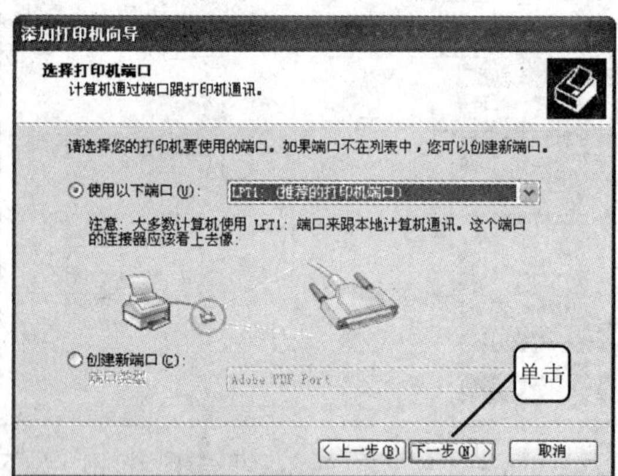

8 向导要求选择打印机，由于是安装默认打印机，所以可以任意选择“厂商”和“打印机”，然后单击“下一步”按钮，如下图所示。

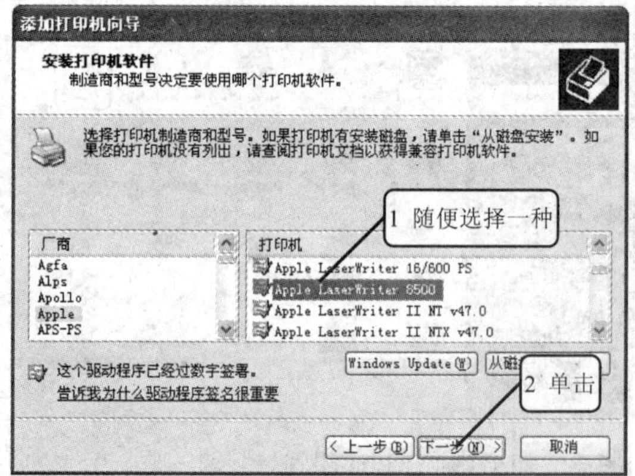

9 为新装的打印机输入名字，然后单击“下一步”按钮，如下图所示。

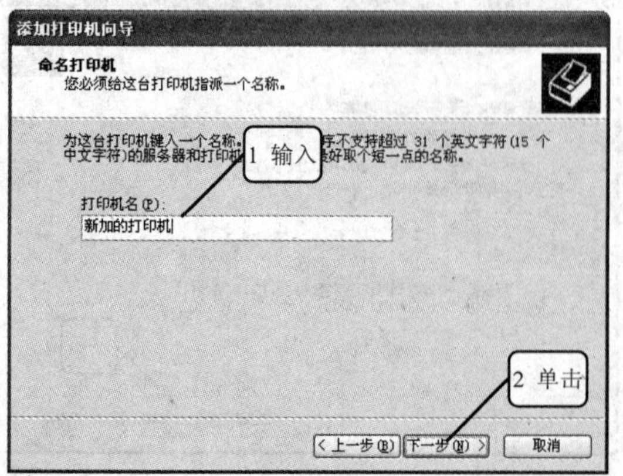

10 选中“不共享这台打印机”单选按钮，然后单击“下一步”按钮，如下图所示。

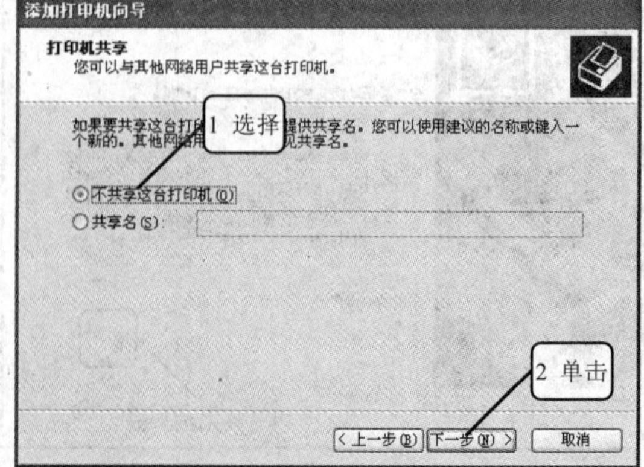

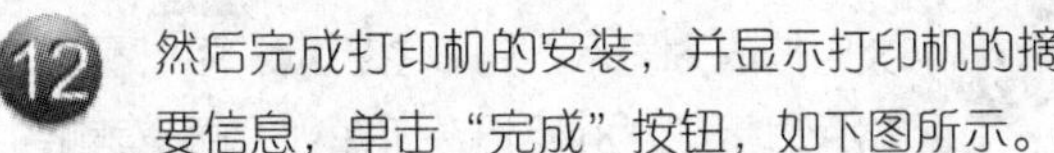

11 向导询问是否打印测试页，选中“否”单选按钮，单击“下一步”按钮，如下图所示。

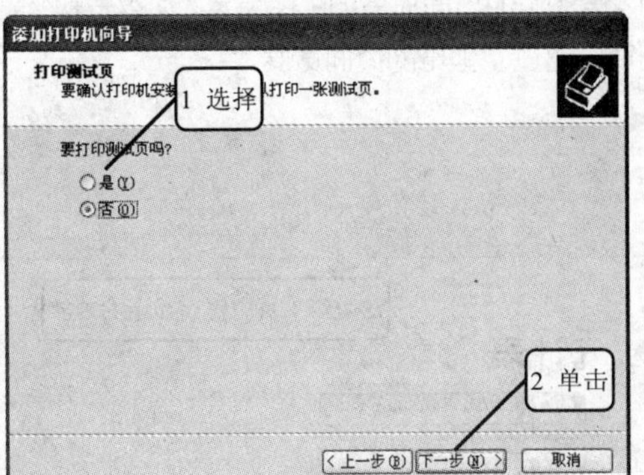

12 然后完成打印机的安装，并显示打印机的摘要信息，单击“完成”按钮，如下图所示。

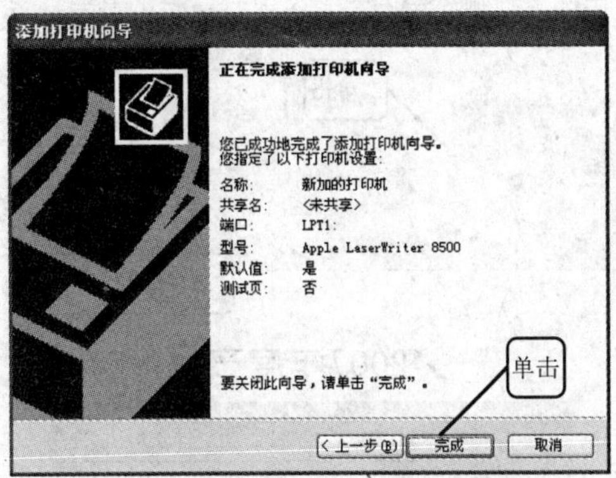

13 这时在“打印机和传真”窗口中可以看到新安装的打印机，如右图所示。

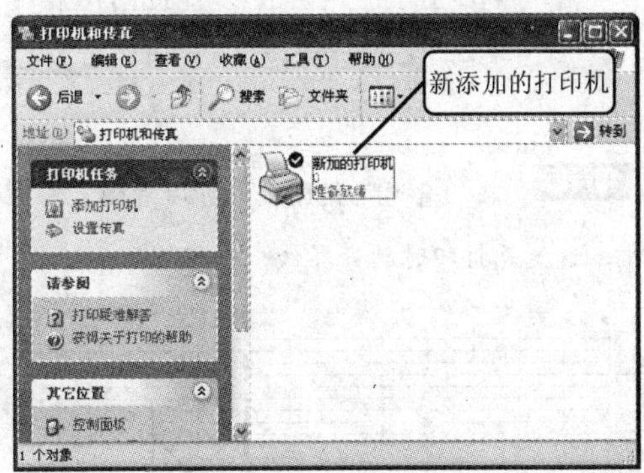

15.1.2　预览打印效果

下面就来预览打印效果，看看是否合适。

1 打开随书光盘中“\实例素材\第 15 章\15.xlsx”文档，单击“快速访问工具栏”中的“打印预览”按钮，如下图所示。

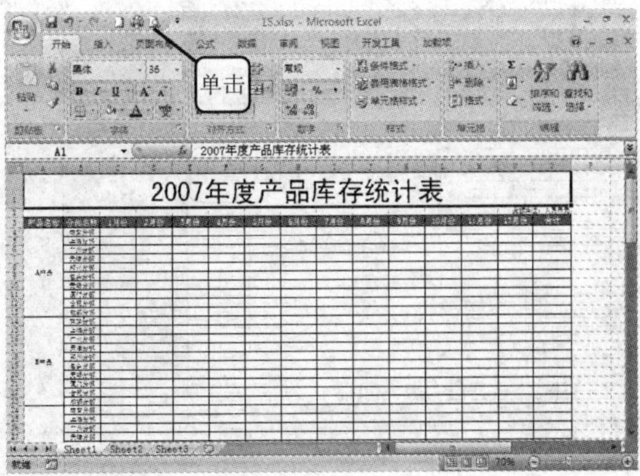

2 进入打印预览状态，如下图所示。打开“打印预览”选项卡，单击“显示比例”选项组中的“显示比例”按钮，如下图所示。

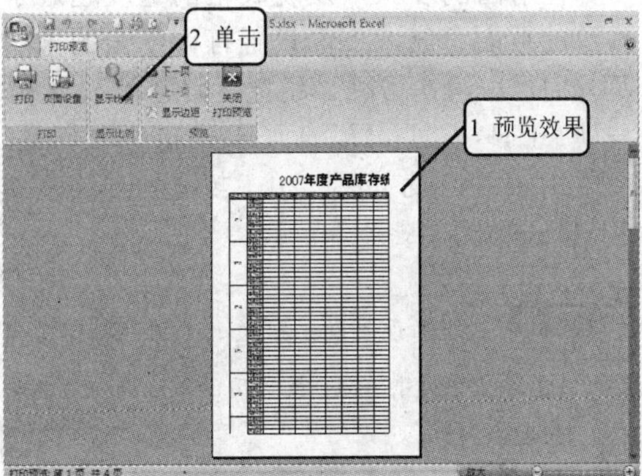

3 文档被放大显示，如下图所示。可以看到表格只显示到“8 月份”所在列，原先表格中“8 月份”右侧还有内容，这里没有显示出来。

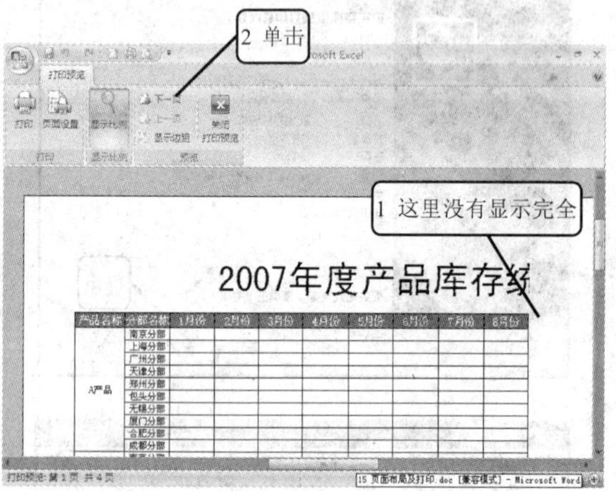

4 打开“打印预览”选项卡，单击“预览”选项组中的“下一页”按钮，可显示下面的页面，第 3 页的页面显示如下图所示。可以发现，表格的宽度超过了预览的页面宽度。

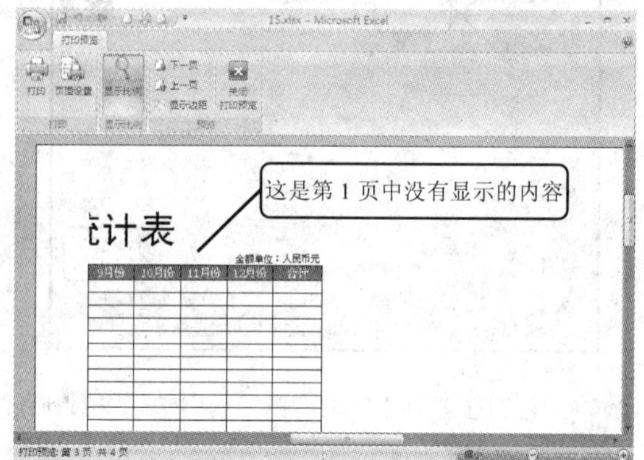

提示您 在“普通”视图中，可以看到表格中有虚线，这就是打印时的分界线，如下图所示。

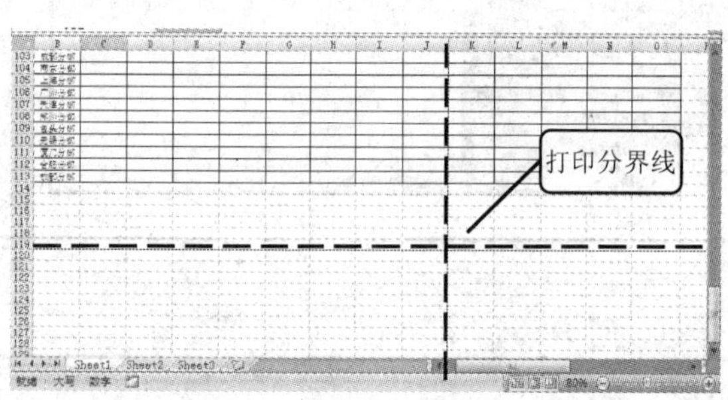

提示您 在“分页”视图中，可以看到表格中有蓝色的虚线，这就是打印时的分界线，如下图所示。

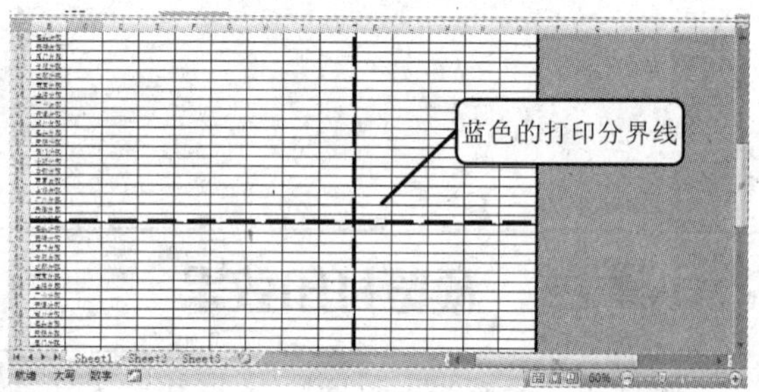

15.1.3 设置打印纸张大小及方向

在前面的步骤中发现表格的宽度超过了预览的页面宽度，下面设置打印纸张的大小及方向，以解决这种“超宽”问题。

1 打开“页面布局”选项卡，单击“页面设置”选项组中的“纸张大小”按钮，从下拉菜单中选择一种纸张，如右图所示。

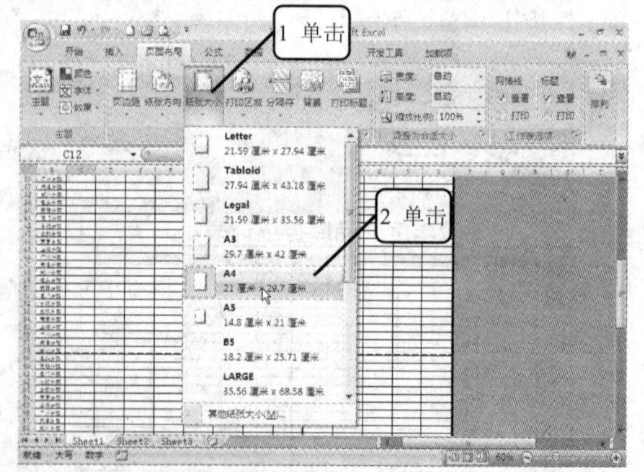

多学点 这里所设置的纸张大小必顺和打印机中放入的实际纸张大小一致。最常用的纸张是 A3、A4、B5、16 开等。

2　打开“页面布局”选项卡，单击“页面设置”选项组中的“纸张方向”按钮，从下拉菜单中选择“横向”命令，如下图所示。

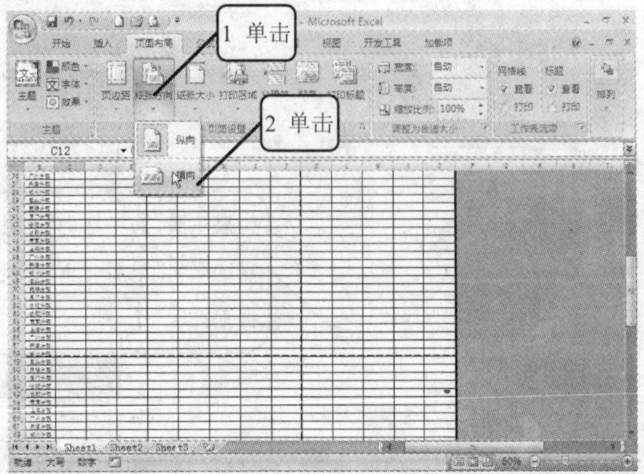

3　再次进入打印预览状态，如下图所示。可以看到在预览状态中已经显示了表格所有的列。

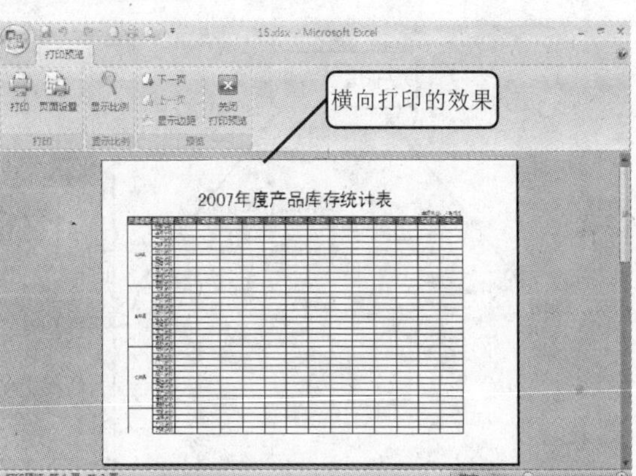

15.1.4　设置页边距

所谓页边距就是文档的正文内容与纸张边缘的间隔距离。页边距分为上边距、下边距、左边距和右边距。

1　打开“页面布局”选项卡，单击“页面设置”选项组中的“页边距”按钮，从下拉菜单中选择“自定义页边距”命令，如下图所示。

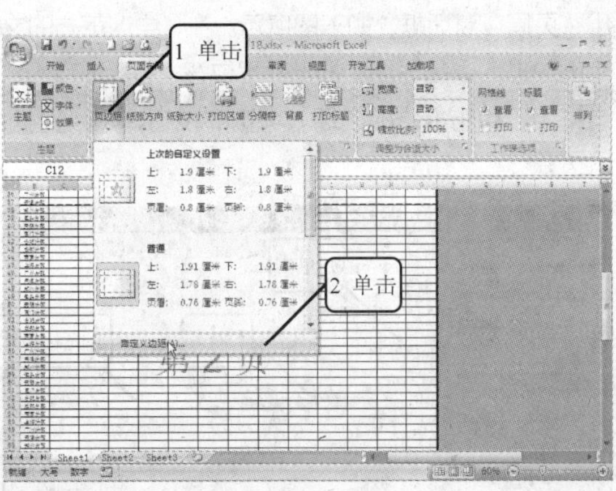

2　弹出“页边设置”对话框，并自动打开了“页边距”选项卡。分别在“上”、“下”、“左”、“右”文本框中输入页边距的数值，并选中“水平”复选框，单击“确定”按钮，如下图所示。

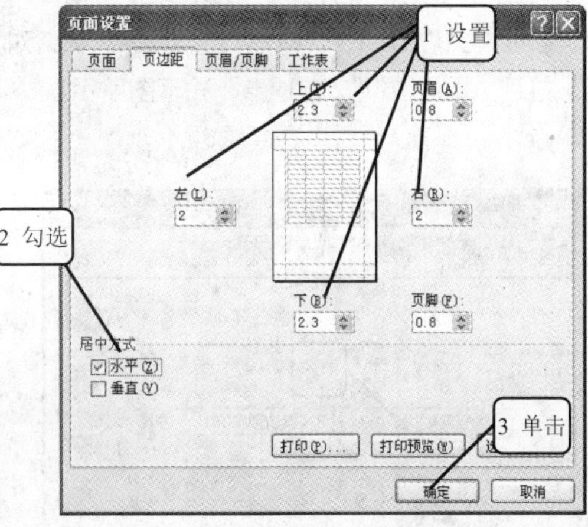

多学点　“页边距”选项卡中各选项的功能说明如下。

- “上”、“下”、“左”、“右”：设置页面上、下、左、右的边距。
- “页眉”：设置页眉与纸张的上边缘的空白距离。
- “页脚”：设置页脚与纸张的下边缘的空白距离。
- “居中方式”：该选项组中有两个复选框，“水平”表示将工作表打印在纸张左右居中的位置；“垂直”

表示将工作表打印在纸张垂直居中的位置。

3 进入打印预览状态，如下图所示。可以看到工作表被打印在纸张左右居中的位置。

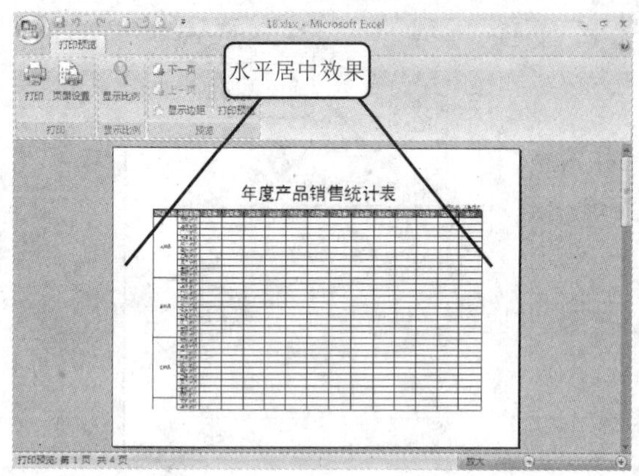

4 切换至第 4 页，可以看到工作表还是顺接排版，如下图所示。

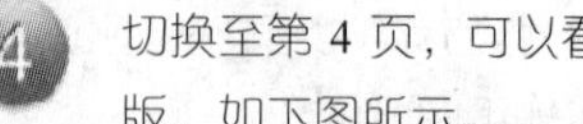

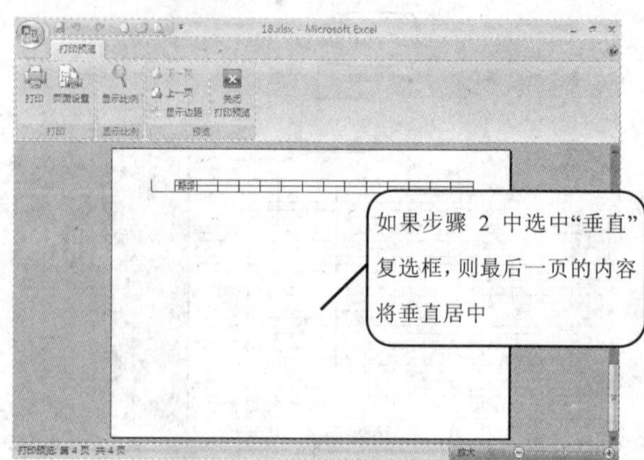

15.1.5 设置页眉及页脚

在页面上添加页眉和页脚，可以增加一些说明信息，以方便读者阅读理解。例如，添加表格的名称、当前的页码、总页码、当前的日期等。

1 设置页眉

页眉显示在每一页的顶部，一般用来显示表格的名称等信息。下面介绍设置页眉的方法。

1 打开"页面布局"选项卡，单击"页面设置"选项组中的"页边距"按钮，从下拉菜单中选择"自定义页边距"命令，将弹出"页面设置"对话框，打开"页眉/页脚"选项卡，如下图所示。

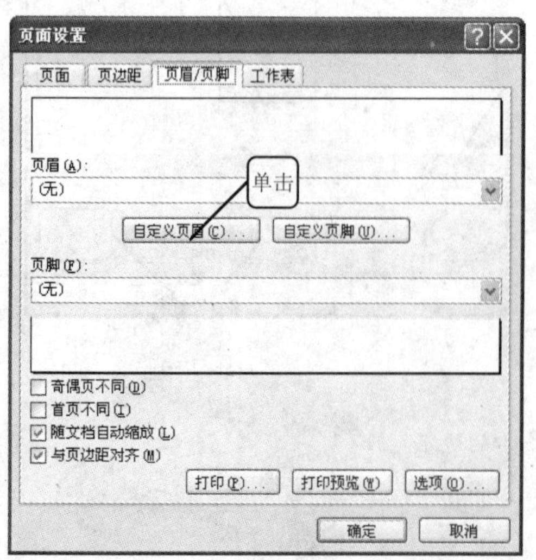

2 可以直接在"页眉"下拉列表中选择一种页眉，也可以单击"自定义页眉"按钮，则弹出"页眉"对话框，如下图所示。在"中"下方的文本框中输入表格名称，将光标定位在"右"下方的文本框中，单击上方的"插入页数"按钮则可以插入页数。

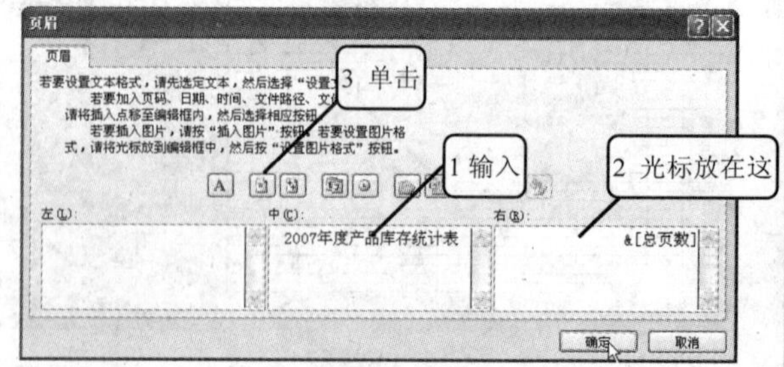

多学点 打开"页面布局"选项卡，单击"页面设置"选项组中的"纸张大小"按钮，从下拉菜单中选择"其他纸张大小"命令，也可以弹出"页面设置"对话框。

3　选中表格名称，单击上方的“格式文本”按钮 A ，则弹出“字体”对话框，在对话框中可以设置表格名称的字体，如下图所示。

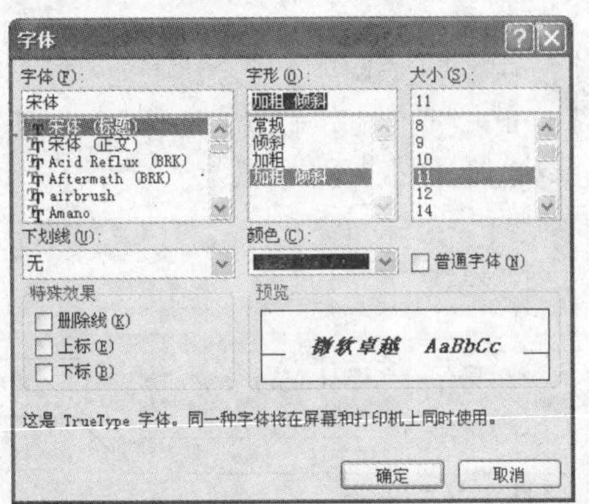

4　进入打印预览状态，如下图所示。可以看到工作表上方已经插入了表格的名称和页数，如下图所示。

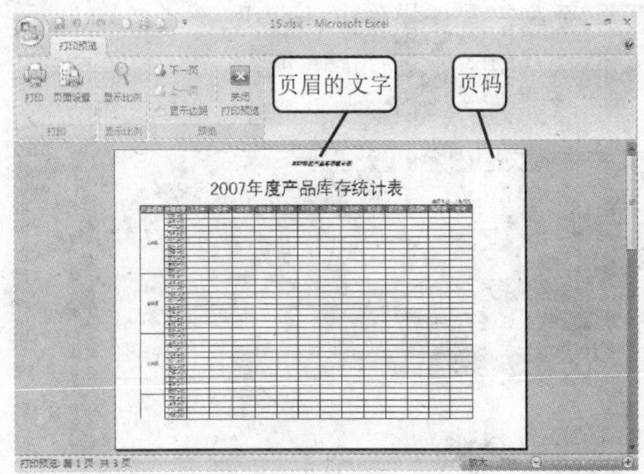

2　设置页脚

页脚显示在每一页的底部。其设置方法与页眉内容的设置方法几乎相同，具体操作步骤如下。

1　打开“页面设置”对话框，切换至“页眉/页脚”选项卡，如下图所示。

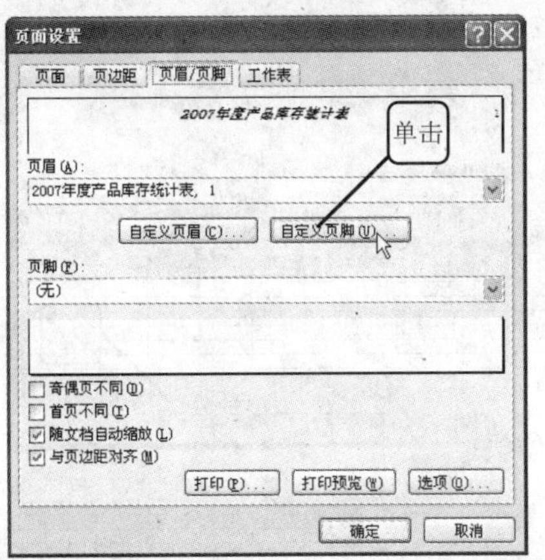

2　可以直接在“页脚”下拉列表中选择一种页脚，也可以单击“自定义页脚”按钮，则弹出“页脚”对话框，如下图所示。将光标定位在“中”下方的文本框中，单击上方的“插入页码”按钮 则可以插入页码。

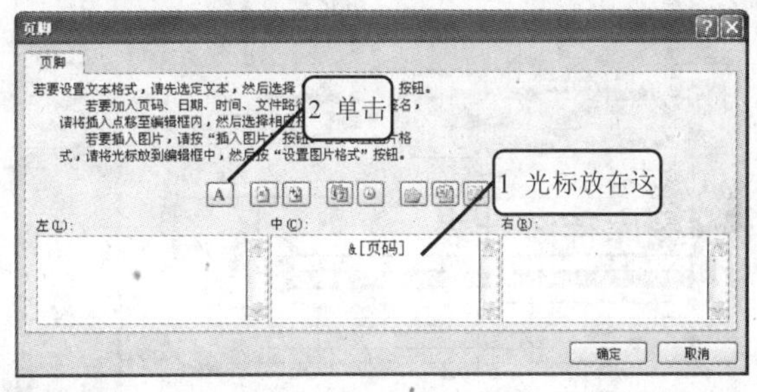

3　在“总页数”的左侧输入“-”，在右侧输入“--”，如下图所示。

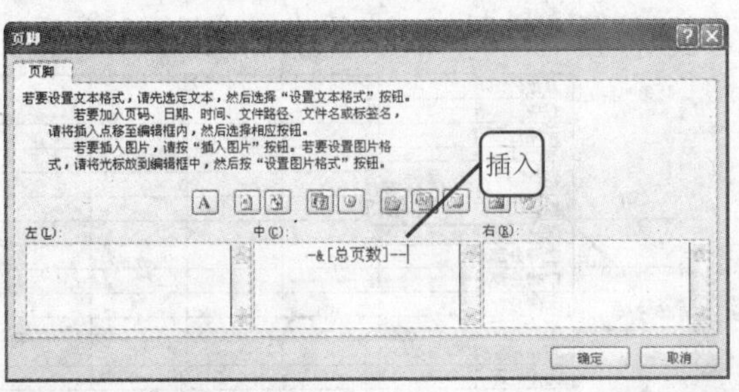

4　进入打印预览状态，如下图所示。可以看到工作表下方已插入了页码，如下图所示。

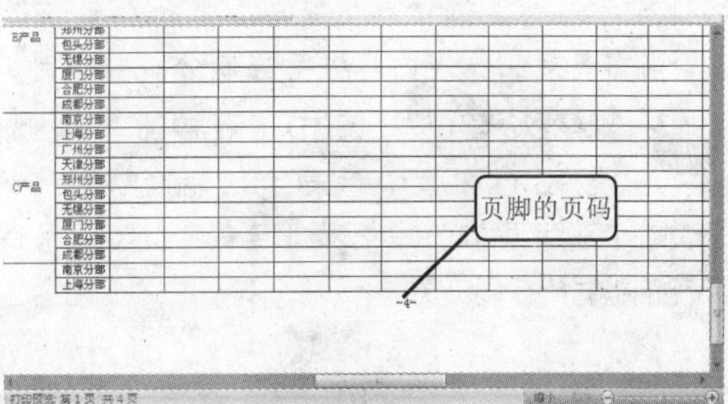

15

3 利用“页面布局”视图设置页眉/页脚

除了可以利用“页面设置”对话框设置页眉和页脚外，还可以利用“页面布局”视图设置页眉/页脚，具体操作方法如下。

1 切换至“页面布局”视图，在表格上方将显示文字“单击可添加页眉”，如下图所示，单击并输入页眉内容。

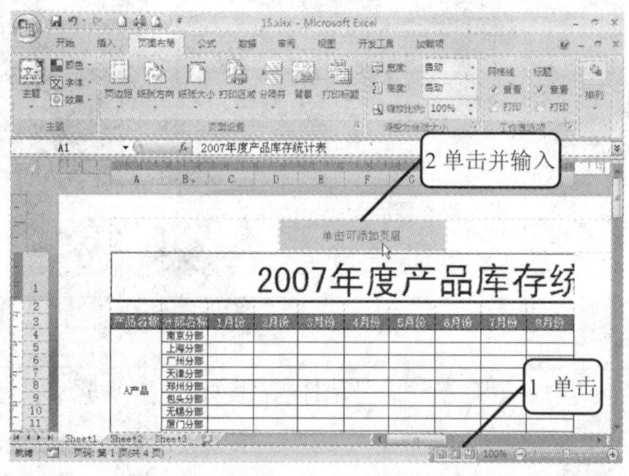

2 在页眉左右两侧还可以添加其他内容，这里单击“页眉和页脚元素”选项组中的“页数”按钮则可以插入页数。

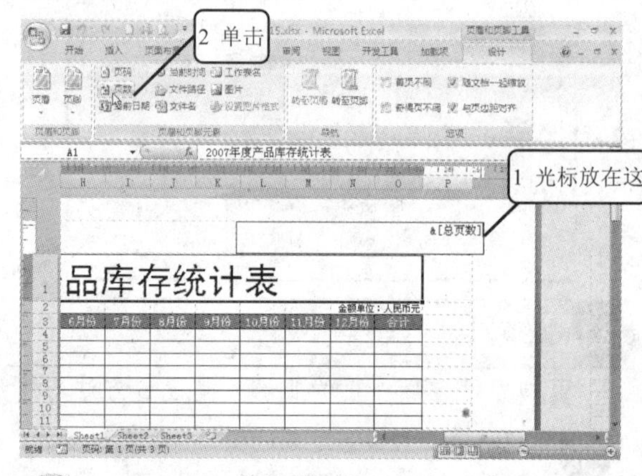

3 单击“导航”选项组中的“转至页脚”按钮，如下图所示。

4 切换至页脚处，用同样的方法添加页脚内容，如下图所示。

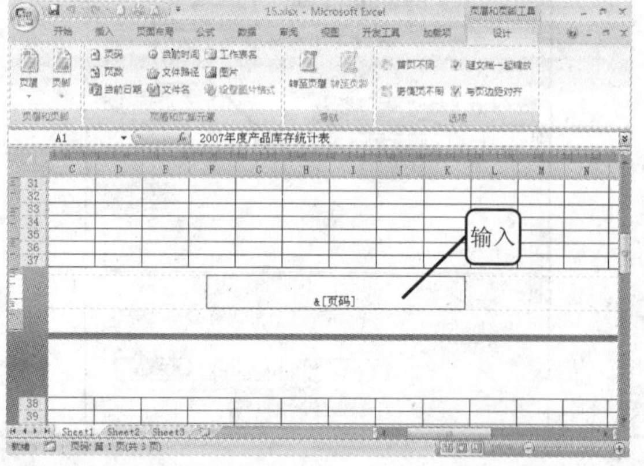

15.1.6 设置分页打印

当需要对工作表内容进行强制分页打印时，可以通过插入分页符对表格内容进行强制分页。

1 观察数据可以发现在 D 产品中部有一根虚线，如右图所示。这表明 D 产品的数据将被分割在上下两页打印，为了便于查看，应强制将 D 产品的数据放在同一页。

28	C产品	郑州分部					
29		包头分部					
30		无锡分部					
31		厦门分部					
32		合[illegible]					
33		成[illegible]					
34		南京分部					
35		上海分部					
36		广州分部					
37		天津分部					
38	D产品	郑州分部					
39		包头分部					
40		无锡分部					

这是分页横线

2 选中 D 产品的所在单元格，单击“页面设置”选项组中的“分页符”按钮，如下图所示。

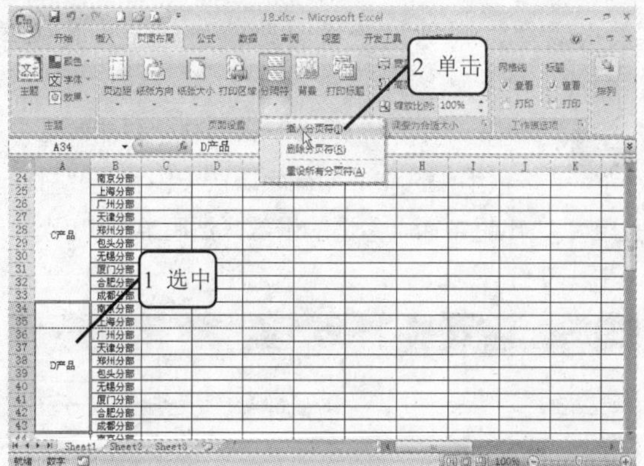

3 可以看到分页符显示在刚才所选行的上方，如下图所示。

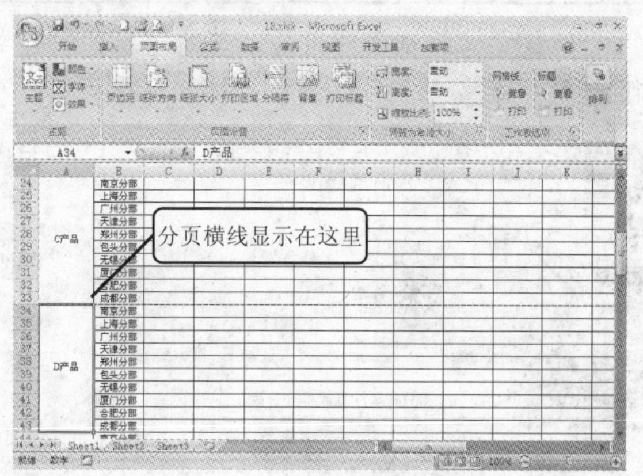

4 进入打印预览状态，如下图所示。可以看到 C 产品下方不再有部分 D 产品的数据，D 产品的数据已切换至下一页了。

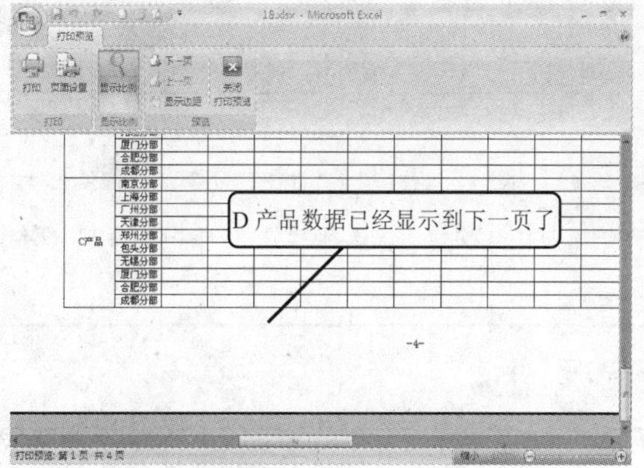

5 如果要删除分页符，需选中分页符所在行，再次单击“分页符”按钮，从下拉菜单中选择“删除分页符”命令，如下图所示。

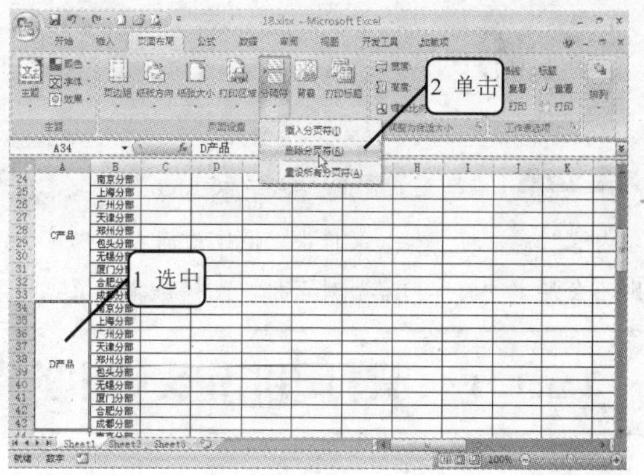

6 如果在表格中设置了多个分页符，可以从“分页符”下拉菜单中选择“重设所有分页符”命令，删除所有的分页符，如下图所示。

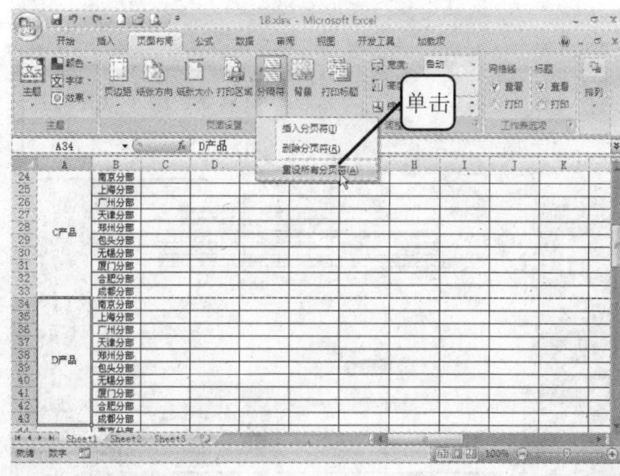

提示您 只有选中最左侧的单元格后单击“分页符”按钮，才能在该单元格的上方插入分页横线。如果选中中间的单元格后单击“分页符”按钮，则将在该单元格的上方和左侧插入分页横线和竖线。

经验谈 在“分页预览”视图中，直接拖动蓝色的分页符，也可以改变分页线的位置。

15.1.7 打印文档

预览文档的打印效果后，若对当前的打印效果很满意，则可以正式打印该文档了。具体操作步骤如下。

1 在预览状态中，单击“打印”选项组中的“打印”按钮，如下图所示。

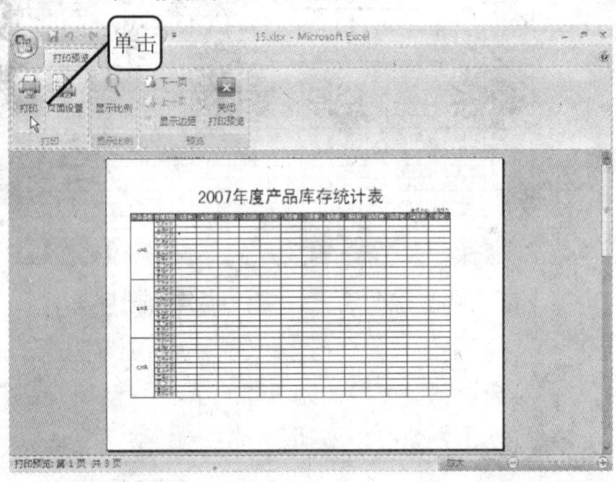

2 弹出“打印内容”对话框，在“打印范围”选项组中选中“全部”单选按钮，在“打印份数”文本框中输入合适的份数，然后单击“确定”按钮，如下图所示。

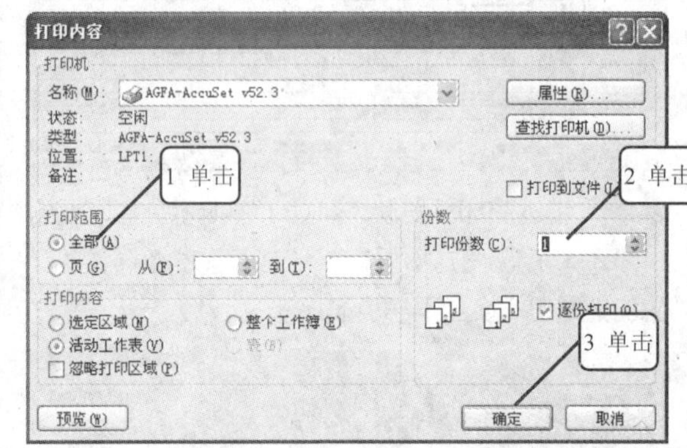

提示您 在普通视图中，单击“Office 按钮”，在弹出的菜单中选择“打印”|“打印”命令，也将弹出“打印内容”对话框。但如果单击“快速访问工具栏”中的“快速打印”按钮，或选择“打印”|“快打印”命令，则不会弹出“打印内容”对话框，直接按默认值打印。

15.1.8 只打印指定文档中的指定区域

如果工作表中的数据比较多，但只需要打印其中的部分内容，则可以按以下方法打印。

1 选中要打印的区域，单击“页面设置”选项组中的“打印区域”按钮，从下拉菜单中选择“设置打印区域”命令，如下图所示。

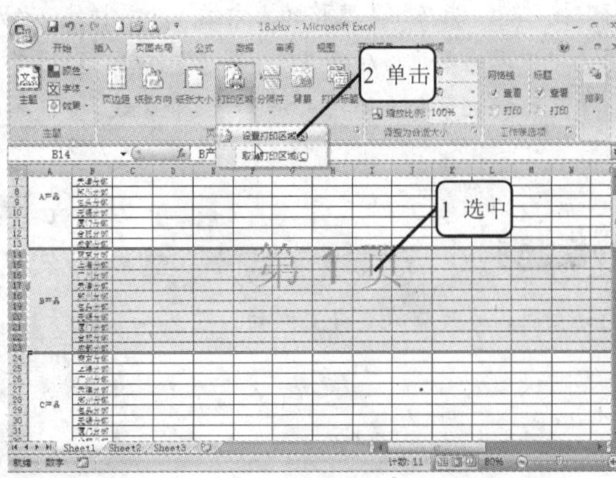

2 进入打印预览状态，可以看到窗口中只显示了刚才选中的区域，如下图所示。

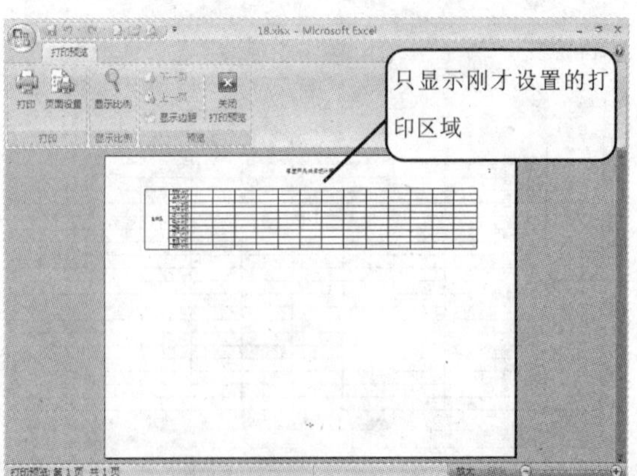

3 打开“打印内容”对话框，在“打印内容”选项组中选中“选定区域”单选按钮，然后单击“确定”按钮即可开始打印，如下图所示。

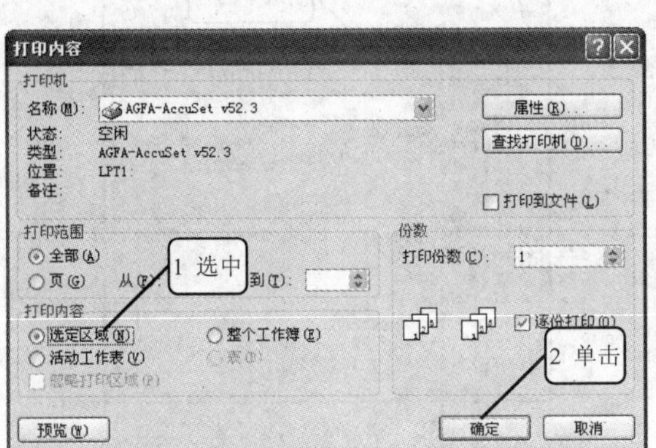

多学点 如果要取消打印区域，则单击“打印区域”按钮，从下拉菜单中选择“取消打印区域”命令即可，如右图所示。

4 如果要打印多个区域，需在执行完步骤 1 后再次选择一个区域，然后再次单击“打印区域”按钮，从下拉菜单中选择“添加到打印区域”命令即可，如下图所示。

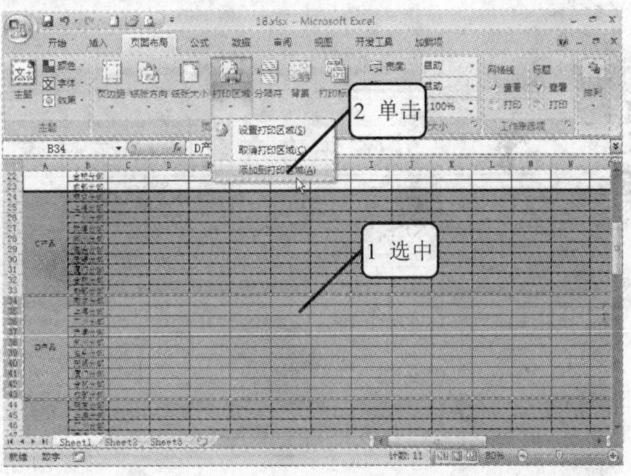

15

15.1.9 打印多页表格的标题

在打印多页表格内容时，若需要在每页都打印相同的标题行时，可以通过以下方法设置在每一页重复打印表格的标题行。

1 打开“页面布局”选项卡，单击“页面设置”选项组中的“打印标题”按钮，如下图所示。

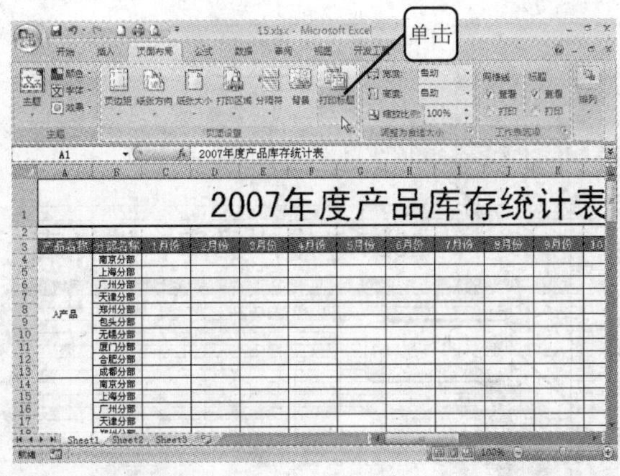

2 弹出“页面设置”对话框，单击“顶端标题行”文本框右侧的按钮，如下图所示。

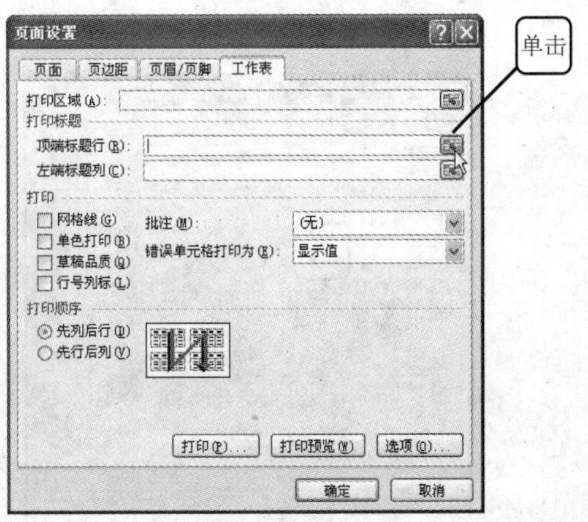

3 在表格中选中标题行，然后单击按钮，如下图所示。

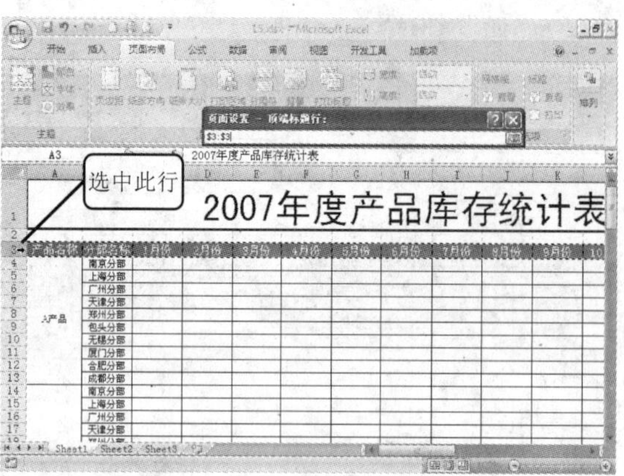

4 返回“页面设置”对话框，可以看到在“顶端标题行”右侧的文本框中显示了标题区域，如下图所示。

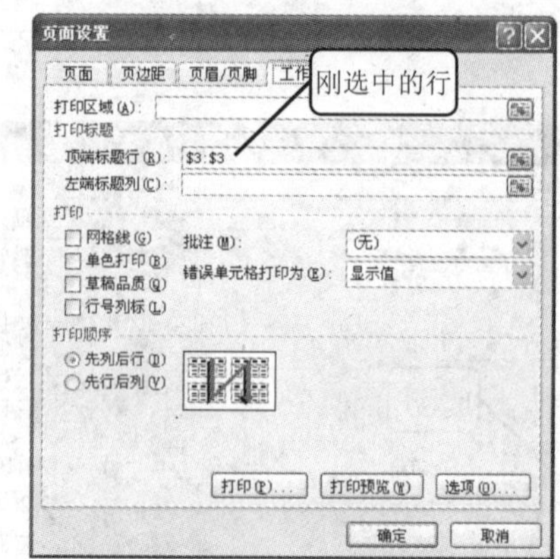

5 进入打印预览状态，切换至第二页，可以看到在表格第二页上方也添加了标题，如右图所示。

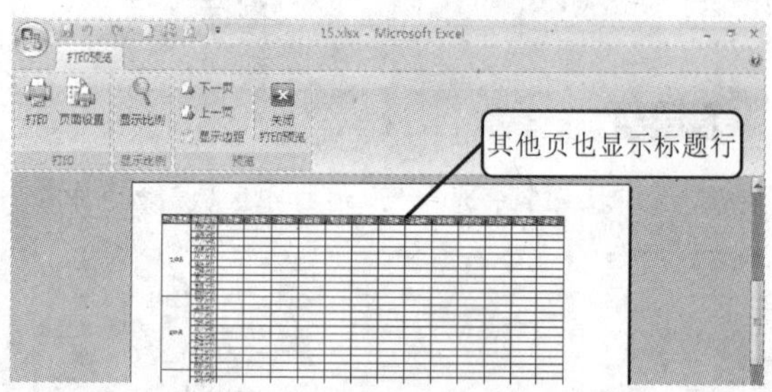

多学点 如果单击“左端标题行”文本框右侧的按钮，则可以用同样的方法添加左端标题行。

15.1.10 打印行列标号

默认情况下，是不会打印工作表窗口显示的行标号和列标号的。如果要打印的表据中数据很多，为了便于查看，可以打印出行标号和列标号。具体操作步骤如下。

1 打开“页面设置”对话框，切换至“工作表”选项卡，选中“打印”选项组中的“行号列标”复选框，如下图所示。

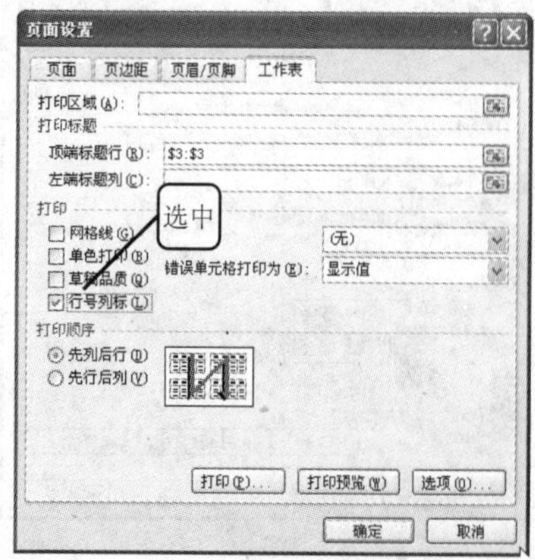

2 在打印预览状态中，可以看到窗口中已经包括了行标号和列标标，如下图所示。

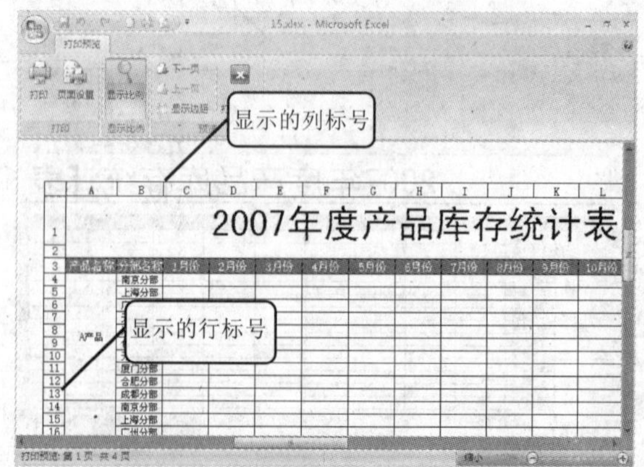

15.2 拓展与提高

15.2.1　加快打印速度

在打印 Excel 文档时，可以通过以下几种途径来加快打印速度。

1　以草稿方式打印

可以通过临时更改打印质量来缩短打印工作表所需的时间。

- 若知道所需的打印机分辨率，就可以改变打印机的打印质量来缩短打印时间；
- 若不能确定所需的打印机分辨率（或质量），则可以用草稿方式打印文档，此方式将忽略格式和大部分图形以提高打印速度。

2　以黑白方式打印

在单色打印机上，Excel 以不同的灰度来打印彩色效果。

若将彩色以黑白方式打印，可以减少 Excel 在打印彩色工作表时所需的时间。在以黑白方式打印工作表时，Excel 将彩色字体和边框打印成黑色，而不使用灰度；Excel 还将单元格和自选图形背景打印为白色，将其他图形和图表按不同灰度打印。

3　不打印网格线

若不打印网格线，可以提高对大型工作表的打印速度。

15.2.2　打印工作表中的公式

若 Excel 表格中含有计算公式，并在打印表格内容时希望将计算公式打印出来，而不打印公式的计算结果时，可以通过以下方法来完成。

1. 单击“公式审查”选项组中的“显示公式”按钮，则表格中显示了公式。
2. 在单元格中显示出计算公式后，单击“Office 按钮”，从下拉菜单中选择“打印”命令，即可打印文档。

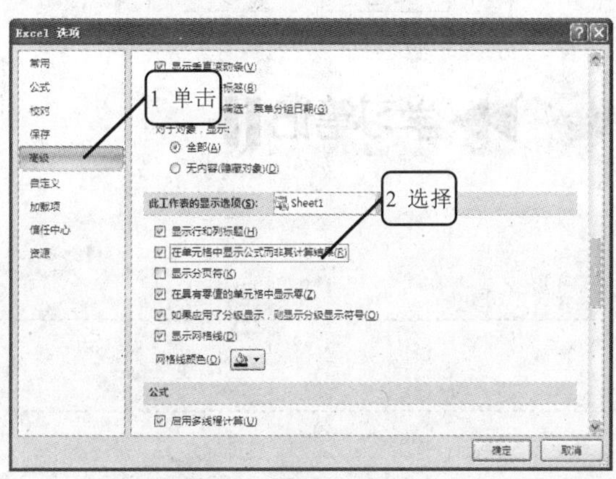

多学点 也可以通过以下方式显示公式：打开“Excel 选项”对话框，在对话框左侧单击“高级”项，在右侧的“此工作表的显示选项”选项组中选中“在单元格中显示公式而非其结算结果”复选框，如右图所示。

多学点 用户可以按〈Ctrl+`〉快捷键将含有计算公式的单元格转换成公式显示或结果值显示。

15

15.2.3 中止正在进行的打印任务

在打印文档时，若发现设置错误或打印有误，应立即中止正在执行的打印任务，然后重新设置再进行打印，以节约打印成本。

1 单击“任务栏”左边的“开始”按钮，从弹出的菜单中选择“打印机和传真”命令，打开“打印机和传真”窗口，如下图所示。在“打印机和传真”窗口中，双击执行打印任务的打印机图标。

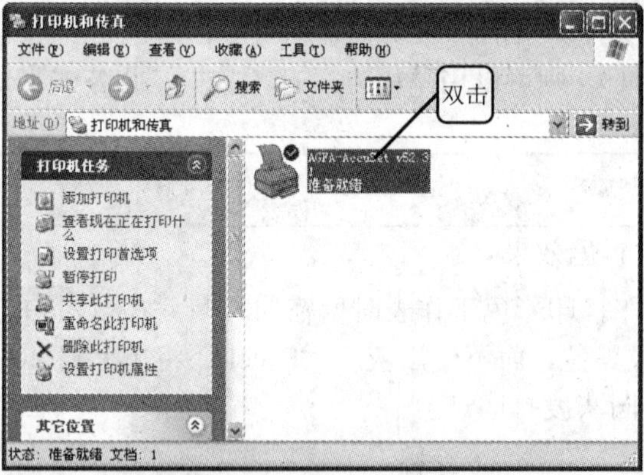

2 打开打印机任务执行窗口，在需要取消的打印任务上单击鼠标右键，在弹出的菜单中选择“取消”命令，如下图所示。

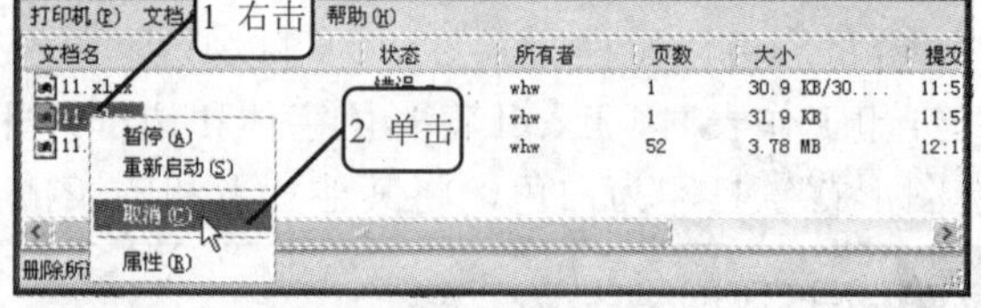

3 弹出取消任务确认对话框，单击“是”按钮即可，如下图所示。

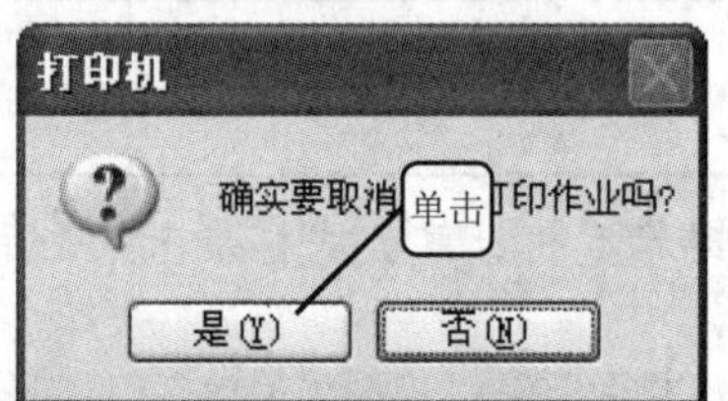

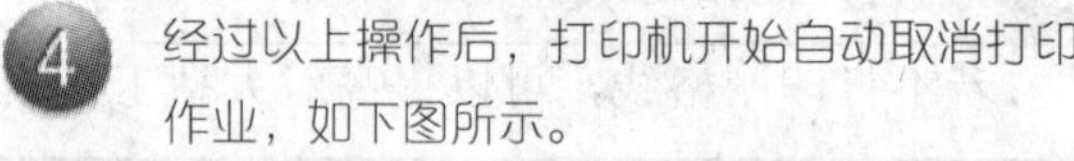

4 经过以上操作后，打印机开始自动取消打印作业，如下图所示。

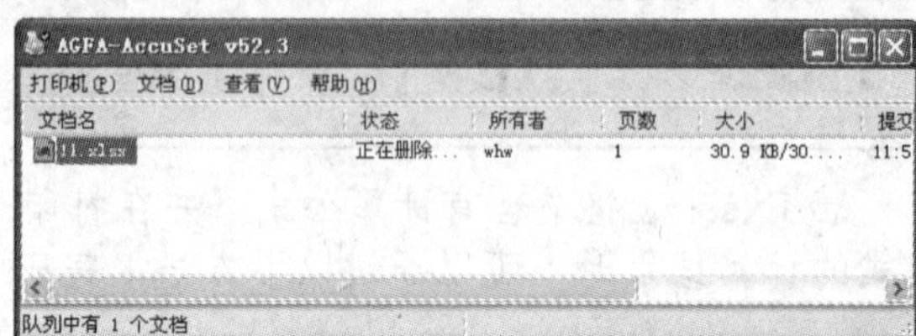

学习笔记

- 新建幻灯片
- 输入幻灯片正文内容
- 自定义幻灯片主题及背景
- 插入并设置图片
- 插入日期和时间、编号、页脚文字
- 调整幻灯片的顺序
- 简单放映幻灯片

第16章 制作一个简单的幻灯片文档

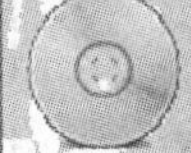

实例素材	\实例素材\第 16 章\ 16-1.jpg,16-2.gif,16-3.gif,16-4.gif
实例结果	\实例结果\第 16 章\ 16.pptx

16.1 实例——制作“职业生涯规划与发展”幻灯片文档

本章先制作一个“职业生涯规划与发展”幻灯片，共有7页，下图显示了其中的4页。

通过该实例，读者可以掌握幻灯片制作的主体内容，主要包括：新建幻灯片，文本的输入，设置幻灯片主题以及背景，插入及处理图片，放映幻灯片等内容。

职业生涯规划与发展　1

职业生涯规划与发展

2008-5-3　主讲人：李东海

第一页

一、导言

2

- 国王和大臣的故事
- 圣经故事
- 成功从来都不是随随便便得来的，它总是一个由此及彼的复杂过程，而它的主人只能是我们自己，所以，请管理好成功！

职业生涯规划与发展　2008-5-3

第二页

二、职业的定义

3

- 由相互关联的一系列工作组成
- 需要特定的知识和技能来完完成
- 可以获得赖以生存的各种资料
- 从事者在较长的时期内以此为生

职业生涯规划与发展　2008-5-3

第三页

三、职业族

4

- 职业族：由相同的功能区域的各种职位所组成

- 1、管理
- 2、市场营销：
- 3、研究与开发
- 4、技术应用
- 5、生产与服务
- 6、文化娱乐
- 7、体育
- 8、教育与培训
- 9、军事及情报
- 10、公安、检察、法院、法律

职业生涯规划与发展　2008-5-3

第四页

16.1.1　输入标题页内容

幻灯片一般有一个标题页，用来显示该幻灯片的标题和演讲者的姓名等。本节将新建一个幻灯片，并输入该幻灯片的标题页内容。

1. 双击桌面上的 PowerPoint 2007 快捷图标，启动 PowerPoint 2007，系统将自动新建一个空白幻灯片，如下图所示。

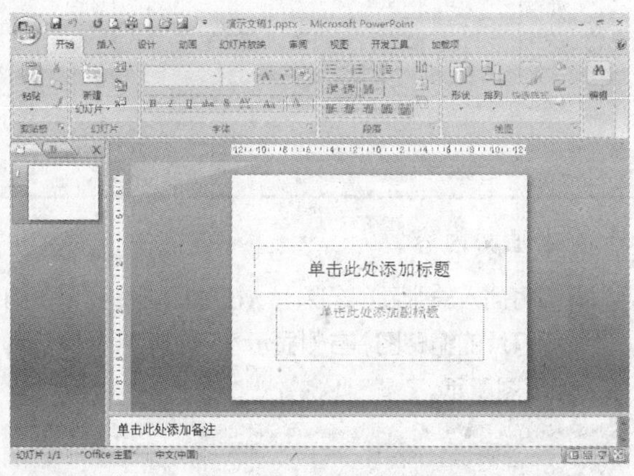

2. 单击“快速访问工具栏”中的“保存”按钮，弹出“另存为”对话框，选择文档保存的位置，然后在“文件名”后的文本框中输入幻灯片名称，如下图所示，单击“保存”按钮。

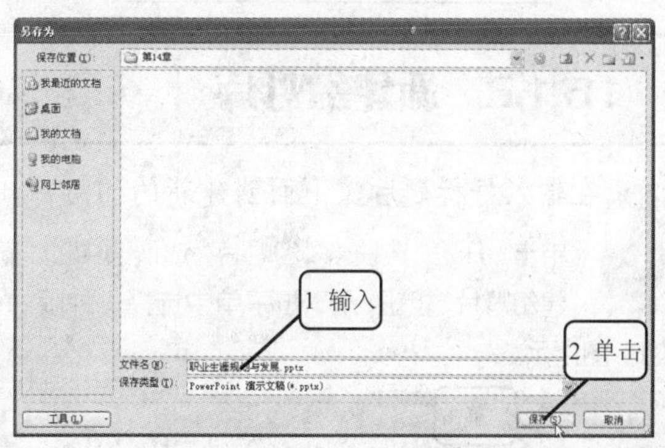

3. 在“单击此处添加标题”占位符文本框内，单击原来的文字自动消失并出现了一个闪烁的光标，如下图所示。

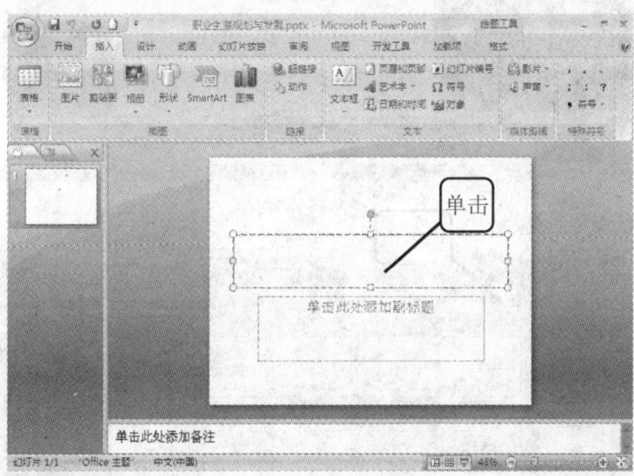

4. 在光标处输入幻灯片名称“职业生涯规划与发展”，如下图所示。

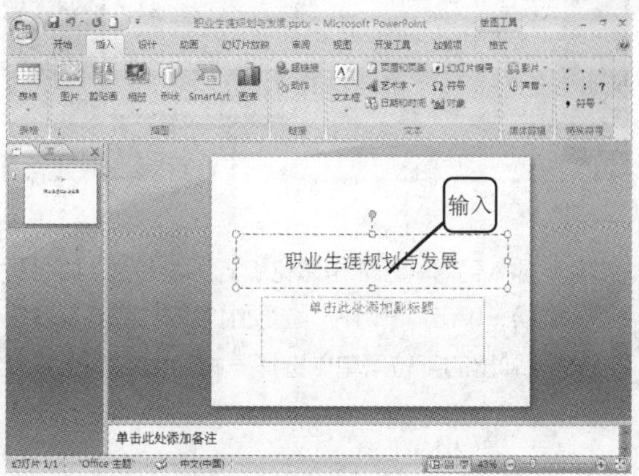

提示您　占位符就是先占住一个固定的位置，然后可以再往里面添加内容。它在幻灯片上表现为一个文本框，其内部有“单击此处添加标题”之类的提示语，单击占位符之后，提示语会自动消失。当要创建自定义模板时，占位符就显得非常重要了，它能起到规划幻灯片结构的作用。

5 在“单击此处添加副标题”占位符文本框内，单击原来的文字自动消失，并出现了一个闪烁的光标，如下图所示。

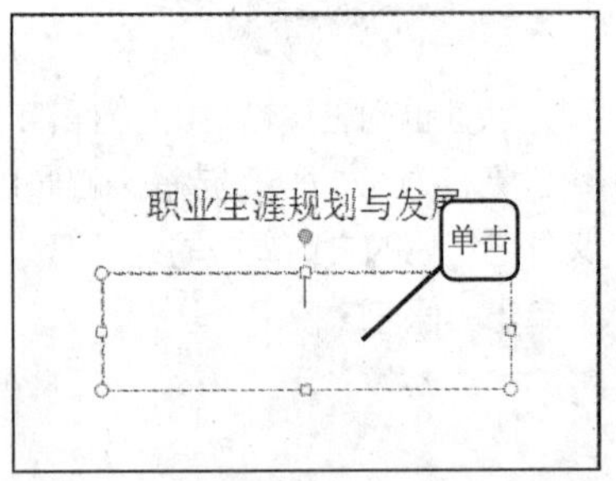

6 在该文本框内输入“主讲人：李东海”，如下图所示，输入完成后在文本框外单击。

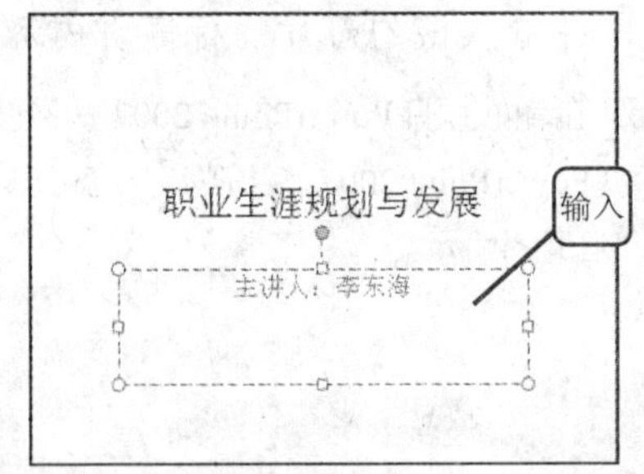

16.1.2 新建幻灯片

在输入好标题后，下面创建新的幻灯片，用于创建正文内容。

1 单击“开始”选项卡“幻灯片”选项组中的“新建幻灯片”按钮，从下拉菜单中选择一种版式，如下图所示。

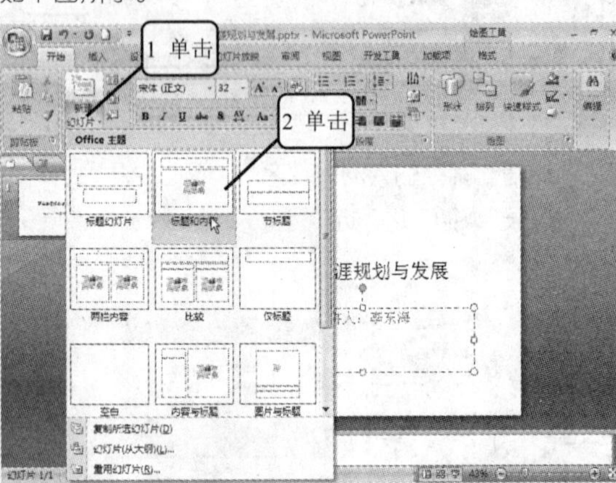

2 将插入一张新的幻灯片，在窗口左侧显示了幻灯片的缩略图，右侧显示了该幻灯片的具体样子，如下图所示。

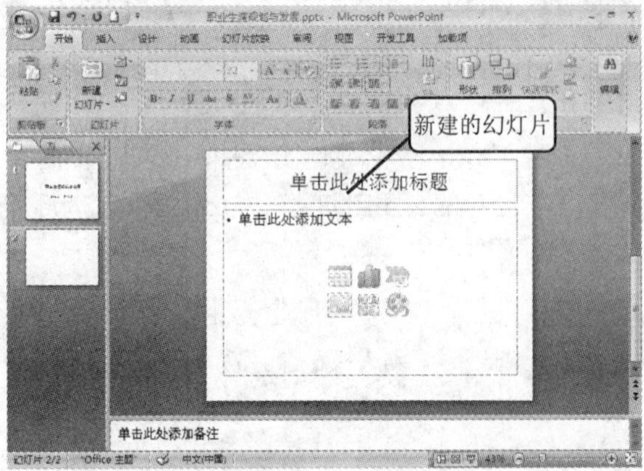

3 插入幻灯片后如果感觉版式不太合适，可以更换，单击“幻灯片”选项组中的“版式”按钮 ，从弹出的下拉菜单中选择一种合适的版式，如右图所示。

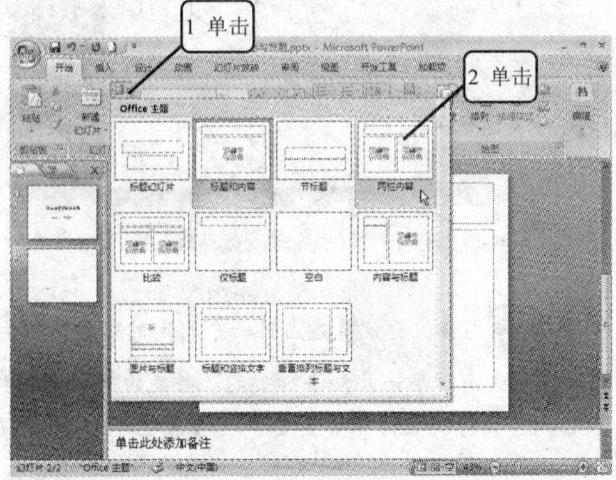

4 插入的占位符虚线框实际上就是文本框，可以改变其大小，并移动位置。将光标移至文本框的控制点上，光标变为↘状，按住鼠标左键并拖动，可以改变文本框的大小，如下图所示。

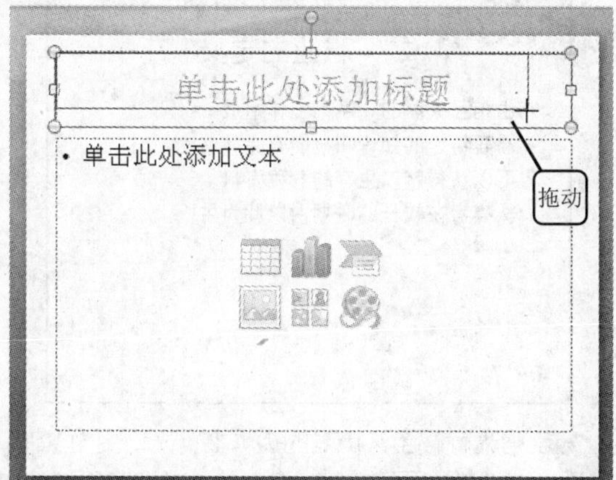

5 将光标移至文本框的边框上，光标变为✥状，按住鼠标左键并拖动，可以改变文本框的位置，如下图所示。

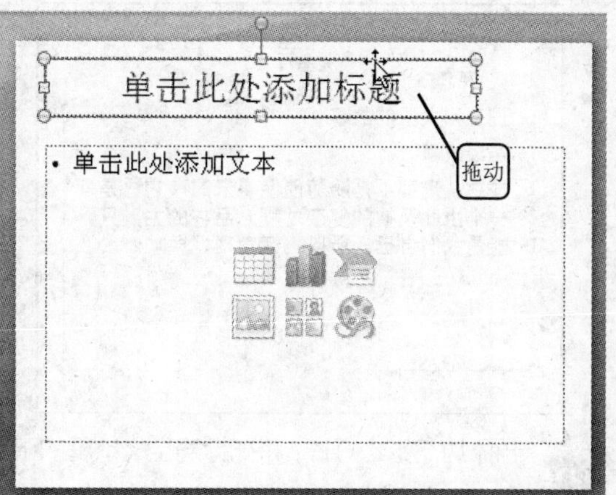

6 手动拖动文本框时，往往不好控制其位置，可以单击“对齐”按钮来精确定位。打开“绘图工具”|“格式”选项卡，单击“排列”选项组中的“对齐”下三角按钮，从弹出的下拉菜单中选择一种对齐方式，如下图所示。

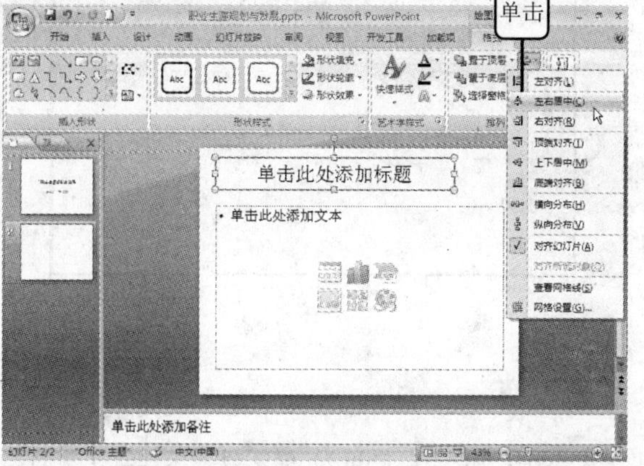

7 在改变一个文本框的大小、位置后，如果希望返回该布局的初始状态，可打开“开始”选项卡，单击“幻灯片”选项组中的“重设”按钮，如下图所示。如要删除某一幻灯片，可在窗口左侧选择该幻灯片，然后单击“幻灯片”选项组中的“删除幻灯片”按钮。

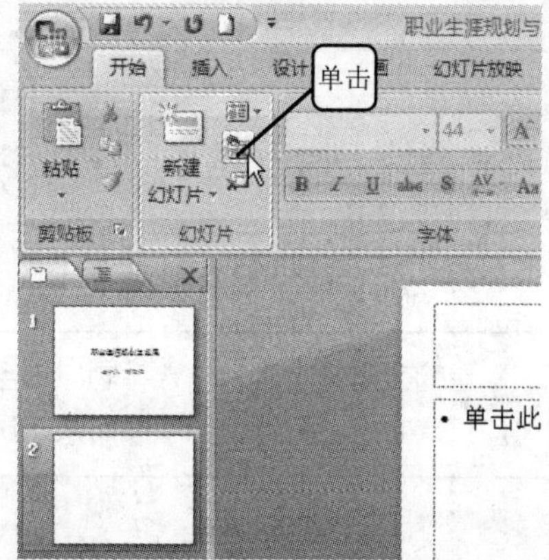

16.1.3 输入幻灯片正文内容

下面就可以开始输入幻灯片的正文内容了。

1 在“单击此处添加标题”文本框中输入该张幻灯片的标题，如“一、导言”，然后在“单击此处添加文本”占位符文本框内单击，使其激活，开始输入正文内容，第二张幻灯片完成后的效果如下图所示。

一、导言

- 国王和大臣的故事
- 圣经故事
- 成功从来都不是随随便便得来的，它总是一个由此及彼的复杂过程，而它的主人只能是我们自己，所以，请管理好成功！

2 按照前面的方法再添加一张幻灯片，然后分别输入标题与内容，第3张幻灯片完成后的结果如下图所示。

二、职业的定义

- 由相互关联的一系列工作组成
- 需要特定的知识和技能来完成
- 可以获得赖以生存的各种资料
- 从事者在较长的时期内以此为生

3 再添加一张幻灯片，将光标移至文本框的下控制点上，光标变为↕状，按住鼠标左键并向上拖动，可以改变文本框的高度，如下图所示。

单击此处添加标题

- 单击此处添加文本

4 将光标移至文本框的边框上，光标变为✥状，按住〈Shift+Ctrl〉组合键并按住鼠标左键向下拖动，可以在下方新建一个文本框，如下图所示。然后再调整该幻灯片的高度。

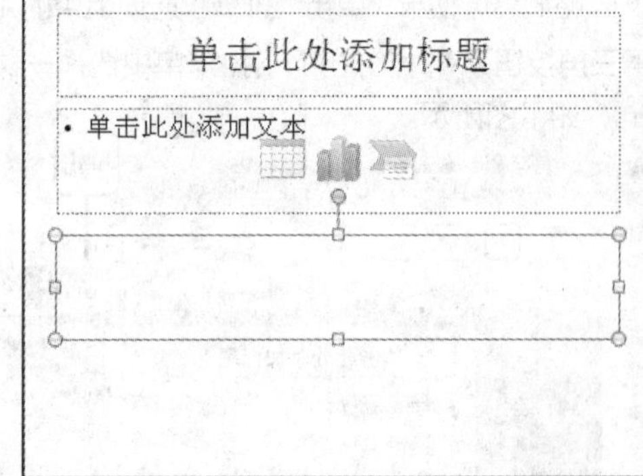

5 在新建的文本框中分别输入标题与内容，第四张幻灯片完成后的结果如下图所示。

三、职业族

- 职业族：由相同的功能区域的各种职位所组成
- 1、管理
- 2、市场营销：
- 3、研究与开发
- 4、技术应用
- 5、生产与服务
- 6、文化娱乐
- 7、体育
- 8、教育与培训
- 9、军事及情报
- 10、公安、检察、法院、法律

提示您 在步骤4中按住〈Ctrl〉键是为了复制一个文本框，而按住〈Shift〉键是为了保证新复制的文本框垂直下移。

提示您 在步骤5中，如果文本大小超出了占位符的大小，PowerPoint会逐渐减小输入文本的字号和行间距以使文本大小与占位符大小相适应。

6 再添加一张幻灯片，输入标题，第 5 张幻灯片完成后的结果如下图所示。

四、营销职业的需求现状

• 单击此处添加文本

7 添加一张幻灯片，然后分别输入标题与内容，第 6 张幻灯片完成后的结果如下图所示。

五、营销职业的薪水状况

长三角地区

• 业务代表：底薪1500~2000元不等+业绩提成，月平均1500~3000元
• 营销主管：年薪6~8万不等
• 营销经理：年薪10万~30万元
• 营销总监：年薪20万~50万不等
• 营销副总：年薪30万~80万不等

8 添加一张幻灯片，然后分别输入标题与内容，第 7 张幻灯片完成后的结果如右图所示。

六、营销职业的前景

• 长三角地区薪水状况在未来会继续领先全国，区域内会逐步拉平城市差距，薪水增幅5%~10%
• 对营销人员的需求会保持7%左右的增长率

16

16.1.4 自定义幻灯片主题及背景

主题是指一组统一的设计元素，包括颜色、字体和图形，利用主题可以快速美化幻灯片。

1 套用主题

PowerPoint 中自带了很多主题，套用这些主题，可以快速地美化幻灯片。

1 打开“设计”选项卡，单击“主题”选项组中的“快速样式”按钮，如下图所示。

2 在打开的下拉列表中，选择一种系统已经设置好的主题，如下图所示。

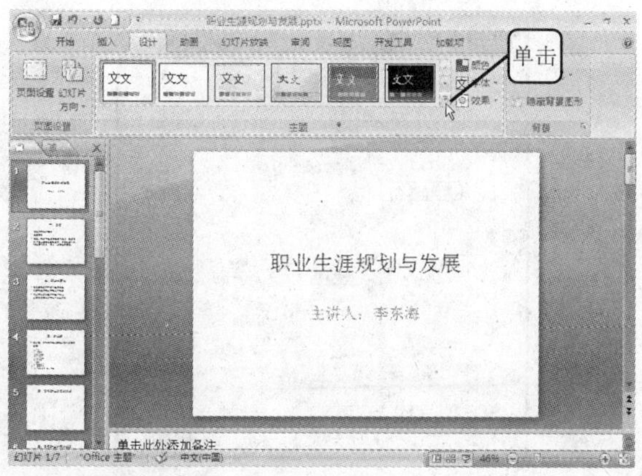

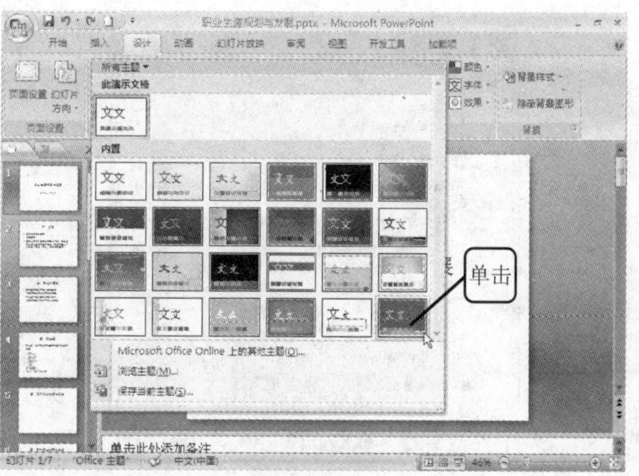

3 可以看到该幻灯片已经套用了该主题，第 1 页的效果如下图所示。

4 第 2 页的效果如下图所示。

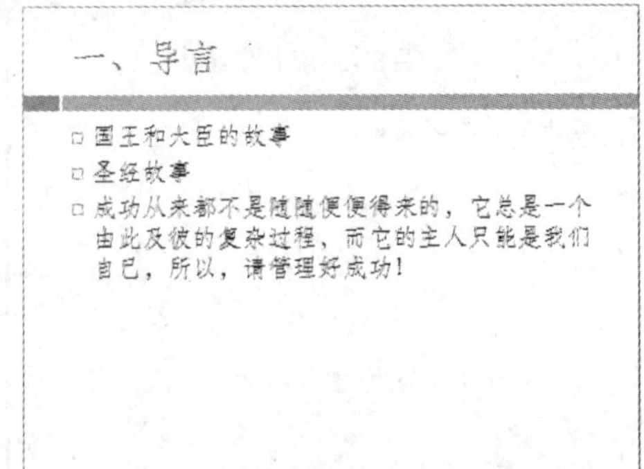

2 设置背景

应用了一种背景样式后，如果不满意，还可以对其进行自定义设置。下面来设置背景。

1 单击“设计”选项卡“背景”选项组中的“背景样式”按钮，从下拉菜单中选择一种背景样式，如右图所示。

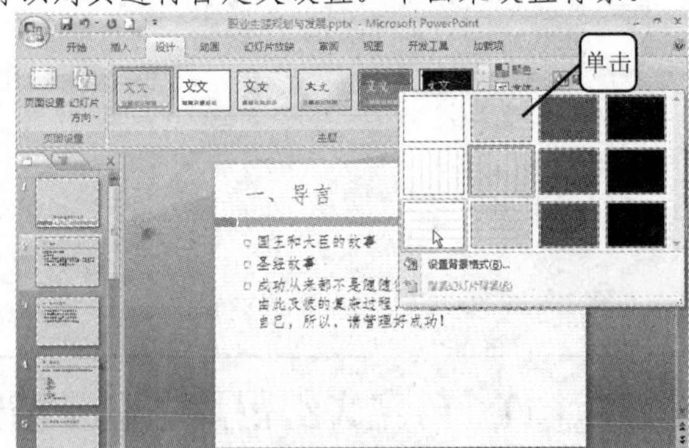

2 如果对列表中的样式都不满意，则可以选择“设置背景格式”命令，打开“设置背景格式”对话框，单击对话框左侧的“填充”项，选中右侧的“图片或纹理填充”单选按钮，单击“纹理”下三角按钮，可从弹出的列表中选择一种纹理，如下图所示。还可设置填充的“偏移量”、“缩放比例”、“对齐方式”等。

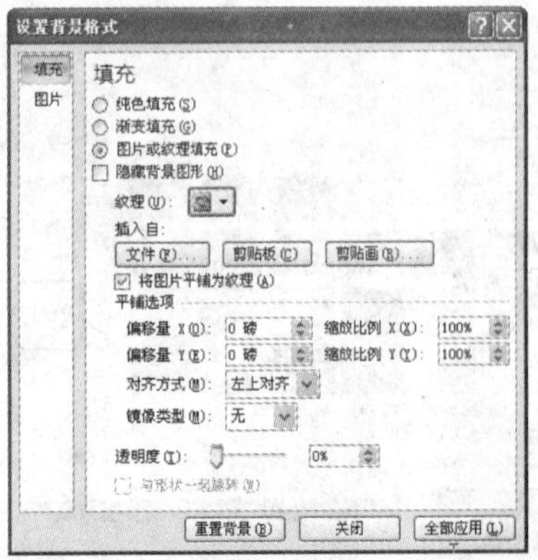

3 单击对话框左侧的“图片”项，如果单击“重新着色”右侧的下三角按钮，可在弹出的列表中选择一种着色方式；拖动“亮度”和“对比度”中的滑块可以调整幻灯片背景的亮度和对比度，如下图所示。

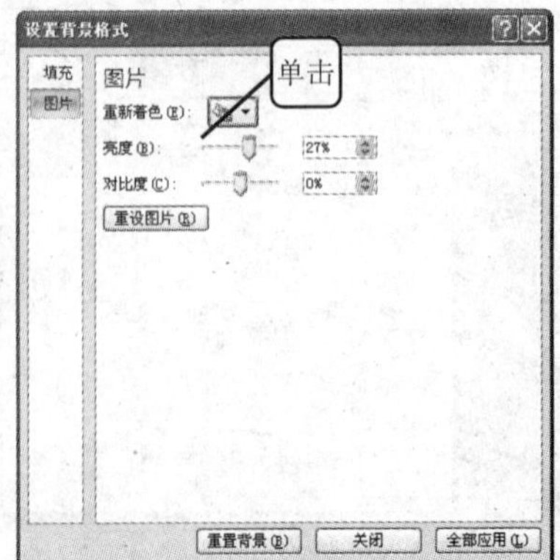

提示您 如果对所做的设置不满意，并且又不知如何修改回原来的样子，则可在“设置背景格式”对话框中单击“重设图片”按钮，即可恢复到修改前的状态。

3 设置主题颜色

下面设置主题的颜色。

1. 单击“设计”选项卡“主题”选项组中的“颜色”按钮，在下拉列表中，系统内置了很多主题颜色，可以根据需要进行选择，如下图所示。如果觉得在内置的主题颜色中没有合适的颜色，可在下拉列表中选择“新建主题颜色”命令。

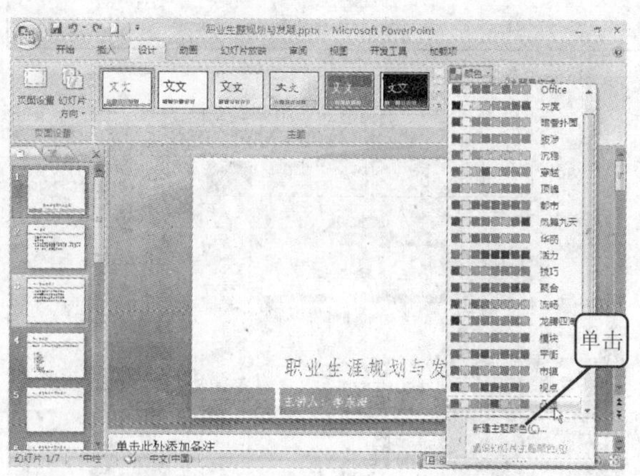

2. 打开“新建主题颜色”对话框，在该对话框的“主题颜色”选项组中详细地列出了幻灯片中不同内容所对应的颜色，单击某个颜色按钮，将弹出颜色列表，可以从中选择所需的颜色。为了方便记忆，可以为自定义的主题颜色起一个名称，如下图所示。

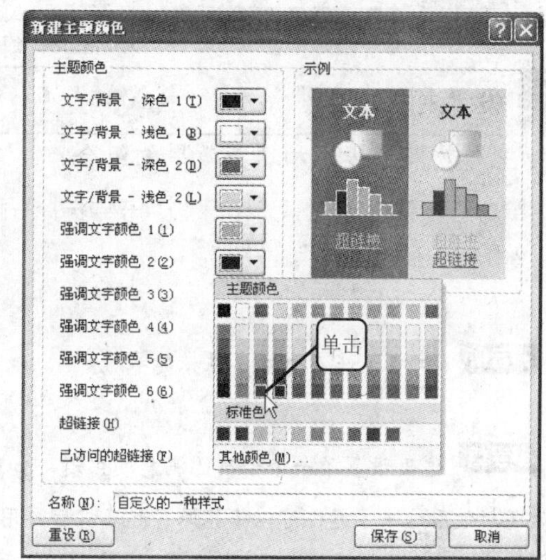

3. 设置好后单击“保存”按钮，返回 PowerPoint 编辑窗口。再次单击“颜色”按钮，即可在下拉列表中找到自定义的主题颜色，如右图所示。单击该项，则整个幻灯片都应用刚才所定义的颜色。

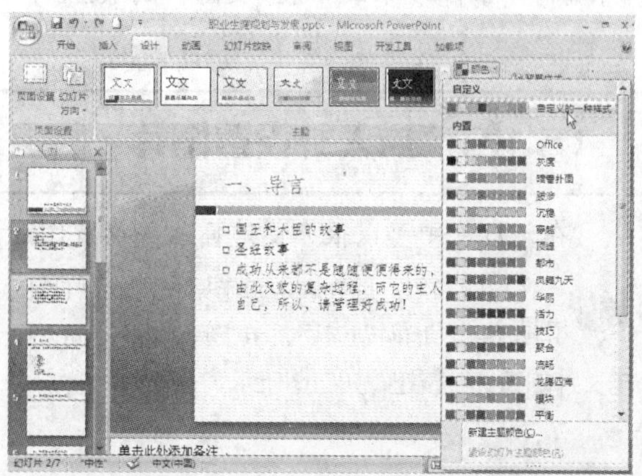

4 设置主题字体

还可以设置幻灯片的主题字体。主题字体包括标题字体和正文字体。

16

1 单击“字体”按钮，在弹出的下拉列表中可以看到用于每种主题中的标题字体和正文字体，如下图所示。

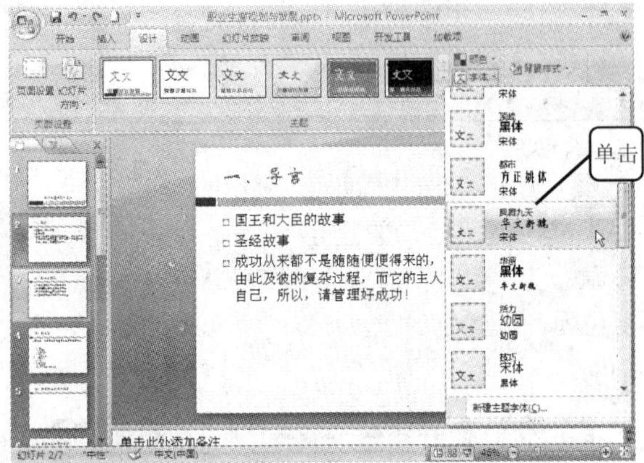

2 如果对内置字体不满意，可以选择“新建主题字体”命令，在打开的“新建主题字体”对话框中进行自定义的设置，如下图所示。设置好之后单击“保存”按钮，将自定义主题字体保存。

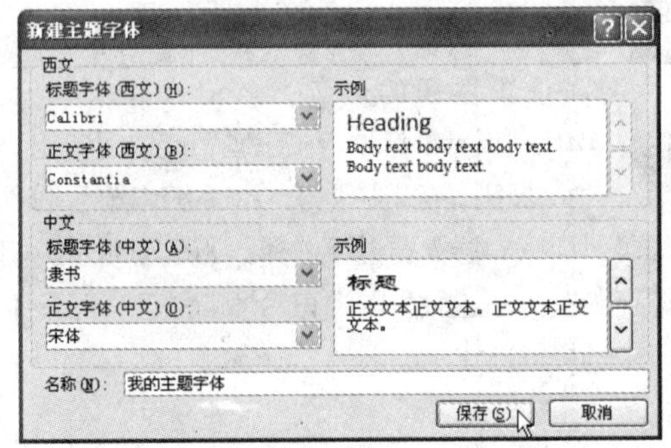

5 设置主题效果

主题效果是线条和填充效果的组合。

单击“效果”按钮，可以在下拉列表中选择一种主题效果，如右图所示。

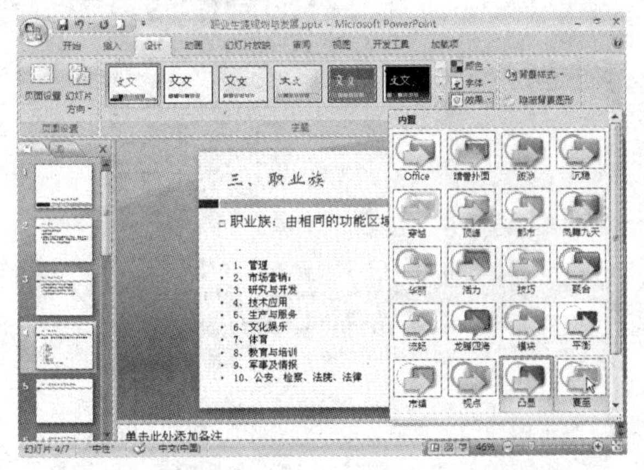

提示您 用户无法自定义主题效果。

多学点 这里设置了一个令自己满意的主题，如果以后还想使用这一主题，可以将其保存起来以后再用，具体保存方法可参见本章“拓展与提高”中的16.2.3节。

16.1.5 插入并设置图片

在幻灯片中可以很方便地插入并设置图片，具体方法如下。

1 在左侧的幻灯片列表中单击第 5 张幻灯片的缩略图，切换到该页，单击其中的 “插入来自文件的图片”按钮，如右图所示。

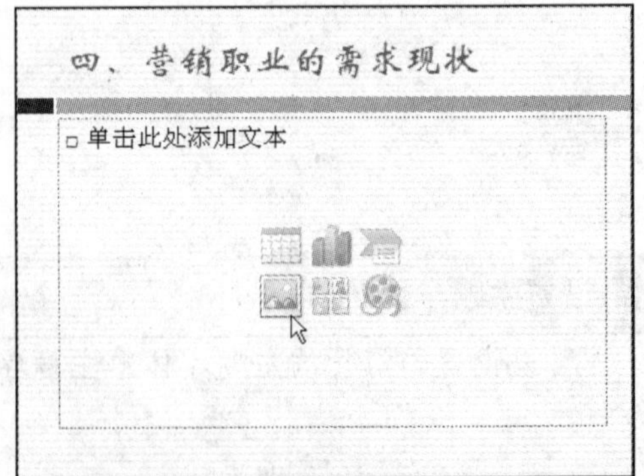

2 打开“插入图片”对话框，从中选择需要的图片，这里选择图片“16-1.jpg”文档，然后单击“插入”按钮，如下图所示。

3 插入图片后的幻灯片如下图所示。

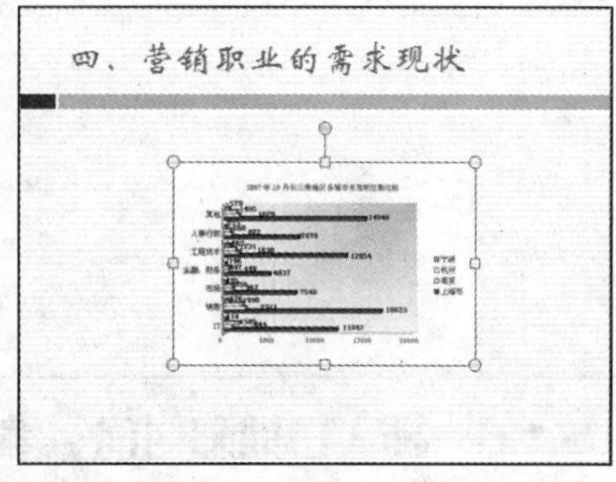

4 选中图片，将光标移至文本框的右下控制点上，光标变为↘状，按住鼠标左键并拖动，可以改变文本框的大小，如下图所示。也可以打开“图片工具”|“格式”选项卡，在“大小”选项组中设置图片的大小，如下图所示。

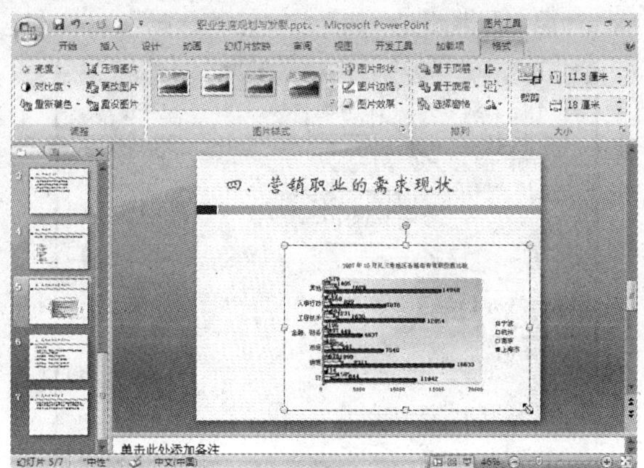

5 选中图片，打开“图片工具”|“格式”选项卡，单击“排列”选项组中的“对齐”下三角按钮，从弹出的下拉菜单中选择一种对齐方式，下图所示是选择“左右居中”命令的图片。

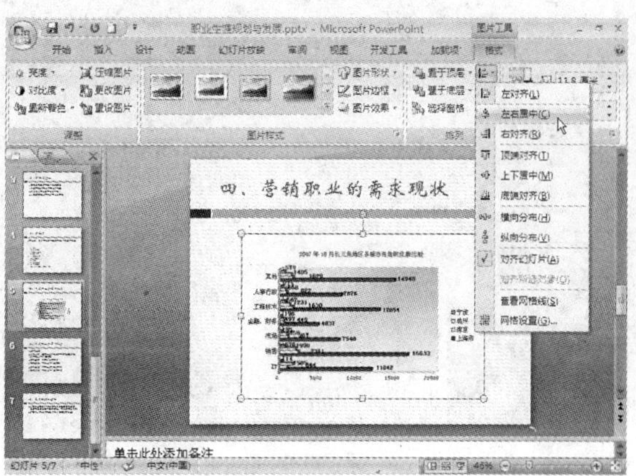

6 切换至第 3 张幻灯片，在其中插入一张图片（随书光盘中“\实例素材\第 16 章\ 16-2.gif”文档），最终效果如下图所示。

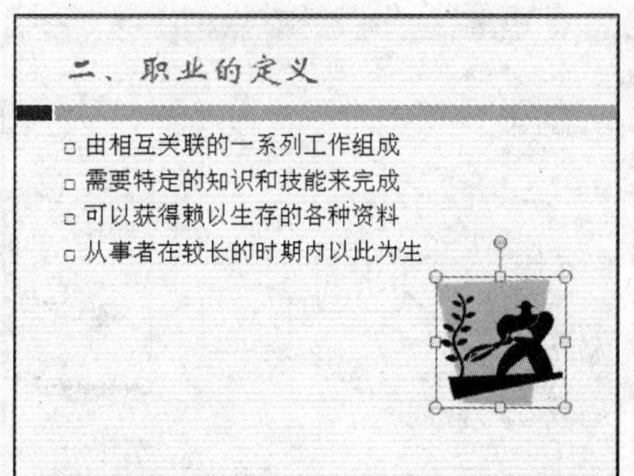

7 切换至第 4 张幻灯片，在其中插入一张图片（随书光盘中“\实例素材\第 16 章\ 16-3.gif”文档），最终效果如下图所示。

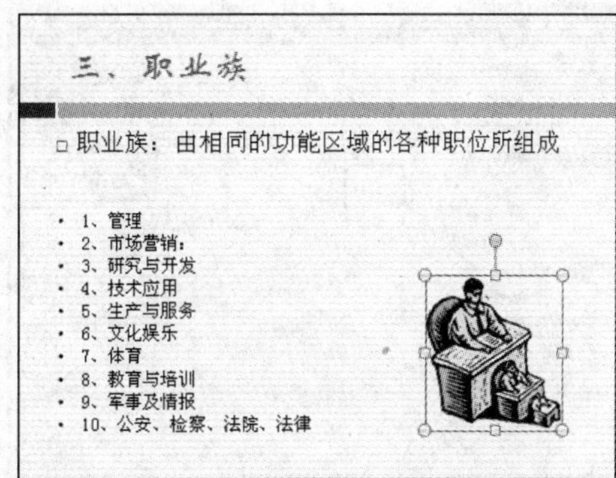

8 切换至第 6 张幻灯片，在其中插入一张图片（随书光盘中“\实例素材\第 16 章\ 16-4.gif”文档），最终效果如右图所示。

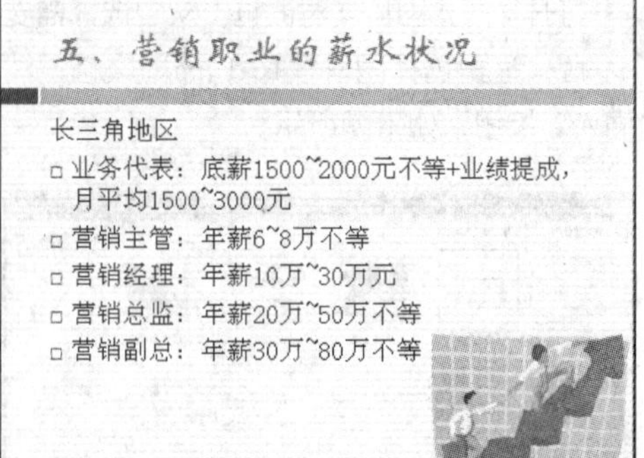

16.1.6 插入日期和时间、编号、页脚文字

还可以在幻灯片每页中都插入日期和时间、编号、页脚文字，具体方法如下。

1 切换至第二张幻灯片，在“插入”选项卡中单击“文本”选项组的“页眉和页脚”按钮，如下图所示。

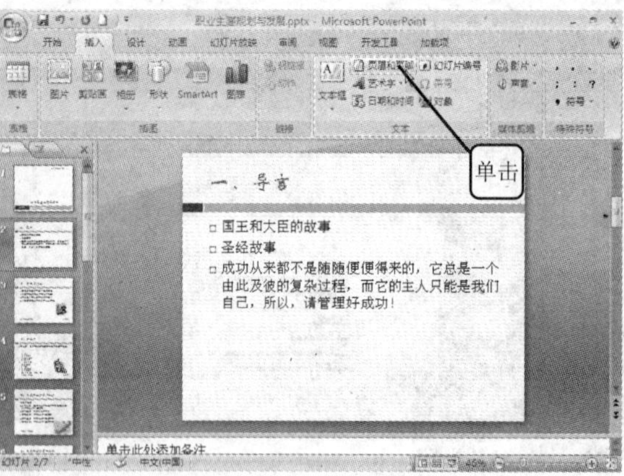

2 弹出“页眉和页脚”对话框，选中“日期和时间”复选框，然后在下方选中“固定”单选按钮，在对话框右下角“预览”视图中显示为黑色的区域即为插入日期和时间的区域，如下图所示。

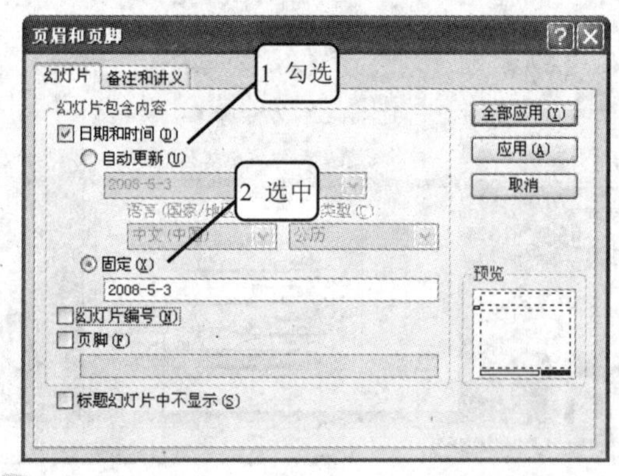

3 选中“幻灯片编号”复选框，在对话框右下角“预览”视图中可以看到幻灯片编号的显示位置，如下图所示。

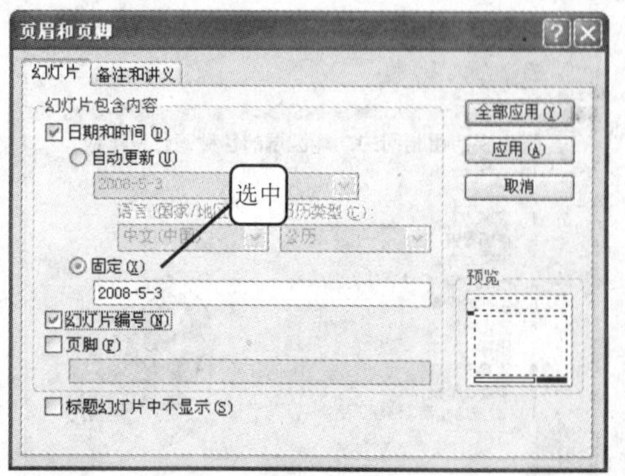

4 选中“页脚”复选框，在下方的文本框中输入页脚文字，在对话框右下角“预览”视图中可以看到页脚文字的显示位置，如下图所示。

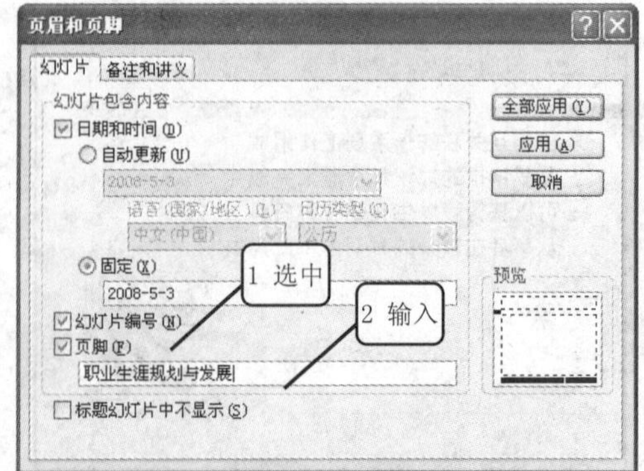

5 可以看到在幻灯片中已经添加了日期和时间、编号、页脚文字，如下图所示。

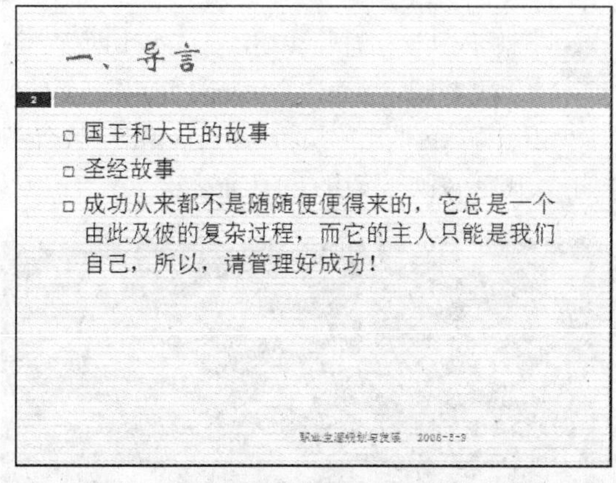

6 选中日期和时间及页脚文字所在的文本框，然后打开“开始”选项卡，利用“段落”选项组可以设置其对齐方式，这里分别设为右对齐和左对齐，如下图所示。

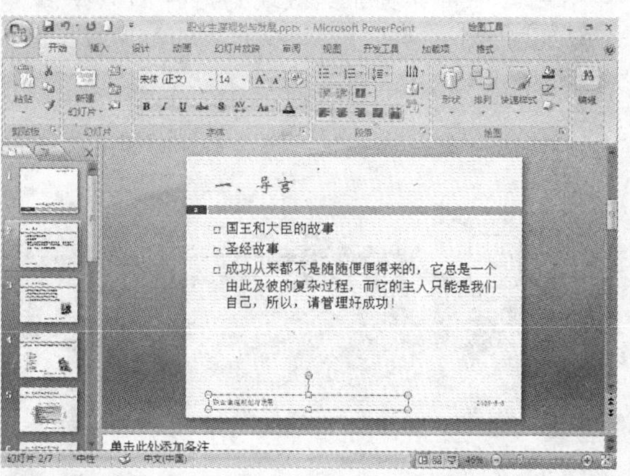

16.1.7 调整幻灯片的顺序

有时，在制作完成幻灯片后发现幻灯片的前后顺序不太合适，此时可以对其进行调整，具体操作方法如下。

16

1 在左侧的窗格中选择要调整位置的幻灯片，按住鼠标左键并拖动，此时光标变为  状，将幻灯片拖动至目标位置，如下图所示。

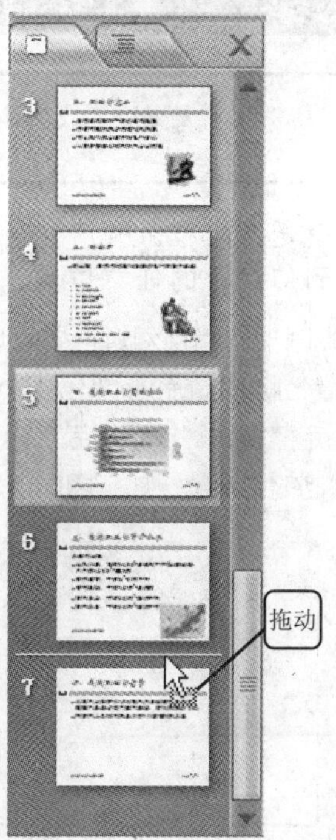

2 到达目标位置后释放鼠标左键，则该幻灯片被移至指定位置，如下图所示。

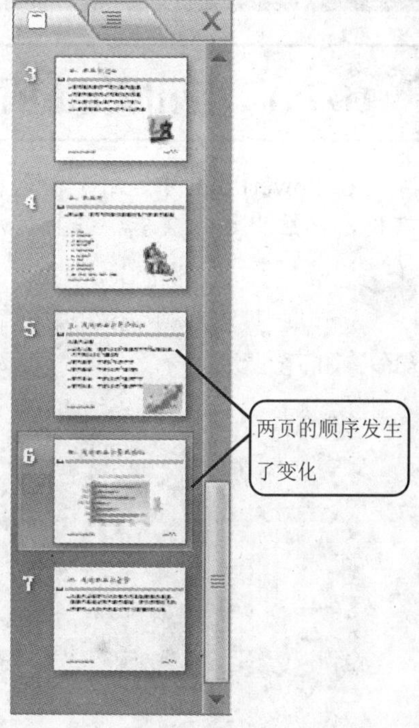

16.1.8 简单放映幻灯片

至此，这个幻灯片已经制作完成了，下面就来放映此幻灯片。这里只是简单地进行放映，在下一章中将详细介绍放映幻灯片的方法。

1 切换至第一张幻灯片，在"幻灯片放映"选项卡中单击"开始放映幻灯片"选项组中的"从头开始"或"从当前幻灯片开始"按钮，如下图所示。

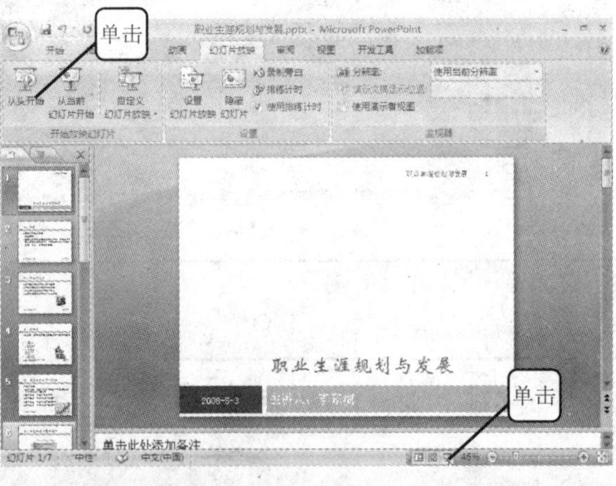

2 开始放映该幻灯片，单击鼠标左键切换至下一页面，放映完所有内容后将显示下图所示的界面，单击鼠标左键退出放映。也可直接单击"状态栏"中的"幻灯片放映"按钮开始放映。

16.2 拓展与提高

16.2.1 使用文本框添加文本

在 PowerPoint 中，用于输入标题和文本的占位符其实就是文本框。用户也可以自己插入文本框，然后再输入文本，并且使用文本框可以将文本放置到幻灯片的任意位置。

1 单击"插入"选项卡"文本"选项组中的"文本框"按钮，从下拉菜单中选择"横排文本框"命令，如下图所示。

2 将光标指向当前幻灯片要添加文本框的某个位置，此时鼠标指针呈现↓形状，按住鼠标左键并拖动一定范围，释放鼠标后，在当前幻灯片中就会出现所绘制的文本框，如下图所示。

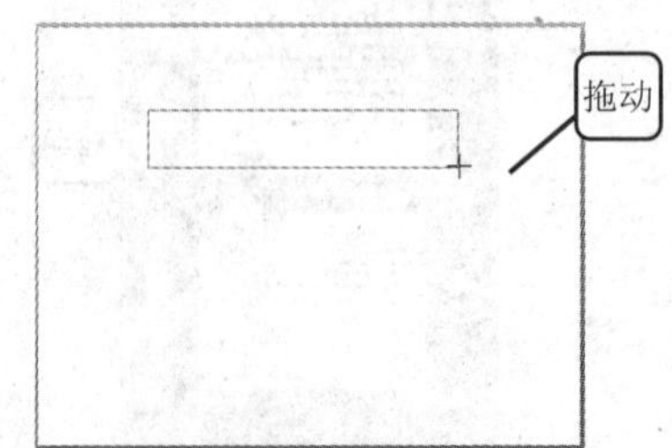

③ 在文本框内闪烁的光标处输入文字。输入完成后，对其设置适当的字体、字号，然后单击文本框的外部，文本框周围的虚线框就会消失，如下图所示。

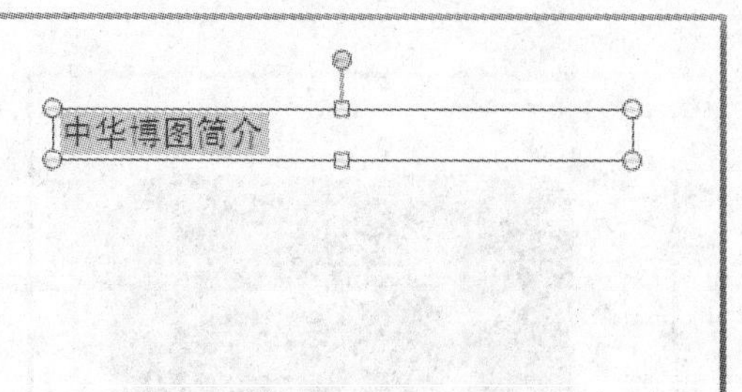

提示您 如果单击"文本框"按钮，从下拉菜单中选择"竖排文本框"命令，则可以输入竖排的文字，如下图所示。

中华博图简介

④ 在文本框内部单击，其周围会出现一个虚线框，如下图所示。因文本框大小不同，在虚线框周围会有数量不同的尺寸控制点（小圆圈），将鼠标指针指向任意一个控制点，当指针变成斜向箭头时，按住鼠标左键并向文本框中心拖动，到合适位置释放鼠标，可调整文本框的大小，效果如下图所示。

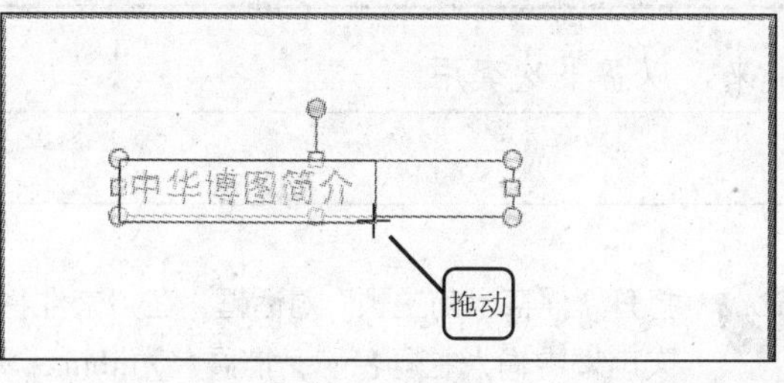

⑤ 如果觉得文本框所处的位置不合适，还可以移动它。将鼠标指针指向文本框边缘上的非控制点的任意位置，当鼠标指针变成四向箭头时，按住鼠标左键并将文本框拖动到合适的位置，如下图所示。释放鼠标即可将文本框移动到新位置。

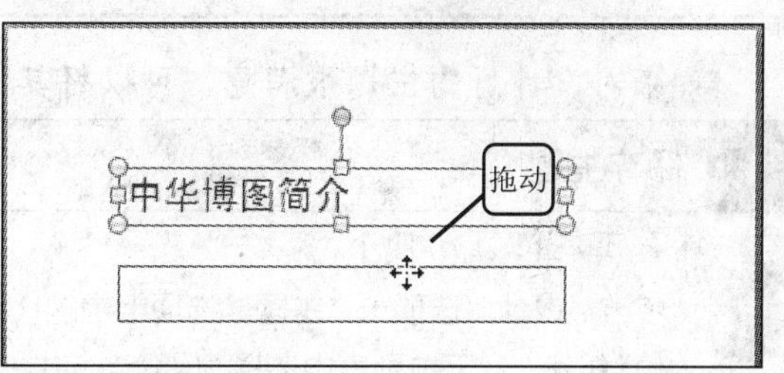

16

16.2.2 插入各种形状的文本框

单击"文本"选项组中的"文本框"下三角按钮，所绘制的文本框都是方形的，还可以插入其他形状的文本框，具体操作步骤如下。

① 打开"插入"选项卡，单击"插图"选项组中的"形状"按钮，从下拉菜单中选择一种形状，如下图所示。

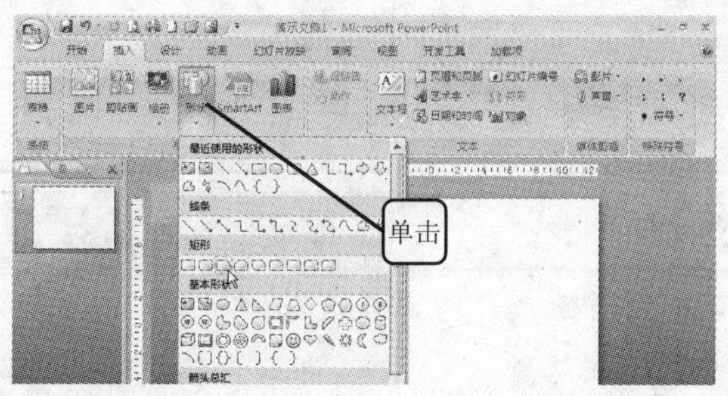

② 按住鼠标左键并拖动即可绘制出一个形状框，如下图所示。

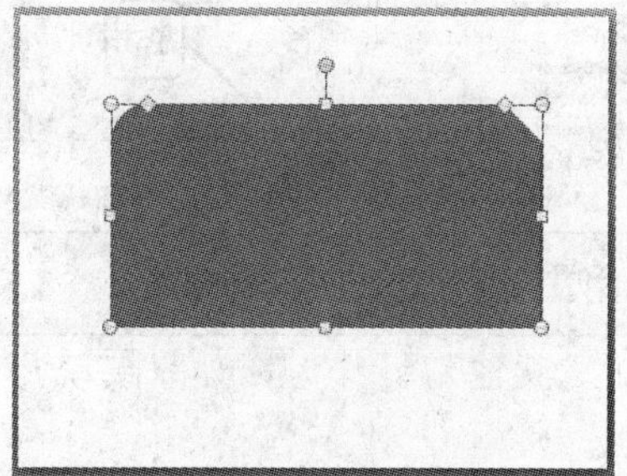

3 在该形状框上单击鼠标右键，从弹出的菜单中选择“编辑文字”命令，如下图所示。

4 形状框中出现了输入点，在其中输入文字，如下图所示，然后可以调整其大小和位置，操作方法和调整文本框的方法相同，这里不再介绍。

16.2.3 保存及套用主题

如果对设计好的主题很满意，可以将其保存下来，以备下次套用。

1 保存主题

保存主题的方法如下。

1 单击“设计”选项卡“主题”选项组中的“其他”按钮，从下拉列表中选择“保存当前主题”命令，如下图所示。

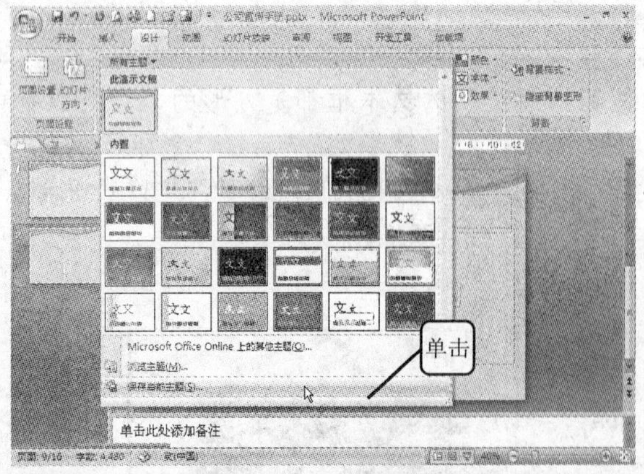

2 打开“保存当前主题”对话框，在“文件名”文本框中输入主题名称，扩展名为.thmx，单击“保存”按钮即可，如下图所示。

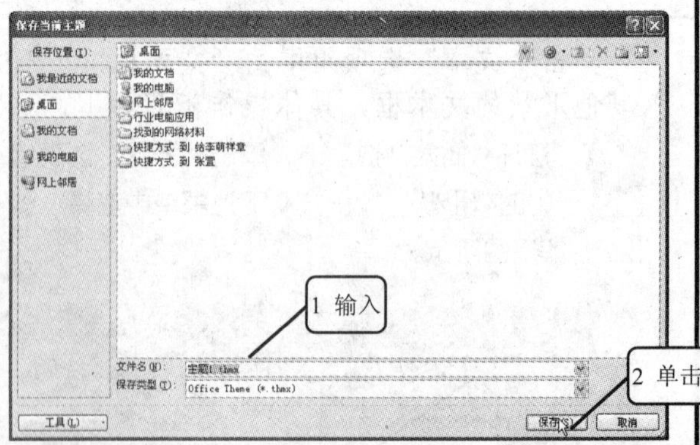

2 套用主题

在创建其他幻灯片时，如果要套用以前保存的幻灯片主题，可以通过以下方法。

1 新建一张幻灯片，单击“设计”选项卡“主题”选项组中的“其他”按钮，从下拉列表中选择“浏览主题”命令。

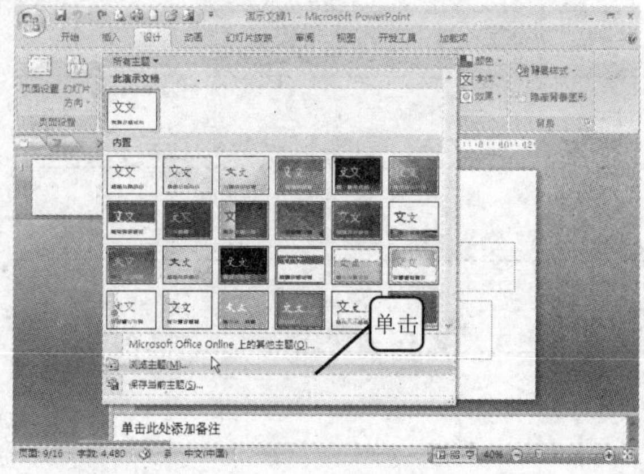

2 在弹出的对话框中找到自定义的主题，单击“应用”按钮即可应用该主题，如下图所示。

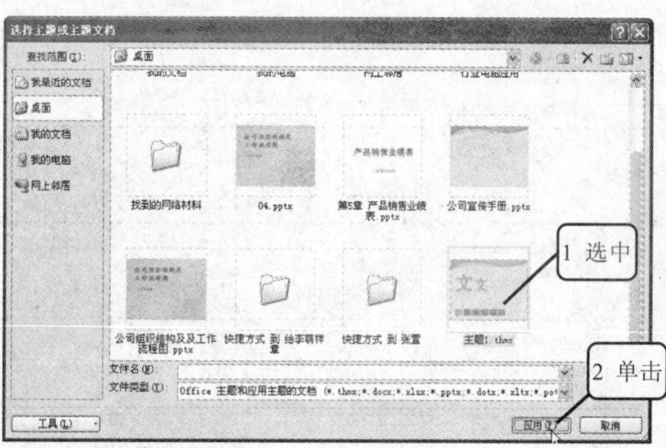

学习笔记

16

- 设置幻灯片的自动切换时间
- 利用排练计时设置幻灯片的放映时间
- 幻灯片放映方式设置
- 录制旁白
- 隐藏或显示重要的幻灯片
- 控制幻灯片的放映
- 放映过程中的屏幕操作
- 演示文稿的页面设置
- 打印预览演示文稿
- 打印/发布幻灯片

第17章 放映及输出幻灯片文档

实例素材	\实例素材\第17章\17.pptx
实例结果	无

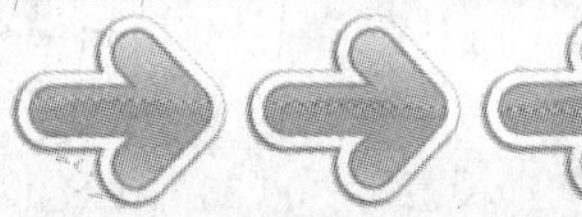

17.1 实例——放映“职业生涯规划与发展”幻灯片文档

本章将详细介绍放映幻灯片文档的一些具体设置，如设置放映时间和设置放映方式，并且还可以为幻灯片录制旁白。本章还将介绍在放映幻灯片的过程中，控制其放映的方法，分为使用菜单控制和使用工具栏控制两种。并且在放映过程中，还可以根据不同的需要，在幻灯片中绘制墨迹、隐藏或显示重要的幻灯片，以及设置计算机黑屏并书写内容等。

17.1.1 设置幻灯片的自动切换时间

在放映幻灯片时，PowerPoint 默认的是通过单击鼠标来切换每张幻灯片。但在某些情况下，也可以通过将幻灯片设置为自动切换，来自动播放演示文稿中的幻灯片。

具体设置方法如下。

1 打开随书光盘中“\实例素材\第 17 章\17.pptx”文档，单击第 1 张幻灯片，然后打开“动画”选项卡“切换到此幻灯片”选项组，取消选中“单击鼠标时”复选框，选中“在此之后自动设置动画效果”复选框，在其后面的文本框中设置幻灯片的切换时间，如“00:20”，如下图所示。

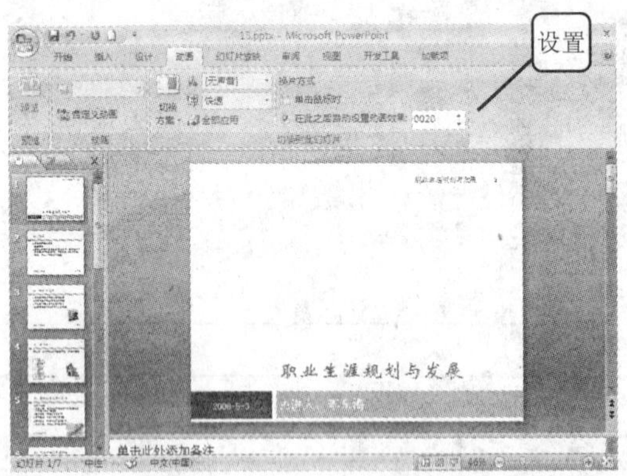

单击第 2 张幻灯片，用同样的方法将切换时间设置为“00:15”，如下图所示。

3 单击第 3 张幻灯片，用同样的方法将切换时间设置为“00:30”，如右图所示。用同样的方法将其他幻灯片的切换时间都设置为“00:30”。

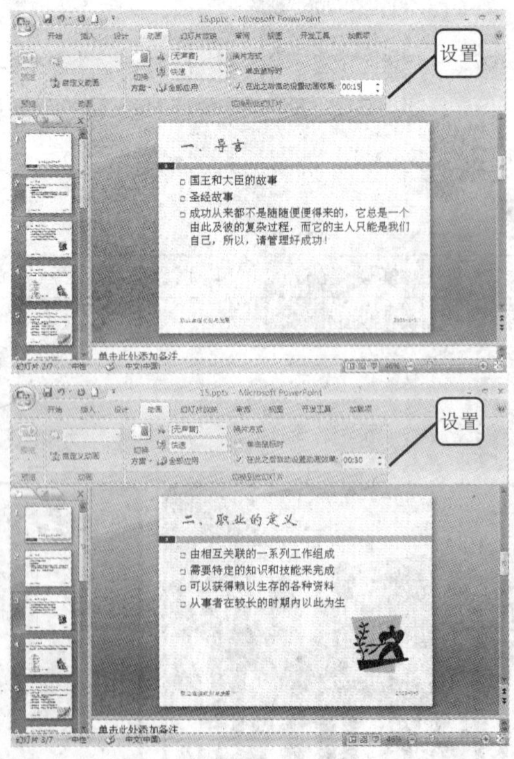

图解直通车

4 打开“视图”选项卡，单击“演示文稿视图”选项组中“幻灯片浏览”按钮，进入“幻灯片浏览”视图，可以看到在每张幻灯片缩略图左下角显示了该幻灯片的放映时间，如右图所示。

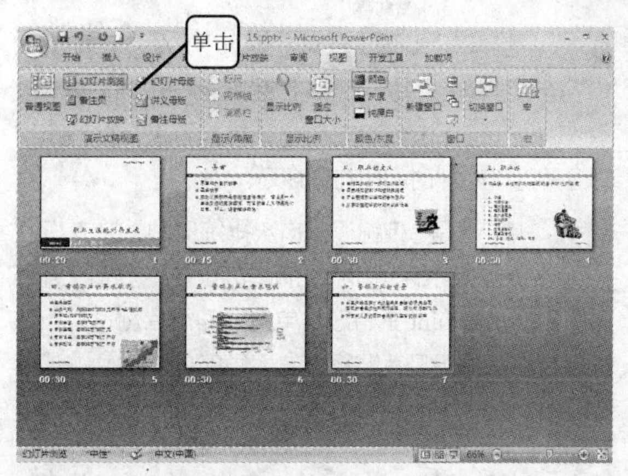

5 如果确定无误，即可单击“幻灯片放映”按钮播放幻灯片，在幻灯片之间即可按照指定的时间间隔进行切换。

17.1.2 利用排练计时设置幻灯片的放映时间

排练计时就是在用户模拟彩排的过程中，系统记录下每张幻灯片的放映时间，并将其应用于以后的放映。

1 单击“幻灯片放映”选项卡“设置”选项组中的“排练计时”按钮，如下图所示。

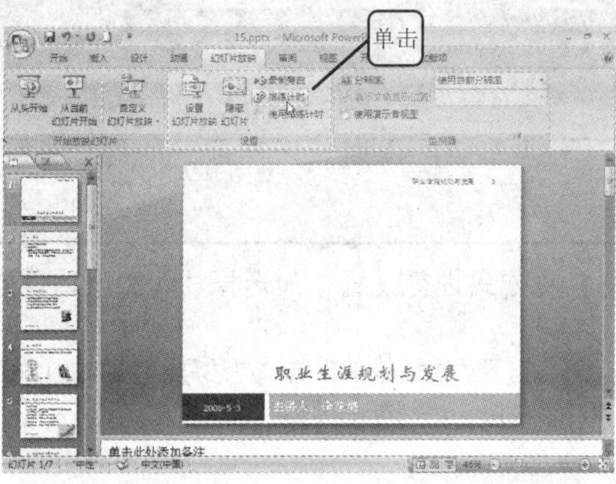

2 PowerPoint 将开始放映第 1 张幻灯片并且会在屏幕左上角显示一个“预演”工具栏。在放映当前幻灯片时，在“预演”工具栏的文本框中会显示当前幻灯片已放映的时间，如下图所示。

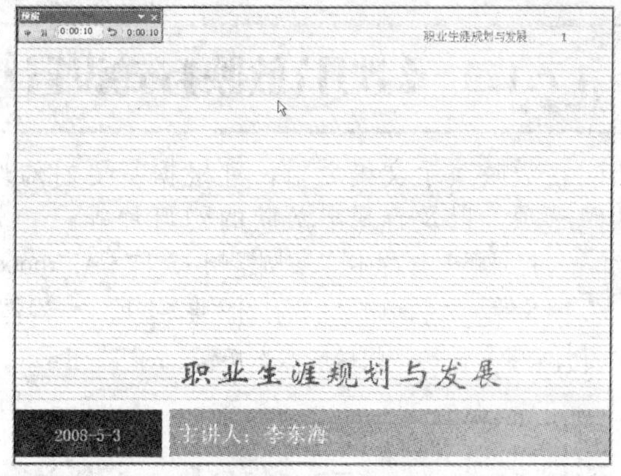

3 如果觉得当前幻灯片的放映时间已经符合要求，则可以单击“预演”工具栏上的“下一项”按钮，继续放映下一张幻灯片，文本框中的时间将重新计时，如右图所示。

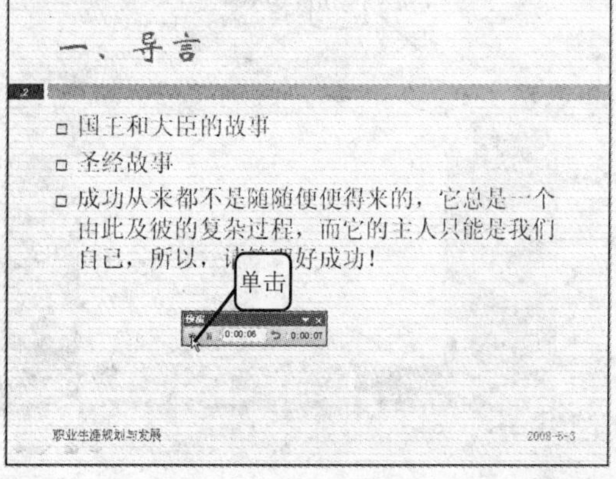

4 重复以上步骤，直到将该演示文稿中的所有幻灯片都放映完毕，此时会弹出一个对话框，显示放映整个演示文稿的总时间，并提示是否保留本次幻灯片的排练计时，如右图所示。

5 单击“是”按钮保留本次排练时间，单击“否”按钮则不保留排练时间。这里单击“是”按钮，返回到 PowerPoint 主窗口。单击“幻灯片浏览”按钮可以查看每张幻灯片缩略图左下角的放映时间，如下图所示。

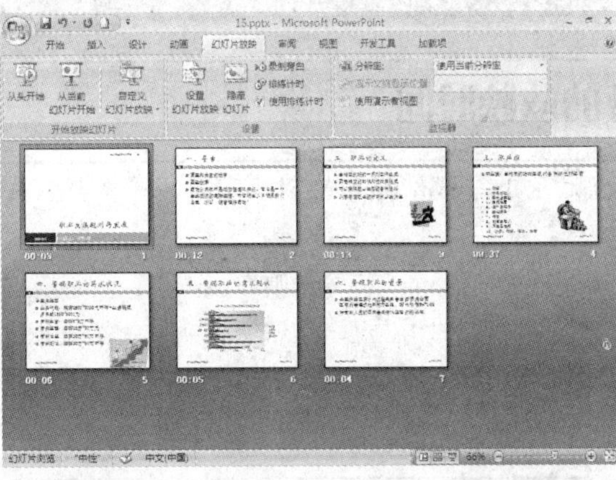

6 如果确认无误，则单击“幻灯片放映”按钮即可开始播放。如果不想在播放时应用排练计时的时间，则可在“幻灯片放映”选项卡“设置”选项组中，取消选中“使用排练计时”复选框即可，如下图所示。

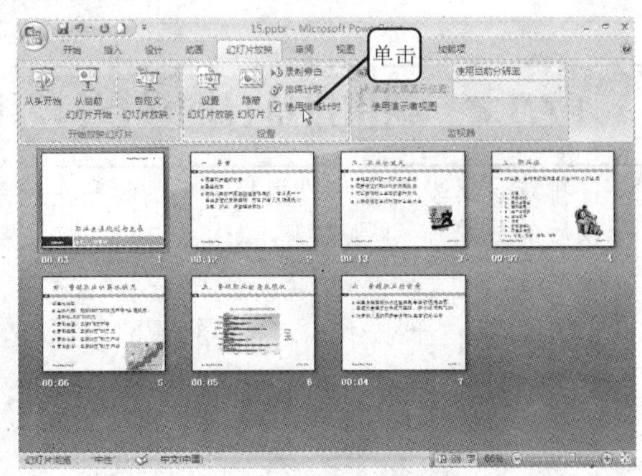

17.1.3 幻灯片放映方式设置

在放映演示文稿之前，可根据需要对幻灯片的放映方式进行设置，如选择放映类型、设置放映选项，以及选择要放映的幻灯片等。

1 打开随书光盘中“\实例素材\第 17 章\17.pptx”文档，然后单击“幻灯片放映”选项卡“设置”选项组中的“设置幻灯片放映”按钮，如下图所示。

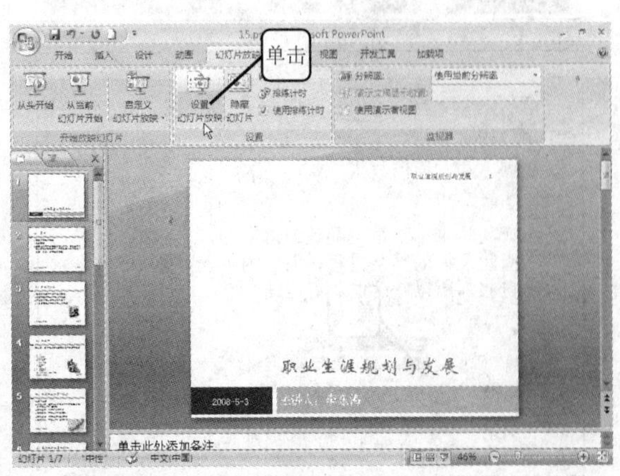

2 打开“设置放映方式”对话框，可对幻灯片的放映进行全面的设置，如下图所示。

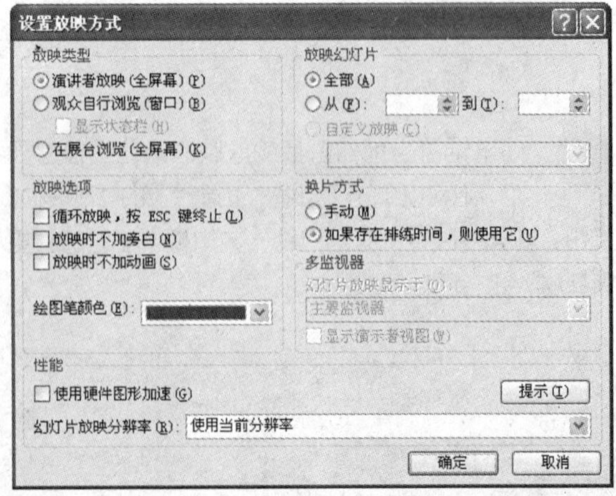

3 在“放映类型”选项组中可以选择 3 种操作中的一种，如下图所示。这里选中“演讲者放映（全屏幕）”单选按钮。

● “演讲者放映（全屏幕）”：在放映演示文稿时全屏幕显示幻灯片，该方式通常用于演讲者放映演示文稿，是最常用的放映方式。

● “观众自行浏览（窗口）”：在放映演示文稿时，幻灯片会出现在计算机屏幕窗口内，并提供用于在放映时移动、编辑、复制和打印幻灯片的命令。此方式一般用于小规模的演示，在放映时，可以使用滚动条从一张幻灯片切换到另一张幻灯片。

● “在展台浏览（全屏幕）”：自行放映演示文稿而不需要专人来控制，此方式非常适合于在展览会或会议汇总的某个展台上放映演示文稿。

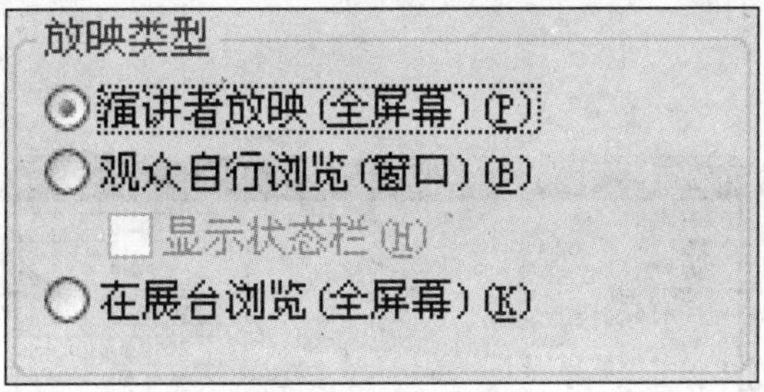

放映类型
- ⦿ 演讲者放映(全屏幕)(P)
- ○ 观众自行浏览(窗口)(B)
  - □ 显示状态栏(H)
- ○ 在展台浏览(全屏幕)(K)

4 在“放映选项”选项组中，可以对下面 4 项进行设置。

● “循环放映，按 Esc 键终止”：在演示文稿中的最后一张幻灯片放映完毕后，会自动返回到第 1 张幻灯片继续放映，除非按〈Esc〉键终止放映。

● “放映时不加旁白”：在放映幻灯片时不会播放所录制的旁白。

● “放映时不加动画”：在放映幻灯片时，最初在幻灯片中设置的动画效果将失去作用而不会被放映。

● 在“绘图笔颜色”下拉列表框中，可以设置在放映幻灯片时所使用的墨迹颜色（即绘图笔的颜色），只有在“放映类型”选项组中选中“演讲者放映（全屏幕）”单选按钮，才能通过该项更改绘图笔的颜色，如下图所示。

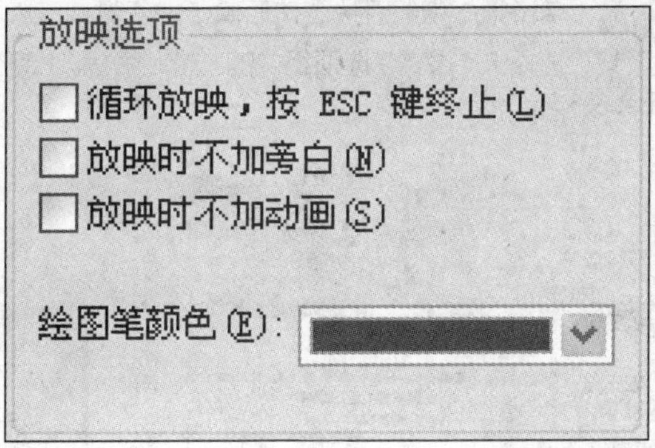

放映选项
- □ 循环放映，按 ESC 键终止(L)
- □ 放映时不加旁白(N)
- □ 放映时不加动画(S)

绘图笔颜色(E):

5 在“放映幻灯片”选项组中，可以指定要放映的幻灯片范围，如下图所示。

● 如果选中“全部”单选按钮，将放映演示文稿中的所有幻灯片。

● 如果选中“从……到……”单选按钮，则可指定要放映的起始幻灯片和结束幻灯片。

● 在设置了演示文稿的自定义放映方式后，“自定义放映”单选按钮变为可用，如果选中该单选按钮，则可从其下方的下拉列表框中选择为当前演示文稿所设置的某种自定义放映方式进行放映。

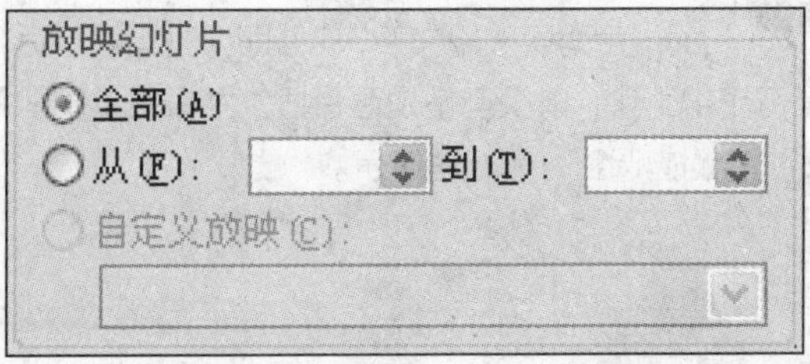

放映幻灯片
- ⦿ 全部(A)
- ○ 从(F):　　到(T):
- ○ 自定义放映(C):

6 在“换片方式”选项组中，可以设置切换幻灯片的方式。

如果选中“手动”单选按钮，则将按手动控制的方法切换幻灯片。

如果选中“如果存在排练时间，则使用它”单选按钮，则幻灯片将按所设置的排练计时自动进行切换，如下图所示。

换片方式
○手动(M)
⊙如果存在排练时间，则使用它(U)

7 在“性能”选项组中可以对演示文稿的性能进行适当设置，如下图所示。

如果选中“使用硬件图形加速”复选框，可以加快演示文稿中图形的显示速度。

在“幻灯片放映分辨率”下拉列表中，可以选择一种合适的分辨率。

17.1.4 录制旁白

如果在放映幻灯片时，希望能同时播放对幻灯片的解说，则可以使用 PowerPoint 提供的录制旁白功能。可以将录制的旁白声音插入到幻灯片中，如果不需要已插入的旁白，可将其从演示文稿中删除。

1 单击第 2 张幻灯片，然后单击“幻灯片放映”选项卡“设置”选项组中的“录制旁白”按钮，如下图所示。

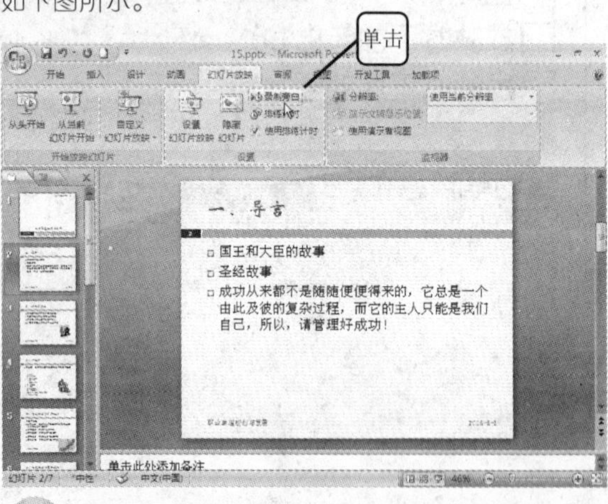

2 打开“录制旁白”对话框，如下图所示。如果是首次录音，可单击“设置话筒级别”按钮。

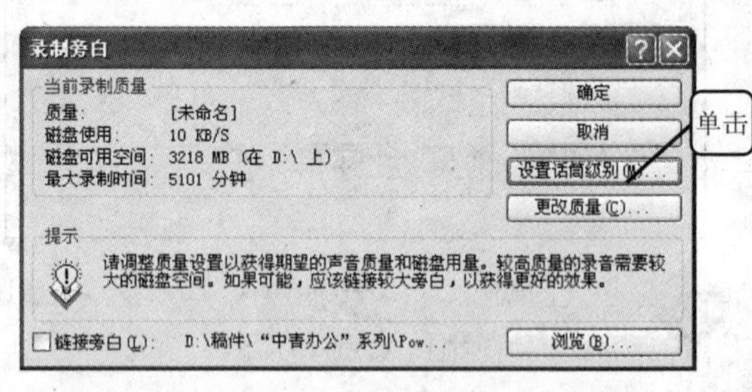

3 打开“话筒检查”对话框。可以按照该对话框的提示朗读一段文字，此时即可开始检查话筒是否正常工作，以及音量是否合适，并根据不同的需要进行相应调整，如右图所示。

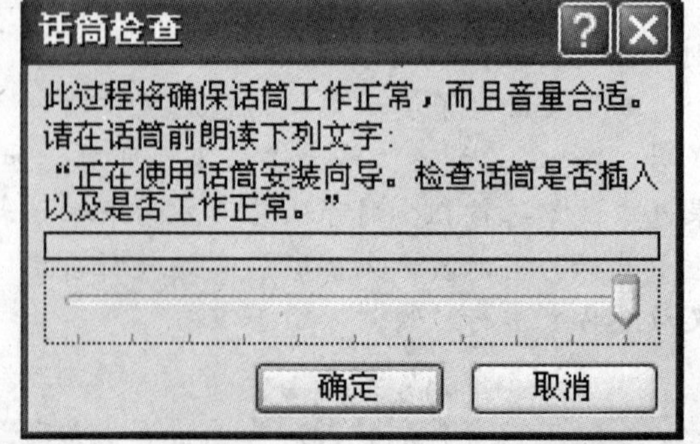

4　检查完毕后，单击“确定”按钮，回到“录制旁白”对话框，然后单击“更改质量”按钮，打开“声音选定”对话框，如下图所示。在该对话框中可设置录音的质量、格式和属性。

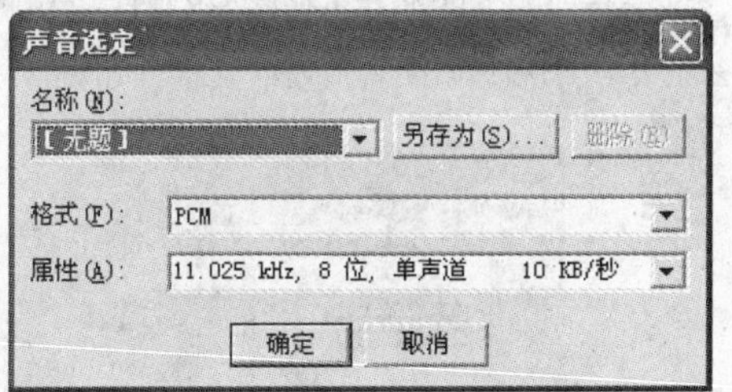

多学点　单击“另存为”按钮，在打开的对话框中，可为当前的录音起一个名称，如下图所示。

5　设置好后单击“确定”按钮，返回步骤 2 中所示“录制旁白”对话框，然后单击“确定”按钮，打开“录制旁白”对话框，如下图所示，系统提示用户选择要录制旁白的幻灯片。

6　单击“当前幻灯片”按钮，将开始放映当前幻灯片，此时即可对着麦克风讲话，为该幻灯片录制旁白。录制完成后，可以切换到其他幻灯片继续录制旁白。全部录制完成后，结束幻灯片的放映，此时会弹出一个提示框，提示是否按录制旁白的时间来保存幻灯片的排练时间，如下图所示。

7　单击“保存”按钮，即可在保存了所录制旁白的情况下，再按录制旁白时的时间，来保存幻灯片的排练时间，并回到幻灯片浏览视图，可以看到录制了旁白的幻灯片右下角会显示一个小喇叭图标，如下图所示。

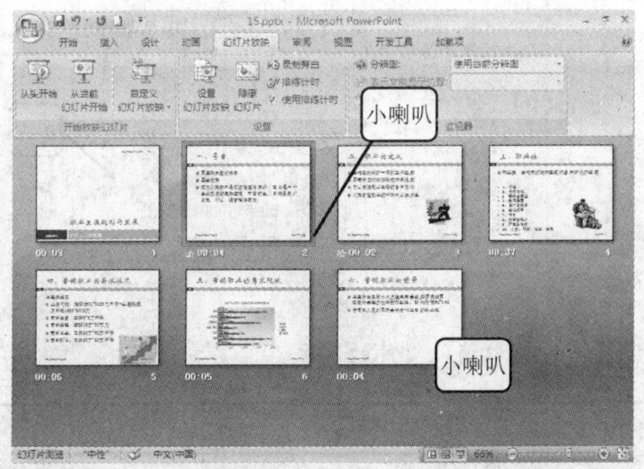

8　如果觉得录制的旁白不合适，可以将其删除。切换到幻灯片普通视图下，单击要删除旁白的幻灯片右下角的小喇叭图标，然后按〈Del〉键，即可将该幻灯片的旁白删除，如下图所示。

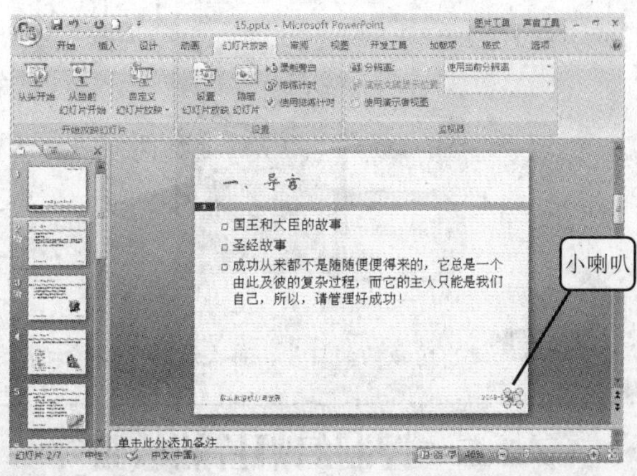

17.1.5　隐藏或显示重要的幻灯片

在放映幻灯片时，对于其中具有重要信息需要保密的幻灯片，可能不希望将它们在特定场合放映出来，这时，就需要将这类幻灯片隐藏起来。当需要放映这类幻灯片时，还可将其显示出来。

1 打开随书光盘中"\实例素材\第 17 章\17.pptx"文档，单击要隐藏的幻灯片，然后单击"幻灯片放映"选项卡"设置"选项组中的"隐藏幻灯片"按钮，如下图所示。

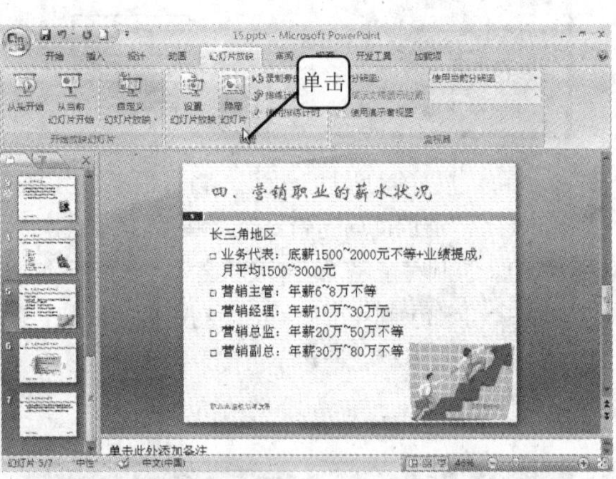

2 可以将该幻灯片隐藏起来，这时会在幻灯片缩略图中的编号上出现一个方框，并有一条斜线划过了该编号，如下图所示。在播放幻灯片的过程中，将不会显示该幻灯片。

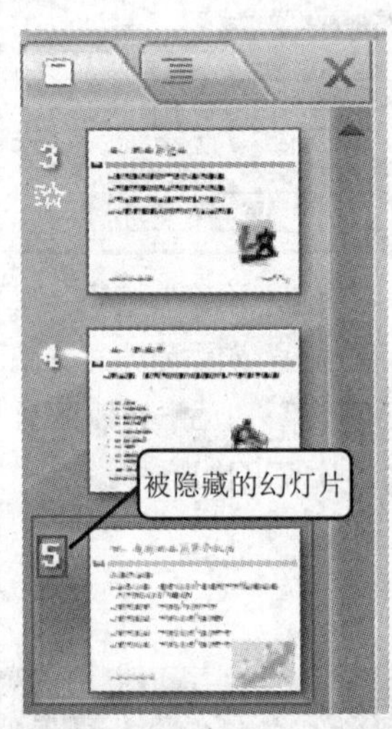

3 也可以在左侧的幻灯片列表中选中要隐藏的幻灯片，单击鼠标右键，从弹出的菜单中选择"隐藏幻灯片"命令，如下图所示。

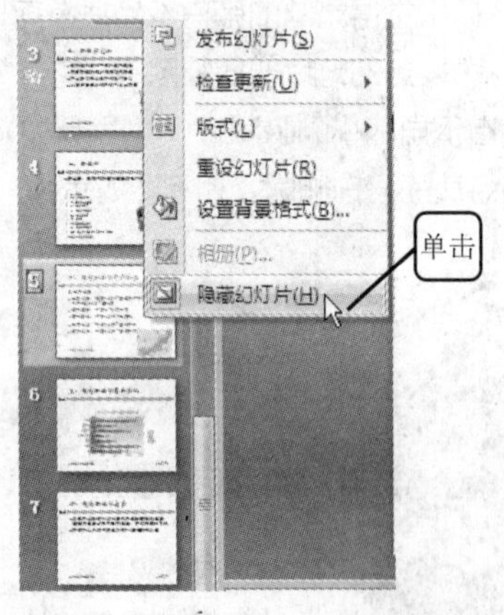

4 如果在播放幻灯片的过程中，需要将隐藏的幻灯片显示出来，则可在播放任意一张幻灯片的时候，单击鼠标右键，从弹出的菜单中选择"定位至幻灯片"命令，在其子菜单中选择隐藏的幻灯片，如下图所示，即可将隐藏的幻灯片显示出来。

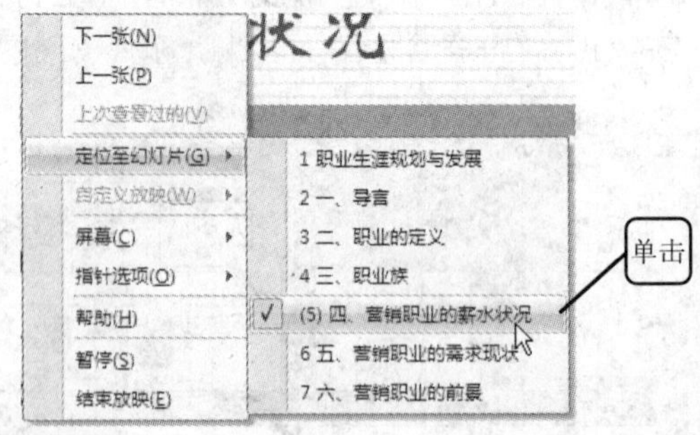

多学点 选中隐藏的幻灯片，再次选择"隐藏幻灯片"命令，则取消幻灯片的隐藏。

17.1.6 控制幻灯片的放映

在进入幻灯片放映状态后，可以通过设置的排练计时自动播放幻灯片，用户也可以自己控制幻灯片的放映方式。在幻灯片放映过程中，PowerPoint 提供了一个快捷菜单和一个工具栏，它们的作用是相同的。

1　单击“幻灯片放映”按钮，开始放映幻灯片。在正在放映的幻灯片上单击鼠标右键，弹出一个快捷菜单，如下图所示。在该菜单中，可以根据需要选择不同的命令来控制幻灯片的放映方式。

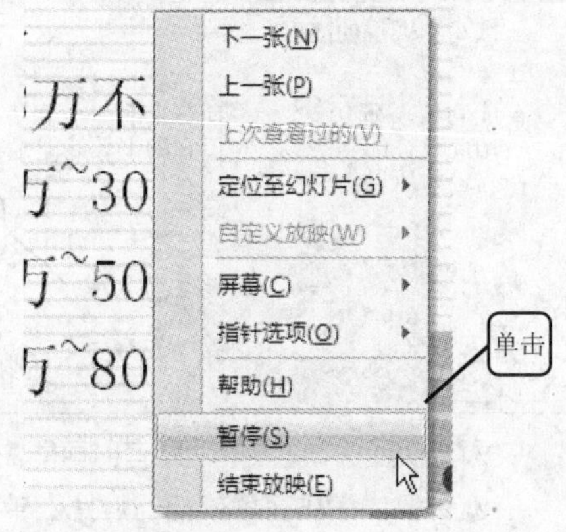

2　除了使用快捷菜单处，还可以使用放映工具栏来控制幻灯片的放映方式。在幻灯片放映状态下，在左下角有一个工具栏，其中有 4 个按钮，单击⬅按钮可返回到上一张幻灯片；单击✎按钮将弹出如下图所示的菜单，可以设置鼠标指针的显示类型和墨迹颜色；单击▤按钮也会弹出一个菜单，该菜单包括左图所示快捷菜单中的命令；单击➡按钮可切换到下一张幻灯片。

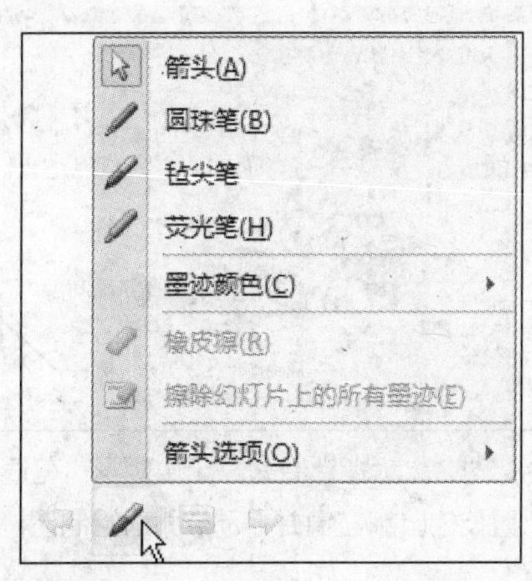

3　选择“上一张”或“下一张”命令，只能在相邻的幻灯片之间切换，如果想在放映某张幻灯片时，直接切换到与其不相邻的幻灯片上，则可以在幻灯片放映状态下，单击鼠标右键，从弹出的菜单中选择“定位至幻灯片”命令，如右图所示，从其子菜单中选择要切换到的幻灯片即可。

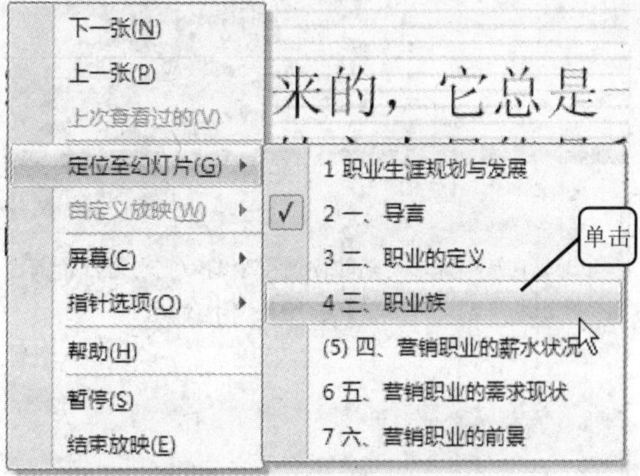

提示您　在从一张幻灯片切换到另一张幻灯片后，如果想返回到先前的那张幻灯片，则可以在上图的菜单中选择“上次查看过的”命令。如果要想在放映幻灯片的过程中停止放映，可以在幻灯片上单击鼠标右键，从弹出的菜单中选择“结束放映”命令，即可结束幻灯片的放映。

17.1.7　放映过程中的屏幕操作

在放映幻灯片时，还可以对放映屏幕进行各种操作。如设置箭头选项、绘制与操作墨迹、将放映屏幕设置为黑屏或白屏、显示或隐藏墨迹、输入备注，以及在放映状态下切换到其他程序等操作。

1 在放映幻灯片时，可以显示或隐藏鼠标指针。在幻灯片上单击鼠标右键，从弹出的菜单中选择“指针选项”|“箭头选项”命令，从其子菜单中选择要隐藏或是显示鼠标指针，如下图所示。

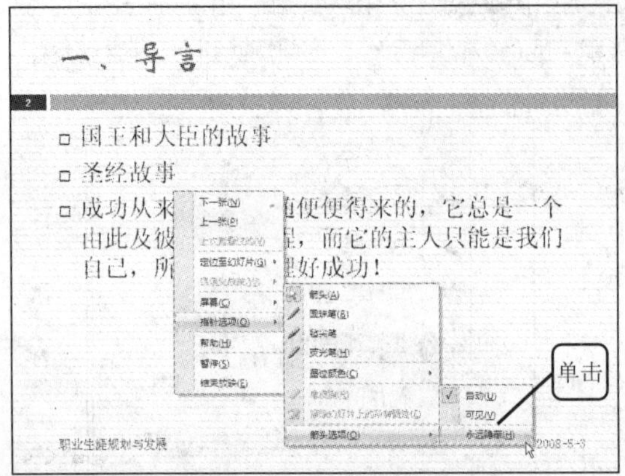

2 有时需要对幻灯片中某些内容进行强调，这时可以添加墨迹。在放映幻灯片时，在该幻灯片上单击鼠标右键，从弹出的菜单中选择“指针选项”命令，在其子菜单中可选择用于绘制墨迹的笔型，如下图所示，这里选择“荧光笔”命令。

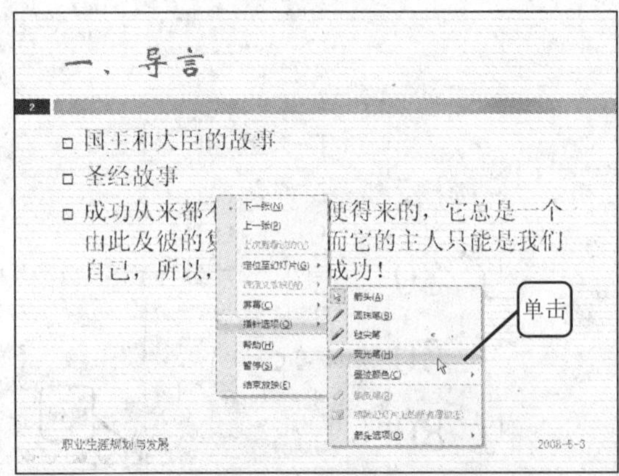

3 此时，鼠标指针变为一个小矩形，在适当的位置按住鼠标左键并拖动，即可绘制墨迹，如下图所示。

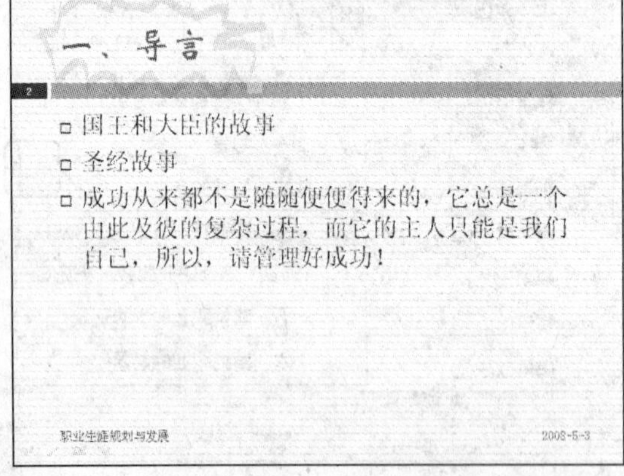

4 为了使墨迹看着更醒目，有时可能需要更改墨迹颜色。在正在播放的幻灯片上单击鼠标右键，从弹出菜单中选择“指针选项”|“墨迹颜色”命令，如下图所示，从子菜单中可以选择墨迹的颜色。

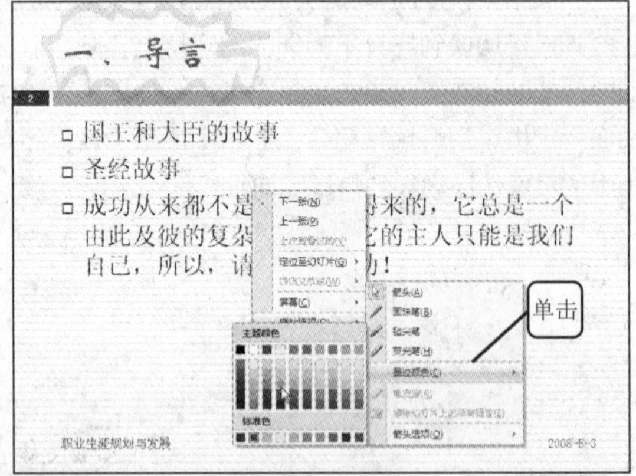

5 用新设置的颜色为幻灯片中的内容做墨迹注释，结果如右图所示。

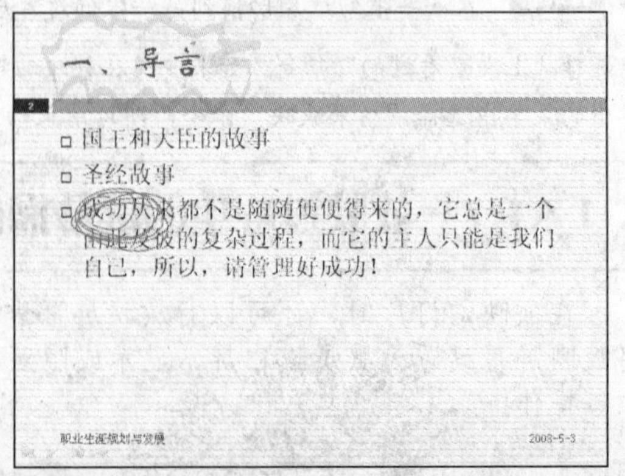

6 还可以根据需要，调整墨迹的大小和位置，该操作需要在幻灯片普通视图中进行。在幻灯片上绘制好墨迹后结束播放，此时将弹出一个对话框，提示是否保存墨迹注释，单击“保留”按钮，如下图所示。

7 将绘制的墨迹保存，并返回到幻灯片普通视图下，幻灯片中显示了刚才绘制的墨迹。单击某一个墨迹，在其周围将出现控制点，拖动控制点，即可调整墨迹的大小和位置，如下图所示。

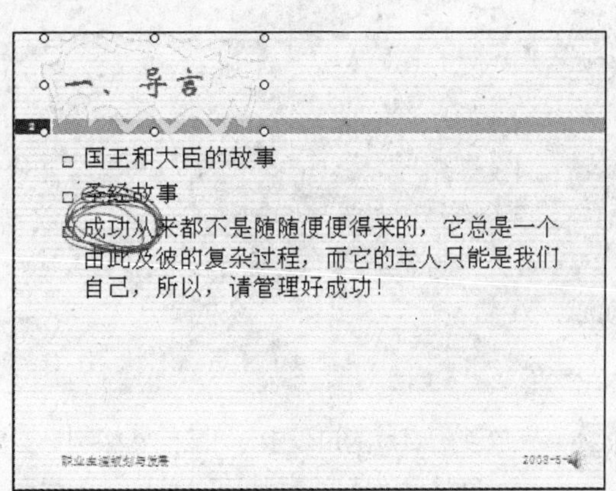

8 如果觉得墨迹不合适，可以将其擦除。在幻灯片放映状态下，先为幻灯片绘制两个墨迹，然后在该幻灯片上单击鼠标右键，从弹出菜单中选择“指针选项”|“橡皮擦”命令，如下图所示。

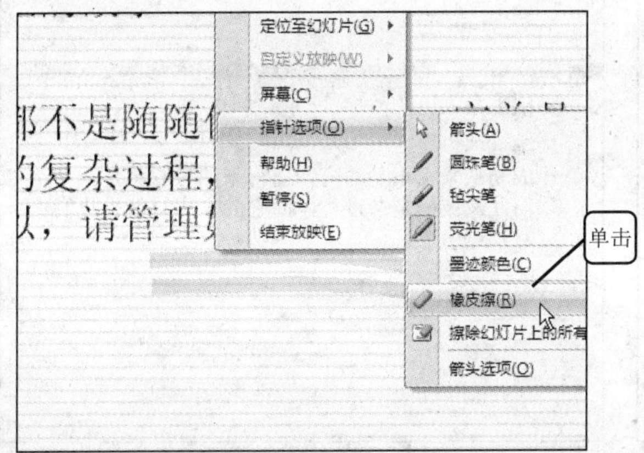

9 此时鼠标指针变为橡皮擦形状，将其指向某个要擦除的墨迹，拖动鼠标即可将该墨迹擦除，如下图所示。

10 有时需要在幻灯片播放过程中书写一些内容，这时，可以将幻灯片设置为黑屏或白屏。在幻灯片放映状态下，将鼠标指针设置为一种绘图笔并选择一种颜色。然后在该幻灯片上单击鼠标右键，从弹出菜单中选择“屏幕”|“黑屏”命令，如右图所示。

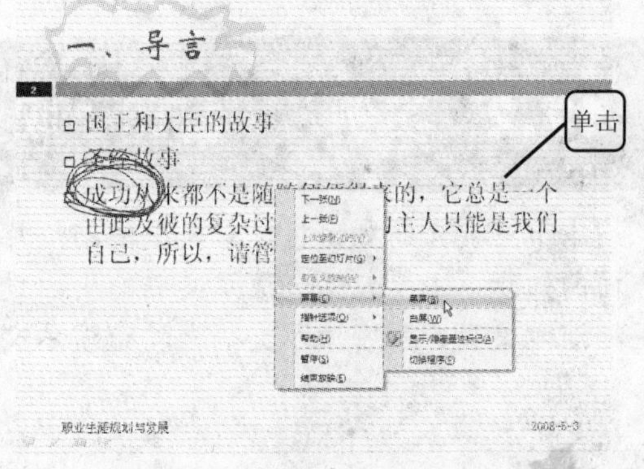

经验谈 对于已经保存的墨迹，则无法再将其擦除。只能通过在幻灯片普通视图中将其删除。只要选中要删除的墨迹，然后按〈Del〉键即可将其删除。

17

11 此时，幻灯片变为黑屏，可以在上面用绘图笔书写内容，如下图所示。

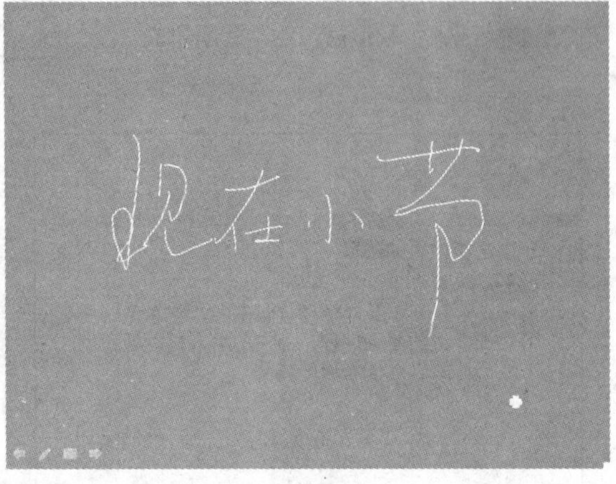

12 书写完成后，选择“屏幕”/“屏幕还原”命令，可以返回到幻灯片放映屏幕，如下图所示。

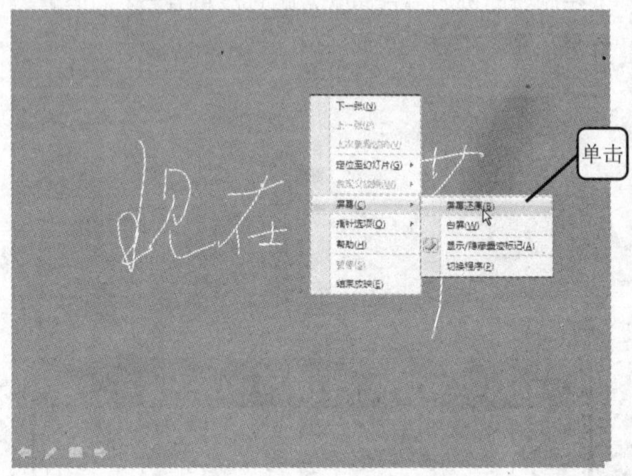

13 在放映幻灯片的过程中，可能需要绘制一些墨迹，有时需要将其隐藏起来。放映一张绘有墨迹的幻灯片，此时会在屏幕上显示出墨迹，在幻灯片上单击鼠标右键，从弹出菜单中选择“屏幕”|“显示/隐藏墨迹标记”命令，如下图所示。

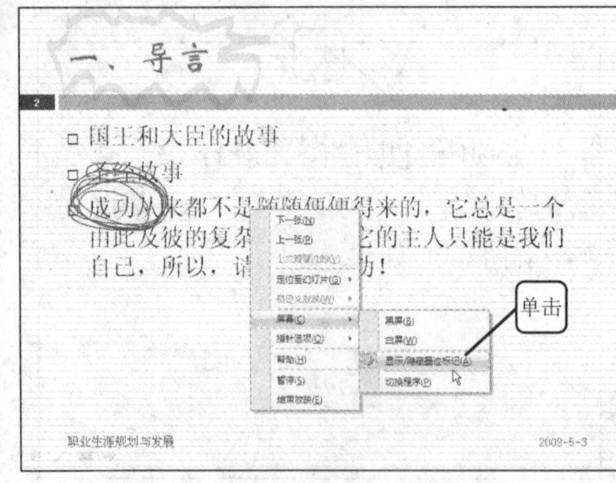

14 可以将屏幕上的墨迹全部隐藏起来，如下图所示。再次选择该命令，则可将墨迹显示出来。

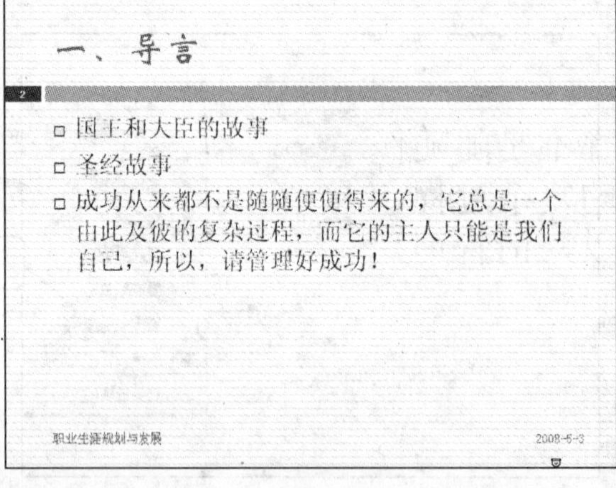

17.2 实例——打印“职业生涯规划与发展”幻灯片文档

本节主要介绍如何将计算机中的幻灯片文档打印出来。主要讲解演示文稿打印输出与打包方面的知识，主要包括：演示文稿的页面设置、打印预览演示文稿、打印演示文稿前的设置、压缩演示文稿、加密演示文稿、发布演示文稿等。

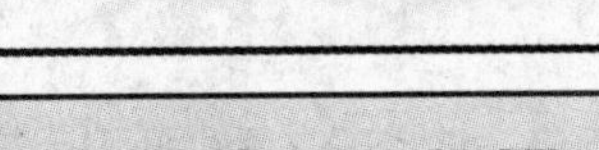

17.2.1　演示文稿的页面设置

在开始打印演示文稿之前，需要先对幻灯片的当前页面进行一些设置，包括打印尺寸、打印范围和纸张方向。

1 打开随书光盘中“\实例素材\第 17 章\17.pptx”文档，单击“设计”选项卡“页面设置”选项组中的“页面设置”按钮，如下图所示。

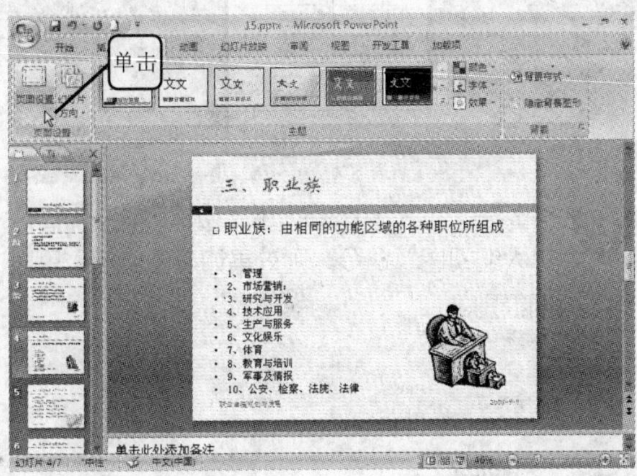

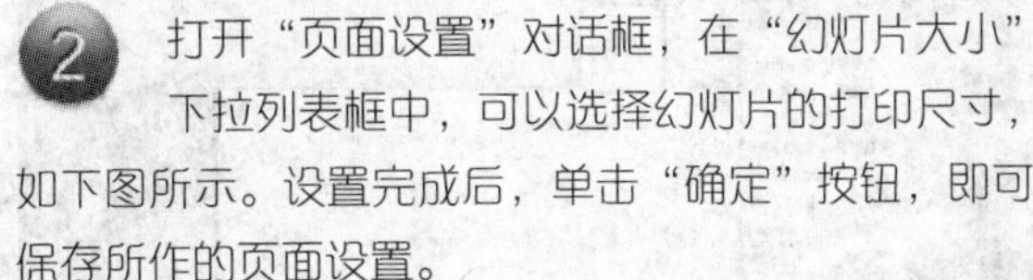

2 打开“页面设置”对话框，在“幻灯片大小”下拉列表框中，可以选择幻灯片的打印尺寸，如下图所示。设置完成后，单击“确定”按钮，即可保存所作的页面设置。

- 在“幻灯片编号起始值”文本框中，可以输入幻灯片的起始编号，默认以“1”开始。
- 在“方向”选项组中，可以设置是横向还是纵向打印幻灯片、备注、讲义或大纲。

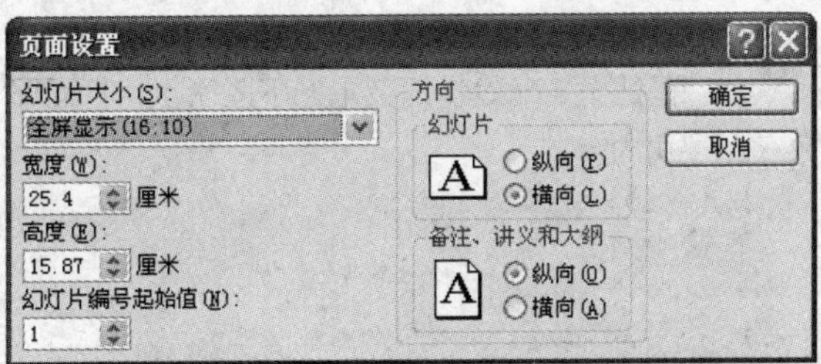

17.2.2　打印预览演示文稿

在设置好要打印的演示文稿的页面格式后，一般在打印前还需要对打印结果进行预览，查看文档打印到纸面上的效果，从而可以准确地进行设置。

1 打开随书光盘中“\实例素材\第 17 章\17.pptx”文档，然后单击“Office 按钮”，从弹出菜单中选择“打印”|“打印预览”命令，如下图所示。

2 打开“打印预览”窗口，如下图所示。在该窗口中，显示了要打印演示文稿的第 1 张幻灯片内容，在“打印预览”选项卡上，单击“下一页”按钮，可以预览要打印的下一张幻灯片的内容。

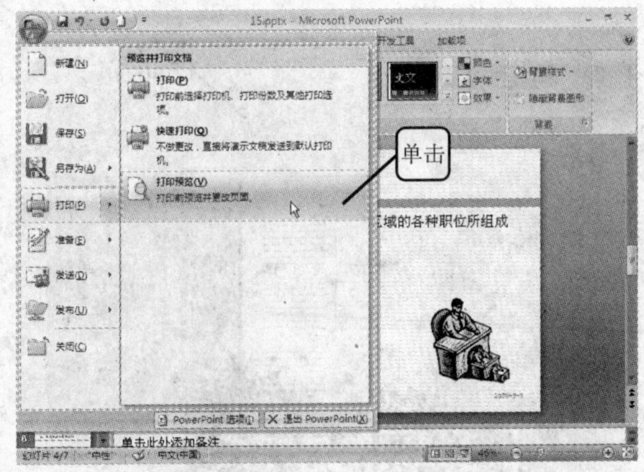

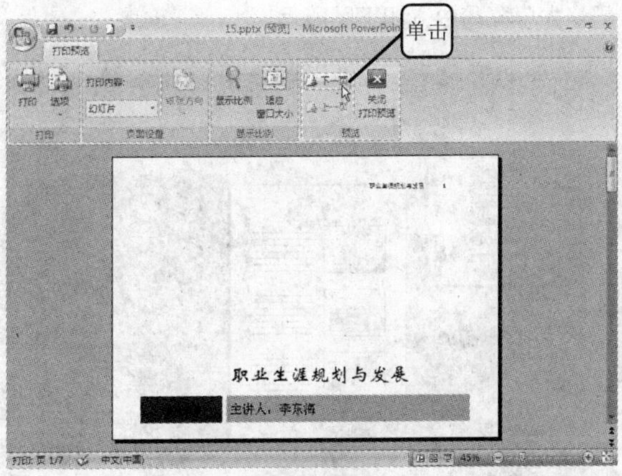

3 单击“打印内容”下三角按钮，从中可以选择要预览的相关内容，如下图所示。

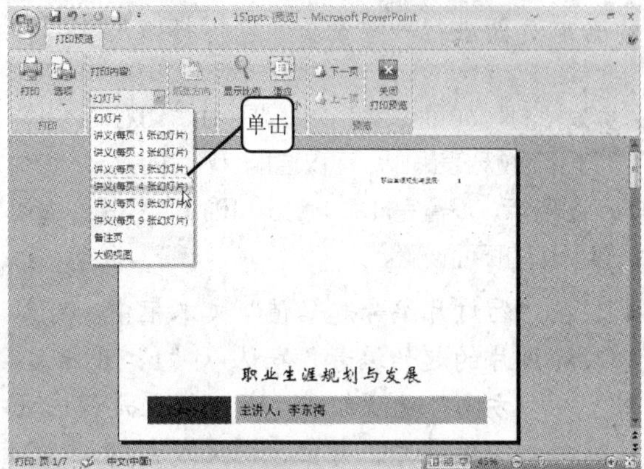

4 选择好之后，即可按选择的方式进行预览，如下图所示。

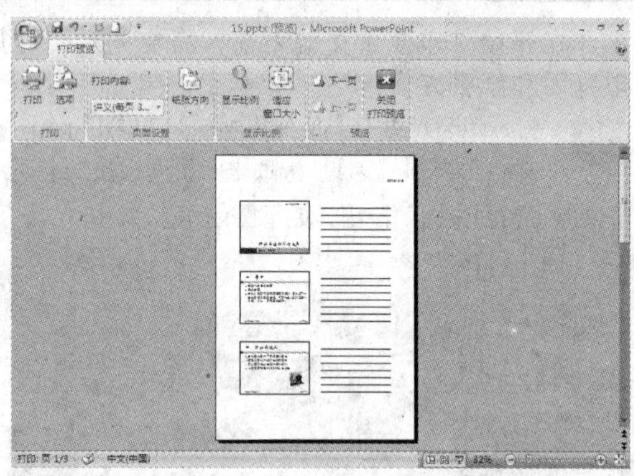

5 如果单击“打印内容”下三角按钮，从中选择“备注页”命令，则效果如下图所示，下面显示了备注页内容。

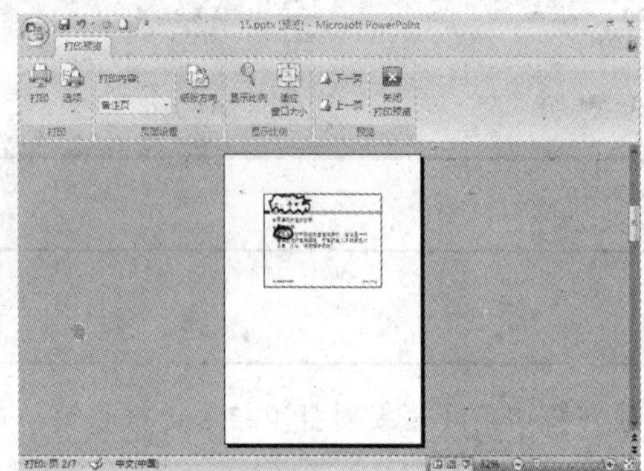

6 如果单击“打印内容”下三角按钮，从中选择“大纲视图”命令，则效果如下图所示，只显示了大纲级别。

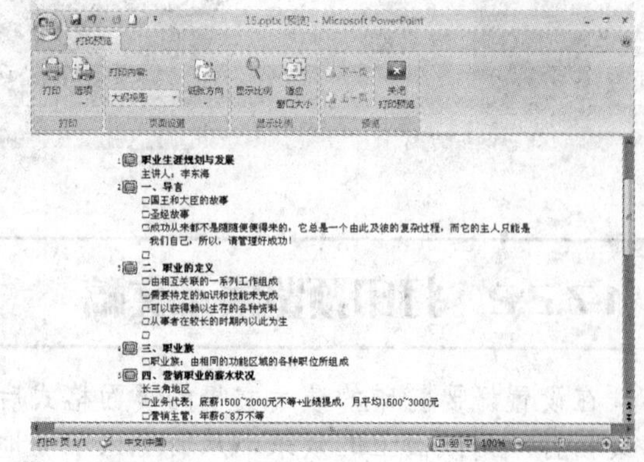

7 在打印预览窗口中显示的页面打印方向，采用的是在“页面设置”对话框中设置的方向，可以单击“横向”和“纵向”两个按钮来改变打印页面。单击“选项”按钮，从弹出的菜单中选择“根据纸张调整大小”命令，如下图所示。

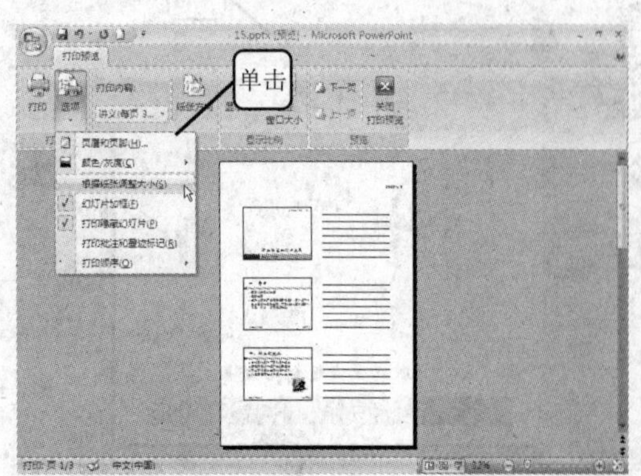

8 设置完成后，单击“关闭”按钮，关闭打印预览窗口，如下图所示。

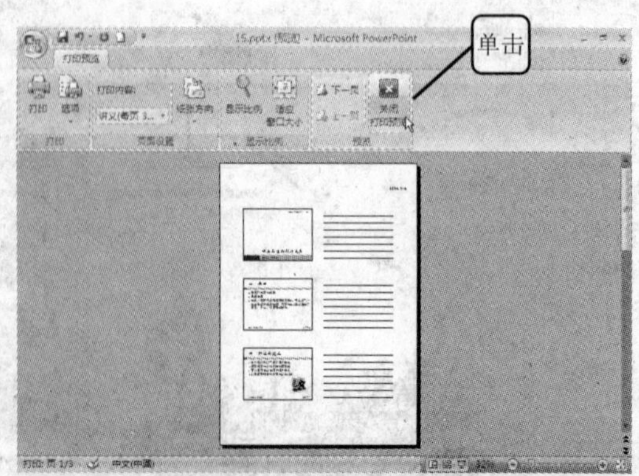

17.2.3 打印演示文稿

在设置好演示文稿的页面格式，并在预览状态下查看演示文稿已符合要求，这时，即可开始打印演示文稿。

1 单击“Office”按钮，从弹出菜单中选择“打印”/“打印”命令，如下图所示。

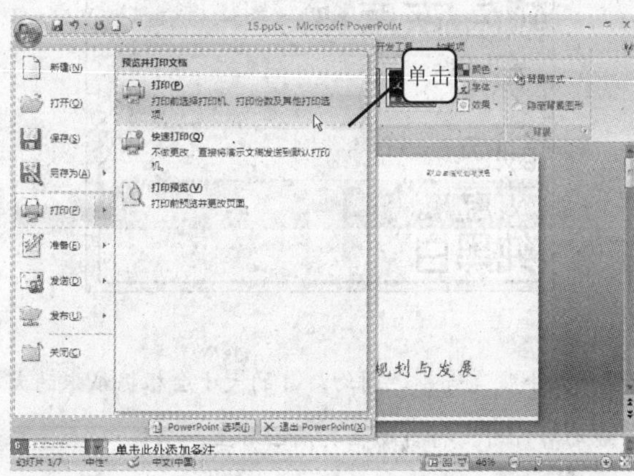

2 打开“打印”对话框，如下图所示，在该对话框中可对打印进行更详细的设置。在“打印机”选项组的“名称”下拉列表框中，可以选择要用于打印演示文稿的打印机。

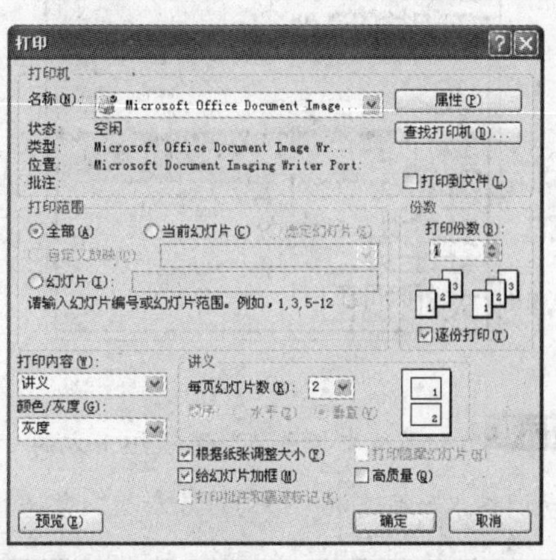

3 在“打印范围”选项组中，可以根据需要进行选择。

- 如果选中“全部”单选按钮，将会打印演示文稿中所有幻灯片。
- 如果选中“当前幻灯片”单选按钮，则只打印演示文稿中当前所显示的幻灯片。
- 如果选中“幻灯片”单选按钮，则可以在它后面的文本框中输入准备要打印的幻灯片编号或打印范围，用逗号将各编号分割，用短横杠可以连接所要打印幻灯片的起始和终止编号。
- 如果在编辑演示文稿时设置了自定义放映，则可选中“自定义放映”单选按钮，然后在右侧的下拉列表框中选择一个自定义放映选项，如下图所示。

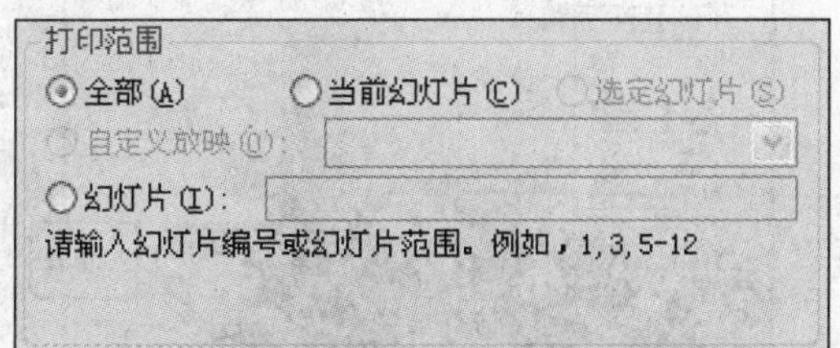

4 在“份数”选项组中，可在“打印份数”文本框中输入要打印的份数，如下图所示。如果选中“逐份打印”复选框，则将按照正确的装订顺序打印多份演示文稿。

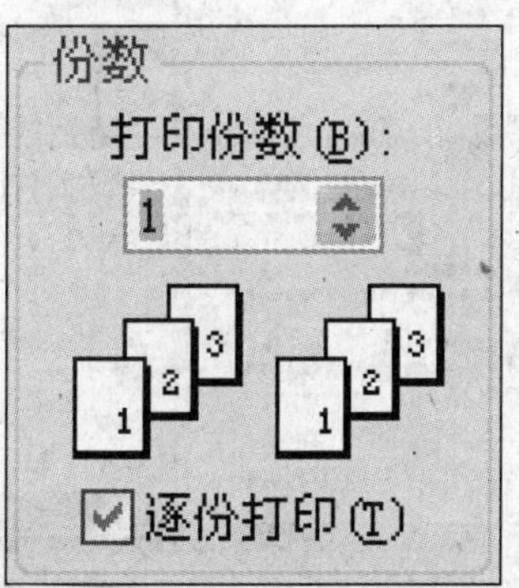

5 在“打印内容”下拉列表框中，可以选择要打印的内容，如下图所示。如果选择“幻灯片”选项，则将会在一页上打印一张幻灯片；如果选择“讲义”选项，可以在其右侧的“讲义”选项组中指定每一页上所要打印的幻灯片数，并可以将打印顺序指定为“水平”或“垂直”方式；如果选择“备注页”选项，则打印指定范围内的幻灯片备注；如果选择“大纲视图”选项，则会打印演示文稿的大纲。

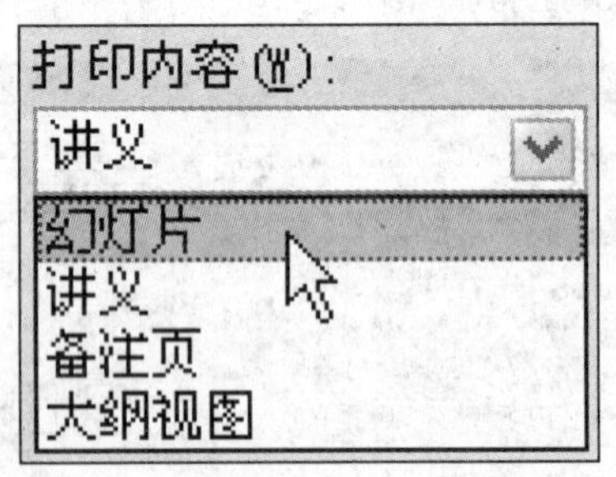

6 在“颜色/灰度”下拉列表框中，可根据实际情况进行设置，如下图所示。如果选择“颜色”选项，将按照演示文稿中所显示的各项内容的颜色进行彩色打印；如果选择“灰度”选项，则可在黑白打印机上以最佳方式打印彩色幻灯片；如果选择“纯黑白”选项，将只用黑和白两种颜色打印幻灯片的内容。设置完成后，单击“确定”按钮，即可开始打印。

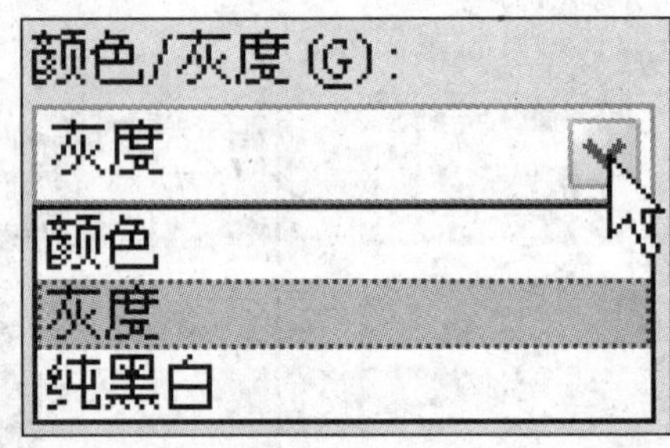

提示您 如果选中“讲义”选项组下方的“根据纸张调整大小”复选框，则幻灯片的大小会根据纸张的大小自动调整。如果选中“给幻灯片加框”复选框，则在打印幻灯片时，将自动在其周围加上一个框。

17.2.4 发布幻灯片

如果希望重复使用制作好的幻灯片，则可以将其发布到局域网中的共享位置上，以便被更多人使用。

1 打开随书光盘中“\实例素材\第 17 章\17.pptx”文档，单击“Office 按钮”，从弹出菜单中选择“发布”/“发布幻灯片”命令，如下图所示。

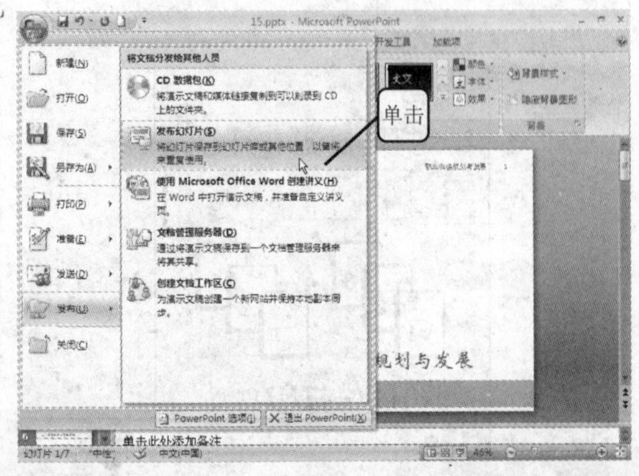

2 打开“发布幻灯片”对话框，选中要发布幻灯片前面的复选框，然后单击“浏览”按钮，选择保存幻灯片的位置，如下图所示。

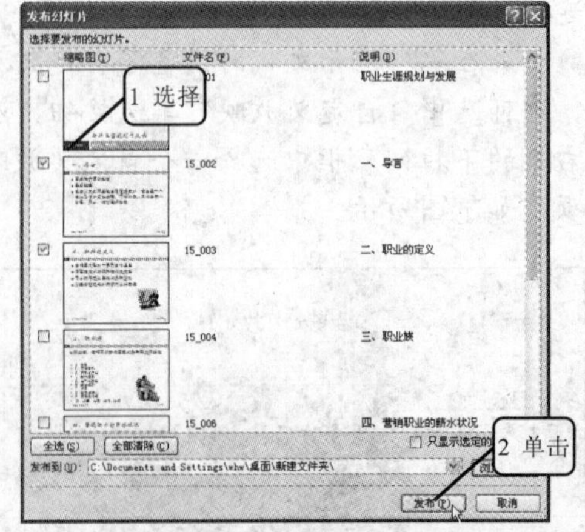

3 发布后，每一页幻灯片都成为一个单独的文件，如右图所示。

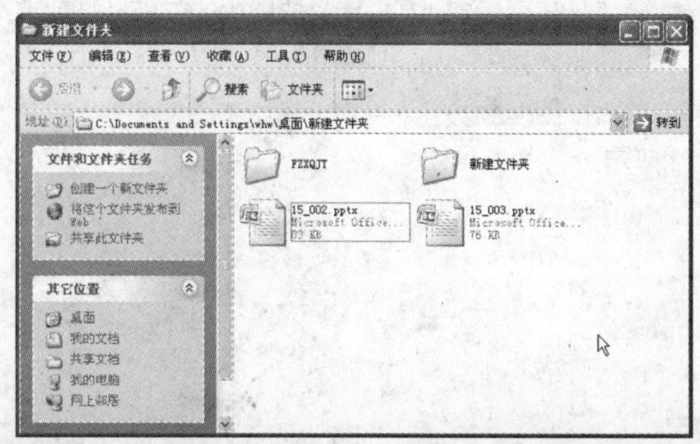

17.3 拓展与提高

17.3.1 自定义幻灯片放映

有时在制作好一个演示文稿后，可能需要为一组特定的观众放映其中的某部分幻灯片，为另一组观众放映另一部分幻灯片。这时，就需要使用 PowerPoint 提供的自定义放映功能，任意选择要放映的幻灯片。

1 单击“幻灯片放映”选项卡“开始放映幻灯片”选项组中的“自定义幻灯片放映”按钮，从下拉菜单中选择“自定义放映”命令，如下图所示。

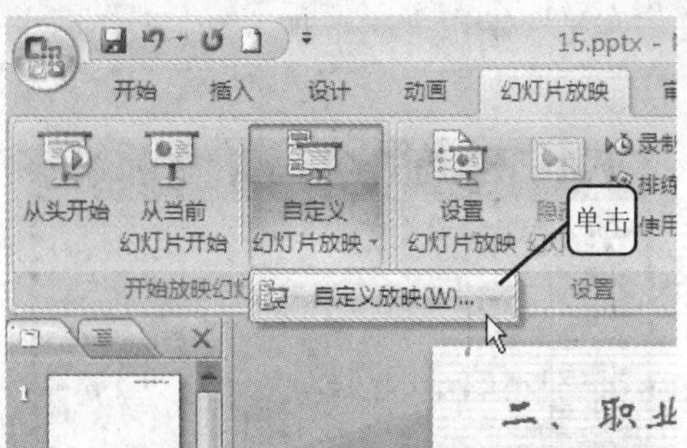

2 打开“自定义放映”对话框，在该对话框中单击“新建”按钮，如下图所示。

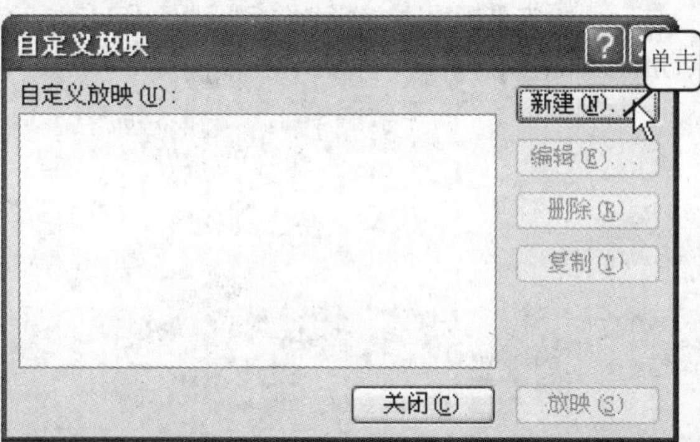

3 打开“定义自定义放映”对话框，在“幻灯片放映名称”文本框中可以输入该幻灯片的名称；在“在演示文稿中的幻灯片”列表框中选择要在“在自定义放映中的幻灯片”列表框中添加的幻灯片，然后单击“添加”按钮，即可将选中的幻灯片添加到右侧的“在自定义放映中的幻灯片”列表框中，如右图所示。

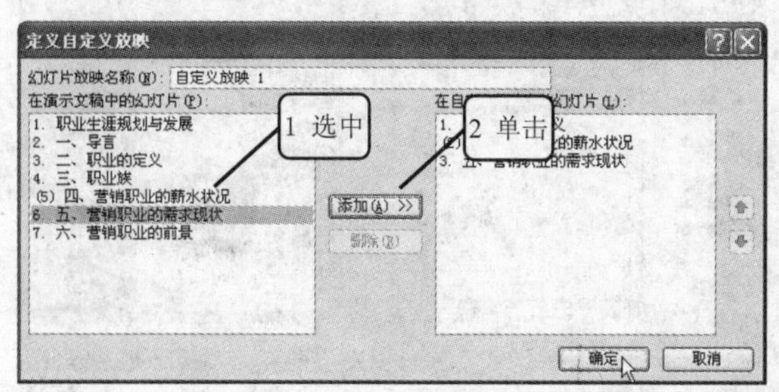

4 如果要调整“在自定义放映中的幻灯片”列表框的播放顺序，则可以选择要调整的幻灯片，然后单击上移或下移按钮，进行上移或下移的调整，如下图所示。

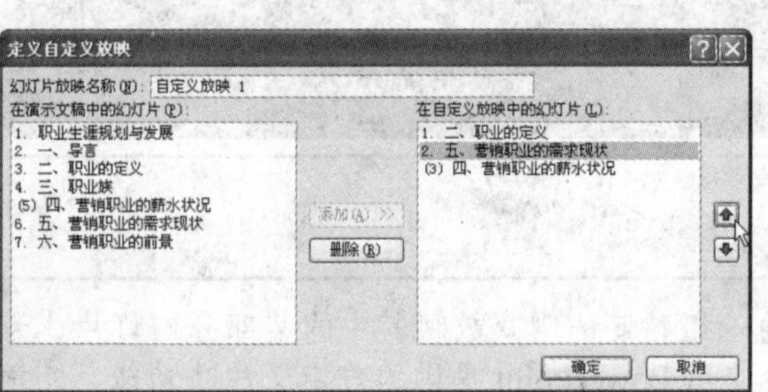

5 设置完成后，单击“确定”按钮，再单击“关闭”按钮，返回 PowerPoint 主窗口中。单击“幻灯片放映”按钮，开始播放幻灯片。在幻灯片上单击鼠标右键，从弹出菜单中选择“自定义放映”命令，然后从其子菜单中选择某一命令，即可按照所设置的顺序，开始播放幻灯片，如下图所示。

17.3.2 将幻灯片创建为讲义

可以将幻灯片直接创建为讲义，具体操作方法如下。

1 打开要创建为讲义的幻灯片演示文稿。单击“Office 按钮”，选择“发布”|“使用 Microsoft Office Word 创建讲义”命令，如下图所示。

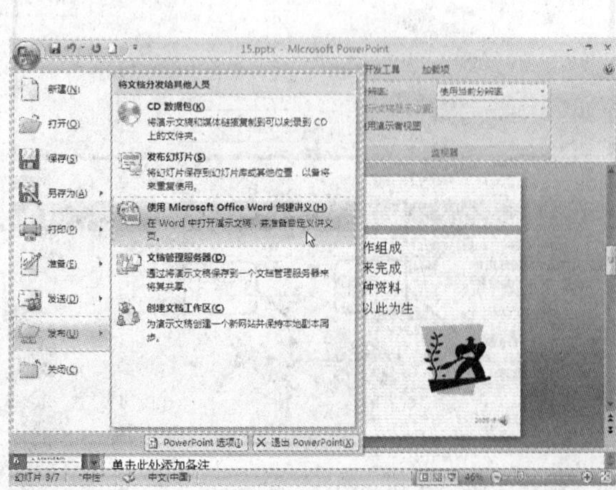

2 在弹出的对话框中选择一种讲义的样式，然后单击“确定”按钮，如下图所示。

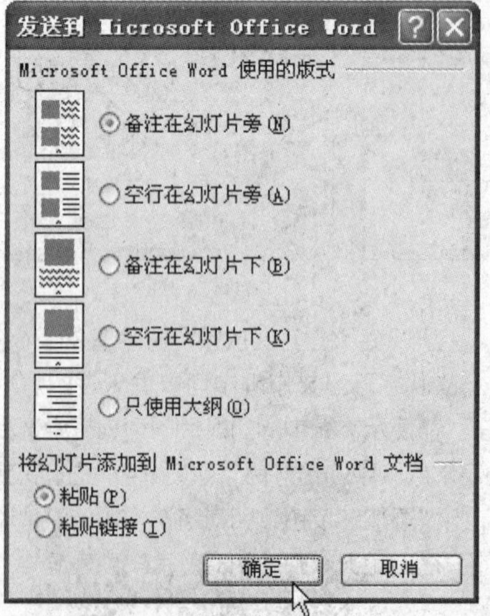

3 稍后，打开 Word 程序，其中显示了创建的讲义，如右图所示。

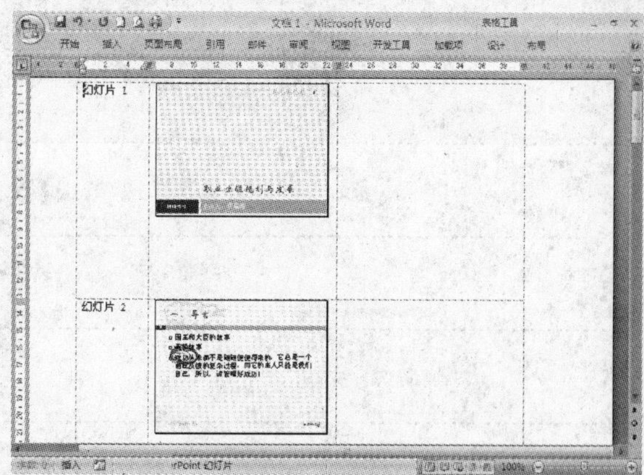

学习笔记

- 添加剪辑管理器中的声音
- 添加文件中的声音
- 添加 CD 乐曲
- 添加录制的声音
- 添加剪辑管理器中的影片
- 添加文件中的影片

插入影音文件和设置动画

	实例素材	\实例素材\第 18 章\18.pptx
	实例结果	无

18.1 实例——为“职业生涯规划与发展”添加影音文件

本章介绍了在幻灯片中添加影音文件的方法。影音文件包括两种：声音文件和影片文件。在 PowerPoint 中，可以插入的声音文件包括剪辑管理器中的声音文件、文件中的声音文件、CD 乐曲文件，以及利用 PowerPoint 录制的声音文件；可以插入的影片文件，则包括剪辑管理器中的视频文件，以及文件中的视频文件。插入影音文件，可以使幻灯片变得更加声动形象。

18.1.1 添加剪辑管理器中的声音文件

PowerPoint 剪辑管理器有很多声音文件可供使用。在幻灯片中插入剪辑管理器中的声音非常方便。

1 打开随书光盘中“\实例素材\第 18 章\18.pptx”文档，选择第 1 张幻灯片，然后单击“插入”选项卡“媒体剪辑”选项组中的“声音”按钮，从下拉菜单中选择“剪辑管理器中的声音”命令，如下图所示。

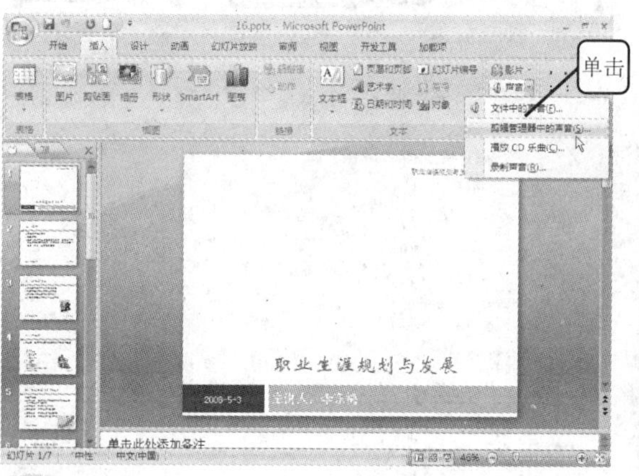

2 在窗口右侧出现“剪贴画”窗格，如下图所示。将光标移动到要插入的声音剪辑上，将出现一个下三角按钮，单击该按钮可以弹出一个菜单，要插入剪辑，可选择“插入”命令，如下图所示。

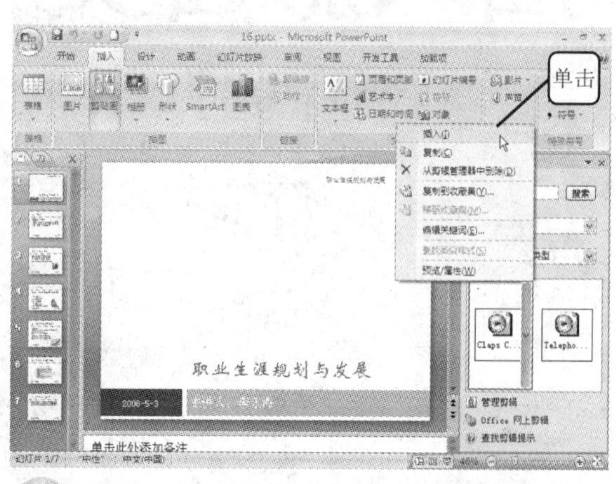

3 打开一个对话框，询问“您希望在幻灯片放映时如何开始播放声音”，如下图所示。如果希望在幻灯片放映时就播放声音，则单击“自动”按钮；如果希望在单击声音图标后播放声音，则单击“在单击时”按钮。

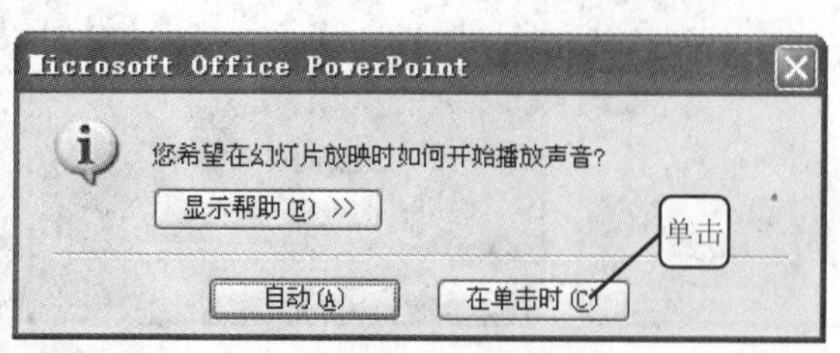

4 选择一种播放方式后，将在当前幻灯片中插入一个声音图标，如下图所示。

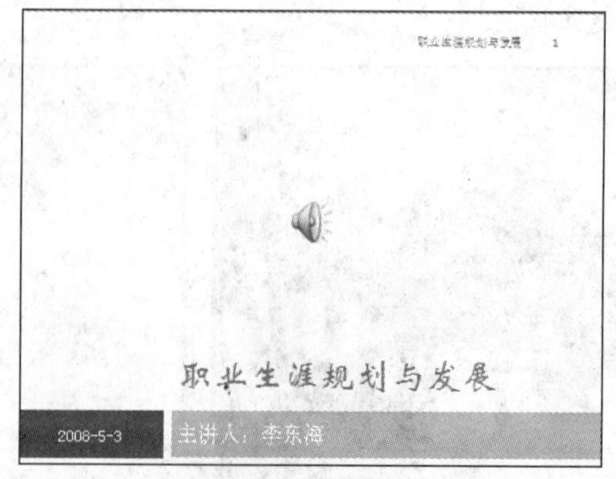

提示您 默认情况下，在幻灯片播放时，声音图标是显示出来的。

5 双击声音图标，在功能区中自动打开“图片工具”/“选项”选项卡。在“声音选项”选项组中选中“放映时隐藏”复选框，如下图所示。则在播放幻灯片时将隐藏声音图标。

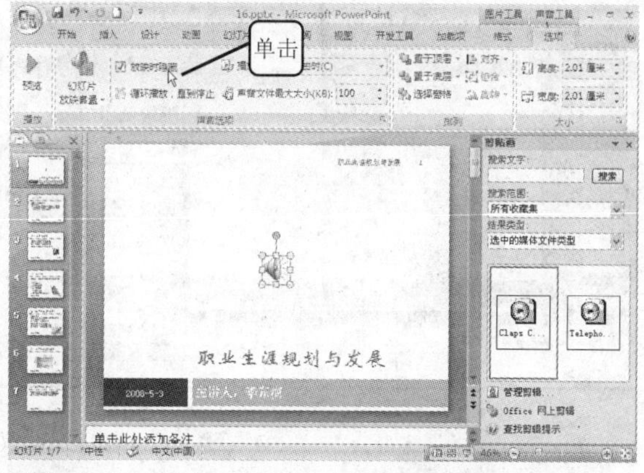

6 如果选中下面的“循环播放，直到停止”复选框，则声音将重复播放，直到幻灯片放映结束为止，如下图所示。

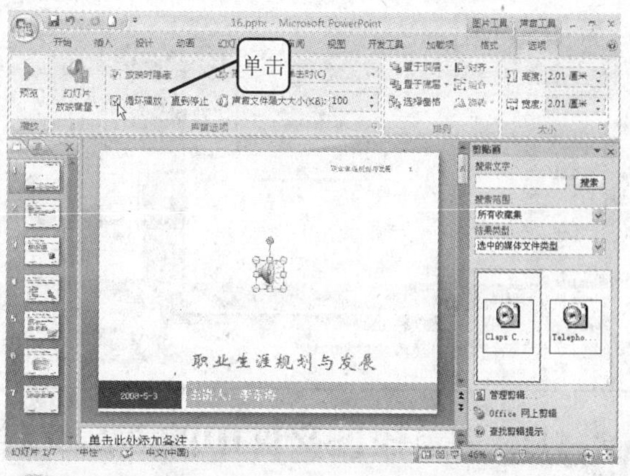

7 不管在前面是选择了自动播放声音，还是单击时播放声音，在“声音选项”选项组的“播放声音”下拉列表中，都可以重新进行设置，如下图所示。

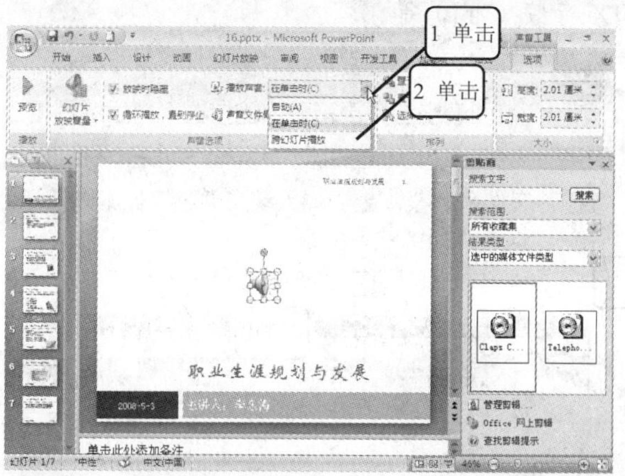

8 单击“声音选项”选项组中的“幻灯片放映音量”按钮，从下拉菜单中可以选择声音播放的音量大小，如下图所示。

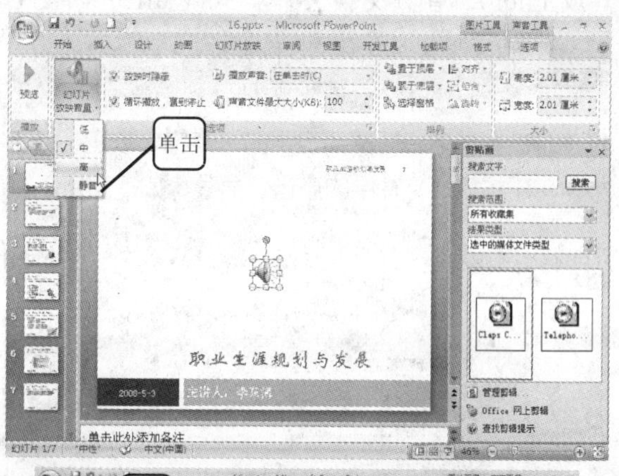

9 如果设置无误，则可以单击“选项”选项卡“播放”选项组中的“预览”按钮，来试听一下声音效果，如右图所示。

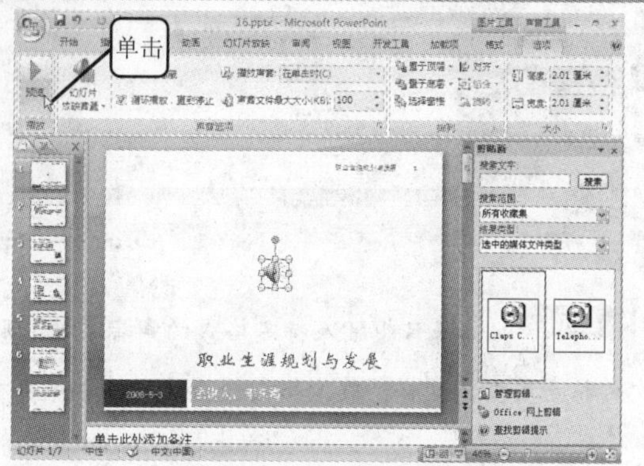

18

10 如果不再需要在当前幻灯片中插入的声音剪辑，则应该将其删除。单击声音图标，然后按〈Del〉键；或在声音图标上单击鼠标右键，从弹出菜单中选择“剪切”命令，也可将其删除，如下图所示。

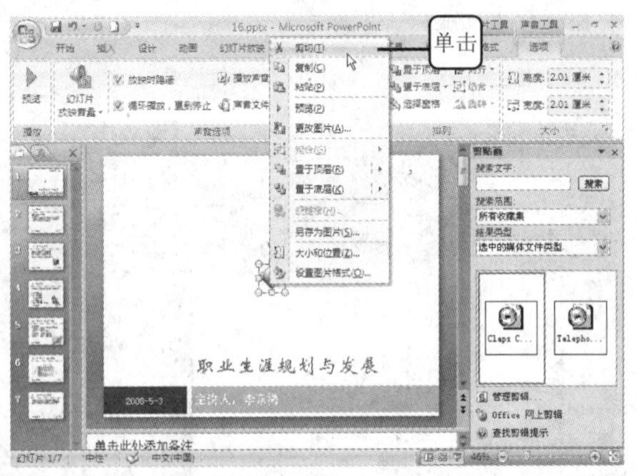

11 如果希望将该声音剪辑从剪辑管理器中删除，则可以将光标移动到“剪贴画”窗格中要删除的声音剪辑上，单击下三角按钮，从弹出菜单中选择“从剪辑管理器中删除”命令即可，如下图所示。

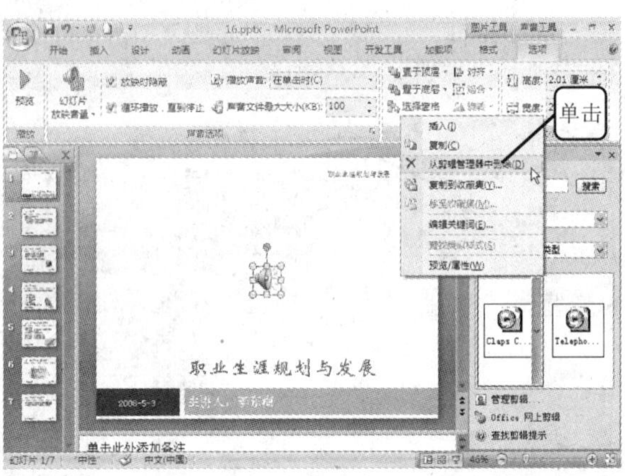

18.1.2 添加文件中的声音文件

除了插入剪辑管理器中的声音文件以外，还可以插入文件中的声音文件，包括 Windows Media Audio（.wma）、MPEG Audio Layer 3（MP3）、波形格式（.wav）、乐器数字接口（.mid 或.midi）、音频交换文件格式（.aiff）以及 UNIX 音频（.au）等。

1 打开随书光盘中“\实例素材\第 18 章\18.pptx”文档，选择第 2 张幻灯片，然后单击“插入”选项卡“媒体剪辑”选项组中的“声音”按钮，从下拉菜单中选择“文件中的声音”命令，如下图所示。

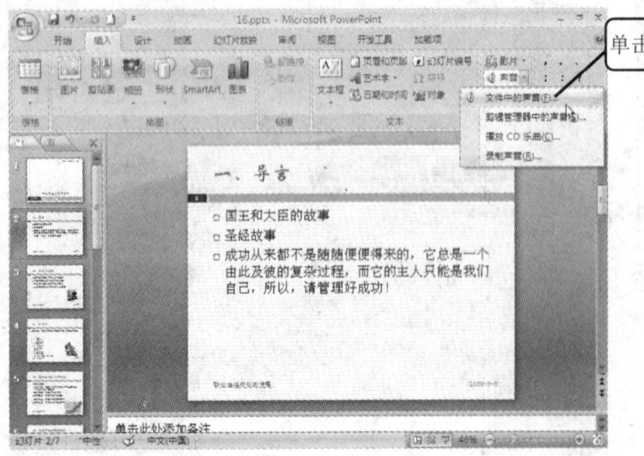

2 打开“插入声音”对话框，从“查找范围”下拉列表中选择声音存放的位置，然后选择相应的声音文件。如果知道要插入的声音文件名，则可以直接在“文件名”文本框中输入该文件名，如下图所示。

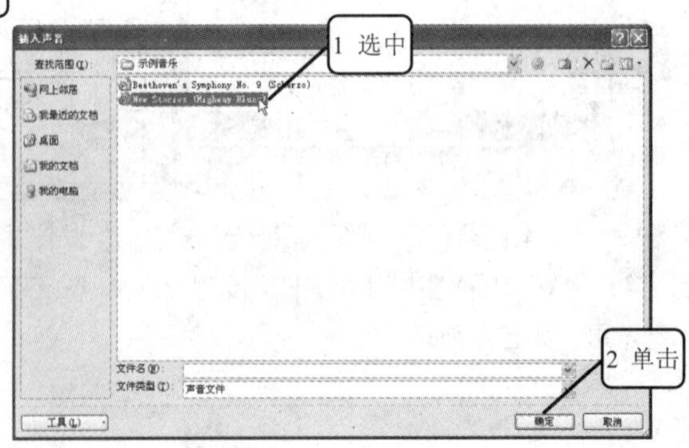

提示您 如果只想插入特定格式的声音文件，则可以单击“文件类型”下拉列表，从中选择要插入的声音文件格式类型，这样，其他格式的声音文件就不会被显示出来了。

3 选择好文件后单击“确定”按钮，也会像插入剪辑管理器中的声音文件一样，打开一个提示对话框，选择声音播放的方式后，即可将声音插入到当前幻灯片中，并且也显示为一个声音图标，如右图所示。

之后对声音的各项设置与对剪辑管理器中声音的设置是一样的，这里就不再赘述。

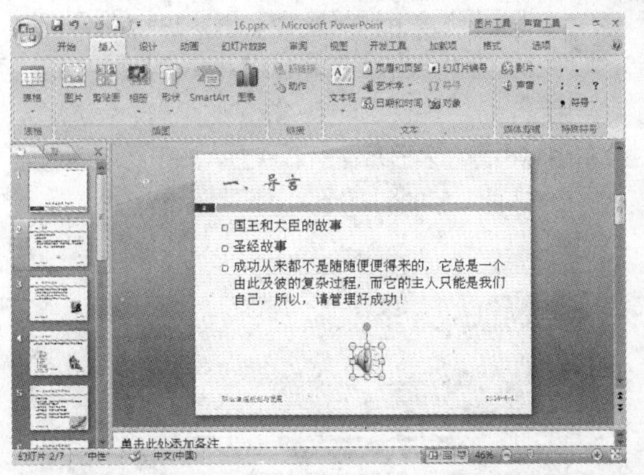

18.1.3　添加 CD 乐曲文件

声音文件的音质一般都不太好，相比而言，CD 乐曲的声音品质就比较高了。在幻灯片中还可以插入 CD 乐曲。

1 将 CD 音乐光盘放入光盘驱动器中。打开随书光盘中“\实例素材\第 18 章\18.pptx”文件，选择第 3 张幻灯片，然后单击“插入”选项卡“媒体剪辑”选项组中的“声音”按钮，从下拉菜单中选择“播放 CD 乐曲”命令，如下图所示。

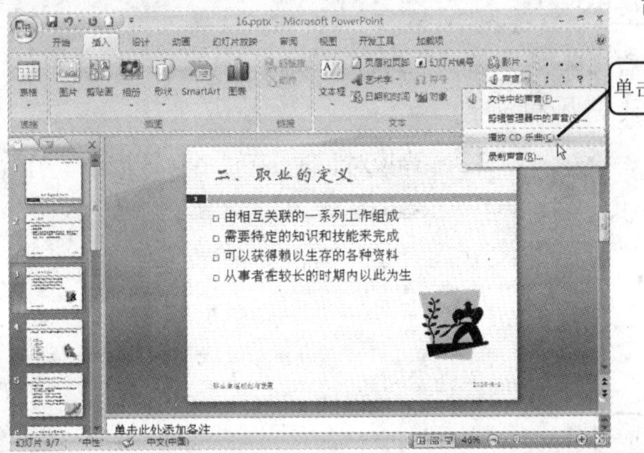

2 打开“插入 CD 乐曲”对话框，如下图所示。在“剪辑选择”选项组中的“开始曲目”和“结束曲目”文本框中，分别输入开始曲目号和结束曲目号。若要只播放一首曲目或曲目的一部分，则在两个文本框中输入相同的编号。如果想要重复播放音乐，可选中“循环播放，直到停止”复选框。

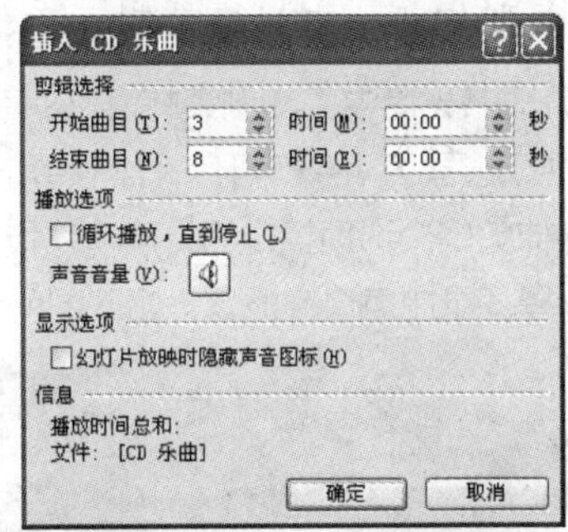

3 单击“声音音量”按钮，在弹出的面板中可以拖动滑块来调整声音音量大小，如右图所示。选中“静音”复选框将听不到任何声音。

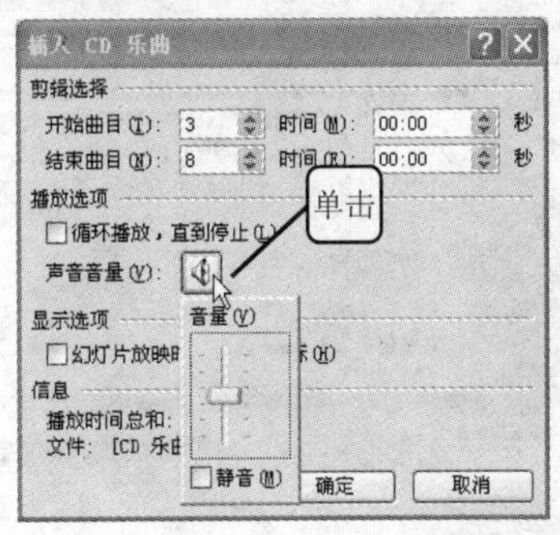

4 设置好后单击"确定"按钮，将弹出提示对话框。如果单击"在单击时"按钮即通过单击鼠标来启动音乐，即使已选中"放映时隐藏"复选框，声音图标也同样会显示在幻灯片上。如下图所示为插入"CD 乐曲"后的幻灯片。

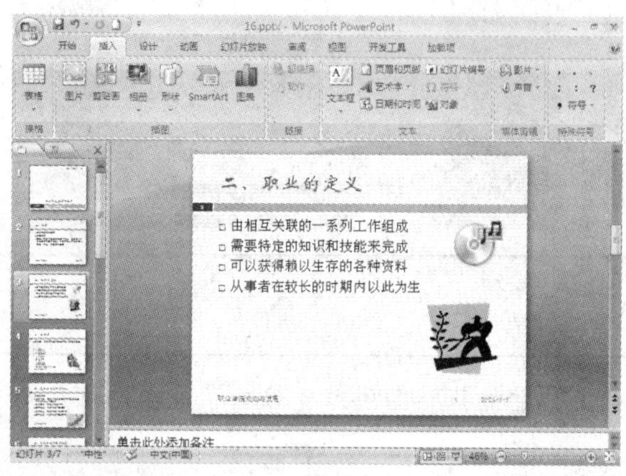

5 双击声音图标，在功能区中自动打开"选项"选项卡。在"设置"选项组中，可以重新设置开始播放和结束播放的曲目和时间，如下图所示。

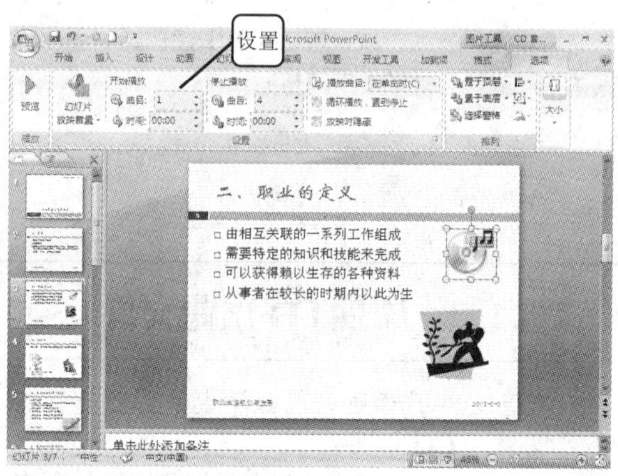

多学点 选择声音图标，然后按〈Del〉键，即可将该声音图标从当前演示文稿中删除。

18.1.4 添加录制的声音文件

前面介绍了可以在幻灯片中插入已有的声音，除此之外，还可以在 PowerPoint 中录制声音并将其插入到幻灯片中。要录制声音，需要有麦克风和声卡。

1 打开随书光盘中"\实例素材\第 18 章\18.pptx"文件，选择第 4 张幻灯片，然后单击"插入"选项卡"媒体剪辑"选项组中的"声音"按钮，从下拉菜单中选择"录制声音"命令，如下图所示。

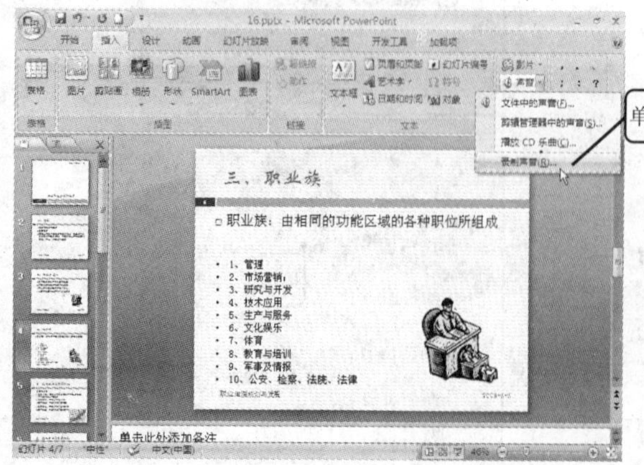

2 打开"录音"对话框，在"名称"文本框中输入本次录音的名称，然后单击"录音"按钮，如下图所示。

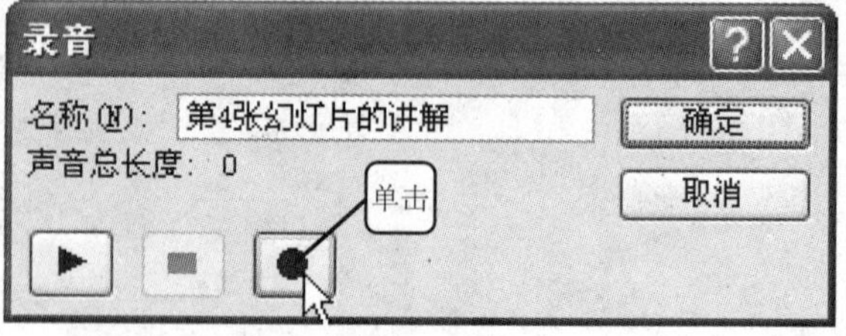

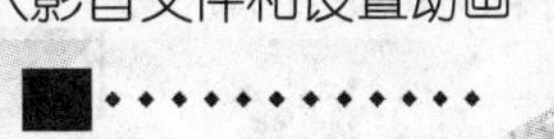

③ 系统即可开始录音，录制完成后，单击“停止”按钮停止录音，如下图所示。单击“播放”按钮可播放刚才录制的声音，如果满意，可单击“确定”按钮保存此次录音。

④ 将在当前幻灯片中插入一个声音图标，如下图所示。双击该图标，可打开“选项”选项卡，对声音进行相应设置即可。

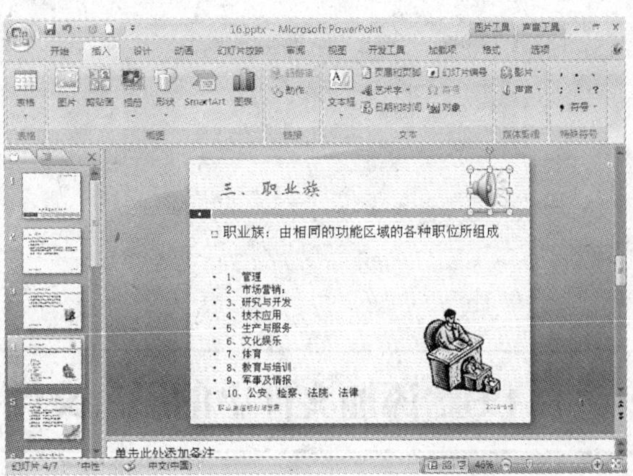

18.1.5　添加剪辑管理器中的影片文件

在演示文稿中添加影片文件，将使演示文稿在播放的时候更加生动。可以轻而易举地在幻灯片中插入剪辑管理器的影片文件。

① 打开随书光盘中“\实例素材\第 18 章\18.pptx”文档，选择第 5 张幻灯片，然后单击“插入”选项卡“媒体剪辑”选项组中的“影片”按钮，从下拉菜单中选择“剪辑管理器中的影片”命令，如下图所示。

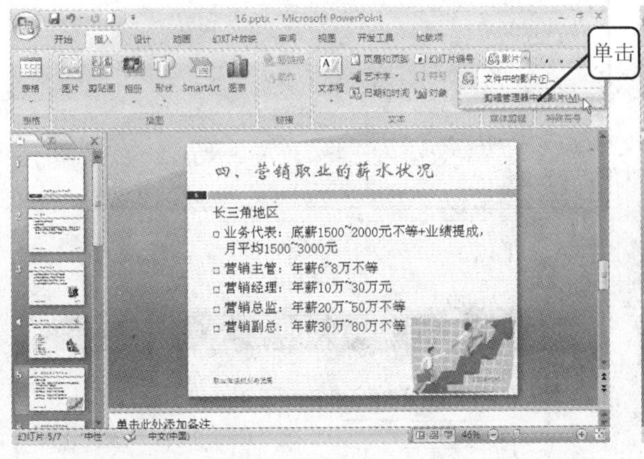

② 在窗口右侧将会出现“剪贴画”窗格，如下图所示。将光标移动到要插入的影片剪辑上，将出现一个下三角按钮，单击该按钮可以弹出一个菜单，要插入剪辑，则选择“插入”命令，如下图所示。

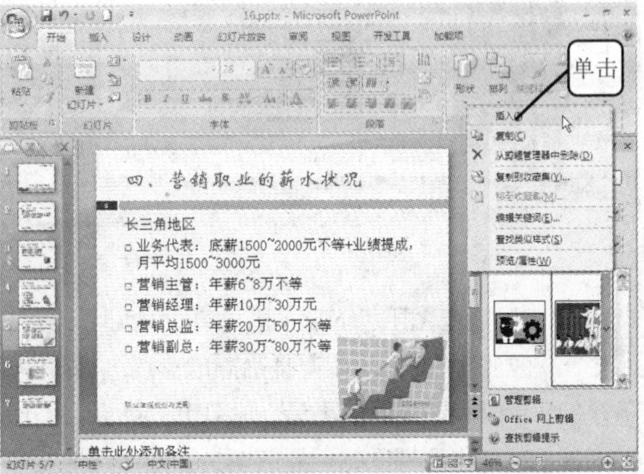

18

3 将在当前幻灯片中插入一个影片剪辑图标，如右图所示。在放映幻灯片时，该影片剪辑也会自动播放。

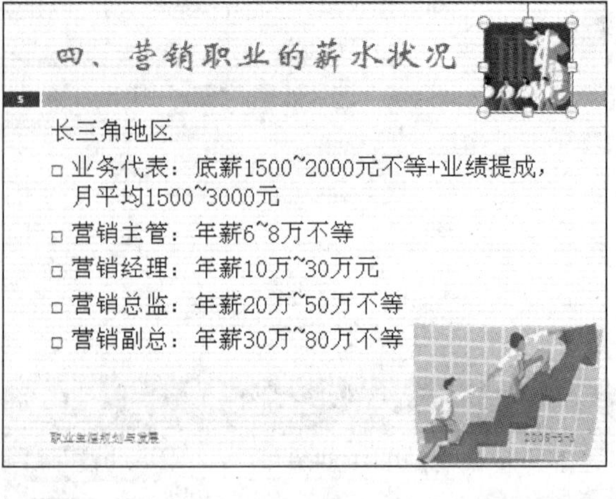

18.1.6 添加文件中的影片文件

除了可以插入剪辑管理器中的影片文件以外，还可以插入来自多种格式的视频及动画文件。该方法是在幻灯片中插入影片的常用方法。

1 打开随书光盘中"\实例素材\第 18 章\18.pptx"文档，选择第 6 张幻灯片，然后单击"插入"选项卡"媒体剪辑"选项组中的"影片"按钮，从下拉菜单中选择"文件中的影片"命令，如下图所示。

2 打开"插入影片"对话框，选择一个视频文件，然后单击"确定"按钮，如下图所示。

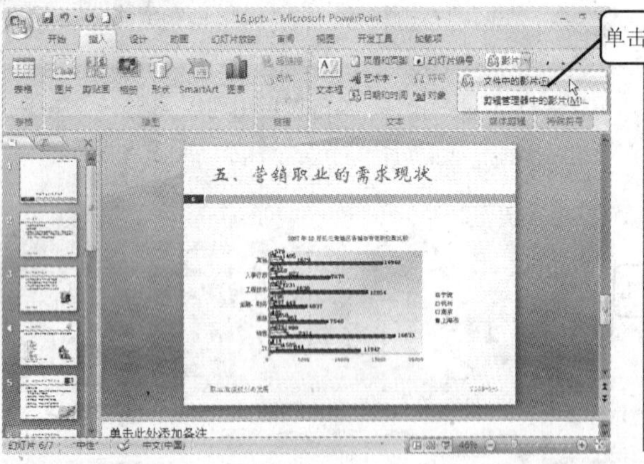

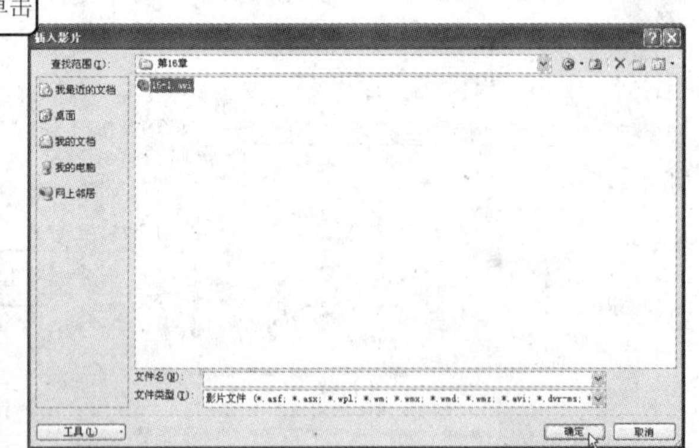

3 打开如右图所示的提示对话框，询问"您希望在幻灯片放映时如何开始播放影片"。如果希望在幻灯片放映时就播放声音，则单击"自动"按钮；如果希望在单击影片图标后播放影片。则单击"在单击时"按钮。

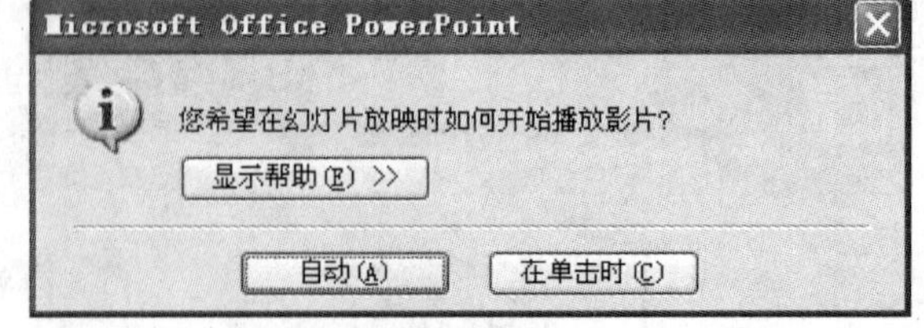

4 选择好之后，该影片将被插入到当前幻灯片中，如右图所示。

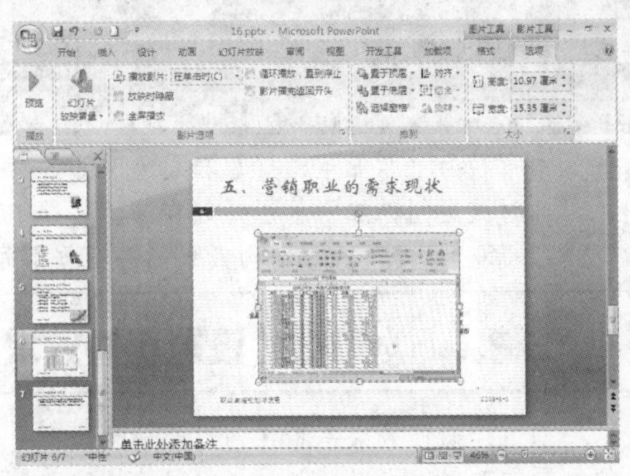

在幻灯片中插入文件中的影片文件后，还可以对影片的播放和显示选项进行设置。

1 选择插入的影片，然后选中“选项”选项卡“影片选项”选项组中的“全屏播放”复选框，则在放映幻灯片时，该影片将占满整个屏幕播放，如右图所示。如果选中“循环播放，直到停止”复选框，则一直播放该影片，直到幻灯片放映结束；而选中“影片播完返回开头”复选框，则当影片播放完以后，将返回到影片最开始的位置。

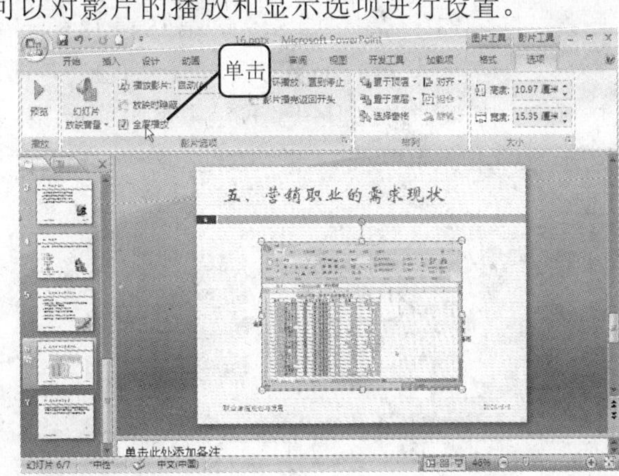

多学点 在幻灯片普通视图状态下双击插入的影片，即可直接播放该影片。

2 如果对前面选择的影片的播放方式不满意，在这里还可以重新设置。在“影片选项”选项组中，单击“播放影片”下三角按钮，从下拉列表中可以选择一种影片的播放方式，如下图所示。

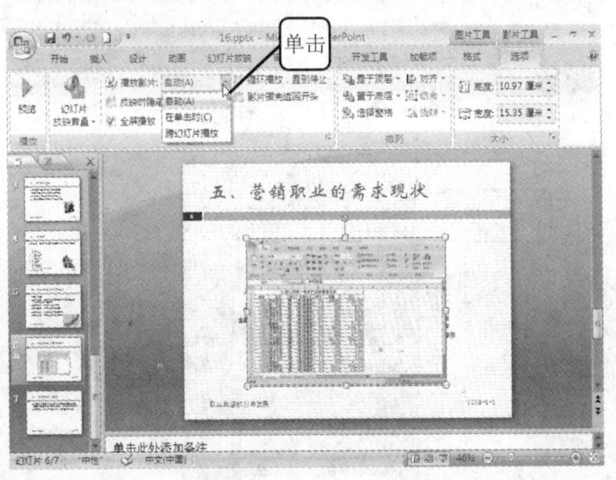

3 单击“幻灯片放映音量”按钮，还可以从下拉菜单中选择音量的大小，如下图所示。

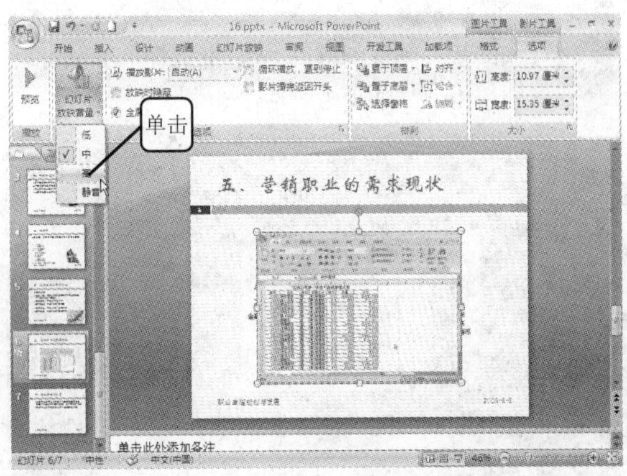

18

18.2 实例——为"职业生涯规划与发展"添加动画

本章将为"职业生涯规划与发展"添加动画效果。

通过该案例详细讲解了如何在演示文稿中设置幻灯片的切换效果、为幻灯片制作"进入"、"强调"和"退出"三类动画效果，并根据不同需要为各种动画效果设置具体的动画选项。

18.2.1 为幻灯片设置切换效果

幻灯片切换效果是指在幻灯片放映视图中，从一张幻灯片切换到下一张幻灯片时出现的类似动画的效果。可以控制每张幻灯片切换效果的速度，还可以为其添加声音。

1 打开随书光盘中"\实例素材\第 18 章\18.pptx"文档，选择第 1 张幻灯片，打开"动画"选项卡，单击"切换到此幻灯片"选项组中的"切换方案"按钮，从下拉菜单中选择一种切换动画效果，如下图所示。

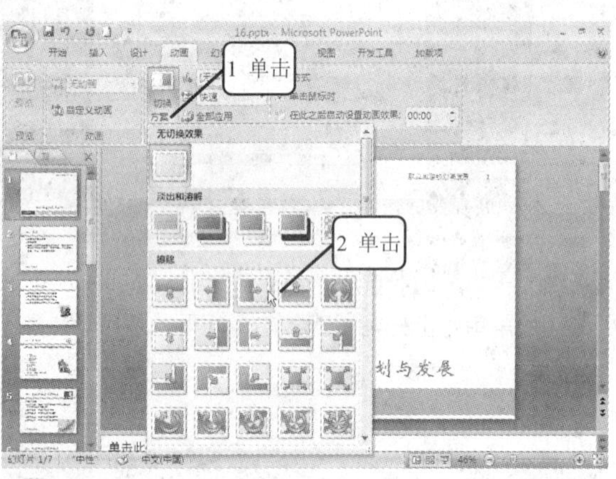

2 单击"动画"选项卡"预览"选项组中的"预览"按钮，可在普通视图下预览切换效果，如下图所示。单击设置了切换效果的幻灯片编号下的标志，也可以预览切换效果。

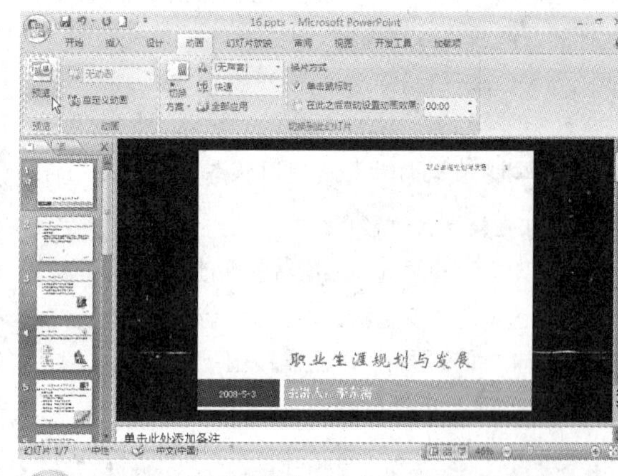

3 如果要向所有幻灯片中添加同样的切换效果，则单击"全部应用"按钮即可，如下图所示。

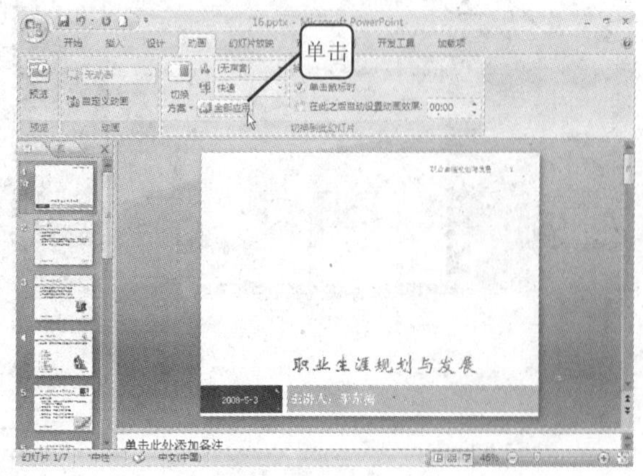

4 单击该按钮后将在所有幻灯片中加入切换效果，并在幻灯片编号下显示标志，如下图所示。

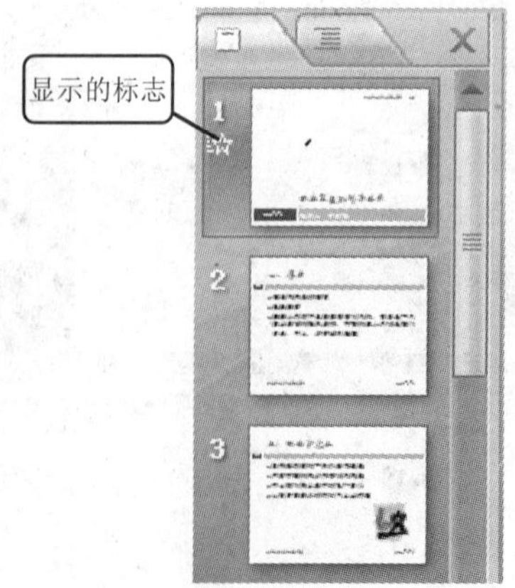

5 如果不希望所有幻灯片的切换效果都相同，即想要改变某张幻灯片的切换效果，则可以先选择该幻灯片，然后单击“动画”选项卡“切换到此幻灯片”选项组中的“切换方案”按钮，从下拉菜单中选择一张新的切换动画即可，如下图所示。再为其他幻灯片也添加不同的切换动画。

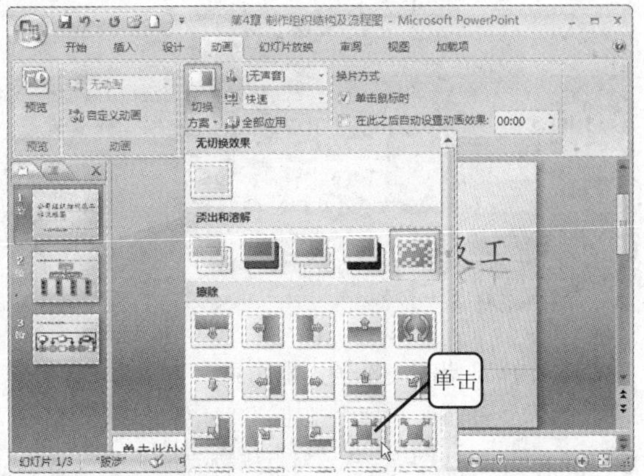

多学点 如果想要将某一张幻灯片的切换效果删除，则可以进行如下操作：先选择要删除的幻灯片，然后单击“动画”选项卡“切换到此幻灯片”选项组中的“切换方案”按钮，从下拉菜单中选择“无切换效果”项即可，如下图所示。如果要将演示文稿中所有幻灯片的切换效果都删除，则只需在删除一张幻灯片的切换效果后，单击“全部应用”按钮即可。

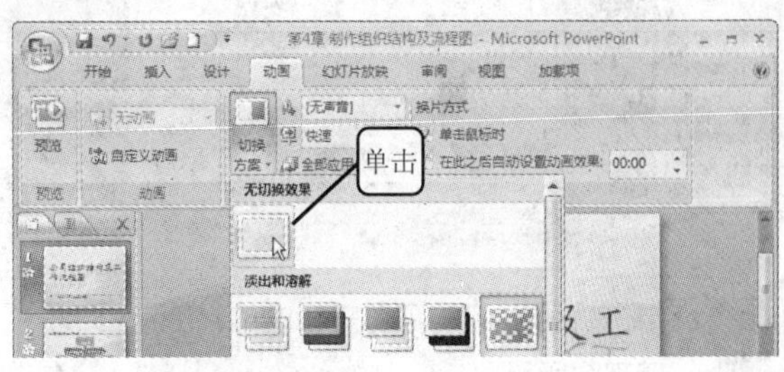

18

在设置完幻灯片的切换效果之后，还可以根据需要对幻灯片的切换声音、切换速度和切换方式进行设置。

6 选择要设置的幻灯片，然后单击“动画”选项卡“切换到此幻灯片”选项组中的“切换声音”下拉列表，在其列表中可以为该张幻灯片设置切换时的声音特效，如下图所示。设置好后，如果有音箱或耳机，即可听到该幻灯片切换时的音效。

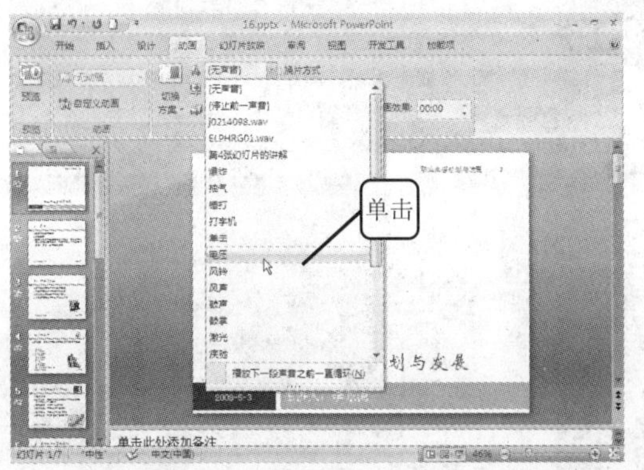

7 有时，可能会对幻灯片的切换速度有所要求，这时，可单击“动画”选项卡“切换到此幻灯片”选项组中的“切换速度”下拉列表，在其列表中可以为该张幻灯片设置切换时的声音特效，分为“慢速”、“中速”和“快速”3 种，如下图所示。

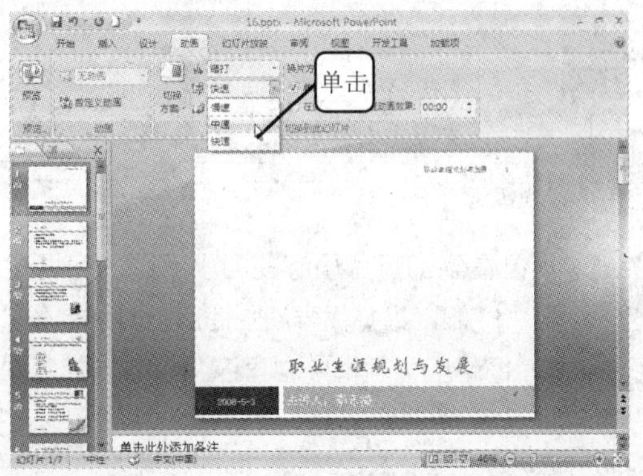

18.2.2 为幻灯片中的对象添加动画效果

“进入”式动画效果是指幻灯片中的对象以动画形式“进入”屏幕，这是在幻灯片中经常用到的一种动画效果。可以让要显示的对象逐渐显示出来，从而产生一种动态的效果。

另外，还可以添加“强调”和“退出”动画效果，方法与添加“进入”动画效果类似这里不再赘述。

1 选择第 1 张幻灯片，然后单击主标题边框将其选中，如下图所示。单击“动画”选项卡“动画”选项组中的“自定义动画”按钮，如下图所示。

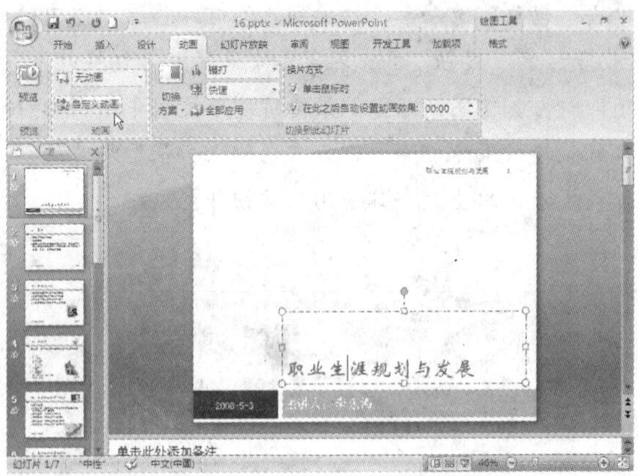

2 窗口右侧打开“自定义动画”窗格，单击“添加效果”按钮，从弹出菜单中选择“进入”|“飞入”命令，如下图所示。

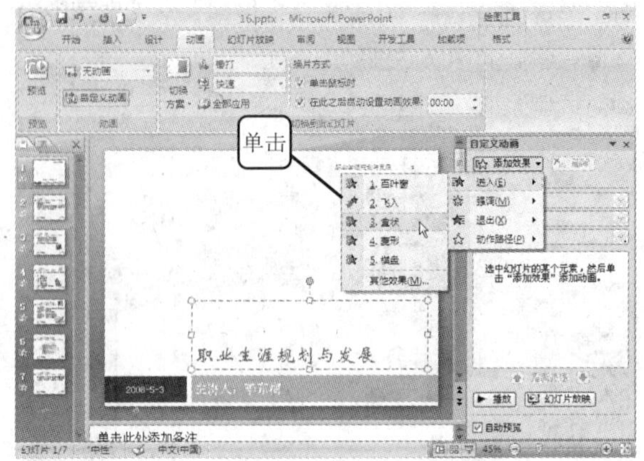

3 单击“预览”按钮预览主标题内容的动画效果，如下图所示。

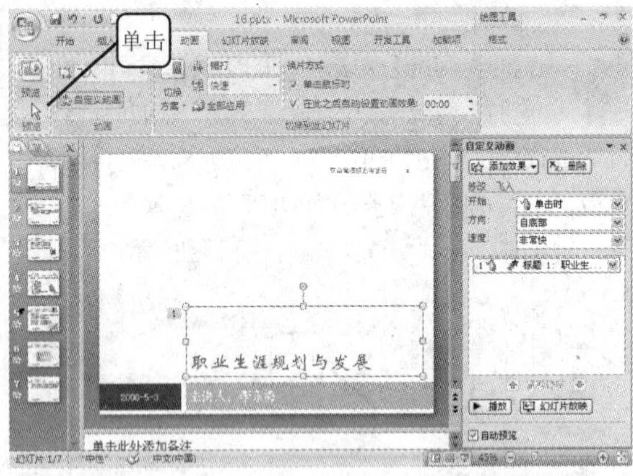

4 单击下方的小标题边框将其选中，然后在“自定义动画”窗格中单击“添加效果”按钮，选择“进入”|“盒状”命令，为小标题添加一个“盒状”的进入动画，如下图所示。

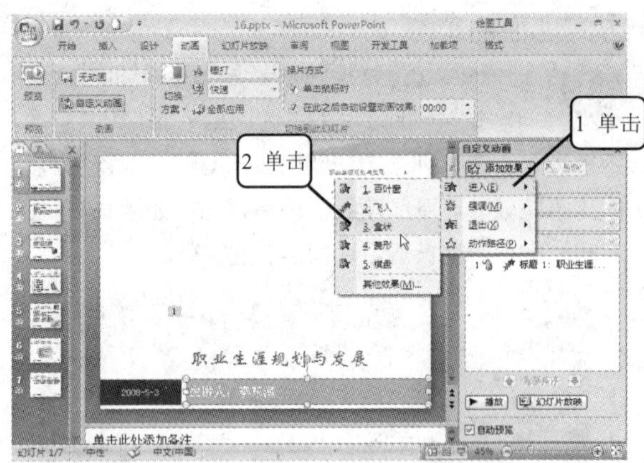

5 可以看到幻灯片小标题和小标题前有两个编号“1”和“2”，代表动画播放的顺序。在“自定义动画”窗格的列表框中也有这两个编号，这两处是对应的，如右图所示。

多学点 动画是按一定的路径进行运动的，还可以用自定义的动作路径制作出更加个性的动画效果，具体操作可参见本章“拓展与提高”部分。

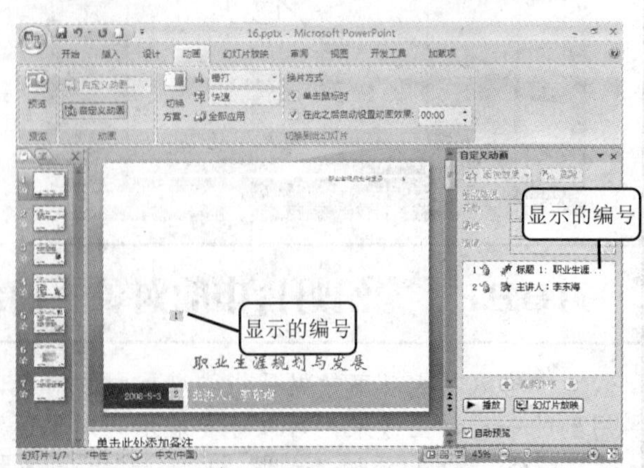

6 如果对幻灯片对象已设置了动画类型，现在想将其改为其他类型动画，可以在“自定义动画”窗格的列表框选择编号为 1 的动画，然后单击窗格中的“更改”按钮，从弹出菜单中选择要更改为的动画效果即可，如右图所示。

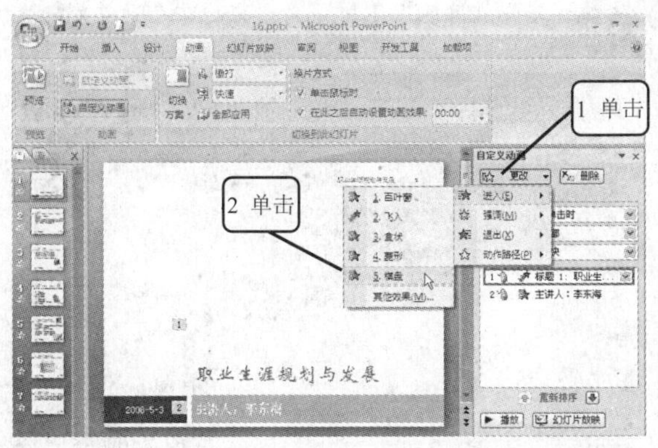

18.2.3 设置幻灯片对象的动画选项

在自定义动画效果后，PowerPoint 会为其做默认的设置。但为了使动画符合个人的需要，可以适当设置动画效果的选项。设置动画选项包括：“开始”、“方向”和“速度”等。

- “开始”用于设置动画的播放方式，即以什么方式触发动画的播放；
- “方向”用于设置动画的运动方向；
- “速度”用于设置动画的运动速度。

18

1 在“自定义动画”窗格的列表框中选择编号为 1 的动画，然后在“自定义动画”窗格中，单击“开始”下拉列表，有“单击时”、“之前”和“之后” 3 个选项，如右图所示。这里保持默认值不变。

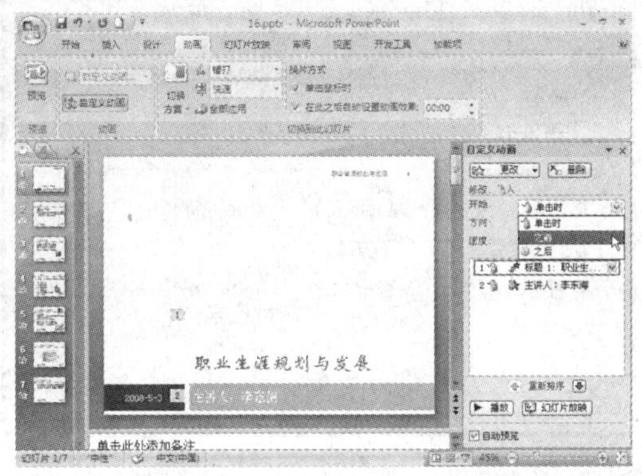

如果选择“单击时”项，则只有在单击鼠标左键时才会播放自定义动画；

如果选择“之前”项，则在播放幻灯片中前一个设置了动画效果的对象的同时，开始播放所选对象；

如果选择“之后”项，则在播放幻灯片中前一个设置了动画效果的对象之后，开始播放所选对象。

2 在下面的“方向”下拉列表中，可以选择该动画的运动方向，如右图所示，这里选择“自右侧”项。

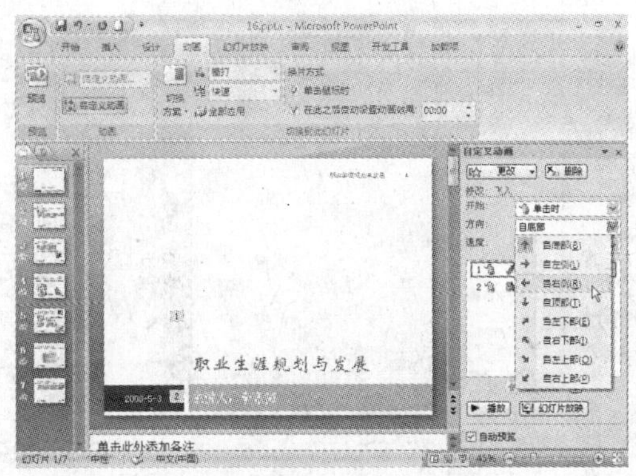

3 单击“速度”下拉列表，在其中有“非常慢”、“慢速”、“中速”、“快速”和“非常快”5 项，可根据需要选择不同的播放动画的速度，如下图所示。

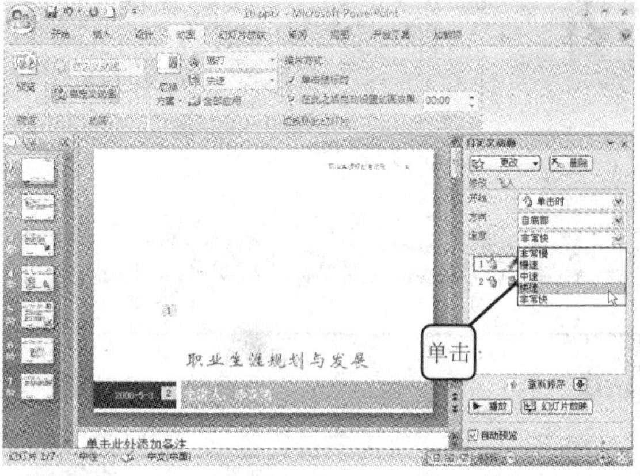

4 在“自定义动画”窗格的列表框中单击编号为 1 的动画右侧的下三角按钮，从弹出的菜单中选择“效果选项”命令，如下图所示。

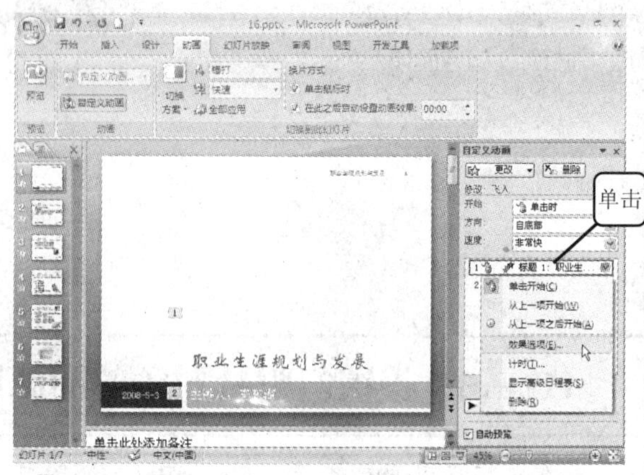

5 弹出“飞入”对话框，可对该动画进行更加详细的设置，如下图所示。方法比较简单，这里不再介绍。

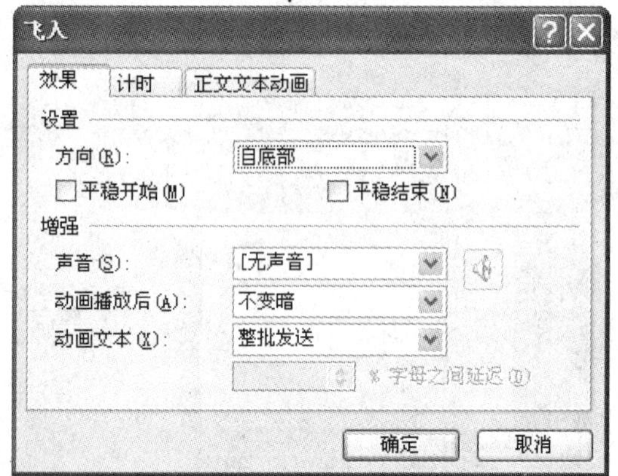

6 在“自定义动画”窗格的列表框选择编号为 1 的动画，然后单击列表框下方面的按钮，如下图所示。

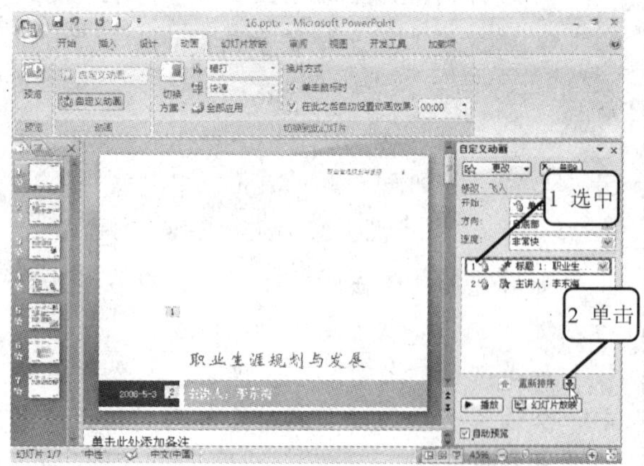

7 将可以看到该动画的编号由 1 变成了 2，表示播放时动画的先后顺序发生了变化，如下图所示。

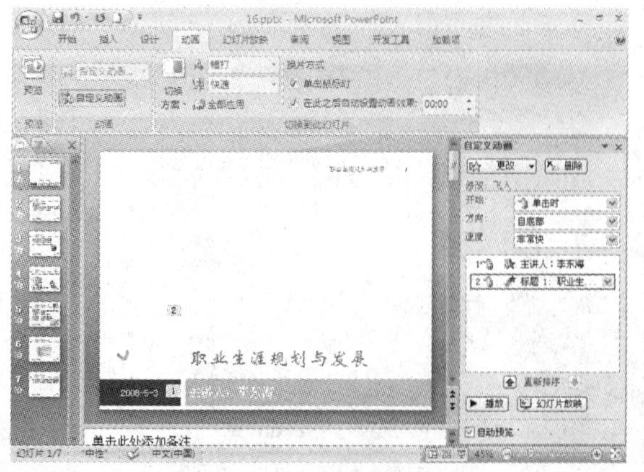

8 单击动画编号，然后单击“删除”按钮，可以将现有的自定义动画删除，如下图所示。

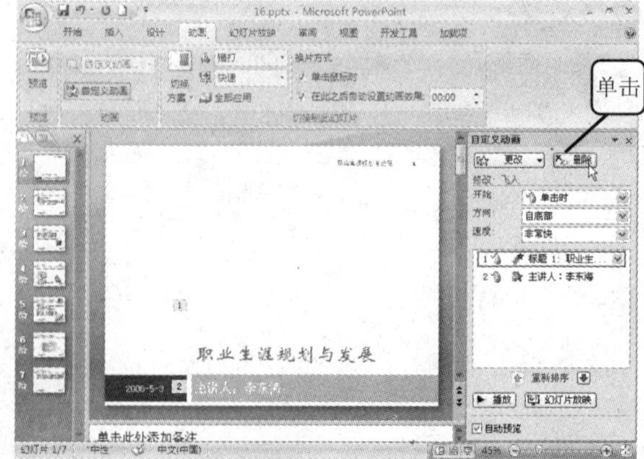

18.3 拓展与提高

18.3.1 用动作路径制作动画效果

本章前面制作的动画效果都是 PowerPoint 预先确定的运动路径，如果需要对动画设置不规则运动路径，如不规则的折线、曲线等，这就需要使用动作路径来制作动画效果。

1. 单击第 1 张幻灯片，然后选中副标题内容的边框，单击“更改”按钮，从弹出菜单中选择“动作路径”|“其他动作路径”命令，如下图所示。

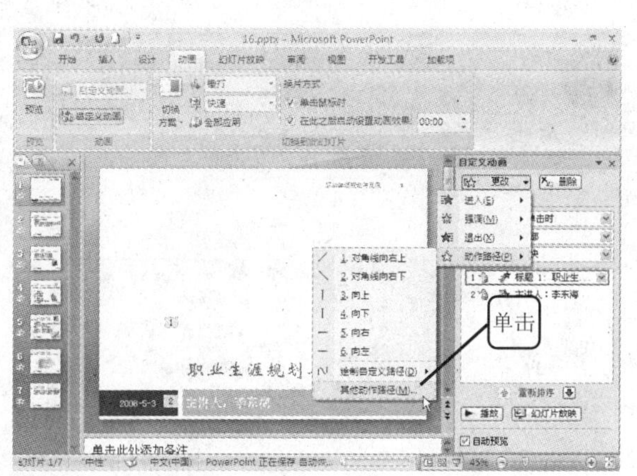

2. 打开“添加动作路径”对话框，动作路径被分为“基本”、“直线和曲线”和“特殊”3 种，如下图所示。选择所需的路径，这里选择“正方形”项，然后单击“确定”按钮，如下图所示。

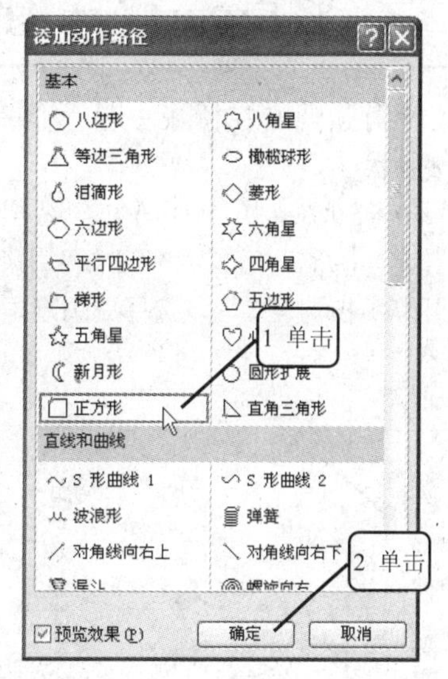

3. 返回到 PowerPoint 编辑窗口，可以看到添加的正方形路径，如下图所示，单击“播放”按钮进行预览。

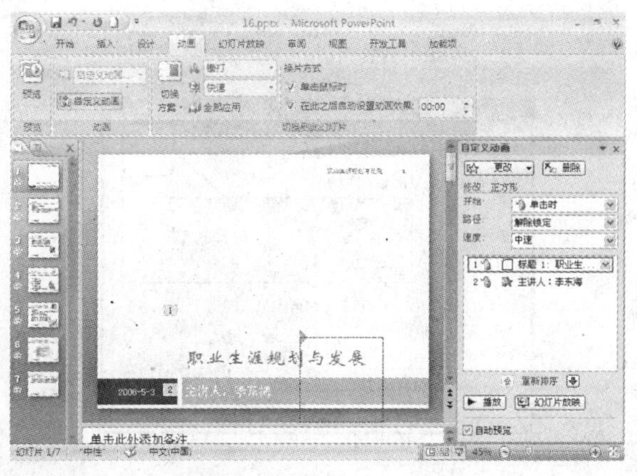

4. 如果对已有的路径类型仍然不满意，则可以在“自定义动画”窗格中单击“添加效果”按钮，选择“动作路径”|“绘制自定义路径”命令，从其子菜单中选择要绘制的路径类型，如下图所示。

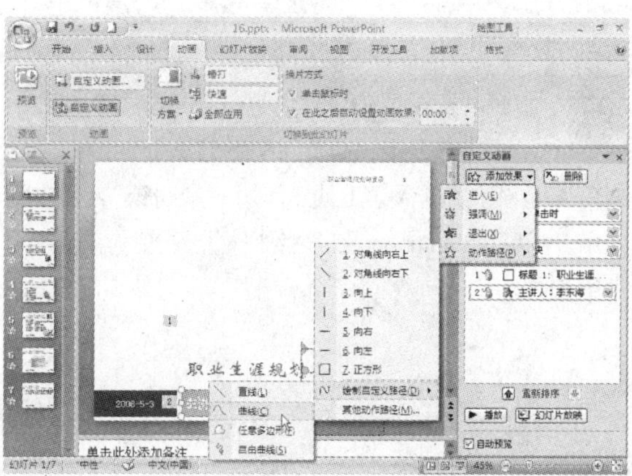

5 在当前幻灯片中拖动鼠标绘制自定义路径，根据选择绘制线型的不同，其绘制方式也稍有差别。绘制完成后双击鼠标左键，可结束绘制，并调整已绘制路径在幻灯片中的位置，右图所示为绘制的一个波纹路径。单击“自定义动画”窗格中的“播放”按钮，可以预览动画效果。

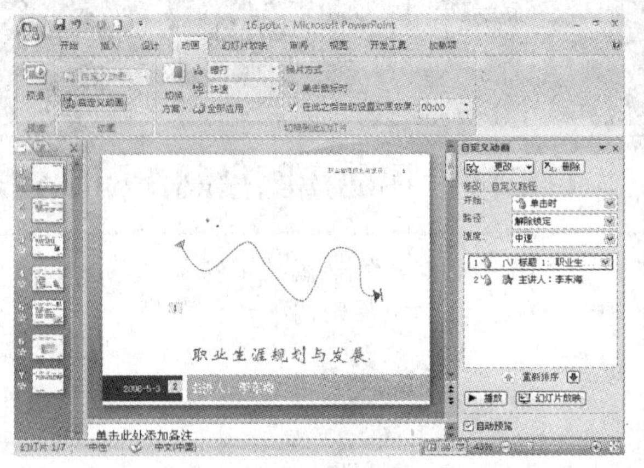

18.3.2 将 SmartArt 图形制作成动画

为了特别强调或在阶段中显示信息，可以将一段动画添加到 SmartArt 图形或 SmartArt 图形的单个形状里。

1 选择要添加动画的 SmartArt 图形，单击“动画”选项卡“动画”选项组中的“自用义动画”下三角按钮，从下拉列表中可以选择动画方案，如下图所示。

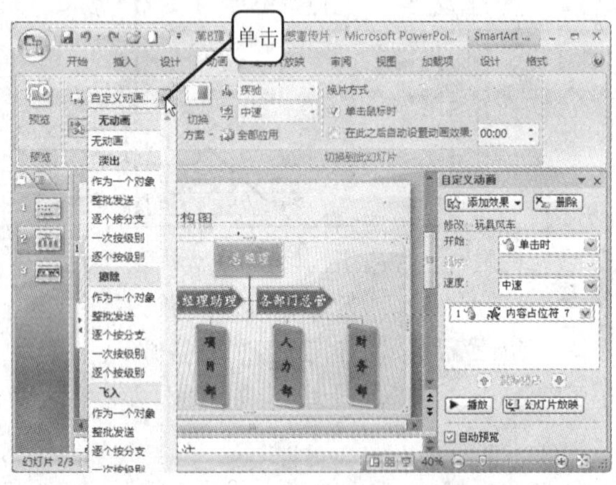

2 在“自定义动画”窗格的动画列表框中，可看到已经设置的动画。在该动画上单击鼠标右键，从弹出的菜单中选择“效果选项”命令，如下图所示。

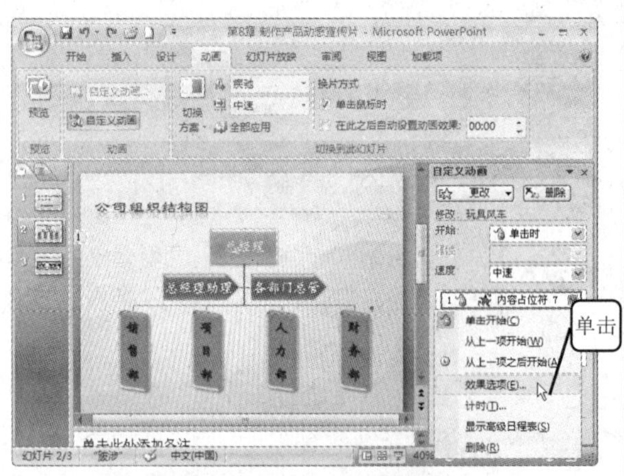

3 打开“玩具风车”对话框，切换到“SmartArt 动画”选项卡，在“对图示分组”下拉列表中共有 5 项，默认选择第 1 项“作为一个对象”，如右图所示。将整个 SmartArt 图形当作一个大图片或对象来应用动画。

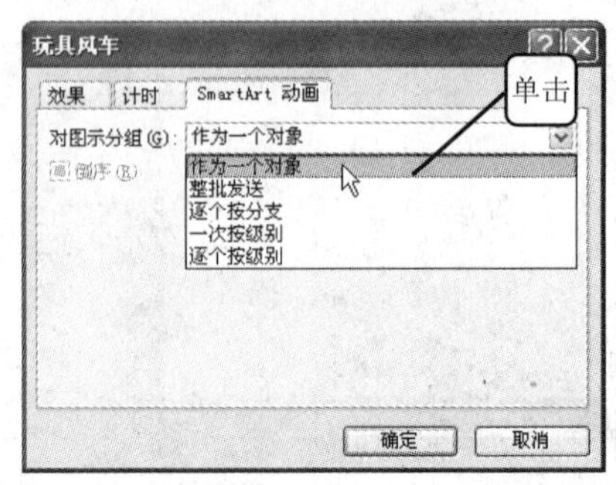

提示您　由于该 SmartArt 图形已经设置了自定义的动画效果，如果从列表中再选择其他动画效果，则会将已设置好的动画替换为新设置的动画。因此，这里对已经设置的动画做 SmartArt 动画的特殊设置。

4　在“玩具风车”对话框“SmartArt 动画”选项卡中选择第 2 项“整批发送”，单击“确定”按钮，返回到 PowerPoint 主窗口，单击“播放”按钮预览动画效果，如下图所示。

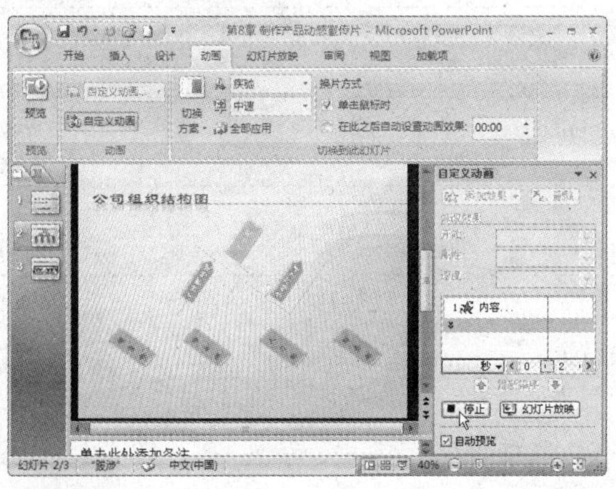

5　在“玩具风车”对话框“SmartArt 动画”选项卡中选择第 3 项“逐个按分支”，单击“确定”按钮，返回到 PowerPoint 主窗口，单击“播放”按钮预览动画效果，如下图所示。该设置将相同分支中的全部形状制作成动画，适用于组织结构图或层次结构布局的分支。

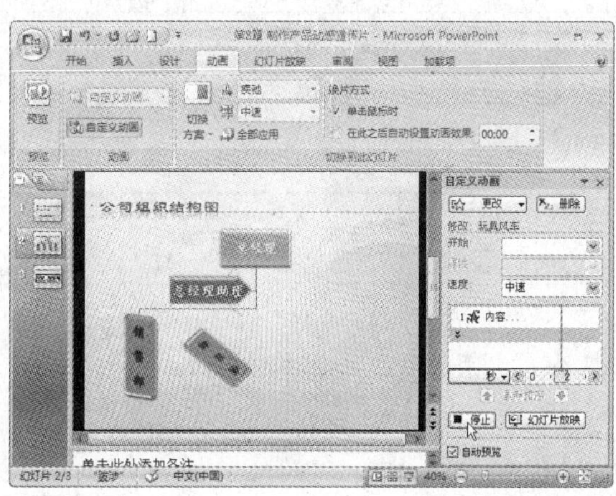

提示您　“逐个按分支”项与“作为一个对象”项的区别是图示中的每个形状都会单独应用已设置的动画。

6　在“玩具风车”对话框“SmartArt 动画”选项卡中选择第 4 项“一次按级别”，单击“确定”按钮，返回到 PowerPoint 主窗口，单击“播放”按钮预览动画效果，如下图所示。该设置可同时将相同级别的全部形状制作成动画。

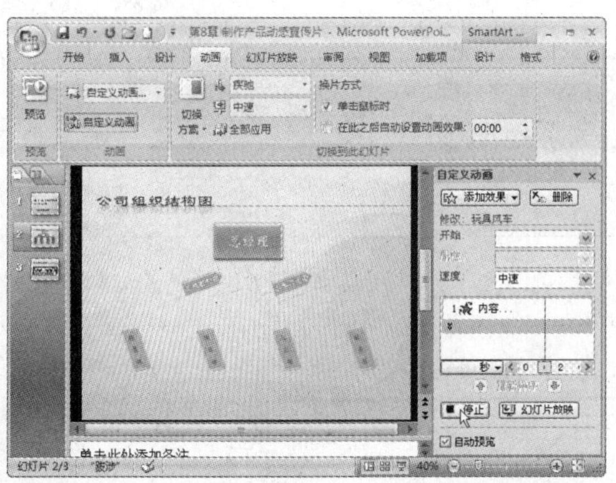

7　在“玩具风车”对话框“SmartArt 动画”选项卡中选择第 5 项“逐个按级别”，单击“确定”按钮，返回到 PowerPoint 主窗口，单击“播放”按钮预览动画效果，如下图所示。该设置是先按级别将 SmartArt 图形中的形状制作成动画，然后再在级别内单个地进行动画制作。

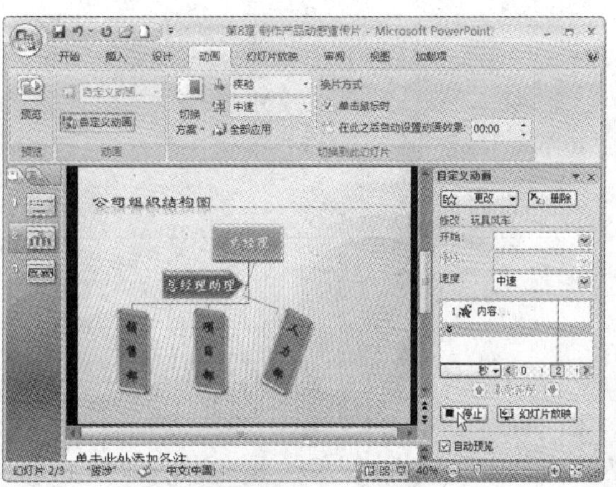

18

学习笔记

- 创建母版版式
- 利用母版创建幻灯片页面
- 创建模板文件
- 利用模板新建幻灯片
- 设置讲义母版
- 设置备注母版

第19章

母版、模板的应用

实例素材	无
实例结果	\实例结果\第19章\19.potx

19.1 实例——母版的应用

所谓“母版”就是一种特殊的幻灯片，它包含了幻灯片文本和页脚（如日期、时间和幻灯片编号）等占位符，这些占位符，控制了幻灯片的字体、字号、颜色（包括背景色）、阴影和项目符号样式等版式要素。

19.1.1 创建母版版式

母版通常包括幻灯片母版、讲义母版、备注母版三种形式。幻灯片母版是最常用的母版。下面介绍幻灯片母版的创建方法。

在 PowerPoint 中，默认在普通视图下，如果要设置母版，则必须先进入到母版视图下。

1. 启动 PowerPoint，默认新建一张幻灯片。单击“视图”选项卡“演示文稿视图”选项组中的“幻灯片母版”按钮，如下图所示。

2. 切换到幻灯片母版视图下，在幻灯片左侧显示了所有的母版列表，单击要插入新版式的位置，然后单击“幻灯片母版”选项卡“编辑母版”选项组中的“插入版式”按钮，如下图所示。

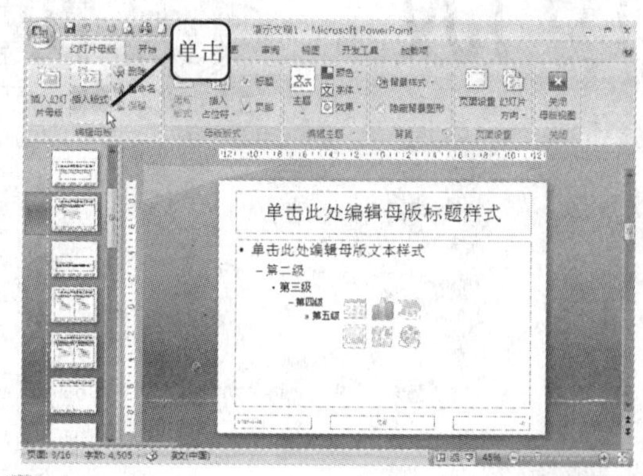

3. 在左侧指定位置处插入一张幻灯片，在右侧显示幻灯片，如下图所示。在幻灯片编辑区中，可以对该幻灯片的版式进行修改。

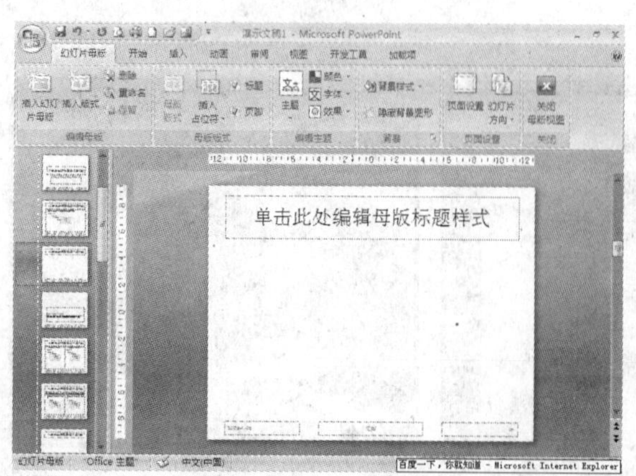

4. 选中该幻灯片顶部的“单击此处编辑母版标题样式”文字，并输入新文字“标题”，切换到“开始”选项卡，将文本字体设置为“隶书”，字号设置为“48”，如下图所示。

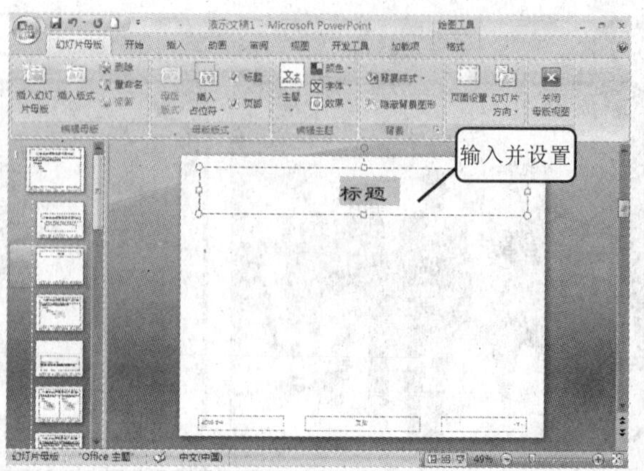

5 单击“幻灯片母版”选项卡“母版版式”选项组中的“插入占位符”按钮，弹出下拉菜单，从中可以选择需要添加的占位符，如下图所示。

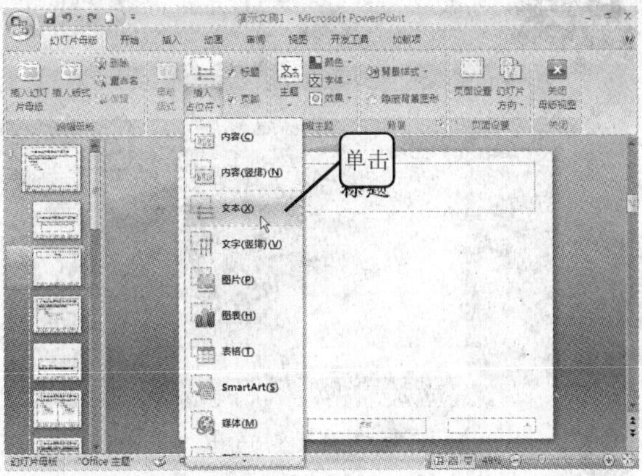

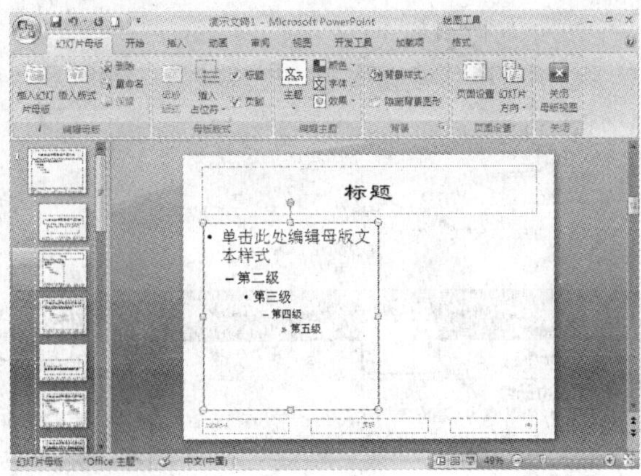

6 这里选择“文本”项，光标变为十字形，在幻灯片中绘制出文本框的大小，如下图所示。

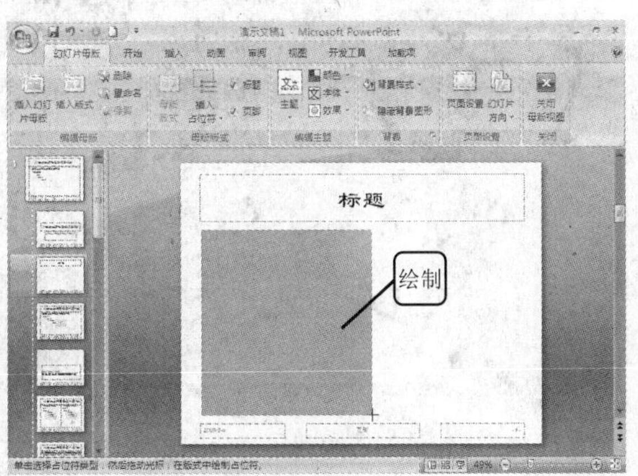

7 绘制完成后，文本框中自动显示了相应的占位符，如下图所示。

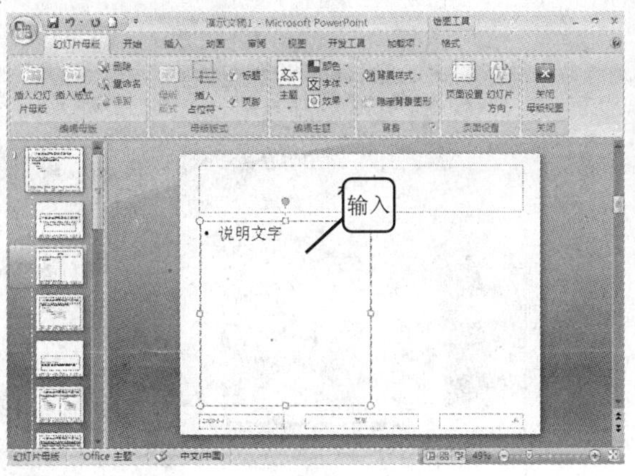

8 将其中的占位符删除，并输入文字，如下图所示。

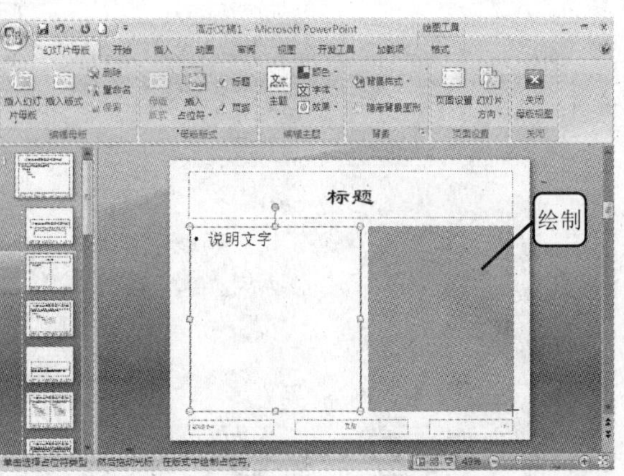

9 单击“幻灯片母版”选项卡“母版版式”选项组中的“插入占位符”按钮，弹出下拉菜单，从中选择“图片”项，如下图所示。

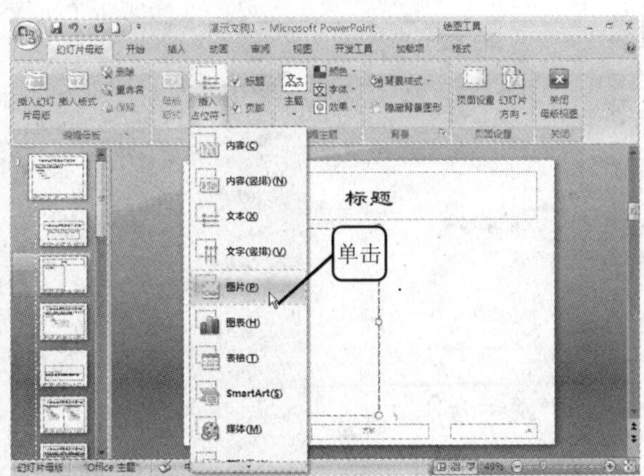

10 在幻灯片中用鼠标拖动绘制出图片占位符，如下图所示。

标题
说明文字
绘制

19

11 在文本框中单击鼠标右键，从弹出的菜单中选择“编辑文字”命令，如下图所示。

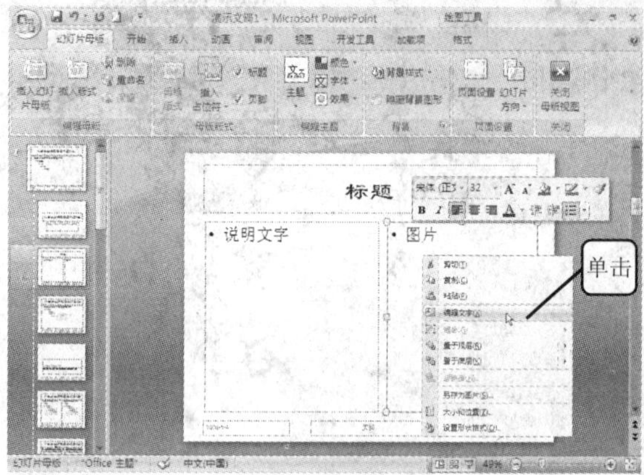

12 进入文字编辑状态，在其中输入文字“相关图片”，如下图所示。

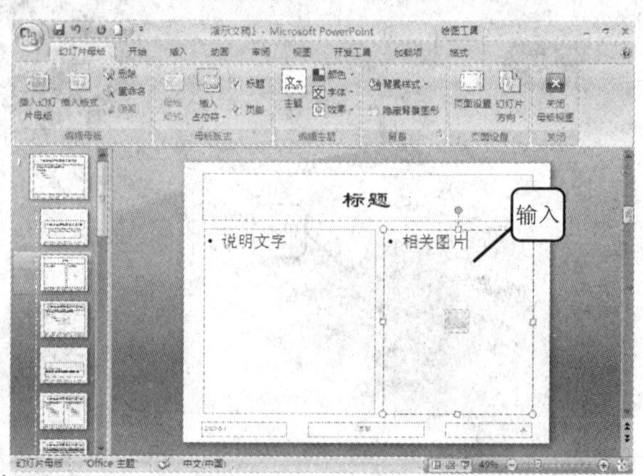

13 为了使设计的母版容易辨认，应该为其重命名。选中当前插入的母版版式幻灯片，然后单击“幻灯片母版”选项卡“编辑母版”选项组中的“重命名”按钮，如下图所示。

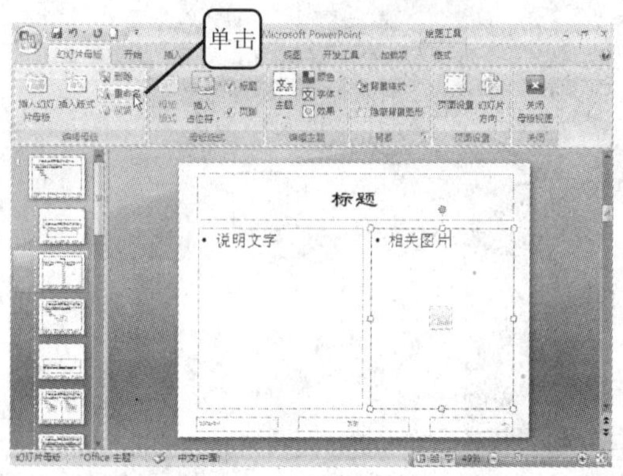

14 弹出“重命名版式”对话框，在“版式名称”文本框中输入新名称即可，如下图所示，然后单击“重命名”按钮。

15 单击“幻灯片母版”选项卡“关闭”选项组中的“关闭”按钮，如下图所示，退出母版编辑状态，返回到 PowerPoint 编辑窗口。

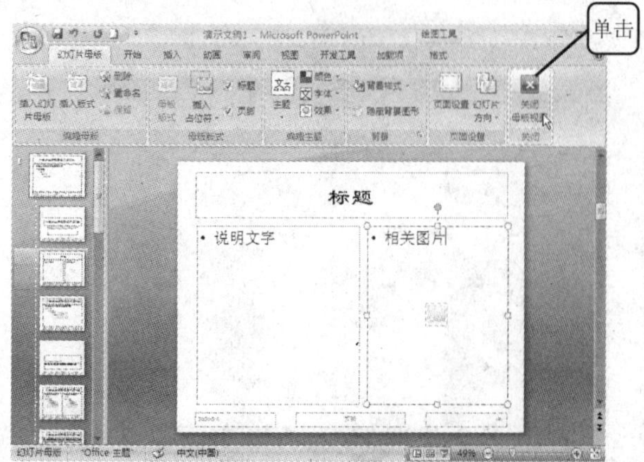

19.1.2 利用母版创建幻灯片页面

下面利用母版创建幻灯片页面，具体操作方法如下。

1. 单击“开始”选项卡“幻灯片”选项组中的“新建幻灯片”按钮，从下拉列表中可以看到刚才新建的幻灯片版式，如下图所示。

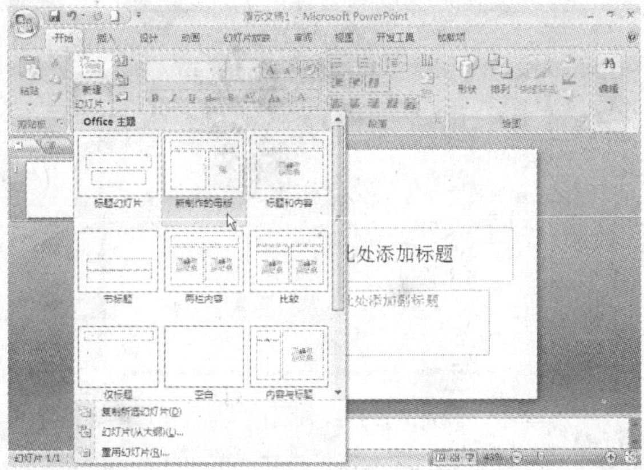

2. 单击“新制作的母版”项，则新建一个根据母版创建的幻灯片页面，如下图所示。

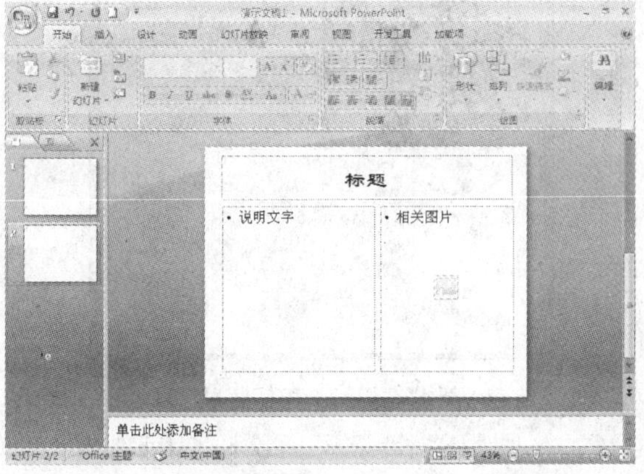

3. 利用母版，可以创建布局风格一致的幻灯片页面，右侧所示的三个页面是根据“新制作的母版”所创建的，它们具有同样的布局，上面是标题，左侧是说明文字，右侧是图形，而且字体、字号、颜色以及图片的大小都完全相同。

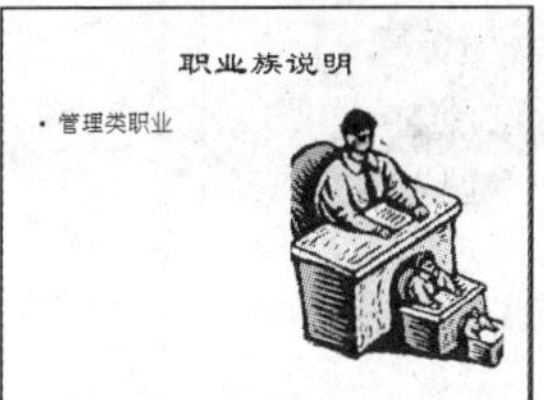

读者应学会灵活应用母版，这对于制作大量风格一致的页面将是非常方便的。

19.2 实例——模板的应用

模版是演示文稿中特殊的一类，扩展名为.potx。模版用于提供样式文稿的格式、配色方案、母版样式及产生特效的字体样式等。应用设计模板可快速生成风格统一的演示文稿。

19.2.1 创建模板文件

创建模板文件一般分为两步：1）新建一个幻灯片，并对其进行设置（如：插入合适的幻灯片页数，设置主题、字体、背景，插入页脚文字）；2）将设置好的文档保存为扩展名为.potx

19

的模板文件。

1 新建文档并对其进行设置

下面新建一个幻灯片，并对其进行设置。

1 单击“开始”选项卡“幻灯片”选项组中的“新建幻灯片”按钮，从下拉列表中选择一种版式，如下图所示。

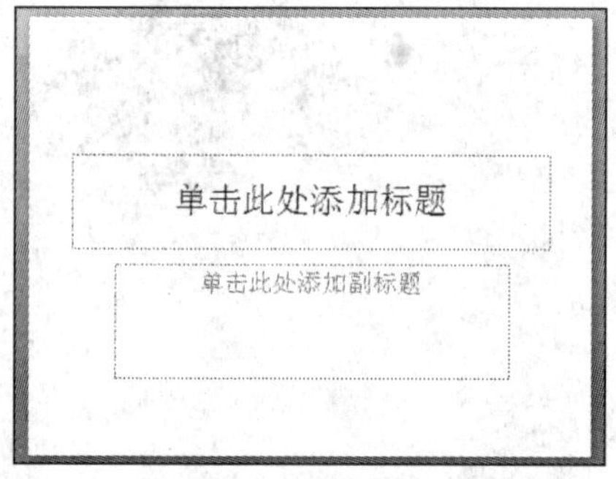

单击“新建幻灯片”按钮，从下拉列表中选择一种版式，新建第二个页面，如下图所示。

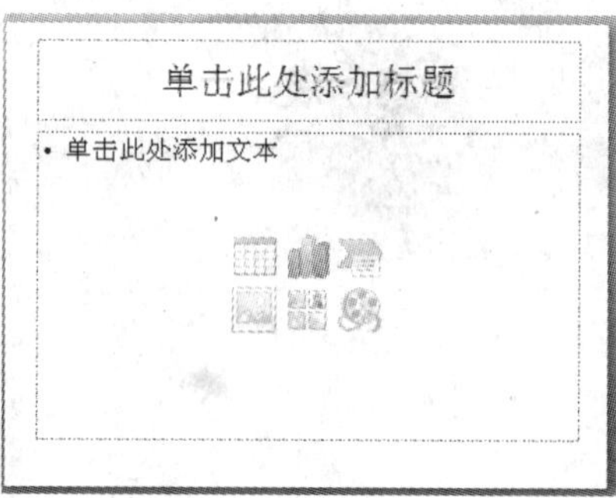

3 单击“新建幻灯片”按钮，从下拉列表中选择一种版式，新建第三个页面，如下图所示。

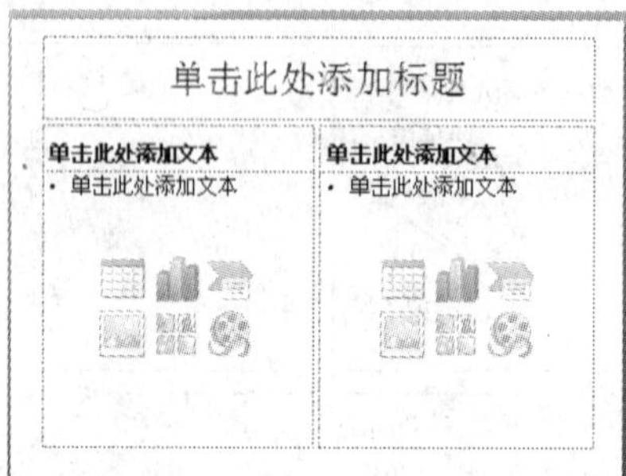

4 单击“新建幻灯片”按钮，从下拉列表中选择一种版式，新建第四个页面，如下图所示。

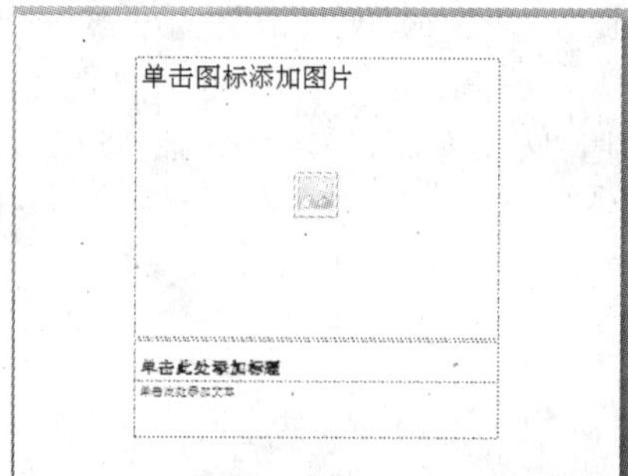

5 单击“设置”选项卡“主题”选项组中的“扩展”按钮，从下拉列表中选择一种主题，如下图所示。

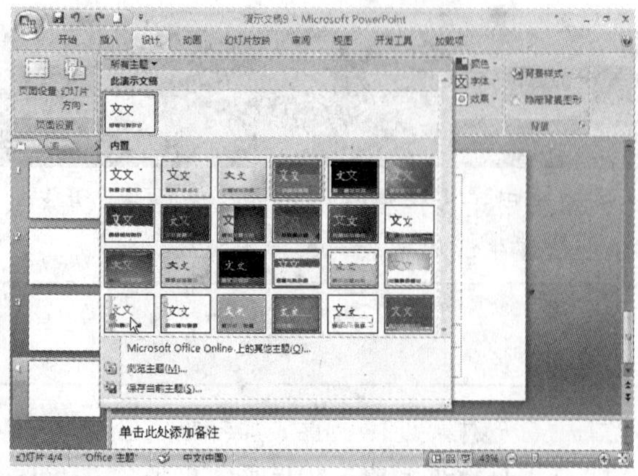

6 可以看到幻灯片文档已经被被应用刚才选中的主题，单击“字体”下三角按钮，从下三角菜单中选择一种字体，如下图所示。

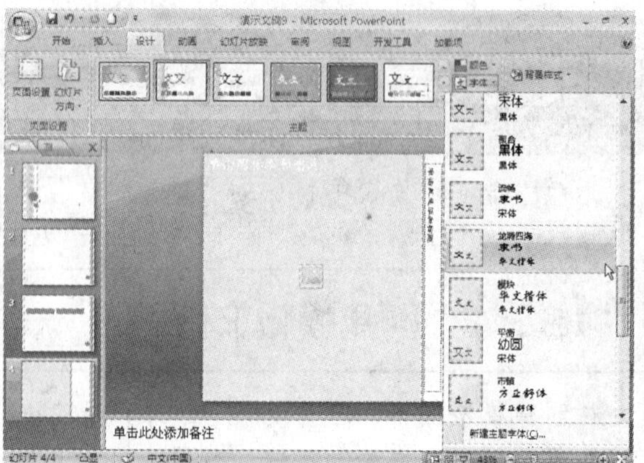

7 打开“插入”选项卡，单击“文本”选项组中的“页眉和页脚”按钮，弹出“页眉和页脚”对话框，在其中设置日期和时间、编号和页脚文字，然后单击“全部应用”按钮，如下图所示。

8 至此，幻灯片文档已经设置完成，第一页如下图所示。

2 将文档保存为模板

下面将这个幻灯片文档保存为一个模板文件。

1 单击“Office 按钮”，在弹出的菜单中选择“另存为”命令，如下图所示。

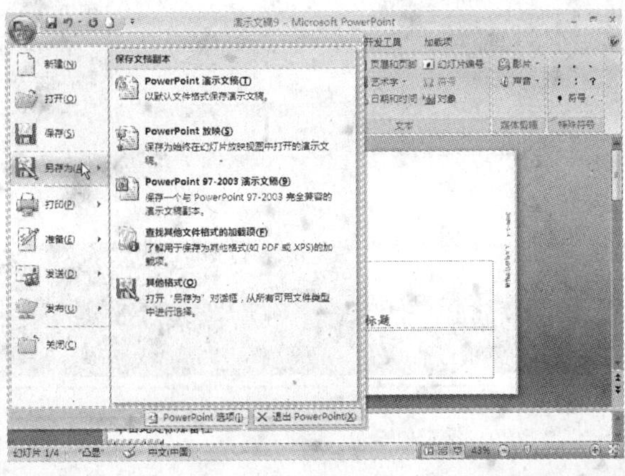

2 打开“另存为”对话框，默认保存到 C:\Documents and Settings\用户名\Application Data\Microsoft\Templates 下，在“保存类型”下拉列表中选择“PowerPoint 模板”项，然后在“文件名”文本框中输入保存的名称，单击“保存”按钮，如下图所示。

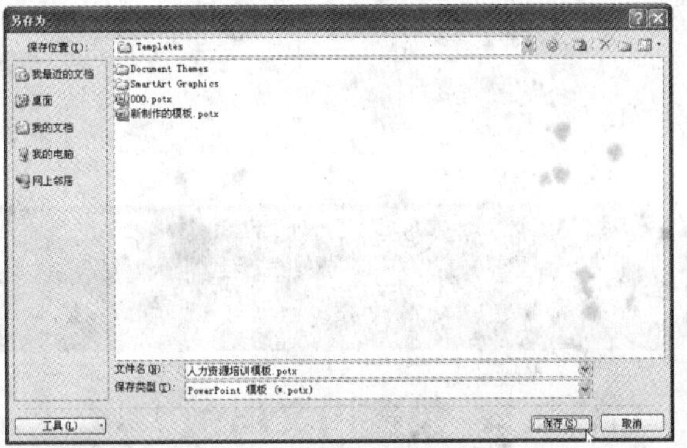

19.2.2 利用模板新建幻灯片

将模板保存后，就可以以模板为基础在以后重复创建相似的演示文稿，从而将所有幻灯片上的内容设置成一致的格式。

19

1 单击"Office 按钮"，从弹出菜单中选择"新建"命令，打开"新建演示文稿"对话框，在"模板"列表框中选择"我的模板"项，如下图所示。

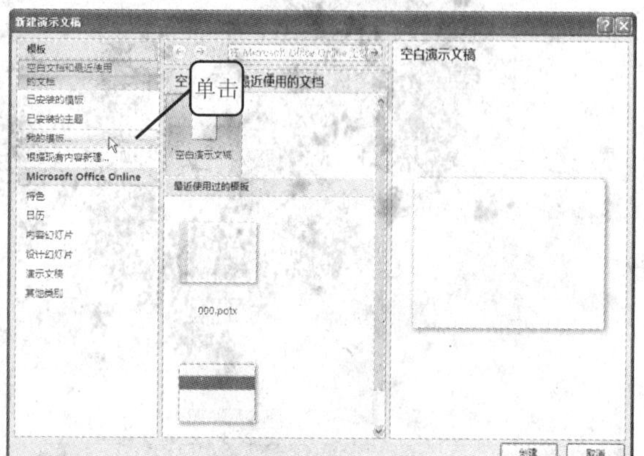

2 打开如下图所示的"新建演示文稿"对话框，在"我的模板"选项卡中，可以看到自定义模板列表，从中选择所需的模板项，在右侧"预览"窗格中可看到其效果，然后单击"确定"按钮。

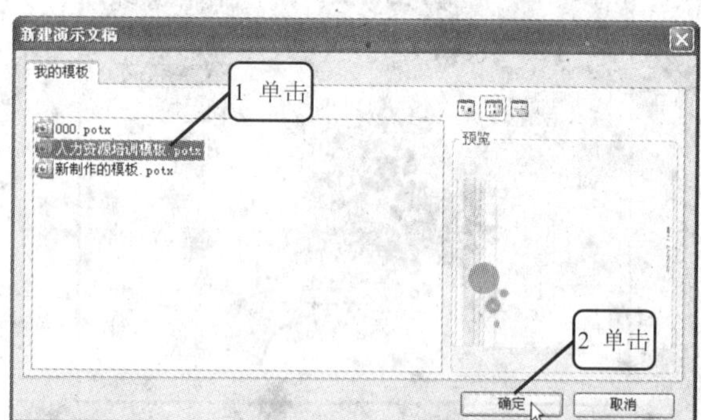

3 返回到 PowerPoint 编辑窗口，可以看到新建的演示文稿已经应用了选中模板中的主题样式，如右图所示。

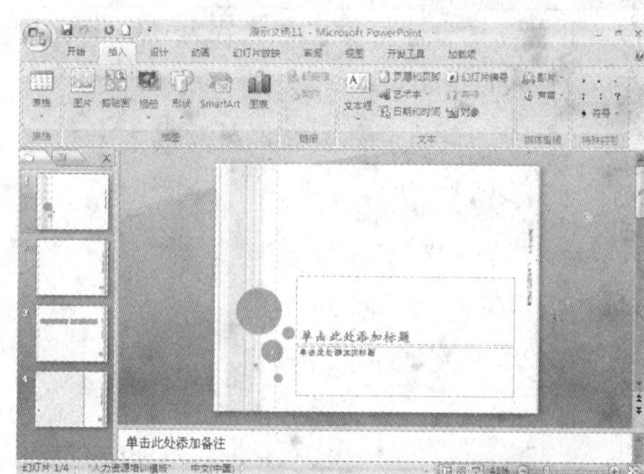

19.3 拓展与提高

19.3.1 设置讲义母版

讲义母版是演示文稿的打印版本，它可以在每页中包含多个幻灯片，并给听众注释留出空间，讲义母版用于编排讲义的格式。

可以对讲义母版进行如重新定位、调整大小、设置页眉和页脚占位符的格式，以及插入图片或绘制图形等操作。

1 单击“视图”选项卡“演示文稿视图”选项组中的“讲义母版”按钮，如下图所示。

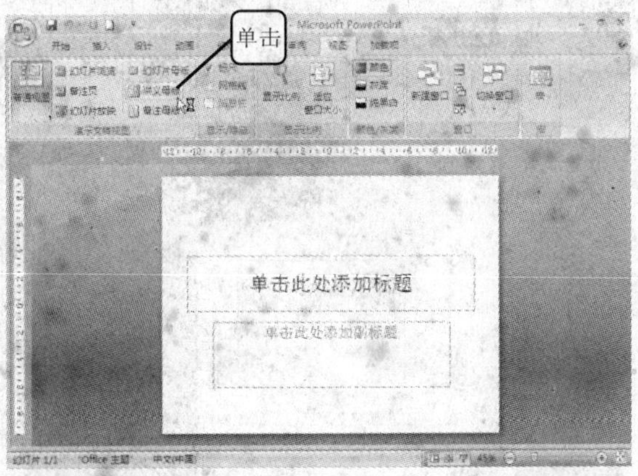

2 进入讲义母版视图，如下图所示，可以看到在页面中间包含 6 个虚线框，它表示每页包含 6 张幻灯片的缩略图。它与幻灯片母版一样，也包括日期和时间、页脚和幻灯片编号。此外，还包括页眉，用于设置每页讲义的页眉。

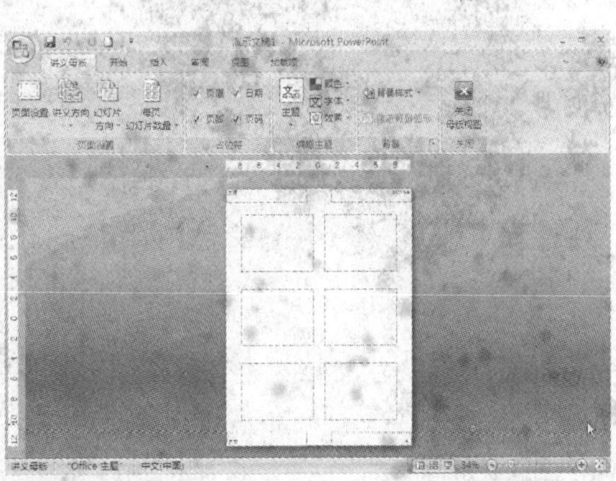

3 单击“讲义母版”选项卡“页面设置”选项组中的“每页幻灯片数量”按钮，在弹出的下拉列表中可以选择讲义母版每页包含的幻灯片数，如下图所示。

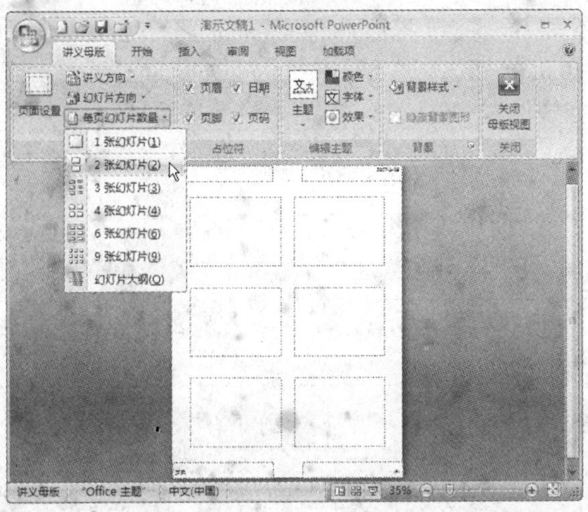

4 选择好之后，页面中的变化如下图所示。设置好讲义母版后，单击“关闭母版视图”按钮即可。

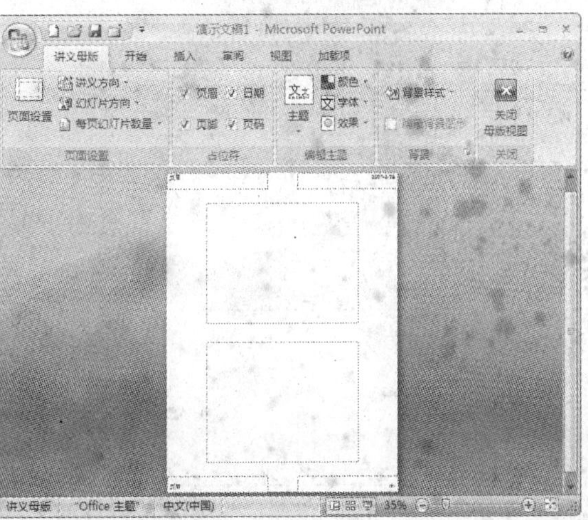

19

19.3.2　设置备注母版

PowerPoint 为每张幻灯片提供了一个备注页，以便用户输入对幻灯片的注释信息。而且 PowerPoint 还提供了一个备注母版，利用该母版，可以控制在备注页中输入备注的内容与外观，并且还可以调整幻灯片的大小和位置。

1 单击“视图”选项卡“演示文稿视图”选项组中的“备注母版”按钮，如下图所示。

2 进入备注母版视图，如下图所示。备注母版包括页眉、日期和时间、页脚以及幻灯片编号。此外，在视图中间偏上的部分显示的是幻灯片母版的缩略图，可以更改其大小和位置；在下半部分显示的则是备注文本区，可在此处设置备注文本的格式。设置好备注母版后，单击“关闭母版视图”按钮即可。

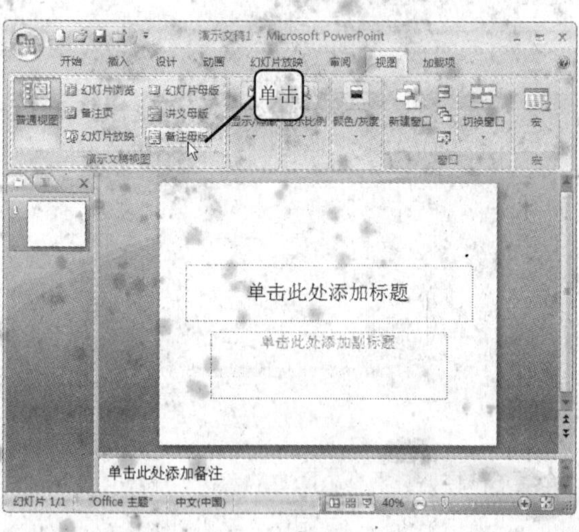

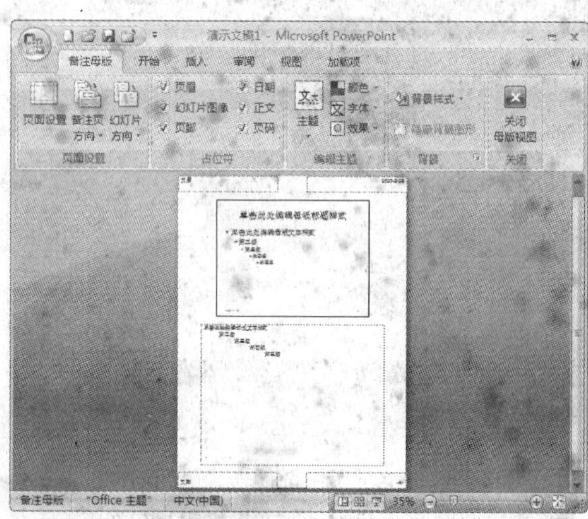